“先进化工材料关键技术丛书”（第二批）编委会

先进化工材料关键技术丛书（第二批）

中国化工学会 组织编写

高性能石墨烯材料

High-performance Graphene Materials

刘忠范 亓月 林立 孙禄钊 著

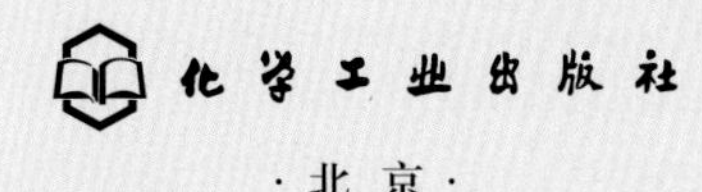

·北京·

内容简介

《高性能石墨烯材料》是“先进化工材料关键技术丛书”（第二批）的一个分册。

本书围绕“新材料之王”石墨烯材料的制备方法和典型应用，对石墨烯领域的发展现状和应用前景进行系统的阐述。全书共分六章，第一章概括性地介绍石墨烯的发现历史、成键结构和能带结构以及基本性质。第二章到第四章按石墨烯材料的形态分类，系统阐述石墨烯粉体材料、石墨烯薄膜材料、石墨烯纤维材料的制备方法和应用举例。第五章总结了金属催化剂衬底上生长的石墨烯薄膜的剥离转移方法，这是石墨烯薄膜未来走向实用化的瓶颈所在。本书还对石墨烯材料的批量制备装备与工艺等方面的进展情况做了较为详细的阐述。本书最后一章概述了全球和中国石墨烯产业的发展现状、发展趋势以及存在的问题、挑战和建议，希望能够帮助读者对石墨烯产业有一个全方位的快速了解。

《高性能石墨烯材料》适合材料、化学、化工等领域，尤其是石墨烯领域的科研和工程技术人员阅读，也可供高等学校材料、化学、化工等专业师生参考。

图书在版编目（CIP）数据

高性能石墨烯材料/中国化工学会组织编写；刘忠范等著. —北京：化学工业出版社，2024.3
（先进化工材料关键技术丛书. 第二批）
国家出版基金项目
ISBN 978-7-122-44675-6

Ⅰ. ①高… Ⅱ. ①中… ②刘… Ⅲ. ①石墨－纳米材料 Ⅳ. ①TB383

中国国家版本馆 CIP 数据核字（2024）第 000645 号

责任编辑：向　东　杜进祥
责任校对：王鹏飞
装帧设计：关　飞

出版发行：化学工业出版社（北京市东城区青年湖南街13号　邮政编码100011）
印　　装：中煤（北京）印务有限公司
710mm×1000mm　1/16　印张24　字数491千字
2024年6月北京第1版第1次印刷

购书咨询：010-64518888　　售后服务：010-64518899
网　　址：http：//www.cip.com.cn
凡购买本书，如有缺损质量问题，本社销售中心负责调换。

定　　价：198.00元

作者简介

刘忠范，1962 年生于吉林九台，物理化学家，北京大学教授。中国科学院院士，发展中国家科学院院士，中组部“万人计划”杰出人才，教育部“长江学者奖励计划”首批特聘教授，国家杰出青年科学基金首批获得者。主要从事石墨烯等纳米碳材料研究，发表学术论文 700 余篇，申请发明专利 140 余项，主编出版专著、译著、科普著作、个人文集、丛书、行业研究报告 12 部。荣获国家自然科学奖二等奖（2 项）、第八届纳米研究奖、中国化学会京博科技卓越奖、中国化学会 - 阿克苏诺贝尔化学奖、北京大学“国华杰出学者奖”、宝钢优秀教师特等奖、IGA 石墨烯行业终身荣誉奖等奖励，以及北京市优秀教师称号。兼任中国化学会副理事长、北京石墨烯研究院院长、第十四届全国政协常委、北京市政协副主席、九三学社中央副主席、九三学社北京市委主委、《物理化学学报》主编、《科学通报》副主编等。

亓月，2013 年 6 月本科毕业于山东大学，随后进入北京大学攻读博士学位；2018 年 7 月，进入美国哈佛大学从事博士后研究（导师：Charles M. Lieber 教授）；2020 年 8 月，入职北京大学化学与分子工程学院，任助理研究员；2022 年 8 月，加入北京石墨烯研究院，任研究员，致力于具有新结构、新特性的石墨烯工程纤维复合材料研发与关键应用技术开发。目前，已发表 SCI 论文 30 余篇，申请专利十余项，获国家自然科学基金面上项目、北京市科技新星等项目资助。任《物理化学学报》青年编委，参与编写了《纳米碳材料》《石墨烯的化学气相沉积生长方法》《有问必答：石墨烯的魅力》等多部石墨烯相关著作。

林立，2022 年 2 月加入北京大学材料科学与工程学院，任研究员、博士生导师，海外高层次人才计划入选者，北京石墨烯研究院未来实验室首席科学家、转移技术课题组组长。2017 年博士毕业于北京大学化学与分子工程学院，先后于曼彻斯特大学、新加坡国立大学完成博士后研究。专注于“高品质石墨烯的制备、转移和应用探索”。到目前为止，以通讯作者或第一作者在 *Nature Materials, Nature Communications, Science Advances, Advanced Materials* 等期刊上发表论文 33 篇，共发表 SCI 论文 75 篇，总引用频次 4396 次，参与编写《石墨烯的化学气相沉积生长方法》等石墨烯相关著作，授权国家发明专利 19 项。

孙禄钊，2015 年本科毕业于电子科技大学光电信息学院，2020 年博士毕业于北京大学前沿交叉学科研究院，获物理化学博士学位，现任北京石墨烯研究院研究员、国家重点项目首席科学家。长期从事石墨烯材料的制备方法研究，开发了多项石墨烯薄膜的化学气相沉积生长技术，建成中试生产线两条。迄今已发表高水平论文 40 余篇，授权国家专利 20 余项。曾获国际先进材料学会 IAAM 青年科学家奖、北京市优秀毕业生等奖励或荣誉。

丛书（第二批）序言

材料是人类文明的物质基础，是人类生产力进步的标志。材料引领着人类社会的发展，是人类进步的里程碑。新材料作为新一轮科技革命和产业变革的基石与先导，是“发明之母”和“产业食粮”，对推动技术创新、促进传统产业转型升级和保障国家安全等具有重要作用，是全球经济和科技竞争的战略焦点，是衡量一个国家和地区经济社会发展、科技进步和国防实力的重要标志。目前，我国新材料研发在国际上的重要地位日益凸显，但在产业规模、关键技术等方面与国外相比仍存在较大差距，新材料已经成为制约我国制造业转型升级的突出短板。

先进化工材料也称化工新材料，一般是指通过化学合成工艺生产的、具有优异性能或特殊功能的新型材料。包括高性能合成树脂、特种工程塑料、高性能合成橡胶、高性能纤维及其复合材料、先进化工建筑材料、先进膜材料、高性能涂料与黏合剂、高性能化工生物材料、电子化学品、石墨烯材料、催化材料、纳米材料、其他化工功能材料等。先进化工材料是新能源、高端装备、绿色环保、生物技术等战略性新兴产业的重要基础材料。先进化工材料广泛应用于国民经济和国防军工的众多领域中，是市场需求增长最快的领域之一，已成为我国化工行业发展最快、发展质量最好的重要引领力量。

我国化工产业对国家经济发展贡献巨大，但从产业结构上看，目前以基础和大宗化工原料及产品生产为主，处于全球价值链的中低端。“一代材料，一代装备，一代产业。”先进化工材料因其性能优异，是当今关注度最高、需求最旺、发展最快的领域之一，与国家安全、国防安全以及战略性新兴产业关系最为密切，也是一个国家工业和产业发展水平以及一个国家整体技术水平的典型代表，直接推动并影响着新一轮科技革命和产业变革的速度与进程。先进化工材料既是我国化工产业转型升级、实现由大到强跨越式发展的重要方向，同时也是保障我国制造业先进性、支撑性和多样性的“底盘技术”，是实施制造强国战略、推动制造业高质量发展的重要保障，关乎产业链和供应链安全稳定、绿色低碳发展以及民生福祉改善，具有广阔的发展前景。

“关键核心技术是要不来、买不来、讨不来的。”关键核心技术是国之重器，要靠我们自力更生，切实提高自主创新能力，才能把科技发展主动权牢牢掌握在自己手里。新材料是战略性、基础性产业，也是高技术竞争的关键领域。作为新材料的重要方向，先进化工材料具有技术含量高、附加值高、与国民经济各部门配套性强等特点，是化工行业极具活力和发展潜力的领域。我国先进化工材料领域科技人员从国家急迫需要和长远需求出发，在国家自然科学基金、国家重点研发计划等立项支持下，集中力量攻克了一批“卡脖子”技术、补短板技术、颠覆性技术和关键设备，取得了一系列具有自主知识产权的重大理论和工程化技术突破，部分科技成果已达到世界领先水平。中国化工学会组织编写的“先进化工材料关键技术丛书”（第二批）正是由数十项国家重大课题以及数十项国家三大科技奖孕育，经过 200 多位杰出中青年专家深度分析提炼总结而成，丛书各分册主编大都由国家技术发明奖和国家科技进步奖获得者、国家重点研发计划负责人等担纲，代表了先进化工材料领域的最高水平。丛书系统阐述了高性能高分子材料、纳米材料、生物材料、润滑材料、先进催化材料及高端功能材料加工与精制等一系列创新性强、关注度高、应用广泛的科技成果。丛书所述内容大都为专家多年潜心研究和工程实践的结晶，打破了化工材料领域对国外技术的依赖，具有自主知识产权，原创性突出，应用效果好，指导性强。

创新是引领发展的第一动力，科技是战胜困难的有力武器。科技命脉已成为关系国家安全和经济安全的关键要素。丛书编写以服务创新型国家建设，增强我国科技实力、国防实力和综合国力为目标，按照《中国制造 2025》《新材料产业发展指南》的要求，紧紧围绕支撑我国新能源汽车、新一代信息技术、航空航天、先进轨道交通、节能环保和“大健康”等对国民经济和民生有重大影响的产业发展，相信出版后将会大力促进我国化工行业补短板、强弱项、转型升级，为我国高端制造和战略性新兴产业发展提供强力保障，对彰显文化自信、培育高精尖产业发展新动能、加快经济高质量发展也具有积极意义。

中国工程院院士：薛群基

前言

碳元素是自然界中分布最为广泛的基础元素之一。碳原子拥有四个价电子，原子之间可以以 sp、sp^2、sp^3 的杂化方式成键，形成多种多样的同素异形体，例如：由 sp^2 杂化碳原子构成的石墨，由 sp^3 杂化碳原子构成的金刚石等。碳原子成键类型的多样性带来了碳材料种类的多样性。碳材料作为人类几千年文明发展的重要见证者与参与者，在人类的生产生活中发挥着不可替代的作用。从旧石器时代的钻木取火到青铜器时代的木炭冶金，从 18 世纪的工业革命到 20 世纪纳米科技的崛起，碳材料不断地为人类社会的发展注入着新的活力。

碳材料家族人丁兴旺、成员众多。传统的碳材料包括：石墨、金刚石、活性炭等。伴随着科学技术的进步，诸多新型碳材料逐渐走入人们的视野，例如：20 世纪后叶被相继发现的富勒烯、碳纳米管，以及 21 世纪初发现的石墨烯等。石墨烯是碳材料家族的新星，一经问世便集万千宠爱于一身。当然，这也是实至名归。作为新型碳材料的典型代表，石墨烯拥有其他材料无法企及的力学、热学、光学、电学等诸多优异的物理性质。正因如此，石墨烯的两位发现者安德烈 • 海姆与康斯坦丁 • 诺沃肖洛夫荣获了 2010 年度诺贝尔物理学奖，几乎创造了从发现到获奖的最快纪录。

石墨烯材料有多种形态，这也是领域内对石墨烯材料分类的重要依据。目前，最为典型的三类石墨烯材料为：石墨烯粉体、石墨烯薄膜和石墨烯纤维。这些材料的微观结构均为由碳原子构成的蜂窝状六方点阵结构，但是由于石墨烯片层之间的连接、组装或者堆积方式的不同，使得材料呈现出形态各异的宏观结构。石墨烯材料也正是通过这些不同的宏观结构传递出新奇多变的物理性质，进而在电子信息、能源、热管理、生物医疗等诸多领域展现出广阔的应用前景。

材料的制备方法决定了材料的结构与性能，进而决定了材料的应用领域与应用价值。

不同种类的石墨烯材料所需的制备方法也不尽相同，例如：目前制备石墨烯粉体材料常用的方法是“自上而下”的氧化还原法和液相剥离法，制备石墨烯纤维材料的常用方法是以氧化石墨烯为基元的湿法纺丝法，制备石墨烯薄膜的主要方法是以碳氢化合物为前驱体的“自下而上”的化学气相沉积法。因此，在石墨烯材料制备方面，需要针对不同的石墨烯材料种类“量体裁衣”，发展极具针对性的制备方法。

对任何一类石墨烯材料而言，对于“高性能”的追求是一个永恒的主题。高性能石墨烯材料的制备需要从基本制备方法与原理、制备装备与工艺等多个角度进行全方位的创新与优化。以石墨烯薄膜材料为例，经过十几年的探索研究，以过渡金属（如铜、镍及其合金等）为催化衬底的化学气相沉积法已经成为制备高质量石墨烯薄膜材料的主流方法。利用该方法制备的石墨烯薄膜具有品质高、可控性好、可放大性强等优点。在发展石墨烯材料基本制备方法的同时，人们也逐渐意识到，材料的放量制备是实现其实际应用的重要前提。因此，对于石墨烯材料批量制备装备与工艺的开发也逐渐成为现阶段石墨烯领域发展的主题。

石墨烯材料的实际应用一直是学术界与产业界共同关注的重要问题，也是石墨烯材料能否成功走向未来的决定性因素。因此，自石墨烯被发现以来，人们对其应用的探索也从未停歇。目前，不同种类的石墨烯材料在不同的应用领域已经展现出了独具特色的应用价值，例如：石墨烯粉体材料在电池、超级电容器等领域表现出了非常大的应用潜力；石墨烯薄膜材料在柔性透明电极、传感器等领域也同样展现出其他导电材料所无法媲美的性能优势；石墨烯纤维材料在智能可穿戴、热管理等领域逐渐呈现出值得期待的发展前景。但是，值得注意的是，尽管石墨烯材料在诸多领域的应用已经崭露头角，但是距离引领一个产业的发展还存在非常遥远的距离，学术界与产业界在实现石墨烯实际应用的旅程中仍有很长的路要走。

编著本书的目的是希望为读者提供全面系统的石墨烯相关知识与研究进展介绍，对石墨烯材料的发展现状与前景给予客观的阐述分析。希望能为初涉石墨烯领域的研究生和科研人员提供丰富且准确的知识储备，为相关科技工作者提供正确的方向引导。

本书结合著者团队十五年来在石墨烯新材料领域持续研发的成果和技术资料，包括国家自然科学基金基础科学中心项目“石墨烯制备科学”、科技部 973 计划“纳电子运算器材料的表征与性能基础研究”和纳米重大研究计划“准一维半导体材料的结构调控、物性测量及器件基础”等项目的研究成果。其中“用于纳电子材料的碳纳米管控制生长、加工组装及器件基础”“低维碳材料的拉曼光谱学研究”两项研究成果分别获得国家自然科学奖二等奖（2008 年、2017 年）。在此基础上，参阅了大量国内外科技文献，着重针对高性能石墨烯材料应用技术编写了本书，从内容上可以很好地反映该领域最新研究进展情况。

本书总共分为六章，首先从石墨烯材料的结构与性质出发，对石墨烯的基本知识进行系统介绍，然后以石墨烯材料不同的宏观结构作为分类维度，对石墨烯材料进行清晰的分类：石墨烯粉体材料、石墨烯薄膜材料以及石墨烯纤维材料，同时针对每一类石墨烯材料，对其在制备方法、性能研究以及应用探索等方面的进展进行全面的总结，并且对其发展现状和发展方向进行深入的分析。本书第五章系统介绍了石墨烯薄膜从金属生长衬底上的剥离转移方法，这是石墨烯薄膜未来走向实用化的瓶颈之一，也是本书不同于同类书籍的亮点之一。还需指出的是，本书还对石墨烯材料批量制备装备与工艺等方面的进展进行了详细的论述，第六章还着重介绍了目前国内外石墨烯材料领域的发展现状。可见，本书涵盖内容较广，既包含了对石墨烯材料基本知识体系、研究进展的详细阐述，也包含了对行业现状与发展前景的深入探讨和分析。

本书由刘忠范、亓月、林立、孙禄钊及其团队成员共同编写。刘忠范负责全书整体框架和内容设计，并进行全书通稿与再加工；亓月、林立和孙禄钊负责各章节初稿整理和定稿工作。各章节具体参与人员如下：第一章林立、刘文林、李芳芳、陆琪、张金灿；第二章亓月、林立、孙禄钊、宋雨晴、邹文韬、王筱锐、张燕、连泽宇、陈步航、王坤、黄可闻、袁昊、李汶娟、梁富顺、程熠、杨钰垚、姜军；第三章孙禄钊、孙秀彩、陈恒、刘晓婷、陈步航、马子腾、李杨立志、贾开诚、孙靖宇、刘冰之、孙晓莉、王真、刘海洋、宋晓峰、王悦晨、朱安邦；第四章亓月、黄可闻、王坤、程熠、屠策、刘若娟、程舒婷；第五章林立、吴昊天、陆琪、赵一萱、廖珺豪、尚明鹏、李芳芳、胡兆宁；第六章林立、胡兆宁、赵一萱、贾开诚、尚明鹏。

本书作者多年来一直在石墨烯材料领域工作，拥有丰富的研究积累和知识积淀，本书的很多内容都是作者过去十几年来的研究成果。尽管如此，由于时间关系和水平所限，仍无法完全避免书中存在的诸多不足，恳请广大读者批评指正。

刘忠范
2023 年 5 月 29 日

目录

第一章 绪论

第一章
绪 论

纵观整个人类文明发展史，碳材料始终扮演着不可或缺的角色。金刚石、石墨、炭黑、活性炭，再到碳纤维，碳材料家族孕育了一个个的新兴产业，推动着人类文明从钻木取火走到青铜器时代、钢铁时代、信息时代，以及航空航天时代。20 世纪 80 年代，纳米科技的兴起让碳材料家族走向新的辉煌。富勒烯、碳纳米管、石墨烯、石墨炔，新的家族成员不断诞生，成为新材料领域的一道亮丽的风景线。尤其石墨烯材料已成为横跨学术界和产业界的宠儿，几乎到了家喻户晓、妇孺皆知的程度。

第一节
石墨烯简介

一、石墨烯发现史

纳米碳材料家族中，石墨烯号称新材料之王，是 21 世纪最炙手可热的新型纳米碳材料。2004 年，英国科学家安德烈•海姆（Andre K. Geim）和康斯坦丁•诺沃肖洛夫（Konstantin S. Novoselov）用简单的胶带剥离方法从石墨片中成功地获得了石墨烯，从而引发了延续至今的石墨烯研究热潮[1]。两位科学家在短短六年后的 2010 年获得了诺贝尔物理学奖。

sp^2 杂化的碳原子与相邻的三个碳连接可以形成二维六方蜂窝状结构，这种单原子层平面结构即为石墨烯。石墨烯片和石墨烯片之间由于离域 π 键的存在，可以通过范德华力作用堆叠在一起，形成的体相材料，我们称为石墨（graphite）。石墨烯片内碳原子由较强的共价键相连接，而石墨烯片层间的范德华力相对较弱，所以石墨的层与层之间容易受到外力的作用而发生滑移。习惯上，人们把 10 层以下的石墨片都称为石墨烯，层数不同、层间堆垛方式不同，石墨烯性质也有所差异。

这里需要说明的是，很多人误认为石墨烯是 2004 年由 Andre K. Geim 及其弟子 Konstantin S. Novoselov 发现的。其实关于石墨烯的前期研究在 2004 年之前，已经积淀很多，且由来已久，时间跨度超过半个世纪。材料的研究往往是理论先行，石墨烯也不例外。早在 1947 年，物理学家 Philip R. Wallace 就计算了单层石墨片的电子能带结构[2]。但是，传统理论认为，石墨烯只是一个理论上存在的结构，热力学上是不稳定的。这是因为根据经典二维晶体理论，准二维晶体材料由于其自身的热力学扰动，在常温常压下不能稳定存在，自然也无从制备出来了。

石墨烯的早期研究有三条轨迹可循，而其中的很多制备方法被沿用至今，仍是制备石墨烯的主流思路和方法：第一条轨迹是关于氧化石墨的研究，可以追溯到 1840 年德国科学家 Schafhaeutl 等人使用硫酸和硝酸插层剥离石墨的工作，当初实验只是为了实现石墨的厚度减薄，后来有大量的研究跟进直至今天，已经成为粉体石墨烯材料规模化制备的主要手段之一。第二条轨迹是高温金属衬底上生长碳材料的研究，至少可以上溯到 1970 年 J. M. Blakely 等人有关 Ni(100) 表面上碳原子的偏析行为研究。五年后，A.J. Van Bommel 等人通过 SiC(0001) 高温外延方法获得了单层石墨片，这两种实验方法都已成为今天高温生长石墨烯薄膜的重要方法。第三条轨迹可以说是无心栽柳的工作，早在 20 世纪 60 年代，人们在研究 Pt 等贵金属表面气体分子吸附行为时，在低能电子衍射实验中发现了少层甚至单层石墨烯存在的证据。

然而，真正对于发现石墨烯材料起到决定性作用的实验方法却是非常简单的，就是从传统石墨出发的机械剥离方法。这种实验尝试始于20世纪90年代末，美国科学家 Rodney Ruoff 采用微机械摩擦方法减薄石墨，但没有取得最后的成功。2004 年美国的 Philip Kim 等人循着 Ruoff 的思路，利用原子力显微镜针尖减薄石墨片，也是仅仅得到了厚度为 10 ～ 100nm 不等的石墨微晶。这种幸运最终落到了 Andre K. Geim 和 Konstantin S. Novoselov 的头上，他们前期探索也走了许多弯路，最后竟然通过普通透明胶带在高定向石墨上反复剥离获得了少层乃至单层石墨烯，并详细测量了得到的石墨烯的电学性质。

最初，Geim 尝试使用机械研磨的方法得到少层的石墨片，但是打磨到极限也只能得到 10 层左右原子厚度的样品。后来，Novoselov 无意中发现，在原子力显微镜实验时，通常会用透明胶带粘掉表层的高定向热解石墨（highly oriented pyrolytic graphite, HOPG），来得到新鲜的表面。他们将用过的胶带在光学显微镜下观察，发现胶带上会有一些薄的石墨片。于是，他们尝试另辟蹊径，利用胶带不断剥离减薄石墨，最终得到了单层石墨烯。主要过程也是非常简单，先用透明胶带在石墨表面粘黏，揭下薄的石墨片，然后将胶带对折，粘黏，再次撕开，使石墨片变薄，如此重复可以将石墨片不断减薄，最终得到单层石墨烯。成功得到单层石墨烯以后，Geim 等人对这种石墨烯材料进行了一系列的表征和电学性质测量，发现了石墨烯独特的双极性场效应特性，从而引发了全球范围的石墨烯研究热潮。2010 年，Geim 和 Novoselov 因其在石墨烯领域的开创性工作获得诺贝尔物理学奖，为石墨烯材料的发现史画了一个圆满的句号。

二、石墨烯的神奇特性

石墨烯的神奇之处不仅在于它仅有单个原子层的厚度，还因为其超乎寻常的性质。结构决定性质，石墨烯具有六方晶格结构，石墨烯的倒空间仍然是六方结构：六边形的中心、边界中点和顶点分别称为 Γ 点、M 点和 K 点。通过紧束缚模型计算可以得到石墨烯的能带结构。石墨烯价带和导带在高度对称的 K 和 K' 点相连，而 K 和 K' 点分别对应着实空间的两套碳原子（A 和 B）。本征石墨烯的每个碳原子提供一个电子，这些电子可以将价带完全填满，此时导带为空。因此石墨烯的费米能级就精确地落在价带与导带相连的位置，即为 K 点，我们也称为狄拉克点（Dirac point）。在狄拉克点附近，电子能量 - 动量的关系（色散关系）近似为线性，费米速度高达 10^6m/s，是光速的 1/300。石墨烯在该点的电子有效质量和态密度均为零，适用于狄拉克方程。因而这些电子又被称为“狄拉克费米子”。石墨烯特殊的能带结构和键合方式赋予了石墨烯优异的电学性质，包括高导电性、双极电场效应、高迁移率、量子霍尔效应等。石墨烯的双极电场效应是指可以通过外加栅压调控石墨烯的载流子浓度和类型：在理想状态下，当外加栅压是正时，石墨烯感应出负电荷，此时主要载流子的类型是电子，石墨烯的费米能级位于狄拉克点的上方；随着栅压向负电压方向移动并经过零点时，此时的石墨烯费米能级恰好在狄拉克点上，载流子浓度为零，整个石墨烯器件电阻率达到最大；当栅压为负电压并逐渐增大时，石墨烯中的载流子变为空穴，费米能级位于狄拉克点的下方。在二氧化硅覆盖的硅片上，机械剥离的石墨烯迁移率常规测量可以达到 10000 ～ 15000cm^2/(V • s)，理论预测上限值是 40000 ～ 70000cm^2/(V • s)。此外，在没有带电杂质散射和褶皱的情况下，预测的理论迁移率为 200000cm^2/(V • s)。影响石墨烯迁移率的因素较多，比如石墨烯沟道的尺寸、石墨烯起伏或褶皱、周围衬底环境等，目前为止石墨烯被六方氮化硼封装以后，石墨烯的载流子迁移率可以达到百万量级。量子霍尔效应是二维电子气系统中朗道能级量子化的结果，石墨烯作为二维材料的代表，其电子态被限制在石墨烯表面形成二维电子气，为量子霍尔效应的研究提供了新的材料体系平台。石墨烯的器件中可以观察到清晰的量子霍尔效应平台，且石墨烯的量子霍尔效应平台出现在半整数处。另外，由于在室温环境下石墨烯的载流子运动受散射影响较小，所以室温时也可以在石墨烯材料中观测到量子霍尔效应。

石墨烯具有新奇的光 - 物质相互作用，因此石墨烯在光子信号调制、传输和检测等方面具有潜在应用价值。在较宽的光子能量范围内，单层石墨烯的光电导与频率无关，Geim 课题组发现石墨烯在可见光范围内吸光率保持不变，每层吸光率为2.3%，且在层数不多的情况下呈现（1−0.023×层数）×100% 简单线性关系。如果按照相同原子厚度比较材料的吸收情况时，石墨烯实际上显示出强的宽光谱吸收，这比同等厚度的 GaAs 高约 50 倍。

基于 sp^2 杂化的键合方式赋予了石墨烯中碳原子最强的 σ 键，在宏观层面上使得石墨烯展现了超乎寻常的力学性质，石墨烯是最强、最坚硬的材料，强度是普通钢的200倍，比金刚石还硬。对于本征石墨烯来说，测得的石墨烯力学强度为130GPa，断裂强度为42N/m，换算成杨氏模量约为1TPa，弹性常数为1～5N/m。同时，石墨烯优异的纳米摩擦力学性质使其在材料润滑等领域具有潜在的应用价值。作为高导电性的轻质高强材料，石墨烯在航空航天、国防和涉及国计民生的诸多领域有着广阔的应用前景。

对于石墨烯一类的纳米碳材料，其热传导主要来自晶格热振动，也就是声子的热导。石墨烯热传导中起主导作用的声子的群速度是硅或锗的4～6倍，这意味着石墨烯拥有极高的热导率，单层石墨烯是迄今发现的最好的导热材料，理论热导率达5300W/(m·K)，既可用作散热材料，也可用作优良的发热材料。同时，石墨烯有着出色的热电性质，不仅有高的Seebeck系数，而且可以通过调控栅压改变其热电性质。

石墨烯具有极好的化学惰性。本征石墨烯的碳碳键十分稳定，温和条件下很难破坏其结构。虽然石墨烯只有单层碳原子厚度，对于无孔洞、无破损的石墨烯，除质子外所有的气体和液体都不能透过它，展现了极为优异的不可透过性，可以作为有效的阻隔材料，如石墨烯基水氧阻隔膜。Sheng Hu等人发现，单层石墨烯对质子具有高度可透过性，在高温下或者覆盖铂纳米颗粒时，这种穿透效果更为显著。这种质子选择性，有望用于选择性质子传输或氢氘分离技术。进一步，由于石墨烯对物质优异的阻隔性，通过在石墨烯上制造合适大小的孔径，能很好地应用于物质的选择性分离。

三、石墨烯材料的分类

石墨烯根据使用的外在形态可以分为石墨烯粉体、石墨烯薄膜和石墨烯纤维，这也是目前主流的三种石墨烯产品的形态。

石墨烯粉体由大量单层石墨烯和少层石墨烯以无序方式堆积而成，而宏观上显示为粉末状形态。其主要有两大类制备方法，分别为“自上而下”法和“自下而上”法。“自上而下”法主要有机械剥离法、液相剥离法和氧化还原法，其中机械剥离法与液相剥离法属于物理方法，而氧化还原法属于化学方法。“自下而上”法主要有化学气相沉积法和电弧放电法。近年来，化学气相沉积方法也被用于高性能石墨烯粉体的制备。其制作石墨烯粉体的过程可概括为，在高温条件下，含碳前驱体在粉体模板上进行热裂解或催化裂解形成石墨烯，然后再将模板刻蚀，得到石墨烯粉体。本书著者团队利用硅藻土、食盐、石英粉、墨鱼骨、贝壳等多种天然矿物模板和生物模板制备石墨烯粉体，在这一领域做了大量的引领性工作。

在石墨烯粉体的规模化制备方面，国内企业主要采用氧化还原法进行批量化生产，也有少数企业采用液相剥离法或机械剥离法。从规模上讲，中国的石墨烯粉体制备在国际上处于领先地位。常州第六元素材料科技有限公司、宁波墨西科技有限公司、七台河宝泰隆石墨烯新材料有限公司等公司年产能均已达到百吨级。国际上也出现了规模化制备石墨烯粉体的企业，如美国年产能 80t 的 XG Science 公司，以及年产能 300t 的 Angstron Materials 公司。

石墨烯薄膜一般特指从碳氢化合物前驱体出发，通过高温化学反应过程制备出来的薄膜状石墨烯材料。石墨烯薄膜最能体现石墨烯的本征优异特性，通常采用高温生长反应过程获得，包括化学气相沉积（chemical vapor deposition, CVD）法和碳化硅外延生长法。其中以过渡金属（如铜、镍及其合金等）为催化剂衬底的 CVD 方法最具代表性，所制备的石墨烯薄膜具有品质高、可控性好、可批量放大等优点，是目前规模化制备石墨烯薄膜的主流技术。该方法自 2009 年被首次尝试用于石墨烯薄膜的大面积制备后，受到广泛重视并日臻成熟。针对未来不同的应用需求，石墨烯薄膜材料可细分为两大类别：大尺寸（多晶）石墨烯薄膜和单晶石墨烯晶圆。近年来，人们发展了一系列石墨烯薄膜的 CVD 生长方法，在增加石墨烯薄膜畴区尺寸、控制层数与扭转角度、加快生长速度、提高表面洁净度等方面都取得了较大进展。这为石墨烯薄膜的规模化应用提供了坚实的技术基础，让人们看到了石墨烯薄膜大规模应用的曙光。

控制石墨烯薄膜的畴区尺寸，发展大单晶石墨烯制备策略一直受到广泛关注。一种策略是控制石墨烯的成核位点，实现小密度甚至单核的石墨烯生长。本书著者团队和中国科学院上海微系统与信息技术研究所谢晓明团队通过降低石墨烯的初始成核密度，分别在铜（Cu）和铜镍（CuNi）合金衬底上实现了厘米尺寸石墨烯单晶的制备。另一种策略就是单晶衬底的外延生长，通过调控石墨烯多成核位点的单一取向实现其无缝拼接生长，形成单晶薄膜，本书著者团队已率先在 4 ～ 6 英寸（1 英寸 =2.54cm）的 Cu(111) 单晶晶圆上生长出无褶皱石墨烯单晶晶圆。

另外，对于石墨烯层数、堆垛方式及扭转角度的控制非常重要，影响着石墨烯的能带结构和物理性质。单层石墨烯透光性最好，双层和少层石墨烯薄膜则拥有更高的导电性和机械强度，而双层扭转石墨烯（魔角石墨烯）具有新奇的低温超导效应。2016 年本书著者团队通过控制第一层和第二层石墨烯在不同位点成核，制备出 4°、13°、21° 和 27° 等不同转角的双层石墨烯，并检测到了光电流和光化学活性的选择性增强效应。

CVD 法规模化生产的石墨烯薄膜材料，可按形态分为卷材、片材和晶圆三大类。通常卷材是在成卷金属箔材上，通过卷对卷（roll-to-roll）动态连续批量制备方法得到，产量和尺寸大，成本较低，但石墨烯薄膜质量相对较差；片材一般通过静态批次生长法制备，与早期各实验室报道的石墨烯薄膜工艺有很好的兼容性，质量更高；单晶石墨烯晶圆采用蓝宝石、二氧化硅 / 硅、锗等单晶晶圆作为生长衬底，薄膜品质最高，制备的薄膜将面向电子芯片等应用场景。

石墨烯纤维是由微观二维石墨烯单元组成的具有宏观一维结构的材料。石墨烯纤维材料是继碳纤维、碳纳米管纤维之后的碳基纤维材料家族中的新成员。相较于其他石墨烯的存在形式，石墨烯纤维能够在一维维度更好地发挥本征石墨烯轻质、高导电导热和高强度等诸多优异特性，并易于与已有纺织技术结合，在高敏超快光电探测器、多功能柔性电子织物、先进复合材料等领域具有广阔的应用前景。石墨烯纤维的制备方法主要包括氧化石墨烯湿法纺丝和化学气相沉积两种途径。其中基于氧化石墨烯的湿法纺丝法具有步骤简单、原料成本低、易规模化生产等优势。浙江大学高超团队于 2011 年首次提出利用液相氧化石墨烯湿法纺丝、还原工艺得到石墨烯纤维。他们发展了湿法纺丝制备氧化石墨烯纤维的方法，在得到氧化石墨烯纤维后进行还原得到还原氧化石墨烯纤维，该纤维具有极佳的柔性，得到的纤维长度可达米级。在此基础上，后续该团队通过纺丝过程的缺陷工程设计、微流控调控等方案进一步提升了石墨烯纤维的性能。在化学气相沉积方法制备石墨烯纤维方面，本书著者团队的工作具有代表性和开创性，率先在工业中广泛应用的石英纤维表面实现了石墨烯的高质量 CVD 生长，制备出性能优异的石墨烯石英复合纤维材料，并进一步实现了规模化生产。这种新型石墨烯石英复合纤维材料具有良好的柔性、高导电性，以及优异的电热转换性能，已经在国防军工领域获得实际应用，在传统电加热、叶片除冰等领域有着广阔的应用前景。

四、石墨烯应用展望

石墨烯具有优异的电学、光学、力学和热学等特性，以及良好的柔性、化学稳定性和阻隔性能等。这些无与伦比的特性使石墨烯在新能源、热管理、节能环保、电子信息、光通信、生物医疗、复合材料，以及航空航天和国防军工等诸多领域拥有广阔的应用前景。

石墨烯在新能源领域的应用是人们关注最早和最多的话题，某种意义上可以说是石墨烯应用的先行者和风向标。最具代表性的应用是石墨烯改性锂离子电池和超级电容器。石墨烯材料由于具有良好的导电性和巨大的比表面积，因此可作为锂离子电池中的导电添加剂使用。相比于传统的炭黑导电添加剂与活性物质形成的“点对点”接触模式，石墨烯构成的导电网络及其与活性物质形成的“面对点”的接触模式在降低锂离子电池内阻、提高功率特性和循环稳定性等方面具有明显优势。另外，超级电容器是一种介于传统电容器和二次电池之间的电化学储能装置，其原理是利用电极和电解液界面形成的双电层来存储电荷，充放电过程没有电化学反应的发生。因此，尽管目前超级电容器在能量密度上不如锂离子电池，但是具有功率密度高、充电时间短、循环稳定性好、安全性高等优点。人们尝试将石墨烯用于超级电容器材料，充分发挥其导电性高、比表面积大的优势。

涂料领域是石墨烯材料应用的另一大出口，在中国石墨烯产业分布中占 11% 左右。目前相关的下游产品包括防腐涂料、导电涂料、防火涂料等。石墨烯的主要优势在于其良好的导电性和分子阻隔性。例如在防腐涂料领域，环氧富锌涂料是目前使用最普遍的防腐涂料之一，主要利用锌粉作为牺牲阳极来起到保护作用，广泛应用于船舶、桥梁、海洋设备等大型钢铁结构。石墨烯的加入具有以下优点：①利用石墨烯片层与锌粉形成的良好导电网络，提高传统防腐涂料中锌粉的利用率，从而提高漆膜的致密性，减少环境污染；②利用石墨烯片层的层层堆叠结构增加水分、氧气等腐蚀介质的扩散距离，延缓腐蚀进程；③利用石墨烯层与层之间的良好润滑作用降低涂层内部应力，提高涂层的抗开裂性、抗冲击性和柔韧性。

在生物医疗领域，石墨烯独特的纳米结构和理化性质使其在包括药物传递、抗菌杀菌、生物成像、基因测序、肿瘤治疗等方面表现出巨大的应用潜力。目前在医疗健康领域，市场化相对成熟的石墨烯产品主要有两类：石墨烯大健康理疗产品和石墨烯生物传感器。对于石墨烯大健康理疗产品，主要是利用石墨烯加热后可以在 6 ～ 14μm 波段产生远红外光这一特性。这一波段的远红外光可以与人体组织里的水和蛋白质分子产生共振吸收发热，从而起到促进血液循环、增强新陈代谢、提高机体免疫力等作用。

在热管理领域，从系统温度管理的角度，凭借其自身优异的导热性能，石墨烯材料既可以用作散热材料，也可以用作加热材料。在散热领域中，通常不会使用单层的石墨烯薄膜，而是将石墨烯片层沿一定取向排列组装成一定厚度的石墨烯散热膜，有望解决手机、电脑、通信基站等现代信息技术领域的散热问题。在加热领域中，最常见的产品是石墨烯电热膜，通常利用石墨烯导电浆料通过凹印或丝印技术印刷而成，具有电热转换效率高、升温速度快、热量分布均匀等优点。目前，石墨烯电热膜产品已经进入市场。例如，广东暖丰电热科技有限公司利用宝泰隆产石墨烯粉体作为原材料配比电热浆料，可实现从常温到 850℃的均匀发热，以满足不同温度的发热需求。他们推出了石墨烯地暖、石墨烯墙暖、石墨烯电暖器等产品。石墨烯纤维是另一种形态的石墨烯加热材料，北京石墨烯研究院推出的石墨烯玻璃纤维具有代表性。这种新型复合纤维材料的面电阻在 1 ～ 5000Ω/sq 范围可调，同时具有良好的柔性，在弯曲 180°、曲率半径为 2mm 的状态下，其电阻变化 $<4\%$。石墨烯玻璃纤维的形态可以是单束纤维、纤维布或者 3D 织物，具有良好的导电性和快速加热特性，升温速度可达 190℃ /s，在传统电热和国防军工领域拥有巨大的潜力。

在复合材料领域，主要是利用石墨烯优异的力学性能，如高的弹性模量、拉伸强度、断裂强度等，来增强复合材料整体的韧性、强度、刚度等力学性能。根据基体材料的不同，石墨烯复合材料可分为石墨烯聚合物复合材料、石墨烯无机非金属复合材料，以及石墨烯金属复合材料三大类。石墨烯复合材料有望成为新一代轻质高强的复合增强材料，为航空航天、国防军工以及交通运输等领域的发展提供新的材料支撑。

在电子信息领域，石墨烯自身优异的电学、光学和力学性质使其在柔性电子器件、射频器件、传感器、光通信等领域显示出广阔的应用前景。相比于前述石墨烯材料的其他应用，石墨烯基电子信息技术的市场化进程相对较慢，目前成熟的下游产品较少，主要以实验室水平的原型器件为主。需要强调指出的是，石墨烯电子和光电子器件是最能发挥石墨烯本征优异特性的应用领域，代表着石墨烯产业的未来。

此外，在节能环保领域，石墨烯良好的导电特性、阻隔性能和机械强度使其在海水淡化、污水处理和空气净化等方面应用前景广阔。在国防军工领域，目前人们关注的重点包括电磁屏蔽、防弹装甲、氢氘分离等。

继 Andre K. Geim 和 Konstantin S. Novoselov 成功从石墨上剥离制备石墨烯后，石墨烯用了短短数年的时间便完成了从登上历史舞台到家喻户晓的过程。为抢占这一重大战略机遇，2015 年，我国推出《中国制造 2025》战略部署，明确提出要高度关注颠覆性新材料对传统材料的影响，做好超导材料、纳米材料、石墨烯、生物基材料等战略前沿材料的提前布局。随后，为解决石墨烯新材料基础工艺与产品应用的难题，加强研究机构、投资机构和产业联盟的合作与资源整合，工信部推出石墨烯“一条龙”应用计划。2022 年 11 月初，工信部批准组建国家石墨烯创新中心，强化推进石墨烯产业发展。随着政府、高校、科研院所和企业的积极推进，目前石墨烯产业化进程不断深入，石墨烯下游产品逐渐走向成熟。从某种意义上讲，我国已经成为石墨烯新材料产业的全球引领者，以东部沿海地区为先导，全国超过 20 个省份先后布局石墨烯产业，涉及石墨烯研发、制备、销售、应用、技术服务等产业全链条，形成了以长三角、珠三角和京津冀鲁为集合区，多地分布式发展的石墨烯产业格局。另外，中西部地区以四川、重庆、广西为代表，也在快速崛起中。目前中国石墨烯材料的产能已位居全球之首，产品应用涵盖防腐涂料、锂离子电池、超级电容器、大健康产品、消费电子散热片、导热膜、柔性显示器、传感器、纺织品、电力电缆等众多领域。

石墨烯产业仍处于发展初级阶段，还存在来自材料制备技术、应用技术，以及产业可持续发展的诸多挑战。无论是石墨烯粉体、石墨烯薄膜，还是石墨烯纤维，稳定的、可重复的规模化制备技术仍是石墨烯材料产业化的瓶颈。制备决定未来，没有制备技术上的突破和石墨烯原材料的可靠基础，石墨烯产业的快速发展是不可想象的。从应用角度看，石墨烯不能满足于“万金油式”的工业添加剂角色，必须找到其不可替代的、“杀手锏级”的用途，需要耐心、坚持和持续不断的研发投入。

作为战略性新兴材料，石墨烯受到了全球范围的高度关注，从实验室样品到规模化产品，逐渐走进人们的生活，承继着碳材料家族产业的辉煌。本书将系统介绍石墨烯材料的最新研究进展和产业化发展现状，致力于给读者一个从石墨烯基本性质、制备方法、应用研发以及产业化进程的全景式展示，并重点展示国人对石墨烯领域的贡献，希望能够对我国的石墨烯基础研究和产业发展有所助益。

第二节 石墨烯的结构

作为构成石墨烯的基本元素，碳是一种自然界很常见的元素，是构成地球上生命体的基础元素之一。碳元素构成的材料也见证了人类社会的发展与进步。在过去的三十年里，不断有新型的碳材料涌现，让古老的碳材料家族焕发了青春。现代碳材料家族的成员已经从古老的金刚石、石墨拓展到碳纤维、富勒烯、碳纳米管、石墨烯、石墨炔等。

碳原子具有多种成键结构，这些成键结构具有不同的维度，从而构建出丰富多彩的碳材料家族。正是由于最基础的成键结构的多样性，赋予了宏观碳材料丰富多彩的性质和极其广泛的应用。结构决定性质，性质决定应用。理解石墨烯中碳原子的成键规则和基本结构，是开启石墨烯研究的关键一步。本节将从石墨烯的几何结构和电子结构出发，进而讨论石墨烯材料的基本性质，如电、光、力、热等性质。

一、成键结构

作为元素周期表中的第 6 号元素，碳原子的基态电子构型为 $1s^2 2s^2 2p_x^1 2p_y^1 2p_z^0$，如图 1-1（a）所示，其原子核被 6 个电子包围，其中 4 个是可参与成键的价电子。根据杂化轨道理论，碳原子在与其它原子成键时，其 2s 轨道上的一个电子可以跃迁到空的 $2p_z$ 轨道上，进而碳原子有 4 个未成对电子参与成键。以甲烷分子为例，成键轨道不是纯粹的 2s、$2p_x$、$2p_y$、$2p_z$，实际上每个轨道含有 1/4 的 s 和 3/4

的 p 成分。这些成键轨道叫作杂化轨道，这种将不同类型原子轨道重构成一组数量不变、空间排布方向发生变化的新轨道的过程称为原子轨道的杂化。碳原子根据参与轨道杂化的成键轨道不同，可以分为 sp、sp^2 和 sp^3 杂化三种形式。

石墨烯是由碳原子以 sp^2 杂化形式成键组成的单原子层碳材料[3]，如图 1-1（b）展示了石墨烯 sp^2 杂化的成键过程。其中，sp^2 杂化的碳原子与相邻的三个碳连接形成二维六方蜂窝状结构。具体来说，石墨烯中碳原子一个 2s 轨道上的电子激发跃迁到 $2p_z$ 轨道上，另一个 2s 电子与 $2p_x$ 和 $2p_y$ 发生轨道杂化，一个碳原子与其邻近的三个碳原子通过 sp^2 杂化轨道形成三个强共价 σ 键，而垂直于 sp^2 杂化轨道平面的 p_z 轨道上的电子之间形成离域 π 键，最后形成了蜂窝状的二维平面

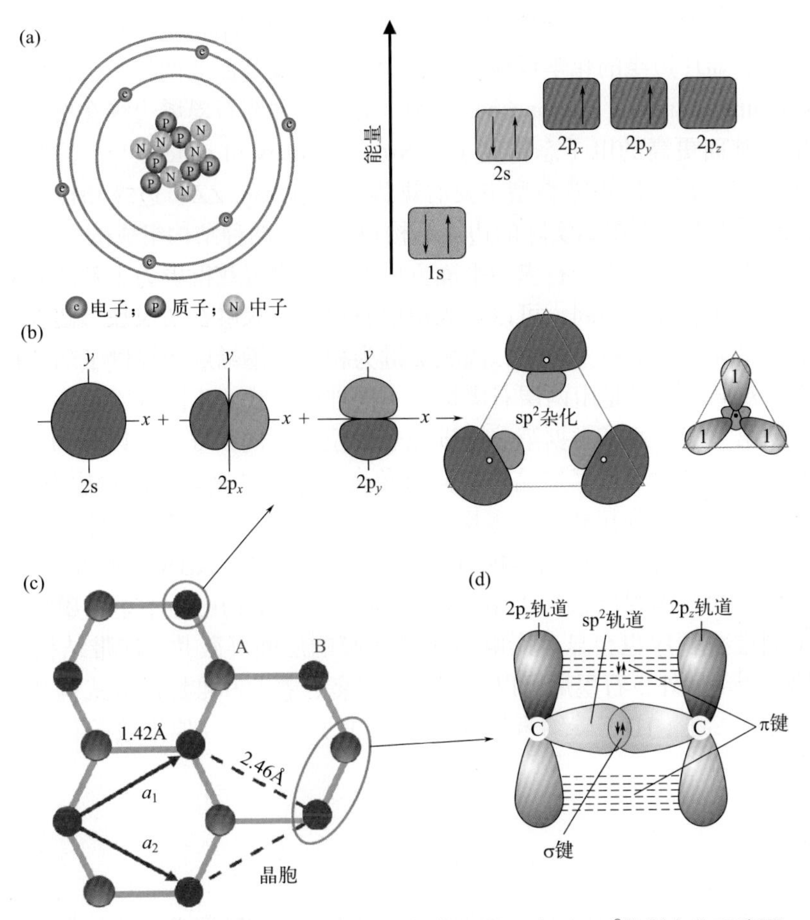

图1-1 （a）碳的原子结构和外层电子能级图；（b）sp^2轨道杂化示意图；（c）石墨烯的晶格，其中A和B是属于不同亚晶格的碳原子，a_1和a_2是单位晶格矢量；（d）sp^2杂化形成的σ键和π键[5]

结构，即石墨烯。石墨烯晶格呈规则的正六边形结构，石墨烯晶胞［图 1-1（c）中紫色平行四边形标记］包含两个碳原子，分别位于 A 和 B 的晶格上，晶格矢量 a_1 和 a_2 具有相同的晶格常数 2.46Å。碳原子之间通过共价 σ 键相连接，键角为 120°，原子间距为 1.42Å，比金刚石中 sp^3 杂化的 C—C 键原子间距更小，使得石墨烯 σ 键更强，因而单层石墨烯具有更加优异的力学性能（例如，杨氏模量为 1TPa，固有拉伸强度为 130.5GPa[4]）。$2p_z$ 轨道上的 π 电子以肩并肩的方式形成离域 π 键，如图 1-1（d）所示，由于离域的 π 键电子可以在石墨烯晶体平面内自由移动，因此石墨烯具有优异的导电性能。

通常制备的石墨烯，如机械剥离法得到的微米级石墨烯片或化学气相沉积法制备的石墨烯薄膜，具有不同类型的边缘结构，边缘结构的类型也将影响石墨烯的基本性质，如电学性质和化学反应活性等。如根据光谱测试和电子转移理论，单层石墨烯片边缘的化学反应活性至少是石墨烯基面的两倍[6]，扫描隧道显微镜（scanning tunneling microscope, STM）分析也证明石墨烯边缘在费米能级附近表现出比基面更高的电子态密度（electronic density of states）[7]。按照原子的排列方式不同，石墨烯边缘类型主要有锯齿型（zigzag, ZZ）边缘和扶手椅型（armchair, AC）边缘。石墨烯实际的边缘结构也是由这两种结构组成的。

将单层石墨烯进行垂直于石墨烯平面方向上的堆垛可获得更为丰富的石墨烯结构。根据石墨烯层数的不同，可以分为单层石墨烯、双层石墨烯和多层石墨烯等。在双层石墨烯和多层石墨烯中，离域 π 键为相邻石墨烯层间提供了弱范德华力相互作用。双层石墨烯是由两层石墨烯以不同堆垛方式（不同堆垛角度）堆垛形成的，根据第一层碳原子占据第二层碳原子的位点不同，堆垛可以分为 AB 堆垛和 AA 堆垛，而当两层石墨烯晶格取向有角度偏差时，则为扭转双层石墨烯，其晶格取向角度夹角称为扭转角。多层石墨烯是指由 3 ～ 10 层石墨烯周期性紧密堆积形成的（其中常见的层间堆垛方式包括 ABC 堆垛、ABA 堆垛等）。当参与垂直方向堆垛的石墨烯层数大于 10 层时，则认为该结构已经不是石墨烯，而是石墨。不同堆叠顺序也会显著影响石墨烯薄膜的层间屏蔽[8]、能带结构[9]和自旋轨道耦合[1]。另外，石墨烯可以分别通过包裹、卷曲和堆垛的方式构建零维（0D）富勒烯、一维（1D）碳纳米管和三维（3D）石墨等其他维数碳材料，如图 1-2 所示[9]。

二、能带结构

在单层石墨烯的六边形晶格中，如图 1-3（a）所示，两个原胞晶格矢量表示为

$$\vec{a}_1 = \frac{a}{2}\left(1, \sqrt{3}\right), \vec{a}_2 = \frac{a}{2}\left(1, -\sqrt{3}\right) \tag{1-1}$$

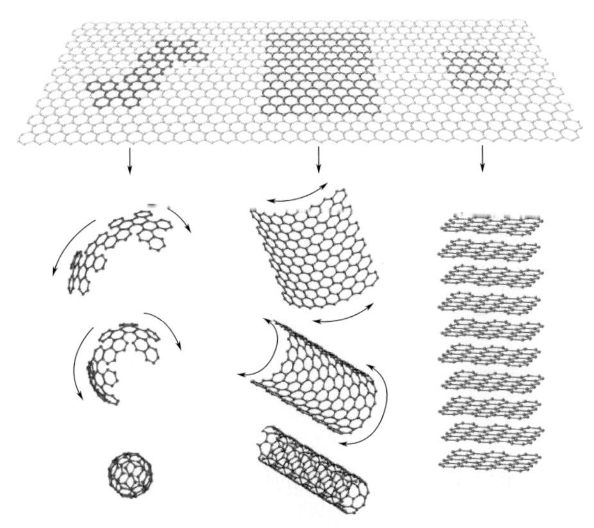

图1-2　石墨烯构筑零维富勒烯、一维碳纳米管、三维石墨材料[9]

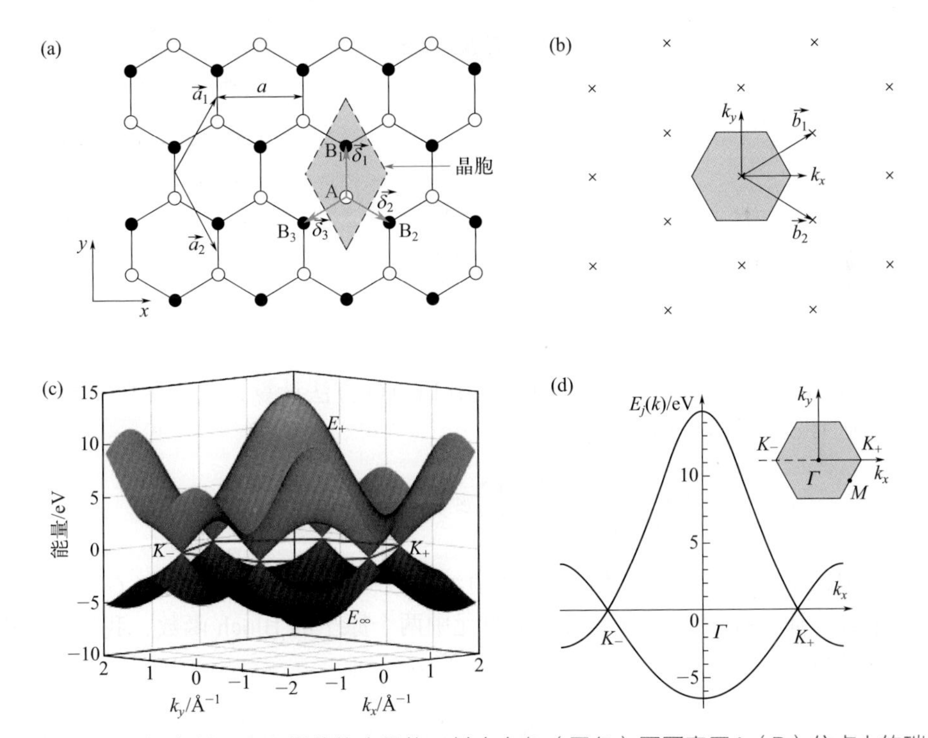

图1-3　（a）单层石墨烯的蜂窝晶格，其中白色（黑色）圆圈表示A（B）位点上的碳原子；（b）单层石墨烯的倒易点阵；（c）采用紧束缚理论计算的石墨烯能带结构；（d）沿着能带结构的横截面[5]

其中，$a=\sqrt{3}a_0\approx\sqrt{3}\times1.42=2.46$（Å）为晶格常数，即晶胞的边长，原子 B_l（l=1,2,3）相对于 A_l 的位置矢量设为 $\vec{\delta}_l$，实空间中的三个相邻矢量可表示为

$$\begin{aligned}\vec{\delta}_1&=\left(0,\frac{a}{\sqrt{3}}\right)\\ \vec{\delta}_2&=\left(\frac{a}{2},-\frac{a}{2\sqrt{3}}\right)\\ \vec{\delta}_3&=\left(-\frac{a}{2},-\frac{a}{2\sqrt{3}}\right)\end{aligned} \tag{1-2}$$

$\left|\vec{\delta}_1\right|=\left|\vec{\delta}_2\right|=\left|\vec{\delta}_3\right|=\dfrac{a}{\sqrt{3}}$ 是两个最邻近的碳原子之间的间距，图 1-3（b）显示了单层石墨烯的倒易点阵，其中叉点是倒易晶格点，六边形阴影部分是第一布里渊区。原倒易矢量 $\vec{b}_1$ 和 $\vec{b}_2$ 满足下列条件

$$\begin{cases}\vec{a}_1\vec{b}_1=\vec{a}_2\vec{b}_2=2\pi\\ \vec{a}_1\vec{b}_2=\vec{a}_2\vec{b}_1=0\end{cases} \tag{1-3}$$

因此

$$\begin{aligned}\vec{b}_1&=\left(\frac{2\pi}{a},\frac{2\pi}{\sqrt{3}a}\right)\\ \vec{b}_2&=\left(\frac{2\pi}{a},-\frac{2\pi}{\sqrt{3}a}\right)\end{aligned} \tag{1-4}$$

通常，石墨烯的电子能带结构可以用 LCAO 方法计算，也称为紧束缚法 [2]。因此，从 Bloch 函数开始：

$$\Phi_\alpha\left(\vec{k},\vec{r}\right)=\frac{1}{\sqrt{N}}\sum_{\vec{R}_\alpha\in G}\mathrm{e}^{i\vec{k}\cdot\vec{R}_\alpha}\varphi_\alpha\left(\vec{r}-\vec{R}_\alpha\right) \tag{1-5}$$

式中，Φ_α 为 α 原子位置的 $2p_z$ 轨道波函数；N 为晶格点的个数；G 为晶格矢量的集合。通过线性组合石墨烯晶格单元中两个原子的 Bloch 函数，我们得到电子本征函数为

$$\Psi_j\left(\vec{k},\vec{r}\right)=\sum_{\alpha=1}^{2}C_{j\alpha}\left(\vec{k}\right)\Phi_\alpha\left(\vec{k},\vec{r}\right) \tag{1-6}$$

传递积分矩阵、重叠积分矩阵和列向量如下

$$\mathcal{H}=\begin{pmatrix}\mathcal{H}_{AA} & \mathcal{H}_{AB}\\ \mathcal{H}_{BA} & \mathcal{H}_{BB}\end{pmatrix}$$

$$S=\begin{pmatrix}S_{AA} & S_{AB}\\ S_{BA} & S_{BB}\end{pmatrix} \tag{1-7}$$

$$C_j=\begin{pmatrix}C_{jA}\\ C_{jB}\end{pmatrix}$$

其中$\mathcal{H}_{ij}$和S_{ij}为

$$\mathcal{H}_{ij}=\left\langle \Phi_i \middle| H \middle| \Phi_j \right\rangle \text{和} S_{ij}=\left\langle \Phi_i \mid \Phi_j \right\rangle \tag{1-8}$$

由此推导出对角传递积分矩阵元素$\mathcal{H}_{AA}$

$$\mathcal{H}_{AA}=\frac{1}{N}\sum_{i=1}^{N}\sum_{j=1}^{N}e^{i\vec{k}\left(\vec{R}_{Aj}-\vec{R}_{Ai}\right)}\left\langle \varphi_A\left(\vec{r}-\vec{R}_{Ai}\right)\middle|H\middle|\varphi_A\left(\vec{r}-\vec{R}_{Aj}\right)\right\rangle \tag{1-9}$$

由于 $i=j$ 是最主要的贡献因素，此时公式（1-9）可整理为

$$\begin{aligned}\mathcal{H}_{AA}&\approx\frac{1}{N}\sum_{i=1}^{N}\left\langle \varphi_A\left(\vec{r}-\vec{R}_{Ai}\right)\middle|H\middle|\varphi_A\left(\vec{r}-\vec{R}_{Ai}\right)\right\rangle\\&=\frac{1}{N}\sum_{i=1}^{N}\epsilon_{2p}=\epsilon_{2p}\end{aligned} \tag{1-10}$$

其中ϵ_{2p}为 C 原子的 $2p_z$ 轨道的能量。

由于亚晶格 B 上的碳原子与亚晶格 A 上的碳原子在化学上是相同的，因此

$$\mathcal{H}_{BB}=\mathcal{H}_{AA}\approx\epsilon_{2p} \tag{1-11}$$

类似地，对角线重叠积分可以计算为

$$S_{AA}=S_{BB}\approx\frac{1}{N}\sum_{i=1}^{N}\left\langle \varphi_A\left(\vec{r}-\vec{R}_{Ai}\right)\middle|\ \varphi_A\left(\vec{r}-\vec{R}_{Ai}\right)\right\rangle=1 \tag{1-12}$$

假设主要的贡献来自最近的三个近邻原子，忽略其他原子的贡献，可以将非对角传递积分矩阵元素写为

$$\mathcal{H}_{AB}\approx\frac{1}{N}\sum_{i=1}^{N}\sum_{l=1}^{3}e^{i\vec{k}\left(\vec{R}_{Bl}-\vec{R}_{Ai}\right)}\left\langle \varphi_A\left(\vec{r}-\vec{R}_{Ai}\right)\middle|H\middle|\varphi_B\left(\vec{r}-\vec{R}_{Bl}\right)\right\rangle \tag{1-13}$$

每个最近邻 A 和 B 原子之间的矩阵元素的值是相同的，因此

$$\gamma_0=-\left\langle \varphi_A\left(\vec{r}-\vec{R}_{Ai}\right)\middle|H\middle|\varphi_B\left(\vec{r}-\vec{R}_{Bl}\right)\right\rangle \tag{1-14}$$

则非对角传递积分矩阵元素可以写成

$$
\begin{aligned}
\mathcal{H}_{AB} &\approx -\frac{\gamma_0}{N}\sum_{i=1}^{N}\sum_{l=1}^{3} e^{i\vec{k}\left(\vec{R}_{Bl}-\vec{R}_{Ai}\right)} \\
&= -\gamma_0\sum_{l=1}^{3} e^{i\vec{k}\cdot\vec{\delta}_l} \equiv -\gamma_0 f\left(\vec{k}\right)
\end{aligned}
\tag{1-15}
$$

$$
\mathcal{H}_{BA} \approx -\gamma_0 f^*\left(\vec{k}\right) \tag{1-16}
$$

以及

$$
\vec{\delta}_l = \vec{R}_{Bl} - \vec{R}_{Ai} \tag{1-17}
$$

描述最近邻跳变的函数$f\left(\vec{k}\right)$可以计算为

$$
f\left(\vec{k}\right) = \sum_{l=1}^{3} e^{i\vec{k}\cdot\vec{\delta}_l} = e^{\frac{i\vec{k}_y a}{\sqrt{3}}} + 2e^{-\frac{i\vec{k}_y a}{2\sqrt{3}}}\cos\left(\frac{\vec{k}_x a}{2}\right) \tag{1-18}
$$

以类似的方式可得

$$
S_{AB} \approx -s_0 f\left(\vec{k}\right) \text{和} S_{BA} \approx -s_0 f^*\left(\vec{k}\right) \tag{1-19}
$$

$$
s_0 = -\left\langle \varphi_A\left(\vec{r} - \vec{R}_{Ai}\right) \middle| H \middle| \varphi_B\left(\vec{r} - \vec{R}_{Bl}\right) \right\rangle \tag{1-20}
$$

最后，得到了传递积分矩阵和重叠积分矩阵

$$
\mathcal{H} = \begin{pmatrix} \epsilon_{2p} & -\gamma_0 f\left(\vec{k}\right) \\ -\gamma_0 f^*\left(\vec{k}\right) & \epsilon_{2p} \end{pmatrix} \tag{1-21}
$$

$$
S = \begin{pmatrix} 1 & -s_0 f\left(\vec{k}\right) \\ -s_0 f^*\left(\vec{k}\right) & 1 \end{pmatrix} \tag{1-22}
$$

特征值E_j（$j = 1,2$）可以写成

$$
E_j\left(\vec{k}\right) = \frac{\left\langle \Phi_j \middle| H \middle| \Phi_j \right\rangle}{\left\langle \Phi_j \middle| \Phi_j \right\rangle} \tag{1-23}
$$

用Bloch函数代入展开式

$$
E_j\left(\vec{k}\right) = \frac{\sum_{i=1}^{N}\sum_{l=1}^{N} C_{ji}^* C_{jl} \Phi_i \left| H \right| \Phi_l}{\sum_{i=1}^{N}\sum_{l=1}^{N} C_{ji}^* C_{jl} \Phi_i \mid \Phi_l} = \frac{\sum_{i=1}^{N}\sum_{l=1}^{N} C_{ji}^* C_{jl} \mathcal{H}_{il}}{\sum_{i=1}^{N}\sum_{l=1}^{N} C_{ji}^* C_{jl} S_{il}} \tag{1-24}
$$

根据C_{jm}^*的变化最小化能量

$$
\frac{\partial E_j}{\partial C_{jm}^*} = 0 \Rightarrow \sum_{l=1}^{2} \mathcal{H}_{ml} C_{jl} = E_j \sum_{l=1}^{2} S_{ml} C_{jl} \tag{1-25}
$$

写成矩阵方程为

$$
\begin{aligned}
\mathcal{H}C_j = E_j S C_j \Rightarrow \begin{pmatrix} \mathcal{H}_{\mathrm{AA}} & \mathcal{H}_{\mathrm{AB}} \\ \mathcal{H}_{\mathrm{BA}} & \mathcal{H}_{\mathrm{BB}} \end{pmatrix} \begin{pmatrix} C_{j\mathrm{A}} \\ C_{j\mathrm{B}} \end{pmatrix} \\
= E_j \begin{pmatrix} S_{\mathrm{AA}} & S_{\mathrm{AB}} \\ S_{\mathrm{BA}} & S_{\mathrm{BB}} \end{pmatrix} \begin{pmatrix} C_{j\mathrm{A}} \\ C_{j\mathrm{B}} \end{pmatrix}
\end{aligned} \tag{1-26}
$$

石墨烯的本征能为

$$
\det\left[\mathcal{H} - E_j S\right] = \det\begin{bmatrix} \epsilon_{2\mathrm{p}} - E_j & -\left(\gamma_0 + E_j s_0\right) f\left(\vec{k}\right) \\ -\left(\gamma_0 + E_j s_0\right) f^*\left(\vec{k}\right) & \epsilon_{2\mathrm{p}} - E_j \end{bmatrix} = 0 \tag{1-27}
$$

通过对这个特征方程的求解，得到了色散关系的表达式

$$
E_j(\vec{k})_\lambda = \frac{\epsilon_{2\mathrm{p}} + \lambda\gamma_0 \left|f\left(\vec{k}\right)\right|}{1 - \lambda s_0 \left|f\left(\vec{k}\right)\right|} \tag{1-28}
$$

其中 $\lambda = \pm 1$ 分别代表导带和价带。通过紧束缚模型与拟合实验的比较或密度泛函理论 [2]，可以获得三个参数 $\epsilon_{2\mathrm{p}}$、γ_0 和 s_0。Wallace 首先使用紧束缚模型来描述石墨烯的能带结构，然而另一种紧束缚近似是由 Saito 等人给出，他们考虑了基本函数之间的重叠，但只包括六边形晶格中最近邻碳原子之间的相互作用。在 Saito 等人 [10] 的描述中，$\epsilon_{2\mathrm{p}}$、γ_0 和 s_0 的值分别为 0eV、3.033eV 和 0.129eV，这里，$\epsilon_{2\mathrm{p}} = 0$ 意味着 $2\mathrm{p}_z$ 轨道的能量被设为 0，将这三个值输入表达式（1-28），得到图 1-3（c）所示的模拟石墨烯能带结构。在单层石墨烯的晶体结构中，由于对称性，电子在两个等效的碳三角形亚晶格跳跃，导致形成了两个能带（即能量更高的导带和能量更低的价带），其为 $E_j\left(\vec{k}\right)$ 交于 0 的点。此外，费米能级位于这些点上，这些点也被称为狄拉克点（Dirac point）。

图 1-3（d）显示了能带结构的特定线扫描，其中能带沿着 k_y=0 的线，被绘制为波矢量分量 k_x 的函数。图中，布里渊区中心标记为 Γ，两个角分别标记为 K_+ 和 K_-。点 K_+（K_-）附近是线性色散，可以用狄拉克哈密顿量来描述 [11]

$$
\hat{H}_0 = -i\hbar v_{\mathrm{F}} \sigma \nabla \tag{1-29}
$$

式中，$\hbar$ 为约化普朗克常数；v_{F} 为费米速度，约 10^6m/s；$\sigma = \left(\sigma_x, \sigma_y\right)$ 为泡利矩阵。导带（E_+）和价带（E_-）之间的不对称性，在 Γ 点附近尤其明显，这归因于非零重叠参数 s_0。然而，石墨烯的电子能带结构可以通过施加电场或提供衬底改变，并通过在六边形晶格中引入无序性来精确设计。

第三节
石墨烯的性质

一、电学性质

石墨烯具有优异的电学性能，如超高的载流子迁移率[12]、室温量子霍尔效应[13]等，这些优异性能使得石墨烯在集成电路、射频器件、探测器等领域具有潜在的应用价值。

迁移率是指单位场强下载流子的平均迁移速度，单位通常是$cm^2/(V \cdot s)$。如前所述，由于石墨烯其费米面附近的电子表现为无质量的狄拉克费米子，因此石墨烯具有极高的载流子迁移率。而石墨烯载流子迁移率主要受到石墨烯表界面的带电杂质和衬底表面的光学声子引起的散射影响。实际测量中，石墨烯沟道的尺寸、石墨烯起伏或褶皱、石墨烯器件的工作环境都会影响石墨烯载流子迁移率。

通常为测定石墨烯载流子迁移率，需要把石墨烯薄膜制备成场效应晶体管的器件。常用的石墨烯场效应晶体管的衬底多为表面覆盖有一定厚度氧化硅的掺杂硅片。当在硅衬底上施加电压，即栅压(V_g)后，在石墨烯沟道中可以感应出一定的电荷，感应电荷的数量，即石墨烯载流子浓度是$n=\varepsilon_0\varepsilon_{SiO_2}V_g/(ed)$。其中，$\varepsilon_{SiO_2}$是氧化硅介电常数；$\varepsilon_0$是空气介电常数；$e$是电荷电量；$d$是氧化硅的厚度。如图1-4所示，当对本征石墨烯施加正栅压时，石墨烯感应出负电荷，此时主要载流子的类型是电子，石墨烯的费米能级位于狄拉克点的上方。当施加负栅压时，石墨烯中的载流子变为空穴，空穴费米能级位于狄拉克点的下方。

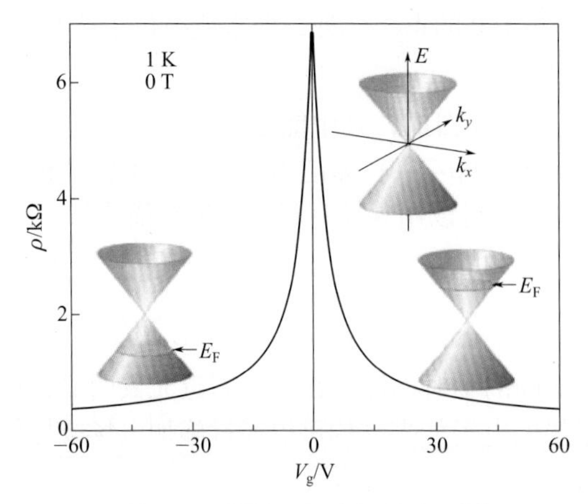

图1-4　单层石墨烯的双极电场效应图[14]

根据石墨烯的场效应晶体管的转移曲线，可用如下公式计算出石墨烯器件的迁移率：

$$\mu = 1/(neR) \tag{1-30}$$

其中，n 是载流子浓度；R 是器件电阻。石墨烯优异的电学性质就包括其室温下高的载流子迁移率。

在 Si/SiO_2 衬底上，机械剥离的石墨烯迁移率测量结果通常为 10000 ～ 15000$cm^2/(V \cdot s)$，而理论预测上限值在 40000 ～ 70000$cm^2/(V \cdot s)$ 范围内[15-16]。石墨烯在硅 / 氧化硅衬底上的迁移率降低是由石墨烯与氧化硅界面处吸附的带电杂质引起的散射以及衬底缺陷位点引起的散射所导致的，因此抑制石墨烯表界面带电杂质吸附，发展有效的表界面调控、清洁技术是提高石墨烯载流子迁移率的有效方法。减少衬底对石墨烯电学性质的影响也可以通过构筑悬空石墨烯器件来实现。报道的悬空石墨烯的载流子迁移率可以达到 $10^6 cm^2/(V \cdot s)$。

无论是衬底界面声子散射还是带电杂质散射都是长程库仑相互作用，这种作用的影响可以通过用高 κ 介质替换现有硅衬底来降低[15,17]。目前在集成电路领域中，常用的栅氧化层是 HfO_2。HfO_2 由于具有较大的禁带宽度（约 5.9eV）、高介电常数（相对介电常数约 25）和良好的热稳定性，是最有希望取代 SiO_2 作为硅基晶体管栅介质的高 κ 介质，因此可以用来提升石墨烯载流子迁移率[18]。

随着二维材料的发展，二维材料六方氮化硼（h-BN）因其具有原子级平整的表面和与石墨烯类似的晶格结构，可以有效减少界面散射对石墨烯电学性能降低的影响。采用 h-BN 包裹的石墨烯器件，室温的迁移率达到了 140000$cm^2/(V \cdot s)$。

霍尔效应是物理学中非常重要的现象：将通电导体放置在垂直电流方向的磁场中，在垂直磁场和电流方向的导体两侧可以测量出霍尔电压。通常可以用霍尔效应来表征材料的电学性质，如载流子浓度与迁移率。

石墨烯载流子被限制在单原子层表面，形成二维电子气，为霍尔效应的研究提供了新的材料体系平台。图 1-5 是石墨烯在恒定磁场的霍尔电导率 σ_{xy} 和纵向电阻率 ρ_{xx} 随载流子浓度（n）变化的曲线，从图中可以看出，石墨烯量子霍尔平台非常清晰。与经典的二维电子气的结果不同，石墨烯的量子霍尔效应平台出现在半整数处，表示为 $(N+1/2)(4e^2/h)$。石墨烯出现分数量子霍尔效应是因为石墨烯晶格由两种碳原子构成，在倒空间有 K 和 K' 两个狄拉克点，其谷简并度 $g_v = 2$，而石墨烯的自旋简并度 $g_s = 2$。对于能量最低的朗道能级（N=0）而言，该能级只能容纳一种费米子，其简并度为 2。对于其他朗道能级（N≠0），均可被两种费米子占据，其总简并度是 $g_v g_s = 4$。因此第一个量子霍尔效应的平台出现在正常载流子填充量的一半。由于在室温环境下石墨烯的载流子受散射影响相对较小，所以在室温下也可以测得量子霍尔效应。

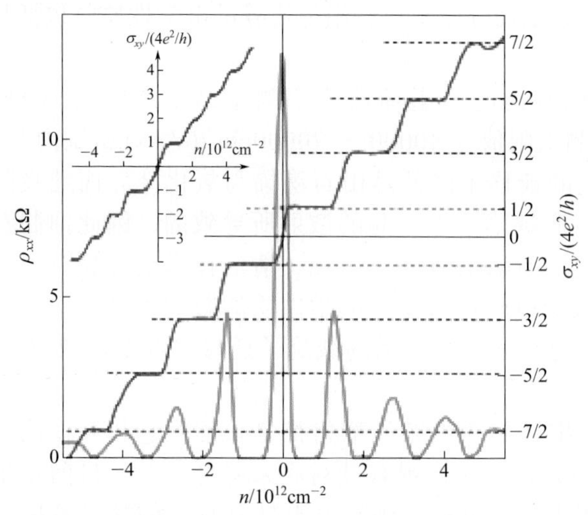

图1-5　无质量狄拉克费米子的量子霍尔效应[13]
（e—电子电量；h—普朗克常数）

二、光学性质

石墨烯具有零带隙的狄拉克锥形电子能带结构，且在费米能级附近，石墨烯中的电子表现为无质量的狄拉克费米子。石墨烯特殊的能带结构也赋予了石墨烯新奇的光 - 物质相互作用，使得石墨烯具有独特的光学性质[19-21]。

在较宽的光子能量范围内，石墨烯的透光率（T）与频率无关，仅由精细结构常数 $\alpha = e^2/(\hbar c)$（c 为光速）决定：

$$T = \left(1 + 2\pi G / c\right)^{-2} \approx 1 - \pi\alpha \approx 0.977 \tag{1-31}$$

对于单层石墨烯的透光率约为 97.7%。并且，石墨烯的透光率与石墨烯的层数呈线性关系，每多一层就减少 2.3% 的透光率，可以通过石墨烯对可见光的透射情况来判断石墨烯的层数。

如果按照相同原子厚度比较材料的光吸收情况时，石墨烯实际上表现出较强的宽光谱吸收（$\pi R = 2.3\%$）特性，这比同等厚度的 GaAs 高约 50 倍[22-23]。石墨烯的反射率相对较弱，单层石墨烯的反射率用下式表示

$$R = 0.25\pi^2\alpha^2 T = 1.3\times10^{-4} \tag{1-32}$$

式中，α是精细结构常数；T是透光率，根据公式可知石墨烯的反射率远小于其透光率[24]。

等离子体增强技术在超灵敏单分子检测[25]和非线性光学[26]等方面表现出潜在的应用价值。与金属等离子体材料不同，单原子厚度的石墨烯非常薄，不能用传统的半无限界面模型来描述等离子体的性质。与金属相比，石墨烯中表面等离子体激元的激发还面临着能量和动量与自由空间中的光不匹配的问题。因此，通常采用棱镜、拓扑缺陷和周期性波来解决这一问题[27]。最近，有研究者[28]利用扫描近场光学显微镜观测到了氧化硅基底上石墨烯中的表面等离子体激元（SPP）。如图 1-6 所示，为了实现能量和动量与光的匹配，研究团队用聚焦的红外光束照射 AFM 的尖端，在固定的红外入射光频率下，SPP 被 AFM 针尖激发，并沿着石墨烯片传播，并最终在石墨烯边缘被反射、干扰和阻尼。向前传播的 SPP 可以被反射的 SPP 干扰而形成驻波，从而可以方便地从驻波中测量 SPP 的波长。

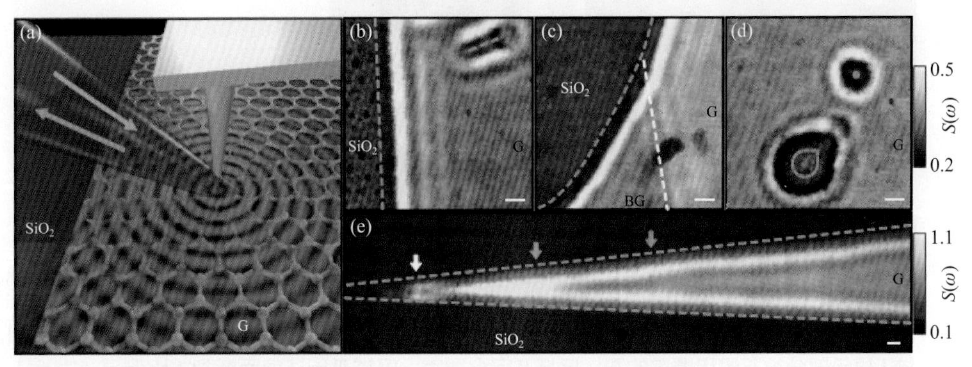

图1-6 （a）在氧化硅基底上的石墨烯红外纳米成像实验原理图；（b）～（e）这些图像显示了靠近石墨烯边缘（蓝色虚线）、缺陷（绿色虚线）、单层和双层石墨烯边界（白色虚线）的特征干涉模式[28]

三、力学性质

与碳纳米管的性质类似，石墨烯中碳原子之间通过较强的 σ 键连接，这赋予了其优异的力学性质。本部分将从石墨烯的本征力学强度、石墨烯力学性质的影响因素和石墨烯的黏附性等方面详述石墨烯的力学性质。

基于机械剥离法制备的石墨烯，并结合纳米压痕表征技术，Lee 等人测定了悬空单层石墨烯的弹性性能，石墨烯的杨氏模量达到了 1.0TPa，本征力学强度（材料断裂前所能承受的最大外力）为 130GPa，证实了石墨烯在已知材料中拥有最高的力学强度，其强度是钢铁的上百倍（图 1-7）。另外，石墨烯撕裂过程的研究发现，悬空石墨烯的断裂应变约为 25%，这表明石墨烯具有高刚度的同时，也具有较大的拉伸形变耐受能力。密度泛函理论推导出石墨烯的杨氏模量 1.05TPa，与实验结果吻合，同时扶手椅型的石墨烯和锯齿型石墨烯的拉伸强度分别为 110GPa 和 121GPa[29]。理论计算模拟得出石墨烯的泊松比为 0.149[30]，这表明石墨烯具有类似混凝土和玻璃（泊松比为 0.1 ～ 0.2）等物质的脆性特征，材料本身的弹性形变能力较弱。需要指出的是大面积、无缺陷本征石墨烯的制备仍难以解决，这一定程度上限制了宏观尺度下石墨烯本征力学性能的直接测量。

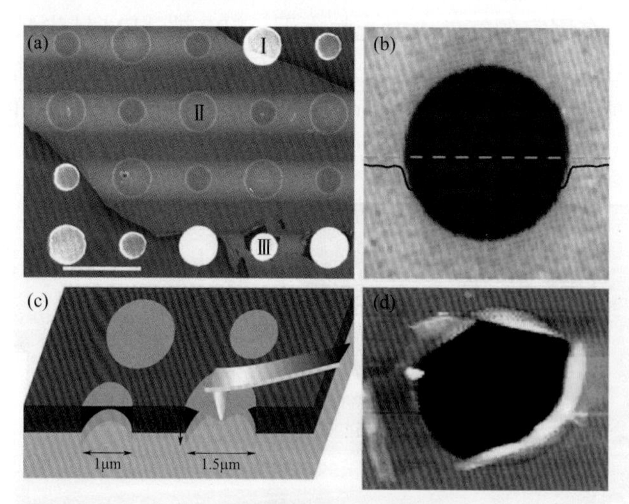

图1-7　（a）大石墨烯薄片的扫描电子显微镜照片，其跨越直径为1μm和1.5μm的圆孔阵列，区域Ⅰ显示部分被石墨烯覆盖的孔，区域Ⅱ完全覆盖，区域Ⅲ因压痕而断裂（比例尺，3μm）；（b）一个膜的非接触模式AFM图像，直径为1.5μm，实线是沿虚线的高度轮廓，膜边缘的台阶高度约为2.5nm；（c）悬浮石墨烯膜上的纳米压痕示意图；（d）断裂膜的AFM图像[4]

石墨烯层数增加也将改变石墨烯的力学性能。经测定双层的石墨烯的杨氏模量近似等于 0.8TPa[31]。同时，研究发现石墨烯的强度随着层数增加而降低 30% 以上，而 h-BN 纳米片的力学强度对厚度的增加并不敏感 [32-33]。需要指出的是，目前实验报道的单层石墨烯的杨氏模量基本都在 1.0TPa 左右，但是多层石墨烯的杨氏模量随层数变化规律仍然缺乏定论。

机械剥离的石墨烯通常认为是缺陷极少，甚至是无缺陷，因此机械剥离石墨烯表现出极佳的力学强度，然而机械剥离方法无法实现石墨烯薄膜的批量制备。目前，化学气相沉积方法已经可以实现石墨烯薄膜材料在铜箔上的大面积制备，但是化学气相沉积石墨烯制备技术仍不可避免引入各种类型的缺陷，如点缺陷和畴区晶界等，使得化学气相沉积石墨烯的实际力学强度远低于机械剥离石墨烯的性质。因此，探究缺陷对石墨烯力学性质的影响机制对于提升化学气相沉积石墨烯力学强度具有重要指导意义。

缺陷的存在改变了材料的受力分布，特别是缺陷尺寸较大时会使得应力分布更加集中，形成诸多的高应力区域，这些区域的存在更容易发生断裂。因而微观缺陷的存在产生连锁反应使得宏观层面上石墨烯力学性能的显著降低。在石墨烯中，缺陷包括了缺位缺陷、Stone-Wales 缺陷及畴区晶界等。缺位缺陷一般属于点缺陷，特指石墨烯结构中碳原子的缺失。通过分子动力学模拟，表明石墨烯的杨氏模量会随着单原子缺位浓度的增加而线性减小，例如 4% 的缺陷浓度时杨氏模量将减小 12%[34]。此外，理论模拟表明缺陷密度增加和温度的升高，都会导致断裂强度的显著衰减 [35]。

大面积石墨烯是通过 CVD 法在金属基底上制备的。目前，大面积金属单晶的制备仍存在诸多的挑战，而衬底的晶格取向一定程度上影响了生长得到的石墨烯的晶格取向，不同晶格取向的石墨烯晶畴在拼接过程中会形成缺陷晶界。相关的高分辨 TEM 表征和理论模型表明这些晶界通常是由五元环 - 七元环对或扭曲的六元环组成。通过纳米压痕技术，测得 CVD 生长的多晶石墨烯的平均断裂强度约为 100nN，远小于机械剥离石墨烯 1.7μN 的平均数值，证明了缺陷晶界存在会显著地降低石墨烯的力学强度。而 CVD 生长的多晶石墨烯的平均弹性模量为 55N/m，约为本征石墨烯的 1/6，且研究表明缺陷晶界处石墨烯的断裂更倾向于沿着缺陷晶界展开 [36-37]。

黏附力指某种材料附着于另一种材料表面的能力。石墨烯由于其单原子层厚度的特点，实际应用中往往需要附着于特定衬底上，因此系统研究石墨烯的黏附力对其实际应用具有重大意义。在纳米尺度上，范德华力的强度基本不受物体尺寸减小的影响。对于石墨烯而言，范德华力作用使得石墨烯能紧密附着于基底上。通过在多孔 SiO_2 上构筑悬空石墨烯，可精确测定石墨烯与 SiO_2 之间的黏附能 [38]（图 1-8）：将机械剥离得到的石墨烯薄片转移在刻蚀有微腔的 SiO_2 基底上，进而通过氮气压力仓使得石墨烯微腔加压起泡；随后利用 AFM 来确定气泡横截面的改变，最终可以获得石墨烯的黏附能。实验测得单层石墨烯与 SiO_2 的黏附能为 0.45J/m，多层石墨烯（2 ～ 5 层）则为 0.31J/m。由于多层石墨烯之间的范德华力存在导致石墨烯与 SiO_2 之间的黏附力减弱。实际上石墨烯与衬底的黏附能的大小与固 - 液间的黏附能更接近，这是因为少层石墨烯优异的形变能力使其能像液体一般在固体表面铺展，与固体衬底形成良好的贴合。

不同类型的石墨烯与 AFM 针尖的黏附力大小具有显著差异。机械剥离石

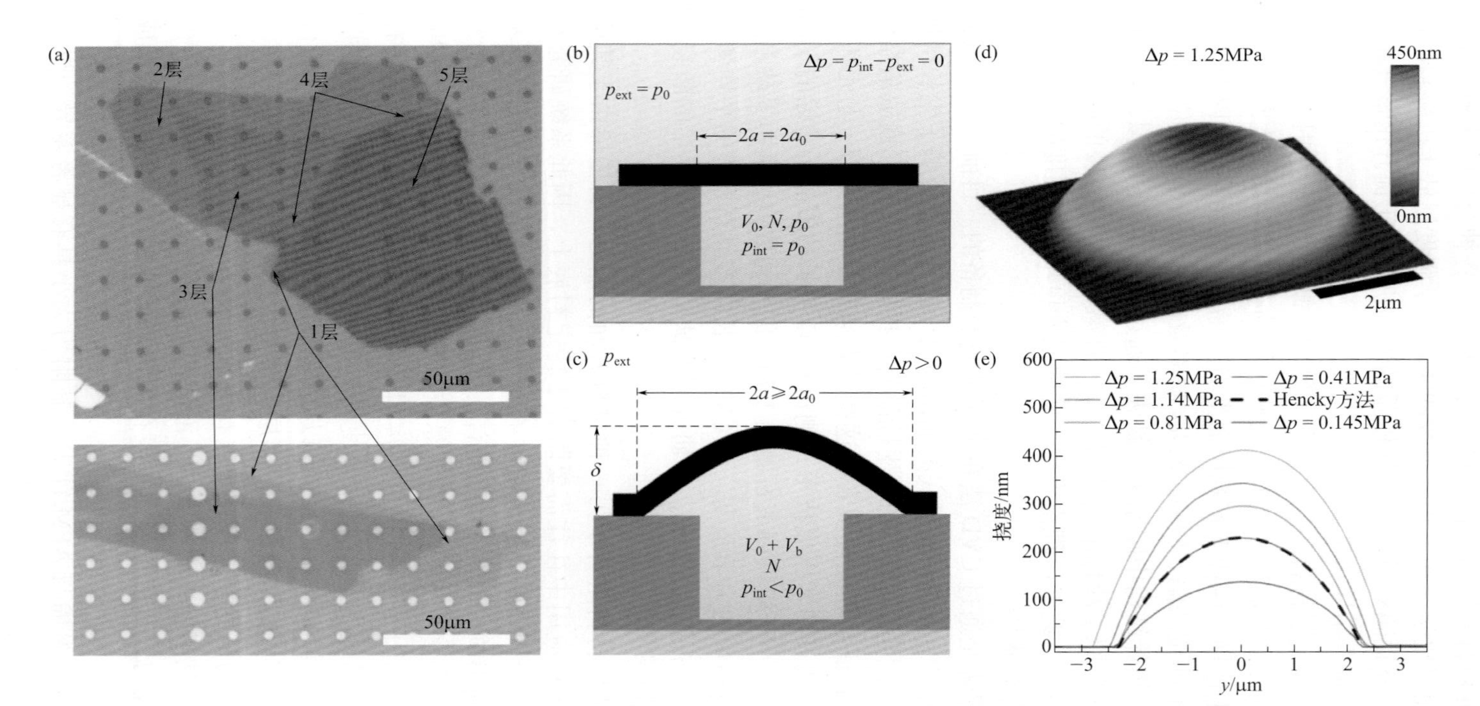

图1-8 （a）微腔阵列上不同层数的石墨烯薄片的光学图像；（b）石墨烯密封微腔放置在压力室前的示意图，此时腔体内外压力(p_{int}、p_{ext})相等，膜是平的；（c）当微腔从压力室中移除时，膜上的压力差导致其向上凸起，最终从基底上分层，导致半径（a）增大；（d）单层石墨烯膜的三维渲染；（e）Δp在0.145MPa和1.25MPa之间的5个不同的Δp值的挠度与位置的关系[38]

墨烯、氧化还原石墨烯、氧化石墨烯与 AFM 针尖的黏附力大小分别为 2.47nN、9.12nN 和 18.0nN[39]。机械剥离石墨烯远小于其他类型石墨烯，主要是因为机械剥离石墨烯表面具有疏水性，毛细作用较弱，而氧化石墨烯表面具有丰富的含氧功能团，其亲水特性增加了毛细作用，因此黏附力较大。此外，缺陷的存在也可能使得氧化石墨烯的黏附力增大[40]。

四、热学性质

石墨烯的导热过程主要是通过声子的相互作用来描述。其中，声子弛豫时间是其最基本的性质，决定了各声子模式对导热的贡献。图 1-9 给出了单层石墨烯的声子色散关系：对于单层石墨烯来说，总共有六支声子色散曲线，分别为三个光学支（面内光学纵波 iLO、面内光学横波 iTO 和面外光学横波 oTO）和三个声学支（面内声学纵波 iLA、面内声学横波 iTA 和面外声学横波 oTA）。面内（i）和面外（o）分别为原子的振动方向平行或者垂直于石墨烯平面，纵向（L）和横向（T）即为原子的振动方向平行或者垂直于碳碳键的方向。不同频率的声子对热导率的贡献不同，因为低频声子加权态密度较大，并且弛豫时间普遍高于高频声子，因此低频声子对热导率贡献大，研究显示声学支声子的总贡献可达95%[41]。

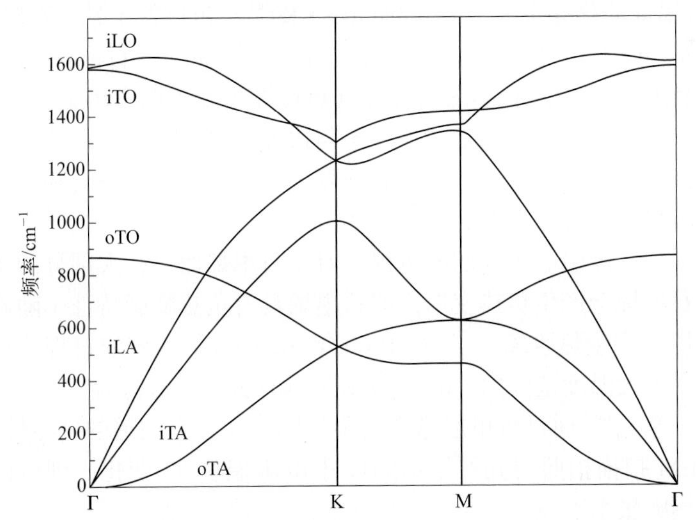

图1-9　计算的石墨烯的声子色散关系，显示了iLO、iTO、oTO、iLA、iTA和oTA的声子分支[41]

材料的热导率量化了其传导热量的能力。对于石墨烯一类的纳米碳材料，其热传导主要来自晶格热振动，也就是声子的热导。由上述的讨论可知，在石墨烯的热传导中起主导作用的是低频率的声学支声子。相关理论表明，在石墨烯中，LA（V_{LA}=21.3km/s）声子和 TA（V_{TA}=13.6km/s）声子的群速度是硅或锗的 4 ～ 6 倍，这预示着石墨烯拥有极高的热导率[41]。

由于石墨烯的拉曼 G 峰峰位强烈依赖于温度，因此可以通过拉曼 G 峰峰位变化来表征石墨烯体系的温度变化。在考虑石墨烯尺寸效应对声子平均自由程的影响下，Alexander 等人[42]给出了拉曼表征提取石墨烯热导率的方程：

$$k = \left(\frac{1}{2}\pi h\right)\left(\frac{\Delta P}{\Delta T}\right) = \chi\left(\frac{1}{2}\pi h\right)\left(\frac{\delta w}{\delta P}\right)^{-1} \quad (1\text{-}33)$$

式中，h 为单层石墨烯厚度；ΔP 为激光功率的变化；ΔT 为由于激光功率的变化而引起的局域温度变化；δw 为样品表面热功率 δP 变化时所引起的拉曼 G 峰位移；χ 为一阶温度系数。

基于上述理论，利用拉曼光谱技术，在悬空的单层石墨烯上首次测得单层石墨烯的热导率高达 5300W/(m・K)[43]（图 1-10）。基于拉曼光谱技术测得的悬空石墨烯的热导率与石墨烯的本征热导率接近，这是因为悬空石墨烯有利于热在面内方向传递而不受石墨烯与基底之间界面的影响。悬空石墨烯的构筑可以有效避免基底的热耦合与基底上的缺陷和杂质所引起的散射对石墨烯热传导的影响[44]。在实际应用中，石墨烯不可避免地要和基底或周围的物质结合在一起，在 SiO_2/Si 基底上石墨烯的热导率大约为 600W/(m・K)[45]，虽然低于悬空石墨烯，但相对于硅［145W/(m・K)］和铜［400W/(m・K)］的热导率，石墨烯的热导性仍然具有很大的优势。就少层石墨烯而言，其热传导主要受两个因素所影响：①本征性质，石墨烯晶格；②外部因素，如声子与边界、晶界及缺陷所造成的散射等。通过拉曼光谱对少层石墨烯热导率的表征发现，石墨烯热导率会随着层数的增加而减小，逐渐趋近于块体石墨的热导率[46-47]。

材料的热膨胀现象逐渐引起了人们的重视。对于石墨烯而言，大部分的实验和理论研究表明，石墨烯会产生负热变形，即石墨烯具有负热膨胀特性（随着环境温度的升高，石墨烯产生热收缩）。早在 1960 年 Steward 等人就通过理论计算预言，单层石墨烯在很大温度范围内（0 ～ 700K）具有负热变形行为[48]。

实验方面，Bao 等人[49]通过将单层悬空石墨烯固定在带有沟道的硅器件上，利用带有温控的 SEM 扫描拍照得到石墨烯的尺寸 dl 随温度 dT 变化，则可以得到整个系统的等效热膨胀系数 α_{eff}：

$$\alpha_{eff} = \frac{dl}{dT} = \alpha - \alpha_t \quad (1\text{-}34)$$

式中，α_t 是沟道的热膨胀系数，由此可以得到石墨烯的热膨胀系数 α。

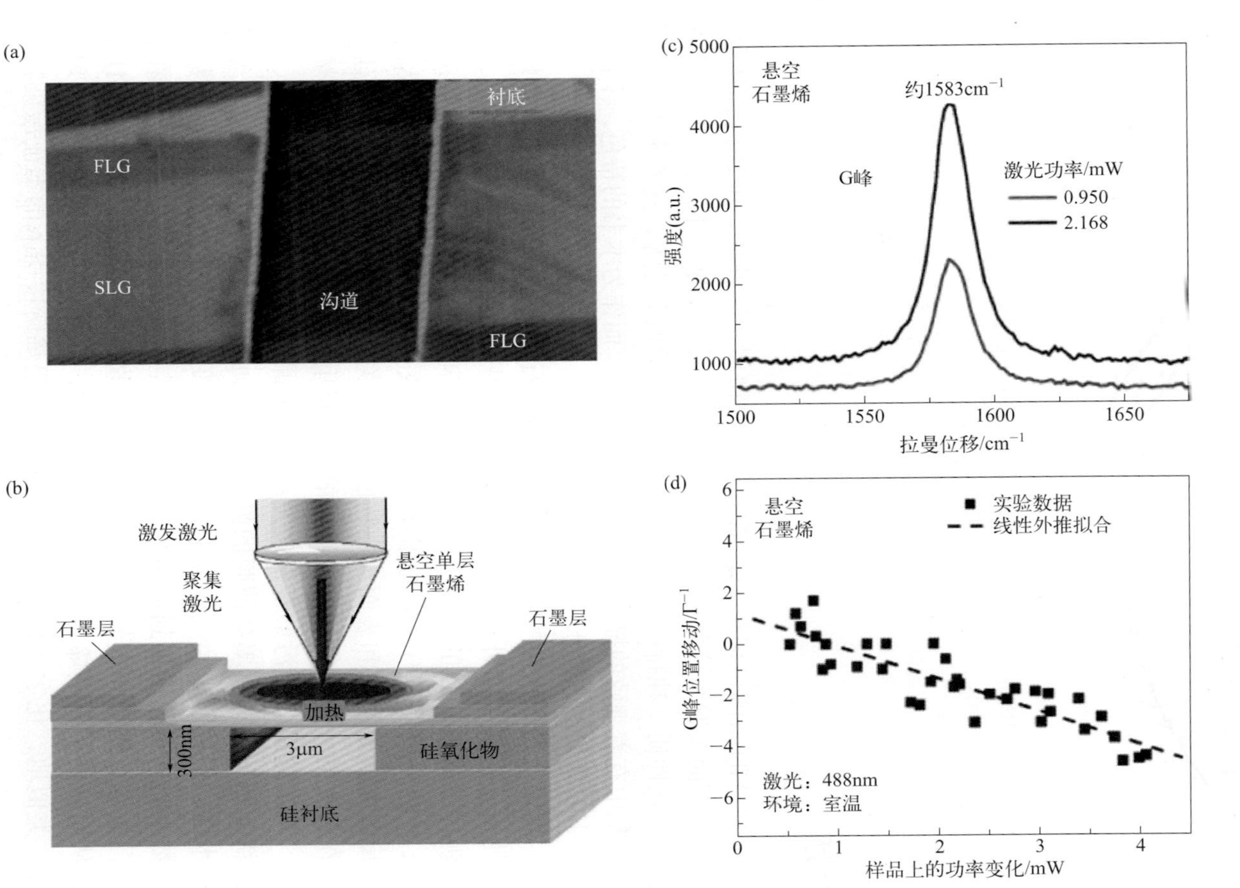

图1-10 （a）悬空石墨烯SEM图；（b）基于拉曼技术的石墨烯热导率测试原理图；（c）在不同功率下悬空石墨烯的拉曼光谱G峰位置；（d）室温下拉曼光谱G峰偏移位置与激光功率变化图[43]

FLG—少层石墨烯；SLG—单层石墨烯

实验表明在 400K 以下石墨烯均表现出负热变形，在 350K 附近时其热收缩幅度最大[49-50]（图 1-11）。

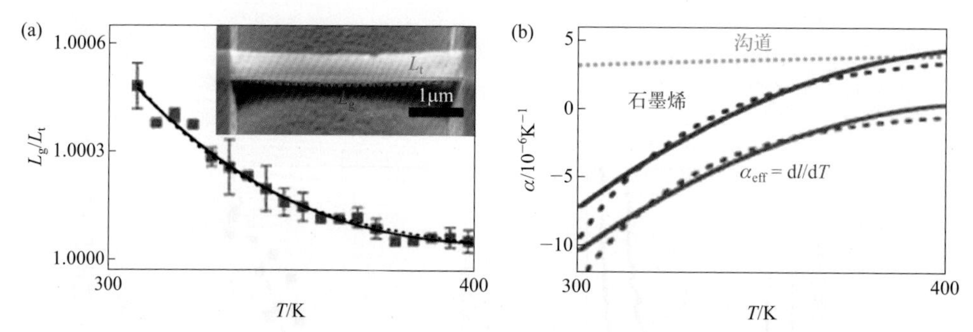

图1-11　（a）单层石墨烯的应变随温度的变化关系（SEM插图给出多层石墨烯结构）；（b）等效热膨胀系数和单层石墨烯热膨胀系数随温度的变化关系[49]

L_g—石墨烯长度；L_t—沟道长度

五、其他性质

石墨烯独特的晶体结构赋予其诸多优异的物理化学性质，上述内容从电、光、力、热等方面出发系统介绍了石墨烯的基本性质。除此之外，石墨烯还表现出了优良的催化性质、独特的表面性质和良好的化学稳定性等，这些常见的性质在诸多的文献中有着细致的描述，在这里不再赘述。而作为本书的特色，下面将重点介绍一下石墨烯的亲疏水性质和阻隔性质。

石墨烯理论上是亲水性的。结构决定性质，石墨烯紧密堆积成的六角蜂窝状结构，使得其形成了面外离域大 π 键。由于石墨烯具有大的 π 共轭体系，而水对于共轭体系具有较强的亲和力，水分子中的氢原子可以通过与石墨烯的大 π 键形成 π-H 键来增强与石墨烯的相互作用，导致石墨烯表现出亲水性。然而，受周围环境，尤其是衬底和表面污染物的影响，关于石墨烯薄膜的亲水性研究结果仍存在较大的分歧和争议。在过去的十几年里，人们普遍误认为石墨烯是疏水材料。其实这跟表面污染有很大关系。多个课题组的研究结果均表明，铜衬底表面新鲜制备出的石墨烯薄膜的静态接触角通常小于 40°，石墨烯表现出明显的亲水性；但放置于大气环境中，其表面会变得越来越疏水，接触角数值往往能在数小时内迅速增加到近 90°。这是因为空气中的碳氢化合物吸附在石墨烯表面，使得石墨烯和水分子之间不能进行有效的电荷转移，妨碍了 π-H 键的形成，从而减弱了石墨烯与水分子的相互作用，亲水性的石墨烯表面表现出了疏水性。类似地，化学气相沉积法高温生长石墨烯阶段引入的本征污染物无定形碳和石墨烯转移阶段引入的聚合物残留也会显著增大石墨烯的接触角，使其变得疏水。

为研究石墨烯的本征亲水性，本书著作团队结合超洁净石墨烯生长方法和无胶洁净转移方法制备出了不受表面污染物和衬底影响的大面积、高品质且洁净的悬空石墨烯薄膜。随后，借助环境扫描电镜对悬空石墨烯表面负载水滴的静态接触角进行了测量。悬空石墨烯的静态接触角平均值仅为 30°，在实验上明确证实了石墨烯的本征亲水性。与此同时，铜衬底表面生长的亲水、洁净的石墨烯转移到不同功能衬底后仍可以保持较好的亲水性，并且在细胞培养和冷冻电镜成像等生物领域应用方面表现出了明显优势。

研究证明，虽然石墨烯只有单层碳原子厚度，对于无孔洞的石墨烯，除质子外所有的气体和液体都不能穿透它，展现了极为优异的不可透过性[51]。同时，石墨烯超高的力学强度、柔性和较高的可见光透过率，使得石墨烯膜在阻隔、分离领域的研究成为一大热点。

早期的实验和理论研究都认为无缺陷石墨烯是完全不透过所有气体和液体的。随后，Hu 等人基于机械剥离石墨烯和六方氮化硼，利用电化学方法（电压 - 电流曲线）测得单层石墨烯和 h-BN 在环境温度下对质子表现出很高的透过性[51]。而双层和多层石墨烯与 h-BN 则未检测到质子传输。此外，通过负载金属纳米粒子，可以进一步增强石墨烯和 h-BN 的质子传输能力，在质子透过膜方面展现了极大的应用前景。不仅如此，大量的工作也研究了石墨烯的气体透过性，并且在极低的检测极限下严格证明了，在室温下石墨烯对除氢气以外的气体是不透过的。

由于石墨烯对物质优异的阻隔性，通过在石墨烯上制造大小合适的孔径，能很好地应用于物质的选择性分离当中。例如，Geim 团队制备出原子尺度的狭长平面通道，并发现由于埃（Å，$1Å=10^{-10}m$）级别通道内较高的毛细压力，以及较大的滑移长度，使得水分子在通道内具有极快的输运速率（1m/s）[52-53]。同时，多孔石墨烯的制备研究也进展斐然。OHem 等人基于化学气相沉积法制备含有直径 1 ～ 15nm 缺陷孔的单层石墨烯，并初步验证了纳米孔石墨烯膜作为选择性薄膜材料的实际可行性。近年来也发展了诸多石墨烯造孔方法，如粒子轰击、电子束刻蚀、臭氧刻蚀、超强紫外线氧化等。此外，OHem 等人用离子轰击继而腐蚀氧化的方法在石墨烯平面制备出直径为（0.40±0.24）nm 的孔。当氧化时间较短时，由于孔边缘带负电荷官能团的静电排斥作用，使得石墨烯孔具有阳离子选择性；而氧化时间较长时，石墨烯孔可以使盐离子通过，并可以阻止较大的有机物分子，表现出了明显的尺寸排阻效应。可见，带有纳米孔 / 通道的大面积石墨烯薄膜在离子、有机物、生物大分子分离方面具有潜在的应用前景。

参考文献

[1] Avetisyan A, Partoens B, Peeters F. Stacking order dependent electric field tuning of the band gap in graphene multilayers [J]. Phys Rev B, 2010(81): 115432.

[2] Reich S, Maultzsch J, Thomsen C. Tight-binding description of graphene [J]. Phys Rev B, 2002(66): 035412.

[3] Basov D, Fogler M, Lanzara A, et al. Colloquium: graphene spectroscopy [J]. Rev Mod Phys, 2014(86): 959.

[4] Lee C, Wei X, Jeffrey W K, et al. Measurement of the elastic properties and intrinsic strength of monolayer graphene [J]. Science, 2008(321): 385-388.

[5] Yang G, Li L, Lee W B, et al. Structure of graphene and its disorders: A review [J]. Science and technology of advanced materials, 2018(19): 613-648.

[6] Sharma R, Baik J H, Perera C J, et al. Anomalously large reactivity of single graphene layers and edges toward electron transfer chemistries [J]. Nano Lett, 2010(10): 398.

[7] Klusek Z, Kozlowski W, Waqar Z, et al. Local electronic edge states of graphene layer deposited on Ir (1 1 1) surface studied by STM/CITS [J]. Appl Surf Sci, 2005(252): 1221-1227.

[8] Koshino M. Interlayer screening effect in graphene multilayers with A B A and A B C stacking [J]. Phys Rev B, 2010(81): 125304.

[9] Schedin F, Geim A K, Morozov S V, et al. Detection of individual gas molecules adsorbed on graphene [J]. Nat Mater, 2007(6): 652-655.

[10] Dresselhaus G, Dresselhaus M S, Saito R. Physical properties of carbon nanotubes [M]. World Scientific, 1998.

[11] Semenoff G W. Condensed-matter simulation of a three-dimensional anomaly [J]. Phys Rev Lett, 1984(53): 2449.

[12] Zhang Z, Du J, Zhang D, et al. Rosin-enabled ultraclean and damage-free transfer of graphene for large-area flexible organic light-emitting diodes [J]. Nat Commun, 2017(8): 1-9.

[13] Novoselov K S, Geim A K, Morozov S V, et al. Two-dimensional gas of massless Dirac fermions in graphene [J]. Nature, 2005(438): 197-200.

[14] Geim A K, Novoselov K S. In Nanoscience and technology: A collection of reviews from nature journals [M]. World Scientific, 2010.

[15] Chen J H, Jang C, Xiao S, et al. Intrinsic and extrinsic performance limits of graphene devices on SiO_2. Nat Nanotechnol, 2008(3): 206-209.

[16] Chen F, Xia J, Ferry D K, et al. Dielectric screening enhanced performance in graphene FET [J]. Nano Lett, 2009(9): 2571-2574.

[17] Jena D, Konar A. Enhancement of carrier mobility in semiconductor nanostructures by dielectric engineering [J]. Phys Rev Lett, 2007(98): 136805.

[18] Chen J H, Jang C, Adam S, et al. Charged-impurity scattering in graphene [J]. Nat Phys, 2008(4): 377-381.

[19] Avouris P. Graphene: Electronic and photonic properties and devices [J]. Nano Lett, 2010(10): 4285-4294.

[20] Bonaccorso F, Sun Z, Hasan T, et al. Graphene photonics and optoelectronics [J]. Nature Photon, 2010(4): 611-622.

[21] Bao Q, Loh K P. Graphene photonics, plasmonics, and broadband optoelectronic devices [J]. ACS Nano, 2012(6): 3677-3694.

[22] Kuzmenko A B,Van Heumen E, Carbone F, et al. Universal optical conductance of graphite [J]. Phys Rev Lett, 2008(100): 117401.

[23] Stauber T, Peres N M R, Geim A K. Optical conductivity of graphene in the visible region of the spectrum [J]. Phys Rev B, 2008(78): 085432.

[24] Nair R R, Blake P, Grigorenko A N, et al. Fine structure constant defines visual transparency of graphene [J]. Science, 2008(320): 1308-1308.

[25] Kneipp K Wang Y, Kneipp H, et al. Single molecule detection using surface-enhanced Raman scattering (SERS) [J]. Phys Rev Lett, 1997(78): 1667.

[26] Harutyunyan H, Palomba S, Renger J, et al. Nonlinear dark-field microscopy [J]. Nano Lett, 2010(10): 5076-5079.

[27] Barnes W L, Dereux A, Ebbesen T W. Surface plasmon subwavelength optics [J]. Nature, 2003(424): 824-830.

[28] Fei Z, Rodin A S, Andreev G O, et al. Gate-tuning of graphene plasmons revealed by infrared nano-imaging [J]. Nature, 2012(487): 82-85.

[29] Liu F, Ming P, Li J. Ab initio calculation of ideal strength and phonon instability of graphene under tension [J]. Phys Rev B, 2007(76): 064120.

[30] Kudin K N, Scuseria G E, Yakobson B I. C_2F, BN, and C nanoshell elasticity from *ab initio* computations [J]. Phys Rev B, 2001(64): 235406.

[31] Neek-Amal M, Peeters F M. Nanoindentation of a circular sheet of bilayer graphene [J]. Physical Review B, Condensed matter, 2011(81): 235421.

[32] Poot M, van der Zant H S. Nanomechanical properties of few-layer graphene membranes [J]. Appl Phys Lett, 2008(92): 063111.

[33] Falin A,Cai Q, Santos E J G, et al. Mechanical properties of atomically thin boron nitride and the role of interlayer interactions [J]. Nat Commun, 2017(8): 1-9.

[34] Hao F, Fang D, Xu Z. Mechanical and thermal transport properties of graphene with defects[J]. Appl Phys Lett, 2011(99): 041901.

[35] Ansari R, Motevalli B, Montazeri A, et al. Fracture analysis of monolayer graphene sheets with double vacancy defects via MD simulation [J]. Solid State Commun, 2011(151): 1141-1146.

[36] Huang P Y, Ruiz-Vargas C S, Van Der Zande A M, et al. Grains and grain boundaries in single-layer graphene atomic patchwork quilts [J]. Nature, 2011(469): 389-392.

[37] Nemes-Incze P, Yoo K J, Tapasztó L, et al. Revealing the grain structure of graphene grown by chemical vapor deposition [J]. Appl Phys Lett, 2011(99): 023104.

[38] Koenig S P, Boddeti N G, Dunn M L, et al. Ultrastrong adhesion of graphene membranes [J]. Nat Nanotechnol, 2011(6): 543-546.

[39] Peng Y, Wang Z, Li C. Study of nanotribological properties of multilayer graphene by calibrated atomic force microscopy [J]. Nanotechnology, 2014(25): 305701.

[40] Bao Q, Zhang H, Wang Y, et al. Atomic - layer graphene as a saturable absorber for ultrafast pulsed lasers [J]. Adv Funct Mater, 2009(19): 3077-3083.

[41] Malard L M, Pimenta M A, Dresselhaus G, et al. Raman spectroscopy in graphene [J]. Phys Rep, 2009(473): 51-87.

[42] Balandin A A, Ghosh S, Bao W, et al. Superior thermal conductivity of single-layer graphene [J]. Nano Lett, 2008(8): 902-907.

[43] Mak K F, Lui C H, Heinz T F. Measurement of the thermal conductance of the graphene/SiO_2 interface [J]. Appl Phys Lett, 2010(97): 221904.

[44] Faugeras C, Faugeras B, Orlita M, et al. Thermal conductivity of graphene in Corbino membrane geometry [J]. ACS Nano, 2010(4): 1889-1892.

[45] Seol J H, Jo I, Moore A L, et al. Two-dimensional phonon transport in supported graphene [J]. Science, 2010(328): 213-216.

[46] Ghosh S, Bao W, Nika D L, et al. Dimensional crossover of thermal transport in few-layer graphene [J]. Nat Mater, 2010(9): 555-558.

[47] Nika D L, Pokatilov E P, Askerov A S, et al. Phonon thermal conduction in graphene: Role of Umklapp and edge roughness scattering [J]. Phys Rev B, 2009(79): 155413.

[48] Steward E G, Cook B P, Kellett E A. Dependence on temperature of the interlayer spacing in carbons of different graphitic perfection [J]. Nature, 1960(187): 1015-1016.

[49] Bao W, Miao F, Chen Z, et al. Controlled ripple texturing of suspended graphene and ultrathin graphite membranes [J]. Nat Nanotechnol, 2009(562): 566.

[50] Singh V, Sengupta S, Solanki H S, et al. Probing thermal expansion of graphene and modal dispersion at low-temperature using graphene nanoelectromechanical systems resonators [J]. Nanotechnology, 2010(21): 165204.

[51] Hu S, Lozada-Hidalgo M, Wang F C, et al. Proton transport through one-atom-thick crystals[J]. Nature, 2014(516): 227-230.

[52] Radha B, Esfandiar A, Wang F C, et al. Molecular transport through capillaries made with atomic-scale precision[J]. Nature, 2016(538): 222-225.

[53] Esfandiar A, Radha B, Wang F C, et al. Size effect in ion transport through angstrom-scale slits [J]. Science, 2017(358): 511-513.

第二章
石墨烯粉体材料

石墨烯粉体材料拥有制备简单、规模化成本低，以及适用范围广等诸多优点，是最早进入市场和目前应用最广泛的石墨烯材料。尽管石墨烯粉体材料的规模化生产在过去十年间取得了长足的进步，仅国内年产能就已超过万吨规模，但是发展大规模、低成本、高品质的制备技术依然存在巨大挑战。目前，规模化制备石墨烯粉体材料的方法以氧化还原法和液相剥离法为主。除此之外，机械剥离法、超临界剥离法、电化学剥离法、热剥离法、气相沉积法等方法也在石墨烯粉体材料的制备中逐渐展现出产业化潜力。本章将从石墨烯粉体材料的制备方法切入，介绍近年来学术界和产业界在石墨烯粉体材料制备方面取得的重要进展。在石墨烯粉体材料的应用领域，过去十几年的发展极为迅速，石墨烯粉体产品已快速走出实验室，进入市场，成为石墨烯产业发展初始阶段的主力军。不可否认，石墨烯粉体材料的应用市场依然处于探索阶段，真正的“杀手锏级”用途尚未出现。本章将重点介绍石墨烯粉体材料在电池、超级电容器、防腐涂料、热管理等领域的典型应用。

第一节 物理或化学剥离方法

一、机械剥离法

机械剥离法是最早被用于制备石墨烯的方法，在石墨烯制备领域占据着重要地位。该方法采用自上而下的策略，将石墨片层逐渐剥离成少层或单层石墨烯。在剥离的过程中，相邻石墨烯片层间的范德华力为主要阻力。因此，为实现片层的成功剥离，需要同时对石墨施加横向力与法向力。

在利用机械剥离法制备石墨烯的过程中，大颗粒石墨逐渐破碎。这种破碎效应带来了两个结果：一方面，它促进了石墨片层的分散和剥离；另一方面，它使石墨烯的横向尺寸减小。因此在实际的剥离过程中，需要对施加的横向力与法向力进行优化，在石墨烯尺寸与厚度间达到平衡，从而得到高品质的石墨烯。

1．微机械剥离法

微机械剥离法的思路是将石墨烯从高定向热解石墨（highly oriented pyrolytic graphite，HOPG）表面剥离下来。2004 年，K. Novoselov 和 A. Geim 利用微机械剥离法成功得到少层石墨烯。他们将透明胶带粘在 HOPG 表面，通过撕下胶带的方式对石墨施加法向剥离力，对胶带上黏附的石墨片层不断重复该过程，最终得到少层甚至单层石墨烯。这种方法制备得到的石墨烯质量很高，具备诸多优异的物理性质。

通过微机械剥离法得到的少层石墨烯（few layer graphene，FLG）可以在高分辨扫描电子显微镜（scanning electron microscope，SEM）下被清晰地观察到。原子力显微镜（atomic force microscope，AFM）表征结果显示，通过该方法制得的石墨烯纳米片（GNS）的厚度约为 1.2 ～ 1.6nm。考虑到石墨烯的理论层间距为 3.35Å，因此该方法剥离得到的石墨烯厚度仅为几个原子层。

借鉴传统的超薄样品切片技术，人们发展了一些新型微机械剥离技术。如被广泛应用于生物薄层样品制备的超尖锐楔块切片方法，早在 1930 年就被成功用于云母片的剥离。Jayasena 等基于该技术，提出了一种新的微机械剥离方法[1]。他们利用超尖锐的单晶金刚石作为切割材料对 HOPG 进行剥离，制备得到了薄层石墨烯［图 2-1（a）～（c）］。在该方法中，HOPG 与金刚石楔块分别安装在两个高精度滑动系统上，HOPG 以恒定速度向楔块移动，在此过程中超声波楔块位置固定，超声波振荡系统上固定的金刚石楔块与 HOPG 安装座对齐后，以数十纳米的振幅振动对 HOPG 进行连续切割，制备得到超薄石墨烯。该方法制备的石墨薄片厚度约为几十纳米，边缘厚度均匀性较差，并且具有明显的折叠（区域 1），但没有出现严重褶皱的区域［图 2-1（d）和（e）］。

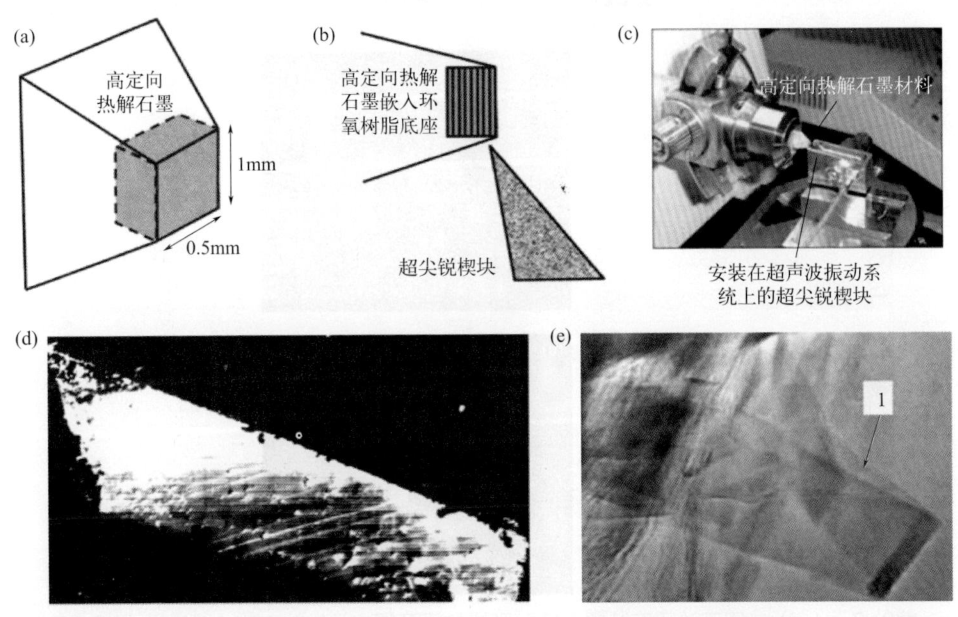

图2-1　（a）固定在金属座上的HOPG；（b）楔块对准HOPG切割示意图；（c）剥离装置的实物图；（d）剥离石墨烯的SEM图像；（e）剥离石墨烯的TEM图像

此外，Chen 等基于微机械剥离的原理设计制作了一个简易的三轮研磨装置。该三轮研磨装置可以实现对石墨的连续剥离，进而得到少层或单层石墨烯纳米片[2]，该装置的剥离过程如图 2-2（a）所示。该装置制备的石墨烯分散均匀，横向尺寸达亚微米级［图 2-2（b）］。透射电镜下［图 2-2（c）］可以观察到单层石墨烯片，与图 2-2（d）中原子力显微镜测试结果一致。石墨烯的典型选区电子衍

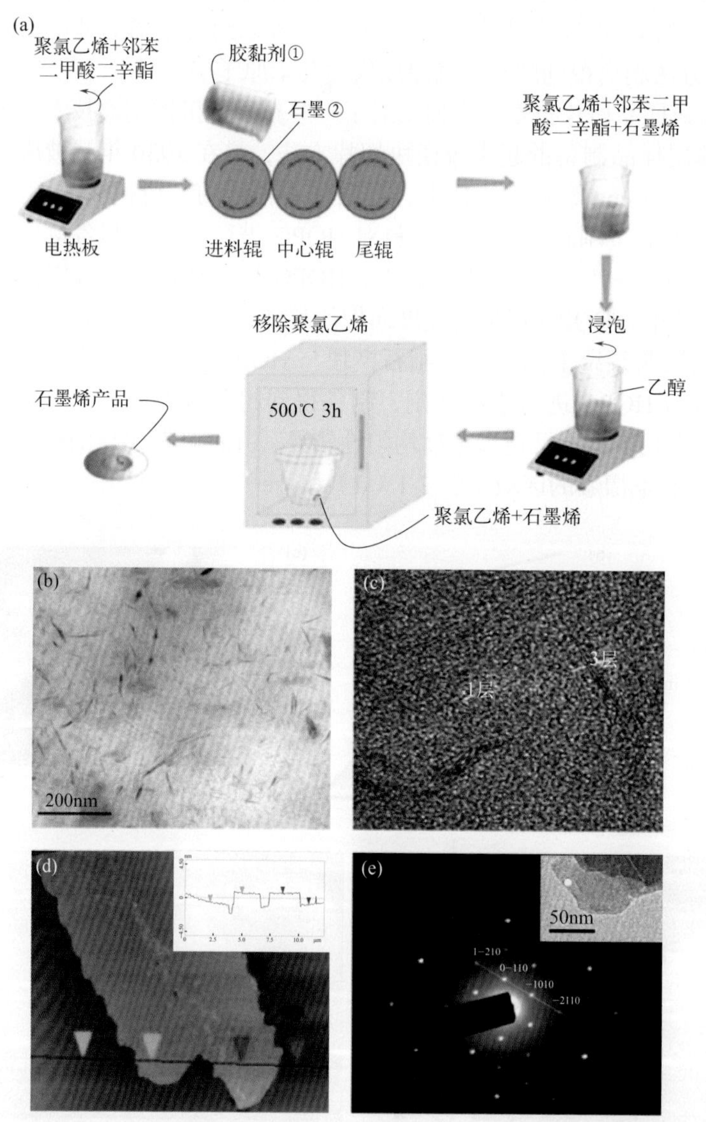

图2-2　（a）使用三轮研磨装置剥离石墨烯的示意图；（b），（c）剥离石墨烯的TEM图像；（d）剥离石墨烯的AFM图像；（e）剥离石墨烯的电子衍射图像

射图像表明，该方法获得的石墨烯产物具有较高的结晶度［图 2-2（e）］。该方法虽然可以获取厚度较薄的石墨烯，但是长时间的连续剥离不可避免地会使石墨烯产生一定的缺陷并导致其导电性下降，因此有待进一步优化提升。

2．球磨法

球磨法是一种重要的粉体石墨烯制备方法，可利用球磨产生的剪切力实现石墨烯的剥离。该方法的工作原理如图 2-3 所示[3]。在典型的球磨设备中，石墨的剥离和破碎分别通过剪切力和垂直冲击力来实现。一般来说，行星式球磨机和搅拌介质球磨机是应用最广泛的两类球磨机，特别是具备更高能量的行星式球磨机，可与其他剥离方法组合，从而应用于多个领域。

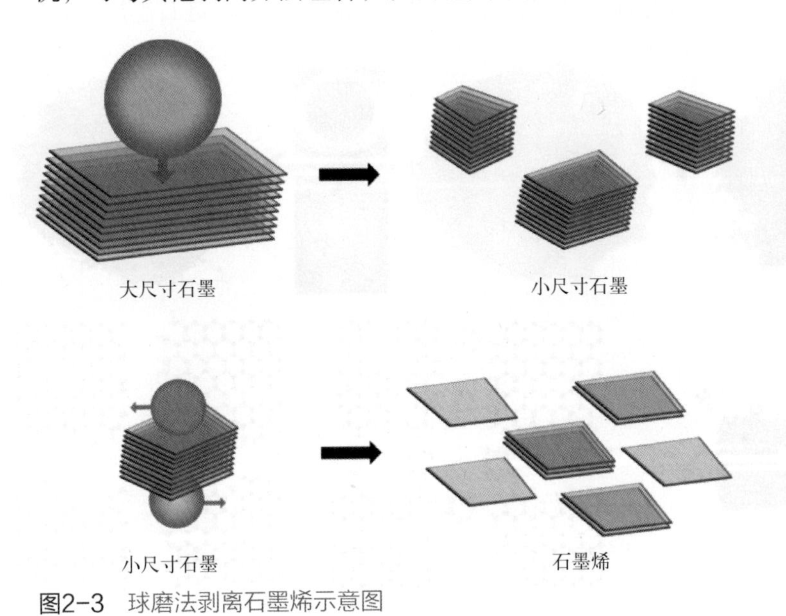

图2-3　球磨法剥离石墨烯示意图

早期的球磨法制备石墨烯技术并不能直接获得超薄石墨烯，仅可以将石墨的厚度减小至 10nm 左右。直到 2010 年，受到超声辅助液相剥离方法的启发，Knieke 等和 Zhao 等提出了湿法球磨的方法，完善了球磨法的相关技术并成功制备出薄层石墨烯[4-5]。在进行湿法球磨之前，为了克服相邻石墨烯薄片之间的范德华力，需要先将石墨分散到与其表面能相匹配的溶剂中，然后利用球磨机剥离制备得到石墨烯。湿法球磨的关键在于保持低转速（约 300r/min）、长时间（约 30h）的研磨，以确保剪切应力在石墨剥离的过程中占主导地位。

Zhao 等利用 DMF（*N,N*- 二甲基甲酰胺）作为分散剂，以几十纳米厚的石墨片层为原料，通过行星式球磨机进行剥离[5]。在 DMF 与石墨烯之间强烈的相互作用和球磨机所产生的剪切力的共同作用下，石墨被剥离为石墨烯薄片。制备得到的石墨烯片层边缘折叠且高度透明。原子力显微镜测试结果显示石墨烯薄片厚度约为 0.8 ～ 1.8nm，这表明制备得到的石墨烯均为少层石墨烯。

湿法球磨在优化剥离介质和实验条件之后，可以用较低的成本批量剥离制备高质量的石墨烯薄片。球磨法是一种较易放大、可应用于工业生产的制备工艺，这为高质量石墨烯的大规模批量制备提供了解决方案。

除湿法球磨外，干法球磨也可用于剥离石墨制备石墨烯，其具体步骤包括：将石墨与无机盐混合均匀，利用球磨机进行研磨，使石墨层发生错位进而被剥离为石墨烯片。Jeon 等提出了一种硫粉辅助球磨剥离石墨的方法（图 2-4）[6]，S_8 分子通过锚定在石墨烯的表面和边缘处增加石墨层间距，从而促进石墨烯的剥离。

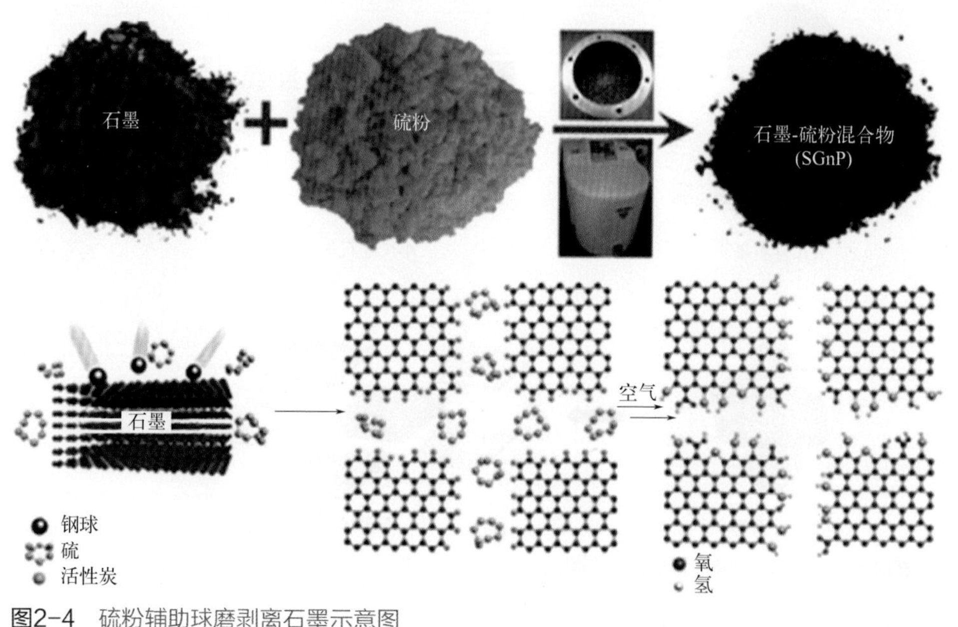

图2-4　硫粉辅助球磨剥离石墨示意图

尽管球磨法有望实现石墨烯的规模化工业生产，但在研磨过程中介质之间的相互碰撞会不可避免地导致石墨烯的破碎和缺陷化，给产物的质量和性能带来不利影响。因此，在有效剥离制备少层石墨烯的同时，如何避免石墨烯的尺寸减小以及缺陷引入是球磨技术亟待解决的问题。

3．流体动力学法

利用流体高速运动产生的剪切力实现石墨烯剥离的方法称为流体动力学法。在流体动力学法剥离石墨的过程中，流体可以带动石墨片一起高速运动，因此，石墨片可以在整个剥离装置的不同位置进行多次剥离。这一方法与其他机械剥离方法原理上有所不同，为石墨烯的可控生产提供了新的思路。

（1）涡流流体法　通过倾斜一根快速旋转的管，使管中流体以涡流的形式剥离石墨片的方法称为涡流流体法。在该剥离方法中，离心力与重力共同作用形成剪切力，得到的石墨烯薄片在高速旋转状态下会贴到管壁上。因此，在剥离过程中，石墨烯与剥离液逐渐分离，可实现剥离液的循环利用。Chen 等通过该方法获得的薄层石墨烯的最大横截面尺寸约为 1μm，厚度接近 1nm[7]。

（2）压力驱动流体法　除涡流流体法外，压力驱动流体法也是一种重要的流体动力学方法。Shen 等提出了射流空化的剥离方法并制造了相应的射流空化剥离装置（jet cavitation device，JCD）[图 2-5（a）和（b）][8]。JCD 装置采用水溶液作为介质剥离制备薄层石墨烯，具有成本低、操作简便、无需化学处理、环境友好等诸多优点。

经 JCD 装置剥离 7d 后，原本横向尺寸约 100μm、厚度约 10μm 的石墨片减薄为横向尺寸 10μm 且厚度远小于 1μm 的薄片，同时薄片结构依然保持平整。AFM 结果表明，经过 JCD 处理，石墨的剥离产物中含有单层石墨烯［图 2-5（c）］。TEM 图像统计结果表明，制备得到的石墨烯中，10 层以下的石墨烯片约占 79%，单层石墨烯约占 6%［图 2-5（d）］，相较于其他水溶液体系剥离方法具有显著的优势。

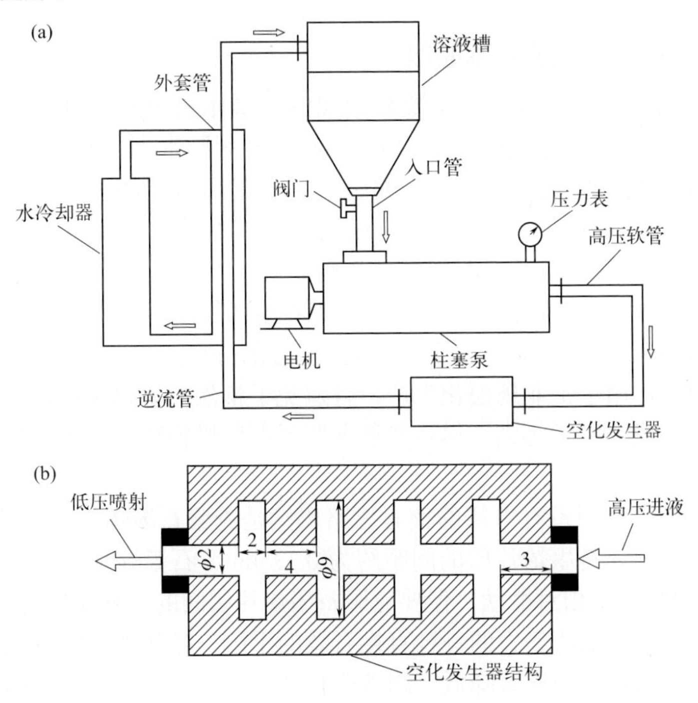

图2-5

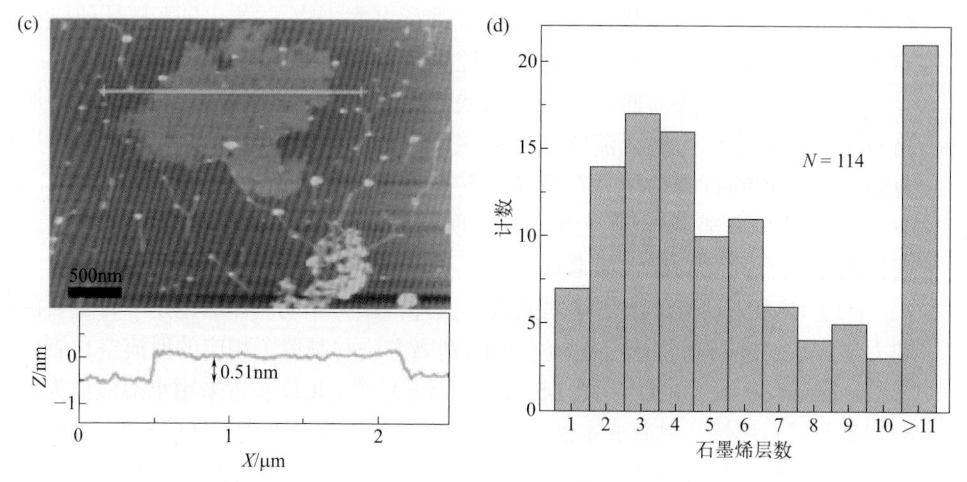

图2-5 （a）JCD装置图；（b）空化发生器（单位：mm）；（c）单层石墨烯的AFM图；（d）石墨烯层数统计图

二、液相剥离法

1．液相剥离法的基本原理

早期的石墨烯制备方法主要从宏观的石墨体相出发，通过化学或物理的手段实现石墨烯的分散剥离。2004 年 Geim 等利用胶带剥离制备出了单层石墨烯，发现了其独特的场效应性质，从而引发了石墨烯研究的热潮[9]。这种机械剥离法制得的石墨烯结晶质量高，在基础研究领域有着广泛的应用，但其制备效率低、均匀性差，难以进行大规模的工业推广和应用。液相剥离法（liquid-phase exfoliation, LPE）借鉴了机械剥离法克服石墨烯层间范德华力的原理，借助超声或高压将小分子插入石墨层间，实现石墨层的分离。液相剥离法操作相对便捷，用途广泛，适用于工业规模化生产，且避免了剧烈的氧化还原过程中引入的石墨烯结构缺陷或杂原子污染，尽可能地保留了石墨烯独特的物理特性，受到了人们的广泛关注。

液相剥离法制备石墨烯的核心思路仍然是克服石墨烯的层间范德华作用力。在石墨中，相邻石墨烯片层的间距约为 0.335nm，石墨烯片层虽然能够在垂直于 c 轴的方向上产生相对滑动，但要克服石墨烯片层间的相互作用力仍然充满挑战。浸液是克服层间范德华力的一种直接有效的手段。相邻片层间色散相互作用形成的势能在溶液环境中显著降低。固液两相之间的界面张力越大，固体在液体中的分散性也越差。因此，当石墨浸入液体中时，如果溶液与石墨的界面张力较大，石墨烯片层往往会趋向于团聚和黏附，从而阻碍了它们在液体中的分散。研究表明，当液相表面张力（γ）约为 40mJ/m² 时，可以最大限度地减少石墨烯片层与溶剂之间的界面张力，从而可实现石墨烯的有效分散 [10]。

2．液相剥离法的分类

2008 年，Coleman 等提出当溶剂与石墨烯的表面能相匹配时，剥离石墨烯所需的能量最低。他们预测并证实了溶剂表面张力（γ）约为 40mJ/m² 时，可以有效克服石墨烯层间范德华力，实现石墨烯片层的分离 [10]。基于此，石墨烯的液相分离法主要思路有两种（如图 2-6 所示）[11]：一是选择表面张力较小的溶剂直接剥离分散石墨烯，如 *N*- 甲基吡咯烷酮（NMP, 约 40mJ/m²）、*N*,*N*- 二甲基甲酰胺（DMF, 约 37.1mJ/m²）、邻二氯苯（*o*-DCB, 约 37mJ/m²）等，通过溶剂本身与石墨烯的表面能适配来减小溶剂和石墨烯之间的表面张力 [10]；二是在常见的溶剂中加入表面活性剂，如在水中添加十二烷基苯磺酸钠（SDBS），以降低水的表面张力，从而在不同溶剂中实现石墨烯的稳定剥离，拓宽其应用场景 [12]。

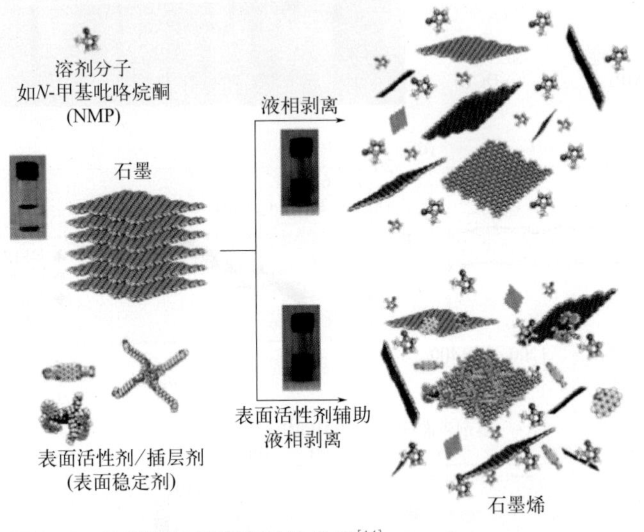

图2-6　石墨烯液相剥离法的分类[11]

（1）有机溶剂直接剥离法　由于水与石墨烯的表面能适配程度较低，石墨烯在水中直接分散效果很差，难以获得均匀稳定的石墨烯分散液。因此，优先考虑在有机溶剂中进行直接剥离。低表面张力的有机溶剂可以有效克服石墨烯层间范德华力，实现石墨烯片层的分离，同时，人们还发展了一系列低沸点溶剂的剥离方法和小分子助剂的辅助剥离法，以适应不同场合的应用需求。

① 低表面张力溶剂剥离　Coleman 等对一系列不同表面张力的溶剂进行了石

墨烯剥离效果的测试，并筛选出数种表面张力 40mJ/m^2 左右的溶剂用于石墨烯的直接剥离（图 2-7），如 NMP、DMF、邻二氯苯、GBL（γ - 丁内酯）、DMA（*N*,*N*- 二甲基乙酰胺）、DMEU（二羟甲基乙烯脲）、苯甲酸苄酯等。其中，苯甲酸苄酯在离心后的石墨烯中保留率最高，达到 8.3%，NMP 则保留了 7.6%。通过多次循环回收，石墨烯的产率（质量分数）能够从 1% 提高到 7% ～ 12%。该方法制得的石墨烯电导率可达到约 6500S/m[10]。虽然上述表面张力较小的溶剂可以实现对石墨烯的有效剥离，但是目前剥离产率和单层率仍不理想。除此之外，该过程中所用到的部分溶剂，如 NMP、DMF，会对人体产生一定的毒性，这也在一定程度上限制了其大规模安全使用[13-14]。因此，亟须寻找更多毒性低、普适性更强的高效替代性溶剂。

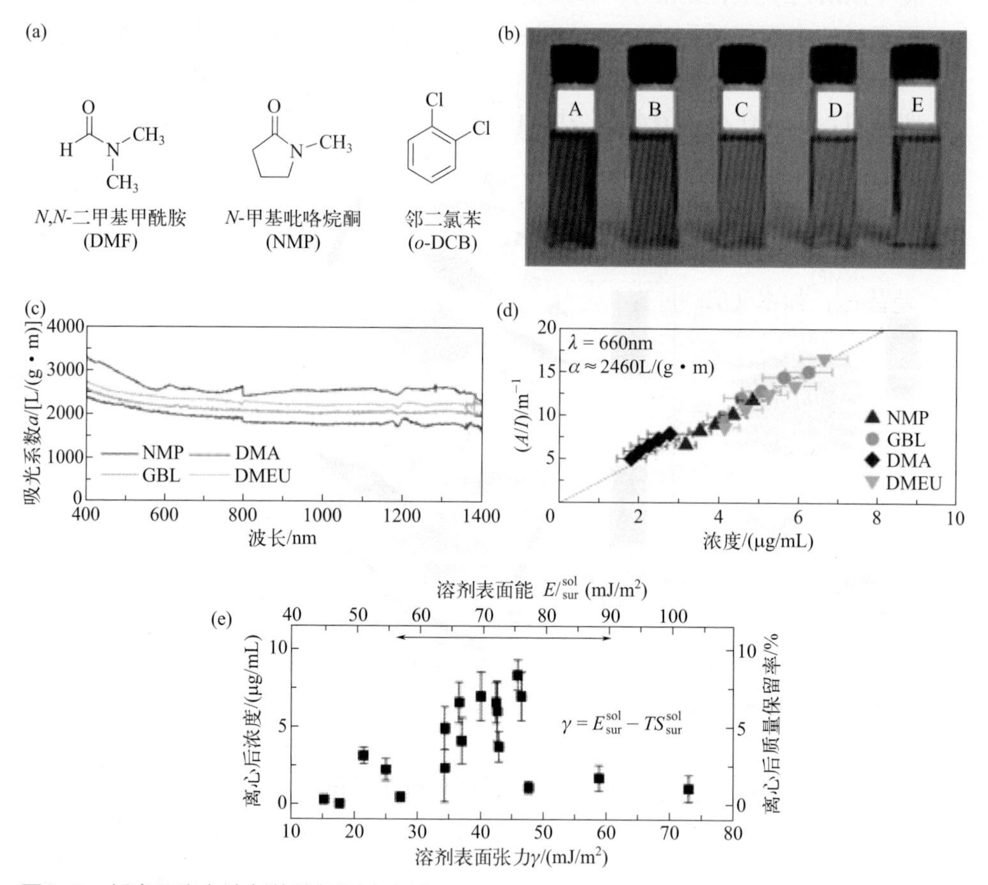

图2-7　低表面张力溶剂的液相剥离方法

（a）常见低表面张力溶剂的分子式；（b）不同NMP添加量的石墨烯分散液（A ～ E）：4 ～ 6mg/mL；（c）不同溶剂分散液的吸光系数；（d）660nm波长下的吸光度（*A*）/腔室长度（*l*）；（e）不同溶剂的表面张力 - 分散液浓度关系（*T*—温度；*S*—熵）[15]

2009 年，Bourlinos 及其合作者提出了将一类特殊的全氟芳香性分子溶剂用于石墨烯剥离的方案。他们使用了苯、甲苯、硝基苯、吡啶等芳香性分子的全氟化类似物作为烃溶剂。将石墨烯细粉置于上述溶剂中，进行 1h 的超声处理，获得中等程度的深灰色胶体分散体。不同种类溶剂制得的分散体浓度范围在 0.05 ～ 0.1mg/mL，石墨烯产率范围为 1% ～ 2%。将各溶剂剥离石墨烯的性能按升序排列，依次为：八氟甲苯≈五氟吡啶 < 六氟苯 < 五氟苄腈。五氟苄腈可以获得最高的石墨烯胶体浓度（约 0.1mg/mL）和石墨烯产率（2%）。拉曼和红外光谱证实了在处理过程中石墨烯几乎没有被氧化，AFM 结果表明，石墨烯片层的厚度在 0.6 ～ 2.0nm 之间，说明处理后可以得到薄层的石墨烯 [16]。

这些表面张力接近 $40mJ/m^2$ 的溶剂都能够适用于石墨烯的有效直接剥离。然而，它们在实际应用中仍面临着很多问题：较强的毒性和较高的沸点（NMP 约 203℃、*o*-DCB 约 181℃、DMF 约 154℃）限制了其操作可行性与实际应用场景。如液相剥离的石墨烯应用于电子器件等领域时，其电导率和场效应迁移率的数值十分关键，很大程度上决定了器件的响应频率，也决定了器件的应用场合。高沸点溶剂难以被完全去除，残留的溶剂会极大影响器件性能，因此低沸点分散溶剂逐渐成了人们关注的重点。

② 低沸点溶剂剥离　大多数低沸点的溶剂表面张力都与理想值 $40mJ/m^2$ 相差甚远，如水（$72.8mJ/m^2$）、乙醇（$22.1mJ/m^2$）和氯仿（$27.5mJ/m^2$）。因此，这些溶剂不适合直接用于石墨烯的剥离。额外的分散步骤或者石墨烯分散辅助剂的引入使得在低沸点溶剂中石墨烯的分散成为可能。

2009 年，北京大学侯仰龙课题组报道了膨胀石墨在高极性有机溶剂（如乙腈）中的溶剂热辅助剥离工艺（图 2-8）。他们提出，石墨烯和乙腈之间的偶极相互作用促进了石墨烯的剥离和分散。溶剂热辅助的剥离制备单层和双层石墨烯的产量（以质量计）可达 10% ～ 12%。剥离过程无需添加任何稳定剂或者改性剂，且获得的石墨烯片质量较高，无明显结构缺陷 [17]。

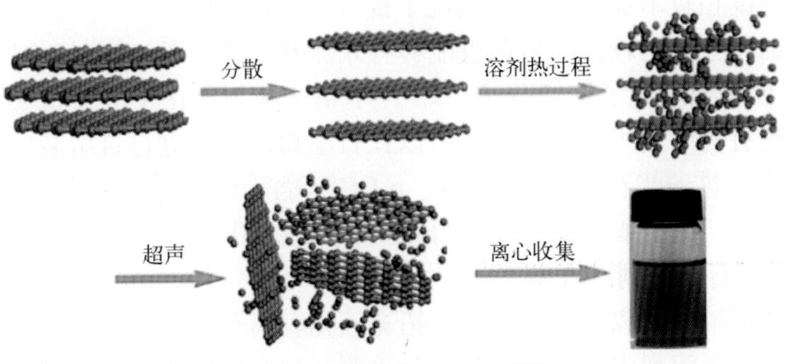

图2-8　溶剂热辅助的石墨烯剥离工艺示意图[17]

2010年，Feringa及其合作者报道了一种简单的溶剂交换法，在乙醇溶剂中实现了石墨的剥离和石墨烯的制备。将分散有石墨的NMP溶液超声离心后，取出NMP溶液中含有石墨烯的上清液过滤，得到滤饼并重新分散在乙醇中，超声处理10min。上述超声-过滤的过程重复多次，即可得到所需的均匀石墨烯-乙醇分散溶液。重复的洗涤步骤使得石墨烯能够稳定分散在含有约0.3%（体积分数）NMP的乙醇中，石墨烯的浓度为0.04mg/mL。该方法制备的石墨烯薄膜的电导率高达1130S/m。经过一周后样品会出现约20%的沉淀。值得一提的是，在甲醇、二氯甲烷和甲苯的溶剂交换对比实验中，石墨烯在离心后均完全沉淀，只有在乙醇中石墨烯表现出良好的分散能力和稳定性。这种分散行为的不同主要归因于石墨烯与不同溶剂间相互作用的差异[18]。

③ 小分子助剂辅助剥离　经过多年发展，石墨烯在有机溶剂中的直接剥离方法已经相对成熟，所制备的石墨烯质量和电学性能也得到了很好的保留。然而，在分散过程中，石墨烯分散液会不可避免地经历长时间的超声处理，极大地限制了液相剥离法制备的石墨烯片的尺寸（往往不超过4μm）。一个可能的原因在于，有机溶剂在超声处理过程中较易产生过氧基团等自由基，自由基的反应活性很强，极易氧化石墨烯片层上的缺陷位点，从而导致石墨烯被切割为小片。

为了进一步提高液相剥离法制备的石墨烯浓度和产率，可以在剥离过程中加入一些有机小分子作为稳定剂，抑制氧、过氧化物等自由基引发的反应，从而在一定程度上防止石墨烯被割裂。研究表明，在DMF中加入硫普罗宁可以较有效地获取大片层石墨烯片，当石墨烯质量浓度为0.027mg/mL时，石墨烯片层的尺寸主要分布在2～5μm[19]。

此外，一些辅助剂的引入也可以显著提升石墨烯分散液的浓度。例如，在有机溶剂中加入NaOH可以增大石墨烯的层间距，降低剥离所需能量，从而提高剥离效率。在NMP、DMF或环已酮等溶剂中添加NaOH，分散液经1.5h的超声处理后，石墨烯的浓度相较不加NaOH的情况下提升了三倍[20]。

使用与石墨烯相互作用较强的溶剂也能够有效提升剥离产率。如图2-9所示，Samori及其合作者系统研究了链烃分子（如1-苯基辛烷）和花生酸对石墨剥离的作用。他们发现有机溶剂中的链烃分子可以在石墨粉体表面进行自组装，提高石墨烯的剥离效率。进一步在NMP、DMF、*o*-DCB等溶剂中加入不同链长的脂肪酸，如己酸（C_6）、月桂酸（C_{12}）、硬脂酸（C_{18}）、木焦油酸（C_{24}）、蜂花酸（C_{30}）等，均能提升石墨的剥离效果[21]。

（2）表面活性剂辅助剥离　为了进一步拓宽液相剥离石墨烯的应用前景，发展在低沸点、无毒无害溶剂中的剥离工艺十分重要。与石墨烯片层相互作用高于溶剂分子的表面活性剂对石墨烯有更强的吸附能力，促使石墨被剥离为石墨烯。

同时，表面活性剂的存在也有助于提高水和有机溶剂中被剥离石墨烯的稳定性，控制其分散浓度。根据分散液溶剂的不同，可以将表面活性剂区分为水系和有机系表面活性剂。根据表面活性剂的种类不同，可以将其分为芳香族表面活性剂、非芳香族表面活性剂、离子液体、聚合物等。

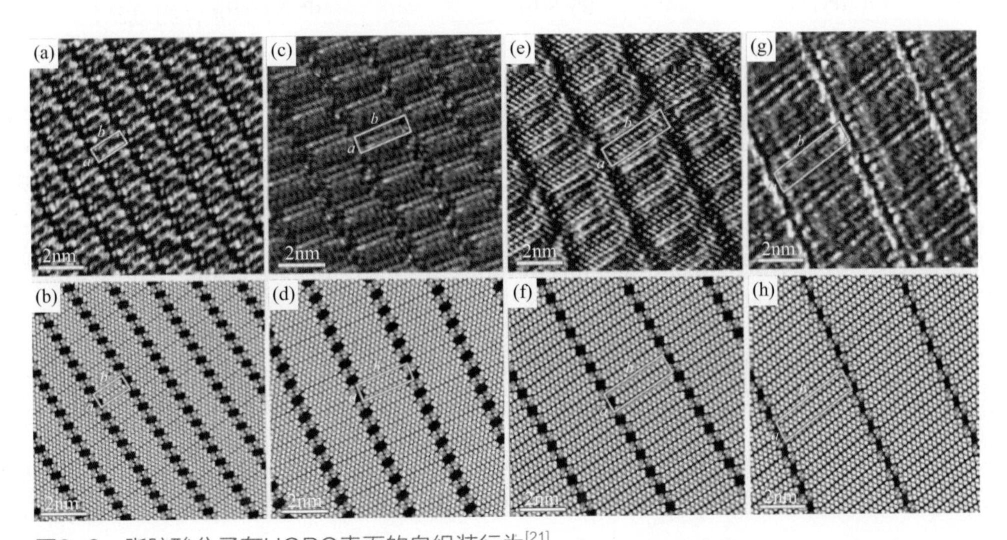

图2-9 脂肪酸分子在HOPG表面的自组装行为[21]

（a），（b）月桂酸（C_{12}）；（c），（d）硬脂酸（C_{18}）；（e），（f）木焦油酸（C_{24}）；（g），（h）蜂花酸（C_{30}）

① 水系表面活性剂 水是无毒无害的良好溶剂，若能实现石墨在水中的顺利剥离，制备石墨烯的安全性和生物相容性就可以得到保障。筛选在水中表面能与石墨烯适配的表面活性剂，降低溶剂的高表面能，有助于实现石墨烯的有效稳定剥离。目前，研究者发展了一系列离子表面活性剂和非离子表面活性剂。这些表面活性剂可以通过表面吸附、胶束形成以及π-π堆叠作用与石墨烯产生相互作用。

a. 芳香族表面活性剂 芳香族分子的结构与石墨烯类似，可以与石墨烯产生强π-π相互作用，从而促进石墨烯液相剥离的过程。多种芳香族表面活性剂已被证实可以用于降低溶剂体系的表面自由能，实现较好的石墨烯剥离效果。

芘及其衍生物已被研究证实可作为碳纳米管和石墨烯的稳定分散剂，这是由于芘及其衍生物的两个芳环平面通过非共价键共享π轨道的电子，在平面π共轭表面之间的π-π相互作用下附着在石墨烯的表面上，有效降低石墨烯分散体的表面自由能，有助于在超声和剪切过程中石墨烯片层的分离和减薄。如图2-10所示，修饰有极性官能团的芘类衍生物因其出色的分散稳定性和较高的剥离效率，被广泛应用于石墨烯的剥离中[22]。

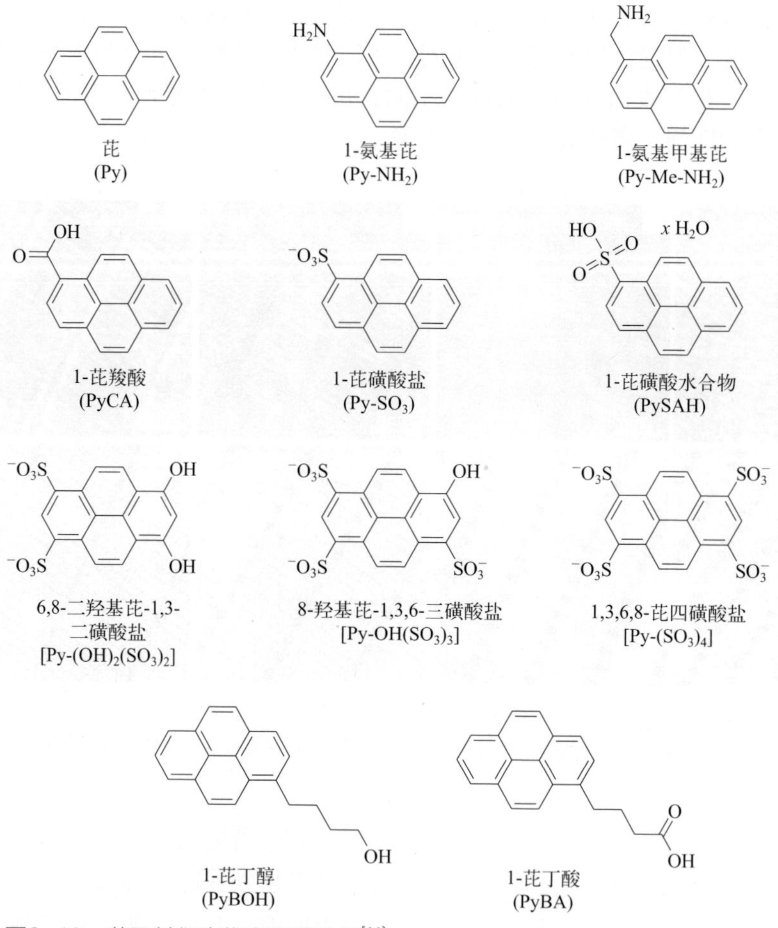

图2-10 芘及其衍生物表面活性剂[11]

2010 年，He 及其合作者利用 1,3,6,8- 芘四磺酸四钠盐［$Py-(SO_3)_4$］和 1- 氨基甲基芘（$Py-Me-NH_2$）实现了石墨烯在水中的分散，得到了单层率约为 90% 的石墨烯，并用于制造透明导电薄膜。在石墨烯的水分散液中，吸附在石墨烯表面上的芘分子给予电荷，产生静电斥力，保持了剥离后石墨烯片层的稳定。该方法制备的石墨烯薄膜的电导率可达 181200S/m，可见光透光率超过 90%[23]。

2011 年，Honma 及其合作者报道了一种新型超临界流体剥离法。将 1- 芘磺酸钠盐（1-PSA）溶解后置于不锈钢反应器中，用高温高压的一锅法实现石墨烯的剥离。1-PSA 分子附着在石墨烯片层表面充当吸电子基团。该方法可以实现高达 60% 单层和双层石墨烯的产率，比未添加表面活性剂的情况提高了 4 倍。将剥离后的石墨烯制成复合材料用于电池性能测试。结果显示，随着 1-PSA 浓度的增加，石墨烯复合材料的锂离子储存容量也相应提高 [24]。

此外，Green 及其合作者使用了一系列芘类衍生物作为表面活性剂，如芘（Py）、1- 氨基芘（Py-NH_2）、1- 氨基甲基芘（Py-Me-NH_2）、1- 芘羧酸（PyCA）、1- 芘丁酸（PyBA）、1- 芘丁醇（PyBOH）、1- 芘磺酸水合物（PySAH）、1- 芘磺酸钠盐（Py-SO_3）和 1,3,6,8- 芘四磺酸四钠盐［Py-$(SO_3)_4$］等，并测试了它们在石墨烯剥离和石墨烯稳定分散中的作用。结果显示，随着表面活性剂添加量的增大，石墨烯分散液的浓度先提高、后降低。其中，Py SO_3 的分散效果最为明显，可以获得浓度高达 0.8 ～ 1mg/L 的石墨烯分散液 [24]。

以芘及其衍生物用于石墨烯剥离的方法为基础，Palermo 和合作者进一步考察了石墨烯液相剥离的热力学过程。他们对多种磺酸基团官能化的芘类衍生物进行了系统性的比较研究，包括 1- 芘磺酸钠盐（Py-SO_3）、6,8- 二羟基芘 -1,3- 二磺酸二钠盐［Py-$(OH)_2(SO_3)_2$］、8- 羟基芘 -1,3,6- 三磺酸三钠盐［Py-$OH(SO_3)_3$］和 1,3,6,8- 芘四磺酸四钠盐［Py-$(SO_3)_4$］。结合实验和建模研究，他们揭示了石墨烯 - 芘的分子结构、相互作用力以及分散液中石墨烯薄片浓度等因素之间的相关性。他们发现芘染料的分子偶极本身并不重要，但它促进了石墨烯的吸附，有助于位于有机染料的芳香核和石墨烯之间的水分子横向位移，提升了有机染料与石墨烯的相互作用力。他们还探索了分散液中—OH 对石墨烯表面电荷的影响，通过在不同 pH 值下用各种芘染料对石墨进行超声处理，揭示了芘染料分子对石墨烯剥离作用的酸碱依赖性 [25]。

除了芘及其衍生物外，还有一些多环芳烃表面稳定剂可以有效促进水溶液中石墨烯的剥离（图 2-11）。如基于芘基双头型两亲分子（PBBA）[26]，7,7,8,8- 四氰基对苯二醌二甲烷（TCNQ）[27]、冠烯四羧酸（CTCA）[28] 等。

十二烷基苯磺酸钠（SDBS）是最早用于石墨烯液相剥离的表面活性剂，含有疏水的十二烷基链和极性磺酸基团。Coleman 课题组将水、石墨和 SDBS 的混合物超声处理 30min，以 500r/min 转速离心 90min，可以得到 0.002 ～ 0.05mg/L 的分散液。其中约 43% 为少于 5 层的薄层石墨烯，单层石墨烯的含量约为 3%。由石墨烯悬浮液抽滤制得的石墨烯导电薄膜面电阻约为 970kΩ/sq，电导率约为 35S/m。离心后剩余的沉淀物可以回收利用，以提高石墨烯剥离的整体产量 [12]。

北京大学侯仰龙课题组以 7,7,8,8- 四氰基对苯二醌二甲烷（TCNQ）作为表面活性剂分别在水和有机溶剂中制备了石墨烯分散液。他们将膨胀石墨与 TCNQ 混合，并加入几滴二甲基亚砜，混合物转移至 KOH 水溶液中进行液相剥离。KOH 的存在可以抑制 TCNQ 转化为 TCNQ 阴离子。表征结果显示，剥离后的石墨烯片层厚度主要为 2 ～ 3 层，横向尺寸为几百纳米到几微米 [27]。

石墨烯的剥离也可以通过 9- 蒽甲酸（9-ACA）的非共价官能化来实现。Lee 及其合作者成功利用 9-ACA 实现了石墨烯的液相剥离。在乙醇 - 水的混合溶剂中超声 24h 以上，获得收率为 2.3% 的稳定含水的 9-ACA/ 石墨烯分散体。基于 9-ACA 的石墨烯材料具有卓越的电子特性，用 9-ACA/ 石墨烯制得的超级电容器比电容值

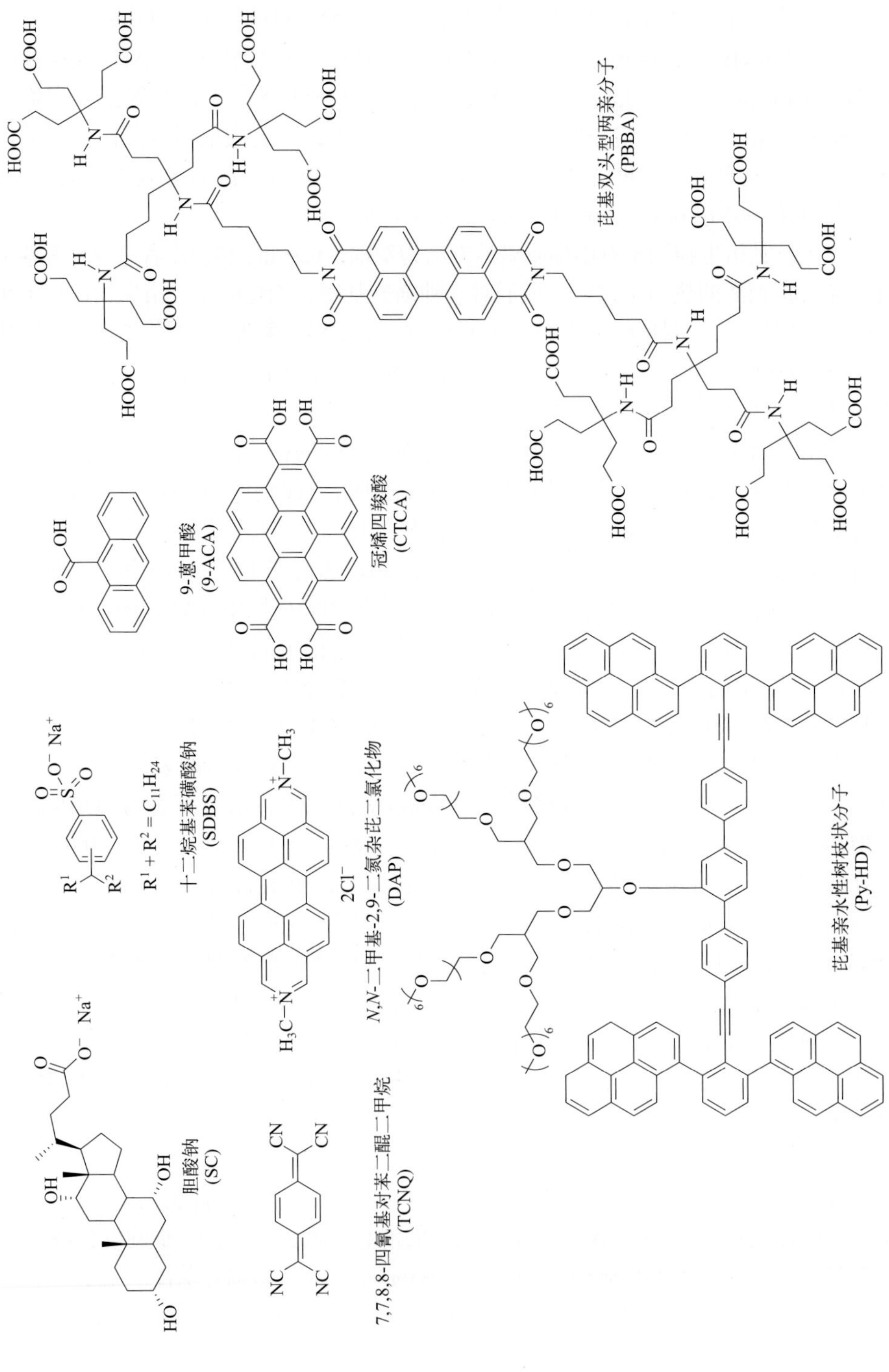

胆酸钠
(SC)

$R^1 + R^2 = C_{11}H_{24}$

十二烷基苯磺酸钠
(SDBS)

9-蒽甲酸
(9-ACA)

7,7,8,8-四氰基对苯二醌二甲烷
(TCNQ)

$2Cl^-$

N,*N*-二甲基-2,9-二氮杂苝二氯化物
(DAP)

冠烯四羧酸
(CTCA)

芘基双头型两亲分子
(PBBA)

芘基亲水性树枝状分子
(Py-HD)

图2-11　常用于石墨烯液相剥离的表面活性剂

高达 148F/g[29]。Lee 课题组同样发展了一种基于四个芘单元和侧面带有一个亲水性的低聚氧化乙烯支链的两亲性芳香分子作为石墨烯剥离的表面活性剂。它可以大大提高石墨烯薄片在甲醇 - 水溶液中的选择性和分散性，所得到的石墨烯分散液浓度可以达到 1.5mg/mL，且表征结果显示石墨烯片层主要为单层和双层 [30]。

Stoddart、Stupp 及其合作者提出了另一种在水溶液中通过 LPE 制备石墨烯的有效方法。他们使用 *N,N*- 二甲基 -2,9- 二氮杂芘二氯化物（DAP）分子来提高水中剥离石墨烯片的稳定性。DAP 分子带正电区域产生强烈静电排斥，可以有效抑制石墨烯的层间聚集，从而维持石墨烯片在水中的稳定分散。石墨烯 -DAP- 水分散液在紫外线照射下，与溶剂化 DAP 相关的强荧光特征几乎完全猝灭 [31]。

b. 离子液体　离子液体（ionic liquid, IL）是在室温或接近室温下呈现液态的、完全由阴阳离子所组成的半有机熔融盐，一般由有机阳离子和无机或有机阴离子构成。离子液体具有溶解多种不同溶质的高溶解能力，且可以循环利用。此外，离子液体具有接近于石墨烯的表面能，结合其高电离特性，有望利用库仑斥力稳定剥离后的石墨烯片层，实现石墨烯的稳定剥离。

2010 年，戴胜课题组首次提出将离子液体作为高效分散石墨烯的辅助剂。他们将块体石墨与 1- 丁基 -3- 甲基咪唑双三氟甲基磺酰亚胺盐（$[BMIM][Tf_2N]$）混合，超声 1h 后，得到高浓度未氧化的石墨烯稳定悬浮液，其浓度达到 0.95mg/mL，且石墨烯片层的横向尺寸均在微米级别 [32]。

2011 年，Mariani 及其合作者将研磨后的石墨粉体分散于离子液体 1- 己基 -3- 甲基 - 咪唑鎓六氟磷酸盐（$[HMIM][PF_6]$）中，超声处理 24h 后，可以获得石墨烯浓度高达 5.33mg/mL 的分散液。该方法不需要额外的化学合成或修饰步骤，也无需稳定添加剂，易于纯化和回收 [33-34]。

2014 年，Quitevis 及其合作者对比了在超声辅助液相剥离石墨烯的工艺中使用各种离子液体作为液体介质的情况。在四种不同的离子液体中，使用 1,3- 双（苯甲基）咪唑鎓双（三氟甲磺酰基）酰胺（$[(BnzM)_2IM][Tf_2N]$）及其不对称类似物 1- 苯甲基 -3- 甲基咪唑鎓双（三氟甲磺酰基）酰胺（$[(BnzM)MIM][Tf_2N]$）获得的石墨烯分散液浓度分别约为 5.8mg/mL 和 0.1mg/mL。

Texter 等基于离子液体丙烯酸酯表面活性剂 1-（11- 乙酰氧基十一烷基）-3- 甲基咪唑溴化物（ILBr）开发了三嵌段共聚物（TB）和共聚纳米胶乳（NL）两种可用于剥离石墨烯的高效稳定剂。这种方法无需离心即可实现石墨烯的完全剥离，在水中形成浓度（质量分数）高达 5% 的分散液。研究表明，这些石墨烯分散液是具有流变双折射性质的流体，在表面涂层领域有很大的应用潜力 [35]。

c. 聚合物　聚合物辅助的石墨烯液相剥离策略与表面活性剂处理类似。在剥离过程中，聚合物结合了空间因素和非共价相互作用，提高了石墨烯分散液的稳定性。研究表明，诸多常见的聚合物，如聚乙烯醇（PVA）[36]、乙基纤维素

（EC）[37]、聚乙烯吡咯烷酮（PVP）[38]，甚至水溶性芘标记DNA[39]等，都能有效辅助石墨烯的剥离。

Bourlinos等将聚乙烯吡咯烷酮（PVP）用于水中石墨烯的剥离。PVP在水中溶解度较高，且具有和NMP类似的氮取代吡咯烷酮环的结构，与石墨烯有较强的相互作用力。亲水性聚合物在水中的空间位阻及其引起的空缺稳定性提高了剥离后石墨烯片层的稳定性[38]。

Guardia等比较了大量离子型和非离子型表面活性剂在石墨烯剥离中的性能。研究表明，以聚合物为代表的非离子型表面活性剂在石墨烯产率和石墨烯质量上都要优于离子型表面活性剂（图2-12）。其中，把石墨烯与三嵌段共聚物普朗

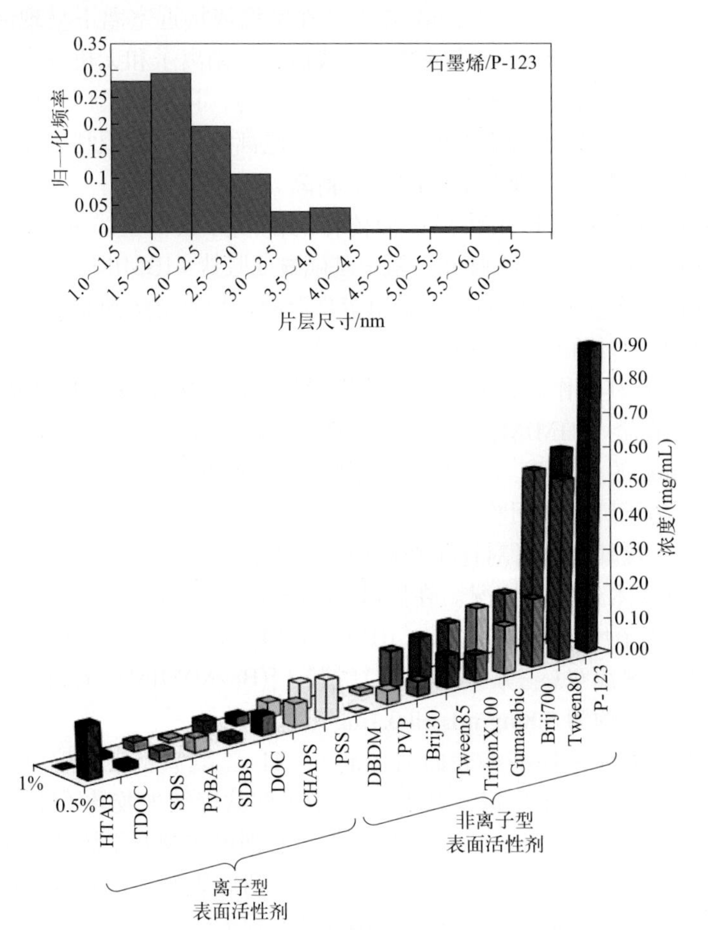

图2-12　各类表面活性剂的剥离效率对比[40]

HTAB—十六烷基三甲基溴化铵；TDOC—牛磺脱氧胆酸钠水合物；SDS—十二烷基硫酸钠；PyBA—1-芘丁酸；SDBS—十二烷基苯磺酸钠；DOC—脱氧胆酸钠；CHAPS—3-［（3-胆酰胺丙基）二甲基氨基］-1-丙磺酸酯；PSS—聚（4-苯乙烯磺酸钠）；DBDM—正十二烷基-β-D-麦芽糖苷；PVP—聚乙烯吡咯烷酮

尼克 P-123（g/L）混合超声 2h 后，分散液中石墨烯的浓度可以达到约 1mg/mL。进一步延长超声时间至 5h，石墨烯的浓度可上升至约 1.5mg/mL[40]。

d. 其他非芳香族表面活性剂　除离子液体和聚合物以外，还有一些非芳香族表面活性剂具有较好的石墨烯分散性和稳定性。与 SDBS 液相剥离石墨烯的方法类似，Coleman 课题组发展了利用表面活性剂胆酸钠（SC）在水中制备石墨烯分散体的工艺。该方法制备的石墨烯分散液浓度可以稳定在 0.3mg/mL，TEM 图像显示，石墨烯薄片由 1 ～ 10 个堆叠的单层组成，其中高达 20% 的薄片为单层石墨烯。随着离心速率的提升（从 500r/min 增加到 5000r/min），石墨烯片层的平均直径从约 1μm 下降到约 500nm[41]。

② 有机系表面活性剂　在电子器件应用领域，如场效应晶体管（field effect transistor, FET）等的开发过程中，在电介质界面处残留的水分子会增强电荷的俘获，故应尽量避免水作为剥离介质[42]。因此，发展在低毒、低沸点的有机溶剂中的石墨烯剥离工艺至关重要。但目前关于有机溶剂中表面活性剂辅助石墨烯剥离的研究工作并不多，有待进一步探索和发展。

美国斯坦福大学戴宏杰团队将 1,2- 二硬脂酰 -*sn*- 甘油 -3- 磷脂酰乙醇胺 -*N*-［甲氧基（聚乙二醇）-5000］（DSPE-mPEG）分子与石墨相结合，实现石墨烯的有效剥离。他们把这种混合物置于 *N,N*- 二甲基甲酰胺（DMF）中进行超声处理，得到均匀的分散体。剥离得到的石墨烯材料具有较好的稳定性，可以在各种透明基材（如玻璃和石英基底）上制成透明且导电的 Langmuir-Blodgett（LB）薄膜。石英表面的单层、双层和三层 LB 膜在室温下分别具有约 150kΩ/sq、20kΩ/sq 和 8kΩ/sq 的面电阻以及约 93%、88% 和 83% 的透光率（1000nm 波长下）[43]。

Valiyaveettil 及其合作者使用十六烷基三甲基溴化铵（CTAB）作为稳定剂进行石墨烯的剥离。石墨烯可以在常见的有机溶剂（如 DMF）中取得较好的分散效果。通过紫外可见光谱、扫描电镜、透射电镜、原子力显微镜和拉曼光谱等表征手段对石墨烯片层进行进一步检测，显示剥离后的石墨烯薄片平均厚度约为 1.18nm。场发射测量显示，其具有 7.5V/μm 的单位长度开启电压和 0.15mA/cm^2 的发射电流密度[44]。

卟啉可以通过其富含电子的芳香核和碳材料的共轭表面之间发生 π 堆叠与多种碳材料［例如石墨、富勒烯和碳纳米管（CNT）等］产生较强的相互作用。为了验证石墨烯和卟啉间的相互作用，研究人员将石墨分散在含有有机铵离子的 NMP- 卟啉溶液中。卟啉与石墨表面发生强烈的相互作用，可以实现高质量单层石墨烯薄片的辅助分离[45]。

3．石墨烯粉体的分散和收集提纯

在石墨烯粉体的液相剥离制备工艺中，除了溶剂和表面活性剂外，石墨烯的分散和收集提纯同样非常重要。石墨烯的分散主要借助了超声处理和剪切混合这样的外力作用，超声的时间和功率对石墨烯分散液的浓度及其片层大小均有很大的影响。而在收集提纯的过程中，则需要使用离心的方式提取出剥离的石墨烯，留下较厚的石墨片层。

（1）超声处理　石墨烯在液相剥离过程中往往需要超声或者剪切处理的辅助。超声波产生强烈的压缩和碎裂作用，帮助溶剂分子嵌入块体石墨层间，有效地扩大层间距，最终实现薄层石墨烯的有效剥离。

自 2008 年首次在有机溶剂 NMP 中实现石墨烯的成功剥离以来，石墨烯分散液的浓度不断提高[10]。一种有效的方法就是通过增加超声时间来提高剥离的产率，如图 2-13 所示，长时间的超声处理（约 500h）可以将石墨烯分散液的浓度提高到 1.2mg/mL。虽然短时间的超声处理对石墨烯片层损伤较小，但长时间的超声处理会使得石墨烯片层的横向尺寸急剧减小，且需要耗费较长的时间和很高的能量[46]。

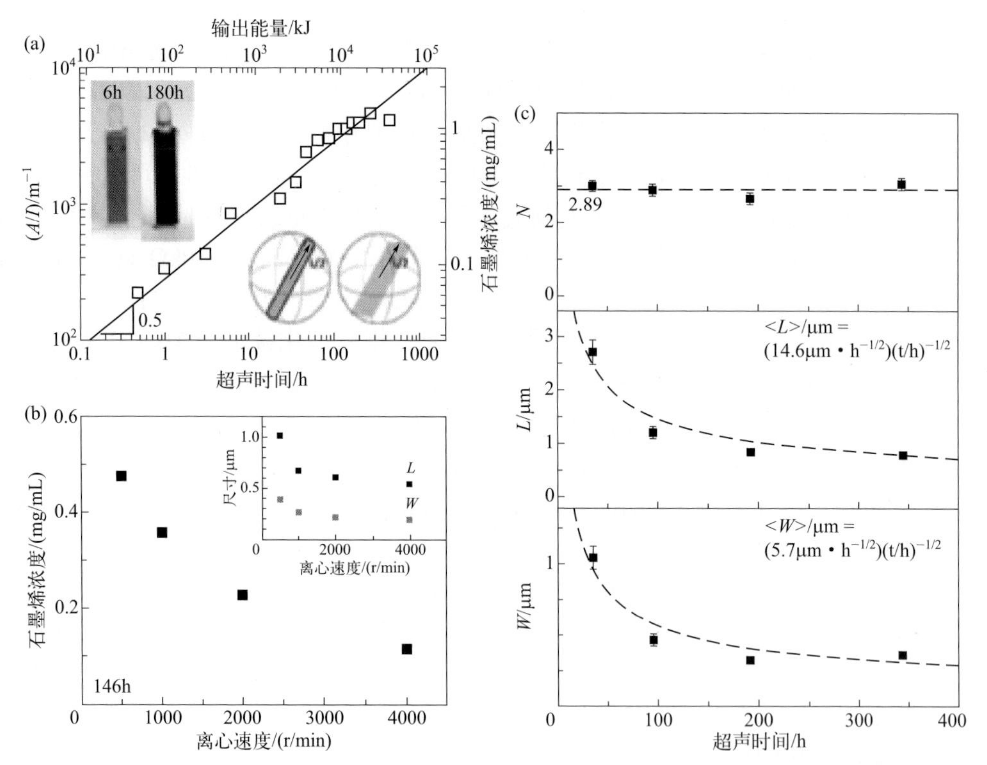

图2-13　（a）超声时间对石墨烯分散液浓度/吸光度的影响；（b）离心速度对石墨烯浓度及片层大小的影响；（c）超声时间对石墨烯平均层数（N）、平均长度（L）、平均宽度（W）的影响[46]

超声这一剧烈的处理过程会产生强氧化物质，如自由基和过氧化物等，它们可以将石墨烯边缘和缺陷处的碳原子氧化。随着超声时间的延长，氧化作用愈发明显，石墨烯片被割裂为小片。因此，在溶剂中添加一些具有还原性的物质，可以有效降低自由基等强氧化基团对石墨烯片层的破坏，维持石墨烯的片层尺寸和石墨烯分散液的稳定性。

此外，2014 年 Coleman 课题组提出了将高速剪切用于石墨烯的液相剥离，以替代传统的超声处理工艺。将石墨原料分散在 NMP 溶液中高速剪切，对产生的悬浮液离心后表征发现其中含有大量高质量石墨烯纳米片。X 射线光电子能谱（XPS）显示石墨烯未被氧化，拉曼图谱也显示该方法制备的粉体石墨烯具有良好的质量 [47]。

（2）离心分离　超声处理后，分散体中以较厚的石墨烯片层为主。可以采用离心处理将剥离好的薄层石墨烯进一步提取出来。在离心过程中，物质的沉淀速率取决于其形状、大小和密度。因此，由差速离心工艺发展而来的各种离心策略，可以实现在均匀介质或密度梯度介质（DGM）中物质的有效分离。

值得注意的是，石墨的液相剥离法通常会制备得到横向尺寸为 1μm 甚至更小的石墨烯薄片，这样小的尺寸不足以满足石墨烯在复合材料、机械增强材料等领域的应用。为了解决石墨烯片层的尺寸问题，Coleman 和合作者发展了一种策略。初始的石墨烯 -NMP 分散液将接受高速离心处理，使得上清液中的小薄片与沉积物中的大薄片分离。沉积物再分散在溶剂中，并经历离心 - 分离 - 分散的多次循环，使得石墨烯片层按尺寸分离。分散液中石墨烯片层的平均长度从一开始高速离心后的约 1μm 增长到最终离心速度 500r/min 后的约 3.5μm。TEM 分析结果表明，离心速度为 3000r/min 时获得的石墨烯片层尺寸远小于 500r/min 离心速度时石墨烯片层的尺寸。此外，通过降低离心速度，石墨烯薄片的层数也有所增加 [48]。

（3）洗涤纯化　无论是用有机溶剂直接分离石墨烯，还是借助表面活性剂或稳定剂的辅助，均需要考虑杂质去除的问题。离心分离后的石墨烯样品往往存在表面活性剂、溶剂等的残留，这会大大影响后续石墨烯电子器件（如场效应晶体管）的性能，制约了石墨烯在有机电子领域的应用。因此，需要对石墨烯样品进行洗涤纯化，去除残留的有机分子。常用的洗涤剂有乙醇、甲醇、四氢呋喃（THF）、二甲基亚砜（DMSO）、*N*,*N*- 二甲基甲酰胺（DMF）等，也可以用硝酸和氯化亚砜进行化学处理。而对于一些与石墨烯相互作用力较强的表面活性剂，可以考虑配制表面活性剂的良溶剂、石墨烯的不良溶剂进行去除。如石墨烯 - 聚乙烯吡咯烷酮分散液可以用乙醇 -CCl_4 的混合溶液清洗，并进一步离心分离，以实现聚合物的去除 [38]。

三、化学剥离法

1．电化学剥离法

电化学法很早就被应用于石墨插层化合物的制备。近年来，研究人员发展了一系列基于电化学法直接合成石墨烯的策略，有望应用于石墨烯粉体的大规模批量制备。同其他剥离方法相比，电化学剥离具有以下优势：①操作简便，可控性强；②合成速率快，易实现大规模批量化生产；③电解液可以循环利用，对环境友好。电化学法通常采用石墨作为前驱体，以液体导电电解质为介质，根据电解液种类的不同，可以细分为非水溶液电解质电化学法和水溶液电解质电化学法两大类。

（1）非水溶液电解质　非水溶液电解质在电化学剥离石墨烯的过程中被广泛使用，一般被视为电化学反应的理想溶剂。Wang 等采用碳酸丙烯酯作为电解液，在 −15V 电压下利用锂离子对石墨进行插层，在 *N*,*N*- 二甲基甲酰胺（DMF）中超声后成功得到薄层石墨烯 [49]。其中，70% 以上的石墨烯层数少于 5 层，超过 80% 的石墨烯薄片横向尺寸小于 2μm。

多种不同的有机化合物（烷基铵盐、锂盐、氯酸盐等）和有机溶剂（二甲基亚砜、*N*- 甲基吡咯烷酮、乙腈）被尝试用作电化学剥离石墨烯的电解液，但制得的石墨烯产品中多层石墨烯（层数 >5）占比较大，且具有毒性以及挥发性的溶剂限制了这些电解液的实际应用 [50]。离子液体作为有机电解质的一个重要分支，也被尝试用于电化学剥离石墨烯，研究表明咪唑类离子液体可有效促进石墨烯的剥离 [51]。

（2）水溶液电解质　水溶液电解质操作简便、环境友好，因此在电化学剥离中具备一定的优势。在水溶液电解质中，通常采用酸、碱和无机盐作为溶质。

硫酸作为一种具有代表性的酸性电解质，被广泛应用于石墨烯的电化学剥离。但硫酸作为电解液在促进石墨烯剥离的过程中，不可避免地影响了石墨烯产品的质量。尽管石墨在电化学过程中的氧化程度一般弱于化学氧化，但由于氢离子（H^+）和硫酸根离子（SO_4^{2-}）协同产生的强氧化性，剥离产生的石墨烯薄片依然存在过度氧化的现象，导致其表面产生严重的缺陷。这一问题可以通过选择溶解性硫酸盐电解液来调节电解液的 pH 值进行避免。研究表明，在不同类型的硫酸盐电解质溶液中，硫酸铵［$(NH_4)_2SO_4$］具有最高的剥离效率 [52]。

除了酸、碱和无机盐之外，基础的电解质中间体也被尝试用于电化学法剥离制备石墨烯，例如 $NaOH$-H_2O_2-H_2O 体系。经电化学剥离后，制备得到的石墨烯质量分数高达 95%，但厚度分布在 3 ～ 6 层，几乎不存在单层石墨烯，因此该方法具有较大的局限性。此外，在表面活性剂聚苯乙烯磺酸（PSS）基电解质中也可以进行石墨烯的电化学剥离，但即便经过多次洗涤，PSS 仍然会不可避免地被修饰到石墨烯表面，导致石墨烯片层的不可逆功能化，从而影响石墨烯的电学性质。

2．热剥离法

热剥离技术是实现石墨剥离，制备单层石墨烯的一种重要方法。与只能实现部分剥离的机械剥离方法相比，该技术具有一定的优势。首先，热剥离过程在气体氛围下进行，无需使用液体，避免了溶剂残留与环境污染问题；其次，高温下热剥离速度非常快，剥离在几秒钟内即可完成，大大缩短了制备时间，有助于石墨烯的规模化生产。热剥离常见的初始材料有氧化石墨、膨胀石墨和石墨插层化合物。

（1）氧化石墨的热剥离　Schniepp 等以氧化石墨为原料，首次利用热剥离方法成功制备得到单层石墨烯[53]。他们将干燥的氧化石墨置于石英管中，在氩气气氛下加热至 1050℃，高温下仅需 30s 即可完成对石墨的剥离。Mc Allister 等提出了一种热剥离的机理，认为只有氧化石墨片层间的气体产生速率大于气体扩散速率时，才会产生足够高的压力使石墨发生剥离，因此，他们建议热剥离温度必须超过临界温度（550℃）[54]。

此外，研究者发现爆炸过程也可以剥离氧化石墨[55]。在密闭容器中，将氧化石墨与苦味酸化合物均匀混合后引爆，爆炸时密闭环境瞬间达到了 900℃的高温和 20MPa 的压强，剥离得到的石墨烯薄片约为 2 ～ 5 层。

其他快速加热的方法，例如微波辐射和电弧放电等，也可被应用于石墨的热剥离。利用微波加热，1min 之内就可以使氧化石墨剥离。Cheng 等采用氢电弧放电的方法，使温度瞬间升到 2000℃以上，成功实现了石墨的剥离，分散离心后，约 80% 的石墨烯片为单层[56]。

（2）石墨插层化合物的热剥离　石墨插层化合物的功能化程度较氧化石墨低，但仍能有效扩展石墨层间距，从而实现热剥离。

Choi 等使用电感耦合的等离子体作为热源，在毫秒内便可使石墨插层化合物加热到 5000K 以上，迅速使石墨插层化合物气化。再进一步利用超声空化处理后，即可剥离制得缺陷程度较低的石墨烯[57]。Janowska 等报道了一种利用 120 ～ 200℃微波辐照膨胀石墨得到石墨烯的方法[58]。膨胀石墨由天然石墨在氨水中处理得到，氨水在石墨固体上具有良好的润湿性，微波辐照下，氨水会自发分解为气体，进而促进膨胀石墨的剥离。Liu 等提出了一种溶剂热剥离的方法来制备石墨烯。他们采用油胺（十八烯胺）作为溶剂和嵌入剂，与石墨的晶格发生相互作用，使石墨膨胀[59]。该方法可以提供高温、高压的环境，使膨胀石墨更容易被剥离为石墨烯薄片，同时也有效避免氧化石墨烯的生成。

将插层技术与热处理技术相结合的热剥离方法，目前已经被广泛应用于石墨的剥离。相较于其他石墨剥离的方法，该方法的剥离效率显著提升，在石墨烯的大规模制备中具有广阔的前景。

四、氧化还原法

氧化还原法是目前制备石墨烯粉体材料最常用的一种方法，一般包括氧化石墨烯的制备与还原两个基本过程。具体而言，先将天然石墨通过氧化、超声剥离等步骤转变为氧化石墨烯（graphene oxide，GO），再通过多种还原方法（如化学还原、电化学还原、热还原等）去除氧化石墨烯中的含氧官能团（图 2-14），最终得到还原氧化石墨烯（reduced graphene oxide，rGO）。

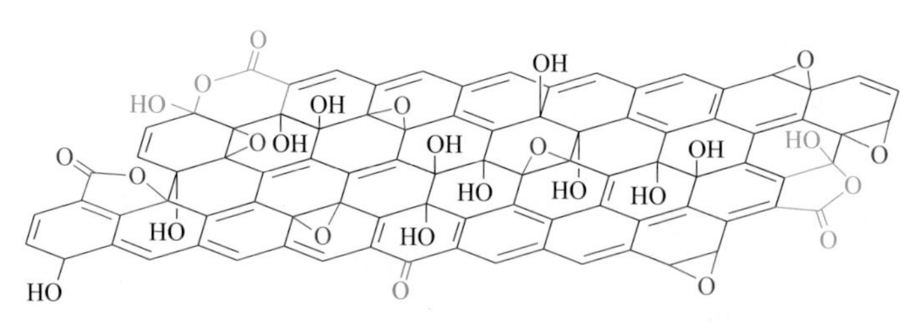

图2-14　氧化石墨烯结构示意图

1. 氧化石墨烯的制备

在强酸、强氧化剂存在的条件下，块体石墨可转化为氧化石墨。该过程主要是对石墨进行插层处理和化学氧化，使得氧原子以 C—O—C、C—OH、—COOH 等官能团的形式连接于石墨表面，增大石墨层间距离。将制得的氧化石墨分散于溶液中进行超声剥离，即可得到单层或少层氧化石墨烯。

一百多年前，人们就开始了氧化石墨的制备方法研究。随着研究逐渐深入，科研工作者们发展出几种经典的氧化石墨制备方法。其中，Brodie 法是最早制备出氧化石墨的方法，随着反应试剂的优化以及反应条件可控性的提升，又衍生了 Staudenmaier 法以及 Hummers 法。

1859 年，牛津大学 Brodie 等分别以浓 HNO_3 和 $KClO_3$ 为强酸和强氧化剂成功实现了氧化石墨的制备[60]。1898 年，Staudenmaier 对 Brodie 法调整，选择浓 H_2SO_4 和浓 HNO_3 混合物作为强酸，$KClO_3$ 作为强氧化剂，制备得到氧化石墨[61]。Staudenmaier 法的特点在于向反应体系中分批加入 $KClO_3$，使得整个制备过程相对安全、合成产物的氧化程度高、操作步骤相比 Brodie 法更加简便。然而，该方法仍存在反应周期较长、反应过程有有毒气体释放等问题。

1957 年，Hummers 等进一步改进了氧化石墨的制备方法，发展出当前应用最广的 Hummers 法[62]。Hummers 法利用 $NaNO_3$ 代替浓 HNO_3，$KMnO_4$ 代替 $KClO_3$，即以浓 H_2SO_4 和 $NaNO_3$ 为强酸体系，$KMnO_4$ 为氧化剂。具体反应过程包括：首先，在石墨和 $NaNO_3$ 混合物中加入浓 H_2SO_4，将温度控制在 0℃左右，搅拌下缓慢加入 $KMnO_4$；然后，将温度升至 35℃左右，反应物逐渐转变为棕灰色黏稠状混合物；最后，加入水并将温度升至 98℃左右，反应一段时间后即得到氧化石墨。Hummers 法合成产物的氧化程度与 Brodie 法和 Staudenmaier 法相当，并具有纯度高、产物结构规整的优势；同时该法利用 $NaNO_3$ 代替浓硝酸，反应时间短，不产生有毒气体，对环境污染影响较小。因此，Hummers 法逐渐发展为最经典的制备氧化石墨烯的方法。后期的研究中，为了提高氧化石墨烯的产率和质量，Hummers 法不断被优化和改进。

1999 年，Nina 等在制备过程中增加了对石墨的预氧化步骤，即先在 80℃的 H_2SO_4、$K_2S_2O_8$ 和 P_2O_5 混合溶液中对石墨进行预氧化，再通过 Hummers 法制备得到氧化石墨烯[63]。该方法提高了石墨的氧化率，所得氧化石墨烯的质量也得到提升。

2010 年，Marcano 等在 Hummers 法的基础上使用磷酸代替硝酸钠进行氧化石墨烯的制备[64]。他们发现，选择体积比为 9∶1 的硫酸和磷酸混合物作为强酸体系，同时增加高锰酸钾的用量，可以提高石墨的氧化效率，反应过程如图 2-15（a）～（c）所示。该方法比 Hummers 法所需的反应温度更低，同时避免了有毒气体的产生。但是，该方法高锰酸钾和硫酸的用量为 Hummers 法的 5 倍，不符合绿色化学的要求。

2015 年，Peng 等利用 K_2FeO_4 为氧化剂对石墨进行氧化，室温反应 1h 即可得到反应产物，如图 2-15（d）～（f）所示[65]。K_2FeO_4 虽然在酸性条件下表现出较强的氧化性，但是化学性质很不稳定，易于分解，这也限制了 K_2FeO_4 在大规模制备氧化石墨烯中的应用。

借助以上方法，可以在石墨层间生成多种含氧官能团，实现氧化石墨的制备。随着石墨氧化程度的增加，其层间距也逐渐增大，石墨层间的范德华力减弱。继续对氧化石墨进行热解膨胀、超声分散、低温剥离或静电斥力等处理，即可得到单层或少层氧化石墨烯。其中，超声分散法剥离效率高，且超声过程中不

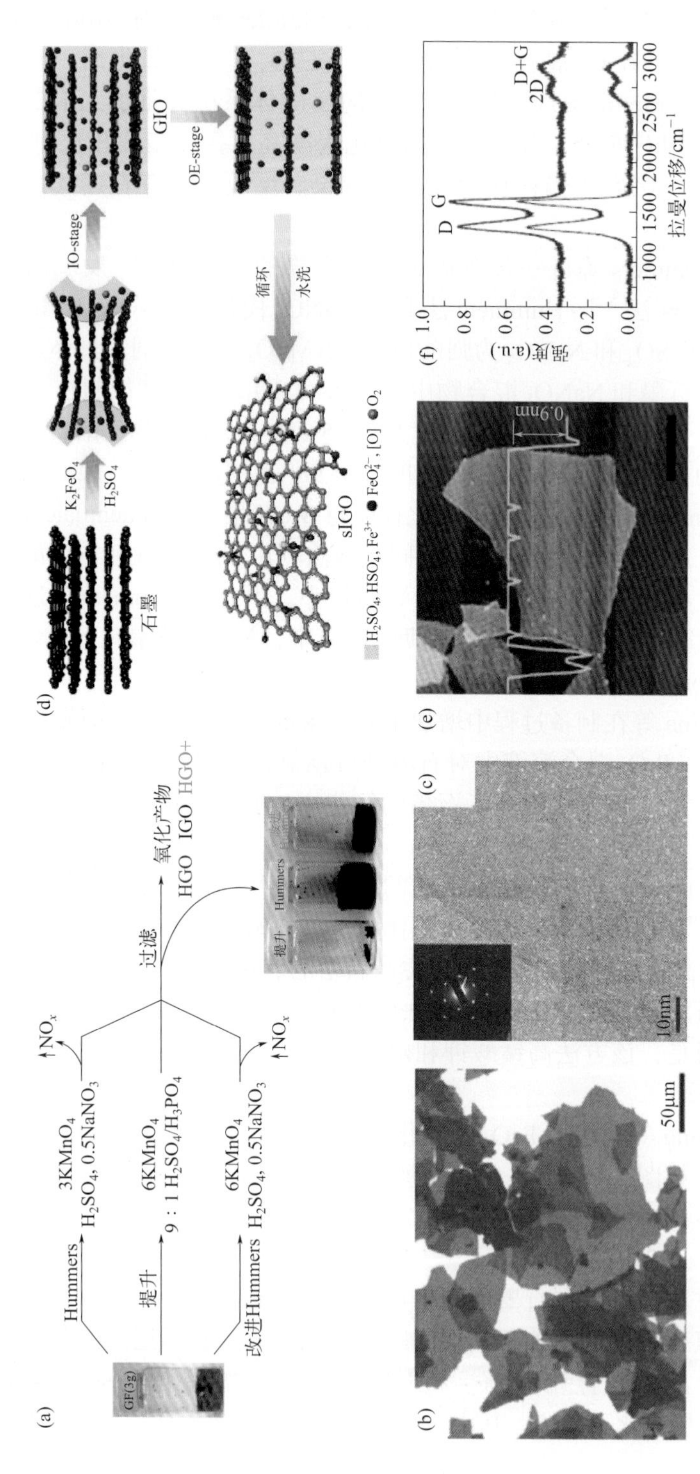

图2-15 改进Hummers方法制备氧化石墨烯

（a）三种氧化方法制备过程示意图；（b），（c）改进Hummers法制备得到石墨烯的SEM图及TEM图；（d）K_2FeO_4氧化石墨制备氧化石墨烯反应机理示意图；（e）K_2FeO_4氧化法所制备氧化石墨烯的AFM图；（f）K_2FeO_4（红线）与$KMnO_4$（紫线）作为氧化剂所制备氧化石墨烯的拉曼对比

HGO—Hummers法制备的氧化石墨烯；IGO—提升法制备的氧化石墨烯；HGO+—改进Hummers法制备的氧化石墨烯；IO-stage—插层氧化步骤；OE-stage—氧化剥离步骤

涉及化学反应，安全系数高，是目前应用最广泛的处理方法。具体而言，超声分散一般以水溶液等极性溶剂作为分散介质，通过超声处理将氧化石墨均匀分散。当超声过程中产生的冲击力高于氧化石墨层间的范德华力时，氧化石墨即可实现均匀剥离。

2．氧化石墨烯的还原

氧化反应引入的缺陷和含氧官能团会改变石墨烯的电子结构，影响石墨烯的本征优异性质。因此，对氧化石墨烯进行还原以消除缺陷和含氧官能团，恢复其共轭结构是氧化还原法制备石墨烯的关键步骤。目前已报道的氧化石墨烯的还原方法包括化学还原、热还原、溶剂热还原、光催化还原、电化学还原和多步还原等。

（1）化学还原　化学还原法是还原氧化石墨烯的最常用方法之一，其通过化学还原剂与氧化石墨烯之间的化学反应来实现氧化石墨烯的还原。化学还原法通常在室温或适度加热条件下进行，对环境和设备的要求相对不高、成本较低，在大规模制备石墨烯粉体材料方面有着很大的潜力。

① 肼及其衍生物还原　肼及其衍生物是最早用于还原氧化石墨烯的还原剂。得益于其较强的还原能力，氧化石墨烯还原后可获得较稳定的还原氧化石墨烯分散液，因此受到国内外学者的广泛关注。

2007 年，Ruoff 课题组首先报道了使用水合肼还原氧化石墨烯的方法[66]。他们向氧化石墨烯分散液中加入适量水合肼作为还原剂，在 100℃下还原 24h，将还原氧化石墨烯中的碳氧原子比（C/O）由 2.7 提高至 10.3，电导率提升了 5 个数量级，与原始石墨的电导率相当。但在直接使用水合肼还原氧化石墨烯的过程中，由于反应物疏水性的逐渐提升，还原氧化石墨烯会发生严重的团聚现象。

进一步地，Li 等研究发现，在肼还原氧化石墨烯的过程中使用氨水调节体系 pH 值可以制备稳定的还原氧化石墨烯纳米片悬浮液[15]。这是因为羧基基团一般不能被肼还原，从而被保留在还原氧化石墨烯表面。利用氨水调节 pH 可以使羧基去质子化，导致还原氧化石墨烯片层表面呈负电性，带有同种电荷的石墨烯片层之间产生静电排斥而稳定分散。尽管肼在工业和实验室中得到广泛使用，但其本身含有剧毒且化学性质不稳定，且在氧化石墨烯的还原过程中易于引入杂质氮原子影响制备石墨烯的质量，难以直接应用于石墨烯的规模化制备。

② 金属氢化物还原　硼氢化钠是一种具有强还原性的无机物，在有机合成中广泛用于含羰基化合物的还原，被称为“万能还原剂”。Shin 等对硼氢化钠还原氧化石墨烯的过程进行了详细的研究。他们发现，相较于相似碳氧比的肼还原

的还原氧化石墨烯膜，经硼氢化钠还原的还原氧化石墨烯膜具有更低的薄层电阻。原因在于肼还原得到的还原氧化石墨烯中含有杂质氮原子，氮原子作为 n 型掺杂剂捕获 p 型还原氧化石墨烯的自由空穴，从而降低了其电导率[67]。

氢化铝锂也是一种常用的有机化合物还原剂，由于 Al—H 键弱于 B—H 键，其还原能力比硼氢化钠更强。新加坡南洋理工大学 Pumera 团队结合 X 射线光电子能谱（X-ray photoelectron spectroscopy，XPS）、傅里叶变换红外光谱（Fourier-transform infrared spectroscopy，FTIR）、拉曼光谱（Raman spectroscopy）等表征手段，对比了硼氢化钠、肼、氢化铝锂三种还原剂对氧化石墨烯的还原情况，如图 2-16 所示[68]。结果表明：硼氢化钠、肼、氢化铝锂三种还原剂还原得到的还原氧化石墨烯中的碳氧比分别为 9.5、11.5、12，C 原子 sp^2 杂化度分别为 68%、69%、70%。由此可见，氢化铝锂还原能力高于硼氢化钠和肼，是一种高效的氧化石墨烯还原剂。

硼氢化钠和氢化铝锂还原能力非常强，除环氧基团和羟基外还能还原羰基和羧基，且还原产物中无杂原子残留，可以实现高质量还原氧化石墨烯的制备。但金属氢化物容易水解，限制了其大规模应用。

③ 活泼金属还原　Fe、Al、Zn、Mg 和 Na 等活泼金属也可用于氧化石墨烯的还原。与肼和硼氢化钠等常见还原剂相比，活泼金属还原所需反应条件更温和、还原速度更快且效率更高。Fan 等采用铝粉作为还原剂还原氧化石墨烯，反应时间仅需 30min，制备得到的还原氧化石墨烯电导率可达 2.1×10^3S/m[69]。Mei 等将 Zn 粉与氧化石墨烯溶液混合后进行超声降解，1min 即可实现还原，制备得到的还原氧化石墨烯电导率为 1.5×10^4S/m[70]。整体而言，金属作为还原剂还原氧化石墨烯的特点是反应时间短，可以快速完成还原过程，但还原产物易产生金属残留，石墨烯与金属离子的分离仍存在较大的挑战。

④ 其他化学还原剂　除了上述研究较多的几类还原剂，用于还原氧化石墨烯的化学试剂还包括强碱、含硫化合物、含氨基化合物、抗坏血酸（维生素 C）和对苯二酚等[71-75]。为了实现大规模制备高质量的石墨烯粉体材料，还需在优化已有还原剂和还原方法的同时，开发新的还原剂和还原方法，探究准确的还原机理。

（2）热还原　热还原指在真空、惰性或还原性气氛下，将氧化石墨加热至较高温度以实现还原和剥离，从而获得还原氧化石墨烯的方法。热还原法的机理主要是：快速加热氧化石墨时，结构中的含氧官能团会分解成 CO_2、CO、H_2O 等气体分子，释放出的气体在石墨烯片层之间瞬间膨胀，产生巨大压力使得片层剥离开来。Müllen 等在不同温度下（500 ～ 1100℃）对氧化石墨膜高温退火，发现退火温度越高制得石墨烯膜的导电性越好[76]。与化学还原法相比，热还原法制

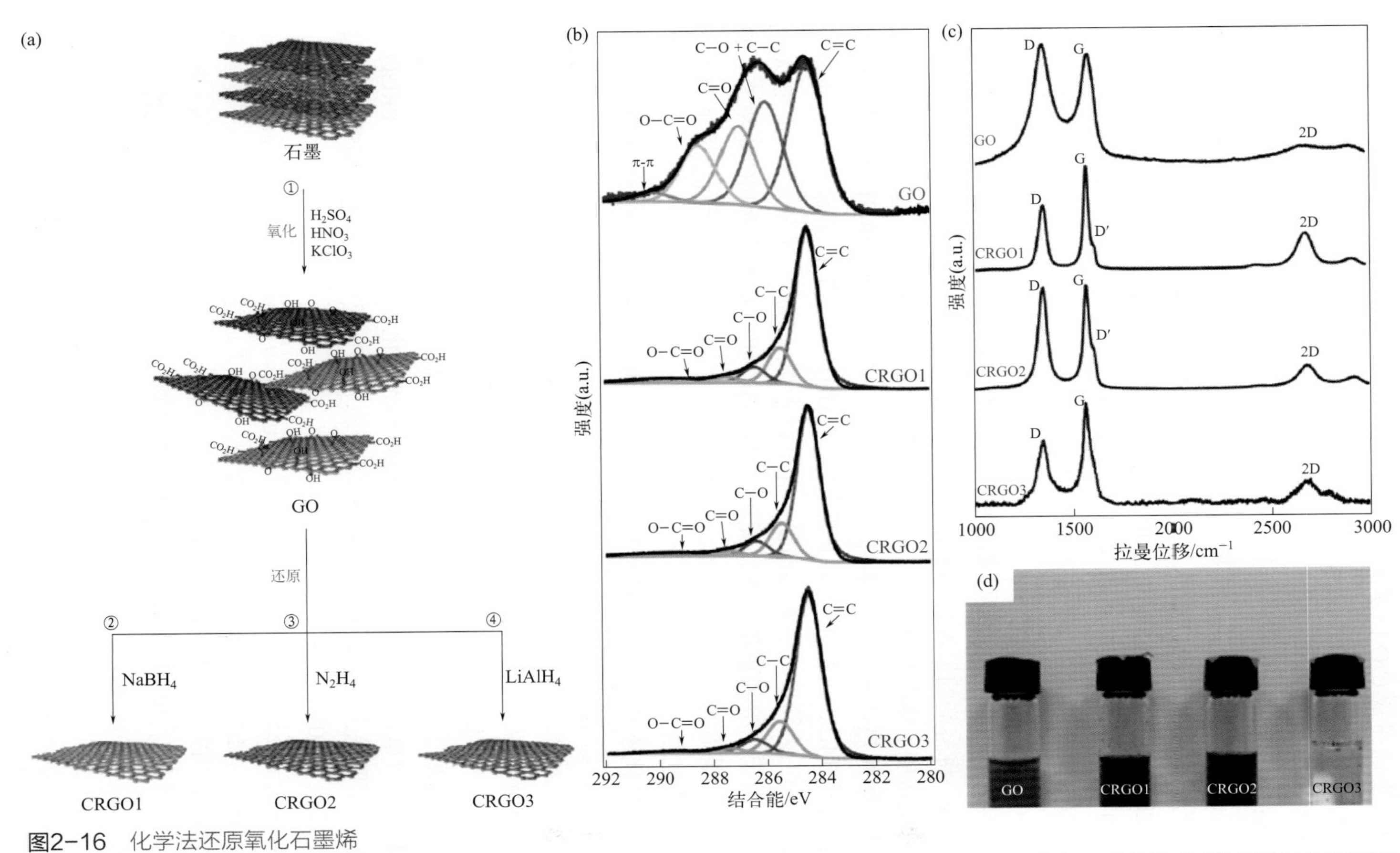

图2-16　化学法还原氧化石墨烯

（a）硼氢化钠、肼和氢化铝锂化学还原氧化石墨烯的示意图；（b），（c）氧化石墨烯以及由硼氢化钠、肼和氢化铝锂作为还原剂制备得到的还原氧化石墨烯的XPS及Raman光谱；（d）氧化石墨烯以及由硼氢化钠、肼和氢化铝锂作为还原剂制备得到的还原氧化石墨烯的水系分散液实物图

备得到的石墨烯通常 C/O 比更大，缺陷修复和共轭结构恢复的程度更高。然而，该过程中释放的 CO_2 会在石墨烯片层上产生空位或结构缺陷，对石墨烯的性能产生不利影响。

微波辐射作为一种相较于传统加热方式更加节能和高效的新型热源，也被应用于氧化石墨烯的还原。其工作原理是微波产生的高频交变电场可以改变介质中极性分子的极性排列取向，造成分子的相对运动并摩擦产生热量，使介质温度不断升高。Chen 等将分散在 *N*, *N*- 二甲基乙酰胺和水混合溶剂中的氧化石墨烯溶液放入微波炉中，在干燥氮气的保护下，以 800W 功率还原 1 ～ 10min。还原后的石墨烯可以分散于 *N*, *N*- 二甲基乙酰胺中形成稳定的胶体，其电导率是氧化石墨烯的 10^4 倍[77]。

（3）溶剂热还原　溶剂热法指在密闭容器中加热溶剂，使得容器内压力远高于环境压力，将溶剂的温度保持在沸点以上的还原技术。该技术现已广泛用于无机固体的制备中。Dai 等以 *N*, *N*- 二甲基甲酰胺为溶剂，加入少量肼作为化学还原剂，进行溶剂热还原氧化石墨烯。180℃反应 12h 后，得到的还原氧化石墨烯中碳氧比可达 14.3，远高于常压下肼还原制备的还原氧化石墨烯[78]。溶剂热还原的优点在于工艺简单且成本相对低，尤其以水作溶剂时，绿色无毒且产物无杂质。另外，由于在溶剂热条件下，无机纳米材料（如金属氧化物和硫化物等）的合成与氧化石墨烯的还原均可发生，故溶剂热还原法也非常适合石墨烯基纳米复合材料的一锅法制备。

（4）光催化还原　光催化还原指借助光催化剂通过光化学反应来去除氧化石墨烯表面的官能团的技术，是一种简便、清洁且节能的还原方法。无机光催化剂（如 TiO_2、ZnO、金属纳米颗粒等）已被证实能够有效光催化还原氧化石墨烯，但这些无机纳米粒子难以从产物中分离，大大限制了石墨烯的进一步应用[79-81]。Wu 等报道了一种利用有机光催化剂汉斯酯 1, 4- 二氢吡啶（HEH）还原氧化石墨烯的方法，如图 2-17 所示[82]。他们将 HEH 溶于 *N*, *N*- 二甲基甲酰胺后，再加入氧化石墨烯水分散液中，紫外线辐照 5h 后得到光催化还原氧化石墨烯（PRGO）。用乙酸乙酯萃取除去还原产物中的 HEH 等杂质后即完成还原氧化石墨烯的制备，其电导率可达 4680S/m。

（5）电化学还原　电化学还原法是采用电化学方法除去氧化石墨烯的含氧官能团，从而制得还原氧化石墨烯的一种方法。Toh 等以涂覆氧化石墨烯的玻碳电极为工作电极，以 1mol/L KOH 为电解液，在 −0.6 ～ −1.5V（vs. Ag/AgCl）的还原电位下，制备得到电化学还原的氧化石墨烯[83]。电化学还原为制备还原氧化石墨烯提供了一种简便快速、经济且环境友好的方法。

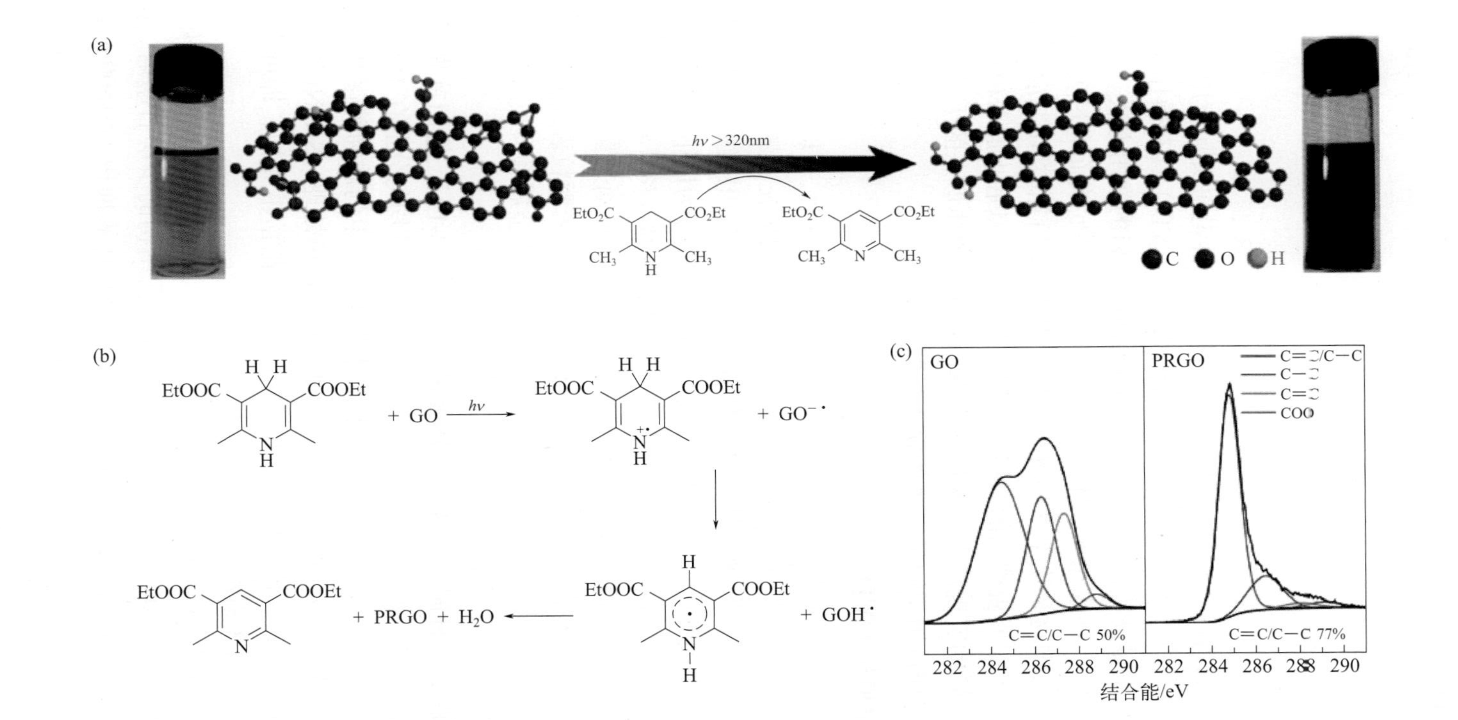

图2-17　光催化法还原氧化石墨烯

（a）HEH光催化还原氧化石墨烯的示意图；（b）HEH光催化还原氧化石墨烯的反应方程式；（c）氧化石墨烯与HEH光催化还原所制备的还原氧化石墨烯的XPS光谱图

第二节
高温合成方法

一、CVD模板法

以低成本制备高质量石墨烯是石墨烯粉体材料走向实际应用的关键因素之一。化学气相沉积法（chemical vapor deposition，CVD）具有操作简单、工艺可控性强、产品质量高等优势，是制备石墨烯薄膜材料的常用方法。该方法主要利用含有碳元素的一种或几种气体单质或化合物，在基底表面通过表面化学反应生成石墨烯。金属箔材是化学气相沉积法生长石墨烯材料的常用基底，可用于合成高质量、大面积、形貌均匀的石墨烯薄膜。这种生长基底也起着模板的作用，可用于调控石墨烯的宏观形态。通过适当设计和选择粉体形态的生长模板，化学气相沉积方法同样适用于制备石墨烯粉体材料。

1．金属模板 CVD

铜、镍等过渡金属是 CVD 法生长石墨烯的常用基底，具有优异的催化性能。以颗粒状金属材料为基底，利用 CVD 方法在其表面生长石墨烯，再刻蚀除去金属模板，即可获得石墨烯粉体材料。例如，Yoon 等利用镍纳米颗粒的碳偏析原理合成了空心石墨烯壳。如图 2-18 所示，制备过程分为以下三个步骤：首先以多元醇溶液为碳源、镍颗粒为基底进行石墨烯的高温生长。在金属镍的诱导下，多元醇在低温下（250℃）裂解生成的碳原子扩散进镍纳米颗粒中，形成掺碳镍纳米颗粒；然后对其进行退火处理，低温下碳在镍纳米颗粒表面偏析，形成多层石墨烯包裹的镍纳米颗粒；最后使用酸性溶液刻蚀掉金属颗粒模板，即可获得空心石墨烯球[84]。

Li 等报道了一种制备粉体石墨烯笼的方法（图 2-19）。他们首先用化学镀方法在硅颗粒上沉积金属镍，得到 Si@Ni 颗粒。再将其均匀分散在 185℃的三甘醇氢氧化钠溶液中，持续搅拌 8h，有机溶剂热分解产生的碳物种逐渐吸附在 Si@Ni 表面。将上述颗粒分离干燥，并在 450℃下进行热处理，Si@Ni 颗粒表面析出石墨烯（Si@Ni@G）。依次使用 $FeCl_3$ 溶液和氢氟酸溶液刻蚀，即可得到石墨烯笼包覆硅粉体材料（Si@G）[85]。

铜也是石墨烯 CVD 生长的常用基底。Zhao 等利用多孔 Cu 作为模板，分别在 800℃、900℃、1000℃下制备了具有分级多孔结构的少层石墨烯。该方法制备的石墨烯有互联的微中孔 - 大孔结构，且具有高比表面积（>1500m^2/g）、高电导率（>800S/m）等特点，在水或者离子液体电解质中结构稳定、浸润性好，可用于超级电容器领域[86]。

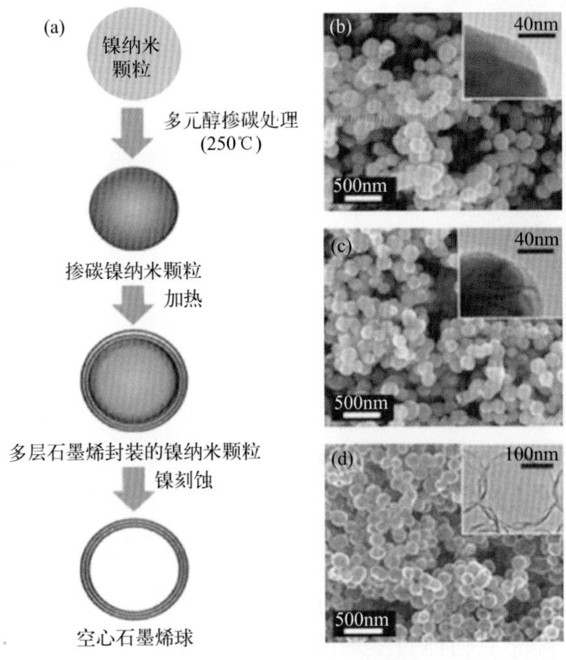

图2-18　（a）空心石墨烯球合成示意图；（b）掺碳镍纳米颗粒；（c）多层石墨烯包裹的镍纳米颗粒和（d）空心石墨烯球的SEM和HRTEM图[84]

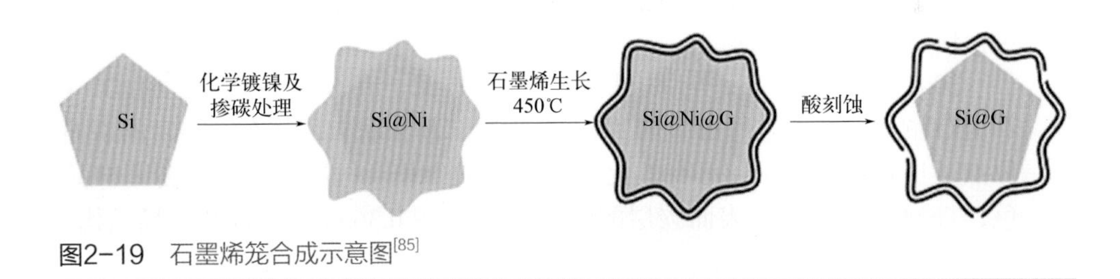

图2-19　石墨烯笼合成示意图[85]

金属热还原策略也可用于石墨烯粉体材料的制备。具有强还原性的金属可以在CVD过程中还原碳源气体，在其表面生成石墨烯层。Xing等以Mg或Mg/Zn混合物为模板，以CO_2为碳源制得了多孔粉体石墨烯材料。在680℃下，CO_2被金属还原为活性碳物种，并在其表面生长拼接为致密的石墨烯层，生长结束后刻蚀金属模板，即可得到多孔粉体石墨烯材料[87]。Tan等用锂还原CS_2蒸气，在650℃下反应5h制备了石墨烯包覆的Li_2S纳米颗粒，可用作电极材料（图2-20）[88]。

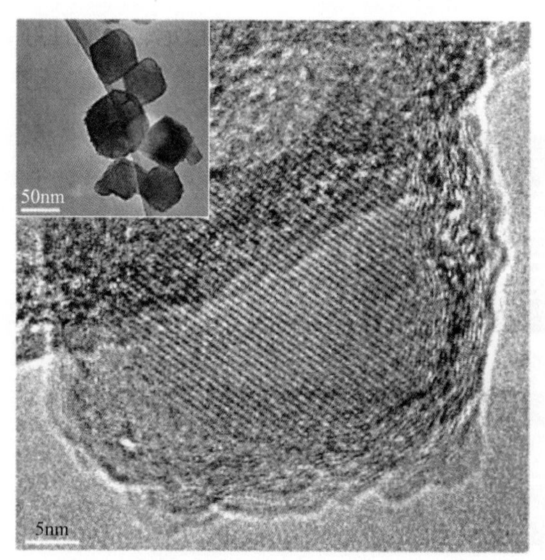

图2-20　石墨烯包覆的Li_2S纳米颗粒TEM图（插图为块状纳米粒子）[88]

2．氧化物模板 CVD

目前 CVD 反应中使用的碳源以甲烷等气体为主，其裂解温度较高，易使金属纳米颗粒发生团聚，不利于高品质粉体石墨烯的制备。而使用裂解温度较低的液相或固相碳源进行石墨烯的制备，尽管能有效抑制金属颗粒的团聚，但因成核过程复杂，在金属基底上生长条件可控性差，不易获得单层石墨烯。因此，以高熔点的金属氧化物作为模板进行石墨烯 CVD 生长，有望兼顾粉体石墨烯制备的可控性与生长质量问题。

2007 年，Schneider 等以甲烷和乙醇为碳源，在 SiO_2、Al_2O_3、MgO、Ga_2O_3 和 ZrO 纳米颗粒上进行石墨烯的 CVD 生长。粉末状氧化物存在丰富的表面缺陷位点，具有催化作用，可有效促进石墨烯的生长。石墨烯包覆的粉末样品呈黑色，TEM 测试发现，表面碳层的间距为 0.34 ～ 0.36nm，符合石墨烯结构特征。调控 CVD 生长过程中的碳源、氧化物模板种类和尺寸、反应时间等条件，可实现粉末样品表面 1 ～ 8 层石墨烯的生长。图 2-21 展示了石墨烯包覆 MgO 纳米粉体的表面形貌，石墨烯相互折叠形成明显褶皱 [89]。

Bachmatiuk 等以乙醇作为碳源，在 Al_2O_3、TiO_2、MgO 上 CVD 生长少层石墨烯，并用酸刻蚀模板得到空心石墨烯结构。与金属模板相比，使用金属氧化物为模板生长的石墨烯材料经刻蚀后表面残留的杂质更少 [90]。Chen 等报道了在石英粉表面直接 CVD 生长高质量石墨烯粉体的方法。在没有金属催化的情况下，SiO_2 表面丰富的含氧官能团在高温下吸附碳氢化合物，促进了碳 - 碳成键和石墨烯成核。该方法获得的粉体石墨烯比液相剥离石墨烯片具有更高的洁净度，且石墨烯层数的可控性更强。此外，CVD 生长得到的石墨烯片复制了二氧化硅的表面形貌，可有效避免除去模板后的堆叠团聚问题，最终获得的石墨烯为三维网络结构（图 2-22）。他们还通过改变生长温度和甲烷浓度来调控石墨烯层数，发现适当提高 CVD 生长温度和甲烷浓度可降低石墨烯的缺陷密度，但过高的生长温度（>1050℃）会加速碳物种热解并增加石墨烯的成核密度，反而导致畴区尺寸减小、sp^3 缺陷增多。同样，生长过程中过高的甲烷浓度也会导致石墨烯厚度增加、质量下降[91]。

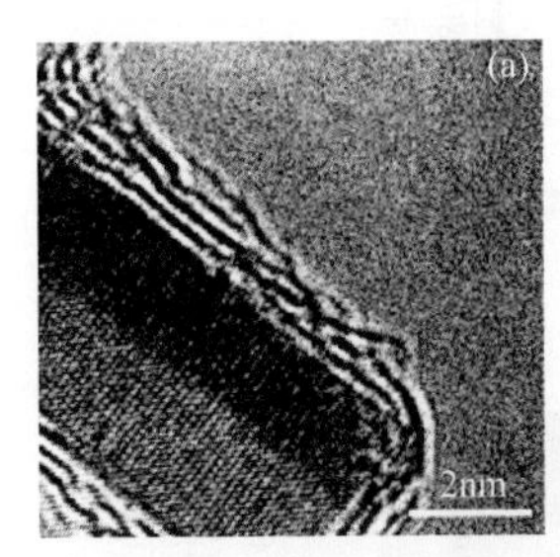

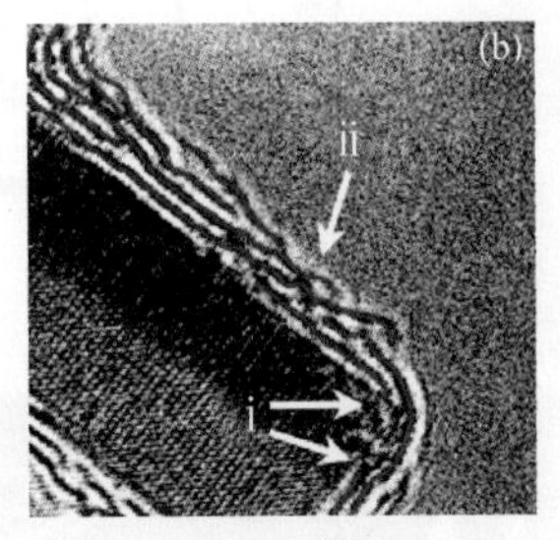

图2-21 石墨烯包覆氧化物颗粒的TEM图[89]
（a）石墨烯包覆在MgO晶体上；（b）生长过程中形成的褶皱

Wang 等发展了一种三维蜂窝状石墨烯粉体材料的制备方法。他们以 Li_2O 为基底、CO 为碳源，在 CVD 生长条件下，二者发生化学反应生成石墨烯和 Li_2CO_3。随着生长时间的延长，石墨烯层持续沉积在 Li_2CO_3 表面［图 2-23（a）～（c）］，并弯曲成约 2nm 的三维蜂窝状结构。由此制得的石墨烯层厚约 50 ～ 500nm，电子衍射结果［图 2-23（d）］显示为多晶石墨烯[92]。

Chen 等在 MnO 纳米棒上实现了石墨烯的 CVD 制备。MnO 纳米棒具有高比表面积，与甲烷可以在高温下生成 Mn_7C_3，经 1000℃处理 10min 即可获得高结晶度的单层或少层石墨烯。理论计算表明，MnO 表面的悬挂键在高温条件下捕获碳物种形成 Mn-C 界面，界面处较高的电子浓度可有效加速 CVD 反应中碳氢化合物的分解，从而生长出高质量石墨烯（图 2-24）[93]。

3．天然模板 CVD

为了发展低成本高质量石墨烯粉体的合成方法，本书著者团队利用多种天然模板实现了粉体石墨烯材料的 CVD 制备。2016 年，本书著者团队采用小甲烷流量 CVD 工艺，在硅藻土基底上实现了石墨烯生长，获得了具有三维多级结构的分层生物石墨烯（hierarchical biological graphene, HBG）粉体［图 2-25（a）～（c）］。硅藻土是地球上天然存在的矿物质，储量丰富（全球年产量约 200 万吨），成本低廉，化学成分以 SiO_2（80% ～ 94%）为主。硅藻土具有极高的孔隙率，重量轻，广泛用作吸附剂、保温材料、过滤器、催化剂载体、脱色剂、填充材料等[94]。

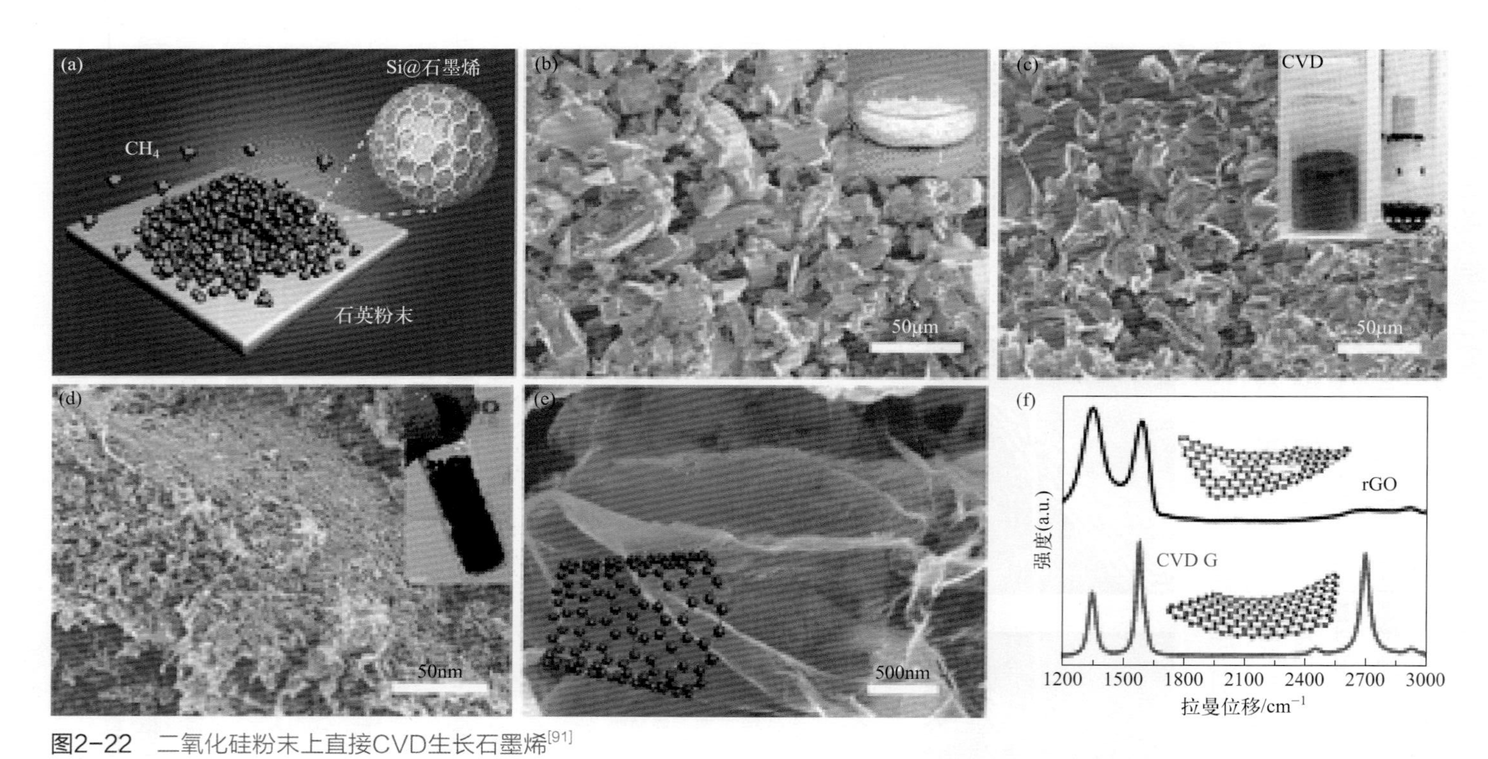

图2-22　二氧化硅粉末上直接CVD生长石墨烯[91]

（a）CVD反应包覆石墨烯示意图；（b），（c）CVD反应前后二氧化硅粉末的SEM图（插图：二氧化硅粉末及化学刻蚀前后的样品照片）；（d），（e）刻蚀掉二氧化硅后的石墨烯层形成泡沫状网络；（f）还原氧化石墨烯（rGO）和CVD石墨烯（CVD G）粉体的拉曼光谱

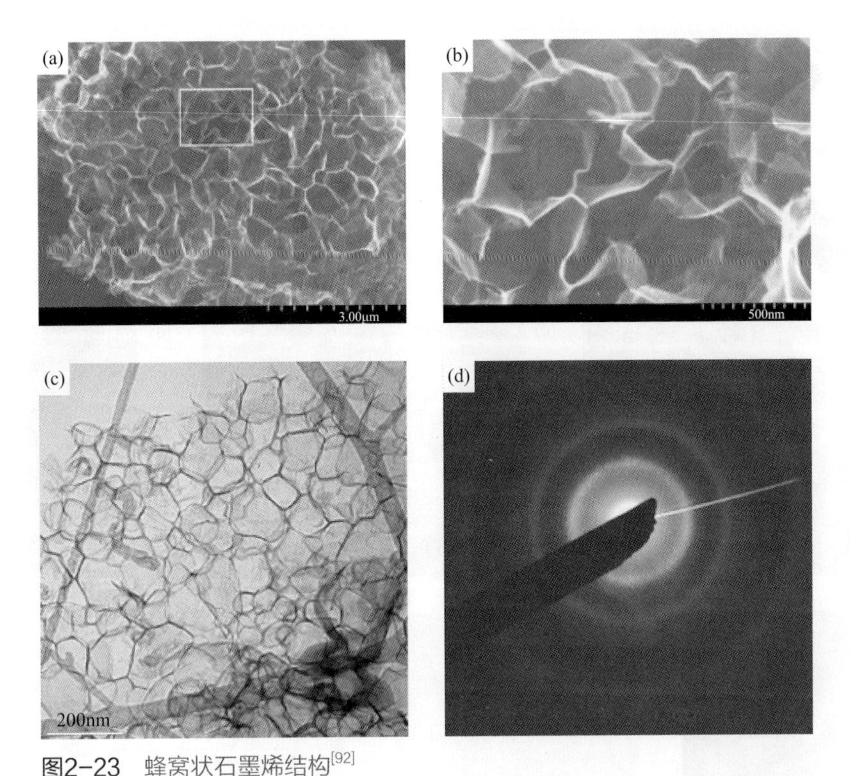

图2-23 蜂窝状石墨烯结构[92]
（a）FESEM（场发射扫描电子显微镜）图；（b）图（a）中白框放大图；（c）TEM图；（d）电子衍射图

不同于化学剥离制备的石墨烯粉体，该方法制备的石墨烯粉体结晶质量高，层数可控。SEM 表征结果显示，获得的石墨烯粉体完全复制了硅藻土的精细微孔结构，在石墨烯片之间形成了整齐的多级通道［图 2-25（d）～（f）］。因此，此类石墨烯粉体具有独特的三维多级孔洞结构。硅藻土表面 SiO_2 晶格缺陷处的氧原子能够捕捉碳氢物种形成 C—O 和 O—H 键，促进碳源热裂解，有利于石墨烯的成核与生长。随着反应的进行，石墨烯的层数逐渐增加，基底表面活性逐渐减弱，石墨烯的生长受到限制。因此，硅藻土表面石墨烯的生长表现出自限制的生长机理。通过调节甲烷的浓度，石墨烯的层数能够在 1 ～ 5 层可控调节。通过拉曼光谱表征可以看出，甲烷浓度（体积分数）为 0.6% 时，拉曼光谱 2D 峰与 G 峰的比值约为 1.8，2D 峰半峰宽为 $47cm^{-1}$，对应石墨烯的层数约为 1 ～ 2 层。随着甲烷浓度提高至 0.9%、2.4%，石墨烯粉体的层数也随之增加至 2 ～ 3 层、>3 层，显示出石墨烯粉体层数的可控性。与 GO、rGO 相比，此类石墨烯粉体的拉曼光谱中 D 峰强度很低，表明所制备的石墨烯质量较高［图 2-25（g）］。

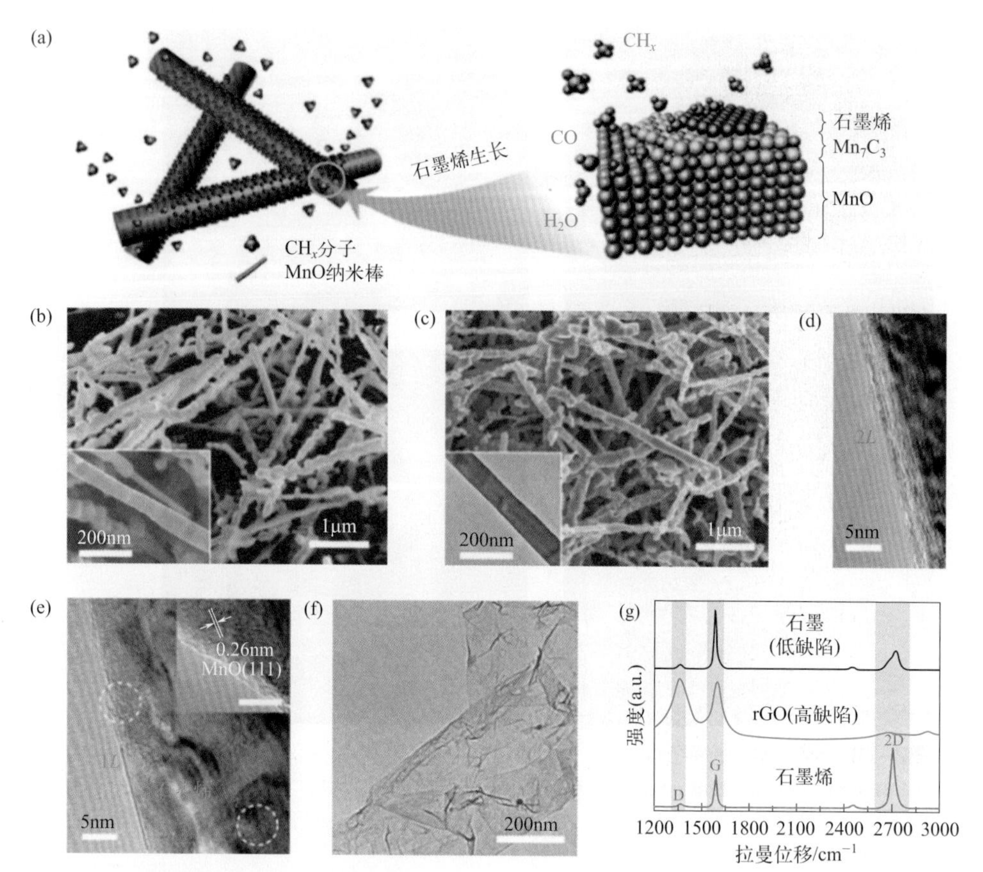

图2-24 MnO纳米棒上CVD生长石墨烯[93]

（a）生长原理示意图；（b）MnO纳米棒的SEM图（插图为局部放大结构）；（c）MnO纳米棒经过CVD生长石墨烯后的SEM图（插图为局部放大结构）；（d），（e）石墨烯覆盖的MnO纳米棒TEM图；（f）刻蚀除去MnO纳米棒的石墨烯TEM图；（g）石墨、还原氧化石墨烯（rGO）和制得的石墨烯的拉曼光谱比较

由于具有独特的多级孔洞结构，该石墨烯粉体的比表面积可达1137.2m^2/g。与硅藻土模板（9.7m^2/g）和rGO粉体（420.9m^2/g）相比，比表面积分别提升了116倍和1.7倍。另外，由于多级孔洞结构有利于溶剂渗入，这种石墨烯粉体材料具有优异的分散稳定性，能够直接溶于*N*-甲基-2-吡咯烷酮溶液中而不会发生沉淀。

在实验室制备水平上，HBG石墨烯粉体的产率（石墨烯和硅藻土的质量比）接近1%，这与rGO粉体的产率相当。鉴于硅藻土储量丰富、成本低，该方法可实现批量生产，扩大到工业水平。这种具有三维多级结构的石墨烯粉体材料有望在新能源和环保领域获得应用。

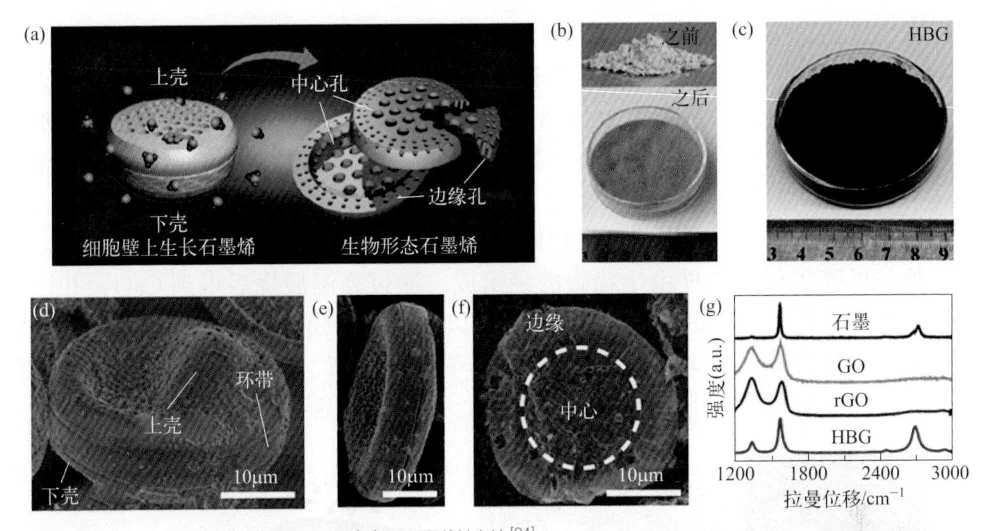

图2-25 硅藻土作为模板CVD生长石墨烯粉体[94]

（a）硅藻土的结构及生长石墨烯示意图；（b），（c）生长石墨烯前后的硅藻土及刻蚀去除硅藻土后的石墨烯粉体（HBG）实物照片；（d）硅藻土的SEM图；（e），（f）刻蚀去除硅藻土后的石墨烯粉体的SEM图；（g）HBG、rGO、GO、石墨的拉曼光谱对比图

此外，本书著者团队还以贝壳为模板，发展了一种三维石墨烯泡沫的制备技术［图 2-26（a）］。天然贝壳主要由生物钙的碳酸盐组成，这种紧密堆积的碳酸钙结构使得碳物种无法扩散进孔洞中，无法直接用于 CVD 生长石墨烯。因此，需要通过高温煅烧过程，将贝壳转化成多孔氧化钙（CaO）。通过选用不同类型的贝壳，可以得到不同微观结构的氧化钙。将这种具有丰富孔结构的 CaO 加热至 1020℃并通入甲烷，即可通过化学气相沉积过程，在 CaO 表面沉积石墨烯，形成 CaO@ 石墨烯结构。最后用盐酸刻蚀去除 CaO，就可得到自支撑的三维石墨烯泡沫［图 2-26（b）～（e）］[95]。

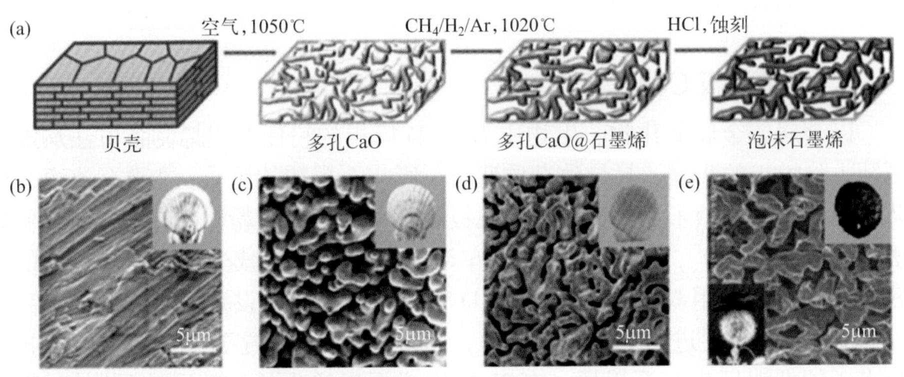

图2-26 贝壳作为模板CVD制备三维石墨烯泡沫[95]

（a）以贝壳为模板制备三维石墨烯泡沫示意图；（b）～（e）未作处理的贝壳、高温煅烧后的多孔CaO、在多孔CaO上生长石墨烯后、刻蚀去除CaO后的三维石墨烯泡沫的SEM图

这种自支撑的三维石墨烯泡沫具有超低密度（约 $3mg/cm^3$）、优异的柔性和高孔隙率，可用于柔性储能器件和油水分离。实验表明，该石墨烯泡沫作为锂离子电池负极材料，具有约 260mA·h/g 的容量，库仑效率可达约 95%。在油水分离应用中，该石墨烯泡沫吸收容量可达 200 ～ 250 倍其自身的重量，远高于之前报道的碳基吸收剂。

本书著者团队还发展了一种以墨鱼骨作为模板制备三维石墨烯的方法。墨鱼骨与贝壳类似，同样由生物碳酸钙组成，通过高温煅烧后得到 CaO，并以 CaO 为模板进行石墨烯的生长（图 2-27）。以墨鱼骨为模板制备的三维石墨烯能够继承墨鱼骨的微孔结构，比表面积大、石墨烯质量高、层数可控，有望在能量储存与转换领域获得应用[96]。

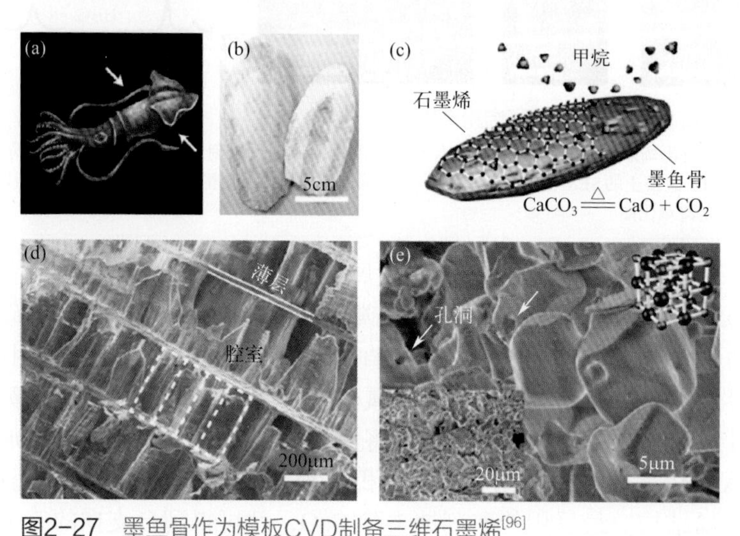

图2-27　墨鱼骨作为模板CVD制备三维石墨烯[96]

（a）墨鱼骨位置示意图；（b）墨鱼骨的正面与反面实物图；（c）在墨鱼骨上CVD生长石墨烯示意图；（d），（e）墨鱼骨及制得的三维石墨烯的SEM图

4. 其他模板 CVD

以金属、金属氧化物、生物质为 CVD 模板的粉体石墨烯制备方法均需经历刻蚀去除模板的步骤，易导致杂质残留，影响石墨烯的性质。为此，本书著作团队发展了一种以微米氯化钠晶体为模板制备少层石墨烯粉体的方法（氯化钠模板法）[图 2-28（a）]，NaCl 模板可简单溶解去除，有效减少了石墨烯表面的杂质残留。该方法采用双温区炉进行 CVD 生长，两个温区设定为不同温度。高温区加热至 850℃以促进乙烯碳源的分解，而将 NaCl 晶体置于 700℃（低于 NaCl 的熔点）的低温区生长石墨烯。在 2h 内完成石墨烯生长，随后炉子冷却至室温，NaCl 粉末颜色从白色变为灰色 [图 2-28（b）]，表明在 NaCl 晶体上形成了石墨

烯。由于NaCl的溶解度较高，在20℃下100g的水中能够溶解26.5g NaCl。因此，该模板可以通过水溶法去除［图2-28（c）］，而不会对石墨烯造成污染。NaCl微晶比表面积很大，大幅提高了粉体石墨烯的产率。该方法获得的石墨烯粉体能够复制NaCl微晶的形貌结构［图2-28（d），（e）］。总的来说，这种独特的NaCl模板原料丰富、无毒且易溶于水，将包覆有石墨烯的NaCl颗粒溶解在水溶液中即可实现石墨烯的分离，是一种简便环保的石墨烯粉体制备技术。NaCl模板可重复利用，进一步降低了石墨烯粉体的生产成本[97]。

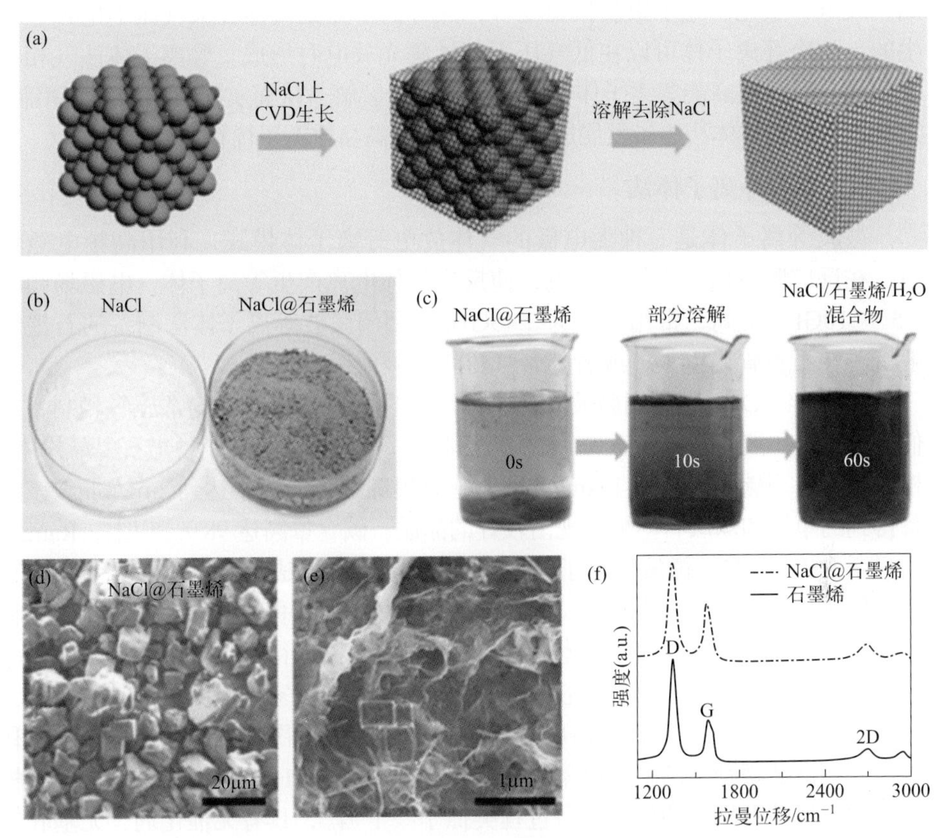

图2-28　NaCl微晶作为模板CVD制备石墨烯粉体[97]

（a）以NaCl微晶为模板制备石墨烯粉体示意图；（b）NaCl表面生长石墨烯前后实物图；（c）NaCl@石墨烯在水中的溶解过程（从0～60s）的照片；（d），（e）NaCl@石墨烯及溶解去除NaCl后石墨烯粉体的SEM图；（f）NaCl@石墨烯及溶解去除NaCl后石墨烯粉体的拉曼光谱图

二、等离子体法

等离子体是由电子、正负离子和中性粒子（原子和分子）组成的离子化气体

状物质，电离度通常超过 0.1%。等离子体整体呈现电中性，由于具有相当数量的电子和离子，表现出诸如带电粒子的热运动、扩散以及电场作用下的迁移等独特行为。根据等离子体的温度，可分为热等离子体和冷等离子体。热等离子体中的电子温度和重粒子（离子和中性原子）温度相同。在冷等离子体中，电子温度远高于重粒子温度，因而又称为非热平衡等离子体。

等离子体是气体在较高的能量下电离形成的，在形成过程中会吸收大量的能量，因此等离子体是一种物质能量较高的聚集状态。产生等离子体的方法包括火焰、放电、激光、电子束和核聚变等，热等离子体是气体在大气压下电弧放电产生的，而冷等离子体可以在低气压下气体辉光放电时形成。等离子体法气相制备石墨烯，即利用高能等离子体使碳源得到充分裂解，从而实现石墨烯的气相制备。近年来，等离子体法逐步发展成为规模化制备高品质石墨烯粉体的重要方法。

1．微波等离子体法

微波等离子体是一种无电极的气体放电等离子体模式，利用高频电磁场辐射，在反应腔室内产生辉光放电，使反应气体电离产生等离子体，电磁场频率在 0.5 ～ 10GHz 之间，常用频率为 2.45GHz。利用微波等离子体法制备的石墨烯一般沉积在石英管内壁上，或者随着气流飘出被滤膜收集。

2008 年，Dato 等利用微波等离子体法实现了石墨烯粉体的常压气相制备。他们通过将乙醇液滴与载气通入 Ar 等离子体中，在气相中直接制备出石墨烯粉体[98]。根据计算，当碳输入量为 164mg/min 时，石墨烯的合成速率达到 2mg/min。该法制备得到的单层和双层石墨烯呈现出较好的品质，碳含量高达 98.9% 以上，Raman 光谱显示 $I_D/I_G \approx 0.45$。微波等离子体法摆脱了传统 CVD 法制备石墨烯对催化剂和基底的依赖，为石墨烯粉体的规模化制备提供了新思路；但同时这一制备技术面临着合成装置复杂且成本高、反应体系连续性差等挑战，有待进一步优化提升。

北京大学 / 北京石墨烯研究院张锦课题组以改造的家用微波炉为制备装备，开发了一种“下雪式”生长高品质石墨烯粉体的方法［图 2-29（a）］[99]。他们利用电介质在微波激励下的常压电晕放电，实现了碳源（CH_4）的裂解，直接在气相中制备出小尺寸石墨烯粉体。制备过程类似于“下雪”，具有无催化剂、无基底的特点，气 - 固转化率可达 6.28%。获得的石墨烯 $I_D/I_G < 0.5$，尺寸为 100 ～ 200nm，层数集中在 5 层以内［图 2-29（b）～（e）］。借助原位光学发射光谱监测反应过程，观测到体系的电子温度 >6000K，碳源的部分裂解产物为 CH 和 C_2 自由基。

然而，“下雪式”微波等离子体法生长石墨烯粉体受限于电介质的使用，且反应难以连续。为此，该团队进一步发展了“脉冲刻蚀”辅助微波等离子体法，通过交替引入 CH_4 碳源和 O_2 刻蚀剂，实现了高品质（$I_D/I_G \approx 0.27$，$I_{2D}/I_G \approx 1.06$）、高纯度（杂质含量约为 0）、低含氧量（C/O ≈ 165）、小尺寸（平均尺寸约 180nm）、少层石墨烯粉体的气相连续放量制备，气 - 固转化率进一步提高至 10.46%（图 2-30）[100]。他们发现，高微波功率和低浓度碳源有利于保证高纯石墨烯片（约 100%）的制备。通过提高碳源量和载气流量，使碳源处于较低浓度时，也不会产生额外的副产物（例如碳颗粒等），可在一定程度上提高石墨烯粉体的产量。

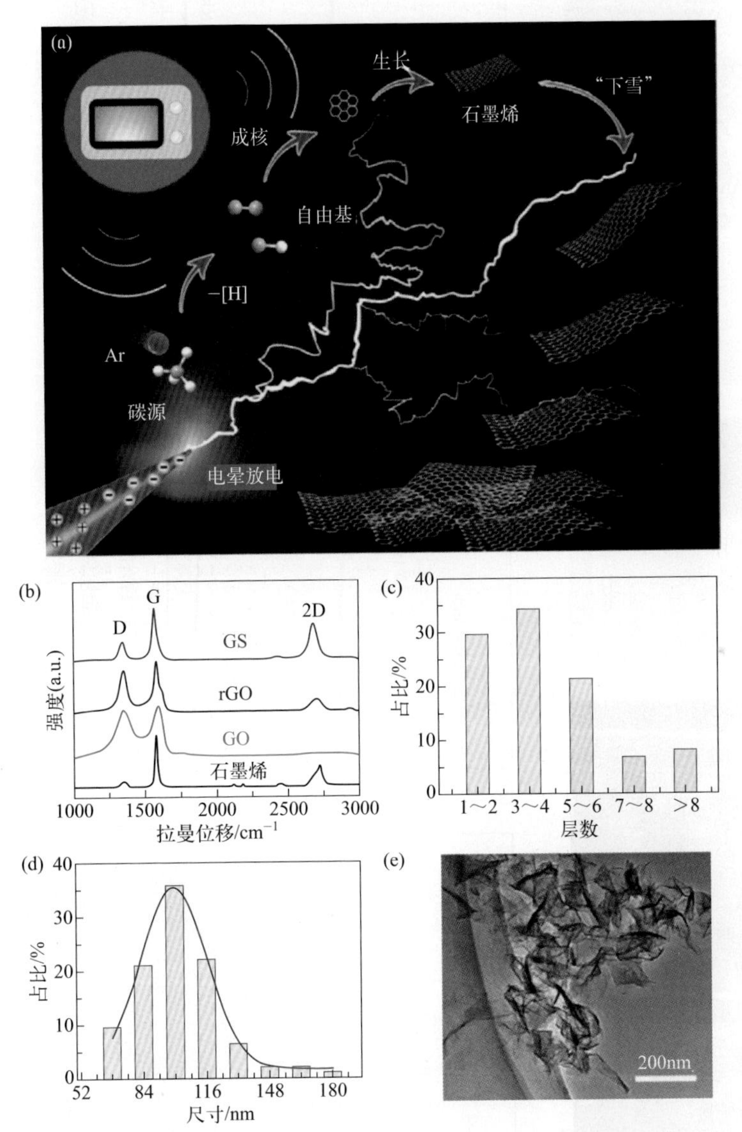

图2-29 （a）"下雪式"微波等离子体法气相制备石墨烯粉体的示意图；（b）石墨烯粉体的Raman光谱表征；（c），（d）石墨烯粉体的层数及尺寸；（e）石墨烯粉体的SEM图

GS—graphene sheets，石墨烯片

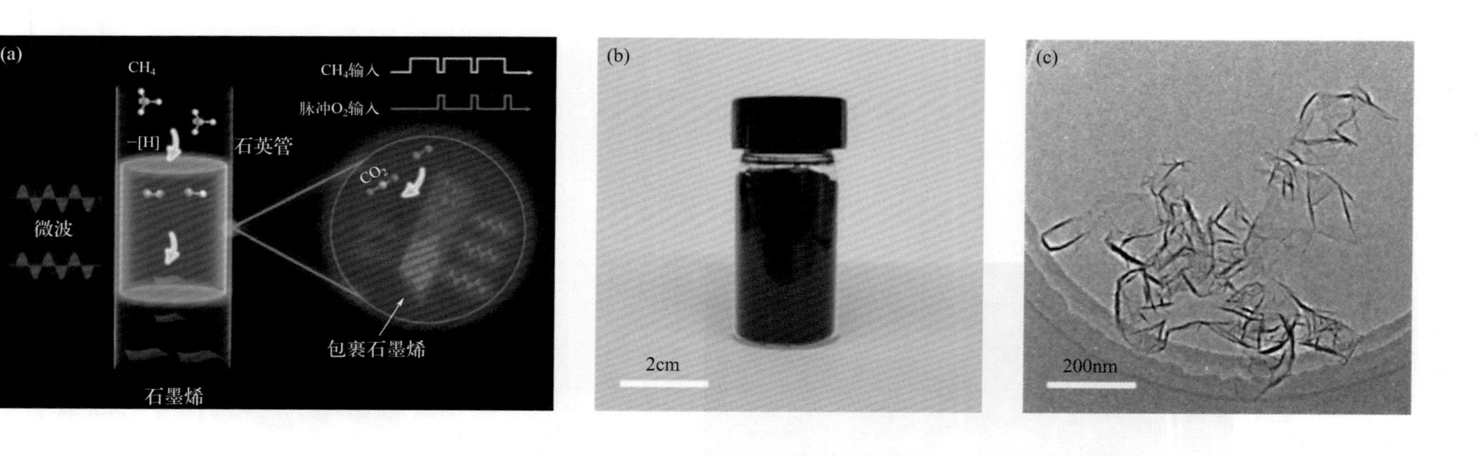

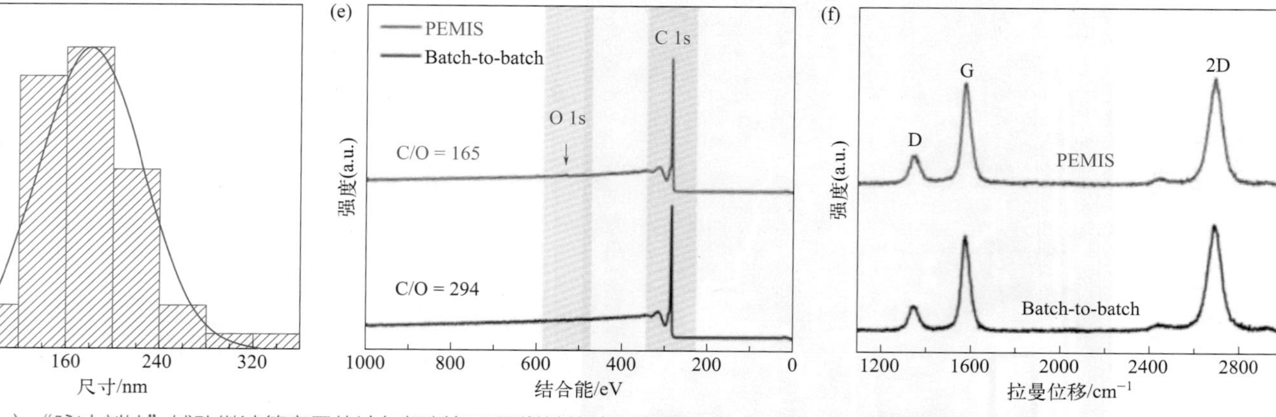

图2-30 （a）“脉冲刻蚀”辅助微波等离子体法气相制备石墨烯粉体的示意图；（b），（c）石墨烯粉体的实物照片及SEM图；（d）石墨烯粉体的尺寸分布；（e），（f）石墨烯粉体的XPS和Raman谱图

PEMIS—“下雪式”微波等离子体法；Batch-to-batch—批次制备

2．射频等离子体法

除微波等离子体以外，射频也可以用于激发等离子体的产生，其激发频率在 1 ～ 500MHz，常用频率为 13.56MHz。射频等离子体法气相制备石墨烯粉体的原理即以外部射频作为输入能量，实现气体放电，进而直接在气相中制备石墨烯粉体。

Zhang 等于 2015 年成功发展了一种射频等离子体气相制备石墨烯粉体的方法 [101]。他们搭建了如图 2-31 所示的装置，包括射频发生器、等离子体焰炬、气体输送系统、淬火室、排气系统以及原位发射光谱仪等部分。其中，射频功率是 10kW，激发频率是 8 ～ 13MHz。利用该射频等离子体装置，研究者们在一个大气压条件下以 CH_4 为碳源实现了比表面积 140 ～ 152m^2/g、尺寸约 200nm 的石墨烯粉体制备，其展现出良好的结晶性。

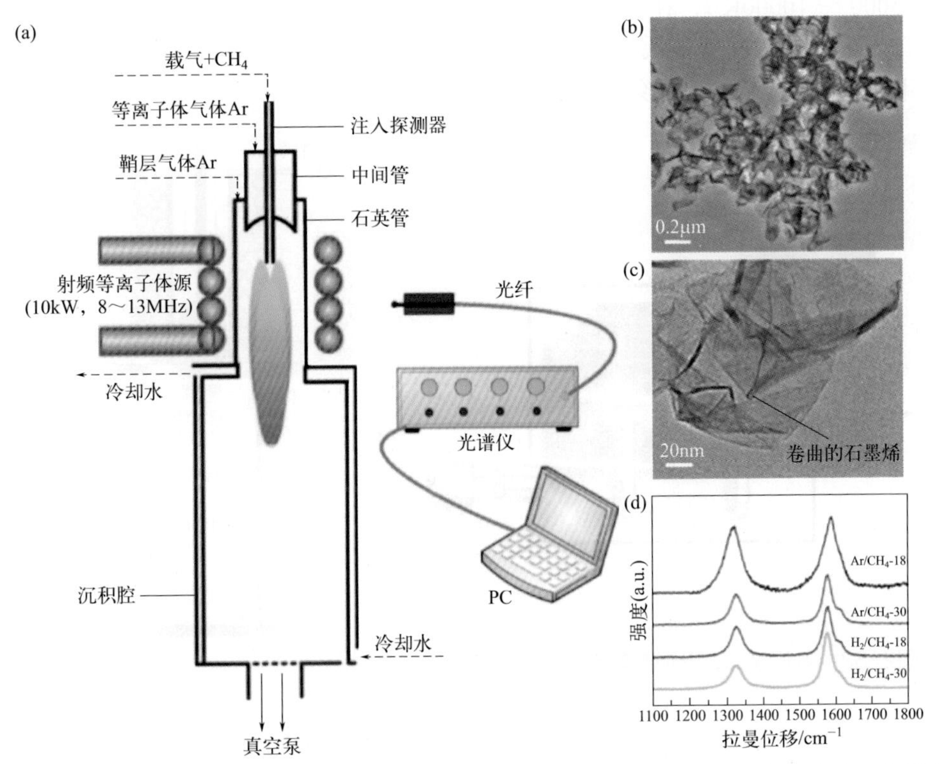

图2-31 （a）射频等离子体法气相制备石墨烯粉体的装置示意图；（b），（c）石墨烯粉体的SEM图；（d）石墨烯粉体的Raman光谱

通过射频等离子体法制备的石墨烯粉体同样具有高品质、高纯度、低含氧量等特征，但相较于微波等离子体法制备的石墨烯而言，射频等离子体法需要远高于微波等离子体法的能量输入，从而导致较高的能耗。

3. 电弧放电法

电弧放电是一种常见的热等离子体源，当电源提供较大功率的电能时，两极间气体或金属蒸气中可持续通过较强的电流（几安至几十安），从而发出强烈的辉光，并产生高温（几千甚至上万摄氏度）。

电弧放电法气相制备石墨烯粉体的典型装置示意图如图 2-32（a）所示，首先对体系抽真空后填充某种气体作为缓冲介质，接着利用石墨棒为碳源和放电电极在直流或交流电压下击穿气体产生电弧，从而制备石墨烯粉体[102]。Wang 等设计了另一种用于电弧放电法制备石墨烯的装置［图 2-32（b）］，装置分别以空心圆柱形石墨管和棒状石墨作为阳极和阴极，可以向其中通入气态碳源（如 CH_4、C_2H_2 等）直接制备得到石墨烯[103]。电弧放电的核心区域产生高温（5000 ～ 10000K），在等离子体作用下石墨气化或气态碳源裂解为活性碳物种；在靠近电弧区温度稍低后，碳活性物种互相结合并拼接成“石墨烯核”；在远离电弧中心区，“石墨烯核”生长得到石墨烯片。

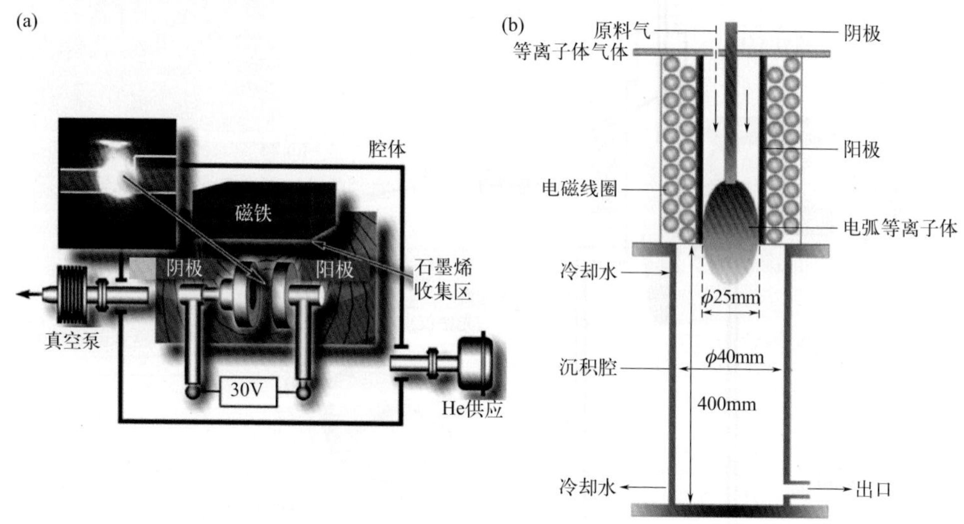

图2-32　电弧放电法气相制备石墨烯粉体的装置示意图

在电弧放电过程中，诸多因素影响石墨烯的制备，如缓冲气体的种类、温度、压力以及磁场等。Zhang 等研究发现，不同的缓冲气体（Ar、H_2 和 N_2）会影响石墨烯的制备，仅在 H_2 存在的氛围下才能顺利获得石墨烯粉体[104]。考虑到电弧放电过程中经历了碳源裂解、石墨烯成核及生长三个阶段，含碳物种的边缘成键状态会影响产物的最终形貌［图 2-33（a）］：在 Ar 氛围下，由于 C 无法与 Ar 成键，碳团簇之间的无规则组装会得到无定形碳；在 N_2 氛围下，C—N 键的形成会促使石墨烯片弯曲，最终得到碳纳米角；在 H_2 氛围下，石墨烯的生长与

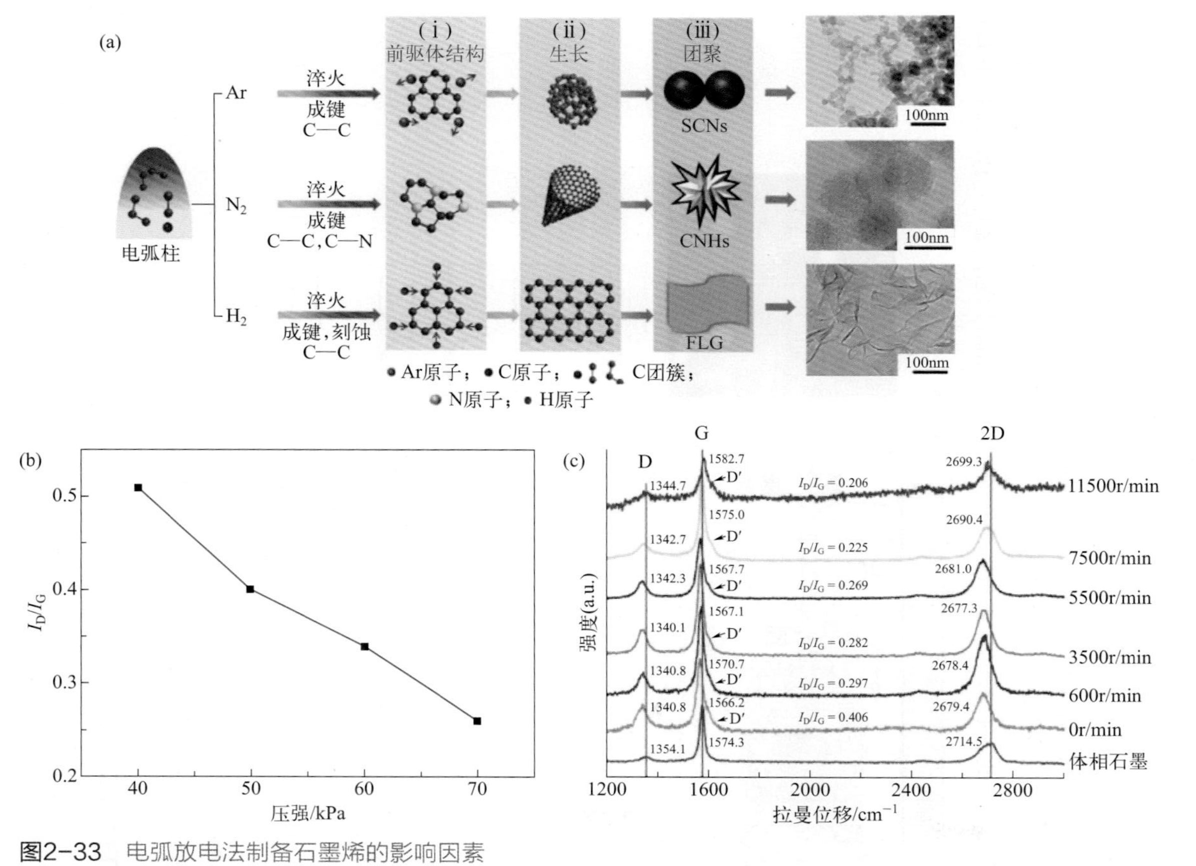

图2-33　电弧放电法制备石墨烯的影响因素

（a）不同缓冲气的影响和对应产物的TEM表征；（b）氢气缓冲气的压强对石墨烯结晶质量的影响；（c）降温速率对石墨烯结晶质量的影响

刻蚀达到平衡，悬挂键得以消除，最终获得石墨烯片。此外，在 H_2 氛围下，增大缓冲气体的压强可有效提高石墨烯的结晶性［图 2-33（b）］。Li 等则研究了电弧中心区域的降温速率对石墨烯生长的影响，发现高降温速率有助于提高石墨烯的品质，获得的石墨烯 I_D/I_G 低至 0.206［图 2-33（c）］[105]。其原因是加大降温速率有助于碳团簇快速迁移出高温区，减少原本过量的碳供给，从而有利于石墨烯结晶质量的提升。

此外，磁场也是影响电弧放电法制备石墨烯的一个重要因素。Levchenko 等首先将磁场引入电弧放电体系中［图 2-34（a）］，发现磁场不仅可以起到收束电弧的作用，还可以促进气体电离，在提升电弧温度的同时有助于缓冲气与热等离子体的混合[102]。Wang 等利用磁场辅助连续电弧放电装置制备出石墨烯粉体材料，该装置通过电磁线圈提供 0 ～ 0.15T 的轴向磁场[103]。实验发现，在无磁场存在的情况下，产物中无定形碳含量较高，结晶性较差；随着磁场强度不断增强，无定形碳颗粒的比例逐渐降低，石墨烯片含量逐渐增加，并且结晶性逐渐提升［图 2-34（b），（c）］。

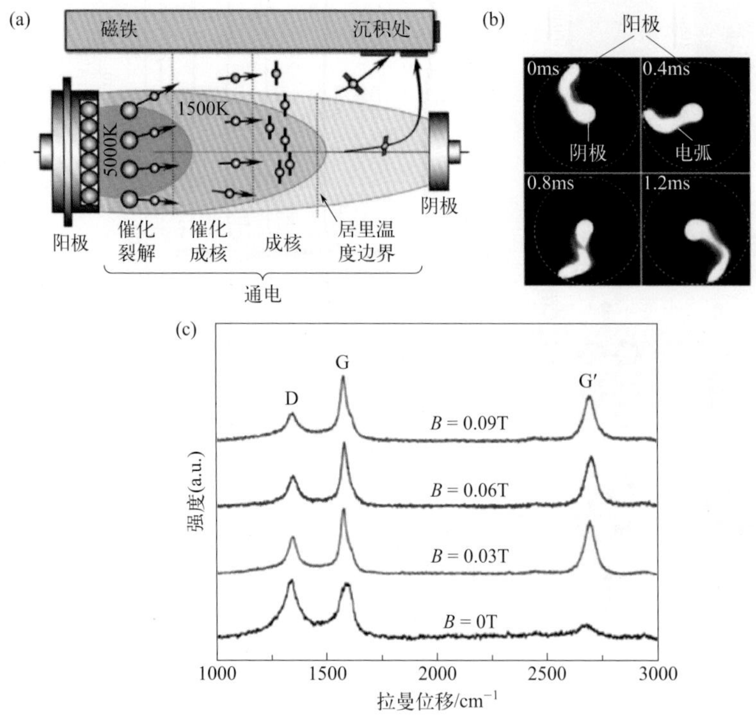

图2-34　磁场对电弧放电法气相制备石墨烯粉体的影响

（a）磁场辅助电弧放电的装置示意图；（b），（c）电弧绕轴旋转时间、磁场强度（*B*）对石墨烯结晶质量的影响

三、焦耳热闪蒸法

在诸多制备石墨烯粉体的方法中，物理或化学剥离法通常需要消耗大量的溶

剂与能量进行混合、剪切、超声或电化学处理，易导致环境污染且能耗很大，而高温生长石墨烯粉体的方法往往产量有限。为此，美国莱斯大学 James M. Tour 课题组发明了一种以廉价碳源（如炭黑等）作为前驱体，通过焦耳热闪蒸（flash Joule heating，FJH）制备石墨烯的新方法，该方法制备的石墨烯被称为“闪蒸石墨烯”（flash graphene，FG）[106]。在焦耳热闪蒸过程中，通过内置电极通电在碳源上产生焦耳热，可在 100ms 内获得高于 3000K 的温度，进而在高温条件下促进碳原子重组，可提高石墨烯的结晶性。该方法制备石墨烯的耗能可低至 7.2kJ/g，并且在反应过程中不额外引入其他溶剂或反应气体，也不需要任何的纯化步骤。

1．焦耳热闪蒸装置

典型的焦耳热闪蒸装置如图 2-35（a）所示。在焦耳热闪蒸法制备石墨烯粉体过程中，前驱体首先被压缩在石英管或陶瓷管内的两个导电电极之间（管可以根据需要改变），并根据需要添加质量占比 5% ～ 10% 的导电添加剂（如炭黑或已制备的 FG）。该系统使用的电极可以是石墨或者任何导电耐高温材料，反应可在大气压或低压环境（约 10mmHg，1mmHg=133.322Pa）下进行。为确保安全和便于脱气，可将样品反应室放置在低压容器（如塑料真空干燥器）内。

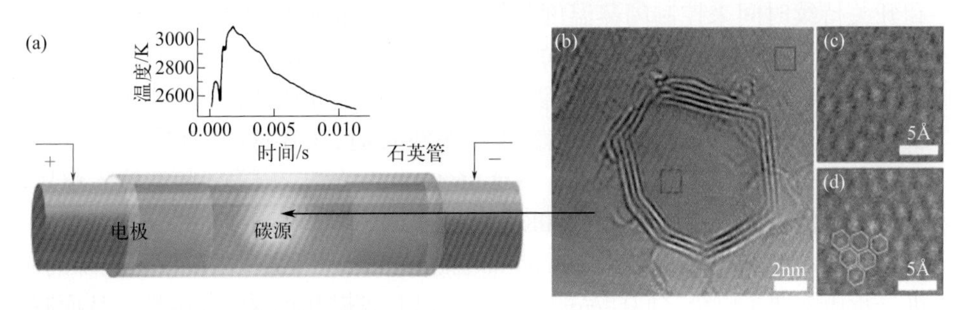

图2-35　焦耳热闪蒸法制备石墨烯

（a）焦耳热闪蒸过程示意图和闪蒸期间温升与时间的关系图（插图）；（b），（c）炭黑衍生的石墨烯（CB-FG）的HR-TEM图像；（d）咖啡衍生的石墨烯的HR-TEM图像（$1Å=10^{-10}m$）

样品的导电性能是焦耳热闪蒸反应能否顺利进行的关键。为此，可在石英管或陶瓷管内放置铜棉塞或石墨垫片，将碳源固定在两电极之间，通过调节样品压缩的紧密程度，即可实现样品电阻的调节，从而将其控制在适于发生焦耳热闪蒸反应的 1 ～ 1000Ω 范围。为了控制放电时间，装置使用具有可编程毫秒级延迟时间的机械继电器。继电器系统中的电容器组由 20 个电容器组成，总电容为 0.22F。每个电容器通过断路器连接到主电源电缆（或总线），该断路器也可用于控制每个电容器的开关。在焦耳热闪蒸过程中，通过施加高压，在 <100ms 的时间内将前驱体表面温度提升至 3000K 以上，从而有效地将非晶态碳转化为粉体

石墨烯。高分辨率透射电子显微镜（HR-TEM）图片中的摩尔条纹表明了该方法制备的石墨烯具有乱层堆叠结构［图 2-35（b）～（d）］。

2. 焦耳热闪蒸法的影响因素

（1）前驱体　焦耳热闪蒸法制备石墨烯的影响因素很多，调节前驱体种类、反应温度、反应时间、电流以及冷却速率等实验参数都会对石墨烯产物质量和收率产生影响。可用于焦耳热闪蒸法的碳源前驱体来源非常广泛，如生物质材料、废旧橡胶、塑料以及木炭等。前驱体的碳含量对 FG 收率影响显著，例如煅烧炭黑、焦炭或无烟煤等碳纯度高于 99% 的碳源制得的 FG 收率高达 80% ～ 90%，导电剂的添加可进一步提高 FG 的产率。用炭黑碳源制备的闪蒸石墨烯（CB-FG）一般具有尖锐的 2D 峰，表明石墨烯的结晶性较好。在高温条件下，非碳原子会从前驱体中升华出去，因此可通过焦耳热预处理（>3000K）提高前驱体中的碳含量。此外，高聚物在焦耳热闪蒸反应中会产生低聚物，这些低聚物可用作燃料，而剩余的碳物种转化为石墨烯，因此可使热解产品更加经济。

（2）温度与时间　闪蒸的温度和持续时间对制得的石墨烯结构有着至关重要的影响。可通过调整电极之间样品的压实程度（影响样品电导率）、电容电压和开关持续时间来控制闪蒸温度与持续时间。James M. Tour 课题组通过拟合样品在 600 ～ 1100nm 波长范围内的黑体辐射光谱计算得到焦耳热过程的温度。实验改变 FG 合成过程中的时间和温度，并使用拉曼光谱评估获得的 CB-FG 质量，发现在输入电压 <90V 和焦耳热温度 < 3000K 时，CB-FG 具有较高的 D 峰，表明制备的石墨烯缺陷密度较高［图 2-36（a）～（c），（f）］。随着输入电压的升高，前驱体表面的温度可达 3100K，此时生成的 FG 缺陷数量少，其拉曼光谱几乎没有出现 D 峰。因此，3000K 的焦耳热闪蒸处理可实现高质量石墨烯的制备。进一步压缩两个电极之间样品的长度，可以有效提升碳源的导电性，从而减少放电时间［图 2-36（d），（e），（g）］。将反应温度维持在约 3100K，闪蒸时间越短，拉曼光谱中 2D 峰的强度越高。10ms 的短闪蒸持续时间制备的石墨烯拉曼光谱具有更高的 2D 峰，而 50 ～ 150ms 的闪蒸会导致石墨烯 2D 峰下降［图 2-36（g）］。以上结果表明，反应时间增加有助于石墨烯片层堆叠并定向形成更多的层，降低所得 FG 的 2D 峰。此外，较高的冷却速率也可减少闪蒸持续时间，因此可选取更小的石英管管径，以提高冷却速度，从而提高石墨烯的 2D 峰强度。

（3）电流种类　当反应时间和温度恒定时，电流种类也会影响石墨烯的生长[107]。上述焦耳热闪蒸技术通常采用直流（direct current，DC）电源供能，即直流焦耳热闪蒸法（DC-FJH）。James M. Tour 课题组还研究了交流（alternating current，AC）焦耳热闪蒸法（AC-FJH）对塑料垃圾的处理效果，并与 DC-FJH 进行比较。工作原理如图 2-37（a）所示。AC-FJH 在预处理塑料垃圾时比 DC-

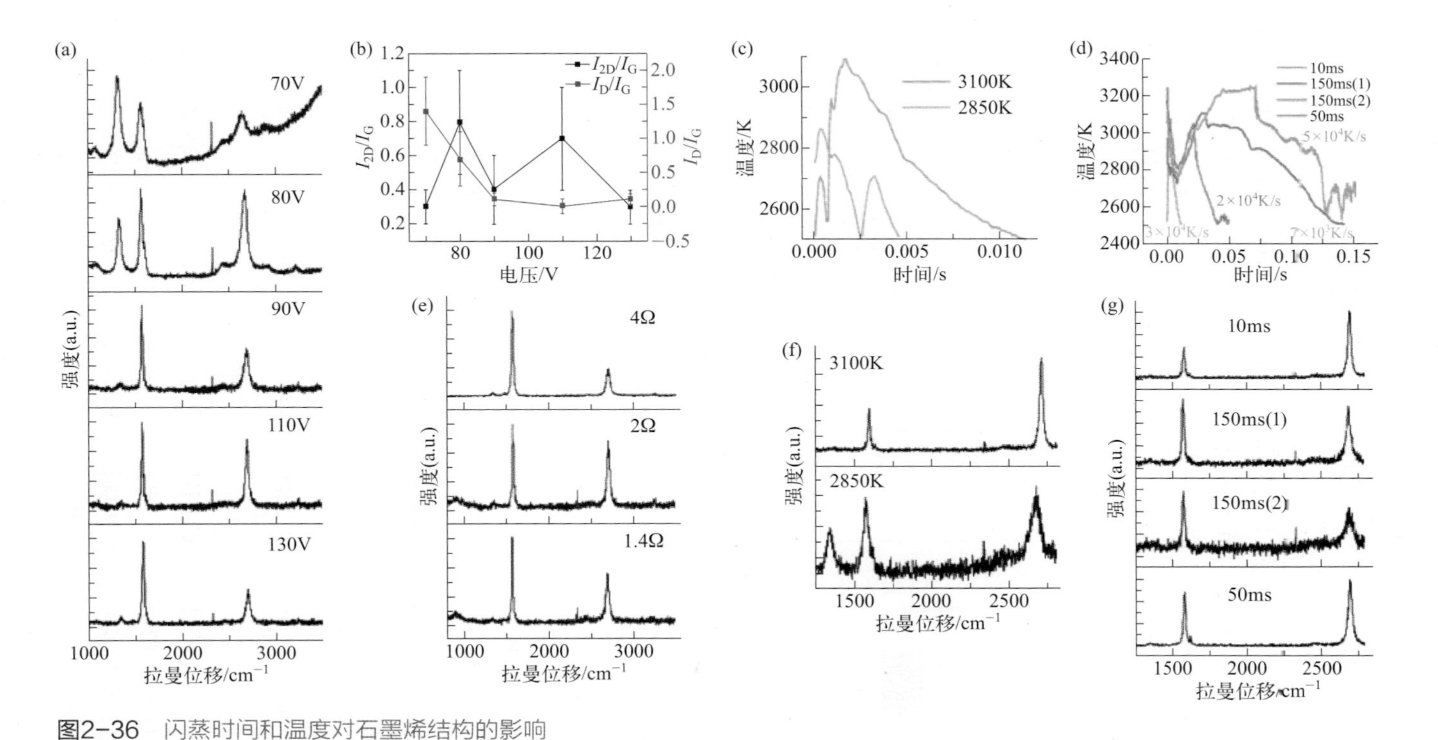

图2-36 闪蒸时间和温度对石墨烯结构的影响

（a）CB-FG的拉曼光谱［闪烁电压增加（从上到下）］;（b）在不同闪烁电压下I_{2D}/I_G和I_D/I_G的比值［条形表示1s（$n=10$）］;（c）CB-FG在不同温度下的反应时间-温度曲线；（d）CB-FG在不同闪烁持续时间下反应时间-温度曲线（图中数字表示冷却速率）;（e）CB-FG在不同压缩比下的拉曼光谱（较高的压缩率可降低样品的电阻）;（f）图（c）中CB-FG样品的拉曼光谱；（g）图（d）中CB-FG样品的拉曼光谱

FJH 效果更好，因为它的持续时长长达 8s，有利于前驱体中非碳物质的脱出。在此过程中生成的中间产物 AC 闪蒸石墨烯（AC-FG）的 I_{2D}/I_G 在 0.5 ～ 1.2 之间。通过简单的 DC-FJH 脉冲处理，就可以将中间产物（AC-FG）转变为高质量的乱层 FG（tFG），其 I_{2D}/I_G 在 1 ～ 6 之间。

在 AC-FJH 处理塑料的过程中，不同粒度的碳源前驱体制得的石墨烯产率也有所区别［图 2-37（b）］。对于高密度聚乙烯（high-density polyethylene，HDPE）而言，使用粒度为 2mm、1mm 和 40μm 的粉末，分别得到产率为 23%、21%、10% 的 AC-FG。此外，前驱体的电阻率、热稳定性的差异也会直接影响 AC-FG 的产率。一般而言，电阻率越低，热稳定性越好的前驱体材料，制得的 FG 产率也越高［图 2-37（c），（d）］。

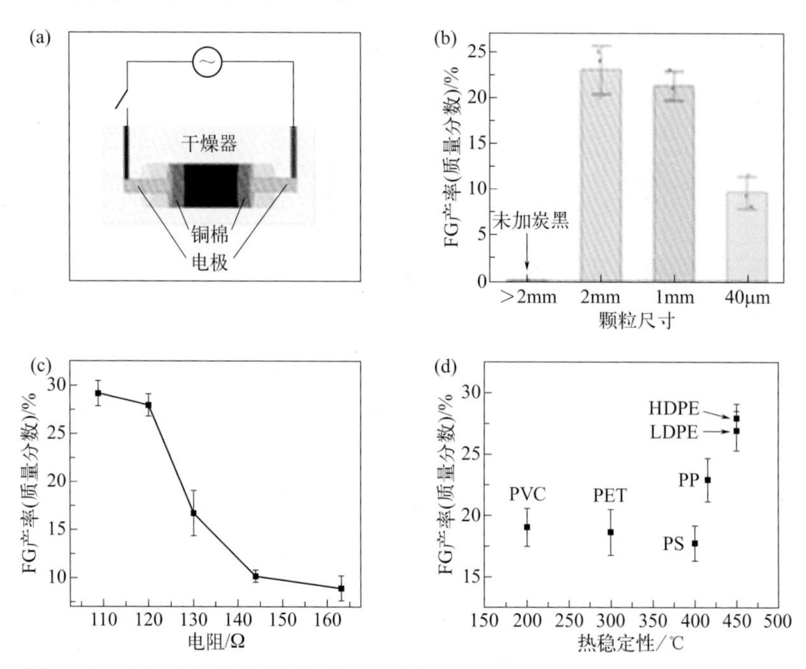

图2-37　交流焦耳热闪蒸法制备石墨烯

（a）120V 交流电路示意图；（b）在初始电阻为 125Ω 时，粒径为 2mm、1mm 和 40μm 的 HDPE 的 AC-FG 产率；（c）HDPE/CB 混合物的初始电阻对 AC-FG 产率的影响，通过在两个电极之间施加增加的压缩（螺杆钳）来降低电阻；（d）当初始电阻为 120Ω 时，不同塑料的典型 AC-FG 产率

PVC—聚氯乙烯；PET—聚对苯二甲酸乙二醇酯；HDPE—高密度聚乙烯；LDPE—低密度聚乙烯；PP—聚丙烯；PS—聚苯乙烯

利用拉曼光谱表征从 AC-FJH 制得的 FG 质量，显示出较宽的 2D 和 G 峰以及较高的 D 峰。由此可见，使用单个 500ms 直流脉冲便能显著提高 AC-FG 的质量，从而可从多种塑料中制得高质量的 tFG。从 AC-FJH 获得的 tFG，再通过 DC-FJH 处理得到的石墨烯称为 ACDC-tFG。通过对样品的拉曼光谱进行

洛伦兹拟合可知，AC-FG 和 ACDC-tFG 的拉曼光谱用单一的洛伦兹峰拟合良好（$R^2 \geqslant 0.98$），表明 AC-FG 和 ACDC-tFG 中都没有出现 AB 堆叠。如图 2-38（a）和（b）所示，与 AC-FG 相比，ACDC-tFG 的 I_G/I_D 显著增加，表明 DC-FJH 处理后的 AC-FG 无序程度降低，有助于高质量 tFG 的形成（拉曼图谱显示较窄的 2D、G 峰和较低的 D 峰）。但是，在没有经过 AC-FJH 预处理的情况下，通过 DC-FJH 直接处理塑料垃圾很难获得高质量的 FG，可见 AC-FJH 的处理过程对于从塑料垃圾中去除更多挥发物以获得高质量 FG 的重要性。图 2-38（c）显示了通过内置红外（IR）光谱仪收集的 AC-FJH 过程的温度曲线，发现 AC-FJH 处理过程中样品温度可达到 2900K。对于大多数元素而言（包括金属和硅），在 2900K 以下升华，而碳的升华温度高达约 3900K。FJH 在如此高的温度下挥发非碳元素，留下高纯度

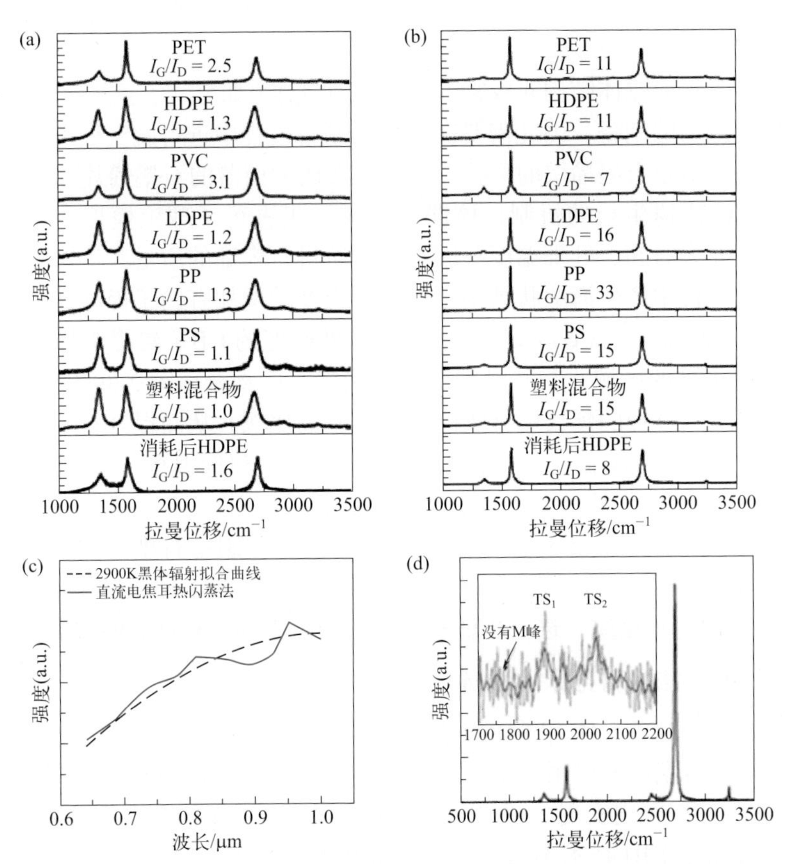

图2-38 （a），（b）AC-FG和ACDC-tFG的特征拉曼光谱（塑料混合物为40%的HDPE、20%的PP、20%的PET、10%的LDPE、8%的PS和2%的PVC）；（c）使用红外光谱仪和黑体辐射装置收集的AC-FJH过程的温度曲线；（d）从PVC中观测到的ACDC-tFG的高乱层FG拉曼光谱，显示了扩展光谱中的乱层FG条带

的高碳材料，进而获得石墨烯。这种纯化机制无需经历额外的污染物去除工序，即可实现高纯高质量 FG 的制备，使得该工艺成为废品回收再利用的良好选择。

（4）冷却速度　冷却速度的快慢也会影响石墨烯的堆叠方式。图 2-38（d）显示了以聚氯乙烯为前驱体所得石墨烯的拉曼光谱，其 I_{2D}/I_G 值等于 6，且具有明显的 TS_1 和 TS_2 峰，表明制备的石墨烯是乱层堆叠结构。在 AC-FJH 工艺中，当温度上升到约 2900K 时，C—C 键断裂并重新排列成更稳定的石墨烯。随后，样品表面的热量会通过辐射耗散，使得反应装置和材料快速冷却。较快的冷却速度易导致石墨烯片的随机排列，没有足够的时间形成 AB 堆叠层，从而获得 tFG。通过减缓冷却速度（如在管外加装隔热层），可获得具有宽 2D 峰（半峰宽为 $65cm^{-1}$）的石墨烯，表明在冷却速度减慢时形成了 AB 堆叠的石墨烯。经过长时间 DC-FJH 脉冲处理制得的样品也能观察到类似的现象，因此，较长的加热时间会诱导 AB 堆叠石墨烯的形成。

此外，由于含碳前驱体结构非致密，常常含有气体（如氮气、氧气）等杂质，不利于高质量石墨烯的制备，因此需要在石墨烯制备过程中进行脱气处理。实验结果表明，脱气可防止石墨烯层的堆叠，有利于形成大而薄的石墨烯片。

为了探究 FG 快速生长的机制，该课题组进一步进行了理论模拟。结果显示，材料密度、退火时间、处理温度等因素都对所得石墨烯的质量产生影响。低密度材料在退火过程中产生海绵状结构，而材料密度的增加有助于提高样品的石墨化水平［图 2-39（a）～（c）］。然而，即使是低密度的 CB（炭黑）样品中依然存在高石墨化水平的区域，与其显著增加的局部密度吻合［图 2-39（d）］。此外，在模拟中，退火过程的延长可有效提高 sp^2/sp^3 的比例，从而提升石墨烯质量［图 2-39（e），（f）］。处理温度方面，石墨烯的形成在较低温度（$<2000K$）下受到严重抑制，而在较高温度（5000K）下会显著加速［图 2-39（g）］，这个趋势也与实验结果相一致［图 2-39（f）］。以炭黑为前驱体制备石墨烯时，FJH 期间的缺陷连续愈合过程使得球形颗粒逐渐转变为多面体形状［图 2-39（d）］，在 TEM 图像中呈现出清晰条纹，进一步证实了制备的石墨烯具有良好的结晶性。

3．焦耳热闪蒸法制备掺杂石墨烯

在焦耳热闪蒸法制备粉体石墨烯的基础上，人们也探索在石墨烯中引入异质原子掺杂，以拓展石墨烯的应用前景[108]。美国莱斯大学 James M. Tour 课题组通过改进 FJH 技术，在 1s 内实现了超快全固态无催化剂杂原子掺杂石墨烯的合成，这种掺杂方式保留了 FJH 技术不需要溶剂和催化剂的特点。改进的 FJH 技术可以制备单元素掺杂（B、N、O、P、S）、双元素共掺杂（B、N）和三元素共掺杂（B、N、S）的杂原子掺杂闪蒸石墨烯。与碳的原子半径（70pm）相比，这些杂原子具有不同的原子半径（50～100pm）。因此，杂原子掺杂的石墨烯中存在一

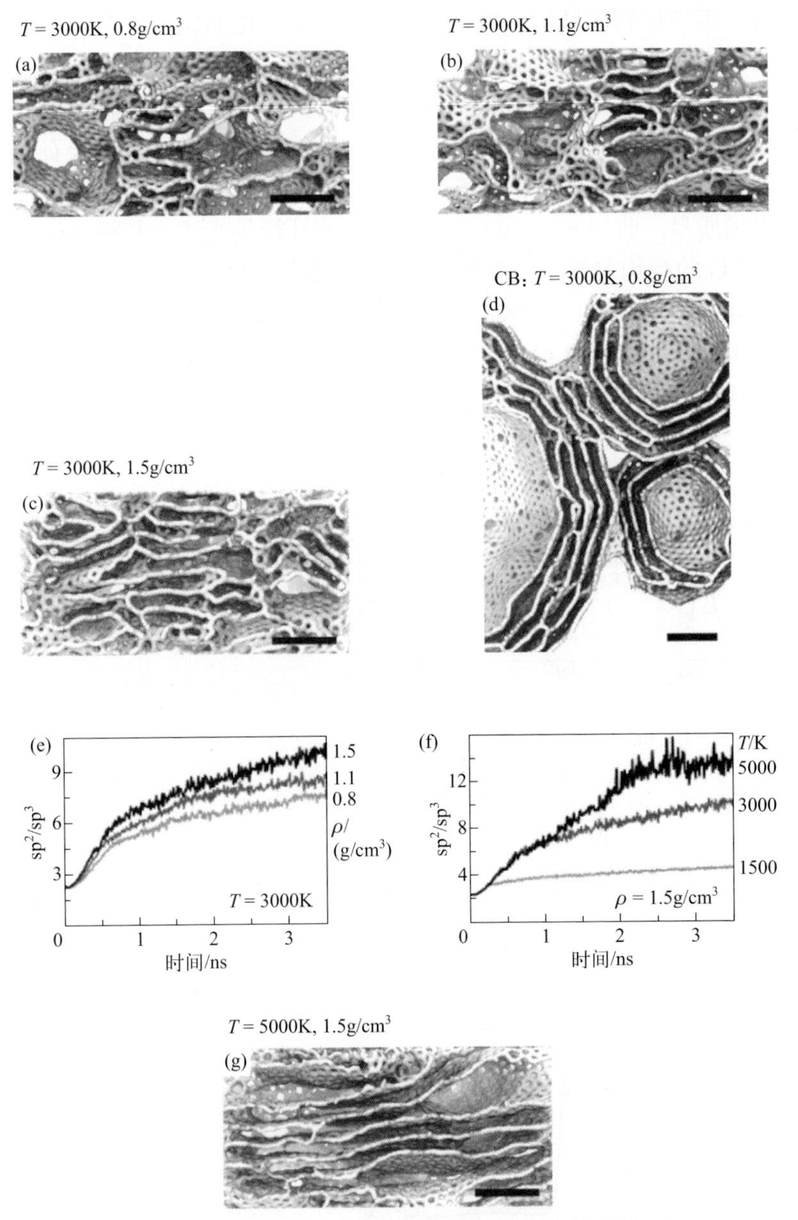

图2-39 给定温度下（1500～5000K）反应5×10^{-9}s的模拟结果

（a）～（c）在3000K退火条件下，密度为$0.8g/cm^3$（海绵状结构）、$1.1g/cm^3$、$1.5g/cm^3$（高石墨化水平）的样品结构；（d）3000K退火并延长5×10^{-9}s反应时间的条件下，密度$0.8g/cm^3$炭黑结构；（e），（f）不同密度ρ和不同温度T下退火过程中材料组成结构的变化；（g）5000K退火的条件下，密度为$1.5g/cm^3$的样品结构，其初始结构与图（c）中所示的结构相同。所有比例尺均为1.5nm

定的晶格失配。为了不破坏石墨结构，掺杂石墨烯的掺杂浓度被限制在一定的范围内。一般的掺杂方法取决于掺杂前驱体在气相中的蒸气压或在溶液相中的溶解度，而 FJH 由于工艺过程中超高的电热温度（>3000K），允许直接使用各种固体掺杂剂进行处理，而无需关注其溶解性、沸点等性质，能够实现杂原子掺杂石墨烯的低成本和大规模生产。以氮掺杂闪蒸石墨烯（N-FG）为例，合成的 N-FG 依旧具有良好的石墨烯质量。收集来自 100 个采样点的统计拉曼光谱，其标准偏差为 <5%，反映了 N-FG 的高均匀性［图 2-40（a）］。合成的 N-FG 中 N 元素含量约为 5.4%，其中大部分 N 以吡啶 N（约 398.7eV）和吡咯 N（约 399.8eV）的形式存在，并没有出现 N 的氧化物峰［图 2-40（b）］。吡啶 N 与石墨 N 的比值达到约 4.31。其他杂原子（B、O、P、S）掺杂的石墨烯拉曼光谱如图 2-40（c）～（f）所示。

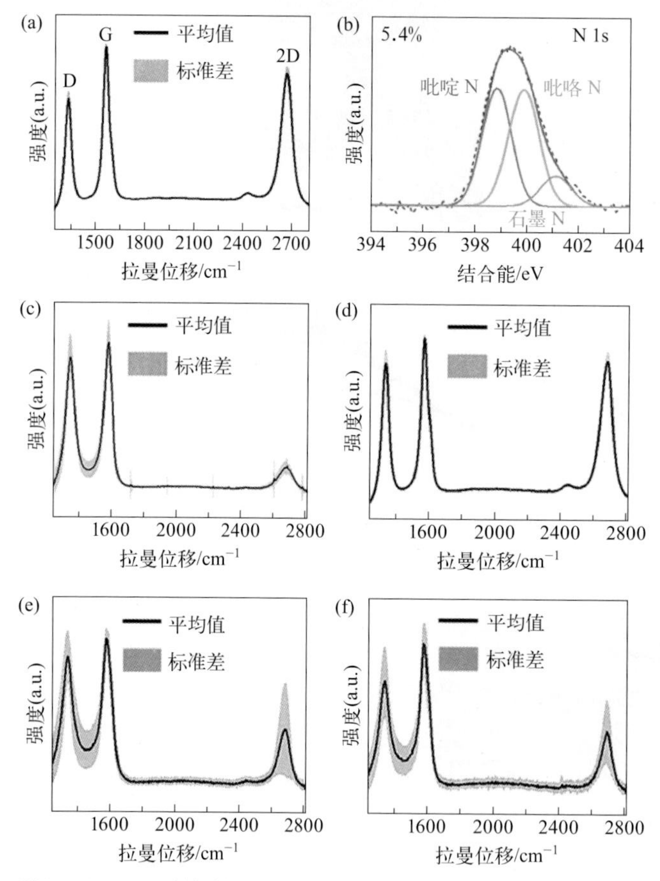

图2-40　FJH制备掺杂石墨烯

（a）氮掺杂闪蒸石墨烯的统计拉曼光谱；（b）氮掺杂闪蒸石墨烯的高分辨率N 1s光谱；（c）～（f）杂原子掺杂闪蒸石墨烯的拉曼光谱表征（硼掺杂闪蒸石墨烯、氧掺杂闪蒸石墨烯、磷掺杂闪蒸石墨烯及硫掺杂闪蒸石墨烯）。黑线和灰色阴影分别表示100个采样点的平均值和标准差

闪蒸石墨烯可广泛应用于复合材料、电子器件、建筑材料以及环境处理等领域。考虑到闪蒸石墨烯在有机溶剂中的分散性比化学剥离的石墨烯高 60 倍，其作为增强元素或添加剂在复合材料领域有着广阔的应用前景[109]。闪蒸石墨烯可用于制造聚合物、混凝土和水泥复合材料。仅添加占比 0.03% ～ 0.1% 的闪蒸石墨烯就可使复合材料 / 混凝土强度增加近 30%。因此，建筑工程所需的水泥 / 混凝土有望大大减少，从而降低成本和能耗。闪蒸石墨烯也适用于新能源领域，如电极材料，还可用于制造导电膜。由于石墨烯优异的导电性，这种导电膜比导电聚合物和碳纳米管导电膜性能更好。总之，焦耳热闪蒸法是批量化制备石墨烯粉体的简洁方法，该方法前驱体来源广泛，且制备过程中不需要任何溶剂、熔炉或反应气体，也不需要对碳源进行前处理，即可实现碳源转化率高达 80% ～ 90%、石墨烯纯度高达 99% 的石墨烯粉体的批量制备。

第三节
石墨烯粉体材料应用举例

一、锂电池

能源是人类生存发展必不可缺的物质基础，是现代社会发展至关重要的基本条件。面对资源制约日趋严重和生态环境约束凸显等突出矛盾，一方面，各个国家都在加快传统产业升级改造，推动不可再生能源的清洁高效利用；另一方面，世界各国的科研人员开始积极探索新能源的开发和可再生能源的合理运用。然而，可再生能源存在不稳定、不连续、分散性大、能量密度低等特点，因此，如何通过能源的储存和转换来满足当今社会对能源供应的质量和安全可靠性的要求，是可再生能源利用亟待解决的问题。在这种背景下，各种高功率密度、高能量密度、无污染、可循环利用的新型储能体系和能量转换系统依托新技术和新材料的不断创新迭代，已经迅速发展成为新一代便携式电子产品的支持电源及可再生能源利用系统的储能单元等。

其中，锂电池是指由锂金属或锂合金为负极材料、使用非水电解质溶液的电池。锂电池并非是单一的种类，而是锂离子电池和锂金属电池的统称。其中锂离子电池（lithium ion battery，LIB），是当今使用最广泛的储能设备之一。锂离子电池是一种二次电池，它主要依靠锂离子在正极和负极之间移动来工作。在充放电过程中，锂离子在两个电极之间往返嵌入和脱嵌：充电时，锂离子从正极脱嵌，经过电解质嵌入负极，负极处于富锂状态；放电时则相反（如图 2-41）。锂离子电池具有许多独特的优点，包括：高能量密度[110-111]、高开路电压、无记忆效应[112]、长循环寿命、无污染等。锂离子电池通常使用锂插层金属化合物作为正极材料、石墨等作为负极材料，使用非水电解质。常用的正极材料为锂插层金属化合物，如 $LiCoO_2$、$LiMn_2O_4$ 和 $LiFePO_4$；常用的负极材料有石墨、锡基氧化物和过渡金属氧化物等[113]。然而，这些电极材料仍存在不尽如人意之处，如石墨材料具有良好的循环性能，但初始充放电效率较低；锡基氧化物具有良好的循环性能，但在第一个循环中具有较高的不可逆容量损失。因此，开发先进的高能量密度锂离子电池，用高容量的负极材料代替石墨是必然的[114]。石墨烯是一种新型的二维材料，具有良好的化学稳定性、高导电性、极高的比表面积等特性，有望成为合适的电极材料。同时，石墨烯的高导电、导热性可减少电极内部的电阻热效应，从而提高电池的安全性。

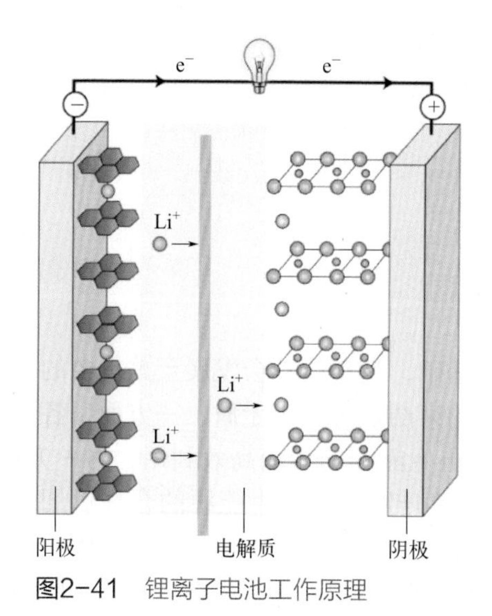

图2-41　锂离子电池工作原理

另一类锂电池为锂金属电池，是指以金属锂作为负极的电池，与其相搭配的正极材料可以是氧气、单质硫、金属氧化物等，包括常见的锂硫电池（lithium-sulfur batteries，LSB）和锂空气电池。通常锂金属电池是一次性电池，由金属锂的腐蚀或氧化而产生电能，与其它干电池一样用完无法再充电使用。由于较高的能量密度，锂金属电池是最有希望的下一代高能量密度存储设备之一。然而，金属锂的直接使用通常也带来安全问题，其倍率和循环性能较差。本小节重点关注石墨烯粉体在锂电池中的应用，主要涉及锂离子电池、锂硫电池和锂空气电池。

1．石墨烯锂离子电池

石墨烯在锂离子电池应用中的价值体现在以下几个方面[115-117]：①提高电极材料中的电子传输速率和锂离子的嵌入/脱嵌速率，实现快速充电；②增加电池的可逆比容量，延长电池寿命；③柔性锂离子电池。

研究人员发现，将杂原子嵌入石墨烯结构可以有效改变石墨烯的电子能带结构和化学活性。近年来，掺杂石墨烯的制备多有报道，主要包括氮（N）掺杂石墨烯、磷（P）掺杂石墨烯以及硼（B）掺杂石墨烯，而掺杂的石墨烯在 LIB 中表现出良好的电化学性能。Wang 等人通过对氨气进行热处理制备了 N 掺杂石墨烯纳米片（GNS），见图 2-42[118]。电化学测量结果表明，与未掺杂石墨烯

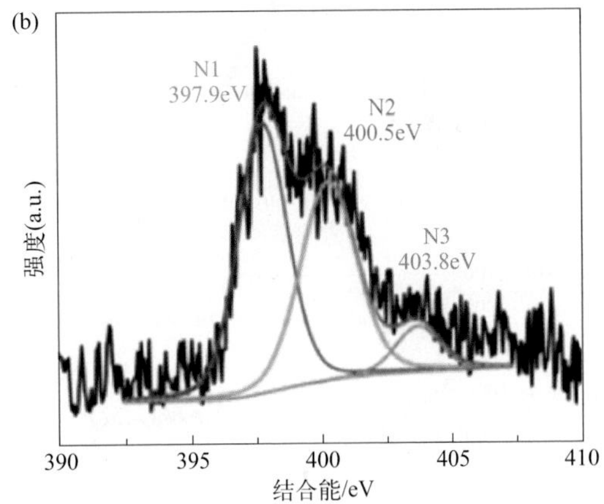

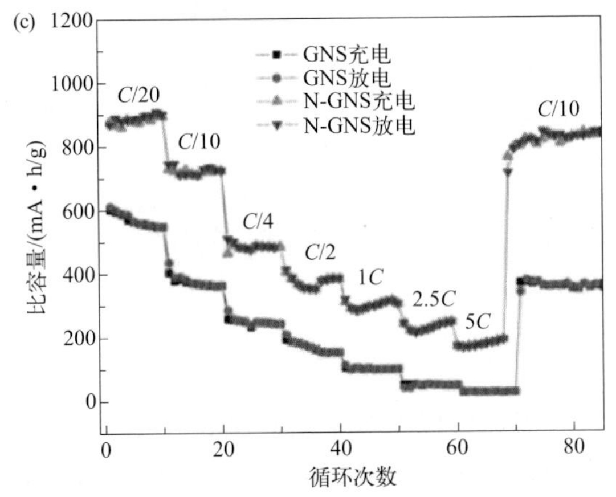

图2-42 （a）氮掺杂石墨烯纳米片的SEM图像；（b）不同类型氮（N1、N2、N3）掺杂石墨烯纳米片中N 1s的XPS光谱的拟合曲线；（c）氮掺杂石墨烯纳米片和本征石墨烯纳米片在含有1mol/L六氟磷酸锂溶液中的循环和倍率性能

相比，N 掺杂石墨烯具有更高的比容量（当电流密度为 42mA/g 时比容量高达 900mA·h/g）和更好的倍率性能（当电流密度上升至 2.1A/g 时，比容量仍可达到 250mA·h/g）。Wu 等人分别将石墨烯与氮或硼混合（图 2-43），通过电化学测试发现，两种元素的共掺杂可以有效提高 LIB 的能量密度[119]。

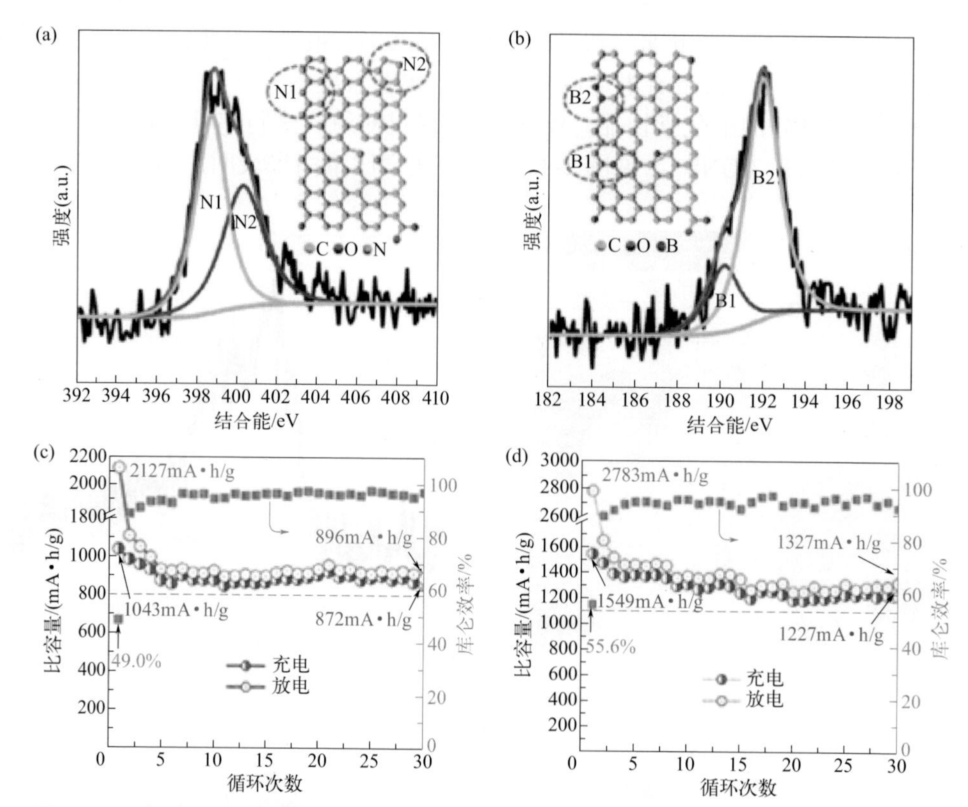

图2-43 （a）N掺杂石墨烯的N 1s XPS光谱[插图：石墨烯晶格中N的氮掺杂结构示意图，显示吡啶N (N1)和吡咯N (N2)，用洋红色虚线环表示]；（b）B掺杂石墨烯的B 1s XPS光谱[插图：B在石墨烯晶格中的结构示意图，显示BC_3 (B1)和BC_2O (B2)，用洋红色虚线表示]；（c），（d）与Li^+/Li相比，N与B掺杂石墨烯电极在50mA/g的低电流密度下在3.0V和0.01V之间的循环性能和库仑效率

与石墨一样，石墨烯可以与其他材料结合使用。石墨烯优异的导电性可以提高锂离子的扩散速率。从图 2-44 可以看出，将氮和硫掺杂到石墨烯骨架中（NSG），并添加硅硼碳氮化物（SiBCN）以形成纳米复合材料。将 SiBCN/NSG 用于 LIB，可以提高锂离子的负载介电常数，同时锂离子电池具有出色的倍率性能。纳米复合材料负极的可逆容量为 785mA·h/g，经过 50 次循环后，纳米材料

的充电容量仍为 365mA·h/g[120]。

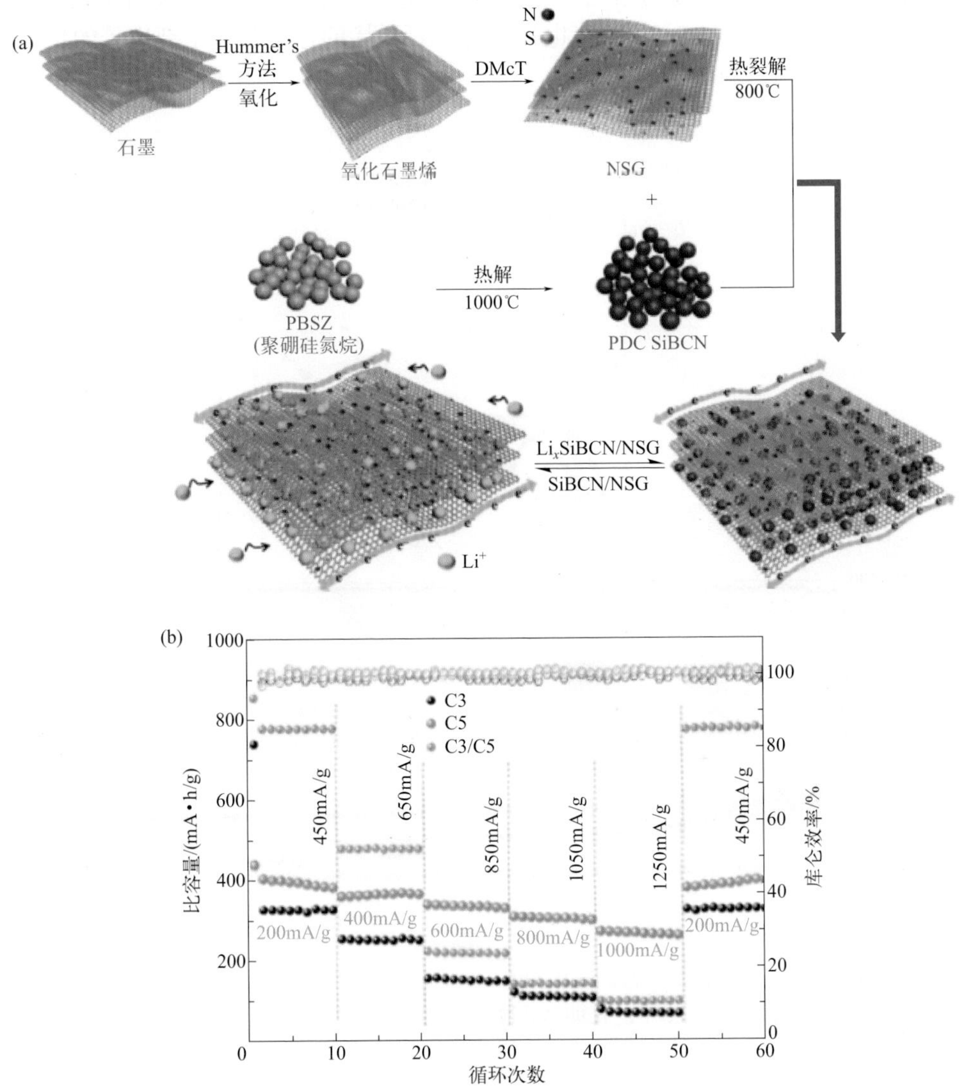

图2-44 （a）聚合物衍生陶瓷（PDC）纳米复合材料的充电/放电机制示意图，大量放电通过分布在SiBCN基质中的无定形碳相的吸附发生；大型双掺杂NSG作为高效电子导体和柔性支撑；（b）C3、C5和C3/C5纳米复合材料负极的锂存储性能和倍率性能，以及制备的C1-C3负极在450mA/g下的循环性能和库仑效率

另外，石墨烯也具有良好的力学性能，如柔性等。许多研究人员通过将石墨烯与其他正极材料相结合，开发了基于 LIB 的柔性电极[121-122]。通过在层状

SnS_2 纳米极板上修饰石墨烯，可制备石墨烯柔性电极（图 2-45）[123]。SnS_2/ 石墨烯 / 碳布（CC）的初始比容量为 1987.4mA·h/g，经过 150 次循环后容量达到 638.1mA·h/g。与 SnS_2/ 碳布电极相比，石墨烯的存在加速了锂离子的扩散，提高了 SnS_2 与石墨烯的协同作用。

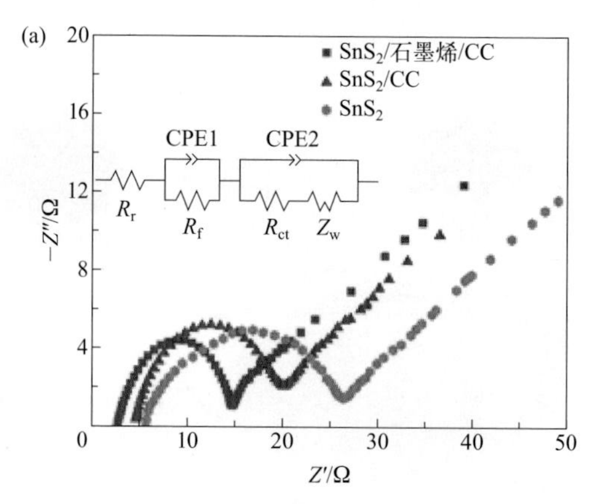

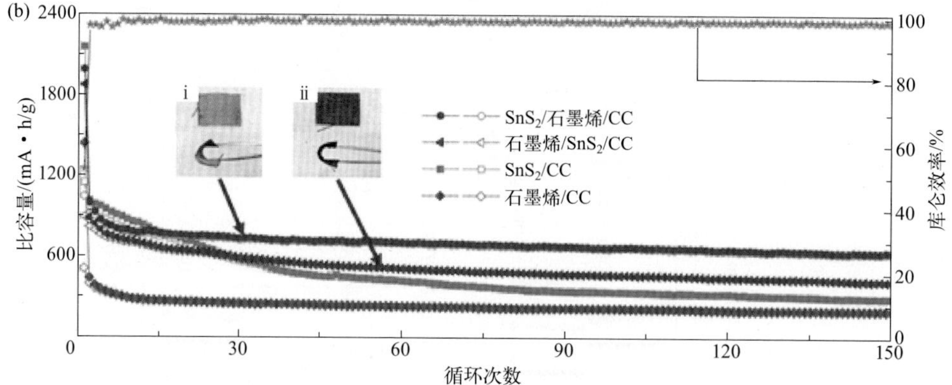

图2-45 （a）循环前准备好的电极的电化学阻抗谱（EIS，0.01～100kHz）；（b）制备电极在500mA/g电流密度下的长期循环性能

2．石墨烯锂硫电池

锂硫电池（LSB）由于其高理论比容量（1675mA·h/g）和高能量密度（2600W·h/kg）、低成本和硫的无毒特性，已成为最有前途的二次电池之一[124-126]。LSB 的基本反应原理如图 2-46 所示。

典型的 LSB 由锂金属正极、含硫负极和有机电解质隔膜组成［图 2-46（a）］。在放电（锂化）过程中，硫与锂离子反应形成硫化锂，涉及复杂的成分和结构演变。根据硫物质的相变过程，该反应可概括为四个步骤［图 2-46（b）］：

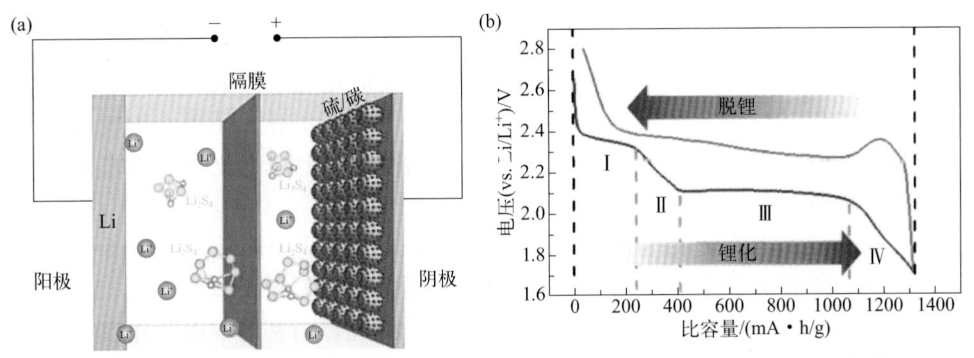

图2-46 （a）锂硫电池的工作机制示意图；（b）锂硫电池的锂化/脱锂电压曲线[127]

① 在步骤Ⅰ，约 2.4V 时，固体硫被还原为长链 Li_2S_8（LPS），这是一种固 - 液两相还原；

② 在步骤Ⅱ，约 2.4 ～ 2.2V，长链 Li_2S_8 在液 - 液反应过程中被还原为短链 Li_2S_6 和 Li_2S_4；

③ 在步骤Ⅲ中，低阶 Li_2S_4 在约 2.2V 时进一步被还原为固体 Li_2S_2 或 Li_2S，在液 - 固两相反应过程中呈现出一个长平台；

④ 在步骤Ⅳ中低于约 2.15V，发生从 Li_2S_2 到 Li_2S 的固 - 固还原。在随后的充电（脱锂）过程中，Li_2S 通过 LPS 的形成可逆地转化为元素硫，形成 2.4V 的单次充电平台。这种独特的电化学反应使 LSB 具有高比容量与高能量密度。

然而由于多硫化物在放电过程中溶解产生的穿梭效应、硫的绝缘性以及硫正极的体积膨胀，其循环稳定性不能满足电池工业化的要求。为解决这一问题，采用固体电解质代替液体电解质是消除多硫化物穿梭和保护金属锂负极的最佳选择，有利于提高 LSB 的循环性能、稳定性和安全性[128]。石墨烯在 LSB 中的主要应用分为两个方面，即作为载体和界面层：石墨烯位于正极“内部”以提高硫正极的导电性，作为“层间”隔膜可降低 LiPS 的界面电阻和穿梭效应。其中，隔膜是缓解 LiPS 穿梭的重要屏障。由于聚丙烯（PP）/ 聚乙烯（PE）组成的传统隔膜的非极性特性几乎不能减轻极性 LiPS 的扩散与穿梭[129]，因此通过设计隔膜表面的功能化，以达到全面优化电通路的构建十分必要，而石墨烯及其复合材料在隔膜应用方面，表现出诱人的前景。尤其是可以通过改变和控制 GO 的氧化还原程度来调节石墨烯的电子结构和导电性质，使得石墨烯及其衍生物如氧化石墨烯（GO）和还原氧化石墨烯（rGO）逐渐成为全固态 LSB 中隔膜改性层的候选者之一[130-133]。

3．石墨烯锂空气电池

锂空气电池是一种金属空气电化学电池，正极采用金属锂，而负极材料则是空气中的氧气，理论上锂空气电池可以实现 3500W·h/kg 的能量密度，是所有锂电池中最高的 [134-136]。锂空气电池电化学反应是基于锂的可逆反应形成锂氧化物，如图 2-47 所示 [137]，放电时，负极的金属锂被氧化，正极的氧气被还原，从而在外电路产生电流 [138]。具体来说，影响锂空气电池电化学性能的关键因素有以下两项：

① 电解质的稳定性：第一个原型锂空气电池使用的是传统锂离子电池的电解质，即碳酸盐基电解质，例如碳酸亚丙酯（PC）和碳酸亚乙酯 / 碳酸二甲酯（EC/DMC）。然而，碳酸盐基电解质容易受到氧自由基的攻击，导致电解质在循环过程中分解和变质 [139-141]。

② 空气电极形态：由于固态放电产物 Li_2O_2 直接形成并沉积在空气电极表面，放电产物的形态和数量取决于空气电极的形状。因此空气电极的表面积和孔径是影响电化学性能的主要因素 [142-143]。

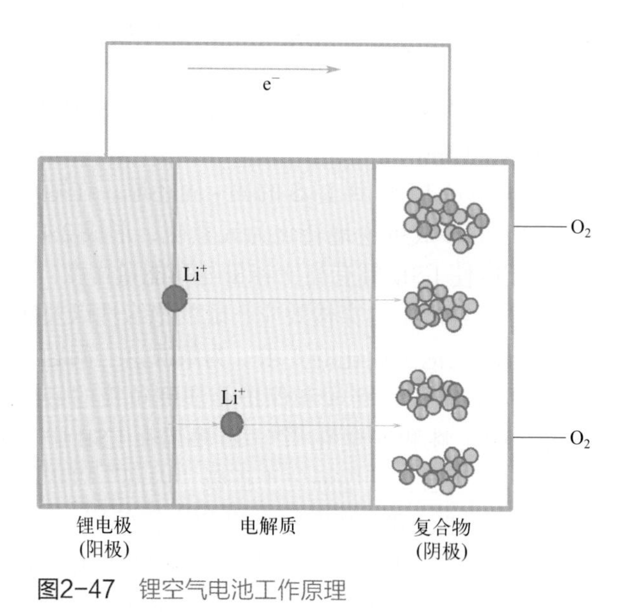

图2-47　锂空气电池工作原理

在锂空气电池研发的早期阶段，作为锂离子电池导电剂的传统石墨类碳材料，如 Super P 和 Super S，被用作空气电极的主要成分 [144]。因为碳材料具有低密度、高导电的特性，且放电容量通常随着碳材料的表面积增加而增加，因此大量的碳材料被列为研究对象 [145-146]。具有 $2630m^2/g$ 比表面积的石墨烯，原则上不仅可以提供足够的有效面积及反应位点，还能促进氧离子和锂离子的获取[147]。Li 等人成功证明石墨烯本身可以在 $Li-O_2$ 电池中提供约 8705mA・h/g 的高放电容量。与 BP-2000（1909mA・h/g）和 Vulcan XC-72（1053mA・h/g）等其他类型的碳基电池相比，石墨烯明显有更大放电容量［图 2-48（a）］。此外，研究还发现放电产物生长在石墨烯表面，特别是在石墨烯片的边缘［图 2-48（b）～（e）］[148]。

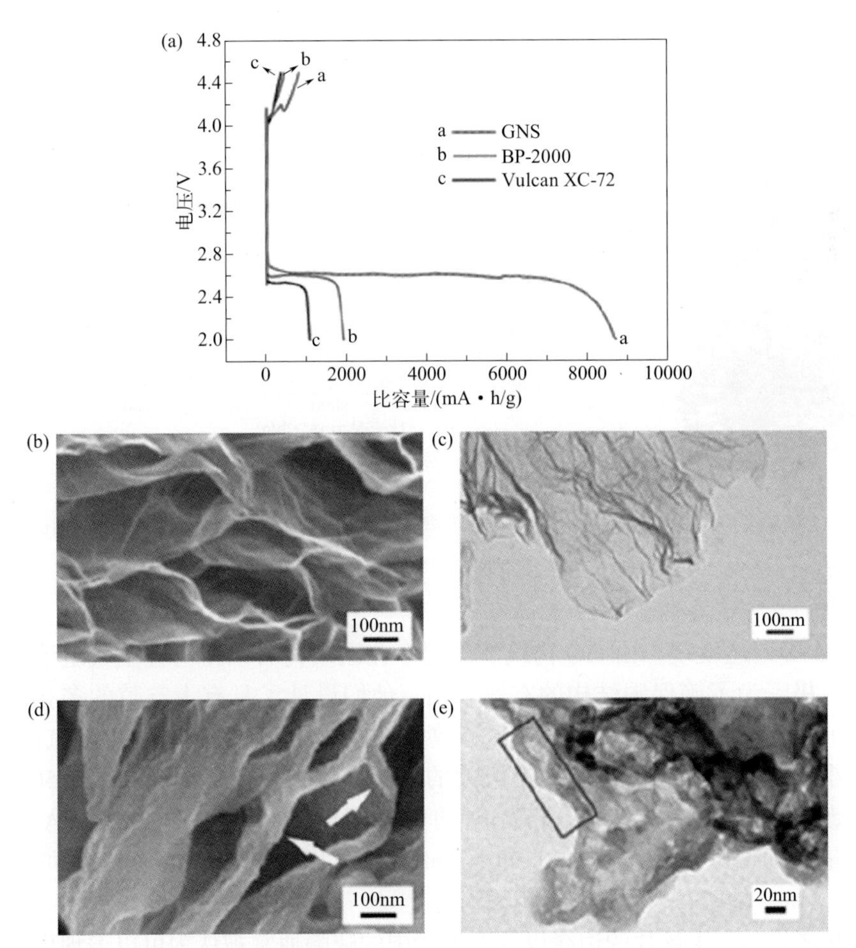

图2-48　使用GNS、BP-2000和Vulcan XC-72阴极的锂空气电池在75mA/g电流密度下的放电性能（a）；GNS电极放电前[(b)、(c)]和放电后[(d)、(e)]的SEM和TEM图像

使用高比表面积为 342.6m^2/g 的化学合成石墨烯，可以显著降低锂空气混合系统的过电位并实现高容量。LiOH 在混合锂空气电池中的可逆反应导致放电期

间过电位降低。石墨烯纳米片边缘存在的悬空键是过电势降低的主要原因。使用石墨烯纳米片构筑的电极完成了高达 50 次循环，证明了在混合锂空气电池中使用石墨烯电极的可能性。Xiao 等人报道了一种由分层多孔石墨烯组成的空气电极。他们设计了一种具有大比表面积的多孔结构，进而扩大三相区域(即固 - 液 - 气三相点)，如图 2-49 所示，由多孔框架为氧气进入空气电极的内部空间提供了扩散路径。多孔框架中反应位点数量的增加导致放电容量急剧增加，比容量约为 15000mA • h/g。这表明碳材料的结构与形态是决定锂空气电池电化学性能的重要因素[149]。

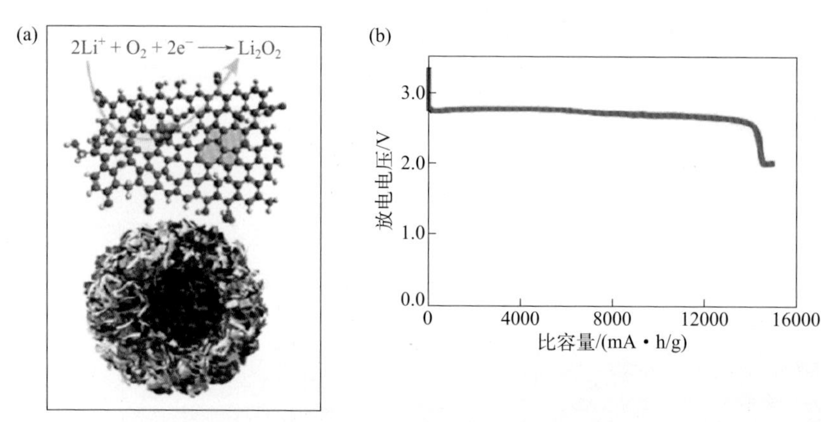

图2-49 （a）具有双峰多孔结构的功能化石墨烯片结构示意图；（b）以功能化石墨烯片为电极（p_{O_2} = 2atm，1atm=101325Pa）的锂空气电池放电曲线

Wang 等人还发现，由 GO 构筑的分层多孔碳结构可以作为锂空气电池的有效空气电极。为了确保碳结构的有效利用，他们设计了具有大空隙的多孔碳卷（FHPC）电极［图 2-50（a）～（d）］。在放电过程中，大孔通道可以促进氧扩散，而内部小孔为反应产物的分解或形成大的三相区域提供了空间。如图 2-50（e）所示，改性石墨烯结构在 0.2mA/cm^2 的电流密度下可提供约 11060mA • h/g 的比容量。即使电流密度增加到 2mA/cm^2，也可以得到 2000mA • h/g 的高比容量[150]。

除此之外，石墨烯片的边缘以及石墨烯中的缺陷通常被认为可以表现出对析氧反应 (oxygen evolution reaction，OER) 和析氢反应 (hydrogen evolution reaction，HER) 的催化活性。Sun 等人首次证实了石墨烯可以作为基于碳酸烷基酯电解质的锂空气电池的催化剂（图 2-51）[151]。除此之外，石墨烯也可用作负载催化剂的有效载体材料，既可以是物理负载 MnO_2、Co_3O_4、SnO_2 和 Mn_3O_4 等催化剂[152-154]，也可以是将催化剂化学生长在石墨烯表面上[155-157]。在金属氧化物

（MO_x）/ 石墨烯杂化催化剂中容易形成三相边界，部分归因于金属氧化物催化活性的增强[158]。

图2-50　原始镍泡沫（a）和所制备的FHPC电极的不同放大倍数[（b）～（d）]的SEM图像；在0.2～2mA/cm²不同电流密度下的放电曲线（e）

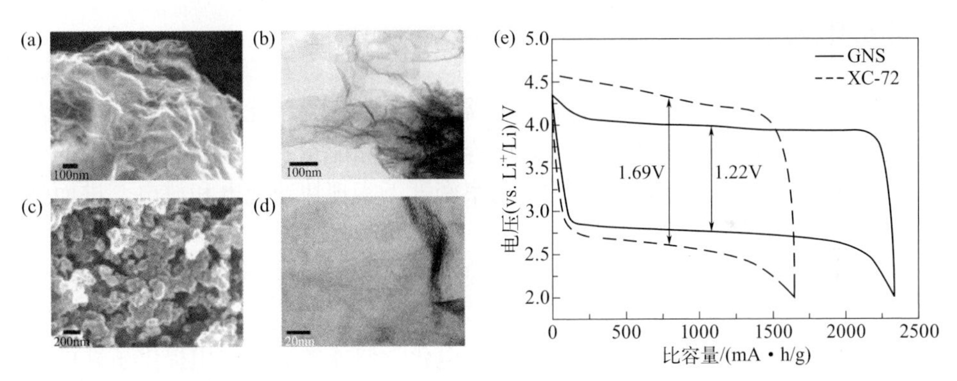

图2-51　制备的GNS（a）和商业Vulcan XC-72（b）的FESEM图像及GNS的TEM图像（c）和GNS的HRTEM图像（d）；制备的GNS和Vulcan XC-72的充电/放电电压曲线（第三次循环）（e）

比容量是以电极中每克碳计。循环是在50mA/g（0.1mA/cm²）的电流密度下，在室温（20℃）的1atm氧气氛中进行的。GNS电极的切割电压范围为2.0～4.4V，Vulcan碳电极的切割电压范围为2.0～4.6V

化学改性的石墨烯同样被证明是一种优良催化剂，可以增强锂空气电池的电极反应活性。Yoo等人通过rGO和NH_3在各种条件下反应获得的N掺杂石墨烯，并详细研究了其催化性能[159]。如图2-52（a）所示，N掺杂石墨烯的催化性能与作为ORR常用催化剂的Pt/炭黑复合材料一样有效。N掺杂石墨烯的活性随着退火温度的升高而增加，如图2-52（b）所示，在850℃时N掺杂石墨烯退火产生了与Pt/炭黑相似的催化活性。

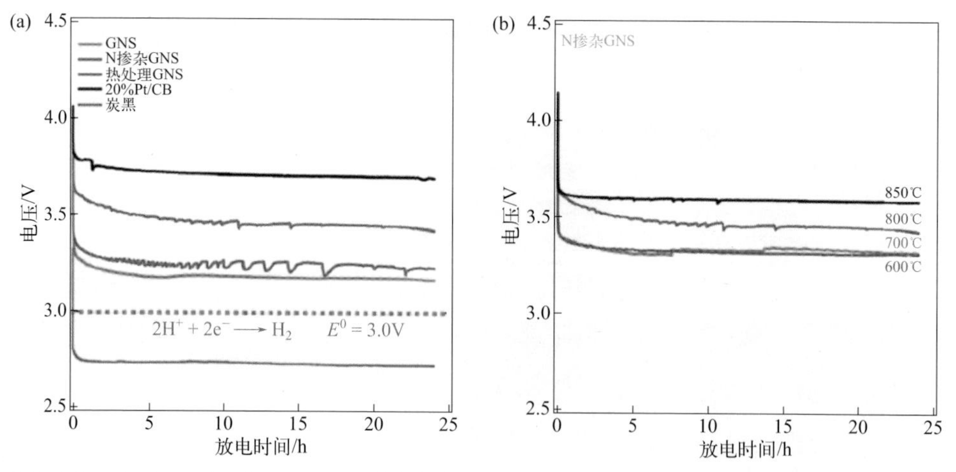

图2-52 （a）各种碳在0.5mA/cm²电流密度下24h的放电曲线；（b）N掺杂GNS在不同温度下以0.5mA/cm²的电流密度放电24h的放电曲线

二、超级电容器

超级电容器，也称为电化学电容器，因其高倍率性能、长循环寿命以及低成本而受到越来越广泛的重视。超级电容器的存储能量密度明显高于传统的介电电容器，此外，超级电容器可以在高功率密度下实现快速充电和放电，进而弥补电池和燃料电池等其他电源的不足。

碳材料具有化学稳定性好、可调控性强、结构多样等优点，一直是电化学储能材料的理想候选。近年来，以碳纳米管和石墨烯为代表的纳米碳材料发展迅速，其独特的结构和优异的性能为其在电化学储能领域的应用提供了新的发展机遇。尤其是石墨烯粉体，它的宏观体结构是由微米级大小、导电性良好的石墨烯片层搭接而成，具有开放的大孔径结构，离子在石墨烯材料中可以进行非化学计量比的嵌入 - 脱嵌，其比容量达到 700mA·h/g 以上，多孔结构也为电解质离子的进入提供了势垒极低的通道，可保证石墨烯具有良好的功率特性。凭借着独特的二维结构、良好的化学稳定性及优异的导电性能、力学性能、热传导特性和高比表面积，石墨烯有望成为下一代超级电容器的重要材料选项。

1. 什么是超级电容器

超级电容器是一种能够快速存储和提供高功率电力，同时在大量循环后不会显示性能衰减的电化学装置。超级电容器主要有：电化学双层电容器、法拉第赝电容器、非对称超级电容器。它是介于传统电容器和充电电池之间的一种新型储能装置：既具有电容器快速充电放电的特性，同时又具有电池的储能特性。作为一种新型的节能和能量转换设备，超级电容器具有功率密度高、充放电快、循环特性好、工作安全和成本低等特点（图 2-53）。与电池不同，超级电容器可在几秒钟内实现快速充电，并可承受几乎无限的充电周期。

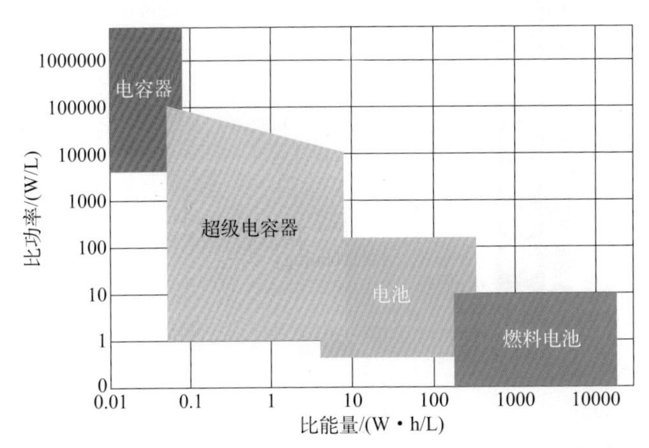

图2-53 电化学储能器件的比能量和比功率性能对比[160]

2．超级电容器的工作原理

超级电容器有多种分类方法。根据不同的储能机理进行划分，可以将超级电容器分为双电层电容器（electric double layer capacitors，EDLC）和法拉第赝电容器（pseudo-capacitors）。双电层电容器是通过纯静电电荷在电极表面进行吸附产生双电层，进而来存储能量，主要以大比表面积的材料作为电极活性物质。常见的双电层电容器由两个碳基电极、电解质和隔膜构成。图 2-54 提供了典型双电层电容器的工作示意图。与传统电容器一样，双电层电容器以静电方式或非法拉第方式存储电荷，并且电极和电解质之间不存在电荷转移。当电极与电解液接触时，由于库仑力、分子间力及原子间力的作用，使得固 - 液界面出现稳定和符号相反的双层电荷，称其为界面双层。把双电层超级电容器看成是悬在电解质中的两个非活性多孔板，电压加载到两个极板上。其中加在正极板上的电势吸引电解质中的负离子，负极板吸引正离子，从而在两电极的表面形成了一个双电层电容器。

而法拉第赝电容器是基于欠电势沉积、氧化还原赝电容及插层赝电容等原理进行储能的。目前最受认可的分类方法是 Simon 等人提出的[161]，可根据三种可逆电化学过程进行分类：

① 欠电势沉积：主要发生在 Au 等惰性金属表面，不常见；

② 氧化还原反应：最常见的赝电容反应，多发生在水性电解液中；

③ 嵌入 / 脱出机制：常见于非水性电解液体系。

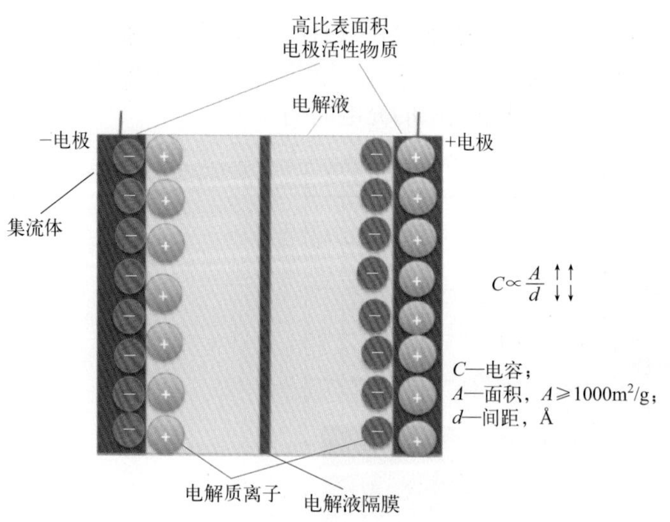

图2-54　双电层电容器工作示意图[160]

在法拉第电容器中，同时存在着双电层电容和法拉第赝电容两种存储机制。法拉第赝电容器不仅靠离子在表面吸附形成的双电层储存电荷，还在法拉第赝电容活性电极材料（如导电聚合物、过渡金属氧化物和杂原子碳材料等）表面及表面附近发生了可逆的氧化还原反应，其中法拉第赝电容占据绝对主导地位。因此，法拉第赝电容器能够比双电层电容器储存和释放更多的电荷，但其电化学稳定性较差。近年来，研究人员通过将导电聚合物和过渡金属氧化物与碳材料复合来改善其电化学性能。高导电性的石墨烯等材料可作为赝电容材料良好的电子传输载体，很大程度减小了赝电容器的串联阻抗，推动了法拉第赝电容器的进一步发展。

3．石墨烯在超级电容器中的应用

超级电容器的储能密度、充放电速率、寿命及稳定性等在很大程度上取决于电极材料的性能。碳材料的比表面积大、导电性高、化学性能稳定、成型性好，能够较好地吸附活性物质，提供宽的电化学电压窗口；同时价格低廉、原料来源广泛、生产工艺成熟，被广泛用于超级电容器电极集流体。石墨烯的优异特性符合高能量密度和高功率密度超级电容器对电极材料的要求，自身可作为双电层超级电容器的电极材料。但无论石墨烯、GO还是rGO，它们在制备过程中均容易发生堆叠，影响石墨烯材料在电解质中的分散和表面浸润，导致材料比表面积和离子电导率下降。优化制备方法，对石墨烯进行修饰或与其他材料复合是石墨烯材料面向超级电容器应用的有效途径。

近年来，关于石墨烯在超级电容器中的应用研究日新月异。将石墨烯与其它材料复合，可分别应用于双电层电容器和法拉第赝电容器。下面将具体介绍石墨烯作为电极材料在双电层电容器、法拉第赝电容器以及非对称电容器等三类超级电容器发展中的重要作用和影响因素。

（1）石墨烯基双电层电容器　石墨烯的电导率高、比表面积大，具有优异的倍率性能和循环性能，其本征电容约为 $21\mu F/cm^2$，理论双电层电容可达到550F/g。Ruoff课题组率先将化学改性的石墨烯用作超级电容器电极材料，这种石墨烯电极材料在水系和有机电解液中的比电容分别可以达到135F/g和99F/g[162]。尽管石墨烯以及由其构建的碳材料为超级电容器带来了新的机遇，但其实际电容量与理论值相比仍具有较大差距。这主要是因为合成过程中范德华作用力引起的石墨烯片层积聚和堆叠，导致其实际比表面积小于 $800m^2/g$、比电容限制在300F/g左右。因此，通过石墨烯改性或与其他材料复合是人们关注的重点。下面将从比表面积、孔结构和表面化学改性这三个方面来详细阐述。

① 比表面积　对石墨烯而言，尽管具有很高的理论比电容，但由于π-π强相互作用引起的自积聚和坍塌，其实际比表面积往往不大。另外，石墨烯的导电性表现出非常大的各向异性，面内导电性非常好，而面间导电性较差，因此影响了比电容性能。为了解决这个问题，研究者一方面通过引入炭黑、碳纳米管（carbon nanotubes，CNT）等作为隔离层来防止石墨烯片间的堆叠；另一方面，通过化学活化法或化学沉积法制备具有三维网状结构的石墨烯，借以增大比表面积。

② 孔结构　为了使每单位电极体积的双电层电容器的电容最大化，需要更高的表面积。更高比表面积的获得可以通过石墨烯更小的孔径来实现。当孔径接近离子大小时，由于离子与周围孔壁的多重相互作用，双电层电容器充电能力会降低；另外，离子电吸附容量的增加正是因为这种相互作用的增强。而从双电层电容（C）的理论计算公式（$C=\dfrac{\varepsilon S}{4\pi kd}$，$\varepsilon$ 为相对介电常数；S 为两极板正对面积；k 为静电力常数；d 为平行板间的距离）可知，碳电极材料的电容值和电解质离子与电极界面之间的距离有关。离子在孔道内能否传输首先与孔径大小有关，只有离子能顺利进入孔道中，电极材料表面才能被电解液浸润而形成双电层。因此，对多孔碳材料而言，孔结构的合理设计非常重要。

现在普遍认为，分级孔隙结构比均匀孔隙具有更高的电容和更好的倍率性能。这可以归因于不同孔隙的功能差异：大孔（>50nm）可以储存电解质，中孔（2～47nm）可以缩短离子的传输距离，而微孔（<2nm）则充当主要的离子存储位点储存电荷，以增加电容量。由于不同尺寸的孔对电解质离子的扩散和吸附行为所起的作用存在差异，许多研究者便考虑合成出兼具大孔、中孔、微孔的分级孔碳，以便充分发挥不同孔径的优势。石墨烯材料开放的外表面在双电层电容存

储中具有天然优势，进一步调控其片层堆叠形成的层间孔结构，对其在超级电容器中的应用具有重要意义。

③ 表面化学改性　Shi 等人[163]最先通过一步水热法合成出了三维自组装的石墨烯凝胶，这种材料表现出高的导电性和力学性能，作为超级电容器电极材料，该石墨烯凝胶显示出 175F/g 的比电容[164]。为了进一步改善石墨烯凝胶的导电性，Shi 等人将水热和化学还原结合在一起，获得的石墨烯凝胶在电流密度为 1A/g 条件下，比电容可达 220F/g，将电流密度提升至 100A/g，比电容仍能维持在 74%，相应的能量密度和功率密度分别为 5.7W・h/kg 和 30kW/kg[165]。

为了进一步增加材料的比电容，活化过程已经被广泛用于石墨烯电极材料的制备中。Ruoff 等人利用 KOH 对微波和热剥离还原的 GO 进行了活化，活化后材料的比表面积高达 $3100m^2/g$，甚至高于单层石墨烯比表面积的理论值（$2630m^2/g$）[166]。之后，Ruoff 等人同样利用 KOH 对石墨烯进行了活化，组装得到的超级电容器在有机电解液中表现出高功率密度（500kW/kg）和高能量密度（26W•h/kg）[167]。通过在石墨烯片层间引入“间隔物”来阻止石墨烯的团聚是提升石墨烯电极材料比电容的另一种有效手段。“间隔物”的引入不仅能够改善电解液的渗透能力，同时增加了石墨烯片层表面和纳米通道的电化学利用率。Zhang 等人[168]将商业二氧化钛纳米颗粒引入到三维石墨烯水凝胶中，进一步避免了石墨烯片层的团聚，凝胶的比电容从 136F/g 提升至 207F/g。将其他形态的碳，如碳颗粒和碳纳米管等引入到石墨烯材料中同样可以避免石墨烯片层的团聚，不同形态的碳结构结合在一起可以发挥协同效应，进一步提高了石墨烯材料的储能性能。

掺杂过程被认为是改变石墨烯电子结构——特别是材料导电性的一种有效手段。通过等离子体处理获得的氮掺杂石墨烯比电容可高达 280F/g。Qu 等人通过水热法处理 GO 与吡咯的混合液以及经过后续煅烧处理获得了超轻的氮掺杂石墨烯泡沫，该泡沫表现出独特的三维多孔结构，仅由少层石墨烯构建而成，有利于电解质在电极材料中的渗透，提升了材料的倍率性能[169]。当然，两种不同的元素也可对石墨烯实现共掺杂，共掺杂的石墨烯材料表现出优异的比电容性质[170]。

（2）石墨烯基法拉第赝电容器　石墨烯虽然可以单独作为超级电容器电极材料，但其理论比电容仅有 550F/g，限制了该材料的大规模应用。如何既利用石墨烯优异的性能，又突破石墨烯的理论比电容是石墨烯基电极材料的应用难题。通过对石墨烯进行化学修饰改性以及制备石墨烯基复合电极材料，构建赝电容器已经成为该领域研究热点之一。

赝电容机制是通过电极材料快速、可逆的氧化还原反应储存电能，主要材料为聚苯胺（PANI）、聚吡咯（PPy）、聚噻吩（PTH）及其衍生物等导电聚合物以及二氧化锰、氧化钴、氢氧化镍、硫化钴等过渡金属化合物[171]。导电聚合物具有很高的赝电容，其容量远大于基于双电层储能机理的碳材料超级电容器。石墨烯材料与导电聚合物形成的复合材料能够兼顾石墨烯的高电导率、高比表面积和导电聚合物的高比电容等特性，在构建法拉第赝电容器中起到重要的作用。Hao等人报道了一种新型纤维状聚苯胺掺杂氧化石墨烯纳米片的电极材料，该材料是在氧化石墨烯存在的情况下，通过聚合物单体的原位聚合合成的[171]。其比电容高达531F/g，远高于纯聚苯胺，说明GO与聚苯胺之间存在协同作用。

聚吡咯也是被用作超级电容器电极材料的导电聚合物，这是因为它具有高的导电性能和高稳定性，且易于合成[172-173]。Lee等人通过原位聚合建立了一种独特的由PPy和石墨烯纳米片组成的纳米结构，如图2-55所示[174]。在这种石墨烯/PPy复合材料中，石墨烯纳米片作为PPy的电化学支撑材料，为其提供电子转移的路径。在扫描速度为100mV/s时，纳米复合材料的比电容值达到267F/g。相比于单独石墨烯和PPy而言，石墨烯/PPy纳米复合材料的电化学性能的改善，可能归因于：①石墨烯的存在促进了吡咯环上α或β-C原子的氧化或还原；②负载在石墨烯表面的PPy起到了减少扩散和缩短迁移长度的作用，从而提高PPy的电化学利用率[175]。计算得到的能量密度和功率密度分别为94.93W·h/kg和3797.2W/kg。此外，在500次循环后，纳米复合材料的比电容仅比原始比电容值降低了10%，表明纳米复合材料的电化学循环性能有所提高。

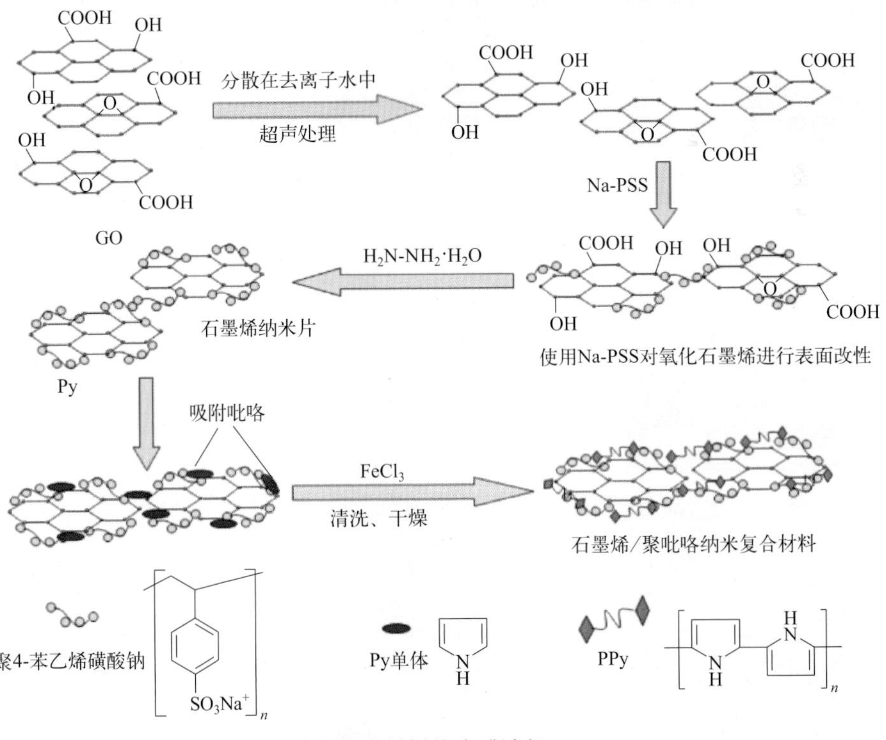

图2-55 石墨烯纳米片/PPy纳米复合材料的合成途径

金属氧化物作为赝电容电极材料的研究已经持续了几十年，虽然金属氧化物比电容很高，但金属氧化物的高价格和低电导率难题一直没有很好地解决。金属氧化物与石墨烯形成复合材料，可以减少金属氧化物用量，同时提高材料的电导率和有效比表面积。Dai 等人在轻度氧化、导电的石墨烯纳米片衬底上直接生长单晶 $Ni(OH)_2$ 六边形纳米片，制备出高性能电化学赝电容器材料（图 2-56）[176]。基于 $Ni(OH)_2$/ 石墨烯复合材料的电极具有有趣的特性。在充放电电流密度为 2.8A/g 时，比电容约为 1335F/g。即使在电流密度高达 45.7A/g 的情况下，该复合电极仍表现出比电容约为 952F/g 的赝电容材料的电化学特性。在 0.55V 的电压范围内，功率密度为 10kW/kg 时，能量密度约为 37W・h/kg。此外，过渡金属氧化物 Fe_3O_4 因其成本低、环境友好而成为有前途的电极材料之一。Yan 等人通过溶剂热法将 Fe_3O_4 纳米颗粒附着在还原氧化石墨烯薄片上，制备出纳米复合电极[177]。与纯还原氧化石墨烯和纯 Fe_3O_4 纳米粒子相比，该纳米复合电极的电导率和比表面积均显著提高，具有更高的比电容。在 5506W/kg 的功率密度下，Fe_3O_4/ 氧化石墨烯纳米复合材料的能量密度为 67W・h/kg，放电电流密度为 5A/g。当放电电

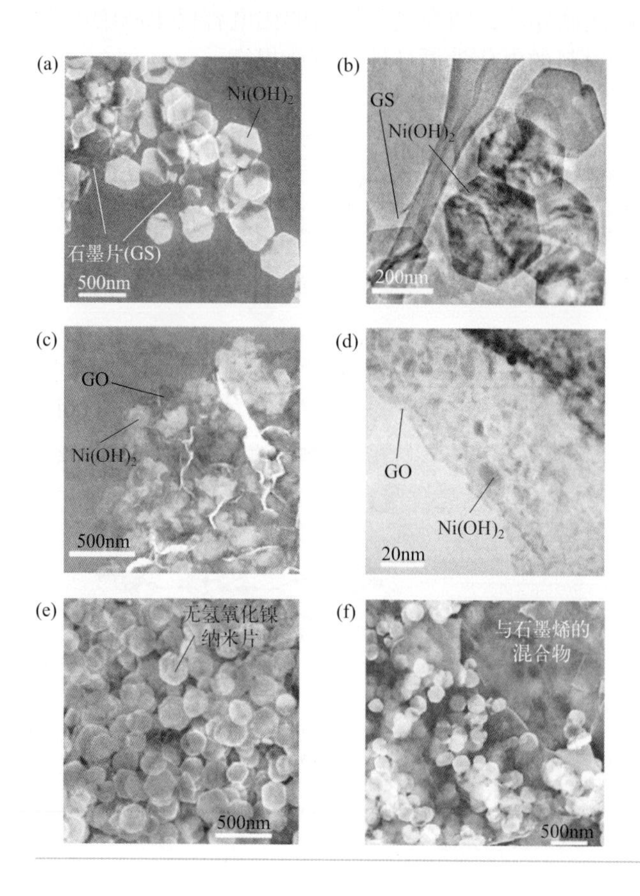

图2-56
$Ni(OH)_2$/GS复合材料、$Ni(OH)_2$/GO复合材料和 $Ni(OH)_2$ + GS物理混合物的SEM和TEM表征

流密度为 1A/g 时，比电容为 843F/g，功率密度为 332W/kg，对应的能量密度为 124W·h/kg。令人惊讶的是，这种复合电极表现出高度稳定的循环性能，即使在 10000 次充放电循环之后，比电容也没有任何下降。

（3）石墨烯基非对称电容器　由于超级电容器的充放电速度比电池快，人们对高功率密度（>10kW/kg）的超级电容器进行了大量的研究，然而发现超级电容器的能量密度通常低于电池（≤ 10W·h/kg）[178]。为了解决这一难题，研究者们设计了非对称超级电容器。非对称超级电容器的阳极和阴极一般分别由双电层型电极材料和赝电容型电极材料组成。电极材料在阳极发生离子的吸脱附，在阴极发生快速可逆的氧化还原反应来储存电荷。非对称超级电容器器件的电压窗口一般为阴极材料和阳极材料在三电极测试下的最大电压窗口之和。结合了两种材料不同的储能机制的非对称超级电容器实现了工作电压的拓宽，在延长其使用寿命的同时还可以增加能量密度，因而具有非常高的应用价值。通常具有高表面积的碳基材料通过电极 / 电解质界面的可逆离子吸收来储存静电电荷，可作为双电层型电极。相反，过渡金属氧化物，如 RuO_2、Fe_3O_4、NiO、MnO_2，以及导电聚合物，如聚苯胺、聚吡咯和聚噻吩等，在电活性材料表面通过快速的可逆氧化还原反应来进行电荷存储，可用作赝电容型电极。

综上所述，石墨烯作为超级电容器电极材料，有着巨大的发展空间。但是，也面临着诸多技术挑战。低成本的材料制备依然是一个有待解决的难点。从石墨出发的氧化还原方法和原位复合方法（与过渡金属氧化物或导电聚合物前驱体），被认为是最有前途的制备方法。另一个挑战是石墨烯的片间堆叠团聚问题，其会导致器件性能和可加工性严重下降。总而言之，石墨烯基超级电容器研究之路依然很长，需要耐心和坚持。

三、导热膜

（1）导热膜简介　随着电子电气设备向大容量、高功率密度和小型轻量化发展，热管理成了当前电子技术（如电池、集成电路、高频电子等领域）面临的一个重要挑战，高效的导热散热需求日益增加，同时，导热膜还需具备轻薄、柔性和一定强度，以匹配目前愈趋复杂化和集成化的电子元件系统。

在固体材料中，热是由声子和电子传递的。金属的热导率主要归因于高浓度的输运电子，这在原理上决定了其在室温下的最大热导率约为 429W/(m·K)（银）。非金属材料（如金刚石和石墨）因其主要通过声子传导的机理表现出更高的热导率而备受关注。对于同一物质，热导率与其晶畴尺寸呈正相关，同时受诸如接触界面、晶界、杂质、孔洞等缺陷的限制。因此，杰出的导热材料通常是高纯、高结晶、无缺陷的，但这又会因为其紧密排列的原子结构和强共价键键连，不可避免地导致材料本身的脆性。例如，金刚石薄膜的热导率可达到 900 ～ 2320W/(m・K)，但由于 sp^3 C—C 键键长和键角的关系，金刚石材料的应变非常有限，仅有 0.4% ～ 0.6%。因此客观上讲，导热材料优异的导热性和较好的柔韧性很难集成到同一种宏观材料中。

石墨烯作为一种单原子层厚度的二维材料，其 sp^2 杂化结构为电子和声子提供了高效的输运路径，从而使其具备了极高的热导率，本征单层石墨烯的热导率高达 5300W/(m・K)，远高于传统金属散热材料，如铜的热导率为 400W/(m・K)、铝的热导率为 240W/(m・K)。同时它单原子层的结构和超高的杨氏模量（约 1T Pa）使其兼具良好的柔性和强度。

石墨烯独特的二维片层结构，以及片层之间所存在的 π-π 共轭，使其容易实现紧密有序的层状结构［图 2-57（a），（b）］，这种有序的层状结构构建了平面方向的热传播路径，为宏观组装体的高面内热导提供了基础。因此，将一层层石墨烯定向堆叠成有序的层状结构，将有望得到兼具柔性和强度的自支撑石墨烯导热膜［图 2-57（c）］，这对热管理领域无疑具有极大的吸引力。早在 2015 年前，消费电子领域的各大厂商们便开始布局研发基于石墨烯导热膜的电子产品散热方案［图 2-57（d），以手机为例］。

（2）石墨烯导热膜的制备方法　最早被大范围应用的是一种以聚酰亚胺（PI）薄膜为原料，经过碳化和高温石墨化的制备路线。该路线所得的导热膜确切讲应该叫人造石墨膜，其厚度在 10 ～ 100μm 范围内可调，面内热导率也可达 700W/(m・K) 以上，在过去很长一段时间内都是导热膜的理想选择。然而由于成本较高，且高质量聚酰亚胺薄膜制备困难，技术受美、日等国管控，因此业界希望有更经济高效的导热材料作为替代方案。此外，由于电子产品散热的核心需求是提高平面方向的总导热通量，因此不仅要求导热膜具有较高的热导率，同时也应具备一定的厚度和取向度。由于聚酰亚胺分子取向度的原因，石墨化聚酰亚胺得到的导热膜只有在厚度较小时才具有较高的热导率。这便使得由石墨烯粉体组装得到的石墨烯导热膜展现出更大的综合优势。

具体而言，GO 作为一种带负电荷的功能化石墨烯基体，它可以形成稳定的胶体悬浮液，这无疑有利于层状和高度定向结构的形成，另外对其还原过程的控制也能够进一步扩展石墨烯膜的宏观微观结构和化学性质，这使得还原氧化石墨烯方法成为制备石墨烯导热膜的主要方法。具体制备流程如图 2-57（e）所示，首先通过 Hummers 法得到氧化石墨烯分散液，然后通过自然干燥、真空抽滤、电喷雾等方法得到自支撑的氧化石墨烯薄膜，并通过化学还原、热处理等方法得到还原氧化石墨烯薄膜，随后经过高温石墨化去除官能团，提高结晶度，最后经过进一步物理加工得到成型的石墨烯导热膜。

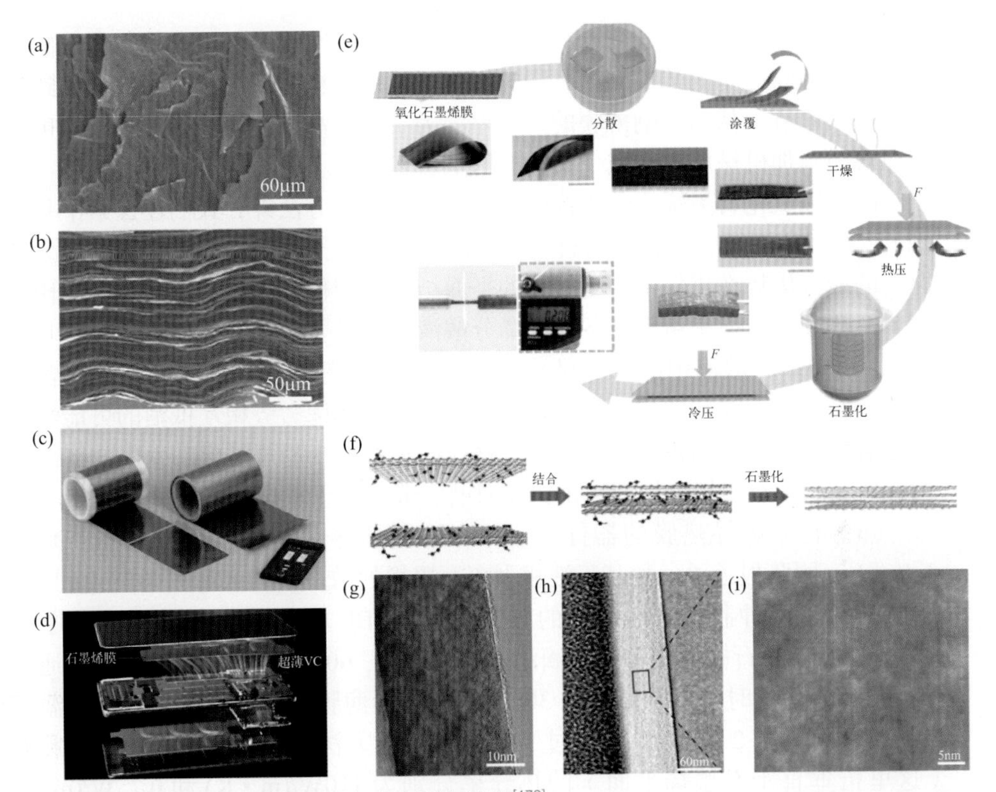

图2-57　石墨烯导热膜的结构与典型制备流程[179]

（a）石墨烯导热膜表面形貌的SEM图像；（b）石墨烯导热膜的截面SEM图像；（c）石墨烯导热膜的宏观照片；（d）石墨烯导热膜在手机等应用终端的集成方式示意；（e）还原氧化石墨烯方法制备石墨烯导热膜的典型工艺流程示意；（f）两层氧化石墨烯膜融合并石墨化，成为更厚层石墨烯膜的过程示意；（g）单个30nm厚的石墨烯膜的截面TEM图像；（h），（i）融合后的60nm厚的石墨烯膜的TEM图像，可以看到两个30nm厚的石墨烯膜在其接触界面有较强的结合

对于石墨烯膜的导热性能而言，影响其热导率的因素首先是石墨烯片自身的热导率，这主要由氧化石墨烯的还原工艺决定。由于氧化石墨烯分散液的制备通常在强酸条件下进行，破坏石墨烯的平面结构，同时引入了环氧官能团，造成声子散射增加。氧化石墨烯的还原工艺对还原产物的结构、性能影响较大，因而需要选择合适的还原工艺制备石墨烯导热膜。氧化石墨烯膜在1000℃热处理后可以除去环氧、羟基、羰基等含氧官能团，但是石墨烯晶格缺陷的修复仍需更高温度（据报道需要达到或超过2200℃）。此外，高温处理也能够消除相邻石墨烯片层之间的重叠，从最初的无序堆叠的氧化石墨烯片转变为平坦连续的石墨烯层，从而为声子传输提供有效路径。影响石墨烯膜热导率的第二个因素是石墨烯的片层尺寸。单层石墨烯的导热声子平均自由程可达约10μm量级，选择大尺寸的石

墨烯片层有利于减少声子与材料边界的散射，提高热导率。最后，不连续的片层结构也会阻断声子的传播路径，同时石墨烯片层的褶皱及堆叠现象都会导致较低的片层取向度，从而影响薄膜的热导率，为了获得高取向度的石墨烯膜，可以通过对薄膜施加机械压力来减少其内部的空腔和褶皱。

除了以氧化石墨烯为前驱体的还原氧化石墨烯方法外，人们还探索了基于物理/液相剥离石墨，并直接由石墨烯分散液直接制备石墨烯导热膜的路线。这一路线的最大优势在于保留了石墨烯的平面结构，使得最终制得的薄膜具有比较高的本征热导率。但是由于制备石墨烯分散液往往需要施加强机械力（研磨、球磨等），石墨烯分散液中的片层尺寸通常较小（小于 1μm）；而且由于缺少含氧官能团，石墨烯片层间的相互作用较弱，因此存在着优劣势相互抵消的可能性。与还原氧化石墨烯的制备路线相比，该路线的优势在于易规模化、生产效率高。同时，由于制备石墨烯分散液可由机械研磨完成，易于实现规模化、标准化。

（3）石墨烯导热膜的器件应用　在石墨烯导热膜的应用方面，上海大学 Johan Liu 团队报道了一种基于液相剥离石墨烯的散热装置［如图 2-58（a）］[180]。他们对比了两种制备方法得到的石墨烯膜（GBF），即真空抽滤得到的厚度为 30 ～ 100nm 的石墨烯膜和通过滴涂得到的 10 ～ 60μm 的石墨烯膜。当热通量提升至 1200W/m^2 时，发现厚度为 30nm 的石墨烯薄膜冷却效果最好，热点温度降低了约 6℃［图 2-58（b）］。通过 3-Omega 测量方法测得这类薄膜的面内和面外（这里指垂直于石墨烯平面）的热导率分别为 110W/(m・K) 和 0.25W/(m・K)。研究表明，石墨烯片在散热层内的排列方式、石墨烯与芯片表面之间的热边界电阻是决定散热膜性能的关键因素。该团队还报道了一种使用硅烷分子功能化的石墨烯薄膜（FGO）制备方法，进一步提高了导热性能[181]。分子动力学模拟表明，功能化的石墨烯散热材料的热导率可以提高 15% ～ 56%。

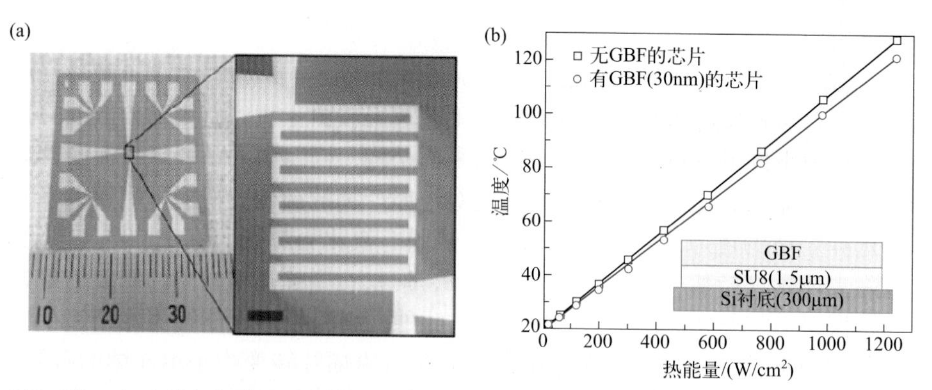

图2-58　（a）液相剥离石墨烯散热装置热测试芯片图（标尺：100μm）；（b）有无石墨烯导热膜时的铂金微加热器的温度-热通量关系[180]

加州大学河滨分校 Alexander A. Balandin 团队通过将少层石墨烯薄膜转移到 AlGaN/GaN 器件的漏极上，形成新的散热通道［图 2-59（a）］[182]，成功地将栅极和漏极之间的沟道产生的大量热量快速导出，极大地降低了自热效应对大功率 GaN 基电子和光电子器件的影响［图 2-59（b）］。少层石墨烯热导率高达 2000W/(m·K)，比 GaN［125 ～ 225W/(m·K)］高出一个数量级。为解决氮化镓发光二极管（light-emitting diode，LED）的散热问题，该课题组在衬底上引入氧化还原石墨烯作为缓冲层，外延生长 GaN 发光器件。这样得到的 LED 与衬底之间的氧化还原石墨烯提供了优异的导热散热通道，有效缓解了自热问题[183]。实验结果表明，与传统 LED 相比，rGO 嵌入式 LED 芯片表面的峰值温度比普通情况降低了 5℃左右［图 2-59（c），（d）］。

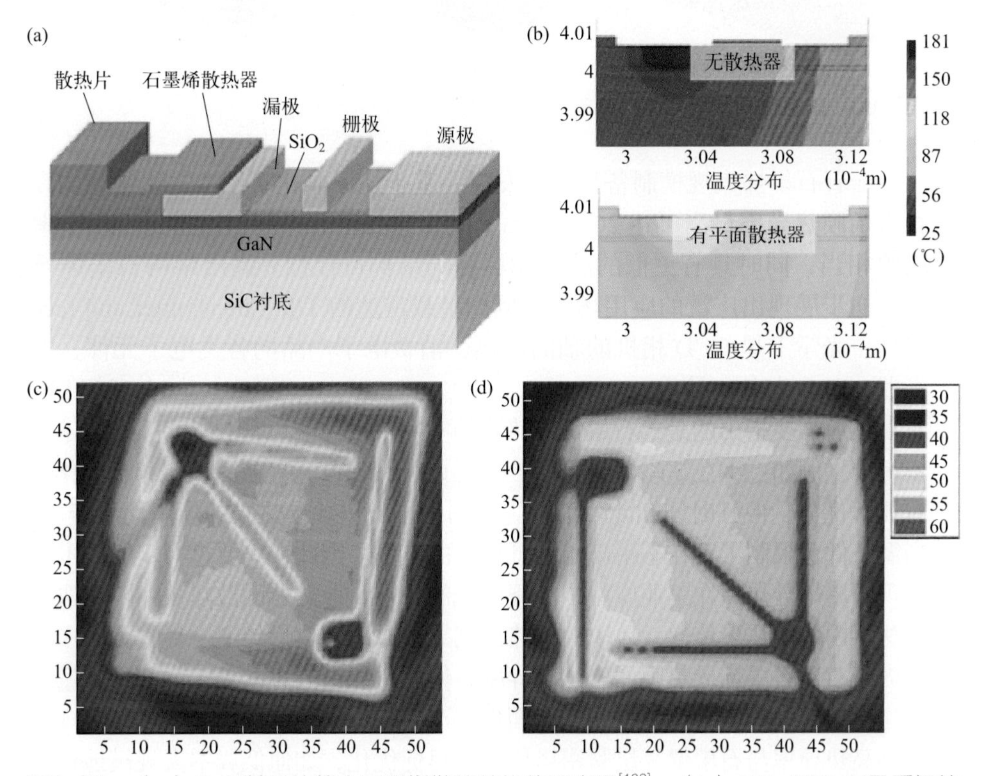

图2-59　（a）GaN基晶体管中石墨烯散热结构的示意图[182]；（b）AlGaN/GaN异质场效应晶体管中有(下)/无(上)少层石墨烯散热片的温度分布[182]；（c），（d）无/有石墨烯插入层时LED的表面温度图[183]

与传统散热材料相比，石墨烯散热材料还具有柔性的特点。浙江大学高超课题组在 3000℃的高温条件下，将交叠起来的 GO 进行处理，得到了富含“气囊”结构的石墨烯[184]。随后施加一定的压力将微气囊中的气体排出，石墨烯便形成丰富密集的“微褶皱”结构（图 2-60）。这种结构的石墨烯材料具有高达（1940±113）W/(m·K) 的热导率和超高的柔性，将其用作智能手机的散热膜，以取代传统商用石墨化聚酰亚胺薄膜。经过游戏程序运行了 20min 后，在游戏状态下使用石墨烯散热膜的手机显示的峰值温度仅为 33℃，比石墨化聚酰亚胺薄膜手机低 6℃，而且在经过 6000 次循环折叠后，其热导率仍然保持不变，有望满足下一代柔性电子器件对热管理材料的需求。

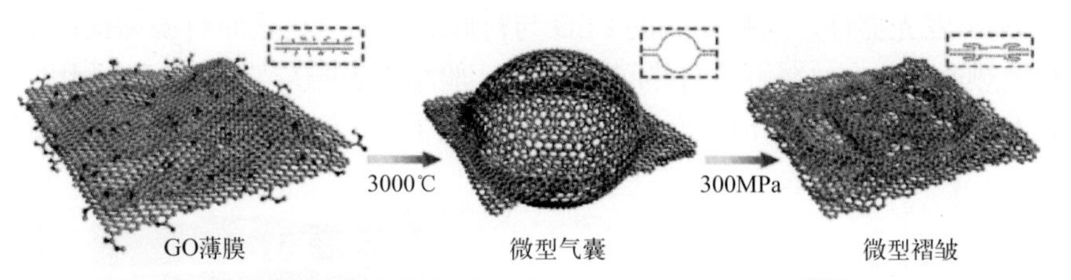

图2-60　以氧化石墨烯为原料制备的柔性石墨烯薄膜的示意图[184]

随着石墨烯大规模制备技术的发展，基于还原氧化石墨烯方法制备的高导热石墨烯膜热导率最高可达 2000W/(m·K)，这与工业应用的高质量石墨化聚酰亚胺膜相当，同时具有更低的成本和更好的结构可控性。高质量的石墨烯导热膜已经初步展现出广泛的应用场景，例如星载雷达的 T/R（transmitter and receiver）组件、光学卫星 CCD 相机的轴向均热、消费电子产品的各类电子元件、工业激光器、LED 芯片，等等。

最后需要指出的是，石墨烯导热膜的实际服役性能与其制备路线和技术工艺密不可分。例如：①在缺陷修复方面，热退火在除去含氧官能团以及和石墨化方面具有显著优势，但其时间和能量消耗高，制约了石墨烯导热膜的规模化生产。此外，高温条件也限制了其在不耐高温的基片上的应用。因此，需要进一步的技术迭代来实现石墨烯导热膜在工业应用中的规模化制备。②散热器的散热效率不仅取决于导热材料内部的热量传递，还取决于热源到导热材料的热量传递。尽管已有一些工作致力于改善石墨烯导热膜面外的热导率，但它仍比面内方向低 1 ～ 2 个数量级。同时，石墨烯导热膜与热源之间的界面也会产生较大的热阻，因此，如何实现石墨烯片层高热导率与石墨烯片层紧密搭接的双目标优化，如何低成本大规模地构建石墨烯三维导热网络，要解决这些问题仍需对石墨烯制备工艺进行深入摸索与不断改良。随着石墨烯导热研究在理论和实验层面的不断深入，相信石墨烯导热散热材料将在电子器件、能源存储、生物医学、国防军工等领域发挥更大的价值。

四、导电油墨

（1）导电油墨简介　随着电子器件向着小型化、集成化、柔性化的不断发展，传统的减法电路板印制技术已经无法满足市场的需要。印刷电子（printed electronics）技术作为新一代技术，将传统印刷技术与电子器件制备技术相结合，近年来快速崛起并吸引了人们的广泛关注。与传统的电子器件制备技术相比，印刷电子技术有工艺简便、能耗低、原料利用率高、无腐蚀、绿色环保等特点，并在大面积及规模化的制备层面极具潜力，尤其与卷对卷（roll-to-roll）制备过程相结合，可极大地降低生产成本并提高效率。

导电油墨作为关键电子材料，在印刷电子技术中的应用越来越广泛，在无线射频识别系统、柔性印制电路板、薄膜开关、电磁屏蔽等领域应用日益增多，得到人们广泛关注。另外，导电油墨本身应满足多方面的性能要求，才能够真正与印刷电子技术兼容。这些性能包括高导电性、化学稳定性、良好的分散性、环境友好、与基底附着力强、光学透明、低成本，以及良好的流动性等（图 2-61）。

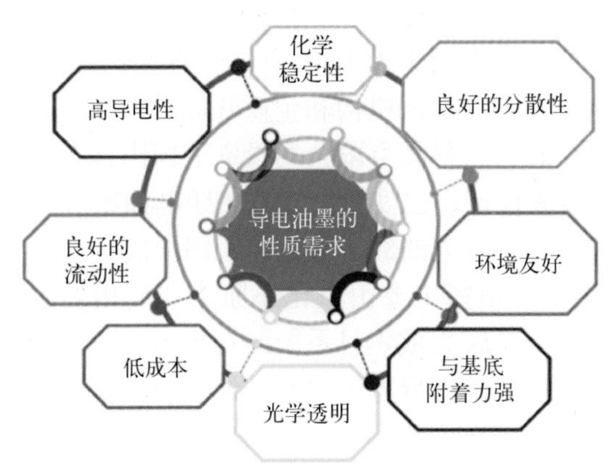

图2-61 导电油墨的性能需求[185]

本质上讲，导电油墨是由导电填料和基体材料构成的导电复合材料。导电填料作为核心组分，是决定油墨导电性的功能相，常用的导电填料包括金属填料、导电高分子填料、碳系填料等；常用的基体材料包括高分子聚合物、陶瓷粉末等，主要起到支撑和黏结作用。此外，在导电油墨中，为了制备和使用方便，往往会加入一些助剂（如稀释剂、分散剂等），以调节导电油墨的理化性质（如黏度、浸润性等）。按照导电填料这一关键构成的类型，可以将导电油墨分成三大类别：金属导电油墨、高分子导电油墨以及碳系导电油墨。其中碳系导电油墨是以石墨、炭黑、碳纤维以及它们的混合物作为导电填料的一种导电油墨。碳系油墨性能稳定、不易氧化、耐酸碱盐等的腐蚀，此外，碳系导电油墨与铜箔、玻璃结合性好，但是在与金属导线的连接界面，由于两种材料化学活泼性质差异，容易发生界面处的腐蚀。碳系导电油墨的发展经历了两个阶段，分别是传统碳系导电油墨和新型碳系导电油墨。传统碳系导电油墨的研究自 20 世纪 40 年代始，已经形成了相当成熟的导电理论体系，研究潜力与价值几乎被开发完全。由于性能稳定、价格低廉、性价比较高，传统碳系导电油墨被广泛应用于柔性电路、薄膜开关、电磁屏蔽等领域。但是，传统碳系导电油墨导电性和耐湿性都不好，因此只能用于导电性要求较低的电路印刷。因此，新型碳系导电油墨应运而生。

（2）石墨烯导电油墨的发展　石墨烯由于其优良的导电、导热性，化学稳定、无毒等特性而受到青睐。以粉体石墨烯为导电填料的导电油墨在很大程度上满足了上述性能需求，因此被国内外学界和产业界均认为是有望取代金属油墨、导电聚合物油墨及其它碳材料油墨的新一代明星材料。据英国《每日电讯报》报道，剑桥大学开发出可打印的石墨烯导电油墨，可制作穿戴监视器；美国西北大学的研究人员使用石墨烯油墨以喷墨打印模式，生产出性能优异的高导电柔性电极，与普通电极相比，导电性能提高了 250 倍，折叠时电导率仅轻微下降。我国印刷电子产业技术领域，有数量可观的微纳尺度光电子材料作为基础。但专注于印刷电子研究领域并取得突出成果的研究则始于近十年。目前有包括中国科学院苏州纳米所、天津大学、北京印刷学院等近百家机构和企业开展的印刷电子领域研究工作。产业方面，由青岛瑞利特新材料科技有限公司投资的国内首条石墨烯导电油墨生产线在 2015 年于青岛落成投产，已实现年产 30t 导电油墨。不难发现，研究开发高性能石墨烯导电油墨具有巨大的经济效益和实用价值。

目前，石墨烯导电油墨的核心导电填料主要由氧化还原法和液相剥离法制备，这两种方法制备成本低、产量高，是较为成熟且系统的石墨烯制备技术，在本章前文中已有详细介绍。除导电填料之外，导电油墨的其他组分，如溶剂、黏结剂、各类助剂等对油墨的导电性、成膜性、稳定性等性质也会产生不可小觑的作用，是导电油墨制备工艺的重要组成部分。

随着石墨烯制备技术的发展和现代印刷电子技术的支撑，石墨烯导电油墨的应用已广泛涉及电子器件、能源器件以及特种功能传感器等多个领域。尤其在导电线路印刷[186]、电池电极材料[187]等方面已经实现初步产业化，而对于射频识别（radio frequency identification，RFID）天线、超级电容器、储氢材料等领域，因其目前还存在的导电性不足和材料相容性问题，尚处于基础研究阶段，需要进一步攻关和优化。

（3）基于石墨烯导电油墨的导电薄膜及线路　在导电薄膜及导电线路的印制方面，B. Derby 等通过基于石墨烯导电油墨的丝网印刷技术制备出导电性能好、成本低且柔性的导电膜［图 2-62（a）］[188]，研究表明使用 DMF 和 NMP 溶剂的石墨烯导电油墨在打印后拥有最低的面电阻。然而，NMP 和 DMF 虽然沸点高、表面张力合适，但是有毒对环境不友好，而石墨烯在低沸点溶剂（如丙酮、异丙醇、乙醇等）中的分散又会导致不合适的表面张力。因此，研究人员发展了溶剂交换技术来代替有害的溶剂，M. Ostling 等人采用 DMF/ 萜烯醇溶剂交换工艺制备了石墨烯导电油墨[189]。图 2-62（b）和（c）展示了在载玻片上印刷了不同层数（1 ～ 6 层）的石墨烯膜实物图片，以及均匀（6 层）印刷的石墨烯薄片的扫描电子显微图像。图 2-62（d）中的拉曼光谱显示，薄膜由层数很少的石墨烯薄片组成，没有明显聚合物残留。研究人员将由 100 ～ 500nm 片径石墨烯薄片组成的油墨在 400℃下打印并烘干数小时，获得了约 200kΩ/sq 的面电阻和约 90% 的透光率［图 2-62（e）］。B.W. Laursen 等人开发了水性氧化石墨烯基导电油墨，研究人员通过丝网印刷技术，将石墨烯导电油墨印刷至柔性 PET 基底上，随后在 100℃下干燥 30min，最终得到的氧化石墨烯电路与还原氧化石墨烯电路的实物图像如图 2-62（f）和（g）所示，在 600℃退火后能实现面电阻从 130kΩ/sq（95% 透光率）至 1.7kΩ/sq（50% 透光率）范围内可调[190]。

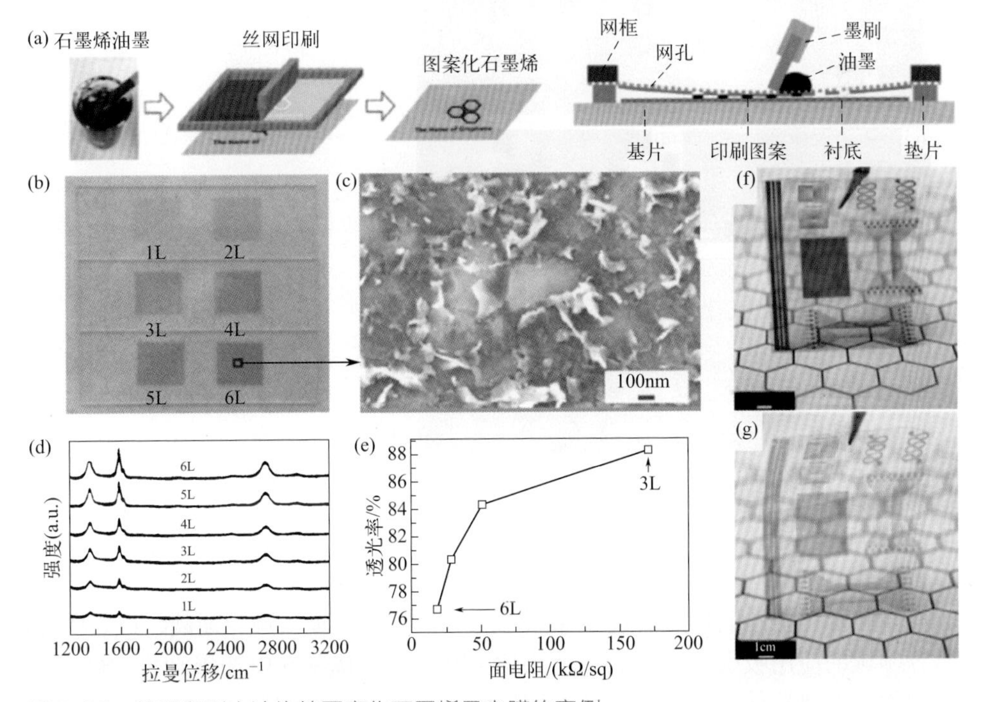

图2-62 丝网印刷方法构筑图案化石墨烯导电膜的案例

（a）利用石墨烯导电油墨印制石墨烯导电膜的丝网印刷系统示意图[188]；（b）不同印刷周期（从 1 ～ 6 层）的石墨烯导电膜（1L ～ 6L）的实物图片；（c）6 层印刷后的石墨烯导电膜的扫描电子显微图像；（d）1 ～ 6 层印刷后的石墨烯导电膜（1L ～ 6L）的拉曼光谱；（e）3 ～ 6 层印刷后的石墨烯导电膜（3L ～ 6L）的面电阻 - 透光率关系曲线[189]；（f），（g）由氧化石墨烯和还原氧化石墨烯丝网印刷得到的图案化导电膜的实物图片[190]

（4）基于石墨烯导电油墨的能源器件及电加热器件　石墨烯因其优异的导电性能以及超高的比表面积，成为备受关注的新能源材料，通过喷墨打印所制备的石墨烯材料在超级电容器、太阳能电池以及锂电池中的应用也被广泛报道[187, 191-193]。以平面超级电容器（MSC）为例[194]，图 2-63 显示了用石墨烯油墨原料和聚苯乙烯磺酸油墨原料［图 2-63（a）］，利用更为便捷的喷墨打印技术，通过溶剂交换来构筑在不同基材上的平面超级电容器图像，其中打印衬底包括玻璃［图 2-63（b）］、聚酰亚胺［图 2-63（c）］和硅晶圆［图 2-63（d）］。扫描电镜图像显示，在打印并退火后得到的石墨烯电极中，石墨烯片的横向尺寸大约在微米级［图 2-63（e），（f）］。经过长期测试，由该石墨烯导电油墨打印的 MSC 在约半年的时间内表现出稳定的服役状态。

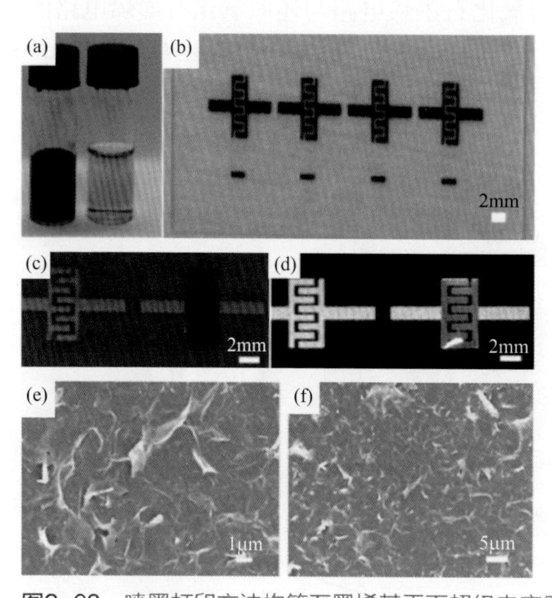

图2-63　喷墨打印方法构筑石墨烯基平面超级电容器(MSC)的案例

（a）石墨烯油墨原料（左）和聚苯乙烯磺酸油墨原料（右）；（b）～（d）分别在玻璃、聚酰亚胺和硅晶圆上喷墨打印的MSC实物图像；（e），（f）加热退火后的喷墨打印石墨烯电极的扫描电子显微镜图像[194]

此外，柔性电加热器近年在除冰防雾、防寒保暖、智能穿戴，以及医疗保健等领域的应用吸引了人们的广泛兴趣，利用石墨烯基导电油墨涂覆 / 喷覆法构筑的柔性加热器件有着非常好的通用性和可扩展性。曼彻斯特大学 Novoselov 课题组[195]利用该方法制备了高导电性石墨烯基玻璃纤维并应用于电加热除冰。研究人员使用微流控剥离制备的石墨烯导电油墨和玻璃纤维为原料，利用浸润固化技术在玻璃纤维上涂覆石墨烯导电油墨，再利用真空加压浸注将石墨烯基玻纤集成至玻纤 / 环氧树脂复合材料中，得到的石墨烯基复合材料具有优良的加热性能。利用喷覆法的基本思路，青岛大学的研究人员[196]通过依次喷覆水溶性聚氨酯（WPU）、电气石 / 石墨烯 /WPU 的复合（T/G/WPU）油墨，以及 WPU 制备了三明治结构耐磨织物焦耳加热单元［图 2-64（a）］，该加热单元经过 2500 次磨损测试仅表现出极小的导电率下降，并且在较低的输出功率下仍然保持可观的电加热效率［图 2-64（b），（c）］。在热理疗应用测试中［图 2-64（d）～（g）］，加热器件的温度［图 2-64（e），对应图（d）和（f）中的三角形标志位置］和手部静脉血管的温度［图 2-64（g），对应图（d）和（f）中的圆形标志位置］均在较短时间内产生明显升高，证明该柔性加热器件具有良好的热理疗效果。

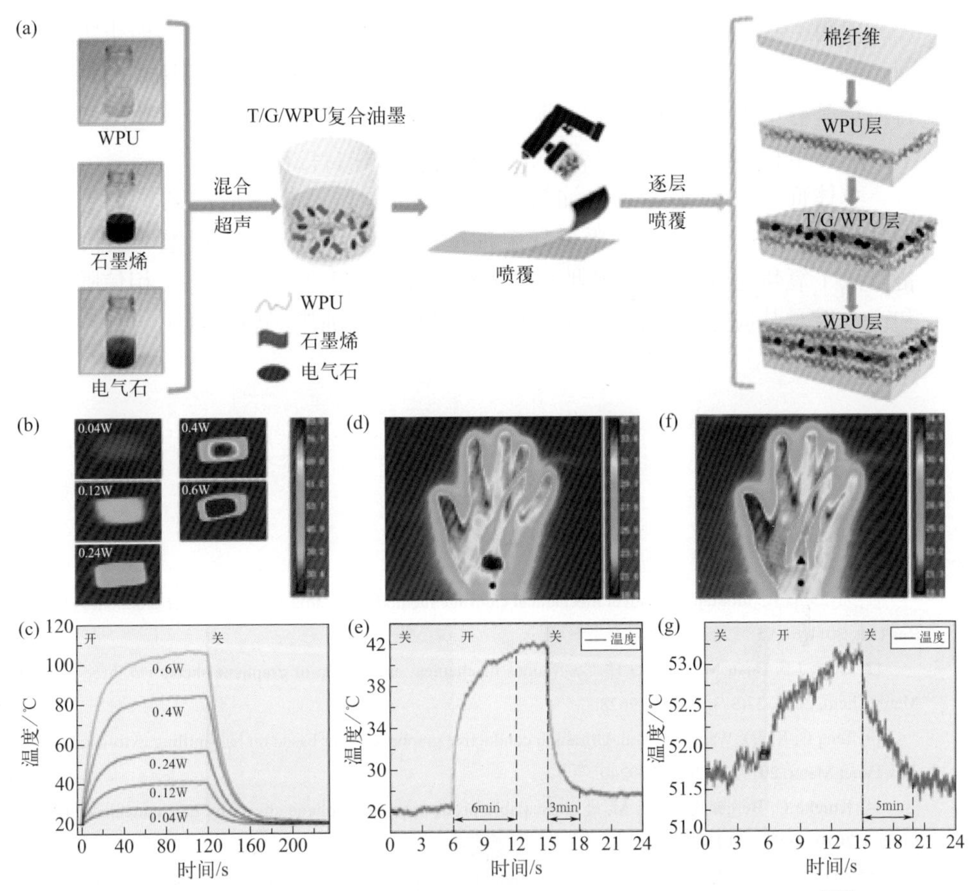

图2-64　石墨烯基导电油墨构筑的柔性加热织物及其在热理疗方面的应用测试[196]

（a）喷覆法构筑耐磨织物焦耳加热单元的过程示意图；（b）不同输出功率下，加热单元达到饱和温度后的红外成像；（c）不同输出功率下加热单元的升温曲线；（d），（f）加热及非加热状态下的手部红外成像；（e）图（d）和（f）中三角形标志处的升降温曲线；（g）图（d）和（f）中圆形标志处的升降温曲线

（5）展望　石墨烯基导电油墨也存在着诸多需要解决和优化的技术问题和工艺。首先，为产生稳定的输出和一致的导电图案，导电油墨中的石墨烯应当分散良好且不易团聚沉淀，而石墨烯纳米片本身易通过范德华力产生团聚，如何保持

石墨烯基导电油墨的长期稳定性是其实现规模化应用的重要问题。其次，石墨烯导电油墨还应当有适当的表面张力和黏度，以保留适宜的流体特性，因此开发石墨烯导电填料外的基体材料同样十分重要。最后，石墨烯导电油墨在低温下应与基底保持较强的附着力，以保证器件的稳定性和寿命。此外，在石墨烯导电油墨规模化制备和应用集成的过程中，也应尽可能遵循简便、环保、回收率高等原则。

值得一提的是，与其他导电油墨类似，石墨烯基导电油墨一般也需要借助丝网印刷、喷墨打印、凹版印刷、涂布等印刷技术实现其与应用场景的衔接，未来石墨烯基导电油墨需要与高分辨率且高效能的打印技术相结合，这既要保证油墨本身的导电性和稳定性，也要保证印制产品的综合性能。

总体而言，石墨烯导电油墨在印刷电子领域及相关应用场景中正发挥着愈加独特的优势。同时，石墨烯导电油墨还具有主要原料（石墨）廉价易得，制备方法（氧化还原法或液相剥离法）易于规模放大等显著优势。相信随着学术界和产业界对其应用探索的不断深入，石墨烯导电油墨必将展现出更加广阔的发展前景。

参考文献

[1] Jayasena B, Subbiah S. A novel mechanical cleavage method for synthesizing few-layer graphenes [J]. Nanoscale Res Lett, 2011(6): 95.

[2] Chen J F, Duan M, Chen G H. Continuous mechanical exfoliation of graphene sheets *via* three-roll mill [J]. J Mater Chem, 2012, 22(37): 19625-19628.

[3] Teng C, Xie D, Wang J F, et al. Ultrahigh conductive graphene paper based on ball-milling exfoliated graphene [J]. Adv Funct Mater, 2017, 27(20): 1700240.

[4] Knieke C, Berger A, Voigt M, et al. Scalable production of graphene sheets by mechanical delamination [J]. Carbon, 2010, 48(11): 3196-3204.

[5] Zhao W F, Fang M, Wu F R, et al. Preparation of graphene by exfoliation of graphite using wet ball milling [J]. J Mater Chem, 2010, 20(28): 5817-5819.

[6] Jeon I Y, Zhang S, Zhang L P, et al. Edge-selectively sulfurized graphene nanoplatelets as efficient metal-free electrocatalysts for oxygen reduction reaction: The electron spin effect [J]. Adv Mater, 2013, 25(42): 6138-6145.

[7] Chen X J, Dobson J F, Raston C L. Vortex fluidic exfoliation of graphite and boron nitride [J]. Chem Commun, 2012, 48(31): 3703-3705.

[8] Shen Z G, Li J Z, Yi M, et al. Preparation of graphene by jet cavitation [J]. Nanotechnology, 2011, 22(36): 365306.

[9] Novoselov K S, Geim A K, Morozov S V, et al. Electric field effect in atomically thin carbon films [J]. Science, 2004, 306(5696): 666-669.

[10] Hernandez Y, Nicolosi V, Lotya M, et al. High-yield production of graphene by liquid-phase exfoliation of graphite [J]. Nat Nanotechnol, 2008, 3(9): 563-568.

[11] Ciesielski A, Samori P. Graphene via sonication assisted liquid-phase exfoliation [J]. Chem Soc Rev, 2014, 43(1): 381-398.

[12] Mustafa Lotya, Yenny Hernandez, Paul J King, et al. Liquid phase production of graphene by exfoliation of graphite in surfactant/water solutions [J]. J Am Chem Soc, 2009, 131(10): 3611-3620.

[13] Kennedy G L. Acute and subshronic toxicity of dimethylformamdic and dimethylacetamide following various routes of adminstration [J]. Drug Chem Toxicol, 1986, 9(2): 147-170.

[14] Solomon H M, Burgess B A, Kennedy G L, et al. 1-Methyl-2-pyrrolidone (NMP): reproductive and developmental toxicity study by inhalation in the rat [J]. Drug Chem Toxicol, 1995, 18(4): 271-293.

[15] Li D, Müller M B, Gilje S, et al. Processable aqueous dispersions of graphene nanosheets [J]. Nat Nanotechnol, 2008, 3(2): 101-105.

[16] Bourlinos A B, Georgakilas V, Zboril R, et al. Liquid-phase exfoliation of graphite towards solubilized graphenes [J]. small, 2009, 5(16): 1841-1845.

[17] Qian W, Hao R, Hou Y, et al. Solvothermal-assisted exfoliation process to produce graphene with high yield and high quality [J]. Nano Research, 2009, 2(9): 706-712.

[18] Zhang X, Coleman A C, Katsonis N, et al. Dispersion of graphene in ethanol using a simple solvent exchange method [J]. Chem Commun 2010, 46(40): 7539-7541.

[19] Quintana M, Grzelczak M, Spyrou K, et al. Production of large graphene sheets by exfoliation of graphite under high power ultrasound in the presence of tiopronin [J]. Chem Commun, 2012, 48(100): 12159-12161.

[20] Liu W W, Wang J N. Direct exfoliation of graphene in organic solvents with addition of NaOH [J]. Chem Commun, 2011, 47(24): 6888-6890.

[21] Haar S, Ciesielski A, Clough J, et al. A supramolecular strategy to leverage the liquid-phase exfoliation of graphene in the presence of surfactants: unraveling the role of the length of fatty acids [J]. Small, 2015, 11(14): 1691-1702.

[22] Fujigaya T, Nakashima N. Methodology for homogeneous dispersion of single-walled carbon nanotubes by physical modification [J]. Polymer Journal, 2008, 40(7): 577-589.

[23] Zhang M, Parajuli R R, Mastrogiovanni D, et al. Production of graphene sheets by direct dispersion with aromatic healing agents [J]. Small, 2010, 6(10): 1100-1107.

[24] Jang J H, Rangappa D, Kwon Y U, et al. Direct preparation of 1-PSA modified graphenenanosheets by supercritical fluidic exfoliation and its electrochemical properties [J]. J Mater Chem, 2011, 21(10): 3462-3466.

[25] Schlierf A, Yang H, Gebremedhn E, et al. Nanoscale insight into the exfoliation mechanism of graphene with organic dyes: Effect of charge, dipole and molecular structure [J]. Nanoscale, 2013, 5(10): 4205-4206.

[26] Englert J M, Röhrl J, Schmidt C D, et al. Soluble graphene: Generation of aqueous graphene solutions aided by a perylenebisimide-based bolaamphiphile [J]. Adv Mater, 2009, 21(42): 4265-4269.

[27] Hao R, Qian W, Zhang L, et al. Aqueous dispersions of TCNQ-anion-stabilized graphene sheets [J]. Chem Commun, 2008(48): 6576-6578.

[28] Ghosh A, Rao K V, George S J, et al. Noncovalent functionalization, exfoliation, and solubilization of graphene in water by employing a fluorescent coronene carboxylate [J]. Chemistry, 2010, 16(9): 2700-2704.

[29] Khanra P, Uddin M E, Kim N H, et al. Electrochemical performance of reduced graphene oxide surface-modified with 9-anthracene carboxylic acid [J]. RSC Advances, 2015, 5(9): 6443-6451.

[30] Lee D W, Kim T, Lee M. An amphiphilic pyrene sheet for selective functionalization of graphene [J]. Chem

Commun, 2011, 47(29): 8259-8261.

[31] Sampath S, Basuray A N, Hartlieb K J, et al. Direct exfoliation of graphite to graphene in aqueous media with diazaperopyrenium dications [J]. Adv Mater, 2013, 25(19): 2740-2745.

[32] Wang X, Fulvio P F, Baker G A, et al. Direct exfoliation of natural graphite into micrometre size few layers graphene sheets using ionic liquids [J]. Chem Commun, 2010, 46(25): 4487-4489.

[33] Nuvoli d, Valentini L, Alzari V, et al. High concentration few-layer graphene sheets obtained by liquid phase exfoliation of graphite in ionic liquid [J]. J Mater Chem, 2011, 21(10): 3428-3431.

[34] Bari R, Tamas G, Irin F, et al. Direct exfoliation of graphene in ionic liquids with aromatic groups [J]. Colloids and Surfaces A: Physicochemical and Engineering Aspects, 2014, 463: 63-69.

[35] David Ager, Vivek Arjunan Vasantha, Rene Crombez, et al. Aqueous graphene dispersions optical properties and stimuli-responsive phase transfer [J]. ACS Nano, 2014, 8(11): 11191-11205.

[36] Hasan T, Torrisi F, Sun Z, et al. Solution-phase exfoliation of graphite for ultrafast photonics [J]. physica status solidi (b), 2010, 247(11-12): 2953-2957.

[37] Teng Liang, Hersam M C. Highly concentrated graphene solutions *via* polymer enhanced solvent exfoliation and iterative solvent exchange [J]. J Am Chem Soc 2010, 132: 17661-17663.

[38] Bourlinos A B, Georgakilas V, Zboril R, et al. Aqueous-phase exfoliation of graphite in the presence of polyvinylpyrrolidone for the production of water-soluble graphenes [J]. Solid State Communications, 2009, 149(47-48): 2172-2176.

[39] Liu F, Choi J Y, Seo T S. DNA mediated water-dispersible graphene fabrication and gold nanoparticle-graphene hybrid [J]. Chem Commun, 2010, 46(16): 2844-2846.

[40] Guardia L, Fernández-Merino M J, Paredes J I, et al. High-throughput production of pristine graphene in an aqueous dispersion assisted by non-ionic surfactants [J]. Carbon, 2011, 49(5): 1653-1662.

[41] Mustafa Lotya, Paul J King, Umar Khan, et al. High-concentration, surfactantStabilized graphene dispersions [J]. ACS Nano, 2010, 6(4): 3155-3162.

[42] Li B, Klekachev A V, Cantoro M, et al. Toward tunable doping in graphene FETs by molecular self-assembled monolayers [J]. Nanoscale, 2013, 5(20): 9640-9644.

[43] Li X, Zhang G, Bai X, et al. Highly conducting graphene sheets and Langmuir-Blodgett films [J]. Nat Nanotechnol, 2008, 3(9): 538-542.

[44] Vadukumpully S, Paul J, Valiyaveettil S. Cationic surfactant mediated exfoliation of graphite into graphene flakes [J]. Carbon, 2009, 47(14): 3288-3294.

[45] Geng J, Kong B S, Yang S B, et al. Preparation of graphene relying on porphyrin exfoliation of graphite [J]. Chem Commun, 2010, 46(28): 5091-5093.

[46] Khan U, O' neill A, Lotya M, et al. High-concentration solvent exfoliation of graphene [J]. Small, 2010, 6(7): 864-871.

[47] Varrla E, Paton K R, Backes C, et al. Turbulence-assisted shear exfoliation of graphene using household detergent and a kitchen blender [J]. Nanoscale, 2014, 6(20): 11810-11819.

[48] Khan U, O' neill A, Porwal H, et al. Size selection of dispersed, exfoliated graphene flakes by controlled centrifugation [J]. Carbon, 2012, 50(2): 470-475.

[49] Wang J Z, Manga K K, Bao Q L, et al. High-yield synthesis of few-layer graphene flakes through electrochemical expansion of graphite in propylene carbonate electrolyte [J]. J Am Chem Soc, 2011, 133(23): 8888-8891.

[50] Abdelkader A M, Cooper A J, Dryfe R A W, et al. How to get between the sheets: A review of recent works on

the electrochemical exfoliation of graphene materials from bulk graphite [J]. Nanoscale, 2015, 7(16): 6944-6956.

[51] Ravula S, Baker S N, Kamath G, et al. Ionic liquid-assisted exfoliation and dispersion: Stripping graphene and its two-dimensional layered inorganic counterparts of their inhibitions [J]. Nanoscale, 2015, 7(10): 4338-4353.

[52] Parvez K, Wu Z S, Li R J, et al. Exfoliation of graphite into graphene in aqueous solutions of inorganic salts [J]. J Am Chem Soc, 2014, 136(16): 6083-6091.

[53] Schniepp H C, Li J L, Mcallister M J, et al. Functionalized single graphene sheets derived from splitting graphite oxide [J]. J Phys Chem B, 2006, 110(17): 8535-8539.

[54] Mcallister M J, Li J L, Adamson D H, et al. Single sheet functionalized graphene by oxidation and thermal expansion of graphite [J]. Chem Mater, 2007, 19(18): 4396-4404.

[55] Ye B Y, Wang J Y, Geng X H, et al. One-step synthesis of graphene nanosheets through explosive process [J]. Inorg Nano-Met Chem, 2017, 47(8): 1216-1219.

[56] Wu Z S, Ren W C, Gao L B, et al. Synthesis of graphene sheets with high electrical conductivity and good thermal stability by hydrogen arc discharge exfoliation [J]. ACS Nano, 2009, 3(2): 411-417.

[57] Choi S Y, Mamak M, Cordola E, et al. Large scale production of high aspect ratio graphite nanoplatelets with tunable oxygen functionality [J]. J Mater Chem, 2011, 21(13): 5142-5147.

[58] Janowska I, Chizari K, Ersen O, et al. Microwave synthesis of large few-layer graphene sheets in aqueous solution of ammonia [J]. Nano Research, 2010, 3(2): 126-137.

[59] Zheng J A, Di C A, Liu Y Q, et al. High quality graphene with large flakes exfoliated by oleyl amine [J]. Chem Commun, 2010, 46(31): 5728-5730.

[60] Brodie B C. XⅢ. On the atomic weight of graphite [J]. Philosophical transactions of the Royal Society of London, 1859, 149: 249-259.

[61] Staudenmaier L. Verfahren zur darstellung der graphitsäure [J]. Berichte der deutschen chemischen Gesellschaft, 1898, 31(2): 1481-1487.

[62] Hummers Jr W S, Offeman R E. Preparation of graphitic oxide [J]. J Am Chem Soc, 1958, 80(6): 1339.

[63] Kovtyukhova N I, Ollivier P J, Martin B R, et al. Layer-by-layer assembly of ultrathin composite films from micron-sized graphite oxide sheets and polycations [J]. Chem Mater, 1999, 11(3): 771-778.

[64] Marcano D C, Kosynkin D V, Berlin J M, et al. Improved synthesis of graphene oxide [J]. ACS Nano, 2010, 4(8): 4806-4814.

[65] Peng L, Xu Z, Liu Z, et al. An iron-based green approach to 1-h production of single-layer graphene oxide [J]. Nat Commun, 2015, 6(1): 5716.

[66] Stankovich S, Dikin D A, Piner R D, et al. Synthesis of graphene-based nanosheets via chemical reduction of exfoliated graphite oxide [J]. Carbon, 2007, 45(7): 1558-1565.

[67] Shin H J, Kim K K, Benayad A, et al. Efficient reduction of graphite oxide by sodium borohydride and its effect on electrical conductance [J]. Adv Funct Mater, 2009, 19(12): 1987-1992.

[68] Ambrosi A, Chua C K, Bonanni A, et al. Lithium aluminum hydride as reducing agent for chemically reduced graphene oxides [J]. Chem Mater, 2012, 24(12): 2292-2298.

[69] Fan Z, Wang K, Wei T, et al. An environmentally friendly and efficient route for the reduction of graphene oxide by aluminum powder [J]. Carbon, 2010, 48(5): 1686-1689.

[70] Mei X, Ouyang J. Ultrasonication-assisted ultrafast reduction of graphene oxide by zinc powder at room temperature [J]. Carbon, 2011, 49(15): 5389-5397.

[71] Fan X, Peng W, Li Y, et al. Deoxygenation of exfoliated graphite oxide under alkaline conditions: A green route

to graphene preparation [J]. Adv Mater, 2008, 20(23): 4490-4493.

[72] Zhou T, Chen F, Liu K, et al. A simple and efficient method to prepare graphene by reduction of graphite oxide with sodium hydrosulfite [J]. Nanotechnology, 2011, 22(4): 045704.

[73] Zhou X, Zhang J, WU H, et al. Reducing graphene oxide via hydroxylamine: A simple and efficient route to graphene [J]. The Journal of Physical Chemistry C, 2011, 115(24): 11957-11961.

[74] Fernández-Merino M J, Guardia L, Paredes J, et al. Vitamin C is an ideal substitute for hydrazine in the reduction of graphene oxide suspensions [J]. The Journal of Physical Chemistry C, 2010, 114(14): 6426-6432.

[75] Wang G, Yang J, Park J, et al. Facile synthesis and characterization of graphene nanosheets [J]. The Journal of Physical Chemistry C, 2008, 112(22): 8192-8195.

[76] Wang X, Zhi L, Müllen K. Transparent, conductive graphene electrodes for dye-sensitized solar cells [J]. Nano letters, 2008, 8(1): 323-327.

[77] Chen W, Yan L, Bangal P R. Preparation of graphene by the rapid and mild thermal reduction of graphene oxide induced by microwaves [J]. Carbon, 2010, 48(4): 1146-1152.

[78] Wang H, Robinson J T, Li X, et al. Solvothermal reduction of chemically exfoliated graphene sheets [J]. J Am Chem Soc, 2009, 131(29): 9910-9911.

[79] Williams G, Seger B, Kamat P V. TiO_2-graphene nanocomposites. UV-assisted photocatalytic reduction of graphene oxide [J]. ACS Nano, 2008, 2(7): 1487-1491.

[80] Williams G, Kamat P V. Graphene—semiconductor nanocomposites: Excited-state interactions between ZnO nanoparticles and graphene oxide [J]. Langmuir, 2009, 25(24): 13869-13873.

[81] Wu T, Liu S, Luo Y, et al. Surface plasmon resonance-induced visible light photocatalytic reduction of graphene oxide: Using Ag nanoparticles as a plasmonic photocatalyst [J]. Nanoscale, 2011, 3(5): 2142-2144.

[82] Zhang H H, Liu Q, Feng K, et al. Facile photoreduction of graphene oxide by an NAD(P)H model: Hantzsch 1,4-dihydropyridine [J]. Langmuir, 2012, 28(21): 8224-8229.

[83] Toh S Y, Loh K S, Kamarudin S K, et al. The impact of electrochemical reduction potentials on the electrocatalytic activity of graphene oxide toward the oxygen reduction reaction in an alkaline medium [J]. Electrochimica Acta, 2016, 199: 194-203.

[84] Yoon S M, Choi W M, Baik H, et al. Synthesis of multilayer graphene balls by carbon segregation from nickel nanoparticles [J]. Acs Nano, 2012, 6(8): 6803-6811.

[85] Li Y, Yan K, Lee H W, et al. Growth of conformal graphene cages on micrometre-sized silicon particles as stable battery anodes [J]. Nature Energy, 2016, 1(2): 1-9.

[86] Zhao J, Jiang Y, Fan H, et al. Porous 3D few-layer graphene-like carbon for ultrahigh-power supercapacitors with well-defined structure-performance relationship [J]. Adv Mater, 2017, 29(11): 1604569.

[87] Xing Z, Wang B, Gao W, et al. Reducing CO_2 to dense nanoporous graphene by Mg/Zn for high power electrochemical capacitors [J]. Nano Energy, 2015, 11: 600-610.

[88] Tan G, Xu R, Xing Z, et al. Burning lithium in CS_2 for high-performing compact Li_2S-graphene nanocapsules for Li-S batteries [J]. Nature Energy, 2017, 2(7): 1-10.

[89] Schneider J J, Maksimova N I, Engstler J, et al. Catalyst free growth of a carbon nanotube-alumina composite structure [J]. Inorganica Chimica Acta, 2008, 361(6): 1770-1778.

[90] Bachmatiuk A, Mendes R G, Hirsch C, et al. Few-layer graphene shells and nonmagnetic encapsulates: A versatile and nontoxic carbon nanomaterial [J]. ACS Nano, 2013, 7(12): 10552-10562.

[91] Chen K, Chai Z, Li C, et al. Catalyst-free growth of three-dimensional graphene flakes and graphene/g-C_3N_4

composite for hydrocarbon oxidation [J]. ACS Nano, 2016, 10(3): 3665-3673.

[92] Wang H, Sun K, Tao F, et al. 3D honeycomb-like structured graphene and its high efficiency as a counter-electrode catalyst for dye-sensitized solar cells [J]. Angew Chem Int Ed, 2013, 52(35): 9210-9214.

[93] Chen K, Zhang F, Sun J, et al. Growth of defect-engineered graphene on manganese oxides for Li-ion storage [J]. Energy Storage Materials, 2018, 12: 110-118.

[94] Chen K, Li C, Shi L, et al. Growing three-dimensional biomorphic graphene powders using naturally abundant diatomite templates towards high solution processability [J]. Nat Commun, 2016, 7: 13440

[95] Shi L, Chen K, Du R, et al. Scalable seashell-based chemical vapor deposition growth of three-dimensional graphene foams for oil-water separation [J]. J Am Chem Soc, 2016, 138(20): 6360-6363.

[96] Chen K, Li C, Chen Z, et al. Bioinspired synthesis of CVD graphene flakes and graphene-supported molybdenum sulfide catalysts for hydrogen evolution reaction [J]. Nano Research, 2016, 9(1): 249-259.

[97] Shi L, Chen K, Du R, et al. Direct synthesis of few-layer graphene on NaCl crystals [J]. Small, 2015, 11(47): 6302-6308.

[98] Dato A, Radmilovic V, Lee Z, et al. Substrate-free gas-phase synthesis of graphene sheets [J]. Nano Letters, 2008, 8(7): 2012-2016.

[99] Sun Y, Yang L, Xia K, et al. "Snowing" graphene using microwave ovens [J]. Adv Mater, 2018, e1803189.

[100] Sun Y, Chen Z, Gong H, et al. Continuous "Snowing" thermotherapeutic graphene [J]. Adv Mater, 2020, 32(26): e2002024.

[101] Zhang H, Cao T, Cheng Y. Preparation of few-layer graphene nanosheets by radio-frequency induction thermal plasma [J]. Carbon, 2015, 86: 38-45.

[102] Levchenko I, Volotskova O, Shashurin A, et al. The large-scale production of graphene flakes using magnetically-enhanced arc discharge between carbon electrodes [J]. Carbon, 2010, 48(15): 4570-4574.

[103] Wang C, Sun L, Dai X, et al. Continuous synthesis of graphene nano-flakes by a magnetically rotating arc at atmospheric pressure [J]. Carbon, 2019, 148: 394-402.

[104] Zhang D, Ye K, Yao Y, et al. Controllable synthesis of carbon nanomaterials by direct current arc discharge from the inner wall of the chamber [J]. Carbon, 2019, 142: 278-284.

[105] Li B, Song X, Zhang P. Raman-assessed structural evolution of as-deposited few-layer graphene by He/H_2 arc discharge during rapid-cooling thinning treatment [J]. Carbon, 2014, 66: 426-435.

[106] Luong D X, Bets K V, Algozeeb W A, et al. Gram-scale bottom-up flash graphene synthesis [J]. Nature, 2020, 577(7792): 647-651.

[107] Algozeeb W A, Savas P E, Luong D X, et al. Flash graphene from plastic waste [J]. ACS Nano, 2020, 14(11): 15595-15604.

[108] Chen W, Ge C, Li J T, et al. Heteroatom-doped flash graphene [J]. ACS Nano, 2022, 16(4): 6646-6656.

[109] Barbhuiya N H, Kumar A, Singh A, et al. The future of flash graphene for the sustainable management of solid waste [J]. ACS Nano, 2021, 15(10): 15461-15470.

[110] Peters J F, Baumann M, Zimmermann B, et al. The environmental impact of Li-ion batteries and the role of key parameters—A review [J]. Renewable and Sustainable Energy Reviews, 2017, 67: 491-506.

[111] Demirocak D E, Srinivasan S S, Stefanakos E K. A review on nanocomposite materials for rechargeable Li-ion batteries [J]. Applied Sciences, 2017, 7(7): 731.

[112] Buchmann I. Is Li-ion the Solution for the Electric Vehicle? [J]. Canadian Electronics, 2011(1): 14.

[113] Sun C, Rajasekhara S, Goodenough J B, et al. Monodisperse porous $LiFePO_4$ microspheres for a high power

Li-ion battery cathode [J]. Journal of the American Chemical Society, 2011, 133(7): 2132-2135.

[114] Wu Y P, Rahm E, Holze R. Carbon anode materials for lithium ion batteries [J]. Journal of Power Sources, 2003, 2(114): 228-236.

[115] Raccichini R, Varzi A, Passerini S, et al. The role of graphene for electrochemical energy storage [J]. Nature Materials, 2015, 14(3): 271-279.

[116] Huang X, Qi X, Boey F, et al. Graphene-based composites [J]. Chemical Society Reviews, 2012, 41(2): 666-686.

[117] Yoo E, Zhou H. Li-air rechargeable battery based on metal-free graphene nanosheet catalysts [J]. ACS Nano, 2011, 5(4): 3020-3026.

[118] Wang H, Zhang C, Liu Z, et al. Nitrogen-doped graphene nanosheets with excellent lithium storage properties [J]. Journal of Materials Chemistry, 2011, 21(14): 5430-5434.

[119] Wu Z S, Ren W, Xu L, et al. Doped graphene sheets as anode materials with superhigh rate and large capacity for lithium ion batteries [J]. ACS Nano, 2011, 5(7): 5463-5471.

[120] Idrees M, Batool S, Kong J, et al. Polyborosilazane derived ceramics - Nitrogen sulfur dual doped graphene nanocomposite anode for enhanced lithium ion batteries [J]. Electrochimica Acta, 2018, 296: 925-937.

[121] Zhou G, Li F, Cheng H M. Progress in flexible lithium batteries and future prospects [J]. Energy & Environmental Science, 2014, 7(4): 1307-1338.

[122] Hou W, He J, Yu B, et al. One-pot synthesis of graphene-wrapped $NiSe_2$-$Ni_{0.85}Se$ hollow microspheres as superior and stable electrocatalyst for hydrogen evolution reaction [J]. Electrochimica Acta, 2018, 291: 242-248.

[123] Wang M, Huang Y, Zhu Y, et al. Binder-free flower-like SnS_2 nanoplates decorated on the graphene as a flexible anode for high-performance lithium-ion batteries [J]. Journal of Alloys and Compounds, 2019, 774: 601-609.

[124] Tan S, Wu Y, Kan S, et al. A combination of MnO_2-decorated graphene aerogel modified separator and I/N codoped graphene aerogel sulfur host to synergistically promote Li-S battery performance [J]. Electrochimica Acta, 2020, 348: 136173.

[125] Wutthiprom J, Phattharasupakun N, Sawangphruk M. Designing an interlayer of reduced graphene oxide aerogel and nitrogen-rich graphitic carbon nitride by a layer-by-layer coating for high-performance lithium sulfur batteries [J]. Carbon, 2018, 139: 945-953.

[126] Kong W, Yan L, Luo Y, et al. Ultrathin MnO_2/graphene oxide/carbon nanotube interlayer as efficient polysulfide-trapping shield for high-performance Li-S batteries [J]. Advanced Functional Materials, 2017, 27(18): 1606663.

[127] Xu Z L, Kim J K, Kang K. Carbon nanomaterials for advanced lithium sulfur batteries [J]. Nano Today, 2018, 19: 84-107.

[128] Zhang C, Lin Y, Zhu Y, et al. Improved lithium-ion and electrically conductive sulfur cathode for all-solid-state lithium-sulfur batteries [J]. RSC Advances, 2017, 7(31): 19231-19236.

[129] Ma X Z, Jin B, Xin P M, et al. Multiwalled carbon nanotubes-sulfur composites with enhanced electrochemical performance for lithium/sulfur batteries [J]. Applied Surface Science, 2014, 307: 346-350.

[130] Chen K, Wang Q, Niu Z, et al. Graphene-based materials for flexible energy storage devices [J]. Journal of Energy Chemistry, 2018, 27(1): 12-24.

[131] Luo S, Yao M, Lei S, et al. Freestanding reduced graphene oxide-sulfur composite films for highly stable lithium–sulfur batteries [J]. Nanoscale, 2017, 9(14): 4646-4651.

[132] Gao N, Fang X. Synthesis and development of graphene-inorganic semiconductor nanocomposites [J].

Chemical Reviews, 2015, 115(16): 8294-8343.

[133] Jin J, Wen Z, Ma G, et al. Flexible self-supporting graphene-sulfur paper for lithium sulfur batteries [J]. RSC Advances, 2013, 3(8): 2558-2560.

[134] Jung H G, Hassoun J, Park J B, et al. An improved high-performance lithium-air battery [J]. Nature Chemistry, 2012, 4(7): 579-585.

[135] Peng Z, Freunberger S A, Chen Y, et al. A reversible and higher-rate Li-O_2 battery [J]. Science, 2012, 337(6094): 563-566.

[136] Bruce P G, Freunberger S A, Hardwick L J, et al. Li-O_2 and Li-S batteries with high energy storage [J]. Nature Materials, 2012, 11(1): 19-29.

[137] Kraytsberg A, Ein-Eli Y. Review on Li-air batteries-Opportunities, limitations and perspective [J]. Journal of Power Sources, 2011, 196(3): 886-893.

[138] Oh S H, Black R, Pomerantseva E, et al. Synthesis of a metallic mesoporous pyrochlore as a catalyst for lithium-O_2 batteries [J]. Nature Chemistry, 2012, 4(12): 1004-1010.

[139] Mccloskey B D, Bethune D S, Shelby R M, et al. Solvents' critical role in nonaqueous lithium-oxygen battery electrochemistry [J]. The Journal of Physical Chemistry Letters, 2011, 2(10): 1161-1166.

[140] Freunberger S A, Chen Y, Peng Z, et al. Reactions in the rechargeable lithium-O_2 battery with alkyl carbonate electrolytes [J]. Journal of the American Chemical Society, 2011, 133(20): 8040-8047.

[141] Landa-Medrano I, De Larramendi I R, De Aberasturi D J, et al. R-MnO_2 nanourchins: A promising catalyst in Li-O_2 batteries [J]. MRS Online Proceedings Library, 2014, 1643(1): 1-6.

[142] Ottakam Thotiyl M M, Freunberger S A, Peng Z, et al. A stable cathode for the aprotic Li-O_2 battery [J]. Nature Materials, 2013, 12(11): 1050-1056.

[143] Ottakam Thotiyl M M, Freunberger S A, Peng Z, et al. The carbon electrode in nonaqueous Li-O_2 cells [J]. Journal of the American Chemical Society, 2013, 135(1): 494-500.

[144] Harding J R, Lu Y C, Tsukada Y, et al. Evidence of catalyzed oxidation of Li_2O_2 for rechargeable Li-air battery applications [J]. Physical Chemistry Chemical Physics, 2012, 14(30): 10540-10546.

[145] Zhang S S, Foster D, Read J. Discharge characteristic of a non-aqueous electrolyte Li/O_2 battery [J]. Journal of Power Sources, 2010, 195(4): 1235-1240.

[146] Beattie S D, Manolescu D M, Blair S L. High-capacity lithium-air cathodes [J]. Journal of The Electrochemical Society, 2009, 156(1): A44-A47.

[147] Stankovich S, Dikin D A, Piner R D, et al. Synthesis of graphene-based nanosheets *via* chemical reduction of exfoliated graphite oxide [J]. Carbon, 2007, 45(7): 1558-1565.

[148] Li Y, Wang J, Li X, et al. Superior energy capacity of graphene nanosheets for a nonaqueous lithium-oxygen battery [J]. Chemical Communications, 2011, 47(33): 9438-9440.

[149] Xiao J, Mei D, Li X, et al. Hierarchically porous graphene as a lithium-air battery electrode [J]. Nano Letters, 2011, 11(11): 5071-5078.

[150] Wang Z L, Xu D, Xu J J, et al. Graphene oxide gel-derived, free-standing, hierarchically porous carbon for high-capacity and high-rate rechargeable Li-O_2 batteries [J]. Advanced Functional Materials, 2012, 22(17): 3699-3705.

[151] Sun B, Wang B, Su D, et al. Graphene nanosheets as cathode catalysts for lithium-air batteries with an enhanced electrochemical performance [J]. Carbon, 2012, 50(2): 727-733.

[152] Cao Y, Wei Z, He J, et al. α-MnO_2 nanorods grown in situ on graphene as catalysts for Li-O_2 batteries with excellent electrochemical performance [J]. Energy & Environmental Science, 2012, 5(12): 9765-9768.

[153] Wu Z S, Ren W, Wen L, et al. Graphene anchored with Co_3O_4 nanoparticles as anode of lithium ion batteries with enhanced reversible capacity and cyclic performance [J]. ACS Nano, 2010, 4(6): 3187-3194.

[154] Paek S M, Yoo E, Honma I. Enhanced cyclic performance and lithium storage capacity of SnO_2/graphene nanoporous electrodes with three-dimensionally delaminated flexible structure [J]. Nano Letters, 2009, 9(1): 72-75.

[155] Ji L, Rao M, Zheng H, et al. Graphene oxide as a sulfur immobilizer in high performance lithium/sulfur cells [J]. Journal of the American Chemical Society, 2011, 133(46): 18522-18525.

[156] Wang H, Yang Y, Liang Y, et al. Rechargeable Li-O_2 batteries with a covalently coupled $MnCo_2O_4$-graphene hybrid as an oxygen cathode catalyst [J]. Energy & Environmental Science, 2012, 5(7): 7931-7935.

[157] Liang Y, Li Y, Wang H, et al. Co_3O_4 nanocrystals on graphene as a synergistic catalyst for oxygen reduction reaction [J]. Nature Materials, 2011, 10(10): 780-786.

[158] Lim H D, Gwon H, Kim H, et al. Mechanism of Co_3O_4/graphene catalytic activity in Li-O_2 batteries using carbonate based electrolytes [J]. Electrochimica Acta, 2013, 90: 63-70.

[159] Yoo E, Nakamura J, Zhou H. N-Doped graphene nanosheets for Li-air fuel cells under acidic conditions [J]. Energy & Environmental Science, 2012, 5(5): 6928-6932.

[160] Winter M, Brodd R J. What are batteries, fuel cells, and supercapacitors? [J]. Chemical Reviews, 2004, 104(10): 4245-4269.

[161] Simon P, Gogotsi Y. Materials for electrochemical capacitors [J]. Nat Mater, 2008, 7(11): 845-854.

[162] Stoller M D, Park S, Zhu Y, et al. Graphene-based ultracapacitors [J]. Nano Lett, 2008, 8(10): 3498-3502.

[163] Xu Y, Sheng K, Li C, et al. Self-assembled graphene hydrogel *via* a one-step hydrothermal process [J]. ACS Nano, 2010, 4(7): 4324-4330.

[164] Wu Q, Sun Y, Bai H, et al. High-performance supercapacitor electrodes based on graphene hydrogels modified with 2-aminoanthraquinone moieties [J]. Phys Chem Chem Phys, 2011, 13(23): 11193-11198.

[165] Zhang L, Shi G. Preparation of highly conductive graphene hydrogels for fabricating supercapacitors with high rate capability [J]. The Journal of Physical Chemistry C, 2011, 115(34): 17206-17212.

[166] Tan Z, Chen G, Zhu Y. Carbon-based supercapacitors produced by activation of graphene [J]. Nanocarbons for Advanced Energy Storage, 2015, 1: 211-225.

[167] Zhang L L, Zhao X, Stoller M D, et al. Highly conductive and porous activated reduced graphene oxide films for high-power supercapacitors [J]. Nano Lett, 2012, 12(4): 1806-1812.

[168] Zhang Z, Xiao F, Guo Y, et al. One-pot self-assembled three-dimensional TiO_2-graphene hydrogel with improved adsorption capacities and photocatalytic and electrochemical activities [J]. ACS Appl Mater Interfaces, 2013, 5(6): 2227-2233.

[169] Zhao Y, Hu C, Hu Y, et al. A versatile, ultralight, nitrogen-doped graphene framework [J]. Angew Chem, 2012, 51(45): 11371-11375.

[170] Zheng F, Yang Y, Chen Q. High lithium anodic performance of highly nitrogen-doped porous carbon prepared from a metal-organic framework [J]. Nature Communications, 2014, 5(1): 5261.

[171] Wang H, Hao Q, Yang X, et al. A nanostructured graphene/polyaniline hybrid material for supercapacitors [J]. Nanoscale, 2010, 2(10): 2164-2170.

[172] Wu T M, Chang H L, Lin Y W. Synthesis and characterization of conductive polypyrrole/multi-walled carbon nanotubes composites with improved solubility and conductivity [J]. Composites Science and Technology, 2009, 69(5): 639-644.

[173] Wu T M, Lin S H. Synthesis, characterization, and electrical properties of polypyrrole/multiwalled carbon

nanotube composites [J]. Journal of Polymer Science Part A: Polymer Chemistry, 2006, 44(21): 6449-6457.

[174] Bose S, Kim N H, Kuila T, et al. Electrochemical performance of a graphene-polypyrrole nanocomposite as a supercapacitor electrode [J]. Nanotechnology, 2011, 22(36): 369502.

[175] Wang Y G, Li H Q, Xia Y Y. Ordered whiskerlike polyaniline grown on the surface of mesoporous carbon and its electrochemical capacitance performance [J]. Adv Mater, 2006, 18(19): 2619-2623.

[176] Wang H L, Casalongue H S, Liang Y Y, et al. $Ni(OH)_2$ nanoplates grown on graphene as advanced electrochemical pseudocapacitor materials [J]. J Am Chem Soc, 2010, 132(21): 7472-7477.

[177] Shi W, Zhu J, Sim D H, et al. Achieving high specific charge capacitances in Fe_3O_4/reduced graphene oxide nanocomposites [J]. J Mater Chem, 2011, 21(10): 3422-3427.

[178] Liu C, Li F, Ma L P, et al. Advanced materials for energy storage [J]. Adv Mater, 2010, 22(8): E28-62.

[179] Zhang X, Guo Y, Liu Y, et al. Ultrathick and highly thermally conductive graphene films by self-fusion [J]. Carbon, 2020, 167: 249-255.

[180] Zhang Y, Edwards M, Samani M K, et al. Characterization and simulation of liquid phase exfoliated graphene-based films for heat spreading applications [J]. Carbon, 2016, 106: 195-201.

[181] Zhang Y, Han H, Wang N, et al. Improved heat spreading performance of functionalized graphene in microelectronic device application [J]. Adv Funct Mater, 2015, 25(28): 4430-4435.

[182] Yan Z, Liu G, Khan J M, et al. Graphene quilts for thermal management of high-power GaN transistors [J]. Nature Communications, 2012, 3(1): 827.

[183] Han N, Cuong T V, Han M, et al. Improved heat dissipation in gallium nitride light-emitting diodes with embedded graphene oxide pattern [J]. Nat Commun, 2013, 4: 1452.

[184] Peng L, Xu Z, Liu Z, et al. Ultrahigh thermal conductive yet superflexible graphene films [J]. Adv Mater, 2017, 29(27): 1700589.

[185] Htwe Y Z N, Mariatti M. Printed graphene and hybrid conductive inks for flexible, stretchable, and wearable electronics: Progress, opportunities, and challenges [J]. Journal of Science: Advanced Materials and Devices, 2022,7(2): 100435.

[186] Futera K, Kielbasinski K, Młozniak A, et al. Inkjet printed microwave circuits on flexible substrates using heterophase graphene based inks [J]. Soldering & Surface Mount Technology, 2015,27:112-114.

[187] Le L T, Ervin M H, Qiu H, et al. Graphene supercapacitor electrodes fabricated by inkjet printing and thermal reduction of graphene oxide [J]. Electrochemistry Communications, 2011, 13(4): 355-358.

[188] He P, Cao J, Ding H, et al. Screen-printing of a highly conductive graphene ink for flexible printed electronics [J]. ACS applied materials & interfaces, 2019, 11(35): 32225-32234.

[189] Li J, Ye F, Vaziri S, et al. Efficient inkjet printing of graphene [J]. Adv Mater, 2013, 25(29): 3985-3992.

[190] Overgaard M H, Kühnel M, Hvidsten R, et al. Highly conductive semitransparent graphene circuits screen - printed from water - based graphene oxide ink [J]. Advanced Materials Technologies, 2017, 2(7): 1700011.

[191] Wang D, Choi D, Li J, et al. Self-assembled TiO_2-graphene hybrid nanostructures for enhanced Li-ion insertion [J]. ACS nano, 2009, 3(4): 907-914.

[192] Zhu N, Liu W, Xue M, et al. Graphene as a conductive additive to enhance the high-rate capabilities of electrospun $Li_4Ti_5O_{12}$ for lithium-ion batteries [J]. Electrochimica Acta, 2010, 55(20): 5813-5818.

[193] Ervin M H, Le L T, Lee W Y. Inkjet-printed flexible graphene-based supercapacitor [J]. Electrochimica Acta, 2014, 147: 610-616.

[194] Li J, Sollami Delekta S, Zhang P, et al. Scalable fabrication and integration of graphene microsupercapacitors

through full inkjet printing [J]. ACS Nano, 2017, 11(8): 8249-8256.

[195] Karim N, Zhang M, Afroj S, et al. Graphene-based surface heater for de-icing applications [J]. RSC Advances, 2018, 8(30): 16815-16823.

[196] Hao Y, Tian M, Zhao H, et al. High efficiency electrothermal graphene/tourmaline composite fabric Joule heater with durable abrasion resistance via a spray coating route [J]. Industrial & Engineering Chemistry Research, 2018, 57(40): 13437-13448.

第三章

石墨烯薄膜材料

石墨烯薄膜最能体现石墨烯的本征优异特性，通常采用高温生长反应过程获得，包括化学气相沉积（chemical vapor deposition, CVD）法和碳化硅外延生长法。其中以过渡金属（如铜、镍及其合金等）为催化衬底的 CVD 法制备的石墨烯薄膜具有品质高、可控性好、可批量放大等优点，成为石墨烯薄膜制备的主流技术。同时，铜、镍等金属衬底上生长得到的石墨烯薄膜可通过剥离、转移等过程置于目标支撑衬底（如柔性高分子薄膜、硅晶圆、玻璃、金属等）表面，满足各种应用需求，因此可称为通用石墨烯薄膜材料。

针对未来不同的应用需求，石墨烯薄膜可细分为大尺寸石墨烯薄膜和石墨烯晶圆两大类材料。前者主要作为导电、导热或其他结构薄膜和功能薄膜材料，而后者将成为高性能石墨烯电子、光电子器件的重要基材。值得注意的是，功能衬底上无转移生长方法可以回避转移技术的难题，受到了人们的特别关注，其中石墨烯玻璃是一个典型的例子。本章将从金属催化的化学气相沉积生长方法开始，介绍通用石墨烯薄膜材料、石墨烯晶圆材料，以及超级石墨烯玻璃的制备方法，最后介绍石墨烯薄膜材料的典型应用。

第一节 通用石墨烯薄膜材料

一、金属催化CVD法

CVD 是指利用气态或蒸气态的物质在气相或者在气固界面上发生化学反应并生成目标材料的过程。该技术用于制备石墨烯之前，已广泛用于合成各种纳米材料，诸如硅纳米线、碳纳米管等，且在半导体工业中实现了产业化应用。通常，CVD 法生长薄膜材料的基本过程如图 3-1（a）所示。首先，气相反应物（前驱体）被输送到 CVD 腔体内。反应前驱体通过气相化学反应形成更高活性的物种，并附着到生长衬底表面。吸附在衬底表面的活性物种可以通过进一步的表面化学反应深度裂解并发生迁移，迁移的活性物种之间可能发生碰撞，并且当表面活性物种浓度达到临界条件时，会形成相对稳定的核，并逐渐长大形成薄膜。在薄膜形成过程中，核的生长既可以沿衬底表面平行推进，也可以在垂直于衬底表面向上进行，两个方向上生长速度的差异决定了形成薄膜的厚度。另外，无论是气相中的均相反应还是衬底表面的异相反应都可能形成副产物，将这些副产物从 CVD 腔体移除，可加快 CVD 反应过程的进行，也有利于保障所制备薄膜材料的品质性能。

金属衬底上通用石墨烯薄膜的生长过程与传统 CVD 有所不同：金属衬底既作为石墨烯的支撑，又充当催化剂，降低碳源裂解和石墨化的温度。这里，我们以最为典型的铜和镍衬底为例，简要介绍石墨烯在金属上生长的基元步骤。对于铜来说，与碳的相互作用很弱，溶碳量（以原子计）很低（1000℃下为 0.04%），但可以通过 4s 轨道形成很弱的化学键从而具有一定的催化能力，其表面石墨烯的生长主要遵循“表面自限制”的模式：碳源前驱体（如甲烷、乙烯、乙炔等）吸附至铜表面后，在铜的催化作用下逐步裂解形成活性碳物种（C_xH_y），这些活性碳物种在铜表面扩散、迁移、碰撞、聚集从而形成石墨烯核，石墨烯核在碳源的不断供给下逐步长大、互相拼接形成满层石墨烯，当铜表面覆盖上一层石墨烯之后，碳源前驱体无法与具有催化作用的铜接触，因而石墨烯停止生长。而 Ni 具有较高的溶碳量（1000℃下为 1.3%），CVD 系统的碳物种在高温条件下优先进入体相以发生溶解，体系降温时溶解在体相中的碳向表面反向析出，从而形成一层或多层的石墨烯结构［图 3-1（b）和（c）］。

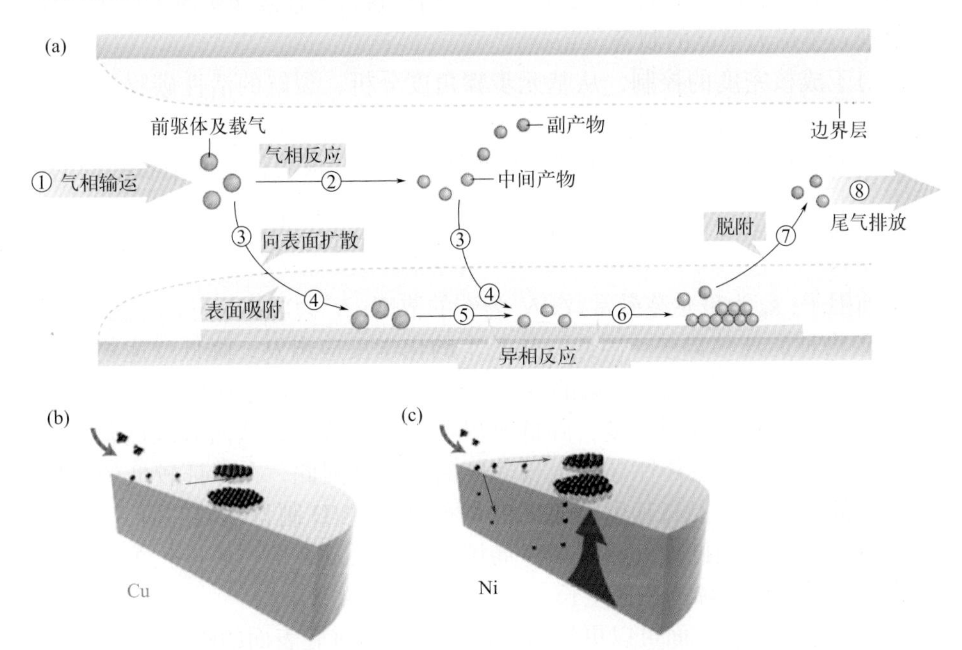

图3-1　化学气相沉积方法生长薄膜材料的基本过程（a）以及金属衬底上的典型生长模式［（b），（c）］

金属衬底表面原子排布的对称性、晶格常数、台阶取向和密度等会影响石墨烯与衬底之间的相互作用，并改变石墨烯的成核密度、晶格取向。金属与石墨烯之间热膨胀系数的失配会导致石墨烯褶皱的形成。此外，温度、气氛、压力也会对石墨烯的结构及生长速率产生影响，但具体作用会因不同的生长阶段而异。近年来，在实际的实验和生产中，科学家和工程师们发明了多种方法，对石墨烯薄膜的晶界密度、褶皱、层数、洁净度等进行有效调控，这一领域得到了极大的发展，也为石墨烯薄膜进入实际应用奠定了基础。接下来我们将从人们普遍关注的几个方面介绍金属衬底上石墨烯薄膜的催化生长方法。

1．晶界密度控制

完美的石墨烯是长程有序的六元环骨架结构，在石墨烯的 CVD 生长过程中，不同晶格取向的畴区拼接，就会形成以五元环、七元环或畸变的六元环为主的晶界，这样拼接而成的石墨烯薄膜称为多晶石墨烯薄膜。晶界缺陷的存在会严重影响石墨烯的性质，进而限制石墨烯薄膜的应用。因此，降低石墨烯薄膜的晶界密度，生长大单晶畴区石墨烯乃至石墨烯单晶成为人们追求的目标。实现这一目标主要有两种思路：一是降低成核密度，实现少核乃至单核的生长；二是控制每一个石墨烯畴区的晶格取向一致，使得这些畴区拼接成连续薄膜时不产生晶界，从而实现石墨烯大单晶的制备。

对于成核密度的控制，从基元步骤角度分析，裂解的活性碳物种在金属表面扩散、迁移、碰撞，当局部浓度超过一定临界值时，就会诱发成核，这实际上是碳原子在金属表面组装形成碳团簇再逐步生长成为稳定网络状结构的过程。石墨烯成核速率可以表示为：$R=\nu_0 N_1^2\sqrt{\dfrac{2G^*}{\pi k_B T N^*}}\exp(-\dfrac{G^*}{kT})\exp(-\dfrac{E_b}{kT})$，其中，$\nu_0$ 为指前因子；k_B 为玻尔兹曼常数；N_1 为碳的浓度；N^* 为成核尺寸；G^* 为成核势垒；E_b 为碳物种的迁移势垒。因此，从基本的化学反应出发，降低反应物浓度、提升生长温度会显著降低石墨烯的成核密度，基底表面预处理（如抛光、退火等）也可以改善衬底表面平整度，降低石墨烯的成核势垒，从而有效控制石墨烯的成核密度 [1]，但这也往往导致生长速度的降低。因此，在保证较低的石墨烯成核密度的前提下，提高其生长速度也是石墨烯 CVD 制备领域的研究热点之一。人们发展了氧气辅助、气流限域、局域供碳，以及合金衬底催化等方法，实现了大单晶畴区石墨烯的快速生长。

氧的引入，一方面可以更加彻底地清除金属衬底表面的碳杂质；另一方面，也有利于去除生长过程中石墨烯边缘的氢，从而暴露出更多的活性边缘，使得活性碳物种更倾向于迁移至已经形成的石墨烯岛边缘而非形成新核，从而大大降低成核密度。为了能在尽量降低碳源浓度的前提下提升反应速率，本书著者团队 [2] 提出了限域空间反应的方法，采用铜箔堆叠的方式，形成狭小的空间，控制碳源进入的量，在限域空间内铜蒸气的挥发和补充易形成一个动态平衡，使得铜衬底更加平整，从而减少成核位点；同时，碳活性物种和铜衬底、铜蒸气原子或原子团簇的碰撞频率增加，实现了快速生长［图 3-2（a）］。本书著者团队还发展了梯度供给碳源的方法，在石墨烯生长过程中，逐步提升碳源浓度，使石墨烯的成核过程和生长、拼接过程分别受控于不同的碳源浓度，在保证极低的成核密度情况下，实现快速生长。当然，在这一过程中，石墨烯的自发形核十分常见，为了避免这一现象，本书著者团队提出了痕量氧二次钝化的方法［图 3-2（b）～（d）］[3]。

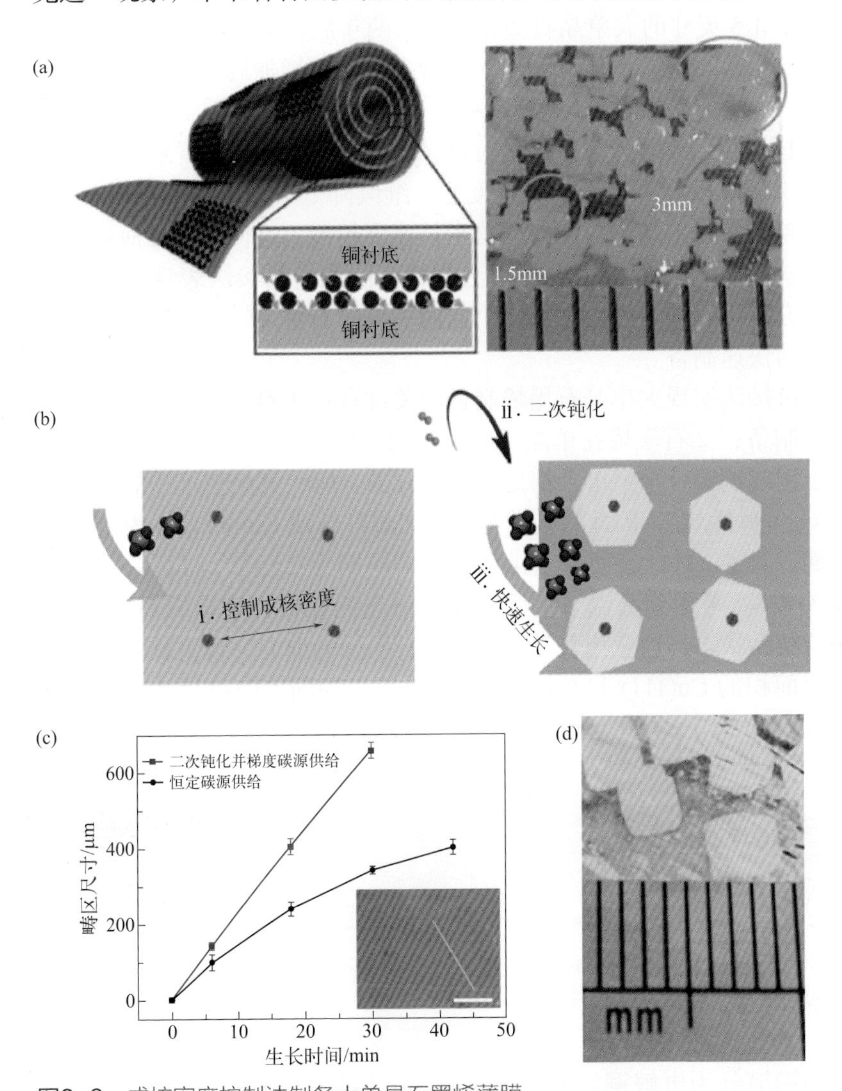

图3-2　成核密度控制法制备大单晶石墨烯薄膜

（a）使用限域空间法实现了大单晶石墨烯阵列的快速生长[2]；（b）痕量氧二次钝化法抑制成核并实现石墨烯的快速生长；（c），（d）梯度供给碳源法中畴区尺寸对生长时间变化的结果及典型石墨烯畴区的光学照片[3]

衬底元素也会对成核密度产生重要的影响，例如，在采用铜镍合金作为生长衬底时，随着镍含量的提高，成核密度会表现出单调下降的趋势，这是因为镍的溶碳量比较高，融入衬底的碳不再用于直接生长。值得指出的是，少量的镍会因为提升了表面催化活性而提升生长速率，镍含量过高则会使更多的碳融入体相，从而降低生长速度，且有可能产生双层及少层石墨烯的生长。2016 年，上海微系统所谢晓明课题组 [4] 采用铜镍合金（$Cu_{85}Ni_{15}$）衬底，利用局域供碳的方法，在 1.5h 内实现了 1.5 英寸的大单晶石墨烯制备。两年后，美国橡树岭国家实验室的 Sergei N. Smirnov 课题组 [5] 同样利用铜镍合金衬底，增加局域供气的流速，动态生长出 25cm 的石墨烯单晶，这是目前单核生长所得到的石墨烯单晶尺寸的纪录。

尽管成核密度控制法生长的单晶石墨烯畴区可达到数十厘米，但仍有其固有的缺点：①成核密度降低至一定程度后，继续降低成核密度的难度急剧增加；②成核密度越低，石墨烯满层覆盖的总生长速度越慢，这使石墨烯薄膜的制备时间大大延长。因此，与成核密度控制法相比，同取向拼接法表现出了明显的优势，因为该方法可以同时外延生长多个取向一致的石墨烯畴区，实现大尺寸单晶石墨烯薄膜的快速制备。

同取向拼接法实现大单晶石墨烯制备的关键有：①对称性与石墨烯相匹配的单晶衬底的制备；②石墨烯在单晶衬底上的同一取向生长。石墨烯具有 C_{6v} 的对称性，对于铜或铜镍合金来讲，都是面心立方的金属，其最密堆积的面——(111) 面就具有 C_{6v} 的对称性，因此目前普遍认为 Cu(111) 或 Cu-Ni(111) 为生长石墨烯最优的晶面，且 Cu(111) 表面原子排列的晶格周期为 2.56Å，而石墨烯为 2.46Å，两者仅相差 4%。考虑到高温下铜箔表面预溶态的存在，密排的 (111) 面在高温下更易保持结晶状态，这意味着其可以诱导石墨烯的取向一致生长（图 3-3）。因此，制备大面积的 Cu(111) 和 CuNi(111) 单晶就成为同取向拼接外延制备大单晶石墨烯的重点。

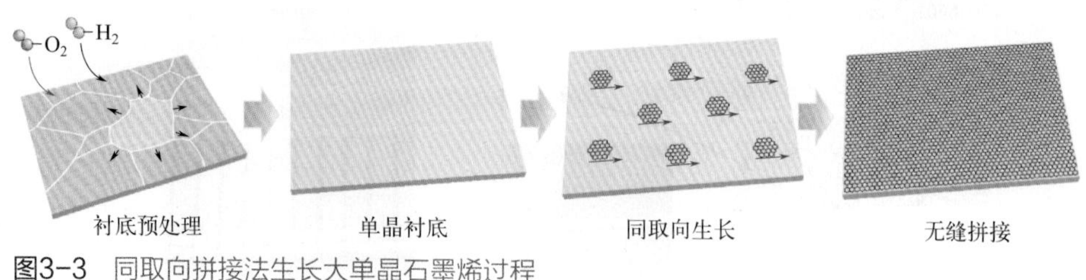

图3-3　同取向拼接法生长大单晶石墨烯过程

商用的铜箔分为电解铜箔和压延铜箔，一般均为多晶，晶粒尺寸为微米量级。因此，如何实现商用多晶铜箔的单晶化就成为人们关心的问题。事实上，金属在热退火过程中，会发生晶界的迁移、晶粒的长大以及相互兼并的现象。一般情况下，晶界迁移的驱动力会因晶粒的长大而减弱，最终晶粒停止生长。但同时也存在“异常晶粒”生长的现象，即优势晶核持续生长进而不断“吞并”小晶粒，最终实现一整块铜箔单晶的生长。

我们知道，晶界的迁移速率受温度的影响［ $v \propto \exp\left(-\frac{1}{k_B T}\right)$ ］，如果在退火过程中，制造出温度梯度，让铜箔的一部分晶粒处于高温区，另一部分处于低温区，则可以选择性地“制造”“异常晶粒”。在保持温度梯度的同时，随着炉温的升高，铜表面的等温线会不断迁移，这样可以推动异常晶粒的晶界不断推移［图 3-4（a）］。本书著者团队在实验中发现，要想实现异常晶粒长大，需要达到一定的临界温度（$T_c \approx 1000$℃），而比较适宜的温度梯度约为 1 ～ 4℃ /cm[6]。值得注

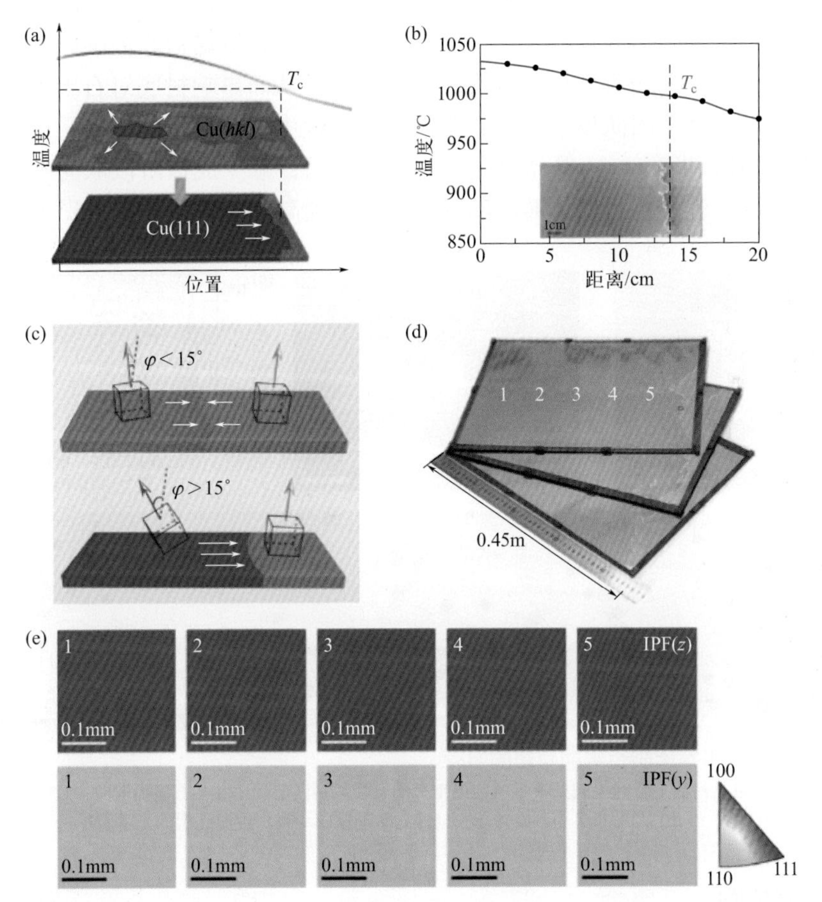

图3-4 强织构诱导的Cu(111)异常晶粒长大技术制备大面积Cu(111)单晶箔材衬底[7]

（a），（b）温度梯度促使异常晶粒长大实现大面积Cu(111)单晶衬底的制备；（c）晶界角度对铜晶界迁移率影响的示意图；（d），（e）A3尺寸的Cu(111)单晶衬底的光学照片及其EBSD（电子背散射衍射）表征结果（IPF—反极图）

意的是，铜箔内部的织构、杂质含量也会影响异常晶粒的形成和生长。例如，具有强烈(100)织构的铜箔中只有很少数的晶粒具有大角度晶界，而小角度晶界具有很高的迁移势垒，无法自行长大。如此一来，处于高温区的异常晶粒“形核”密度大大降低，异常晶粒长大的可控性大大提高［图3-4（c）］。利用织构诱导的异常晶粒长大规律，结合温度梯度退火，本书著者团队实现了A3尺寸（0.42m×0.3m）单晶Cu(111)箔材的制备［图3-4(d)和(e)］[7]。此外，在Cu(111)箔材表面镀上一定厚度的镍层，再通过热退火使Ni与Cu充分扩散，即可得到CuNi(111)单晶合金箔材[8]。

单晶衬底的制备为石墨烯的同一取向生长提供了基础，但是否能够完全严格地实现取向一致的生长，仍然需要生长参数的调控。与传统的三维材料外延不同，石墨烯表面没有悬挂键，成核及长大过程中，石墨烯的边缘与衬底的相互作用调控十分重要。一般来讲，为了促进碳源的裂解以及抑制石墨烯的分形生长，会在石墨烯生长过程中引入氢气，而氢气的引入会使得石墨烯边缘的碳原子不同程度地被氢原子终止削弱石墨烯与衬底的相互作用，从而影响衬底对石墨烯取向的诱导作用。本书著者团队发现，在石墨烯生长过程中引入痕量的氧气，可以有效增加石墨烯畴区和Cu(111)单晶衬底间的相互作用，减少成核阶段取向不一致的石墨烯核数目，进而将石墨烯畴区的取向一致度提高到99.9%（图3-5）[7]。

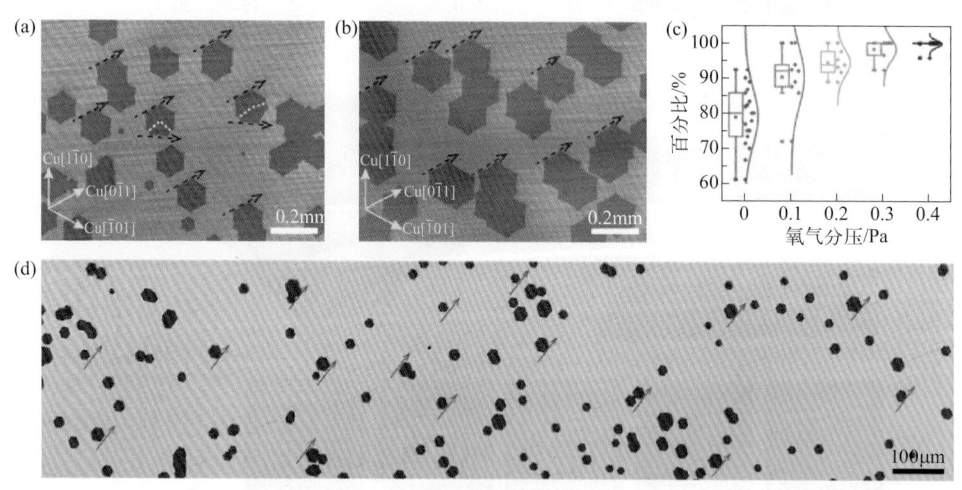

图3-5　同取向一致生长法制备单晶石墨烯薄膜[7]

（a），（b）在Cu(111)单晶衬底上普通生长及痕量氧辅助生长的石墨烯畴区照片；（c）石墨烯取向一致度随生长气氛中氧含量的变化关系；（d）大尺寸单晶石墨烯薄膜刻蚀后出现取向一致六边形孔洞的光学照片

2．褶皱控制

在石墨烯高温（约1000℃）生长结束后，不可避免地会经历降温的过程。在这一过程中，石墨烯和金属衬底的热膨胀系数差异（石墨烯的热膨胀系数为

$-7\times10^{-6}K^{-1}$，金属衬底如 Cu 的热膨胀系数是正值为 $16.6\times10^{-6}K^{-1}$）会使石墨烯受到一定的压缩应力[9-11]，从而导致褶皱（图 3-6）或者台阶束的形成[12]。

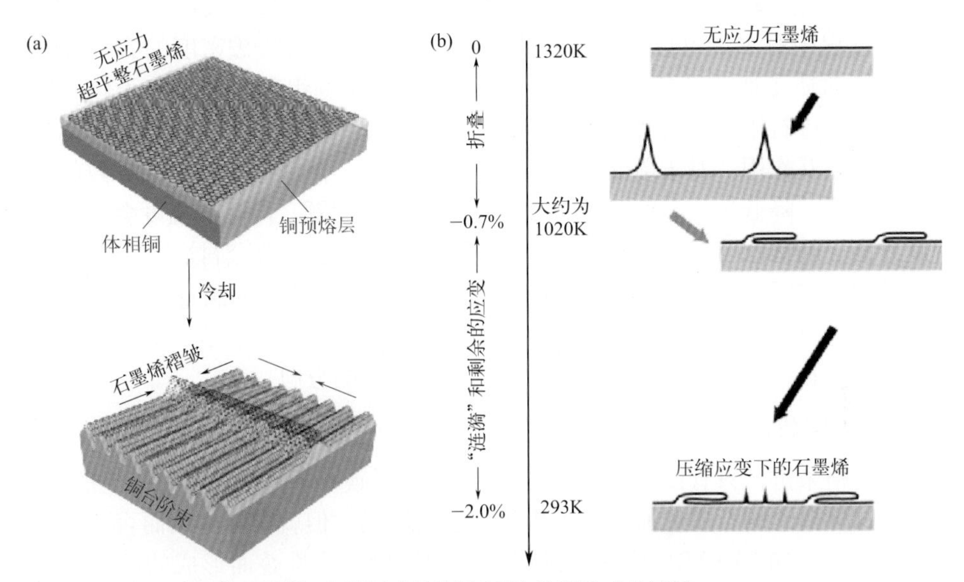

图3-6　降温过程中石墨烯-金属衬底热膨胀系数差异造成的褶皱

（a）铜预熔层上的超平整石墨烯和冷却过程中台阶束及褶皱形成示意图[12]；（b）石墨烯褶皱在降温过程中形成的机制[13]

在 CVD 系统的降温过程中，受覆盖层石墨烯弯曲能降低驱动，衬底台阶或高指数面台阶处的金属原子根据滑移面快速移动，从而形成台阶束。然而衬底台阶束的形成并不能释放降温阶段石墨烯所受的压缩应力，抑制石墨烯褶皱的形成。一般来说，褶皱的形成过程伴随着两个过程：①一部分石墨烯从衬底上脱附；②一部分石墨烯在衬底上滑移。因此，石墨烯与衬底之间的相互作用对褶皱的形成起着至关重要的作用。

研究发现，提高石墨烯和衬底的结合作用，使得石墨烯在降温过程中与衬底一起收缩有利于抑制石墨烯褶皱的形成。比如 Cu(111) 面相比其他晶面与石墨烯间具有更强的界面结合能（平均每个碳原子 35meV），其表面的石墨烯形成褶皱需要克服更大的能垒，因此石墨烯更倾向于保留压缩应变而不是通过形成褶皱来释放[14]。从几何角度上看，褶皱的形成可以释放石墨烯和衬底的相互作用力，而台阶束的形成则仅仅增大铜的表面积，从而使得石墨烯得以继续附着于铜表面[图 3-6（a）]。一般来说，台阶束的形成需要衬底本身存在台阶（高指数晶面）以及台阶处覆盖有石墨烯。在这种情况下，石墨烯下方台阶处的金属原子容易根据滑移面快速移动，并且受台阶附近覆盖的石墨烯弯曲能的降低而驱动。降温过程中，台阶束的形成不会改变石墨烯的长度，并不能完全释放石墨烯所受的压缩应力，而是释放了台阶处覆盖石墨烯的弯曲应变。

采用完全相反的策略，在生长过程中解耦石墨烯与衬底的相互作用，使得降温过程中石墨烯可以完全自由膨胀，也可以实现对褶皱密度的有效控制。受石墨烯对质子通透性的启发，南京大学高力波课题组利用氢等离子体产生的质子“钻”进石墨烯与衬底之间，使石墨烯“悬浮”起来，从而降低石墨烯与衬底之间的相互作用。对于褶皱的形成，其本质原因是热膨胀系数失配导致的应力集中。因此，降低生长温度可以从根本上缓解这一问题。但降低温度会带来缺陷密度升高、畴区尺寸减小等问题。Ruoff 课题组采用铜镍合金衬底、以乙烯为碳源在低温（750℃）生长石墨烯，实现了无褶皱石墨烯薄膜的制备[13]。值得注意的是，氢等离子体或低温生长，均可能对石墨烯的质量造成影响，如何实现高品质的无褶皱石墨烯制备，还是该领域非常值得研究的方向。

3．层数控制

严格来讲，只有以 sp^2 杂化方式构成的单层碳原子才是真正意义上的石墨烯，满足这样概念的石墨烯通常也被称为单层石墨烯。但就实际应用而言，由双层或少层（3 ～ 10 层）的单层石墨烯以不同的堆垛方式堆叠而形成的结构，与石墨相比仍然有很多独特的性质，因此也被人们认为属于石墨烯的范畴，通常被称为双层石墨烯或少层石墨烯。

实际上，石墨烯的层数及堆垛方式对其能带结构及物化性质具有显著的影响，有着不同的应用前景[15-17]。因此，在材料制备方面，人们对石墨烯的层数和堆垛控制进行了大量研究。其中，金属催化剂衬底的溶碳能力以及与碳的相互作用对层数控制至关重要，而这一特性与金属自身的电子结构密切相关。一般而言，金属 d 轨道的填充情况决定了其与碳相互作用的强弱，例如 Mo、Ti、W、Re、Fe 等金属的 d 轨道电子填充较少，与碳原子的亲和性很强，在高温 CVD 过程中，这些金属原子会优先与碳原子结合，并形成稳定存在的金属碳化物，不利于石墨烯的直接催化生长；而对于 d 轨道满占据的 Cu、Ag、Au 系列过渡金属，由于其相对较弱的催化活性以及与碳原子更为适宜的相互作用，故而更有利于催化生长单层石墨烯；Co 和 Ni 的 $3d^7$ 和 $3d^8$ 轨道介于 Fe 和 Cu 之间，除了对石墨烯生长有较高的催化活性外，也具有更高的溶碳量并且较难形成金属碳化物，石墨烯在这类催化衬底上表现为偏析生长模式，因此最终容易得到覆盖于金属表面的多层石墨烯。除了金属催化剂衬底外，CVD 生长过程中的气流、温度等条件也是影响石墨烯层数的重要因素。接下来，我们将从石墨烯的绝对单层控制、双层及少层生长，以及层间堆垛方式调控等方面展开介绍。

尽管铜是公认的生长单层石墨烯的最佳衬底，但真正在其表面实现绝对单层石墨烯的生长仍需严格的参数调控。一般来讲，铜衬底的纯度、平整度、表面洁净度等因素均会影响双层及少层石墨烯晶核的生成。同时，为了减少碳物种在铜衬底中的扩散，铜晶面的选择也十分重要。Cu(111) 晶面由于其最密排的结构，碳物种在其体相及亚表层的扩散能垒较大，因此在其表面得到的石墨烯具有更高的单层率。进一步地，2016 年，Ruoff 课题组通过长时间氢气退火，大大降低 Cu(111) 体相中碳的含量，从而抑制了双层及少层石墨烯的成核，最终实现了绝对单层石墨烯的生长［图 3-7（a）～（c）］[18]。除了铜之外，也可以采用互补性二元合金催化剂来抑制碳的偏析过程，从而实现严格单层石墨烯的生长。以 Ni-Mo 合金法为例，2011 年，本书著者团队通过在 Mo 箔上蒸镀 Ni 膜，退火扩散形成合金，在 CVD 生长过程中，由于 Mo 与碳形成稳定的碳化物 Mo_2C，因此体相中的碳无法偏析至表面，从而获得了只有表面催化生长的单层石墨烯［图 3-7（d）～（f）］[19]。

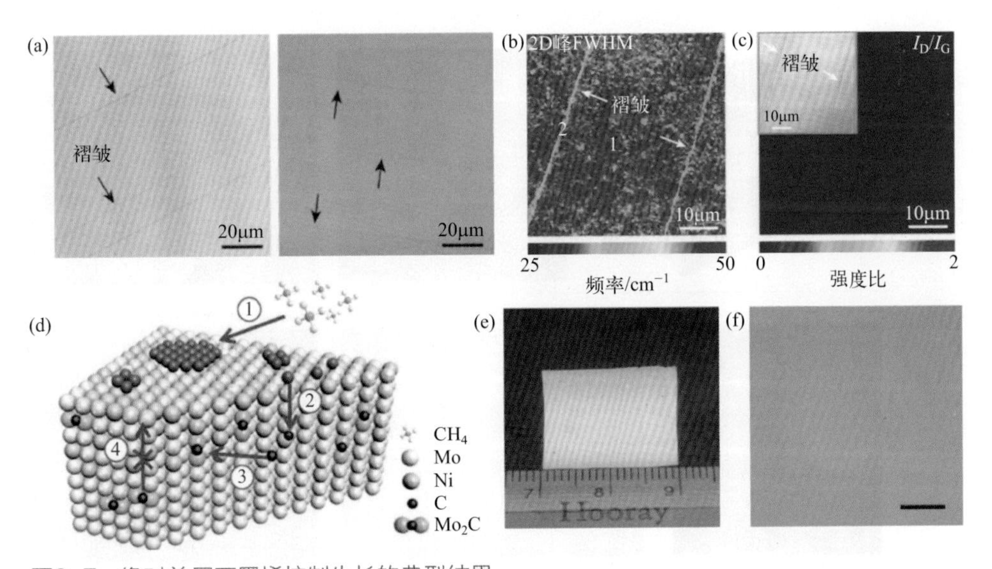

图3-7　绝对单层石墨烯控制生长的典型结果

（a）利用长时间 H_2 退火除去体相碳后，在Cu(111)衬底上生长得到的绝对单层石墨烯的扫描电子显微图像（左）与转移后的光学显微图像（右）；（b），（c）绝对单层石墨烯的拉曼2D峰半高宽（FWHM）面扫描图像以及D峰与G峰强度比的面扫描图像[18]；（d）利用Ni-Mo合金，通过抑制体相析出生长绝对单层石墨烯的原理示意图；（e），（f）转移至 Si/SiO_2 衬底上的绝对单层石墨烯的实物光学图像与光学显微图像[19]

对于双层及少层石墨烯而言，为了实现不同层数的控制生长，可以利用合金衬底（以铜镍合金为代表）将石墨烯的表面催化与偏析生长两种模式相结合。同时，该模式也能够综合利用不同金属的特色，具备更大的调控空间和发展潜力。2011 年，本书著者团队通过调节铜镍合金中铜和镍的相对含量，利用自下而上的碳源供应打破铜表面的自限制效应，实现了单层（5.5% Ni）、双层（10.4% Ni）及少层（大于 10% Ni）石墨烯的生长的调控［图 3-8（a）］[20]。2016 年，Hiroki Ago

课题组在蓝宝石晶圆片上溅射得到 CuNi(111) 薄膜，并以此成功得到了 93% 覆盖度的均匀双层石墨烯薄膜[21]。2020 年，韩国蔚山科技研究院 Rodney S. Ruoff 课题组通过制备不同比例的 CuNi(111) 合金箔材，获得了 95% 以上覆盖的大面积 AB 堆垛双层石墨烯薄膜（16.6% Ni）[图 3-8（b）]，以及 60% 覆盖度的 ABA 堆垛三层石墨烯薄膜（20.3% Ni）[8]。除铜镍合金外，其他合金体系近年来也逐渐引起人们的重视。沈阳金属所的任文才和成会明课题组采用 Pt_3Si/Pt 合金衬底，在高温（1015℃）下形成表面预熔层和体相通道，使碳原子在 Pt 体相和表面之间自由传输，改善了双 / 少层石墨烯生长时的均匀性及层间堆垛控制的问题，实现了厘米级 AB 堆垛双层及 ABA 堆垛的三层石墨烯制备[22]。韩国成均馆大学 Young Hee Lee 课题组提出了使用 Cu-Si 合金“扩散升华”生长机理，通过调控铜硅合金箔材中的硅含量以及不同的稀释甲烷比例，实现了 1 ～ 4 层晶圆级石墨烯的可控生长 [图 3-8（c）][23]。

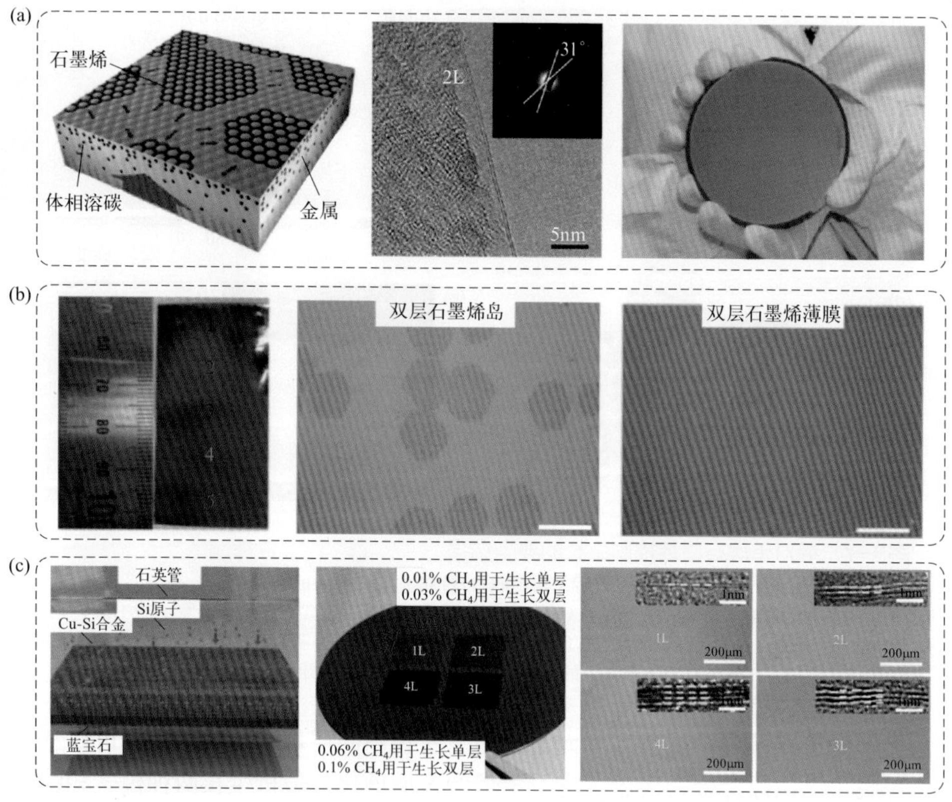

图3-8　合金衬底表面催化与偏析生长相结合的双层石墨烯典型制备结果

（a）偏析生长机理示意图（左），双层石墨烯边缘的透射电镜图像（中）以及镍晶圆上的石墨烯薄膜实物照片（右）[20]；（b）CuNi(111)单晶箔材的实物照片（左），双层石墨烯岛（中）及高覆盖双层石墨烯薄膜的光学显微图像（右）（图中标尺为10μm）[8]；（c）Cu-Si 合金的形成示意图（左），由该方法制备并转移至 Si/SiO_2 衬底上的不同厚度的石墨烯薄膜（中），不同厚度石墨烯薄膜的光学显微图像与截面透射电子显微图像（右）[23]

除了层数外，石墨烯的堆垛方式和层间扭转也会对其层间耦合作用产生显著影响，进而影响其物理性质。以双层石墨烯为例，AB 堆垛（扭转角 $\theta = 0°$）的伯纳尔堆叠双层石墨烯（Bernal-stacked bilayer graphene，AB-BLG）具有抛物线形的能带结构，在垂直电场下可以打开带隙。而非 AB 堆垛的扭转双层石墨烯（twisted bilayer graphene, tBLG）可视作两层石墨烯以一定的扭转角度堆叠而成，其表面会形成随扭转角度变化的摩尔周期势，能带结构也受扭转角度的调制：两层石墨烯的能带耦合会导致态密度上范•霍夫奇点的出现，从而赋予其角度依赖的光电特性。此外，非公度扭转角的石墨烯则具有极小的摩擦力，而魔角（约 1.1°）扭转石墨烯则具有一系列新奇的量子效应，近年来引起了人们的广泛关注。目前，实验室的扭转双层石墨烯通常是通过人工堆叠的方法制备，如何通过 CVD 方法获得堆垛可控的双层或少层石墨烯，具有重要的基础研究价值，这里主要以双层石墨烯为例展开介绍。

在高温 CVD 生长过程中，无扭转的 AB-BLG 是能量最为稳定的结构，两层石墨烯之间的任何旋转都需要克服较高的能垒[24-25]，因此通常生长方法得到的双层石墨烯以 AB-BLG 居多。在 CVD 生长过程中，成核位置周围的微观环境决定了石墨烯的取向，因此具有相同成核中心的两层石墨烯会优先以相同的取向或仅以 30° 扭转的取向生长。2021 年，本书著者团队开发了一种“异位成核”（hetero-site nucleation）生长策略，通过在生长过程中引入气流扰动来控制第二层石墨烯的成核位点，使得两层石墨烯的晶格取向分别受到不同区域衬底的诱导，从而打破 AB 堆垛能量最低的限制，实现了大比例（88%）tBLG 的制备（图 3-9）[26]。

随着近年来单晶金属箔材制备方法的发展与 CVD 技术的进步，人们对石墨烯高温生长的热动力学认识愈加深入，同时对催化衬底的设计、碳源的供给方式和调控也更加精准和多样。领域前沿的研究人员希望能够进一步通过设计催化衬底的元素种类及配比，并结合碳源前驱体以及生长温度、气流等参数，调控不同层数石墨烯的成核、生长以及偏析等过程，从而实现层数、堆垛和层间扭转角度的有效控制。随着制备方法的进一步发展，相信在不久的将来，特定层数、堆垛或层间扭转的石墨烯材料一定能够在诸多应用领域大放异彩。

二、超洁净石墨烯

石墨烯的高温 CVD 生长过程伴随着复杂的副反应，这些副反应会导致石墨烯薄膜表面沉积大量的无定形碳污染物，造成石墨烯薄膜的“本征污染”现象。研究表明，洁净石墨烯薄膜表面，即使转移后也非常干净；而非洁净石墨烯薄膜表面，转移后也常常变得更脏。这些污染物会严重影响石墨烯优异性质的发挥。事实上，超洁净制备方法可以解决上述“本征污染”问题，由此得到的超洁净石墨烯薄膜，在载流子迁移率、透光率、接触电阻，以及机械强度等诸多指标上都给出了目前文献报道的最好结果。本部分将首先阐述 CVD 石墨烯的“本征污染”问题及其产生根源。在此基础上，详细介绍超洁净石墨烯制备技术。

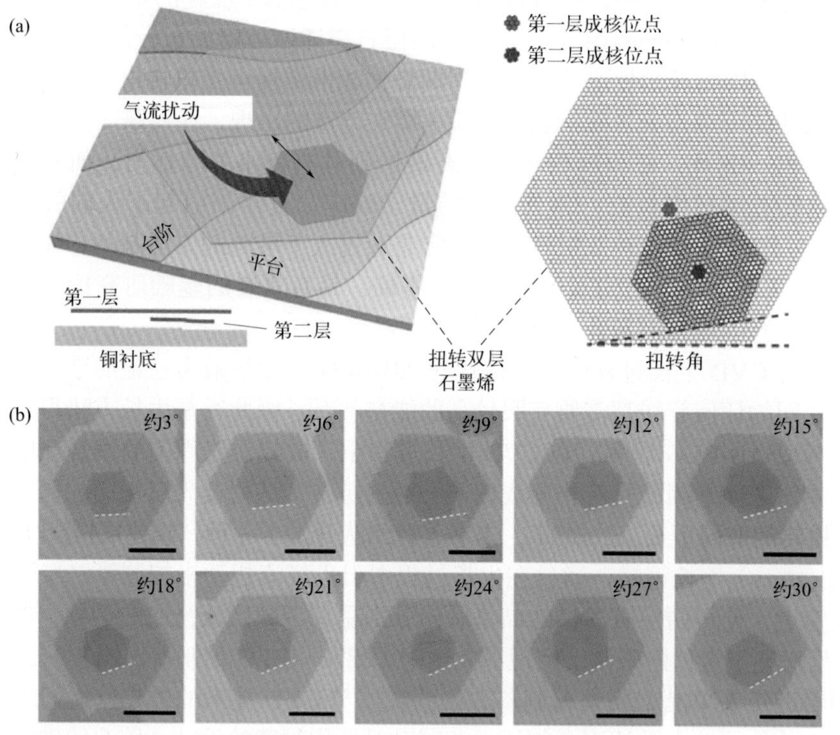

图3-9 扭转双层石墨烯的典型CVD生长策略

(a）利用“异位成核”方法制备扭转双层石墨烯的原理示意图；(b）得到的各种扭转角度双层石墨烯的光学显微图像

1．CVD 生长过程中的本征污染问题

通常认为，石墨烯的表面污染物有三大来源[27]：① CVD 生长过程中形成的无定形碳污染物；②转移过程导致的高聚物残留；③空气中吸附的碳氢物种。长期以来，人们将污染物的主要来源归因于转移过程中引入的转移媒介的残留物和存储过程中吸附的碳氢化合物。对于吸附空气中的碳氢化合物造成的污染，可以利用紫外 - 臭氧处理或更换存储器皿等方法解决，可有效提高石墨烯的浸润性[28]。针对转移过程引入的聚合物残留问题，人们发展了一系列改进和优化转移工艺的方法，主要包括改变转移过程中的聚合物类型、发展后处理去除残胶方法等方案（具体方法见第五章）。但实验结果表明，通过优化转移工艺并不能从根本上解决石墨烯薄膜表面污染的问题。

实际上，在 CVD 法制备纳米碳材料的过程中无定形碳副产物对目标产物的污染问题（本征污染）是普遍存在的。例如，在碳纳米管的 CVD 生长过程中，人们观测到无定形碳包覆碳纳米管的“积碳”现象[29]，碳纳米管上的“积碳”会降低催化剂的活性，从而限制碳纳米管的生长长度［图 3-10（a）］。同样，金刚石薄膜的 CVD 制备过程中，往往不容易得到纯粹的 sp^3-C 结构，产物中会不可避免地混入 sp^2-C 的杂质。CVD 体系中无定形碳污染物普遍形成的原因可以从碳氢相图中寻找答案[30]，从图 3-10（b）可以看到，相比于石墨烯、碳纳米管、金刚石等目标产物来说，无定形碳的形成具有最宽的反应窗口，因此在高温 CVD 生长过程中，当发生催化剂供给不足、碳物种浓度较高、还原性气氛不足等参数变化时，就容易导致无定形碳污染物的形成。

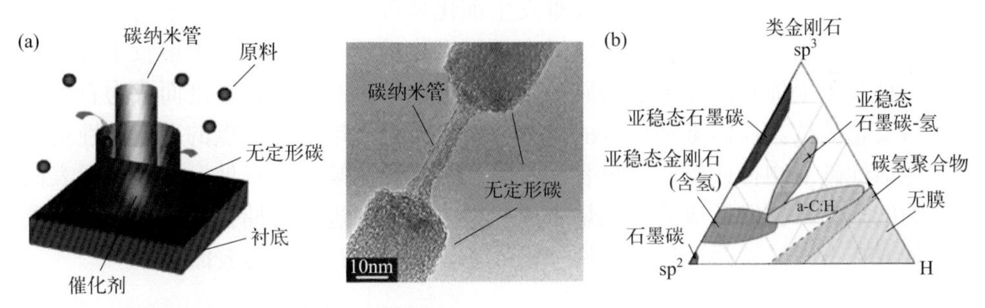

图3-10　CVD反应过程中的本征污染问题
（a）碳纳米管生长过程中无定形碳污染形成的示意图（左图）和TEM表征结果（右图）[29]；（b）碳-氢相图[30]

如前所述，CVD 法生长石墨烯薄膜主要包括碳源的裂解、活性碳氢物种在气相和衬底表面的扩散、吸 / 脱附和石墨烯的成核、长大及拼接成膜等一系列基元步骤。这些过程不仅会在气相边界层内发生，也会在衬底表面发生，导致裂解程度不同的活性碳氢物种在体系内富集，不可避免地会对石墨烯表面污染物的形成产生影响。前期研究中，人们发现碳源热裂解的产物具有多样性。Timothy J. Booth 课题组利用原位紫外 – 可见吸收光谱表征了 CVD 制备石墨烯过程中气相产物的演变规律，证实了边界层内存在着多种大分子的碳氢物种[31]。Ian A. Kinloch 课题组从热力学角度研究了 CVD 法生长石墨烯薄膜过程中的气相平衡物质对最终产物的影响[32]。他们发现，反应温度较低、体系压强较高时，气相平衡产物主要含有较多的 $C_{10}H_8$、C_6H_6、C_7H_8、C_8H_6 等碳氢化合物，石墨烯表面或孤立石墨烯畴区间更容易沉积形成结晶性较差的炭黑。同时，在金属衬底催化裂解的情况下，活性碳氢物种在衬底表面发生迁移碰撞形成多种碳的多聚体并参与石墨烯薄膜的生长。如此看来，CVD 生长石墨烯薄膜的过程是一个包含多个反应路径的复杂反应历程。

由于石墨烯薄膜的生长伴随着污染物的生成，类比于石墨烯薄膜的生长过程，本书著者团队对石墨烯表面污染物的形成机理进行了分析[33]。如图 3-11 所示，石墨烯表面污染物的形成会同时被气相反应和衬底表面反应影响。污染物的形成过程可分为以下三步：①活性碳氢物种的形成，当碳源前驱体进入高温CVD体系后，在热裂解和金属衬底催化裂解的作用下形成大量的活性碳氢物种，主要以CH_3、CH_2、CH为主，这些活性碳氢物种一部分在衬底表面迁移用于石墨烯的成核和生长，一部分会脱附到气相中甚至进一步碰撞发生自由基反应形成分子量较大的活性碳氢物种或碳团簇，如C_4H_6、C_6H_6、C_8H_5、$C_{10}H_8$等。②石墨烯薄膜表面污染物的成核，这些气相中形成的分子量较大的活性碳氢物种或碳团簇会吸附到衬底表面或石墨烯表面。吸附在金属衬底上的分子量较大的活性碳氢物种或碳团簇会经过催化裂解用于石墨烯薄膜的生长；而吸附在石墨烯表面分子量较大的活性碳氢物种或碳团簇，由于金属衬底被石墨烯所覆盖，催化作用被抑制，隔层催化的能力较弱，较难发生催化裂解反应。同时，由于其在石墨烯表面较难发生迁移，因此成为石墨烯表面污染物的核。此外，分子量较小的活性碳氢物种在石墨烯表面发生迁移碰撞会反应形成较大的碳团簇，进而成为石墨烯表面污染物的核。在污染物成核的过程中，由于石墨烯缺陷位点的反应活性更高，因此活性碳氢物种或碳团簇更容易吸附在石墨烯的缺陷位点处。③石墨烯表面污染物的长大，已经形成的石墨烯表面污染物的核会进一步捕捉气相中的活性碳氢物种或在石墨烯表面迁移的碳物种，最终长大覆盖石墨烯的表面。

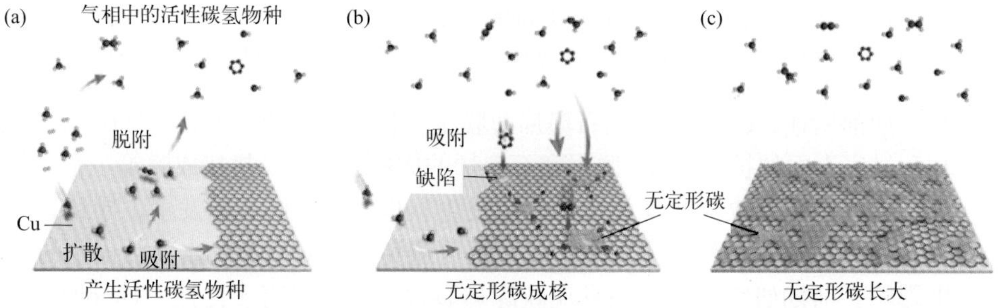

图3-11　CVD生长石墨烯过程中形成污染物的基元步骤[33]

（a）活性碳氢物种在气相与衬底表面形成；（b）石墨烯表面污染物的成核阶段；（c）石墨烯表面污染物的生长阶段

对于CVD生长石墨烯过程中形成的“本征污染”现象，本书著者团队详细地对石墨烯表面污染物的形貌、组成及结构进行了表征。借助“无胶转移”技术将常规CVD法制备的石墨烯薄膜转移至TEM（透射电子显微镜）载网上。如图3-12所示，采用“无胶转移”技术可以有效避免转移过程引入聚合物残留的影响，但是通过TEM仍然观察到石墨烯薄膜表面存在着大量的污染物。在STEM（扫描透射电子显微镜）模式下，从石墨烯薄膜及其表面本征污染物的高角环形暗场像（high angle annular dark field，HAADF）的结果中可以看出［图3-12（a）］，石墨烯与污染物的衬度存在明显的差异，污染物的衬度相对更明亮，同时可以明显注意到本征污染物主要呈连续或半连续的网络状分布，且石墨烯的连续洁净区域仅有几十纳米。通过原位能量色散 X 射线（energy-dispersive X-ray，EDX）对同一区域进行元素测试。从 EDX 面扫描结果可以看出［图 3-12（b）］，污染物的元素组成主要为碳元素。为了确定污染物的结构，研究者通过球差校正透射电子显微镜采集了石墨烯和无定形碳污染物的高分辨图像，并对采集的图像进行了快速傅里叶变换（fast Fourier transform，FFT），获得了石墨烯的晶格衍射点和无定形碳污染物的衍射环，进一步将石墨烯对应的晶格衍射点去除并再次进行反向傅里叶变换，获得了去除石墨烯晶格结构的无定形碳污染物的高分辨图像［图 3-12（c）和（d）］。对获得的无定形碳污染物的结构进行详细的统计发现，无定形碳污染物的结晶性较差，主要由纳米尺寸的取向不一、排布无序的类石墨烯拼接而成。根据统计结果可以发现，其畴区尺寸在 0.6 ～ 2.0nm 之间［图 3-12（e）］，碳碳键角在 90° ～ 150° 之间［图 3-12（f）］，碳碳键长在 0.09 ～ 0.22nm 之间［图 3-12（g）］。这表明无定形碳污染物主要由五元环、七元环和畸变的六元环组成，这也一定程度上表明石墨烯表面污染物的形成与石墨烯的生长过程类似。

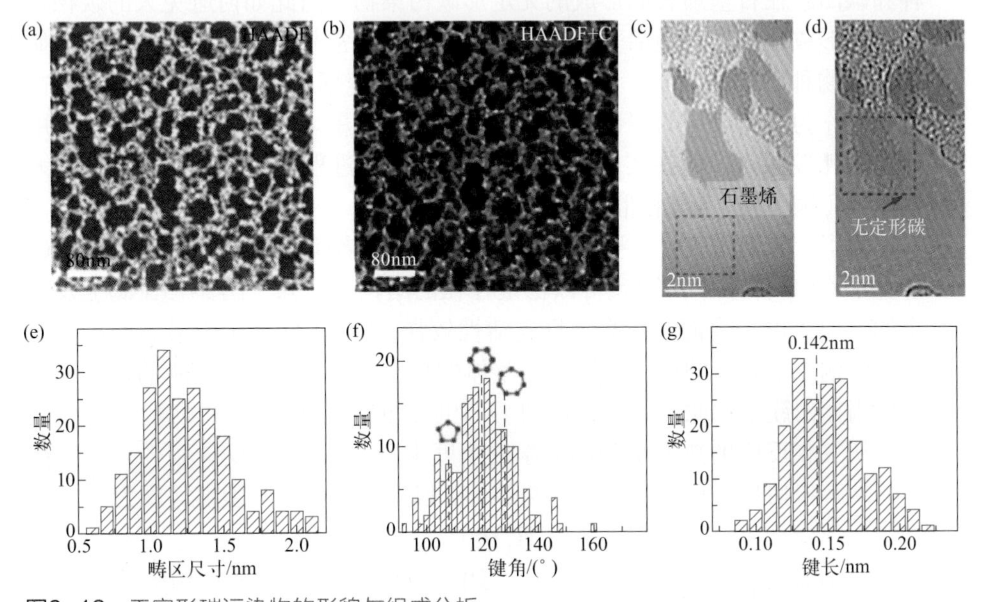

图3-12　无定形碳污染物的形貌与组成分析

（a）石墨烯及其表面无定形碳污染物的HAADF图像[27]；（b）石墨烯及其表面无定形碳污染物的HAADF图像和碳元素的元素分布面扫描结果[27]；（c）石墨烯及其表面无定形碳污染物的晶格结构；（d）通过FFT扣除掉石墨烯晶格后无定形碳污染物的结构[34]；（e）无定形碳污染物有序区域的畴区尺寸统计结果；（f）无定形碳污染物的键角统计结果；（g）无定形碳污染物的键长统计结果

由以上无定形碳污染物的形成机理和无定形碳结构的分析可知，抑制无定形碳污染物形成的策略主要有两种。一是避免气相反应中大的碳氢物种或碳团簇的形成，从而减少无定形碳污染物成核所需的前驱体供给。这种方法可以使石墨烯生长过程中产生的缺陷位点不会被污染物钝化，更容易在高温下被衬底修复，有助于获得较高结晶质量的超洁净石墨烯。二是通过生长调控或衬底设计等方法来避免石墨烯生长过程中缺陷位点的形成，使碳物种不容易在石墨烯表面成核，从而避免了后续无定形碳污染物的生长。考虑到气相反应的复杂性以及气相中碳物种沉积的随机性，再加上完美的石墨烯具有较高的表面能会倾向吸附一定的碳氢物种提高自身的稳定性，以上的策略原理上可能无法完全避免污染物的形成，但是可以大幅减少由缺陷结构作为“价键”连接在石墨烯表面的无定形碳污染物的数量，其余通过范德华作用力吸附在石墨烯表面的污染物与石墨烯之间的相互作用会相对较弱，对石墨烯本征性质的影响相对较小，后续可以结合后处理的方式进行去除，从而实现超洁净石墨烯薄膜的可控制备。

2．直接生长法制备超洁净石墨烯

如前所述，CVD 体系中本征污染形成的主要原因，是气相反应产生的碳物种和碳团簇在石墨烯表面形成的无定形碳污染物，因此如何避免大的碳物种和碳团簇的形成是提高石墨烯薄膜洁净度的关键。通常来说，金属催化剂可以显著降低碳氢物种裂解的能垒，从而加快裂解反应的速率，降低大的碳物种所占比例。铜衬底作为表面反应的催化剂，在碳源裂解和石墨烯成核等方面的催化作用已经研究得比较深入。但在实际的石墨烯 CVD 生长过程中，反应腔室中存在大量的铜蒸气（铜团簇），气相催化反应常常被忽视。

为了探究铜团簇对气相反应的影响，本书著者团队通过密度泛函理论（DFT）计算了 CVD 体系中铜团簇可以稳定存在的结构。结果［图 3-13（a）］表明，单个的铜原子由于表面能较高、反应活性较强，在 CVD 体系中最不稳定；随着铜团簇中铜原子数目的增加，铜团簇整体的自由能逐渐降低，团簇的稳定性逐渐提高；当铜团簇中铜原子的数目达到 13 个时，铜团簇的稳定性最高。

从气相反应的热力学和动力学的角度来看，在 CVD 反应腔内，碳源在气相中的裂解包括热裂解和催化裂解两部分。以甲烷为例，其裂解速度为

$$v = kp(CH_4)p(Cu_{gas}) + k'p(CH_4)$$

其中，前者为催化脱氢裂解速度，与甲烷的分压$p(CH_4)$、气相中铜催化剂分压$p(Cu_{gas})$和反应速率常数k相关；后者为热脱氢裂解速度，与甲烷的分压$p(CH_4)$和反应速率常数k'相关。气相中铜催化剂的分压$p(Cu_{gas})$主要是铜衬底在高温下挥发产生的铜蒸气导致的，在石墨烯的CVD生长过程中，与铜衬底暴露的面积，即铜衬底上未被石墨烯覆盖的区域面积成正比。

根据阿伦尼乌斯公式：$k=Ae^{-E_a/(RT)}$，反应速率常数与反应能垒密切相关。由图 3-13（b）的计算结果可知，在有铜催化剂的作用下，甲烷的脱氢裂解能垒明显降低，其中第一步由 CH_4 形成 CH_3 的反应能垒由 1.29eV 降低至 −0.04eV，相比于热脱氢裂解的反应速率常数 k'，催化脱氢裂解的速率常数 k 会有几个数量级的提升，所以催化裂解是甲烷脱氢裂解反应的主体。因此，提高 $p(Cu_{gas})$，即体系中铜蒸气的含量十分关键。然而，在石墨烯的生长温度（约 1020℃）下，Cu 的饱和蒸气压仅为 3×10^{-7}bar（1bar=10^5Pa），并且随着其表面石墨烯覆盖度的增加，铜衬底的暴露面积减小，铜蒸气的挥发会随之逐渐减少，这会导致气相中的铜蒸气供给不足，气相中的碳物种得不到很好的催化裂解，就会更容易形成分子量更大的碳物种或碳团簇，从而导致无定形碳污染物的形成。综合以上分析可以看到，在石墨烯的生长过程中，向 CVD 体系增加额外的气相 Cu 催化剂供给，可以有效促进气相反应中碳物种的催化裂解，抑制无定形碳副产物的形成，从而提高石墨烯薄膜的洁净度，实现超洁净石墨烯的可控制备。

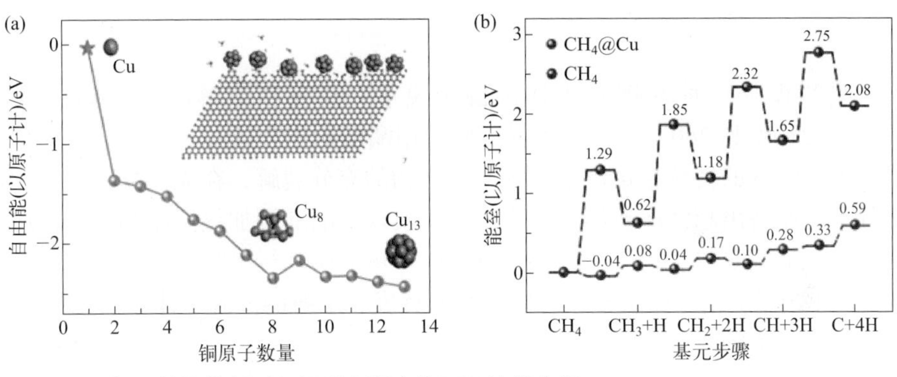

图3-13　铜团簇催化剂对气相反应影响的DFT计算分析

（a）铜团簇自由能的 DFT 计算结果；（b）有无铜催化剂的甲烷脱氢裂解能垒的 DFT 计算结果

泡沫铜是一种在铜基体中均匀分布着大量连通或不连通孔洞的新型多孔金属材料，比表面积大、导电性和延展性好，是很多有机化学反应的催化剂。大比表面积的特性，使得泡沫铜能在高温、低压条件下挥发出大量铜蒸气，促进碳源在气相中的充分裂解。如图 3-14 所示，本书著者团队引入泡沫铜作为助催化剂，首次生长出洁净度高达 99% 的超洁净石墨烯薄膜。

从碳源前驱体的设计角度，含铜碳源的使用可以使在石墨烯生长过程中，铜催化剂持续稳定地进入 CVD 体系，气相中铜催化剂的含量不会受到衬底挥发量减少的影响，从而保证气相反应形成的碳物种和碳团簇得到充分的催化裂解。此外，含铜碳源引入的铜可以在石墨烯表面迅速迁移并融入到铜衬底中，不会造成额外的污染。含铜碳源的选择需要兼顾可控性、安全性以及实用性，具体来说，应该满足以下要求：①熔点低，蒸气压高，易挥发迁移至CVD反应体系；②含有甲基、亚甲基、乙烯基等烃基官能团用于石墨烯的生长；③使用安全，不会对人体和环境造成伤害；④具有成熟的合成工艺，可以实现批量生产，价格较低。

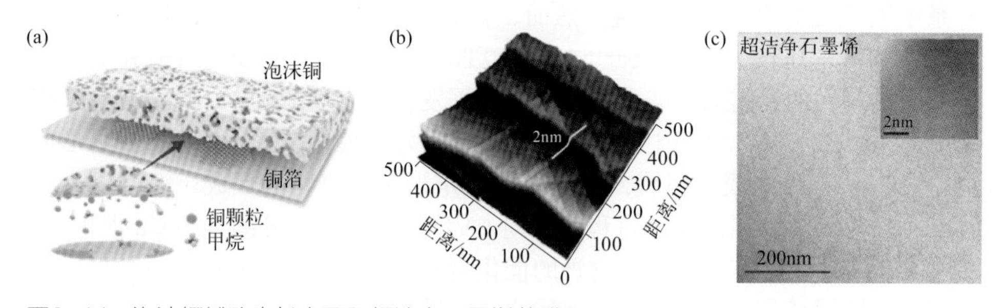

图3-14 泡沫铜辅助生长大面积超洁净石墨烯薄膜

（a）泡沫铜/铜箔堆垛生长超洁净石墨烯的示意图；（b），（c）泡沫铜辅助生长的超洁净石墨烯的AFM和TEM表征结果

醋酸铜是一种易挥发固体碳源，脱水、挥发和分解的起始温度分别为120℃、210℃和260℃。本书著者团队使用醋酸铜作为碳源，保证了石墨烯生长过程中铜蒸气的持续稳定供给和碳氢化合物的充分裂解，在无需额外助催化剂的条件下，制备出超洁净石墨烯薄膜。为了实现对醋酸铜加热温度和气相输运的精确调控，如图3-15所示，可将两个CVD加热炉体进行串联，其中上游的低温炉体（约220℃）用于醋酸铜碳源的加热和挥发，下游的高温炉体（约1020℃）用于石墨烯的CVD生长。在这个过程中，氢气作为载气，一方面可以促进醋酸铜产物的还原，使其向CVD体系中持续稳定地提供铜催化剂；另一方面也可以参与碳氢物种的裂解反应，有助于石墨烯薄膜的生长。

使用气相助催化法生长的超洁净石墨烯薄膜性能优异，载流子迁移率、透光率、接触电阻，以及机械强度等诸多指标都是目前文献报道的最好结果。载流子迁移率是公认的评估石墨烯质量的关键指标。超洁净石墨烯在SiO_2/Si衬底上测量的室温迁移率为18500V/(cm·s)，低温空穴迁移率为31000V/(cm·s)（1.7K），而通过构筑氮化硼/石墨烯/氮化硼的三明治结构测量的低温空穴迁移率更是高达1083000V/(cm·s)（1.7K）[图3-16（a）]。超洁净石墨烯与金属电极的接触电阻仅为92Ω·μm[图3-16（b）]，面电阻平均值为272Ω/sq[图3-16（c）]，在550nm波长处的单层透光率约97.6%[图3-16（d）]，热导率大于3200W/(m·K)[图3-16（e）]，机械强度可达36.4N/m，杨氏模量约328.6N/m，都明显优于普通非洁净石墨烯。此外，新鲜制备的超洁净石墨烯的静态接触角比非洁净石墨烯的平均值低 20° 左右，表现出明显的亲水特性［图 3-16（f）］。

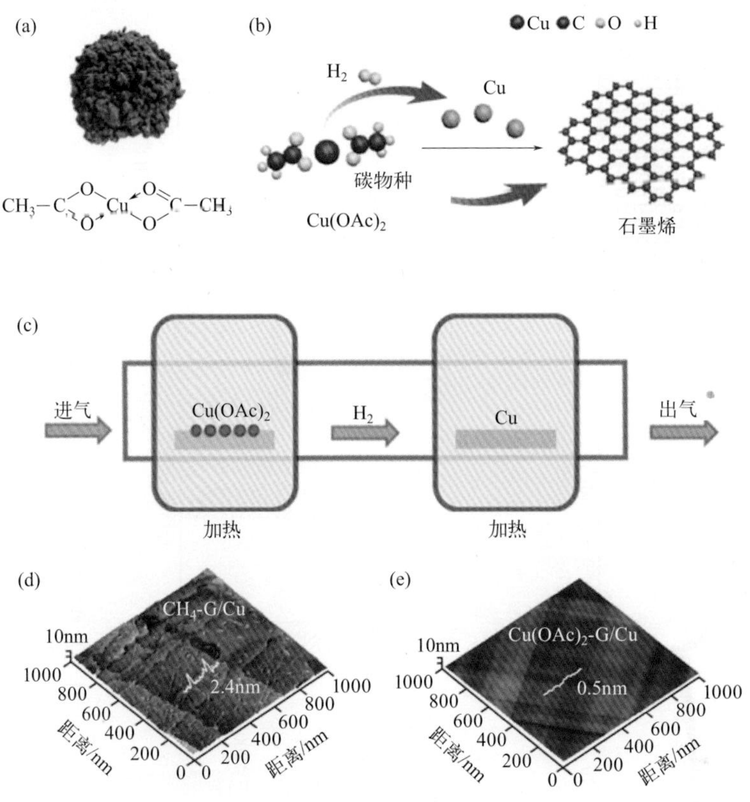

图3-15　醋酸铜碳源生长石墨烯的实验设计

（a）醋酸铜实物图及分子式；（b）醋酸铜生长石墨烯的示意图；（c）醋酸铜生长石墨烯的CVD系统示意图；（d）甲烷为碳源生长石墨烯的AFM结果；（e）醋酸铜为碳源生长石墨烯的AFM结果

在 CVD 生长过程中，除了上述气相助催化的方法，衬底晶面以及表面温度梯度也对无定形碳污染物的沉积有不可忽视的影响。本书著者团队发现，活性碳氢物种 CH 在不同铜晶面的石墨烯表面具有不同的迁移势垒，与 Cu(111)、Cu(110)，以及诸多高指数晶面相比，活性碳氢物种在石墨烯 /Cu(100) 表面具有更高的迁移势垒（1.18eV），这在一定程度上将减少活性碳氢物种迁移碰撞生成无定形碳的概率 [35]。常规热壁 CVD 体系在高温下，气相和衬底表面温度相同且均处于高温状态，这会加速气相反应的发生，促进活性碳氢物种的生成与碰撞，从而加剧了无定形碳污染物生成的问题。本书著者团队 [36] 利用冷壁 CVD 体系，通过只加热金属衬底，有效降低了体系的气相黏滞层温度，实现了温度梯度的调控，减缓了活性碳氢物种的运动并抑制了气相反应的发生，从而实现了大面积超洁净石墨烯薄膜的制备。

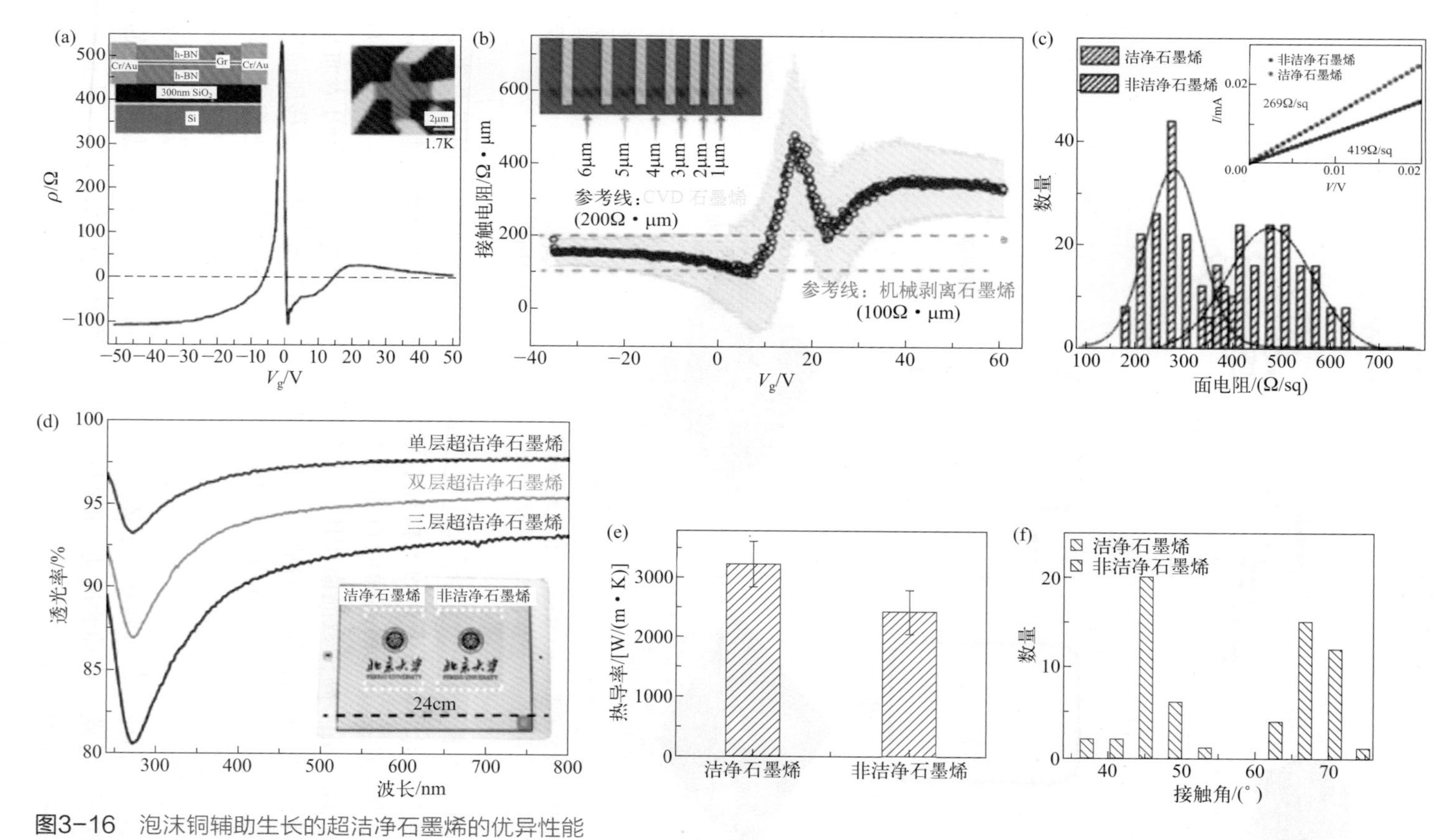

图3-16 泡沫铜辅助生长的超洁净石墨烯的优异性能

（a）高载流子迁移率；（b）低接触电阻；（c）洁净和非洁净石墨烯的面电阻比较，插图为典型*I-V*曲线；（d）1～3层超洁净石墨烯薄膜的透光率测量，插图为将单层洁净（左）和非洁净（右）石墨烯薄膜转移到聚对苯二甲酸乙二醇酯衬底上的实物图；（e）洁净和非洁净石墨烯的热导率比较；（f）洁净和非洁净石墨烯的亲水性比较

3. 后处理法制备超洁净石墨烯

一直以来，人们主要关注转移带来的污染问题，并发展了诸如等离子体刻蚀、高温退火、机械摩擦清除等后处理方法来清洁转移后的石墨烯表面。但上述方法存在处理面积小、效率低、成本高等缺点。事实上，在石墨烯转移之前，通过后处理方法直接去除石墨烯 / 铜箔样品表面的无定形碳污染物，可以快速制备出大面积超洁净石墨烯薄膜，进而得到转移后也干净的样品。与超洁净生长方法相比，后处理清洁法所需工艺温度较低，与现有的石墨烯 CVD 生长工艺兼容性好，更加适合规模化生产。

如前所述，无定形碳污染物内部存在大量五元环、七元环和畸变的六元环，大部分碳碳键都发生了畸变，反应活性高于完美石墨烯。因此，有望通过选择合适的刻蚀剂，实现对污染物的选择性化学去除，而不破坏石墨烯结构。2019 年，本书著者团队选用二氧化碳作为刻蚀剂，实现了对无定形碳污染物的高选择性刻蚀而未损坏石墨烯自身晶格结构，制备出洁净度高达 99% 的石墨烯薄膜［图 3-17(a)～(c)］。

温度是二氧化碳选择性刻蚀法制备超洁净石墨烯薄膜的核心参数。刻蚀温度过高（>600℃）时，二氧化碳会同时刻蚀石墨烯和无定形碳，失去选择性；而温度过低（<350℃）时，反应速度太慢，同样无法实现无定形碳的有效刻蚀。研究表明，450 ～ 550℃的刻蚀温度最优［图 3-17（d）～（f）］。需要指出的是，高温下二氧化碳会失去刻蚀选择性，即使未被刻蚀的石墨烯，其表面洁净度也没有提升。此外，增大刻蚀压力、延长刻蚀时间、减小石墨烯样品尺寸，都能一定程度上提高石墨烯薄膜的洁净度。

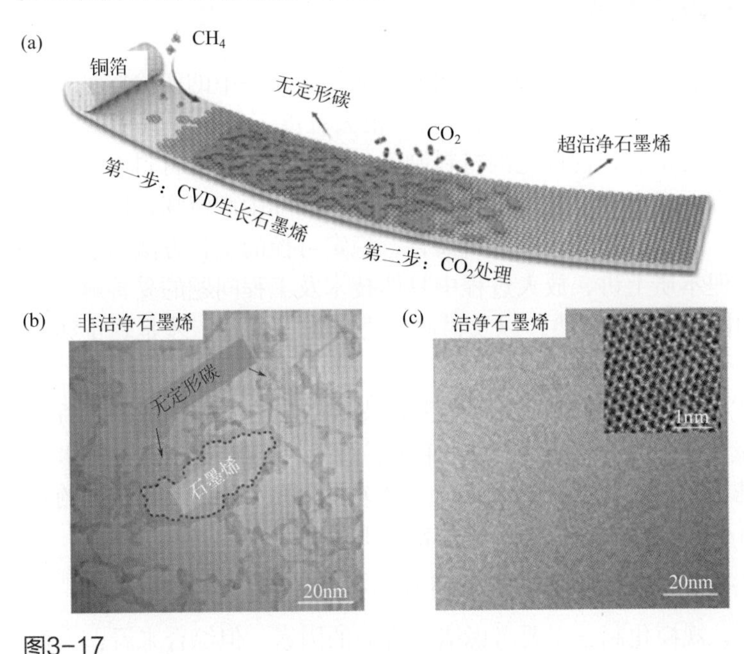

图3-17

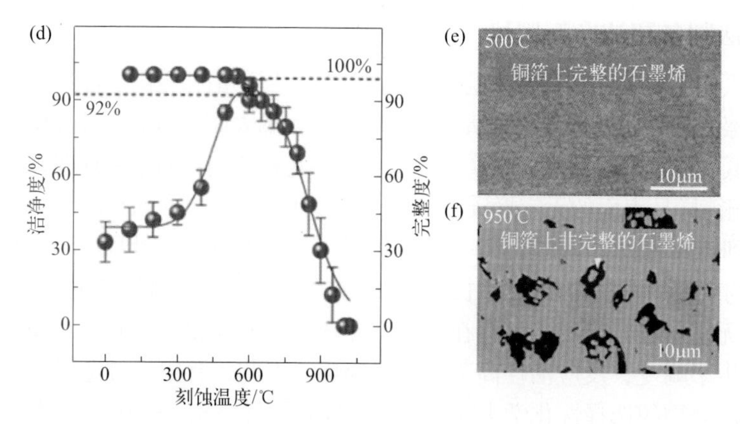

图3-17　二氧化碳刻蚀法制备大面积超洁净石墨烯薄膜

（a）二氧化碳选择性刻蚀无定形碳的示意图；（b），（c）二氧化碳处理前后石墨烯薄膜洁净度的TEM表征结果；（d）刻蚀温度对石墨烯薄膜洁净度和完整度的影响；（e），（f）500℃和950℃刻蚀石墨烯的SEM图像

最后，需要强调的是，随着研究的深入，越来越多的证据表明，石墨烯表面污染往往伴随着缺陷产生，石墨烯的表面污染问题实际上是石墨烯薄膜品质的综合表现。后处理法尽管具有更好的工艺兼容性和可放大性，但并不能从本质上降低石墨烯薄膜的缺陷密度，其所得到的石墨烯性能的提升也是有限的。从高温生长过程控制的角度发展更低缺陷密度石墨烯薄膜生长方法，是这一领域孜孜不倦的追求方向。

三、规模化生长工艺与装备

纵观人类的材料发展史，一种新材料能否从科学家手中的实验样品变为能够被工程师乃至社会大众所实际应用的材料，很大程度上取决于其能否实现规模化制备。从这个角度出发，规模化的材料制备一方面需要关注材料本身的制备方法，另一方面也需要考虑放量技术、工程化方案、实际生产流程，以及具体应用场景等诸多因素。对于石墨烯薄膜材料而言，稳定可控的生长方法固然是实现放量制备的基础，但本质上讲，放大过程中具体技术及工程问题的妥善解决（如工业级CVD体系中的传质、传热，以及衬底应力不均等问题）才是真正实现石墨烯薄膜产品规模化生长的关键。

自2009年以来，人们通过对规模化制备技术路线的完善、制备装备设计的优化，以及放量生长工艺的发展，不断推动了石墨烯薄膜规模化制备水平的进步。本部分将基于典型的技术路线，结合CVD系统的方案设计和典型的石墨烯生长方法，对石墨烯规模化生长装备以及相关工艺展开介绍。

1. 石墨烯薄膜规模化制备的追求目标与技术路线

如前文所述，规模化制备需要考虑诸多方面的因素。但综合来看，人们对于材料的品质与成本这两方面的无限追求，是材料制备过程中的主要矛盾，也是推动制备技术不断发展完善的动力。材料的品质主要取决于制备方法与技术，而材料的成本则更多地取决于产量，在实际生产过程中二者往往难以兼顾。对于发展相对成熟的半导体材料和碳纤维材料等，得益于行业内长期的、完备的技术储备与装备积累，目前可以较好地实现材料品质和成本的双赢，但与此同时人们依然在不断追求材料本身的性能极限，从而在这一过程中不断推动着相关产业的可持续发展。

对于石墨烯薄膜材料而言，为了尽可能地兼顾品质与成本这两大追求，在过去的十数年间，其规模化制备分别在制程、能量供给与工艺这三组关键的技术路线上取得了一系列进展，形成了多套可行的方案［图 3-18（a）］。同时，这些不同的技术路线在石墨烯的品质以及制备成本方面各有侧重［图 3-18（b）］。在具体的规模化制备装备设计中，往往需要根据实际需求进行取舍或改良。下面将具体就这些技术路线的主要策略和特色展开介绍。

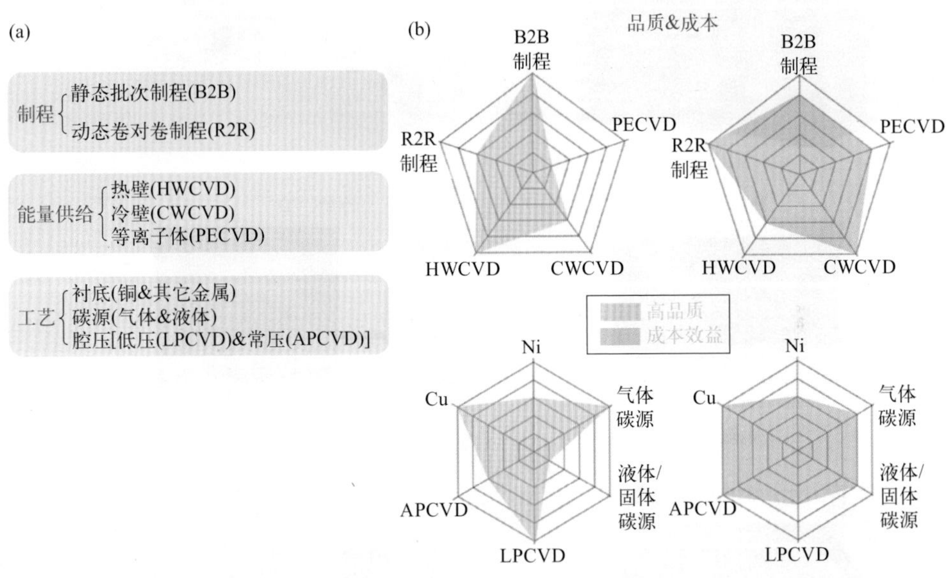

图3-18　石墨烯薄膜规模化制备的主流技术路线（a）及其在品质与成本方面的优劣势对比（b）

制程（manufacturing process），或称“制造流程”或者“工艺流程”，是对工业生产某一产品时所用工艺路线的总称。对于特定材料的规模化制备而言，制程是需要考虑的第一要素，它规定了时间、空间、物料、能源，以及制备方法等要素以何种方式组合为最终产品。具体在石墨烯材料的规模化制备领域，人们已经较为深入地研究了静态批次制程（batch-to-batch process, B2B）和动态卷对卷制程（roll-to-roll process, R2R）。静态批次制程是指通过在 CVD 反应腔中一次性放置尽可能多的生长衬底来提升产量，而动态卷对卷制程则是通过边卷绕、边生长的方式进行动态、连续化的制备。

与实验室级别的小型 CVD 系统相比，石墨烯薄膜的规模化生长系统首先保留了 CVD 系统的基本组成和功能。因此在考虑石墨烯生长的规模放大时，人们最自然而然想到的策略便是搭建更大尺寸的化学气相沉积系统，在空间范围内成数量级地对小型 CVD 系统进行放大和集成，从而实现在相对静态的生长环境下成批次地制备石墨烯薄膜，这便是静态批次制程的基本思想。为了提升石墨烯的单批次产能，往往需要对衬底进行卷绕或堆叠放置，以期实现多片大面积石墨烯的批量生长［例如图 3-19（a）］。在具体的装备设计中，需要充分考虑大尺寸腔体及衬底堆叠卷绕引起的传质传热问题，以便更好地提升石墨烯生长的均匀性和可控性。

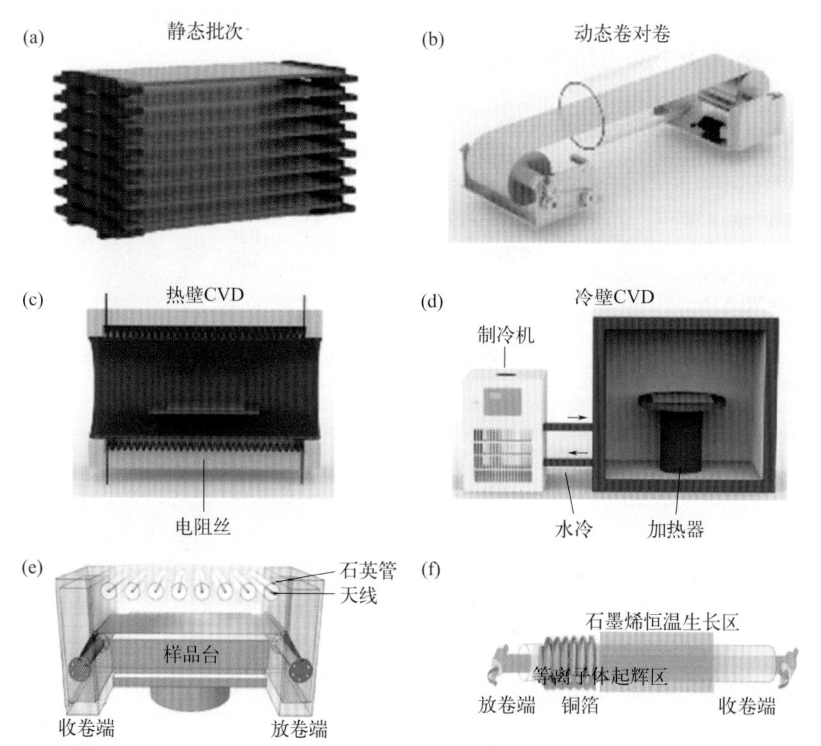

图3-19　用于石墨烯规模化制备的典型装备[45]

（a）石墨烯的静态批次生长示意图；（b）石墨烯的动态卷对卷生长示意图；（c）热壁CVD系统的基本结构示意图；（d）冷壁CVD系统的基本结构示意图；（e），（f）PECVD的结构示意图

动态卷对卷制程的基本思想与静态批次制程不同：在卷对卷制程下，每一段卷材原料需要按一定时间序列，依次通过上一段原料所途经的生长环境，从而实

现目标材料的动态连续制备。对于石墨烯生长而言，往往需要将金属衬底首先缠绕在两端位于高温腔室外侧的放卷轴和收卷轴上，利用卷绕系统驱动每一段衬底依次通过位于炉体中部的恒温区，在特定气氛条件下完成退火与石墨烯薄膜的生长［图 3-19（b）］。这一方法可以大大提升石墨烯的产能上限，同时也能够与箔材原料预处理、石墨烯的卷对卷转移[37]、实时原位检测[38]等技术手段相兼容，形成较为完备的上下游产业链。目前卷对卷制程生长得到的石墨烯在品质方面仍与静态批次制程有一定差距，其主要原因在于衬底退火和石墨烯生长两个过程无法做到有效分隔。因此基于主要工艺阶段，对腔室内的功能空间进行合理划分，有可能成为未来卷对卷生长装备的重要技术方案。

除了制程因素以外，规模化制备装备的能量供给方式也会显著影响石墨烯的品质、产能以及成本。高效的加热模式和辅助能量供给可以在很大程度上提升制备效率、降低制备成本，同时减少能源消耗以及对外部环境的可能风险。例如，对于传统的热壁 CVD（hot-wall CVD, HWCVD）系统［图 3-19（c）］，其加热组件（如电阻丝）往往环绕于腔室外侧，对整个真空腔室进行加热，虽然加热的均匀性和可控性较好，但在客观上也造成了加热效率较低、能源成本较高等问题。而与之相对应的冷壁 CVD（cold-wall CVD, CWCVD）系统［图 3-19（d）］，由于只对衬底表面及其附近区域进行加热，因此在具备较高能源利用率的同时，也为快速升降温提供了可能[39]，从而在提升产能、降低成本方面极具潜力。但由于热场的相对不均匀，冷壁加热模式下的石墨烯生长质量和均匀性仍有较大提升空间。最后，采用新的能量供给模式，如等离子体增强 CVD（plasma-enhanced CVD, PECVD）的方法，能够利用等离子体促进碳源裂解、增强反应活性，从而降低石墨烯的生长温度，达到减少能耗、降低成本的效果[40]。按照等离子体产生的方式，等离子体增强可分为电感耦合[41]［图 3-19（e）］和电容耦合[42]［图 3-19（f）］两大类。而除了能耗降低这一优势，使用 PECVD 还可以在无催化能力的绝缘衬底上生长石墨烯，例如石英[43]、蓝宝石[44]等。目前，PECVD 法仍存在缺陷浓度较高、生长可控性较差等问题[42]。如何将 PECVD 方法与石墨烯规模化制备更好地兼容，也是规模化装备设计中需要考虑的重点。

在制程和能量供给方式确定之后，需要通过大量的正交实验开发并优化生长工艺。在此过程中，需要确定的工艺参数包括催化剂衬底、碳源前驱体、腔室压强、气体流量、生长温度，等等。其中，催化剂衬底、碳源前驱体以及腔室压强是最为重要的参数。

碳源的催化裂解是启动石墨烯生长的第一步，而碳氢物种的脱氢反应是一个高度吸热且能垒很高的过程。因此通常需要催化剂衬底的辅助或选用易裂解的碳源。如前文所述，铜箔材作为一种廉价的工业原料，同时具有良好的催化活性和极低的溶碳量，因此无论从石墨烯品质还是成本方面考虑，均是优选的催化衬底之一。但在石墨烯生长前，往往也需要一定的预处理步骤来除去其表面可能存在的有机污染物、杂质颗粒及氧化层等。另外，与镍等催化活性更高的衬底相比，铜衬底上石墨烯的生长也相对耗时较长，在实际生产过程中需要根据需求进行选择。在碳源前驱体的选择上，除了最常用的甲烷碳源外，人们也尝试采用了包括乙烷、乙烯、乙炔、二氯甲烷等在内的其他气态碳源，以及苯类、醇类等液体碳源，还有蔗糖、芴、PMMA（聚甲基丙烯酸甲酯）等固态碳源，均在相对较低的温度下实现了石墨烯薄膜的生长。但从石墨烯的品质、碳源的成本以及规模放大后的可操作性、安全性等方面综合考虑，短链的烃类及醇类碳源更适用于石墨烯的规模化生长。

腔室压强是石墨烯生长的关键因素之一。目前人们已经能够在各种压强条件下实现高质量石墨烯的生长，包括高真空（10^{-6} ～ 10^{-4}Torr，1Torr=133.322Pa）、低压（0.1 ～ 10Torr）、常压（760Torr），甚至正压（大于 760Torr）等。由于高真空技术实现比较困难，而正压比较危险，低压和常压是石墨烯化学气相沉积制备的两种主要压强选择。常压 CVD 和低压 CVD 在石墨烯生长层面的主要区别在于气相物种的扩散速率。在相同的温度下，低压 CVD 的扩散系数比常压 CVD 要高出几个数量级，因此在石墨烯的品质和可控性方面具有一定优势，而常压 CVD 在避免衬底挥发以及设备维护的便捷性等方面更具优势。

通过上述介绍不难发现，制程的选择是规模化装备研制以及规模化工艺开发的第一步，而能量供给方式与规模化工艺也需要依托于特定的制程和装备路线。因此后续将围绕静态批次制备以及卷对卷连续制备这两大制程，具体举例说明规模化制备装备及工艺的核心理念及其在近年来的发展趋势。

2．大尺寸石墨烯薄膜的静态批次制备

作为一类较为成熟的工艺流程，静态批次制程广泛应用于多种薄膜材料的批量制备中。对于石墨烯的生长而言，通过衬底的卷绕或堆叠，充分利用 CVD 腔体（通常为石英管）的有限空间，能够有效提升单批次石墨烯的产能。在不同的卷绕方式下，最终制备的样品长度（L）与石英管直径（D）、铜箔厚度（t）和卷绕间距（d）之间存在图 3-20（a）所示的关系 [46]。虽然这些方式在一定程度上克服了石英管尺寸的限制，然而卷绕的铜箔难以在 CVD 腔体中进行传送，且高温下极易软化或相互粘连，因此可操作性并不强。目前的静态批次制备更多地采用了衬底悬挂或堆叠的方式，来解决铜箔的传送与高温粘连问题。例如可将铜箔以一定间隔悬挂在特定结构的载具之上［图 3-20（b）］[47]，也可借助石英、石墨等材质的载具放置铜箔，进一步通过堆叠载具，充分利用石英管内的有限空间。除了采用硬质载具，也可采用质软轻薄的石墨纸作为间隔层，有效增加铜箔的堆叠密度，大幅提升产能 [48-50]。值得一提的是，铜箔之间的空间会直接影响碳源

气体的扩散，使得在规模化制备中，不同片层之间的生长速度表现出一定差异。在传质不受限的情况下，限域空间内的铜箔表面有利于提升石墨烯的生长速度［图 3-20（c）］[47]。而当过密的铜箔堆叠显著抑制了碳源气体向层内的扩散时，石墨烯的生长速度又会明显减慢，针对此问题，本书著作团队提出了一种利用高孔隙率的碳纤维纸充当间隔层的规模化生长方法［图 3-20（d）］，显著改善了铜箔在极密堆叠情况下的传质问题［图 3-20（e）］，为石墨烯在静态批次制程下的产能提升提供了又一解决思路[51]。

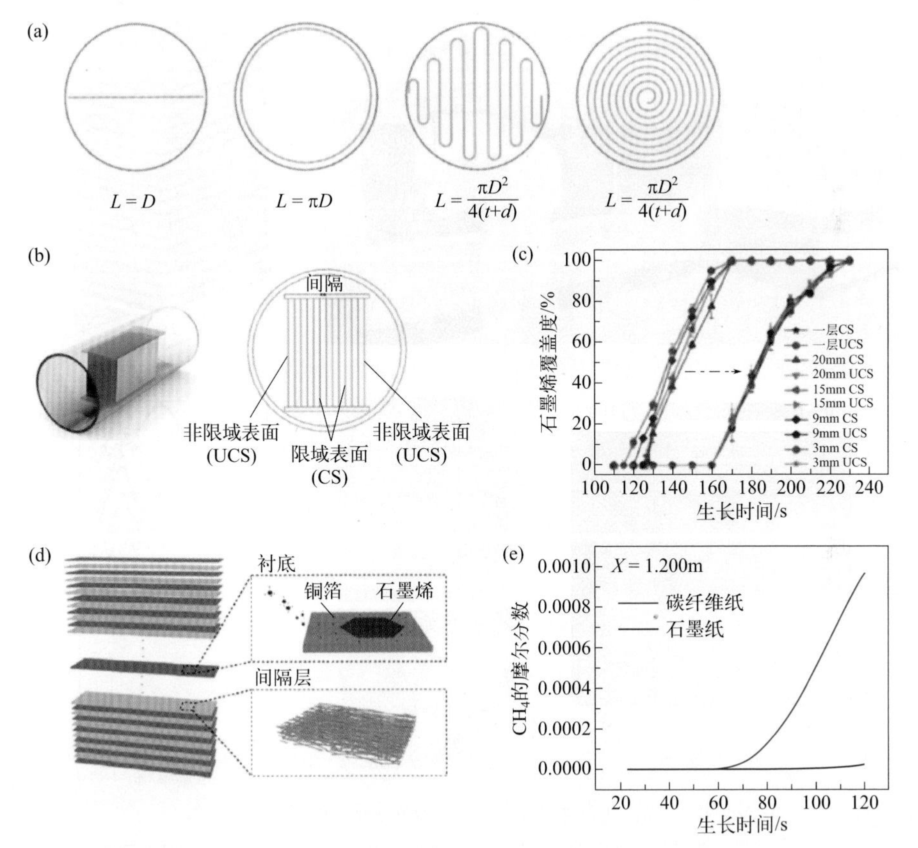

图3-20　静态批次制程下，石墨烯规模化生长的传质问题与生长速率问题

（a）铜箔的静态堆叠及卷绕的典型方式；（b）利用铜箔悬挂方法进行静态批次生长的示意图[47]；（c）图（b）中铜箔不同表面的石墨烯生长速度对比（以石墨烯的覆盖度计量）[47]；（d）利用碳纤维纸间隔法进行静态批次生长的示意图[51]；（e）在石墨纸间隔或碳纤维纸间隔下，间隔层内 CH_4 气体的摩尔分数随时间的变化情况[51]

对于静态批次的规模化制备装备的设计而言，一般双腔室及以上的结构设计（包括用于石墨烯生长的高温工艺腔以及样品降温的冷却腔）可以减少批次间的操作时间，显著提升产能。对于样品在两腔室间的传送，一般可利用传送杆或传送桨，配合物料舟实现快速进料与取料。图 3-21（a）所示的便是本书著者团队基于上述原则设计制造的典型大尺寸石墨烯薄膜静态批次生长装备（最大石墨烯薄膜尺寸为 A3 尺寸）。同时，科学合理的生长载具设计能够尽可能利用有限的空间和载重，在保持有效传质、传热的同时，提高单批次石墨烯薄膜的产能［图 3-21(b)］。此外，一台完善的工业级制备装备也需要必要的自动化控制系统、安全警报与互锁系统，以及保证制备环境外围的水、电、气、压缩空气等一整套体系的稳定可靠。

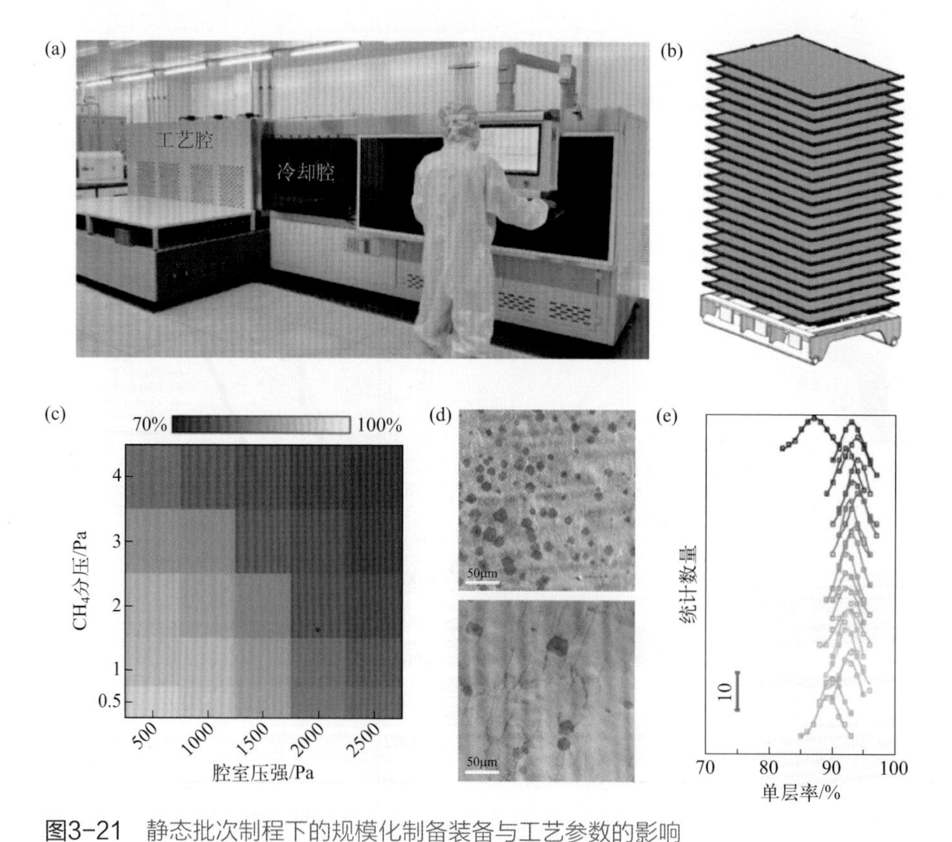

图3-21　静态批次制程下的规模化制备装备与工艺参数的影响

（a）典型的大尺寸石墨烯薄膜静态批次生长装备；（b）图（a）中利用载具进行堆叠生长的示意图；（c）不同工艺参数对石墨烯薄膜单层率的影响；（d）图（b）中最上层（上图）及第10层（下图）生长得到的石墨烯的扫描电子显微图像；（e）图（b）中各层载具的石墨烯单层率分布情况统计

需要强调的是，与实验室级的制备不同，规模化放大往往直接面临着片内和片间的均匀性问题。针对此问题，一方面需要在装备研制阶段通过特定的组件设计，改善传质和传热情况；另一方面也需要依托装备进行系统性的工艺探索及规模化的质量表征。以图 3-21（a）中所示的静态批次规模化制备装备中石墨烯的层数均匀性为例，研究人员首先进行了系统的工艺探索，考察了该装备体系下不同工艺参数对石墨烯薄膜单层率的影响［图 3-21（c）］，随后选取了最优工艺区间进行生长，并对所得不同片层的石墨烯薄膜进行了 SEM 测试［图 3-21（d）］和单层率统计［图 3-21（e）］。表征结果显示，第 2 ～ 19 层各层之间的单层率均达到了 90% 以上且较为一致，而第一层和最后一层由于气体流速的差异，其双层小核相对较多，导致单层率下降至 85% 左右。

畴区尺寸也是影响石墨烯薄膜品质的关键因素之一。一般而言，生长方法及工艺决定了畴区尺寸的上限，而传质与传热的不均匀性则会影响不同区域的石墨烯成核密度，进而放大其畴区尺寸的不均匀性。以图 3-20（b）中所示的衬底悬挂生长方式为例，在其典型的工艺条件下，最大畴区尺寸约在数十微米量级［图 3-22（a）］，并且不同位置的畴区尺寸［图 3-22（b）］及成核密度［图 3-22（c）］均表现出一定差异。不难发现，利用成核密度控制策略制备大畴区单晶石墨烯难以彻底解决由成核不均匀带来的品质问题。相反，由于不受成核密度的限制，“同取向生长 + 无缝拼接”可能是规模化制备下解决均匀性问题的更佳策略。本书著者团队利用本章第一节所述的织构诱导及温度梯度退火的方法得到了 A3 尺寸的 Cu(111) 单晶衬底，并进一步利用同取向外延生长实现了大尺寸单晶石墨烯薄膜的制备［图 3-22（d）］。通过反向刻蚀的方法对石墨烯的晶格取向进行表征可以发现，制备得到的石墨烯薄膜在大范围内（A3 尺寸）保持了良好的单晶性［图 3-22（e），（f）］。

利用上述生长方法能够实现单批次 20 片的产能［图 3-23（a）］，并且经过系统的拉曼光谱表征可以发现，所得的大尺寸石墨烯薄膜具有优良的品质。图 3-23（b）是沿图 3-23（a）中的彩色虚线均匀取点测得的拉曼光谱，反映了 A3 尺寸石墨烯薄膜的面内均匀性；图 3-23（c）是各层石墨烯相同片内位置所对应的拉曼光谱，反映了单批次制得石墨烯薄膜的片间均匀性。各条光谱中均未出现明显 D 峰，且绝大部分谱线中 2D 峰与 G 峰的比值均大于 2，说明石墨烯具有较高的结晶质量。此外，谱线的峰位、峰宽等特征也较为一致，说明得到的石墨烯薄膜具有良好的均匀性。

3．大尺寸石墨烯薄膜的卷对卷制备

除了上述静态批次制程外，卷对卷制程（又称动态连续制程）也广泛应用于大尺寸石墨烯薄膜的规模化制备。卷对卷技术是一种对柔性衬底进行加工、集成等操作的方法，广泛应用于金属处理、塑料加工、纺织、印刷、涂布等诸多领域，是一种自动化程度极高的工业规模的技术体系。由于铜箔自身具备较好的柔性，因此能够相对容易地集成至卷对卷系统，从而实现石墨烯薄膜连续化的制备。同时，在产业链方面，作为上游原料的工业铜箔大多以卷材的方式进行售卖

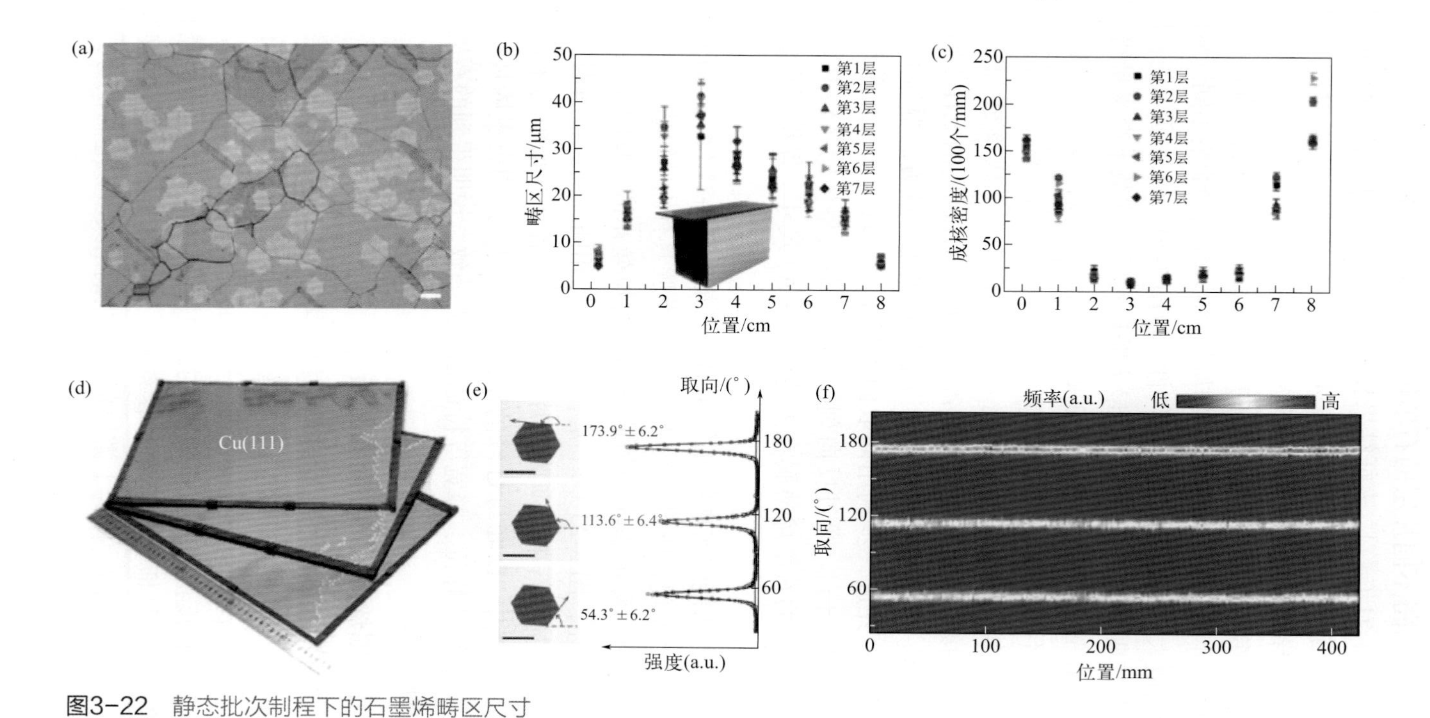

图3-22 静态批次制程下的石墨烯畴区尺寸

（a）多晶铜箔上生长得到的石墨烯岛的光学显微图像［以图3-20（b）中所示的悬挂及限域表面的方式进行生长］[47]；（b），（c）悬挂生长方式下，不同片层及不同位置的畴区尺寸与成核密度的统计结果[47]；（d）用于石墨烯同取向外延生长的A3尺寸Cu(111)单晶衬底[7]；（e）单个六边形刻蚀孔洞的取向识别结果[7]；（f）单晶石墨烯-铜箔样品沿长轴方向不同位置的刻蚀孔洞取向统计结果[7]

流通，而经过生长及转移后得到的石墨烯薄膜，若是以卷材的形式存在，也能够更好地与下游应用的生产线相匹配。因此卷对卷制程与大尺寸石墨烯薄膜的规模化制备在理论上有着较好的兼容性，石墨烯薄膜的卷对卷制备装备与工艺的发展对于真正实现石墨烯薄膜的产业化落地及规模化应用有着极为重要的意义。

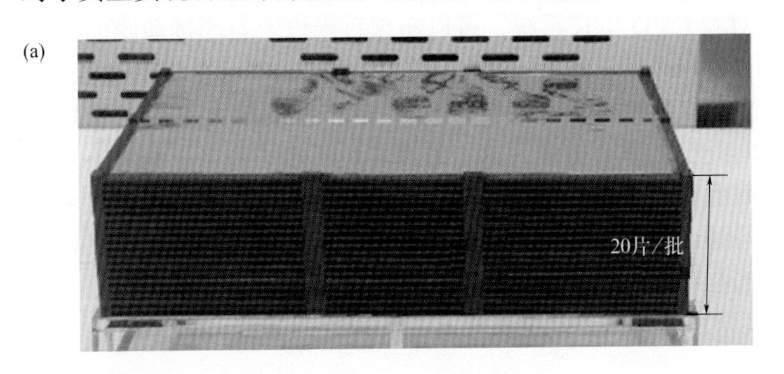

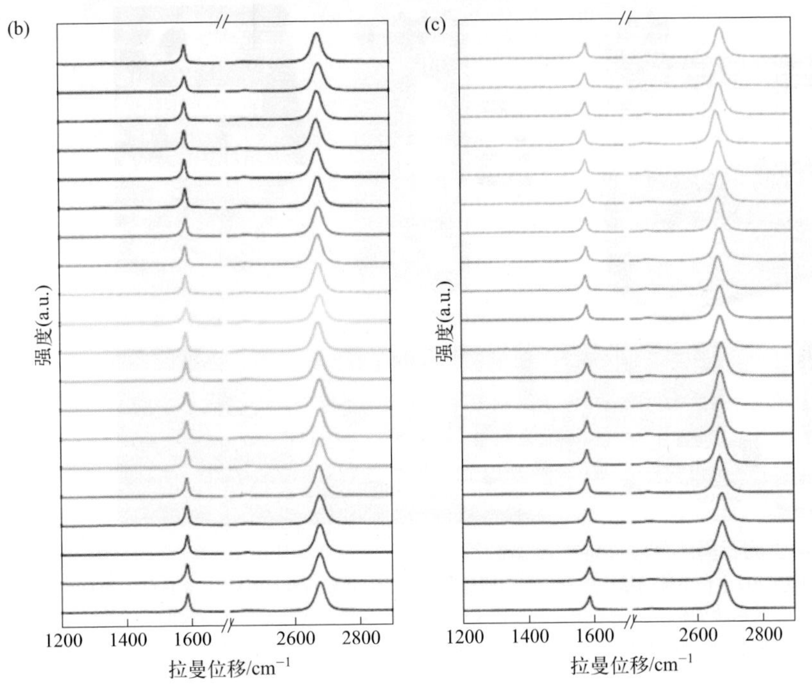

图3-23 石墨烯薄膜的静态批次生长结果[7]

（a）以Cu(111)作为衬底的A3尺寸单晶石墨烯薄膜的实物照片；（b）批次生长的A3尺寸石墨烯薄膜不同位置的典型拉曼光谱（20片/批）；（c）批次生长的不同片层A3尺寸石墨烯薄膜的典型拉曼光谱

卷对卷制备装备的关键是实现石墨烯高温生长过程和铜箔连续卷绕过程的结合匹配，在装备设计上需要考虑包括传热均一性、传质均一性、箔材应力状态、箔材卷绕情况等在内的诸多因素。从上述因素出发，主流的腔室结构大致可以划分为两套方案：卧式和立式。

图 3-24（a）所示的是一台典型的卧式卷对卷 CVD 生长系统[52]，主要包括真空系统、加热系统、卷绕系统、气体供给系统等主要部分，利用图中所示的规模化卧式卷对卷 CVD 生长系统，可以实现百米以上石墨烯薄膜的连续制备[图 3-24(e)]。图 3-24(b)所示的是一台典型的工业级立式卷对卷 CVD 生长系统[53]，与卧式卷对卷 CVD 体系相比，立式卷对卷 CVD 体系的最大不同在于其铜箔卷绕方向由水平方向改变为垂直方向，这一方面避免了水平体系下张力不足时的收卷困难，另一方面也有利于进一步通过张力系统对铜箔的应力情况进行有效调控[图 3-24（c）]。同时，利用外加张力提供晶界能，从而诱导铜箔异常晶粒长大的策略，可以在立式卷对卷系统中将晶粒取向杂乱的多晶铜箔批量地转化为更有利于石墨烯生长的 Cu(111) 箔材，从而提高石墨烯薄膜的品质[图 3-24（d）]。

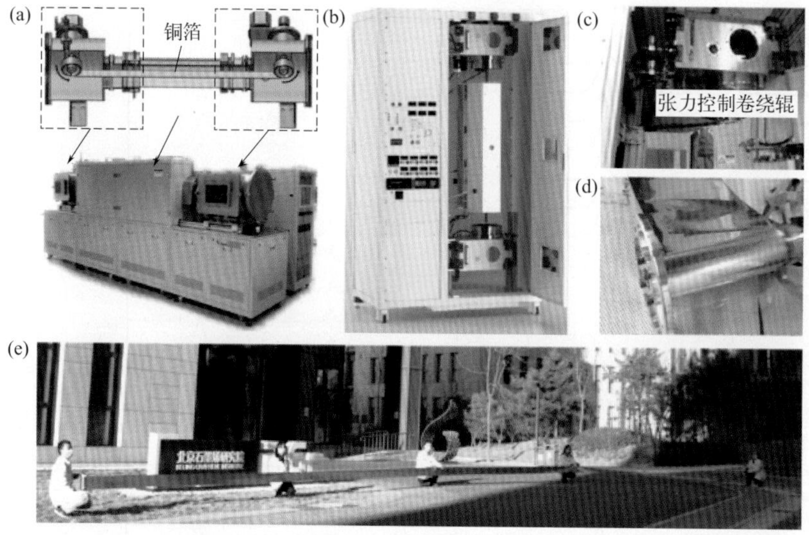

图3-24　典型的石墨烯薄膜卷对卷制备装备

（a）卧式卷对卷CVD生长系统的结构示意与实物照片[52]；（b）立式卷对卷CVD生长系统的实物照片[53]；（c）立式卷对卷CVD生长系统的张力控制系统；（d）图（b）中装备制备得到的石墨烯薄膜的实物照片；（e）图（a）中装备制备得到的石墨烯薄膜的实物照片

温度的控制是化学气相沉积的另一关键因素。热壁CVD的温度均匀性和可控性较好，但在规模化制备中也存在着能耗高、升降温速度慢、衬底挥发造成的炉体污染较为严重等不足。与之相对的冷壁 CVD，由于只对生长衬底进行加热，则能够在很大程度上规避上述问题。就具体加热模式而言，一般可采用焦耳热法[38][图 3-25（a）]、红外加热法[54][图 3-25（b）]、电磁感应加热法[55]、电阻加热法[56][图 3-25（c）] 等，其中电阻加热法相对而言最为成熟，在规模化制备中有着更广泛的应用。冷壁加热模式与卷对卷 CVD 系统相结合有助于同时发挥两者的优势，是未来大尺寸石墨烯薄膜连续制备的重要技术方案。此外，卷对卷制程的另一大优势在于，预处理—生长—剥离—掺杂—图案化—转移等一系列制备流程，均能够通过统一的卷对卷连续化制备过程，整合成为高度一体化的工业级生产线 [图 3-25（d）]，从而打通石墨烯从原材料（铜箔）到实际应用（功能化薄膜）的全链条，极大幅度地降低制备成本。这一愿景也是领域内研究人员长期不懈追求的方向之一。

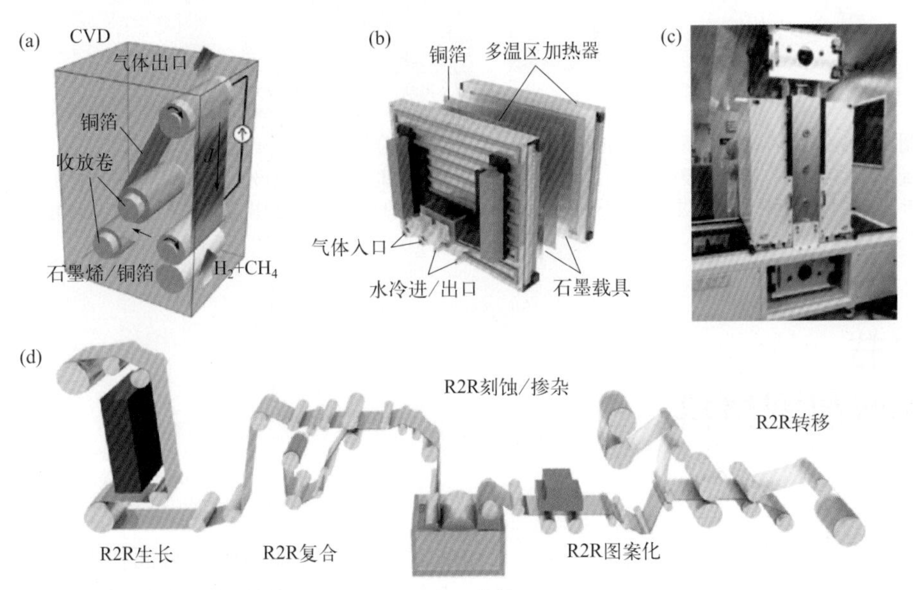

图3-25 石墨烯薄膜卷对卷制备装备的发展趋势

（a）～（c）焦耳热法、红外加热法、电阻加热法实现冷壁加热的示意图；（d）卷对卷生长与后续其它卷对卷连续化制备工艺的配套示意图

在卷对卷规模化制备工艺方面，其生长的具体工艺流程可以归纳为如图 3-26（a）所示的几项关键步骤。由于在实际的工业级制备中，石墨烯的连续生长过程无法随意终止，因此在卷对卷生长过程中，进行实时反馈调节和质量控制（QC）尤为重要，而原位检测技术正是实现这一目标的基础，也是卷对卷装备发展的重要趋势之一。在这方面，韩国首尔大学的研究人员发展了基于共聚焦激光扫描显微的石墨烯高温原位表征技术 [图 3-26（b）]，此技术除了能够获取石墨烯在铜衬底上的高对比度图像外 [图 3-26（c），（d）]，还能通过反射率对比度这一参数考察石墨烯的缺陷情况，从而在生长过程中原位评估石墨烯的覆盖范围和品质[37]，进而可以进行实时的生长工艺调控。

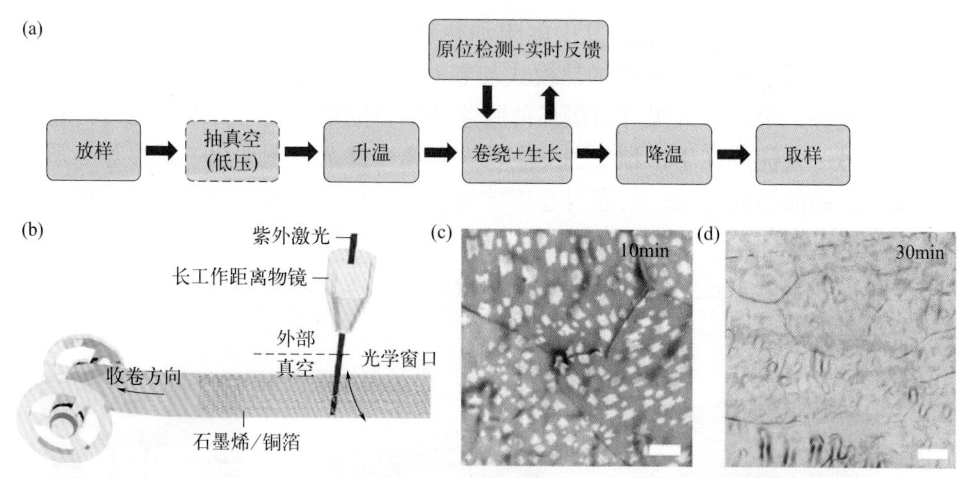

图3-26 石墨烯薄膜卷对卷制备的工艺流程与原位检测技术示例

（a）卷对卷制备石墨烯薄膜的主要工艺流程；（b）基于共聚焦激光扫描显微的石墨烯高温原位表征原理示意图；（c），（d）卷对卷生长过程中，分别生长10min及30min的共聚焦激光扫描显微图像（图中标尺为10μm）

第二节 石墨烯晶圆材料

上一节讨论的以金属箔材为生长衬底制备的石墨烯薄膜具有面积大、兼容静态批次制程和卷对卷连续制程等优势，主要面向大面积和对薄膜质量要求不太高的应用场景。我们知道，石墨烯作为二维材料，在应用时需要支撑载体。在各种板材、箔材、纤维衬底中，以工业抛光级晶圆为衬底的石墨烯，其形状、尺寸、平整度等均更适用于半导体工艺线，使得通过传统光刻工艺构筑石墨烯基器件阵列成为可能。我们称这类石墨烯薄膜材料为石墨烯晶圆材料，它将成为下一代高性能电子、光电子器件的重要基材[57-60]。从制备方案和衬底类型上看，石墨烯晶圆材料主要可分为（金属基）单晶石墨烯晶圆、碳化硅外延晶圆，以及绝缘衬底上的多晶晶圆。

一、单晶石墨烯晶圆

单晶石墨烯晶圆主要采用CVD生长方法，通过多核同取向外延生长并无缝拼接制备而成。与金属箔材上石墨烯制备不同的是，单晶石墨烯晶圆的衬底一般通过磁控溅射、蒸发镀膜等方法在非金属晶圆（如蓝宝石晶圆）上镀一层金属薄膜，经过高温退火重结晶得到单晶金属薄膜，最终在单晶金属薄膜上进行化学气相沉积生长单晶石墨烯薄膜[图3-27(a)][61]。相比于粗糙度较大的金属箔材[61-64]，以单晶金属晶圆作为生长衬底制备的石墨烯薄膜具有极高的表面平整度和良好的单晶性。这一优势保证了大面积器件加工的均匀性，同时有望兼容现有的半导体晶圆工艺[65-66]。

1．单晶金属薄膜衬底的制备

单晶金属薄膜衬底的获得是单晶石墨烯晶圆制备的先决条件。磁控溅射是工业中常用的一种薄膜制备工艺，具有可控性高、镀膜均匀性好、薄膜纯度高以及薄膜与衬底结合力强等优势[63,67]。其原理为：惰性气体（如氩或氦）在腔室中因受被电场加速的电子碰撞而产生高能离子，快速轰击沉积靶材或金属前驱体。高能离子与靶材的强力碰撞导致溅射，产生中性的靶原子或分子。这些金属原子随后沉积在基片上，形成金属薄膜[68][图3-27（b）]。对于非金属单晶衬底而言，其需要具有较好的热稳定性和化学惰性，同时与外延金属有良好的晶格匹配度。典型的非金属基底一般有：MgO(111)[69]、Mg(100)、Al_2O_3(0001)[70]等。Al_2O_3(0001)与Cu(111)具有良好的外延匹配关系而被广泛使用，其中最常见的外延关系为[14]：

$$\mathrm{OR} \equiv (111)_{\mathrm{Cu}} \parallel (0001)_{\alpha\text{-}\mathrm{Al_2O_3}} \wedge <110>_{\mathrm{Cu}} \parallel <110>_{\alpha\text{-}\mathrm{Al_2O_3}}$$

图3-27（c）展示了溅射在Al_2O_3(0001)上的4英寸Cu(111)单晶晶圆的典型图片[14]。目前，该类产品已经在北京石墨烯研究院实现量产。

对于单晶金属薄膜的制备来说，面临的最大挑战是孪晶问题[71-72]。如图3-27（d）所示，外延法制备的铜薄膜表面常可以观察到明显的热蚀沟图案，这些图案即是铜的孪晶界[73]。孪晶界将面内取向不同的两块孪晶晶粒分隔开来，大大增加了表面粗糙度。外延过程中产生金属孪晶的原因在于，Cu(111)表面是三重对称，而Al_2O_3(0001)表面为六重对称。当三重对称的铜薄膜在六重对称的基底上外延生长时，便会产生面内取向相差60°的两种对称外延结构[图3-27（e）][74]。Cu(111)孪晶在谱学和显微学上的具体表现为：在X射线衍射（XRD）谱图的面内φ扫描谱图中，可观测到孪晶产生的两组共六条谱峰[图3-27（f）][74]，而在电子背散射衍射（EBSD）的极图中则可以观察到六个等距的斑点[图3-27(g)][72]。

石墨烯在金属衬底上保型生长的特点决定了其会复制孪晶的粗糙起伏状态，给后续的转移带来诸如破损、褶皱等问题[75]。为此，研究人员从控制沉积和退火条件、调控外延界面等角度入手，对解决孪晶问题进行了积极的探索。2016年，韩国成均馆大学的Young Hee Lee课题组实现了2英寸单晶Cu(111)薄膜的制备[图3-28（a）][76]。该薄膜XRD摇摆曲线的半高宽仅为0.03°，证明了铜薄膜具有良好的单

晶性[图 3-28(b)]。单晶铜靶材的使用以及精确的衬底温度控制(195℃±2℃)被认为是单晶铜薄膜制备的关键因素。美国国家标准与技术研究院的研究人员发现,当控制溅射衬底为适中的温度(80℃)时,蓝宝石衬底上的铜晶粒可呈现两种不同的外延结构,即 $<110>_{Cu}\|<10\bar{1}0>_{\alpha\text{-}Al_2O_3}$(OR1)和 $<100>_{Cu}\|<2\bar{1}\bar{1}0>_{\alpha\text{-}Al_2O_3}$(OR2)[77]。在随后的高温退火过程中,具有热力学能量优势的 OR1 晶粒会逐渐吞并周围的 OR2 晶粒,通过二次晶粒长大的过程形成 Cu(111) 粗大晶粒[图 3-28(c),(d)]。

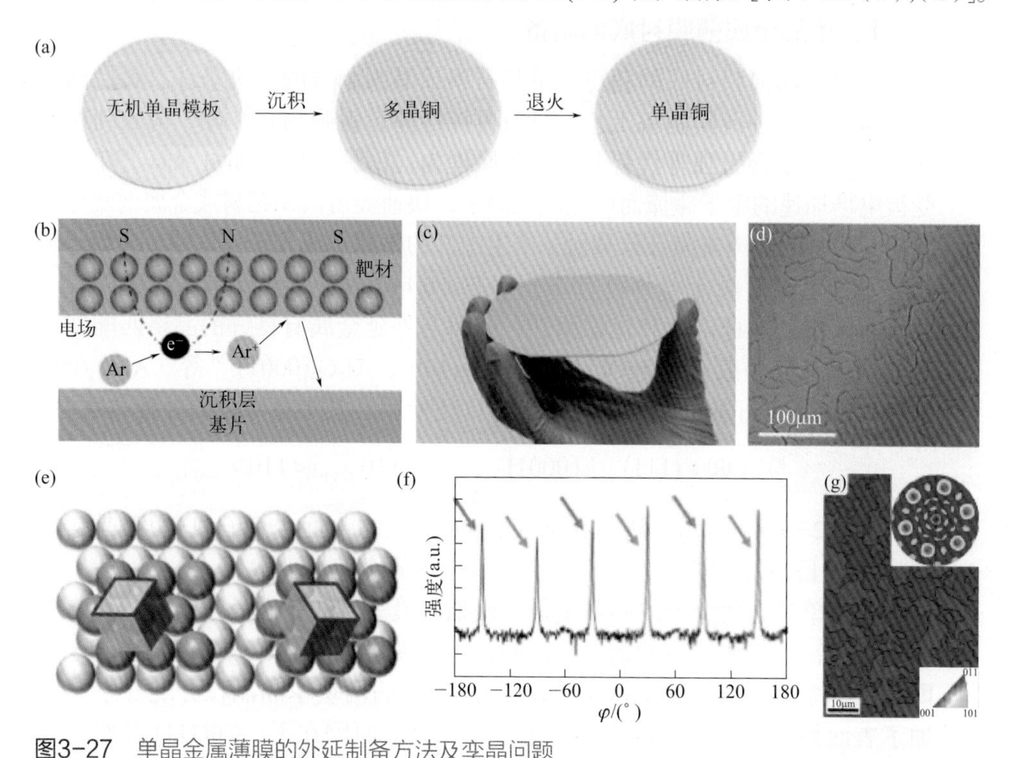

图3-27 单晶金属薄膜的外延制备方法及孪晶问题

(a)外延制备石墨烯单晶晶圆示意图[61];(b)磁控溅射原理图;(c)4英寸Cu(111)单晶晶圆照片[14];(d)铜薄膜表面孪晶的光学照片[73];(e)孪晶形成原理示意图[74];(f)Al_2O_3(0001)外延Cu(111)薄膜XRD面内φ扫谱图[74];(g)Cu(111)孪晶薄膜的EBSD反极图和极图(插图)[72]

除了溅射和退火工艺控制之外,外延界面的调控也是抑制孪晶的重要手段。本书著者团队提出了蓝宝石表面预氧化退火处理的策略使之形成富氧表面[图 3-28(e)][14]。在后续的铜溅射过程中,界面处形成的氧化亚铜缓冲层有利于释放外延过程的应力[图 3-28(f)],进而形成无孪晶的单晶 Cu(111) 薄膜[图 3-28(g)]。马里兰大学的研究者深入探究了蓝宝石上 Cu(111) 薄膜的界面结构,发现反向 Stranski-Krastanov(ISK)生长是无孪晶铜薄膜形成的重要机制[74]。在溅射初期,Al_2O_3 基板的界面张力相比铜蒸气的表面张力较低,导致铜在表面

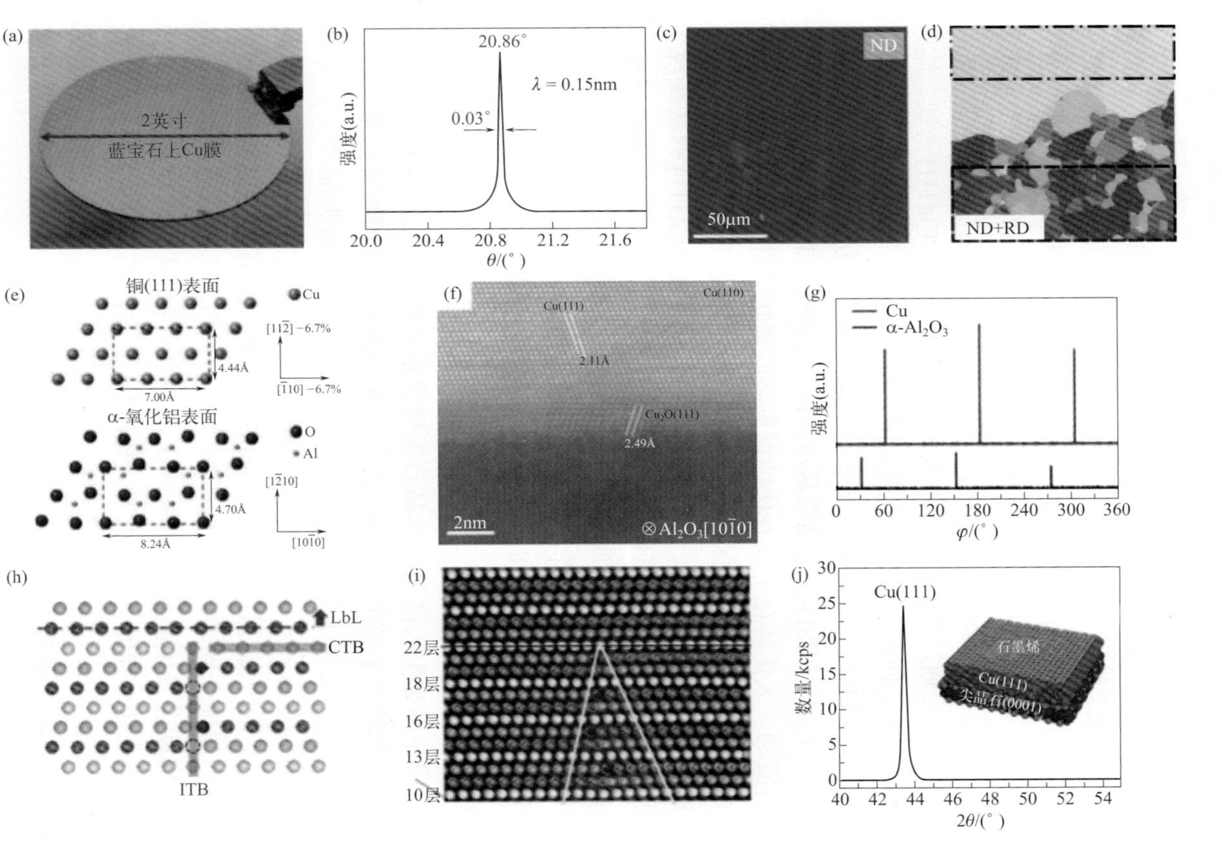

图3-28　无孪晶Cu(111)单晶薄膜的制备方法

（a）使用单晶靶材溅射得到的α-Al_2O_3(0001)/Cu(111)晶圆照片[76]；（b）Cu(111)薄膜的摇摆曲线[76]；(c)，(d）二次晶粒长大得到的Cu(111)薄膜的面内和面外各取向的EBSD图，上半部分为单晶区域，下半部分为多晶区域[77]；（e）Cu(111)和α-Al_2O_3(0001)的外延取向关系[14]；（f）沿Cu [110]和α-Al_2O_3 [1010]轴向上Cu和α-Al_2O_3界面的STEM图像[14]；（g）分别以Cu(200)和α-Al_2O_3(0006)为基点的XRD面内φ扫谱图[14]；（h），（i）反向Stranski-Krastanov(ISK)生长初期和后期的原子示意图[74]；（j）尖晶石(0001)面外延生长Cu(111)薄膜的XRD谱图[78]

LbL—layer-by-layer growth, 逐层生长；CTB—coherent twin boundary, 共格孪晶界；ITB—incoherent twin boundary, 非共格孪晶界

进行岛状生长以实现总自由能的最小化。当两个具有不同堆叠顺序的孪晶岛比邻时，铜原子开始填充它们之间的横向空间［图 3-28（h）］，并进一步在两个孪晶岛的融合处形成一个∑3[112] 非共格孪晶界（ITB）。当非相干孪晶界随着金属薄膜的生长重复若干个周期之后，晶格外延失配引起的应变被显著降低，进而形成∑3[111] 共格孪晶界（CTB）。此后，金属薄膜恢复到理想的无孪晶逐层生长状态［图 3-28（i）］。此外，有研究表明当基底为尖晶石 (111) 晶面时候，外延生长可以克服孪晶问题，获得品质很好的无孪晶 Cu(111) 薄膜［图 3-28（j）］[78]。

在金属催化 CVD 一节中已经讲到，金属铜能够与多种金属形成合金，从而调节催化剂衬底的物理化学性质 [80]，单晶金属合金薄膜晶圆的制备对于调控石墨烯层数、畴区尺寸以及生长速率十分重要。通常，合金晶圆的制备工艺路线一般可分为两种（以铜镍合金为例）：一种是先通过共溅射金属元素的方式在外延基底上形成多晶合金薄膜，再通过退火使其转变为单晶合金薄膜 [81]［一步溅射法，图 3-29（a）]；另一种是先在外延基底上通过溅射、退火的方式制备出无孪晶的 Cu(111) 薄膜，然后继续溅射金属镍并退火，使得镍原子扩散进入铜体相，形成单晶 Cu/Ni(111) 晶圆 [82]［两步溅射法，图 3-29（b）］。图 3-29（c）展示了通过第二种方法制备的单晶铜镍合金的照片。图 3-29（d）EBSD 表征结果显示，该合金薄膜具有良好的单晶性。

铜镍合金衬底的一大优势在于具有比纯铜更高的催化活性，同时在镍含量较低的情况下，石墨烯在其表面仍能保持表面自限制的生长模式，可以实现石墨烯单晶晶圆的快速、低温制备。例如，本书著者团队使用 $Cu_{90}Ni_{10}$(111) 衬底实现了单晶石墨烯薄膜的快速制备 [82]。石墨烯仅需 10min 就可实现 4 英寸晶圆满覆盖生长，其生长速度约为 Cu(111) 衬底上生长速度的 50 倍［图 3-29（e）］[82]。中国科学院上海微系统与信息技术研究所谢晓明团队则采用 $Cu_{85}Ni_{15}$(111) 单晶晶圆，在 750℃的生长温度下实现了高品质无褶皱石墨烯晶圆的制备 [81]。

2．超平整石墨烯晶圆的制备

单晶金属薄膜是外延生长高品质单晶石墨烯薄膜的理想衬底。除解决石墨烯的晶界问题外，表面极为平整的 Cu(111) 衬底还在抑制石墨烯褶皱方面带来意外之喜 [61]。石墨烯褶皱问题源于金属衬底和石墨烯的热膨胀系数失配 [81]。具体而言，石墨烯的热膨胀系数为 $-7\times10^{-6}K^{-1}$，铜的热膨胀系数为 $16.6\times10^{-6}K^{-1}$。因此在石墨烯生长结束后的降温过程中，金属铜的晶格会收缩，而石墨烯的晶格则会略微膨胀，导致石墨烯受到来自衬底的压缩应力 [12]。当该压缩应力积累到一定程度之后，石墨烯就会发生晶格的弯曲变形，以褶皱的形式将其释放［图 3-30（a），（b）］。根据弯曲变形程度，可将石墨烯褶皱分为“涟漪”［图 3-30（c）］、“直立褶皱”［图 3-30（d）］和“折叠褶皱”［图 3-30（e）］三种。研究表明，石墨烯薄膜中褶皱的存在会对其载流子迁移率、热导率、机械强度、抗磨损性能等诸多

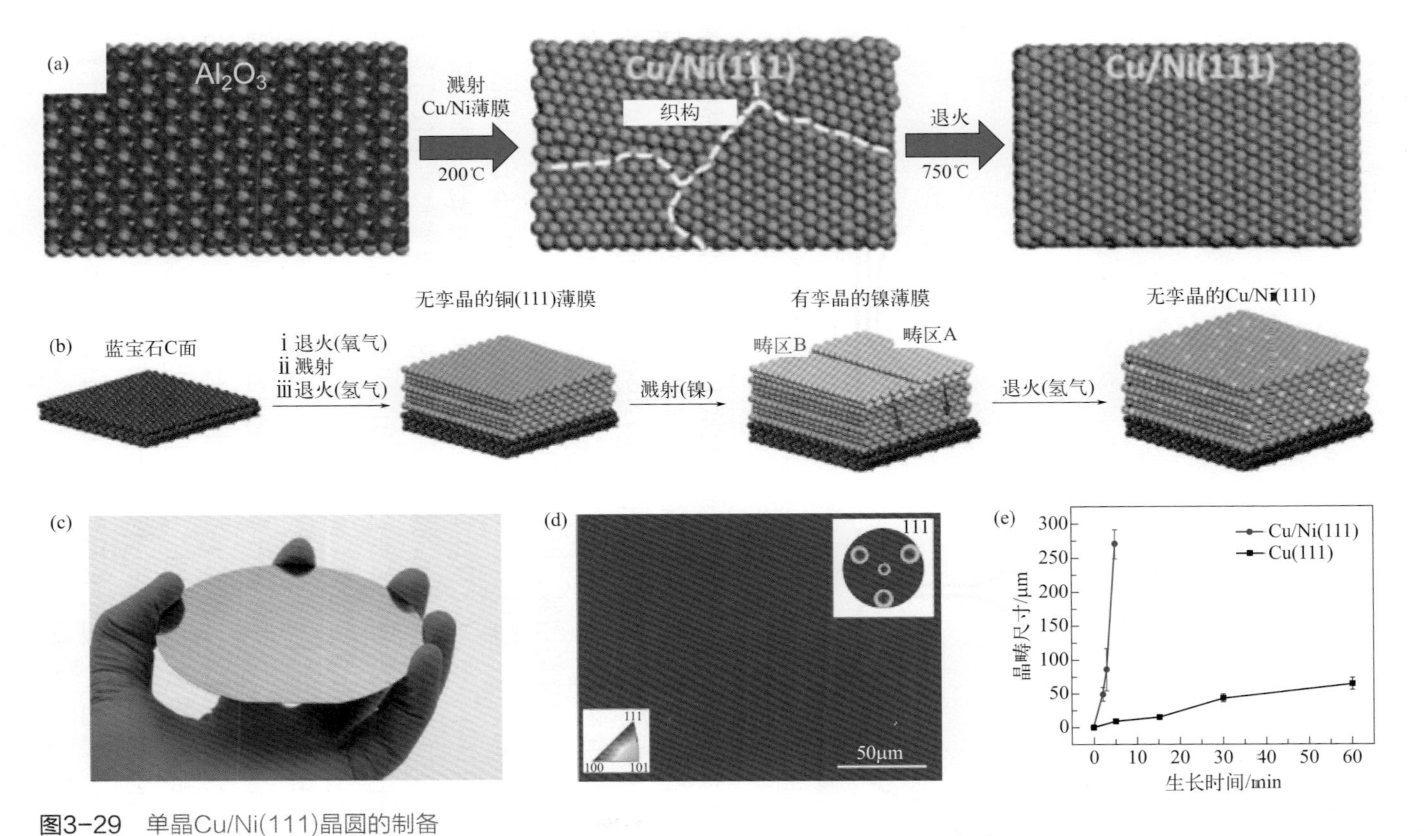

图3-29　单晶Cu/Ni(111)晶圆的制备

（a）一步溅射法制备Cu/Ni(111)示意图[79]；（b）两步溅射法制备Cu/Ni(111)示意图[80]；（c）4英寸Cu/Ni(111)单晶晶圆照片[80]；（d）Cu/Ni(111)薄膜的EBSD表征结果[80]；（e）Cu(111)和Cu/Ni(111)上的石墨烯薄膜晶畴尺寸随生长时间的变化关系[82]

性质产生不利影响[82-84]。因此，如何抑制石墨烯的褶皱是制备高品质石墨烯薄膜的重要挑战。

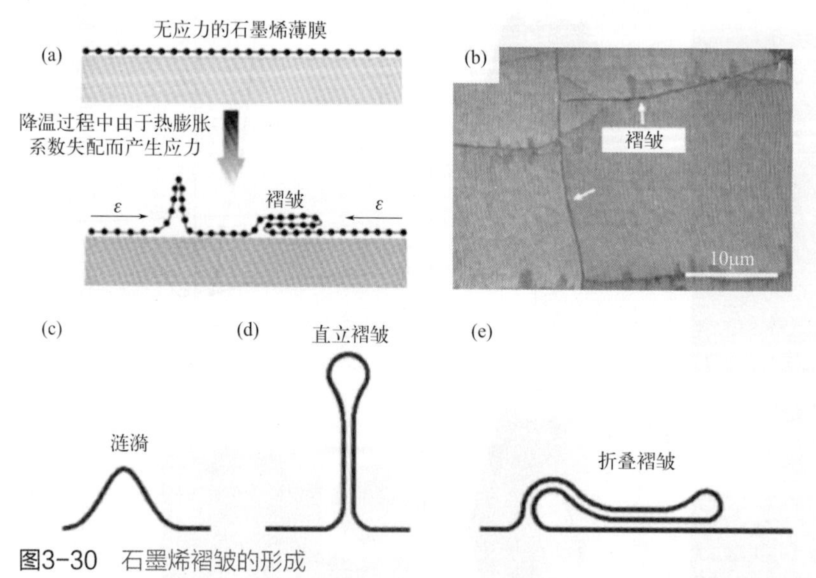

图3-30　石墨烯褶皱的形成

（a）石墨烯表面褶皱形成的原理示意图[14]；（b）铜箔表面石墨烯的SEM图[14]；（c）～（e）不同种类的褶皱[83]

本书著者团队在4英寸Cu(111)晶圆衬底上实现了无褶皱石墨烯晶圆的制备[14]［图3-31（a）］。与Cu(100)衬底上的石墨烯相比，Cu(111)衬底和石墨烯具有更强的相互作用力，其较强的界面耦合能使石墨烯降温过程中的应力保留在石墨烯晶格内，避免其形成褶皱。分子动力学模拟显示，Cu(100)晶面上的石墨烯经过降温弛豫后产生明显的褶皱，而Cu(111)晶面上的石墨烯基本保持了原始形貌，没有明显的弯曲变形，这与实验结果很好地吻合［图3-31（b）］。因此，相比于Cu(100)、Cu(110)晶面，Cu(111)表面与石墨烯强的结合能是其抑制褶皱形成的原因［图3-31（c）］。需要指出的是，石墨烯的褶皱和应变水平不仅与金属衬底的面外取向有关，也受石墨烯和衬底的面内相对取向制约[61]。韩国蔚山科技研究院Rodney S. Ruoff课题组对Cu(111)箔材表面外延生长和非外延生长的石墨烯畴区进行SEM［图3-31（d）］和AFM［图3-31（e）］表征发现，外延石墨烯区域没有观察到褶皱，而非外延石墨烯区域褶皱十分明显[85]。两种不同区域石墨烯的拉曼光谱结果显示，相比于非外延生长石墨烯，外延生长石墨烯的G峰和2D峰峰位均向高波数方向移动。这说明外延生长石墨烯具有更高的压缩应变水平［图3-31（f）］。第一性原理计算的结果显示，外延生长石墨烯与Cu(111)衬底之间的摩擦力比非外延生长石墨烯与Cu(111)间的摩擦力大2～3个数量级。这意味着，外延生长石墨烯更难在衬底上发生滑动形成褶皱。

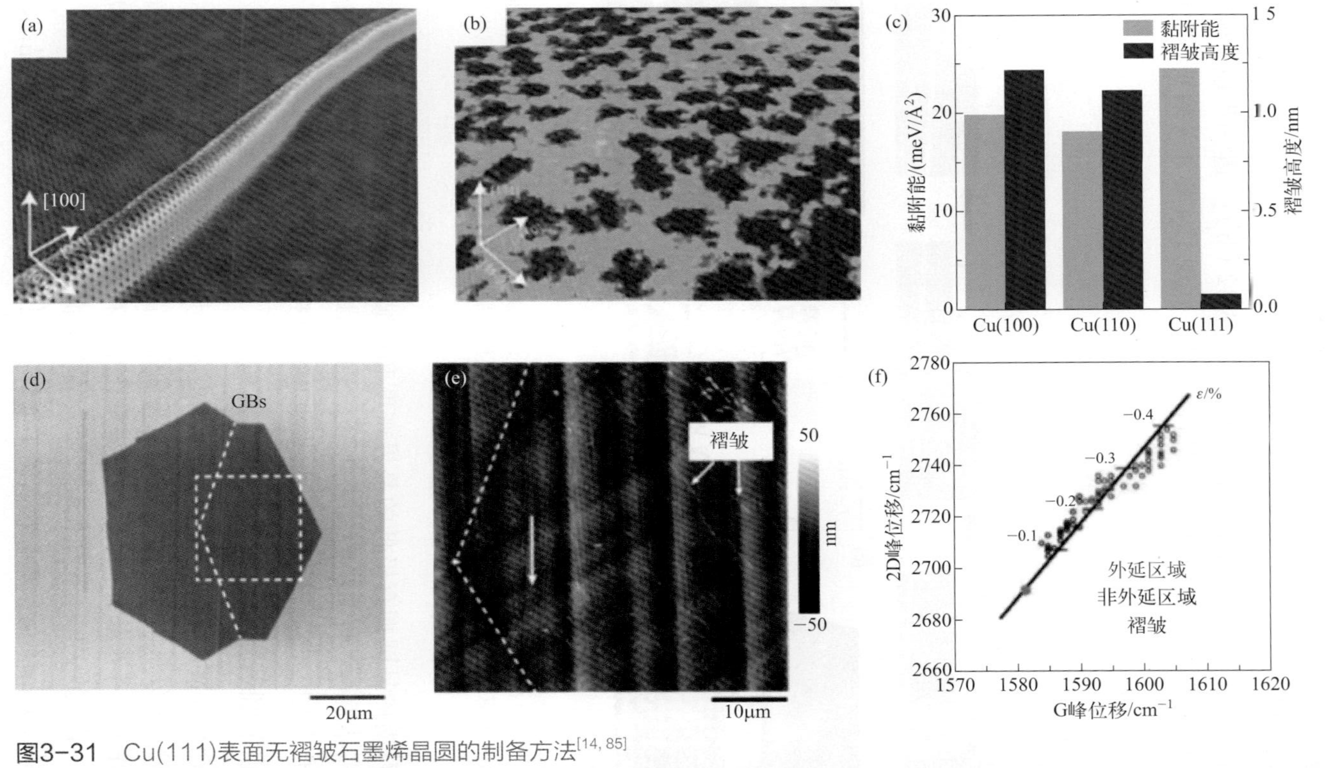

图3-31 Cu(111)表面无褶皱石墨烯晶圆的制备方法[14, 85]

（a）Cu(100)表面冷却足够长时间的石墨烯薄膜形态模拟图像；（b）Cu(111)表面冷却足够长时间的石墨烯薄膜形态模拟图像；（c）石墨烯与各基础晶面的结合能及相应晶面上石墨烯褶皱高度的统计图；（d）Cu(111)表面外延石墨烯与非外延石墨烯的SEM图；（e）图（d）中虚线框内石墨烯区域的AFM图；（f）外延石墨烯与非外延石墨烯区域的拉曼$\Delta\omega_{2D}$-$\Delta\omega_{G}$峰位关系图

除增强石墨烯与衬底之间的相互作用策略之外，南京大学高力波课题组反其道而行之，提出利用质子辅助解耦石墨烯和铜衬底的范德华作用以制备超平整石墨烯薄膜的方法[86]［图 3-32（a）］。研究人员首先使用氢气氛围的电感耦合等离子体（ICP）处理带褶皱的石墨烯薄膜。该过程中产生的质子可以穿透石墨烯进入到衬底和石墨烯界面，并在该界面发生重组重新生成氢气，在高温辅助下从衬底上解耦石墨烯，逐步减弱甚至消除褶皱［图 3-32（b）］。进一步地，研究人员直接在生长石墨烯的过程中引入氢气等离子体，实现了 4 英寸无褶皱石墨烯晶圆的制备［图 3-32（d）］。

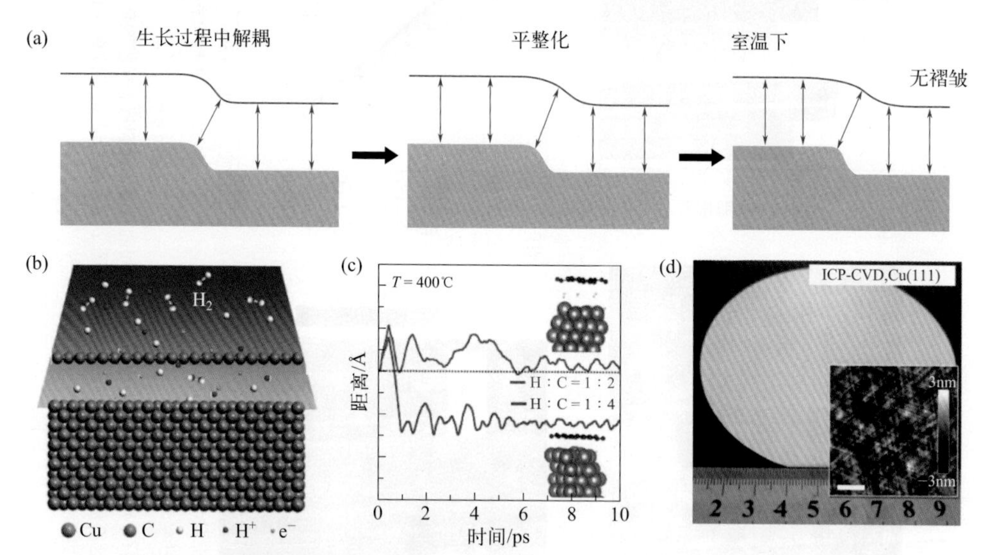

图3-32　质子辅助超平整石墨烯薄膜的制备方法[86]

（a）CVD生长过程中石墨烯与衬底去耦以消除褶皱示意图；（b）质子在ICP处理过程中穿透石墨烯薄膜示意图；（c）400℃不同氢原子密度下石墨烯和衬底之间的相互作用距离；（d）4英寸石墨烯晶圆照片，插图为AFM图像

单晶石墨烯晶圆拥有极低的晶界密度和褶皱密度，并具备原子级平整的表面，是最高品质石墨烯薄膜的代表之一，实现其规模化制备无疑将为石墨烯在未来高端电子及光电子器件领域的应用提供重要材料支撑。

3．规模化制备装备与工艺

石墨烯单晶晶圆材料的可控批量制备是实现其在电子信息等领域实际应用的前提，这就需要发展规模化的制备技术与装备。需要提及的是，目前石墨烯单晶晶圆的制备研究多处于实验室阶段，规模化生产存在许多技术瓶颈问题，需要从基础研究、工艺放大以及规模化装备研发等多方面系统性协同解决。

在基础与工艺研发方面，放大体系的传质与传热问题是石墨烯单晶晶圆批量制备过程中首先需要解决的问题。通常来说，保障批次生长过程中各晶圆表面温度、压强、碳物种浓度的均匀分布是实现高质量石墨烯晶圆生长的关键，这就需要从过程工程学的角度对 CVD 体系的温度场和流场分布进行设计。2019 年，比利时法语鲁汶大学 Benjamin Huet 等人通过计算流体力学（CFD）模拟详细评估了晶圆不同放置方式表面的流场分布，并对比了石墨烯晶圆的生长行为[87]。由图 3-33 的结果可以看到，相比于沿气流方向水平放置，将多片晶圆沿气流方向垂直放置可以构建出片间分布均匀的流速场，石墨烯晶圆的畴区尺寸也会有明显提高。但这一放置方式的问题在于晶圆的边缘和中心的碳物种浓度分布会有较大差别，从而显著影响石墨烯晶圆的生长均匀性。为此 Benjamin Huet 等人提出了“准静态”的生长策略，即在石墨烯晶圆的生长过程中关闭前驱体的通入，并将 CVD 体系封闭，使得 CVD 体系中气体的流动倾向于静态过程，从而实现了 3 英寸石墨烯晶圆的均匀生长。需要提及的是，石墨烯晶圆生长过程中的流场分布、流动状态、黏滞层厚度等流体力学因素会显著影响碳物种的分布、停留时间以及反应动力学过程，从而影响石墨烯晶圆的单晶率、洁净度、单层覆盖率等参数，因此，如何将石墨烯晶圆生长的微观基元过程和 CVD 体系的宏观流体力学过程进行有效衔接，是保障石墨烯晶圆可控批量制备的关键。

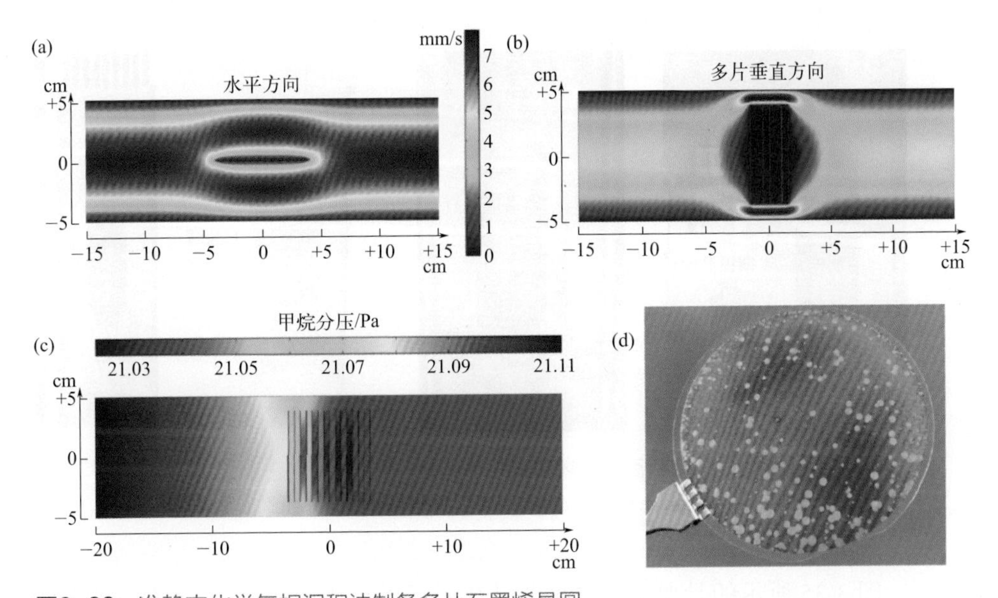

图3-33 准静态化学气相沉积法制备多片石墨烯晶圆

（a）晶圆水平放置时流场的模拟结果；（b）多片晶圆垂直放置时流场的模拟结果；（c）准静态生长过程中甲烷的分压分布模拟结果；（d）3 英寸石墨烯晶圆的照片

对于石墨烯单晶晶圆批量制备装备的研制来说，目前主要有两种策略：热壁管式生长系统和冷壁板式生长系统。这两种策略在装备核心组件设计、晶圆放置方式，以及匹配的制备工艺等方面都具有很大的差异性。图 3-34 所示的是一台典型的热壁管式生长系统，由本书著者团队与国内设备厂商合作开发，可以实现 4 英寸石墨烯单晶晶圆的批量制备，装备的年产能可达 10000 片[80]。其中，CVD 工艺腔室选择的是大管径的立式炉，晶圆的放置方式为自上而下的 B2B 放置，放置方向垂直于气流方向。为了进一步提高 CVD 体系流场分布的均匀性，研究人员对于 CVD 腔室的进气组件进行了设计，将原有的单管路进气方式更换为匀气盘进气方式，从而提高了石墨烯晶圆片内与片间的生长均匀性。不同于实验室水平的样品制备设备，对于规模化生长装备来说，除了要保障石墨烯晶圆生长质量的均一性和稳定性，还需要考虑产能、成本、易操作性等问题。例如热壁 CVD 体系由于加热方式等原因，通常需要较长的降温时间，对于大管径的多片石墨烯晶圆生长体系来说，由生长温度降低至室温往往需要十多个小时，这就需要从炉体以及载具的结构和材质上进行设计，缩短降温时间，提高批量制备的产能和效率。此外，装备的自动化集成控制至关重要。目前立式炉生长系统可以实现温度、压力、气体流量、样品传送等方面的精确控制，并可以通过编程形成工艺菜单自动运行，大大提高了晶圆规模化生产过程中的可操作性和质量稳定性。

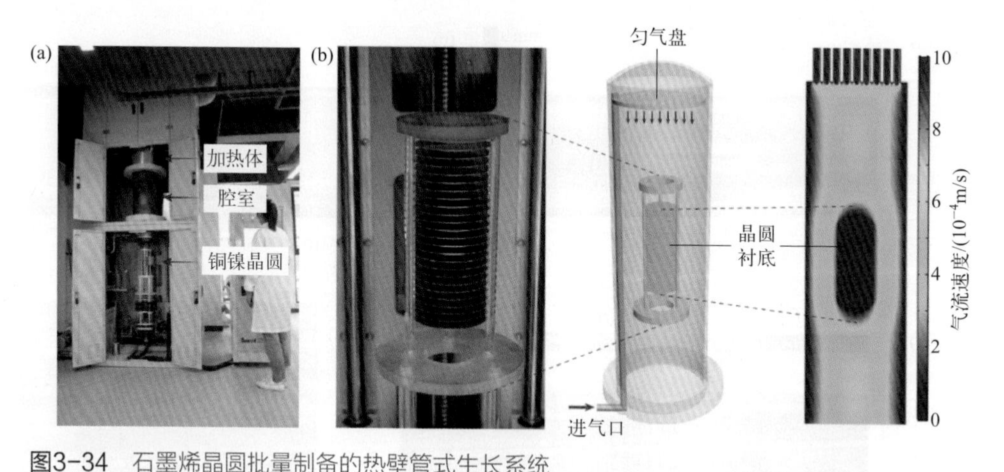

图3-34　石墨烯晶圆批量制备的热壁管式生长系统

（a）立式石墨烯单晶晶圆规模化生长装备；（b）立式石墨烯单晶晶圆规模化生长装备的腔室设计（中）、载具结构（左）以及流场模拟结果（右）

图 3-35 所示的是典型的冷壁板式生长系统，由德国 Aixtron 公司设计制造，并已经实现了商业化生产。与热壁管式炉生长装备相比，冷壁板腔式生长装备的最大不同在于晶圆衬片采用平铺的方式放置于平面加热板上，并采用了喷淋供气的方式自上而下地向晶圆表面提供生长前驱体。这种装备设计方案具有以下的优点：①可以兼容更大尺寸，如 8 英寸、12 英寸晶圆的制备；②可以实现更高

生长温度，如 1200 ～ 1400℃；③可以缩短晶圆的升温和降温时间，从而提高制备效率，减少能耗。在装备进展方向，目前 Aixtron 已经推出一系列 Black Magic（BM）型号的冷壁晶圆生长系统，包括 BM R&D（2 英寸）、BM Pro（4 英寸 & 6 英寸）、BM 300T 等。其中最新的 BM 300T 设备已经可以实现最大晶圆尺寸（达 12 英寸）的石墨烯薄膜的生长，同时由于可以实现更高的生长温度，在绝缘衬底上的甚高温制备方面也具有一定的应用前景。例如美国得克萨斯大学奥斯汀分校 Deji Akinwande 课题组利用 BM 300T 设备实现了 12 英寸铜薄膜 / 硅晶圆上多晶石墨烯薄膜的生长 [88]。德国高性能微电子莱布尼茨微电子创新研究所 M. Lukosius 等人成功实现了 Ge(001)/Si(001) 衬底上 8 英寸多晶石墨烯晶圆的生长 [89]。意大利技术研究院 Camilla Coletti 课题组通过将生长温度提高至 1200℃，成功实现了 6 英寸蓝宝石晶圆衬底上较高质量石墨烯薄膜的生长 [90]。由以上结果可以看出，目前冷壁晶圆生长系统由于传质、传热等原因，生长石墨烯晶圆的质量相比于热壁 CVD 体系仍有待提升。2020 年，英国剑桥大学 Stephan Hofmann 通过构筑限域空间的方法，成功在冷壁晶圆生长体系实现了高质量 2 英寸石墨烯单晶晶圆的可控制备 [91]，但是在批量制备方面的潜力仍有待探究。

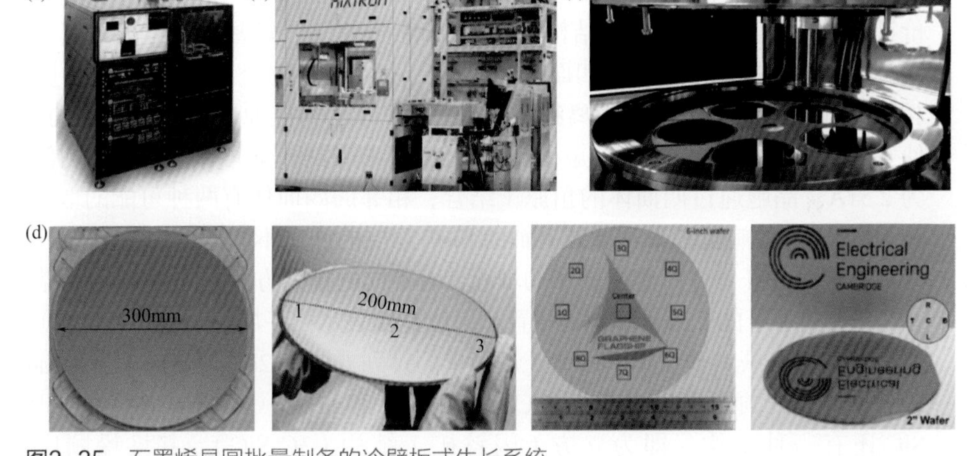

图3-35　石墨烯晶圆批量制备的冷壁板式生长系统

（a）实验型冷壁晶圆生长系统；（b）中试型冷壁晶圆生长系统；（c）板式加热系统照片；（d）冷壁生长系统制备的石墨烯晶圆（从左到右尺寸为12英寸、8英寸、6英寸、2英寸）照片

二、碳化硅外延晶圆

碳化硅（SiC）是由硅和碳以 1∶1 比例组成的宽禁带（2.3 ～ 3.3eV）半导体，具有高击穿电场、高饱和电子速度、高热导率、耐高温、高电子密度和高迁移

率等特点。近年来，随着电力变换需求的逐步提升，电力电子器件向高温、高电压、高频率和大电流方向快速发展，碳化硅成为芯片材料发展的主流方向之一，兼容于半导体工艺制程的碳化硅晶圆工艺与设备也日渐成熟，晶圆尺寸已经达到6英寸，并逐步升级至8英寸。

在高温和高真空环境下，碳化硅表面的硅元素比碳元素更容易升华，硅升华后留下的碳原子在表面重排可以形成少层有序或无序的石墨烯，这种石墨烯的生长方法被称为碳化硅外延生长法。与传统的外延不同的是，这里石墨烯并非随着衬底结构生长，而仅表示石墨烯与碳化硅衬底之间的取向关系。这一技术无需提供烃类碳源，无需转移，所制备的石墨烯十分洁净，并且可以在半绝缘的SiC衬底上直接实现图案化进而制备出性能良好的电子器件，是高品质石墨烯薄膜制备的一条重要技术路线。碳化硅外延晶圆的不足之处在于其Si的升华难以控制，因此不易控制石墨烯的层数。本部分将从碳化硅衬底预处理、碳化硅表面石墨化过程，以及不同终止面上石墨烯外延生长等方面介绍其制备方法和工艺调控手段。

1．SiC衬底及预处理

碳化硅（SiC）是Ⅳ-Ⅳ族半导体化合物材料，主要为共价Si—C键（88%共价键和12%离子键）。晶体结构由Si和C原子的双层紧密堆积组成，其基本单元是具四重对称性的共价键四面体，由SiC_4和CSi_4组成［如图3-36（a）］。两个相邻的硅或碳原子之间的距离约3.08Å，而碳原子和硅原子之间非常强的sp^3键使它们之间的距离变得非常短，约为1.89Å。图3-36（a）中硅层之间的间距约为2.51Å。晶胞通过四面体的角原子结合，相邻的四面体有两种可能的取向（旋转60°），各种旋转和平移导致*c*轴的Si-C双层的许多不同的堆垛结构[92]。

对于六方纤锌矿晶胞中原子的堆垛，有不同的排列方式。图3-36（b）表示出在六方密排原子的上或下堆积的位置，用位置A表示第一层原子，其上一层原子可以位于位置B或者位置C。因此，最简单的排列方式是2H（…ABAB…），而SiC最常见的形式通常是4H（…ABCBABCB…）和6H（…ABCACBABCACB…）。SiC还有一种结构，即为立方（闪锌矿）结构（3C-SiC），其堆垛顺序为…ABCABC…（或…ACBACB…）。上述SiC结构表示方法为描述多型体常用的Ramsdell表示法：多类型名称中的数字表示重复该模式所需的层数，多类型名称中的字母对应于晶体系统的第一个字母（C表示立方体，H表示六方，R表示菱面体）。

图3-36（c）显示了3C-SiC、4H-SiC和6H-SiC的堆垛顺序，由于立方晶系的堆垛顺序与六方晶系相比没有旋转，因此3C结构以直线形进行，并且六边形结构以Z字形图案进行。4H-SiC中的A位置是立方体位置，B位置是六角形位置。

在 6H-SiC 中，A 位置是六角形的位置，B 和 C 是立方形的。已经发现了 200 多种碳化硅多型体，其中一些具有数百个双层的堆叠周期。SiC 的性质取决于多型体以及多型体中的原子位置及其周围环境。由于缺乏旋转对称性，纤锌矿和闪锌矿结构都具有极轴。SiC 的极性可以相对于双层中 Si 原子的位置来定义。在 SiC 的 Si 面中，Si 原子占据双层中的顶部位置，而在 SiC 的 C 面中，顶部位置被 C 原子占据［图 3-36（d）］。

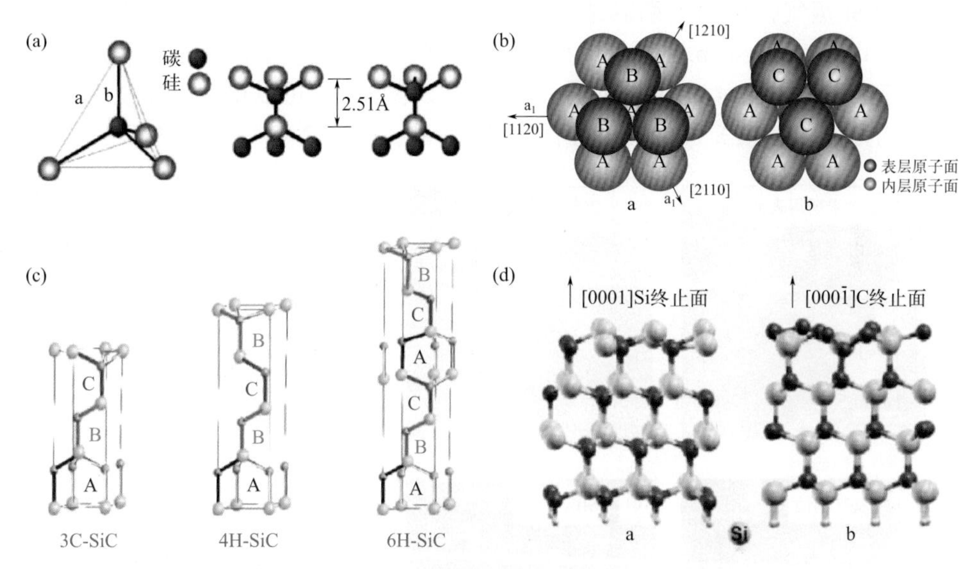

图3-36　碳化硅的晶体结构

（a）碳和硅组成的共价键四面体结构；（b）六方纤锌矿晶胞中原子的密排堆积结构；（c）3C-SiC、4H-SiC 和 6H-SiC 的堆垛顺序；（d）碳化硅极性面示意图

一般而言，衬底表面的质量对于半导体外延技术十分关键。碳化硅上外延石墨烯也不例外，使用含有机械损伤和氧化区域的不均匀表面的晶片会导致器件性能的降低。商用的机械抛光 SiC 表面常常被损坏，并且在 AFM 测量结果中表现出高密度的划痕［图 3-37（a）］[93]，这对于外延生长石墨烯是十分不利的。因此，在外延生长之前，往往需要进行预处理，使 SiC 表面变得尽可能平整。目前常用的主要是热退火 [94-95]、氢气刻蚀 [93,96] 以及 SiF_4 辅助的刻蚀技术。

氢气刻蚀是碳化硅表面处理的常用技术，通常是在 CVD 反应室中，在氢气的氛围下退火，从而除去 SiC 上的抛光损伤，并提供具有原子级平坦的平台，用于石墨烯的外延生长。对 SiC 衬底的 Si 终止面进行氢气刻蚀表明，最佳的氢（标准状态）流量约为 0.5L/min（slpm），气体压强为 1atm，温度约为 1500℃［如图 3-37（c）］。在 SiC 衬底的 C 终止面上的氢刻蚀工艺一般选取 1350 ～ 1550℃的温度范围，氢气氛围的压强约 200mbar，流速约为 5slpm。温度过高或处理时间过长均会导致凹坑表面的形成，主要是由于优先刻蚀与表面相交的螺纹螺旋位错导致的。工艺摸索的研究表明，1450℃处理 0min（也常被称为“闪退”）的工艺可以得到平坦的表面（台阶宽度达 550nm）。

考虑到纯氢气刻蚀对 SiC 表面造成损伤（上文提到的“凹坑”），这些缺陷主要是因为硅元素的挥发造成的，因此人们考虑使用富硅的体系，比如使用 SiH_4、SiF_4 辅助刻蚀处理 SiC 表面[97-98]。在高温下，SiH_4 或 SiF_4 会发生分解，提供更多的 Si 蒸气，从而平衡其浓度，防止凹坑的产生。美国南卡罗来纳州大学的 Tangali S. Sudarshan 课题组的研究表明，当 SiF_4 流量为 10sccm（mL/min，标准状态），H_2 的流量为 10slpm 时，在 1600℃下刻蚀，可以得到大面积的表面粗糙度均方根（RMS）为 0.5nm 的平台［图 3-37（d）］[98]。

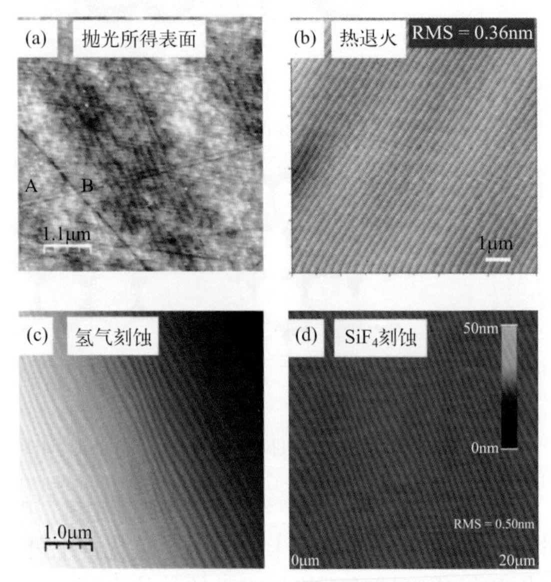

图3-37　SiC表面的预处理

（a）机械抛光所得到的SiC表面AFM图像；（b）热退火所得到的SiC表面；（c）氢气刻蚀所得到的SiC表面[96]；（d）SiF_4辅助刻蚀所得SiC表面[98]

2．SiC 表面的石墨化

石墨烯在 SiC 表面生长实际上是在一定条件下的石墨化过程，可以在不同的生长方式下进行。从能量供给的角度来讲，可采用高温实现，也可以采用激光等高能诱导。从碳源供给角度来讲，碳化硅中本来即含有碳，可通过表面重构的方式实现石墨化，也可以采取分子束外延的方式，额外提供碳源实现石墨化。SiC 上外延石墨烯的结构与 SiC 的表面密切相关，一般来讲，在 SiC 的硅终止面上容易形成多层石墨烯，而在碳终止面上，容易形成单层石墨烯。

高温退火实现石墨化过程是常用的方法，不论是碳终止面还是硅终止面，其外延石墨烯的生长机理是由相同的物理化学过程驱动的：高温下硅原子的蒸气压更高，从而具有比 C 更快的升华速度，由于在高温低压下，sp^2 的成键结构更加稳定，剩余的 C 在表面上形成石墨烯膜。目前大多数碳化硅外延制备石墨烯采用的是射频感应加热的方式，依靠在感应线圈中通入高频的交变电流，从而在炉体的石墨坩埚中形成涡流电场，实现对碳化硅衬底的加热。这种方式可以很方便地实现 1600℃的高温（图 3-38）[99]。

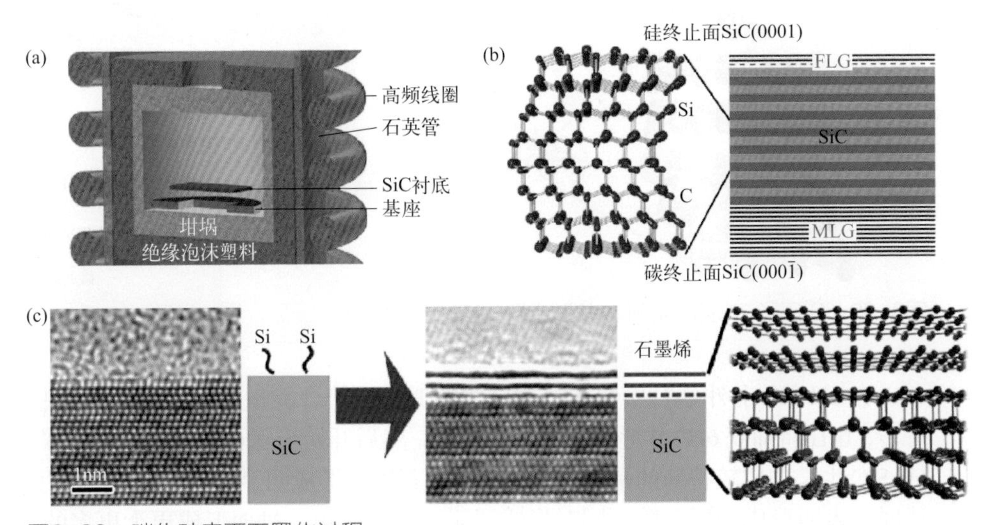

图3-38　碳化硅表面石墨化过程

（a）射频感应加热装置[92]；（b）碳化硅外延石墨烯的结构；（c）碳化硅外延生长石墨烯的过程[99]
FLG—少层石墨烯；MLG—多层石墨烯

对于不同的碳化硅类型（如 4H-SiC、6H-SiC 和 3C-SiC），其表面的分解能也是不同的。4H-SiC 具有两种分解能，分别为 4H1（−2.34meV）和 4H2（6.56meV）；6H-SiC 具有三种不同的分解能，分别为 6H1（−1.33meV）、6H2（6.56meV）和 6H3（2.34meV）；而 3C-SiC 只有一种平台 3C1（−1.33meV）。在生长过程中，由于 Si 和 C 原子在台阶边缘附近结合得更弱，与平台区域相比，Si 更容易从这些区域脱附，石墨烯在 SiC 衬底表面的分布并不均匀。值得注意的是包含在 SiC 衬底的约三个 Si-C 双层中的 C 足以供给一层石墨烯的形成[100]。

基于上述 4H-SiC 的台阶能量，移除 4H1 台阶将耗费更少的能量。因此 4H1 台阶分解速度将更快。整个过程可以通过图 3-39 表示，从无石墨烯表面 4H1 阶梯的边缘，随着 Si 原子离开表面（阶段 1），C 原子扩散到平台上。C 原子聚结并成核形成石墨烯岛（阶段 1 和阶段 2），进而通过汇集更多的碳原子不断长大，与此同时，4H1 平台面积减小，直至 4H1 台阶与 4H2 台阶对齐从而形成新的双

SiC 层的台阶，这将继续提供更多的 C 原子，并且第一石墨烯层沿台阶边缘（阶段 2）延伸。由于一些额外的 C 将被释放，所以具有四个 Si-C 双层的大部分聚束台阶（ 即增加的碳源）将形成第二层石墨烯（图 3-39，阶段 3）。因此，仅用一层石墨烯就能完全覆盖 4H-SiC 衬底表面可能是一个问题。

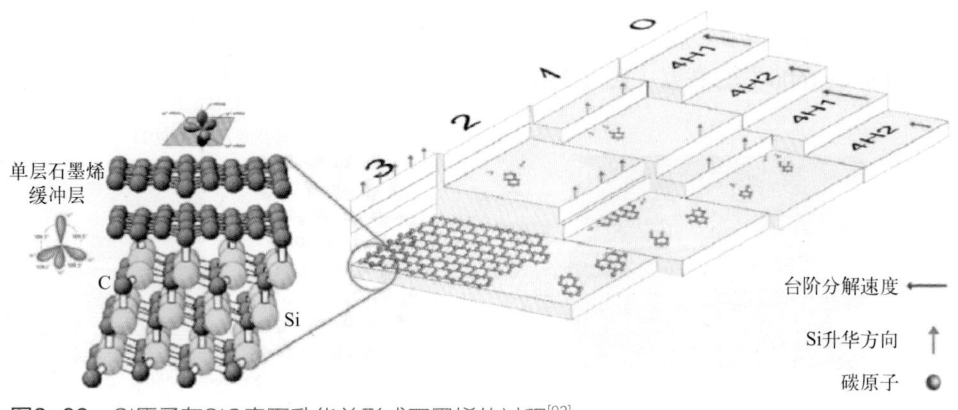

图3-39 Si原子在SiC表面升华并形成石墨烯的过程[92]

在 6H-SiC 上外延石墨烯和上述过程类似，也符合能量最小化的生长机制。第一步，6H1 将捕获 6H2 并形成两个 Si-C 双层；然后开始步骤 6H3 并与双层步骤合并。6H-SiC 生长中比较特殊的是，在其上生长的石墨烯形成明显的台阶束。当石墨烯形成时，表面形成一层台阶，同时形成了明显的台阶束，进而形成更大更多的台阶。在 3C-SiC 上，所有的平台具有相同的分解能，原理上并不会得到台阶束。在这种类型的 SiC 类型中，升华的不均匀性可能由于存在扩展缺陷如堆垛层错而引起。

应当指出，用于生长外延石墨烯的最常用的 SiC 多型结构是 4H-SiC 和 6H-SiC。这两种 SiC 多型体都是极性的，分为 Si 终止面和 C 终止面，Si 终止面又常被表示为 SiC(0001) 面，而 C 终止面被表示为 SiC(000$\bar{1}$) 面。进行外延石墨烯形成的环境条件对 SiC 的两个极性面中的石墨烯质量具有强烈的影响。迄今为止，大多数关于外延石墨烯生长的研究集中在生长在 Si 和 C 极面上的石墨烯；两面的生长机制是由上一部分中解释的相同物理过程驱动的。外延石墨烯的生长及其最终结构，生长形态和电子性质强烈依赖于最初暴露的 SiC 极性面。为了均匀生长石墨烯，Si 面是更好的选择。

3．硅终止面上外延生长

Si 面上石墨烯最突出的优点是可以很容易地控制晶片级 SiC 衬底上石墨烯的厚度。这种控制可以通过优化生长温度和 Ar 压力来达到。Si 石墨表面上的单层石墨烯的生长是通过阶梯流过程进行的 [101]。在这一面上，Si 升华导致最初在边缘成核并形成富含 C 的 $(6\sqrt{3}\times6\sqrt{3})R30°$ 的结构（简称为 $6\sqrt{3}$ ），这些结构也具有和石墨烯一样的蜂窝状结构，但是因为它们中 C 原子与 Si 或 SiC 边界形成 sp^3 杂化的共价键比例会超过 30%，所以其电子能带结构与石墨烯相差很多，被称为缓冲层或零层石墨烯。由于这种 $6\sqrt{3}$ 的结构与衬底的强耦合，缓冲层并没有石墨烯的性质，但是这为进一步外延生长石墨烯提供了基础。在形成缓冲层之后，进一步加热会导致缓冲层下面的 SiC 双层分解，导致新的碳层成核（图 3-39 左图）。目前普遍认为：①具有 $6\sqrt{3}$ 结构的缓冲层在 Si 面上作为石墨烯的模板层，确保在该表面上形成有序石墨烯[101]；②通过进一步的 Si 升华，第二个 $6\sqrt{3}$ 结构形成，并位于第一层的下方，进而与衬底分离并形成单层石墨烯[102]。

图 3-40 给出了 SiC(0001) 外延过程中表面重构的相变过程，实际上，在外延时，并非一步即形成 $(6\sqrt{3}\times6\sqrt{3})R30°$ 的相，而是经历了 (3×3) 重构（A1 步骤）、$(\sqrt{3}\times\sqrt{3})R30°$（A2 步骤）重构再形成 $(6\sqrt{3}\times6\sqrt{3})R30°$ 缓冲层（A3 步骤）。A1 过程表示在富硅的表面形成 (3×3) 重构的过程，可以通过在 800℃氢气氛围下刻蚀形成 (3×3) 的相，同时硅的沉积速度约为 1mL/min。(3×3) 的相中，Si 原子层以 sp^2 的杂化方式结合，覆盖在 SiC 表面，在最顶层，硅的团簇以 (3×3) 的周期排列。A2 过程是在 (3×3) 的相基础上加热退火（比如 950℃，30min），形成 $(\sqrt{3}\times\sqrt{3})R30°$ 的相。在这个过程中，表面经历了几个亚稳态的相［比如 (1×1)、(6×6) 和 $(\sqrt{7}\times\sqrt{7})$］。A3 过程是在 $(\sqrt{3}\times\sqrt{3})R30°$ 相基础上继续高温退火（1100℃，无硅沉积）而形成 $(6\sqrt{3}\times6\sqrt{3})R30°$。

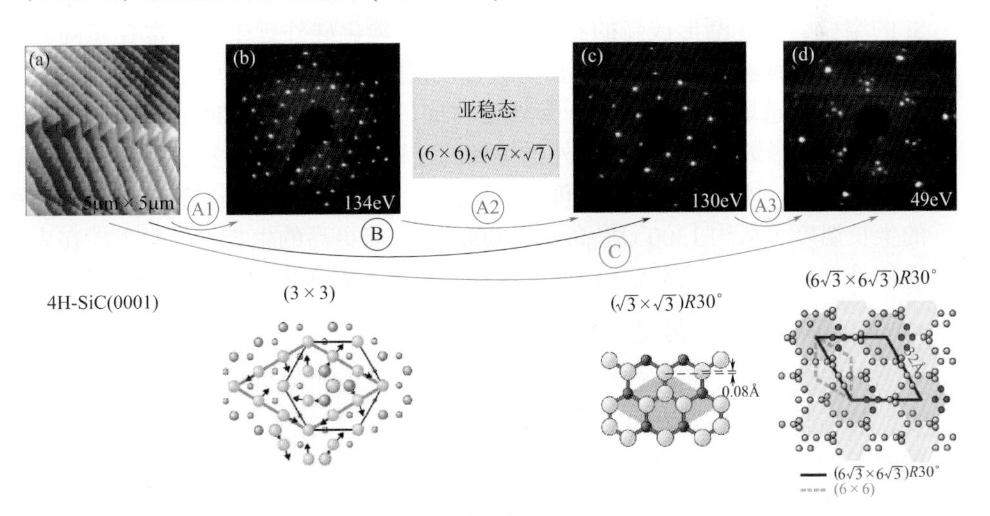

图3-40 SiC(0001)表面重构过程（硅终止面）

（a）经过氢刻蚀之后的4H-SiC（0001）表面AFM图像；（b）～（d）(3×3)、$(\sqrt{3}\times\sqrt{3})R30°$ 和 $(6\sqrt{3}\times6\sqrt{3})R30°$ 相的LEED衍射图及相应的原子排布图[101]

在碳化硅外延过程中，硅的背景压力控制对其相变过程起着决定性作用。图 3-41 表示出各个相变发生的条件与温度以及硅背景压力的关系，并列出了一些课题组使用的生长条件。从温度 - 压力相图上看，随着温度逐渐升高，开始发生图 3-40 的那些相变，同时也和 Si 的背景压力息息相关。红色、绿色和蓝色线是不同相所在区域的边界，最低的黑线表示 Si 衬底上 Si 的蒸气压，而最高的黑线表示 SiC 衬底上 Si 的蒸气压 [103]。

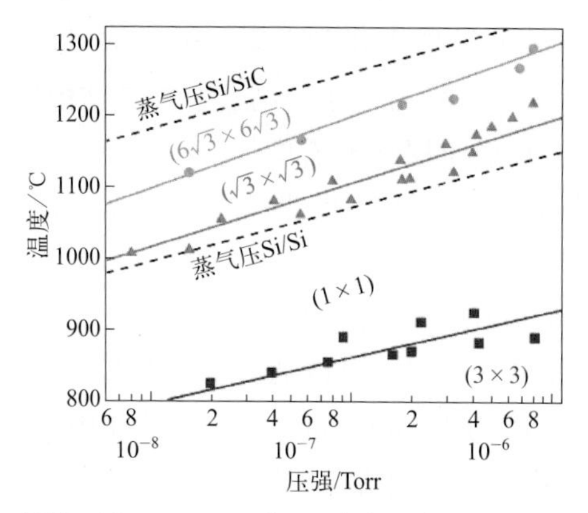

图3-41 4H-SiC(0001)表面的压力-温度相图及相应的外延的压力-温度相图[103]

温度的控制对于 SiC 表明重构及石墨烯的形成也十分重要，一般来讲，欲得到石墨层，需要将 SiC 的退火温度升高到 1080℃以上，进一步升高到 1350℃才会得到高质量的石墨烯薄膜。随后，在刚刚形成的碳层之下，SiC 的顶层会形成 Si 的空位，并逐渐形成新的石墨层。早期，碳化硅外延生长经常在超高真空体系中进行，而氩气氛围下的生长更适合规模放大，Emtsev 等人的实验结果表明，氩气氛围下选取 6H-SiC(0001) 为外延衬底，压力保持在 900mbar，在 1650℃外延生长的石墨烯和超高真空下外延得到的迁移率相当 [104]。这是因为，在 Ar 氛围下外延生长，体系中存在高密度的 Ar 原子，会降低 Si 的蒸发速度，这允许更高的生长温度（从约 1300℃提高到 >1600℃），而更高的生长温度对于碳在表面的迁移是十分有利的，从而可以形成更加平坦的、大面积均匀的石墨烯层。

4．碳终止面上外延生长

由于碳面的表面能（300erg/cm^2）与硅的表面能（2220erg/cm^2）相比要小得多，其表面外延石墨烯的生长机制与硅面上的生长机制明显不同。与硅面相比，碳面上的石墨烯生长更快，可控性更低。在该表面合成的石墨烯与衬底的相互作用较弱，石墨烯层距离 SiC 表面约 3.2Å，这远远不能形成碳原子之间的共价键，实验上也没有观测到缓冲层（在 SiC 表面共价键合的碳层）的出现。低能电子衍射和扫描隧道显微镜结果表明石墨烯层间存在明显的旋转，其耦合很弱。因此，碳面上生长得到的每层的石墨烯能带结构都与单层石墨烯类似，是线形的而非抛物线形，这和硅终止面上的双层石墨烯形成鲜明的对比。Sprinkle 等人基于 ARPES（角分辨光电子能谱）测量，证实了在碳化硅碳面上生长的多层石墨烯的能带结构由多层狄拉克锥形的石墨烯能带组成，这些石墨烯的能带源自于多层石墨烯中的各个旋转层，而每一层均可以认为是电学性质理想的单层石墨烯。

在 SiC($000\bar{1}$) 面上外延石墨烯的相变过程与 SiC(0001) 面上类似，同样也需要经历比较复杂的表面重构过程。图 3-42（a）～（d）给出了 C 终止面上高温退火形成石墨烯的相变过程。首先通过步骤 A（氢气氛围 1150℃退火），得到富硅的（2×2）表面。我们采用符号 $(2\times2)_{Si}$ 表示富硅的表面重构，用来区分富碳的表面重构 $(2\times2)_C$。这一过程另一目的是除去表面氧化层。接着，在表面 $(2\times2)_{Si}$ 结构基础上，通过步骤 1（1050℃退火）得到（3×3）的表面重构。继续加热，通过步骤 2（1075℃），得到富碳的 $(2\times2)_C$ 结构。继续提高温度到 1150℃，$(2\times2)_C$ 的表面结构逐渐重构为石墨相，在这个过程中，也会发现（3×3）和 $(2\times2)_C$ 共存的情况。值得注意的是，由氢气刻蚀预处理得到的表面到（3×3）的表面结构，也可以通过步骤 B（氢气氛围 1000℃退火）一步得到。

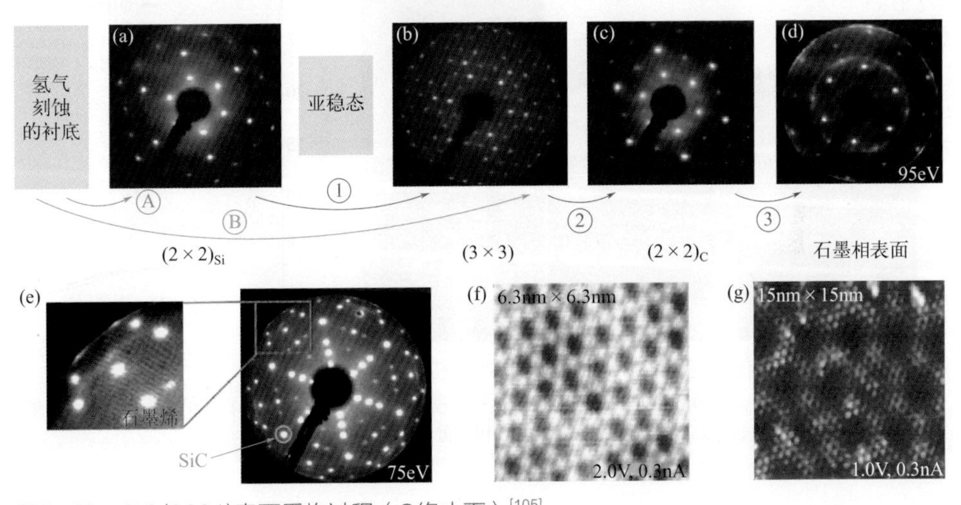

图3-42　SiC(0001)表面重构过程（C终止面）[105]

（a）～（d）$(2\times2)_{Si}$、（3×3）、$(2\times2)_C$ 和石墨相表面的LEED衍射图；（e）石墨烯、（3×3）和 $(2\times2)_C$ 共存的LEED图像；（f），（g）（3×3）和（2×2）表面结构的STM高分辨图像

由于在碳终止面上不存在缓冲层，石墨烯层之间的相互作用也很弱，因此很容易形成旋转的结构。图 3-42（e）给出了这一阶段石墨烯的低能电子衍射图，它具有明显的（3×3）和 $(2\times2)_C$ 的衍射斑点，也存在比较弱的石墨相的衍射环。这些比较强衍射点的位置表明石墨烯和 SiC 衬底具有 30° 的扭转角，但是衍射环

的存在表明这些石墨烯层之间取向不一，或者存在着不同的晶畴。图 3-42（f）和（g）给出了（3×3）和（2×2）表面结构的 STM 高分辨图像。

和硅终止面上生长行为类似，随着温度的升高，碳终止面上生长的石墨烯层数也逐渐增加。温度提高导致的硅的升华提高了石墨烯的覆盖度和均匀性（图 3-43）。同时，随着温度的升高，石墨烯单晶尺寸也逐渐变大，其结晶质量得到改善，这可能与在升华生长过程中通过表面重构消除 SiC 表面缺陷有关。显微拉曼结果表明，在 1800℃得到的石墨烯层间耦合很弱，随着温度的升高，得到的石墨烯层间耦合逐渐变强，直至形成 Bernal 堆叠的结构（石墨的层间堆叠方式）。堆叠方式随着温度升高而改变归因于生长机制和缺陷辅助生长之间的竞争。在高温下，碳原子数量的增加导致围绕延伸的表面缺陷（例如划痕）形成 Bernal 叠层石墨烯层。椭圆偏振仪分析和高分辨透射电镜的结果都表明石墨烯层和 SiC 衬底之间存在界面层，主要是由于升华过程中碳和硅被捕获而形成的无定形态物质，其厚度随着生长温度的增加而增加[106]。

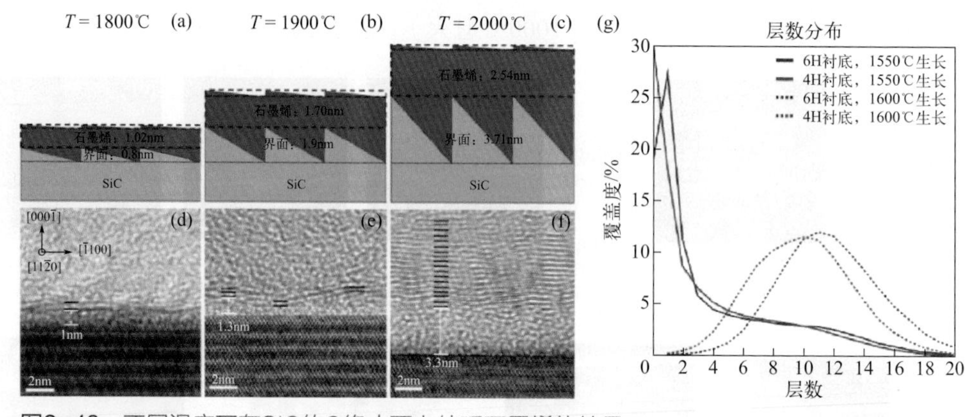

图3-43 不同温度下在SiC的C终止面上外延石墨烯的结果

（a）～（c）1800℃、1900℃和2000℃下石墨烯生长的模型图；（d）～（f）三个温度下外延生长石墨烯的高分辨截面透射图像[106]；（g）不同温度下石墨烯层数和覆盖度的关系[96]

三、绝缘衬底上的多晶晶圆

在电子与光电子器件的应用中，绝缘材料作为支撑层、介电层、封装层等功能层，具有非常重要的作用。石墨烯作为新一代电子功能材料，与绝缘基底的结合不可或缺。目前，有两种技术路线：①在金属衬底上催化生长高品质石墨烯薄膜并转移至绝缘衬底；②在绝缘衬底上直接生长石墨烯薄膜，并用于下一步的器件加工。

在化学气相沉积过程中，使用绝缘衬底制备高质量石墨烯薄膜，可以避免转移工艺对石墨烯质量的影响，是电子器件、光电子器件等相关领域孜孜不倦追求的目标之一。但是，石墨烯的生长面临着催化活性低、碳物种迁移势垒高、石墨烯生长品质差等困难，目前绝缘衬底上生长的石墨烯薄膜仍为多晶薄膜。本部分将从绝缘衬底上石墨烯生长的特殊性出发，以石英（SiO_2）和蓝宝石（Al_2O_3）为例，介绍绝缘衬底上多晶石墨烯晶圆的生长方法。

1．绝缘衬底上石墨烯生长的特殊性

与金属衬底不同，绝缘衬底大多缺乏催化活性，因此高温热裂解是其碳源裂解的主要途径。碳源的热裂解效率与碳源种类、反应温度密切相关。作为绝缘衬底表面生长石墨烯的最常用碳源——甲烷的碳氢键很强，导致热裂解效率很低。其反应在气氛中和表面上同时发生，石墨烯的生长过程的可控性也相应变差，未充分裂解的中间物种容易形成污染或充当双层及少层的成核位点，难以对层数进行精确的调控。

另外，碳原子在绝缘衬底表面的迁移势垒可高达 1eV[107-108]，远高于其在金属表面的迁移势垒[109]，导致碳原子的表面迁移过程相对困难。由于绝缘衬底的溶碳量极低，吸附到表面的碳原子被限制在很小的范围内移动，随着衬底表面吸附的碳原子不断增加，当超过临界浓度时，碳原子就会在活性位点处成核。非晶态的绝缘衬底表面更加粗糙，缺陷密度更大，成核密度通常比金属表面高出几个数量级。

从碳物种在石墨烯边缘的拼接过程来看，碳原子在金属表面可以较为自由地迁移，当其运动到石墨烯畴区附近时，会在金属原子的催化作用下，与石墨烯边缘的碳原子以 sp^2 杂化的形式结合；而对于绝缘衬底而言，碳原子在表面的运动受到很大限制，只有吸附到石墨烯畴区附近的碳原子才能被石墨烯边缘的碳原子抓取，由于缺乏金属原子的催化，活性碳物种在石墨烯边缘的直接拼接需要跨越更高的势垒，石墨烯缺陷密度更高。

总的来说，金属衬底上的石墨烯生长过程可概括为“吸附—催化裂解—迁移—成核—生长”，而绝缘衬底表面的石墨烯生长过程可概括为“热裂解—吸附—成核—生长”（图 3-44）。更高的裂解、迁移和拼接势垒也使得石墨烯在绝缘衬底上的生长速度比在金属上要低几个数量级。

2．二氧化硅基石墨烯晶圆

二氧化硅（SiO_2）是硅基半导体工艺中最常见的绝缘材料，通常作为栅介质用于调控场效应晶体管的开通 / 关断，一般通过硅晶圆的热氧化工艺或在硅晶圆表面采用 PECVD 的方式生长获得。石英也是常见的 SiO_2 材料，因其具有高透光性、高品质因子等优良性质，在光学窗口、微机电元件、微波电路、激光器等应用中发挥着重要作用。在二氧化硅晶圆表面直接生长石墨烯，是石墨烯薄膜制备的重要策略之一。

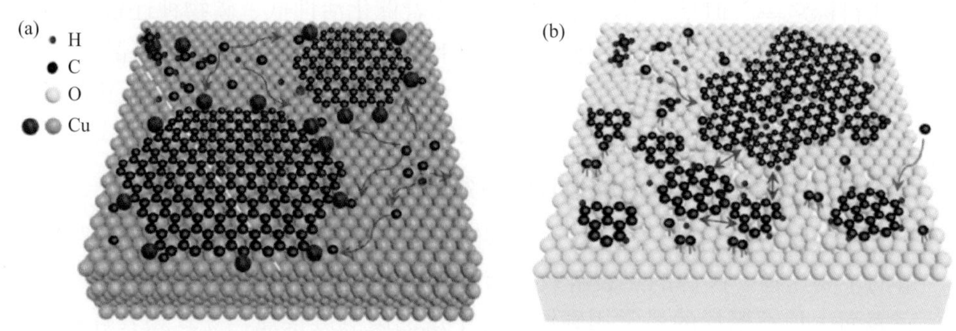

图3-44 石墨烯在金属和绝缘衬底上的生长过程比较

（a）金属衬底；（b）绝缘衬底

由于石英表面几乎没有催化活性，利用高温使碳源分子的化学键断裂是最主要的裂解手段，为了解决甲烷裂解势垒高的问题，人们探索了诸如增大甲烷浓度、延长热裂解时间等一系列可行方案，这可以有效提升活性碳物种的浓度，从而满足石墨烯成核和生长的需要。此外，选用乙炔、乙醇、丙烷、环己烷等化学活性更强、热裂解势垒更低的碳源也有利于二氧化硅衬底表面石墨烯的快速生长。同时，为提高碳源的浓度，通常采用常压 CVD 生长工艺。在生长之前，热退火工艺十分必要，可以去除衬底表面的污染物。不同气体氛围下退火会对衬底带来不同的影响，图 3-45（a）～（c）分别为未经处理、氧气热处理和氢气热处理的 SiO_2 表面生长石墨烯的结果 [110]。在空气氛围下退火的衬底，表面吸附的氧能够捕获碳氢化合物自由基，有利于石墨烯成核；相反，还原气氛下退火处理的衬底不利于石墨烯成核。在石墨烯生长过程中，石墨烯尺寸随着生长时间的延长逐渐增大 [110]，这与以铜为代表的低溶碳量金属表面的石墨烯生长类似。对于金属铜衬底来说，当石墨烯铺满整个表面后，铜表面因为失去催化活性而停止生长石墨烯。但对于二氧化硅衬底，由于热裂解产生的活性碳物种仍然源源不断地输运到衬底表面，因此会在第一层石墨烯上方继续成核生长。随着生长时间的增加，绝缘衬底上的石墨烯层数会越来越厚［图 3-45（d）～（f）］。

生长温度对石墨烯生长的影响是多方面的。一方面，温度越高，碳源的热裂解效率越高，相当于反应腔中有了更多的活性碳物种，石墨烯的生长速度加快，同时成核密度也增大。另一方面，高温有助于碳原子克服绝缘衬底表面的迁移势垒，碳原子的运动范围更大，有助于石墨烯的生长。碳原子的自由迁移有利于获得更大畴区尺寸的石墨烯，但成核密度的增大也限制了单晶畴区的尺寸。除此之外，长时间的高温处理有利于石墨烯中碳原子排布更加规则，降低缺陷密度。

图3-45 （a）～（c）不同处理条件下SiO_2衬底生长石墨烯（石墨烯生长时间：1h）的AFM图像：未经处理、氧气热处理、氢气热处理；（d）～（f）SiO_2衬底表面不同生长时间所得石墨烯的AFM图像：0.5h、1h、2h[110]

为了提升二氧化硅表面生长石墨烯的品质，研究者们发展了金属助催化的方法。一般来讲，根据金属与绝缘衬底之间的位置关系，金属辅助催化可细分为近程催化和远程催化两类。

所谓近程催化是指金属与绝缘衬底贴合放置，通过金属催化裂解产生的活性碳物种在绝缘衬底表面生长石墨烯。Li Lain-Jong 课题组发展了一种直接在 Cu/SiO_2 界面处生长石墨烯的方法[111]。如图 3-46（a）所示，在绝缘衬底表面蒸镀一层 300nm 厚的金属铜，甲烷分子在 Cu 表面催化裂解成碳活性物种。虽然 Cu 的溶碳量很低，但蒸镀的铜薄膜有大量的晶界，碳原子通过这些晶界扩散到金属和绝缘衬底的界面，在 Cu 的辅助下，石墨烯薄膜直接生长在 SiO_2/Si、石英等表面。这种方法可用于绝缘衬底表面图形化石墨烯电路的制备［图 3-46（b）］。

远程催化将金属催化剂与绝缘衬底分离，利用体相中的金属蒸气催化碳源的裂解，使活性碳物种在绝缘衬底上成核、生长。具体而言，可以在绝缘衬底上游合适位置放置一块铜箔或泡沫铜，通过高温条件下产生的铜蒸气催化碳源的裂解，裂解产生的活性碳物种向下游流动，并在绝缘衬底表面进行成核和生长[112]［图 3-46（c）］。与单纯的热裂解相比，体相中浮动的金属催化剂使得碳源裂解的反应活化能降低，裂解效率更高，同时使得裂解更加完全，所制备的石墨烯薄膜缺陷更少、质量更高。为提升远程催化生长石墨烯的均匀性，还可以采用将铜箔悬置在二氧化硅衬底顶部，形成狭缝空间的方式［图 3-46（d）］。值得指出的是，采用金属辅助催化的方式，难以避免金属对石墨烯和衬底的污染，这在半导体工艺中是需要严格禁止的。

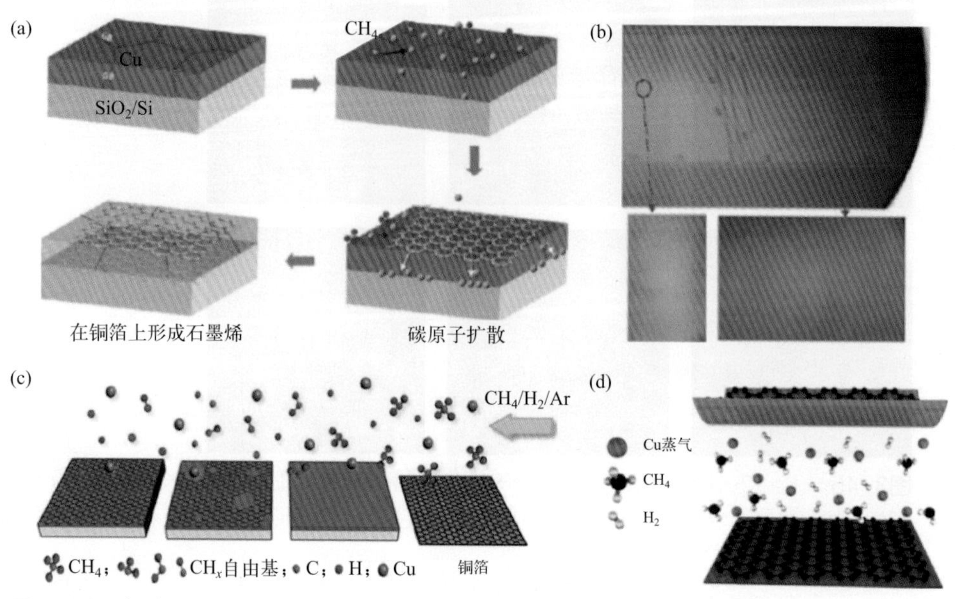

图3-46 （a）Cu/SiO_2衬底界面石墨烯催化生长示意图；（b）SiO_2表面得到的石墨烯及图形化的石墨烯电路；（c），（d）金属铜远程催化石墨烯生长示意图

石英乃至绝缘衬底上直接生长层数可控的石墨烯是一大挑战。因为在石墨烯晶畴长大、合并成膜的过程中，会不可避免地出现一些高度大于 2nm 的岛状伴生结构。石英晶圆粗糙度大于 1nm，会显著影响在其表面生长的石墨烯平整度。考虑到石英玻璃具有高温软化的性质，本书著者团队发展了甚高温退火和限域空间的方法，对衬底进行平整化处理。具体而言，在 1170 ～ 1180℃温度下，石英表面接近于熔融态，可以认为是原子级平整的。同时，为了防止高温下气流对已软化石英表面的刻蚀作用，通过采用蓝宝石叠层的方式，形成亚微米宽度的限域空间，其中气体流速低于 10^{-8}m/s（图 3-47）。这一过程还避免衬底自身产生颗粒，防止由颗粒诱发的岛状结构，最终得到表面原子级平整的石英基石墨烯晶圆。采用该方法制备的石墨烯石英晶圆具有非常高的表面平整度和均一的层数，通过 AFM 对所制备的 2 英寸晶圆进行晶圆范围表征，得到其粗糙度 RMS 均值仅为 0.338nm。所制备的超平整石墨烯石英晶圆具有与碳化硅外延石墨烯相媲美的电学性质，在室温下测得 2mm×2mm 范围的石墨烯平均载流子迁移率为 888.25cm²/（V·s）。

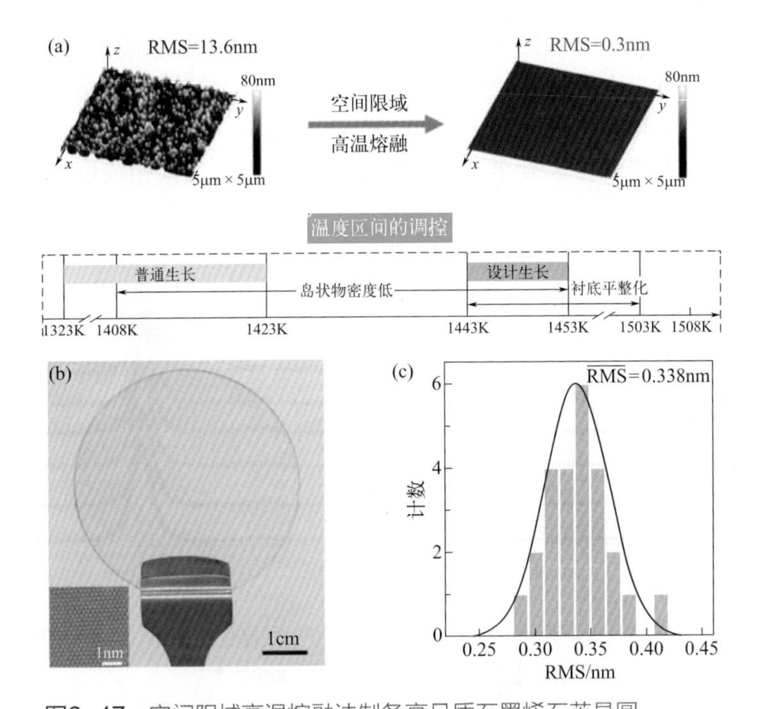

图3-47 空间限域高温熔融法制备高品质石墨烯石英晶圆

（a）普通生长法和空间限域-高温熔融法制备石墨烯石英晶圆的表面形貌典型结果；（b）所制备的2英寸超平整石墨烯石英晶圆样品；（c）2英寸石英晶圆的表面粗糙度统计

3．蓝宝石基石墨烯晶圆

蓝宝石的化学成分为 Al_2O_3，自然界中的蓝宝石因含有 Fe 和 Ti 等微量元素，而呈现蓝色。蓝宝石属于三方晶系，具有六方结构，晶体形态常呈筒状、短柱状、板状等，颜色通常为透明至半透明，具有玻璃光泽。c 面（0001）蓝宝石是一种低成本的单晶介质基板，在集成电路[113]和光电子器件[114]中有着广泛应用。将石墨烯与蓝宝石结合，形成蓝宝石基石墨烯晶圆，将在半导体工业及前沿科学研究中发挥重要的作用。例如，近年来，蓝宝石基石墨烯晶圆已被证明可作为Ⅲ-Ⅴ族半导体（如 GaN、AlN）外延的新型衬片材料，用于高性能 LED 器件的制造。然而，正如上文所述，作为绝缘衬底，缺乏催化活性成为其表面石墨烯生长的一大挑战。

一般来讲，提升生长温度有助于提高碳源前驱体的裂解效率并促进石墨化过程，从而提高石墨烯的生长品质。对于蓝宝石衬底而言，其超高的熔点使其能够兼容 >1400℃的生长工艺。尽管如此，高温下 H_2/C 对表面的刻蚀作用和表面重构现象加剧，蓝宝石表面形貌会受到严重的影响，从而影响石墨烯的品质。因此，蓝宝石表面石墨烯生长的温度调控十分重要。Fanton 等人发现，如

图 3-48 所示，随着生长温度从 1425℃升高到 1575℃，石墨烯的品质不断提升，其拉曼缺陷 D 峰与 G 峰的比值从 0.42 下降到 0.05，2D 峰的峰宽从 $50cm^{-1}$ 降低至 $35cm^{-1}$，其面电阻从 3000Ω/sq 下降到 1000Ω/sq，迁移率从 $700cm^2/(V \cdot s)$ 上升至 $1400cm^2/(V \cdot s)$。但当温度上升至 1600℃时，由于蓝宝石表面粗糙度急剧升高，石墨烯很难生长。

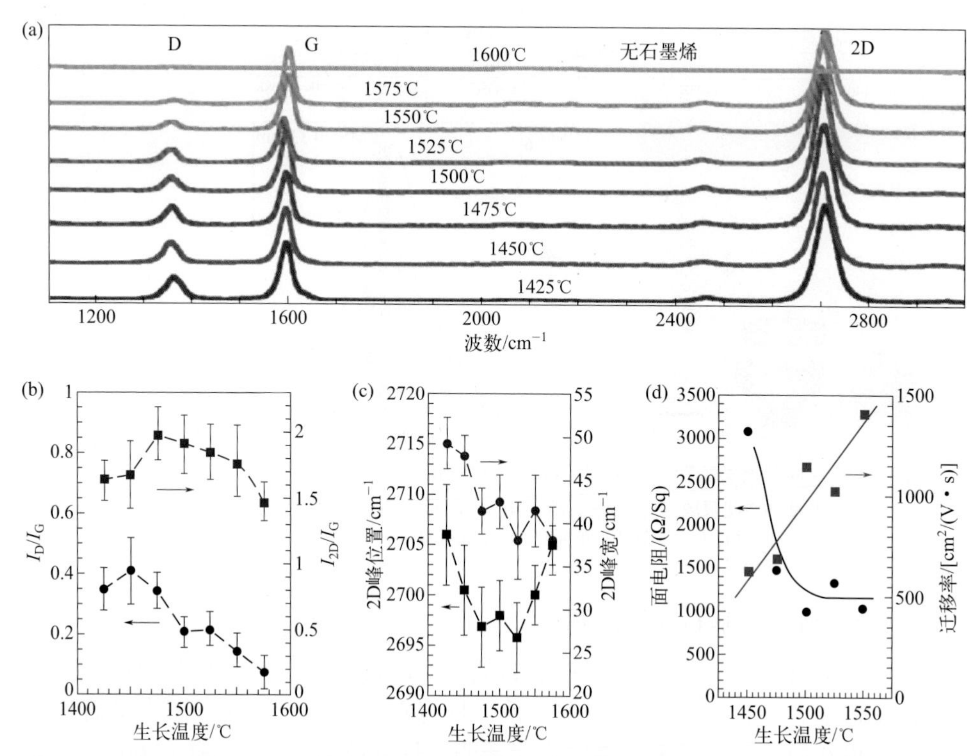

图3-48 （a）蓝宝石表面不同温度下生长的石墨烯的拉曼光谱；（b），（c）不同温度下石墨烯拉曼D峰与G峰比值、2D峰宽和峰位置的统计；（d）蓝宝石表面石墨烯面电阻和载流子迁移率随生长温度的变化关系

蓝宝石的晶面也对石墨烯的生长起到至关重要的作用。人们发现，与 c 面和 a 面相比，相同生长条件下，r 面蓝宝石表面石墨烯的生长速度更快 [115-116]。Saito 等人发现，在 c 面蓝宝石表面，高温下 H_2 和 CH_4 会与表面氧反应，从而形成富铝的凹坑，石墨烯更倾向于在凹坑内形核、生长；而在 r 面蓝宝石表面则不存在这一过程，石墨烯主要在表面实现二维的生长并拼接成薄膜。因此，在 c 面蓝宝石上，石墨烯的生长速率随着压强的升高而降低（压强升高时，H_2 和 CH_4 的刻蚀作用增强，从而出现更多的富铝凹坑）；而 r 面蓝宝石表面石墨烯的生长速率随着碳源分压的提升而单调增加。Coletti 等人通过对 c 面蓝宝石表面进

行 H_2 刻蚀预处理，在 1200℃下实现了高品质石墨烯薄膜的生长，其迁移率可达 $2000cm^2/(V \cdot s)$。生长过程中富铝的 $(\sqrt{31}\times\sqrt{31})R\pm 9°$ 表面结构提升了催化活性，从而有助于碳源的裂解和石墨烯边缘的碳原子拼接。同时，经过预处理的蓝宝石所生长的石墨烯具有更高的平整度（图 3-49）。

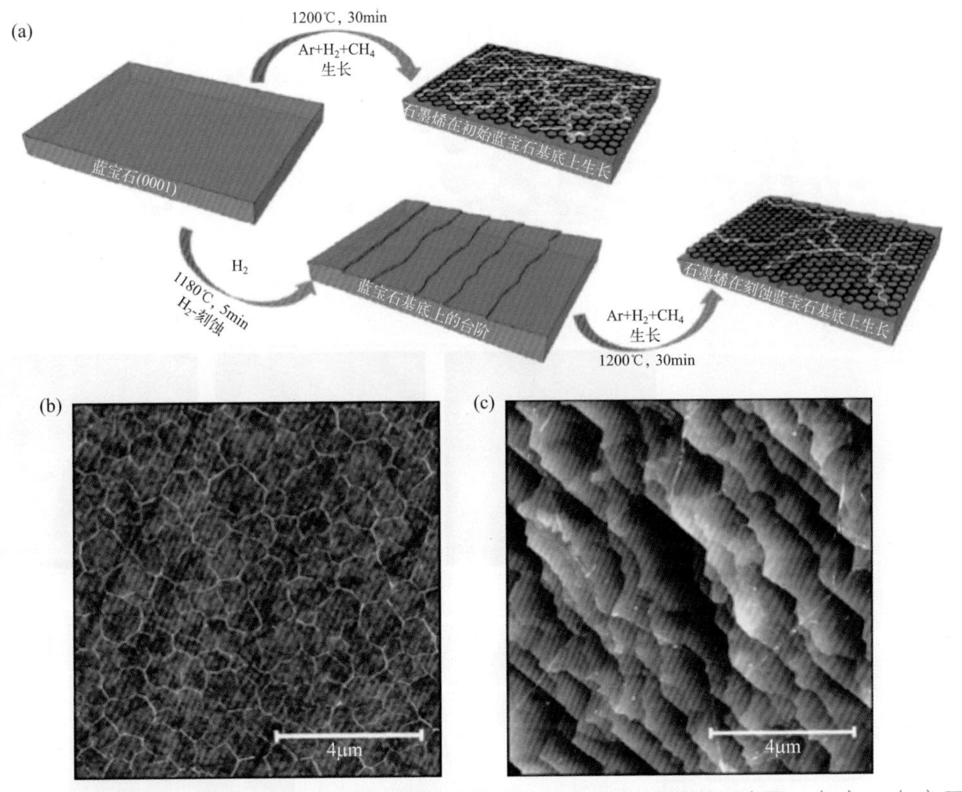

图3-49 （a）原始蓝宝石和氢气刻蚀预处理蓝宝石表面生长石墨烯的示意图；（b），（c）原始蓝宝石和氢气预处理蓝宝石上生长的石墨烯的表面形貌

理论计算表明，石墨烯与蓝宝石之间存在优势取向［图 3-50（a），（b）］，这意味着可通过寻找最优的生长条件在蓝宝石表面实现石墨烯的同取向外延生长。基于此，本书著者团队发展了甚高温 CVD 生长技术 [117]，通过冷壁电磁感应加热，在短时间内直接将蓝宝石衬底升温至 1400℃，高温被局限在生长衬底附近，保证较低的气相温度。所提供的高温生长环境克服了较高的甲烷热裂解势垒和碳物种迁移势垒，保证了碳源的有效裂解和活性碳物种在表面的快速迁移，有助于石墨烯在蓝宝石表面达到最佳构象，实现取向高度一致。如图 3-50（c）所示为通过甚高温生长设备在 c 面蓝宝石上生长得到的 2 英寸连续、高取向单层石

墨烯晶圆。在所制备的石墨烯晶圆表面不同区域采集低能电子衍射花样［图 3-50（d）］，显示其取向高度一致。拉曼光谱和电学输运的表征［图 3-50（e）～（g）］表明，所制备的石墨烯具有非常高的品质，其室温载流子迁移率约为 9500cm²/(V·s)，低温载流子迁移率可达约 14700cm²/(V·s)；在晶圆范围内面电阻为（587±40）Ω/sq，是迄今为止常规绝缘衬底上直接生长石墨烯的最高水平。

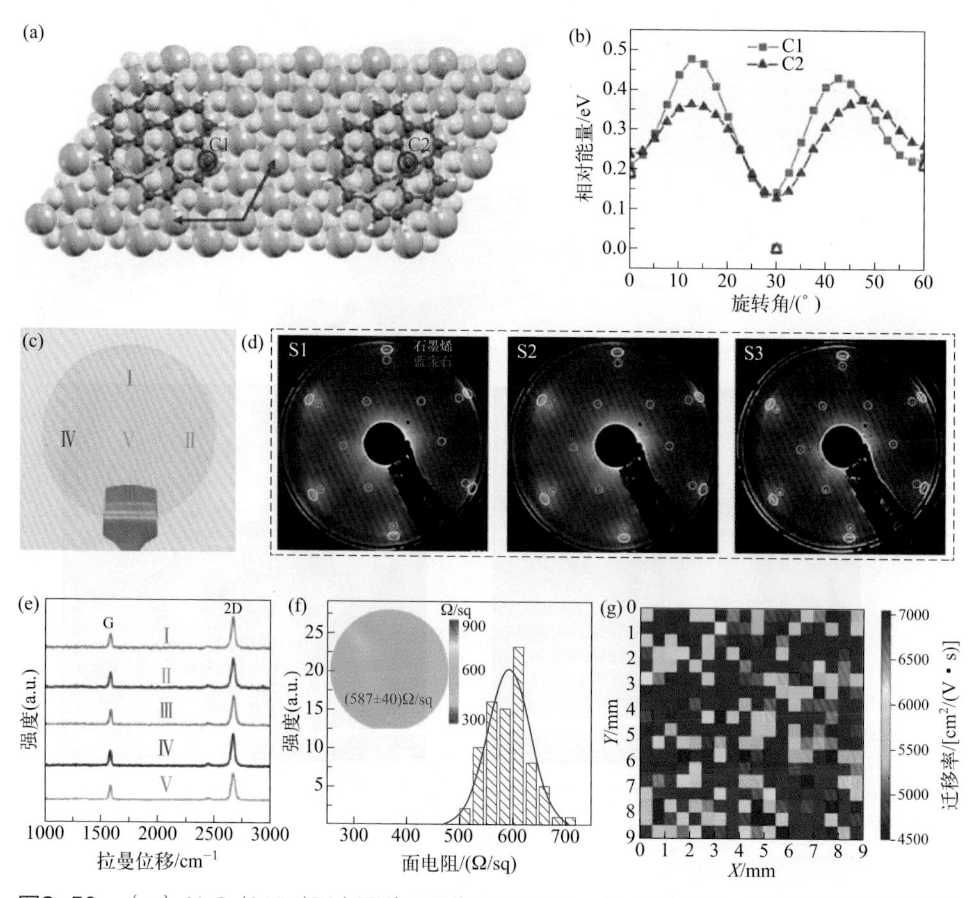

图3-50 （a）Al_2O_3(0001)面上两种石墨烯取向构型；（b）通过第一性原理计算得到的形成能（相对值）随石墨烯晶格取向的变化关系；（c）甚高温法制备的2英寸石墨烯晶圆典型照片；（d）所制备的蓝宝石基石墨烯晶圆不同位置的LEED衍射花样；（e）2英寸晶圆上不同位置的拉曼光谱表征结果；（f），（g）面电阻和载流子迁移率的测试结果[117]

如前所述，在石墨烯的无转移生长领域，碳化硅外延法是高品质石墨烯薄膜制备的一条重要技术路线。然而，制备条件繁复、衬底选择单一以及石墨烯层数不可控是其技术瓶颈所在。相比而言，本书著者团队另辟蹊径开发的甚高温生长技术及其制备设备，可在较短的制备时间获得晶圆级单层石墨烯薄膜，所获得的石墨烯质量高于碳化硅外延法，衬底选择多样（蓝宝石、石英）且具价格优势（图 3-51）。这种制备方法或可成为匹敌碳化硅外延法的新型制备技术路线。

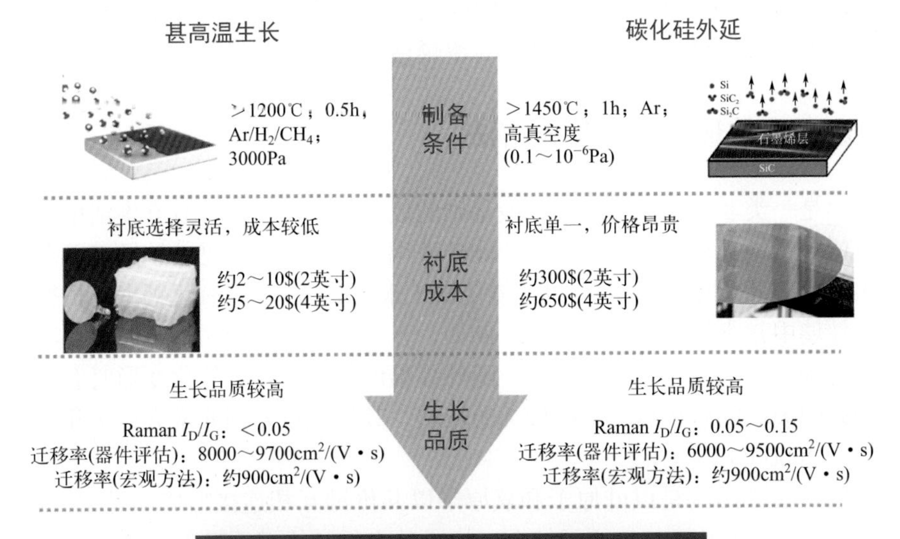

图3-51　甚高温生长法与碳化硅外延法的对比

第三节
超级石墨烯玻璃

上一节，我们从石墨烯晶圆材料的角度介绍了绝缘衬底上石墨烯的生长方法。而传统的玻璃，实际上就是一种典型的绝缘材料，也是最古老的透明装饰材料之一，拥有逾 5000 年的发展历史。今天，玻璃已经成为人类生活中不可或缺的材料，从建筑到电视、手机、电脑等高科技产业，几乎无处不在。如果能在透明的玻璃表面直接生长出高质量的石墨烯薄膜，石墨烯就可以搭乘玻璃载体，走向实际应用，走进千家万户。另外，石墨烯玻璃本身就是一种全新的复合材料，这种新型石墨烯玻璃材料将兼具透明性、导电性、导热性等诸多特性，既能为传统的玻璃家族增添新丁，又能为石墨烯材料的应用找到新的突破口。实际上，曾经有人尝试用粉体石墨烯涂膜法和石墨烯薄膜转移法来实现石墨烯与玻璃的有机结合。因其显而易见的局限性，并未得到人们的重视。显然，在玻璃上直接高温生长出来的石墨烯是连续的薄膜，能够很好地呈现石墨烯自身的优异性能，且与玻璃具有更强的结合力，因此这种高温生长法制备的石墨烯玻璃复合材料可称为超级石墨烯玻璃。本节将重点介绍超级石墨烯玻璃的直接 CVD 生长方法以及超级石墨烯玻璃的优异性质，展示超级石墨烯玻璃的实用前景。

一、石墨烯在传统玻璃上的生长方法

玻璃是一类非晶态固体材料，最基础的成分为二氧化硅。日常生活中经常使用的玻璃包括钠钙玻璃、石英玻璃、硼硅玻璃等，其中最常见的钠钙玻璃含有大约 70% 的二氧化硅，其余成分包括氧化钠（来自碳酸钠）、氧化钙等。根据具体用途，玻璃中常常加入一些添加物。例如，光学玻璃一般会添加金属氧化物来调节其折射率。玻璃没有固定的熔点，随外界温度升高而发生软化变形时有一个温度范围，即玻璃的软化点，不同种类的玻璃，其软化点差别非常大，从几百摄氏度到甚至 2000℃以上。

玻璃的化学结构是以硅原子和氧原子以共价键互相连接形成的骨架。其中，硅原子以 sp^3 杂化形式与氧原子结合，构成基本的结构单元硅氧四面体。相较于石英（二氧化硅）晶体［图 3-52（a）］而言，石英玻璃的原子排布呈现出非晶态的短程有序、长程无序的特点［图 3-52（b）］。而广泛使用的钠钙玻璃则呈现出更为无序且断裂的硅氧骨架结构，在其骨架结构的空隙中，填充有钠离子和钙离子［图 3-52（c）］。需要指出的是，钠钙玻璃通常含有一些杂质成分，如铁杂质等。

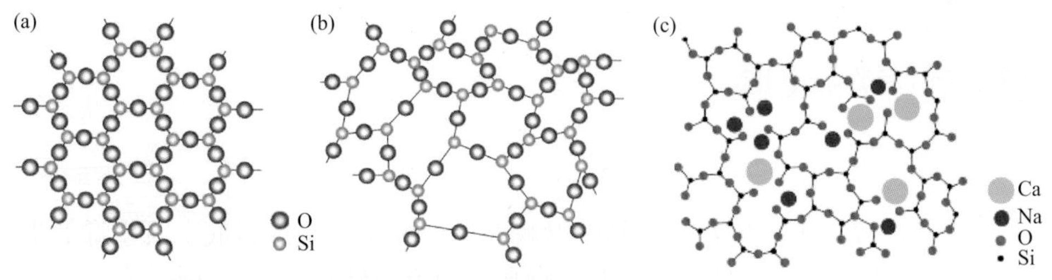

图3-52 石英晶体(a)、石英玻璃(b)以及钠钙玻璃(c)的结构示意图

上一节我们阐述了在绝缘衬底上与金属衬底上生长石墨烯存在根本性的差异。一般而言，石墨烯在玻璃表面上的生长过程也符合典型的绝缘衬底上石墨烯的生长特点，例如衬底对碳源的生长没有催化活性，碳原子在绝缘衬底表面的迁移势垒较高等，同时它还存在一定的特殊性。相对于一般的绝缘衬底，玻璃表面的氧物种对活性碳物种有较强的吸附作用，在一定程度上降低了成核势垒，表面氧成为石墨烯的成核中心。高密度的表面氧物种使得玻璃表面的成核中心非常

多，不可避免地造成石墨烯畴区尺寸的减小，这是玻璃表面上生长高质量石墨烯的重大挑战。本节主要讲述针对不同种类的玻璃和应用需求，在其表面合成石墨烯的几种方法：比如常压 CVD、低压 CVD、熔融床 CVD 和 PECVD 等方法。

1．耐高温玻璃上石墨烯的生长方法

对于石英玻璃、蓝宝石玻璃以及耐热硼硅玻璃这些耐高温玻璃（软化点温度均高于 1000℃），可以直接采用常压 CVD 法在玻璃表面生长石墨烯薄膜。图 3-53（a）是直接合成石墨烯的常压 CVD 示意图。本书著者团队[118]以甲烷为碳源，于 1000 ～ 1120℃生长温度下，在石英玻璃、蓝宝石玻璃以及硼硅玻璃上均获得了较高质量的石墨烯薄膜。但石墨烯薄膜在玻璃表面上生长缓慢，需要 1 ～ 7h 以上。

针对玻璃衬底上石墨烯生长速度过慢的问题，本书著者团队提出了一种气流限域常压 CVD 生长方法。图 3-53（b）是气流限域常压 CVD 生长方法的示意图，该方法是将一片毛玻璃置于目标玻璃衬底的上方，在两者之间形成一个 2 ～ 4μm 高度的狭缝作为“限域反应室”[119]。毛玻璃粗糙的表面对气流造成的扰动能有效增加碰撞概率和活性碳物种的局域浓度，改善反应动力学行为，从而使石墨烯的成核密度和生长速度远高于常规 CVD 方法。

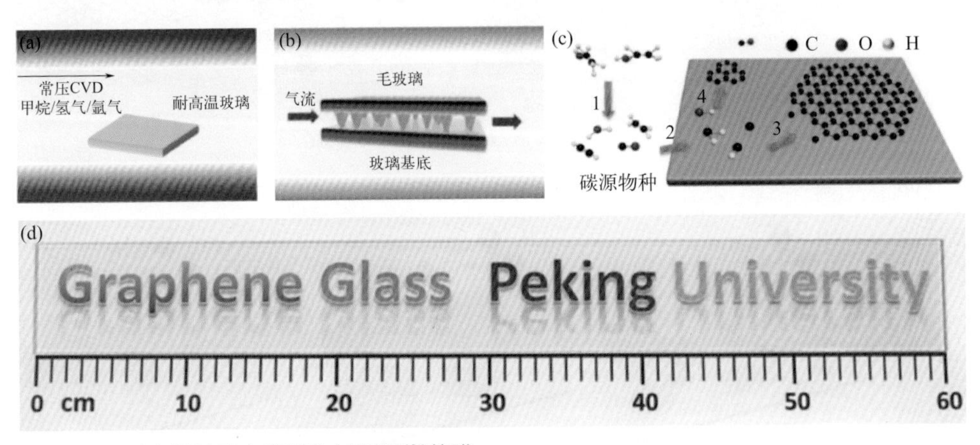

图3-53　耐高温玻璃上直接生长石墨烯薄膜

（a）用无催化常压CVD法在玻璃上生长石墨烯的示意图[118]；（b）采用气流限域CVD法快速均匀生长石墨烯玻璃[119]；（c）耐高温石英玻璃上以乙醇为前驱体用低压CVD法生长石墨烯的示意图[120]；（d）60cm长的大尺寸石墨烯/石英玻璃实物照片[120]

实际上，常压 CVD 方法对于提升石墨烯的生长速度仍有一定的局限性，这是由于其主要受到传质过程的限制，体相中热裂解产生的活性碳物种只有很少一部分能到达玻璃基底表面，导致表面的活性碳物种浓度很低。基于此，本书著者团队发展了表面反应限制过程的低压 CVD 方法[120]。图 3-53（c）是低压 CVD

方法中乙醇碳源裂解示意图，由于低压体系内较少的气体分子间碰撞，反应腔内的气体流速、浓度等参数与常压 CVD 相比都会均匀很多，因此，生长得到的石墨烯薄膜的品质和均匀性都得到了大幅度提升，在 4min 内即可制备出满覆盖率的 60cm 的石墨烯 / 石英玻璃，石墨烯的均匀性得到了大幅度提升［图 3-53(d)所示］。

毋庸置疑，在玻璃表面上直接生长得到的石墨烯，其质量是无法与金属铜箔上的石墨烯相竞争的。有效提升石墨烯的生长质量，是制备超级石墨烯玻璃面临的重大技术挑战。本书著者团队做了大量的探索工作，发展了多种通过在 CVD 体系中引入含氧辅助剂来提升石墨烯生长品质的方法 [121-122]。其中水辅助 CVD 技术就是一个代表性的例子 [121]，通过在 CVD 反应腔中引入微量水，高温生长条件下，这些微量水会同步刻蚀伴生的无定形碳以及不稳定的成核中心，从而获得几乎没有无定形碳污染的高质量石墨烯玻璃［图 3-54（a）］。除此之外，我们发现痕量氧的引入也能对石墨烯畴区尺寸的增大有明显的作用，通过精确控制引入氧的量，最终把玻璃上生长的石墨烯畴区大小从百纳米级提升至微米级 [122]［图 3-54（b）］。

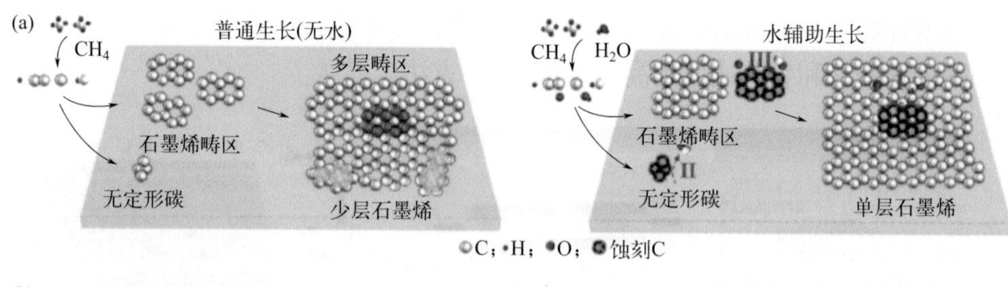

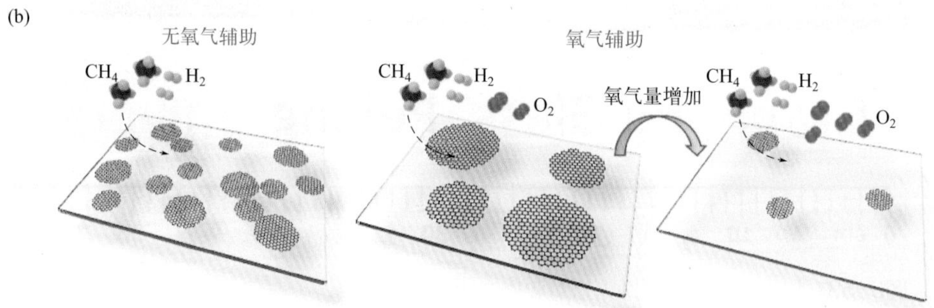

图3-54　含氧辅助剂法在耐高温石英玻璃上生长石墨烯

（a）水辅助CVD法生长石墨烯的示意图 [121]；（b）氧气辅助CVD法生长石墨烯的示意图 [123]

2．低软化点玻璃上石墨烯的生长方法

与耐高温玻璃不同，普通钠钙玻璃的软化温度为 600 ～ 700℃，显然 1000℃以上的石墨烯生长条件会使低软化点玻璃由固态变为熔融态。事实上，本书著者

团队已经进行了石墨烯在熔融态玻璃表面上的生长研究，并称为熔融床 CVD 生长法[123]。我们发现，熔融态玻璃表面的石墨烯成核均匀且很密，随着温度的升高及生长时间的延长，最初均匀分布的圆盘状结构逐渐长大、拼接，最后形成完整的单层石墨烯薄膜［图 3-55（a）］。这些成核生长特征是与玻璃表面的熔融态结构密不可分的。在熔融态玻璃表面，不容易存在易于成核的高活性位点，因此当活性碳物种的浓度跨过临界值时，会瞬间形成均匀分布的成核中心。由于表面的各向同性特征，活性碳物种的扩散和生长也呈现出各向同性行为，因而产生均匀分布的圆盘状石墨烯畴区。普通玻璃的溶碳量很低，因此石墨烯在熔融态玻璃表面的生长主要是表面自限制生长过程，有利于形成单层石墨烯薄膜。显然，熔融态表面也会促进活性碳物种的表面扩散，因此石墨烯的生长速度较快。在石墨烯生长完成后，降温固化即可得到石墨烯玻璃，如图 3-55（b）所示。

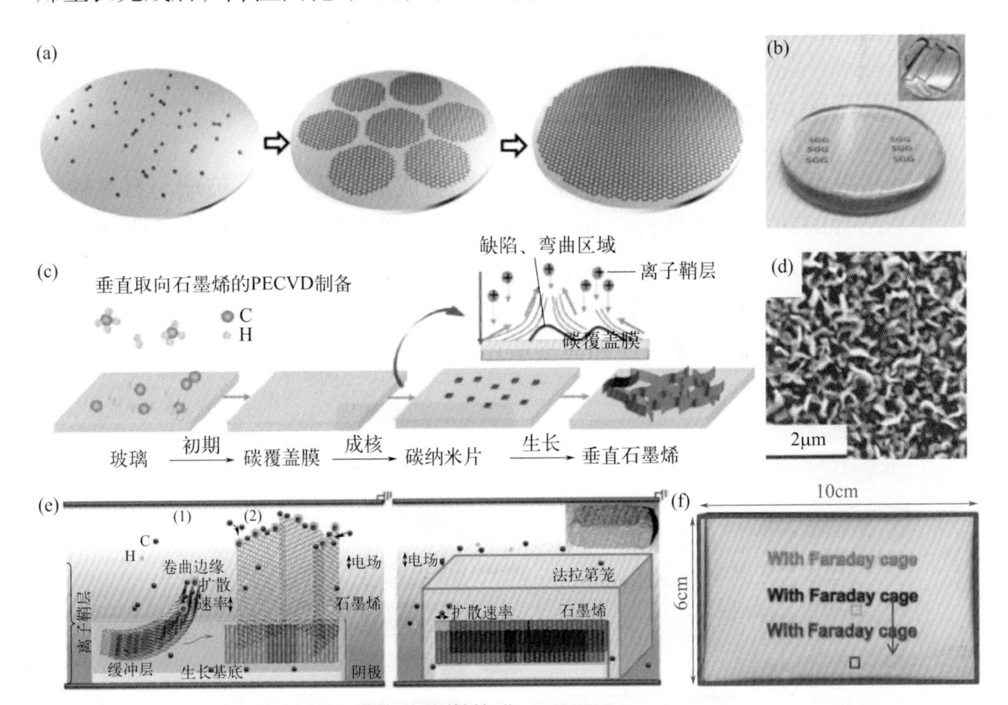

图3-55　低软化点钠钙玻璃上生长石墨烯薄膜

（a）熔融床CVD法生长石墨烯的示意图[123]；（b）熔融床CVD法制备的石墨烯玻璃实物照片；（c）PECVD法制备垂直取向石墨烯的生长示意图[124]；（d）垂直取向石墨烯三维形貌的扫描电镜图；（e）普通PECVD（左）和法拉第笼辅助PECVD系统示意图[125]；（f）法拉第笼辅助的PECVD法生长的石墨烯玻璃

然而，对于软化点较低的普通钠钙玻璃而言，反应温度过高会导致玻璃本身的外观和性质的不可逆变化，因此发展低温条件下的石墨烯玻璃制备方法极为重要。图 3-55（c）为等离子体增强化学气相沉积（PECVD）法的示意图，此技术是低温生长石墨烯的有效手段[124]。等离子体是气体分子在高能电磁场作用下发生电离所形成的电子和正离子的离子态气体，具有很高的能量。本书著者团队的工作已经证实了石墨烯玻璃的低温 PECVD 生长的可行性，并在钠钙玻璃上获得了垂直形貌的石墨烯［图 3-55（d）］[124]。为调控石墨烯在玻璃表面上的生长取向，本书著者团队还发展了一种法拉第笼辅助 PECVD 方法[125]。在法拉第笼的存在下，石墨烯在玻璃表面上沿水平方向生长且表面非常平整，面粗糙度只有 0.4nm，如图 3-55（e）。法拉第笼的引入还可以有效避免强离子轰击效应，降低样品表面的电荷积累和碳物种吸附累积，进而有助于促进石墨烯的水平生长和质量提升。相比于普通 PECVD 方法，这种方法获得的石墨烯玻璃拥有更高的均匀性［图 3-55（f）］。

值得注意的是，虽然 PECVD 是一种有效的在玻璃上低温生长石墨烯的手段，但由于低的生长温度，以及玻璃对石墨烯的生长没有外延作用，因此 PECVD 法在玻璃上制备的石墨烯始终要逊色于高温条件下获得的石墨烯。

二、超级石墨烯玻璃的性质及应用

超级石墨烯玻璃是传统玻璃大家族的新成员，是一种将玻璃与石墨烯的优势完美结合的新型功能材料。如图 3-56 所示，在保持玻璃良好透光性的同时，石墨烯赋予玻璃诸多新的特性，使得超级石墨烯玻璃兼具导电性、导热性、疏水性、耐腐蚀性以及生物相容性等无与伦比的特性，有着广阔的应用前景。下面对超级石墨烯玻璃的优异特性和典型应用领域进行简要介绍。

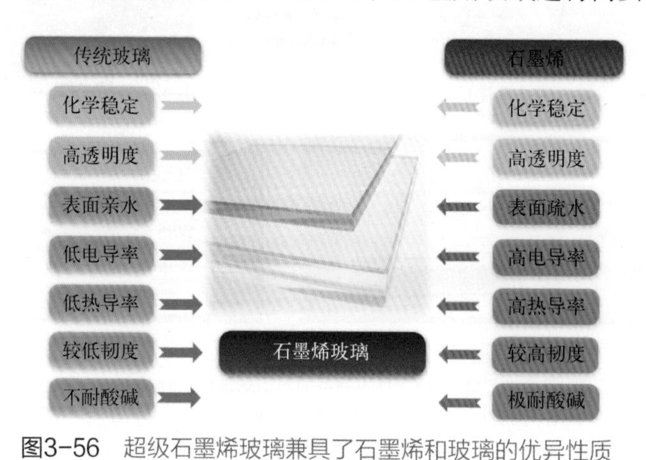

图3-56　超级石墨烯玻璃兼具了石墨烯和玻璃的优异性质

首先，生长石墨烯后的玻璃可以同时具有光学透明性和高导电性，使其成为透明导电电极的理想材料，可用于 OLED 器件、液晶智能窗、触摸屏等领域。由它构建的 OLED 器件表现出了优异的性能，与 ITO 基 OLED 器件相比展现出更高的电流密度[126] [图 3-57（a）]。当超级石墨烯玻璃应用于聚合物分散液晶智能窗时 [图 3-57（b），（c）]，相比于传统 ITO 材料制作的器件，具有更低的驱动电压和更快的响应时间[120]。此外，利用超级石墨烯玻璃构建的电阻式触摸屏展示出流畅的书写能力和灵敏度 [图 3-57（d），（e）] [127]。简而言之，由于良好的透光性和导电性，超级石墨烯玻璃有望超越传统 ITO 材料成为新一代透明导电电极材料。

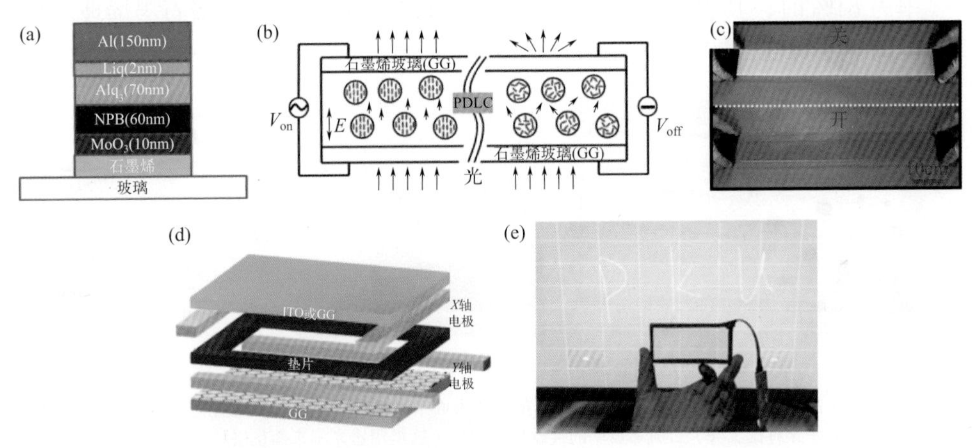

图3-57　基于超级石墨烯玻璃构筑的各种器件结构

（a）OLED 器件[126]；（b）聚合物分散液晶智能窗示意图[120]；（c）聚合物分散液晶（PDLC）智能窗实物图；（d）电阻式触摸屏示意图[127]；（e）电阻式触摸屏实物图

由于石墨烯的导电特性，电流通过石墨烯可以产生焦耳热量，因此超级石墨烯玻璃可作为透明加热元件应用于热致变色窗和防雾视窗中（图 3-58）[118]。由于石墨烯本身具有一定的电阻（R），通过施加电压（U）就会产生一定的热量（$Q = U^2/R$）。当超级石墨烯玻璃表面涂覆热敏材料时，热敏材料会因受热而发生颜色的变化，因此可用来制作热致变色器件。同时，超级石墨烯玻璃还可以直接作为透明加热器件来使用，是防雾视窗等应用场景的理想选择。

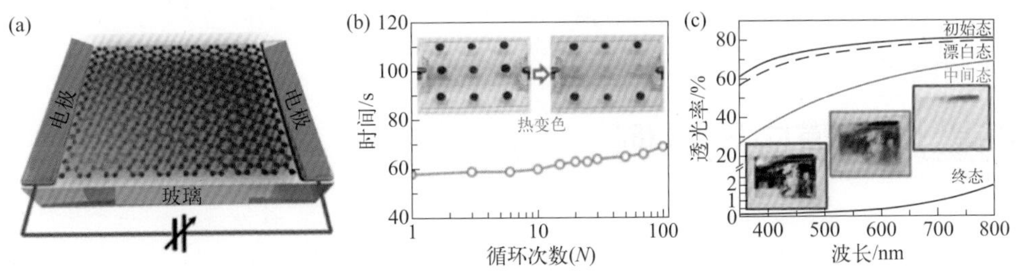

图3-58　基于石墨烯玻璃的加热器件和除雾窗应用展示[118]

（a）超级石墨烯玻璃加热器示意图；（b）超级石墨烯玻璃热致变色器件的循环性能；（c）超级石墨烯玻璃电致调光窗的透光性随波长的变化关系，插图为不同透光状态下调光窗的照片

此外，超级石墨烯玻璃的表面疏水性也使其可以作为自清洁玻璃应用于建筑领域或观察窗口中。图 3-59 展示了在普通石英玻璃表面和有石墨烯覆盖的石英玻璃表面的亲疏水性。实验发现，水滴在普通石英玻璃表面的接触角为 10° 左右，而在石墨烯覆盖的石英玻璃表面，接触角会增加到大于 70°；随着石墨烯的层数继续增加，其表面的疏水角会随之增加。当在超级石墨烯玻璃的可见光透光率为 61% 时，其表面疏水角度会增加至 115°，由此可见超级石墨烯玻璃具有良好的疏水特性 [118-119]。

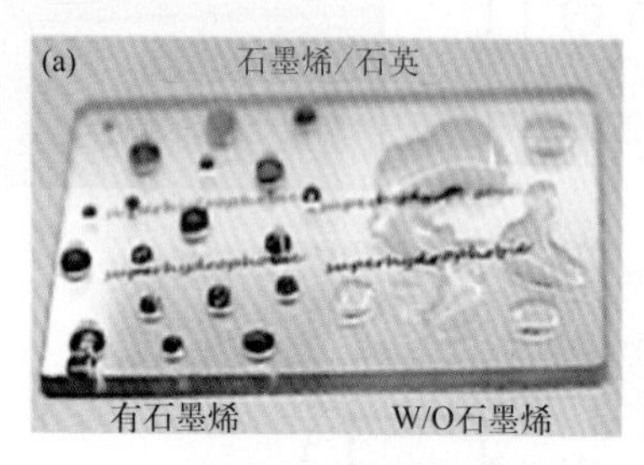

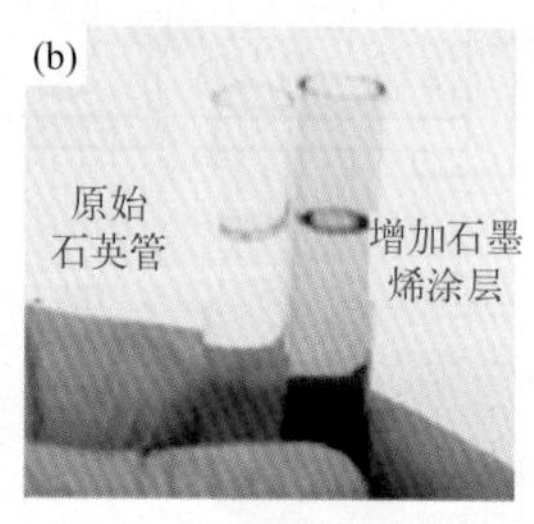

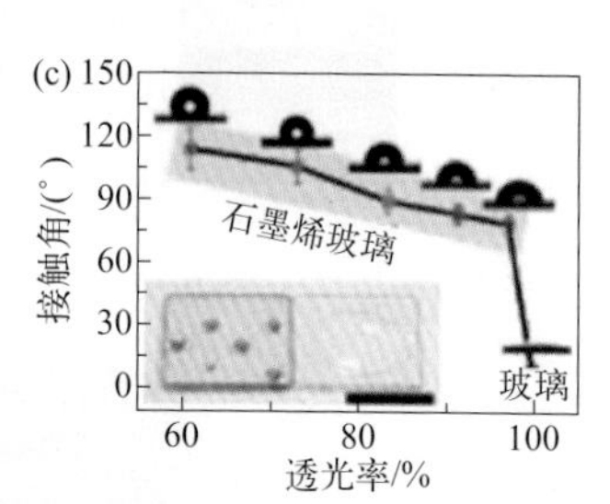

图3-59　疏水石墨烯玻璃的应用展示[118-119]

（a）有（左侧）、无（右侧）石墨烯覆盖的石英玻璃表面亲水性展示；（b）普通石英试管和石墨烯石英玻璃试管中水面的差异对比；（c）石墨烯玻璃的接触角随层数（这里用透光率来衡量层数）的变化关系

由于石墨烯良好的生物相容性，超级石墨烯玻璃还可应用于细胞培养、高灵敏度生物传感器等生物医学领域。本书著者团队通过对比普通玻璃培养皿、普通玻璃基板以及超级石墨烯玻璃基板上 3T3 细胞增殖的情况并进行统计，发现超级石墨烯玻璃作为培养基板可以显著加速细胞增殖，基于超级石墨烯玻璃制成的特殊器皿有望成为一种新型生物培养器皿 [128]。

总而言之，由于玻璃是人们日常生活中使用最为广泛的透明无机非金属材料，被广泛应用于建筑物、汽车、电子器件、光纤传输等领域，超级石墨烯玻璃有望让传统玻璃焕发青春，更为广泛地融入人们生活。

第四节
石墨烯薄膜应用举例

一、透明导电电极

透明导电电极是现代电子产品中的主要部件，在固态发光器件、薄膜太阳能电池、触摸屏、电致变色窗、透明电磁屏蔽等方面有广泛的应用。众多应用对透明导电电极提出了诸如高导电性、高透明性、柔性、表面平滑、厚度均一等要求。一般来讲，满足工业级应用的透明导电材料的面电阻 R_s<100Ω/sq，可见光区的透光率 >90%。在触摸屏应用方面，面电阻的指标要求略低，需小于 500Ω/sq，而平板显示中的面电阻需要达到 10Ω/sq。氧化铟锡（ITO）是目前应用最多的透明导电材料，透光率大于 90% 的 ITO 片面电阻一般为 30 ～ 80Ω/sq。但是，ITO 也有缺点，稀有金属铟是不可再生能源，单独存在的铟矿极少；ITO 和其他透明导电氧化物具有脆性，在弯折后导电性会明显下降；另外，一些柔性的透明衬底（如聚合物）不能耐受 ITO 镀膜所需的高温。因此，随着柔性触摸屏、显示屏，以及太阳能技术的发展，亟待发展新的透明导电电极材料和工艺。

石墨烯具有很高的载流子迁移率和透明度、可调节的功函数，以及优良的柔韧性，与商用的氧化物透明电极相比，有一定的潜在优势。单层石墨烯的本征面电阻为 6.45kΩ/sq，逊于 ITO 的水平，但通过层层堆叠或通过掺杂增加电导率，石墨烯的电阻可以大大降低。近年来，研究者们在有机发光二极管（OLED）、太阳能电池、电致变色器件，以及触控器件（如柔性触摸屏）等方面做了大量工作，充分展示了石墨烯薄膜在透明电极领域的应用前景。

1．有机发光二极管

有机发光二极管（OLED）是一种利用有机材料的电致发光特性实现电能向光能转化的器件，具有全固态自主发光（无须背光）、工作电压低（小于 5V）、发光亮度高、视角宽、色彩齐全、适配柔性显示器等优点，在信息显示和照明领域具有广阔的应用前景。

OLED 的基本结构如图 3-60（a）所示，由衬底、阳极、阴极，以及夹在两电极之间的导电层和发光层组成[129]。一般来讲，有机物通常只具备单一的载流子传输性（对于某一种有机材料来说，电子和空穴的迁移率会差几个数量级），所以，为了提升载流子注入效率，人们通常对传统的 OLED 结构进行改进，将传统导电层替换成电子传输层和空穴传输层，形成三层导电结构［如图 3-60（b）］。我们以此为例介绍 OLED 的发光过程和原理：①电子和空穴分别从阴极和阳极注入到电子传输层和空穴传输层；②在外加电场作用下，电子和空穴在有机物中遵循跳跃输运机制，相向传输；③电子和空穴复合产生激子；④激子经过辐射跃迁发光。OLED 至少需要有一个电极具有透光性，以使光的发射垂直于衬底，提高发光效率，发挥其高亮度、宽视角等优势。为了利用 OLED 的柔性特质，人们也关注器件整体机械力学性能，如可弯折半径、弯折次数等，以此全面评估柔性 OLED 器件的光电性能、可实用性及器件寿命。

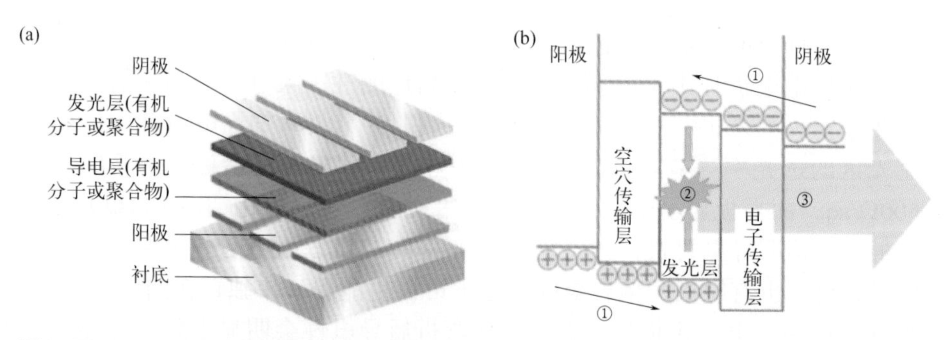

图3-60　OLED器件的结构与电荷传输

（a）OLED 器件的典型结构示意图；（b）OLED 的三层导电结构

材料是影响器件效率和寿命的关键因素，新材料的使用也使得 OLED 效率得到了革命性的提高。目前常使用传统的透明导体铟锡氧化物（ITO）作为阳极材料，但还存在许多不足。首先，由于铟的成本和低通量沉积工艺，ITO 用于 OLED 照明造价昂贵；其次，ITO 在保证电学性能的厚度（约 150nm）下是脆性的，这与 OLED 希望应用于柔性衬底的目标相悖；另外，铟会扩散到 OLED 的活性层中，这将导致器件性能随时间推移而显著下降。石墨烯的功函数为 4.5eV，与 ITO 类似，且具有高导电性、高透光率、易掺杂等优点，有望成为与 ITO 性能媲美的下一代 OLED 阳极材料，这也是石墨烯在 OLED 领域最为重要的应用方向。

2010 年，北京大学物理学院秦国刚团队报道了一种使用多层石墨烯充当阳极的 OLED 器件，这是石墨烯用于 OLED 器件较早的尝试，由于结构未得到优化，器件性能并不高，其最大电流效率和最大光功率效率分别为 0.75cd/A 及 0.38lm/W[130]。2012 年，韩国首尔国立大学 Tae-Woo Lee 团队设计了改性的石墨烯阳极，构建了具有功函梯度的空穴注入层（HIL），从而使空穴能够有效地从石墨烯（4.4eV）注入作为空穴传输层（HTL）的 *N,N'*- 二苯基 -*N,N'*-(1- 萘基)-1,1'- 联苯 -4,4'- 二胺（NPB，功函：5.4eV），显著提升了发光效率［图 3-61（a）］。他们还发现，采用四层石墨烯作为阳极的器件电流效率就已经远高于 ITO 作为阳极的情况［图 3-61（b）］，他们还制备了 5cm×5cm 柔性白光 OLED 器件［图 3-61（c）］，光功率效率高达 37.2lm/W[131]。2013 年，IBM Watson 研究中心 Ning Li 等人将单层石墨烯应用至 OLED 阳极材料，通过精心构筑器件结构，空穴能直接从单层石墨烯阳极直接注入发光层中，减少载流子阱引起的效率衰减[132]。利用该出光耦合结构，白光 OLED 可与最高效的照明技术相媲美，在亮度为 3000cd/m^2 时可获得 80lm/W 的功率效率。2017 年，沈阳金属所成会明和任文才团队利用松香作为转移媒介实现了石墨烯的洁净无损转移［图 3-61（d）］，并成功制备了发光区域达 8cm×7cm

的柔性石墨烯 OLED 器件，其发光亮度高达 10000cd/m^2［图 3-61（e），（f）］，满足常规照明光源与显示器的亮度需求[133]。2020 年，该团队提出协同电光调制策略，利用四（五氟苯基）硼酸（HTB）涂层作为高效空穴掺杂层与增透层［图 3-61（g）］，将单层石墨烯电导率提高 7 倍的同时，透光率也提高至 98.8%［图 3-61（h）］。这种协同调制的策略打破了石墨烯导电性和透光率之间的矛盾，为柔性透明电极性能提升提供了新的思路，利用该种改性石墨烯薄膜材料制备的绿光 OLED 最大电流效率、光功率效率、外部量子效率（分别为 111.4cd/A、124.9lm/W、29.7%）均优于目前已报道的柔性 OLED 水平［图 3-61（i）］，比硬质 ITO 标准器件的性能也高出 43%[134]。

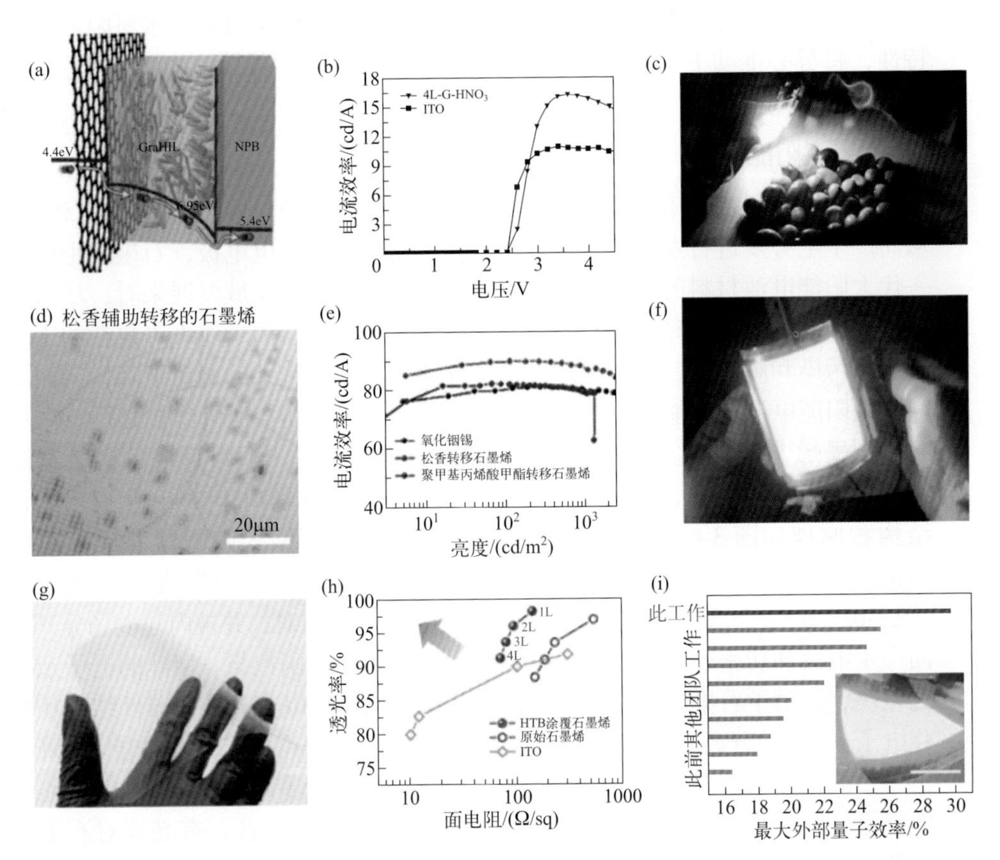

图3-61　石墨烯薄膜应用于OLED

（a）石墨烯/梯度空穴注入层（GraHIL）/NPB复合层组成OLED示意图及能带结构；（b）四层石墨烯（4L-G-HNO$_3$）与ITO分别组成阳极的OLED器件电流效率-电压曲线图；（c）白光OLED照明器件；（d）松香转移石墨烯的光学显微镜照片；（e）松香/PMMA转移的石墨烯与ITO分别组成阳极的电流效率和发光亮度曲线图；（f）松香转移的石墨烯为阳极的OLED照片；（g）覆盖了四（五氟苯基）硼酸后的石墨烯/PET照片；（h）涂覆四（五氟苯基）硼酸后石墨烯、原始石墨烯及ITO的透光率-面电阻曲线；（i）不同报道中绿光OLED的最大外部量子效率对比及1英寸柔性绿光OLED器件照片（插图标尺为1mm）

此外，石墨烯薄膜凭借其精细的蜂窝状晶格，同时具备良好的热稳定性、化学稳定性、高柔韧性及高透光率的特质，是制备透明水氧阻隔膜的理想材料，也适合作为柔性 OLED 器件的封装材料。多层石墨烯的堆积可以极大降低水分和空气穿过屏障的概率，能够尽可能覆盖光电器件的大面积有源区域，因此是最适合的材料。韩国浦项科技大学 Tae-Woo Lee 团队 [135] 在 6 层石墨烯上旋涂聚二甲基硅氧烷（PDMS），利用石墨烯封装层对水分和空气良好的抗渗性，显著提高了聚合物发光二极管的工作寿命。钙氧化测试结果表明，石墨烯堆垛层数的增加提高了抗渗性。基于此，该团队成功制备了聚合物 / 石墨烯封装的大面积柔性、透明 OLED 器件。

显然，OLED 器件发展的核心是材料，通过有机 / 无机层的广泛选择，与石墨烯进行有效结合，发挥石墨烯柔性、透明、导电、功函可调、水氧阻隔等优异特性，将势必推动下一代柔性光电子器件的发展，使器件性能媲美 / 超越目前主导的刚性器件。

2．太阳能电池

太阳能电池工作的过程与 OLED 恰好相反，是通过吸收光能激发载流子，从而产生电势差进行发电。这个过程也同样需要透明导电电极，石墨烯也成为下一代太阳能电池材料的候选者之一。从太阳能电池这一领域发展来看，尽管目前硅基太阳能电池占主导地位，但由于其高温离子扩散、离子注入等复杂的工艺伴随着高污染和高能耗，其高温过程也会导致硅少数载流子的寿命下降，从而大大降低太阳能电池的性能。因此，太阳能电池产品的更新与迭代势在必行。

石墨烯 / 硅异质结是比较简单的太阳能电池结构，通过形成的肖特基结对光生载流子进行分离，这是最早由清华大学朱宏伟课题组于 2010 年提出的，其结构和原理如图 3-62（a）所示。在石墨烯 / 硅异质结太阳能器件中，两种材料的功函数不同，接触后费米能级调节到同一位置，从而形成一个内建电场［图 3-62（b）］。入射光穿透结区激发硅产生电子 - 空穴对，并被内建电场分开，从而产生电流和功率输出，其内建电势将由石墨烯的功函数与 n 型硅的电子亲和性之差决定。由于石墨烯的功函可调，因此研究人员可以充分设计器件结构从而优化电子 - 空穴的分离和收集效率，使通过耗尽宽度时获得一个更大的电位下降 [136]。

然而，受限于单层石墨烯较低的功函数，早期石墨烯 / 硅肖特基太阳能电池的能量转化效率仅为 1.5%，远低于工业应用的要求。因此，有必要对石墨烯太阳能电池进行改进，例如通过改变石墨烯功函数，提升电子 - 空穴对的分离效率，从而提高能量转化效率。常用的手段有化学掺杂、增加石墨烯层数、引入额外层材料等。一般来讲，用于化学掺杂的小分子有 HNO_3、HCl、H_2O_2、$SOCl_2$ 等。氯离子和硝酸根离子在石墨烯薄膜表面的分散使电荷分离及迁移更易发生，利用硝酸掺杂可以将能量转化效率从 5.53% 提高至 9.27%[137-138]。

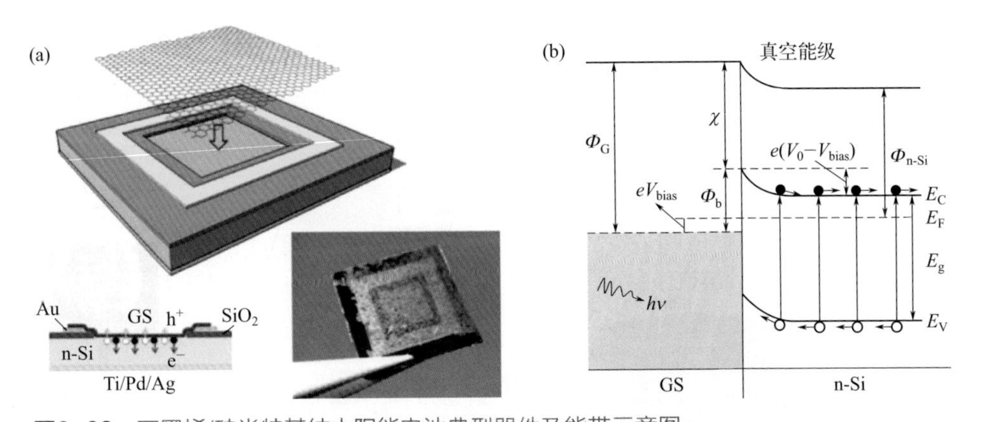

图3-62　石墨烯/硅肖特基结太阳能电池典型器件及能带示意图

（a）石墨烯/硅肖特基结太阳能电池器件结构、载流子传输示意图及照片；（b）石墨烯/硅肖特基结太阳能电池能带结构示意图

除了在硬质基底上作为透明电极实现效率提高，近年来人们更关心柔性太阳能电池在便携式/可穿戴电子产品中有所突破。其中，最重要的挑战为柔性透明电极。理想石墨烯薄膜具有原子级平坦表面，可以与有机聚合物薄膜形成异质结，充分发挥其柔性特质。2010年，南加州大学周崇武团队首先利用CVD石墨烯薄膜在聚对苯二甲酸乙二醇酯（PET）衬底上制备太阳能电池［图3-63（a）］，以石墨烯充当电极的电池器件与使用ITO的器件性能相当[139]。然而，ITO太阳能电池在60°弯折下已显示出裂纹和不可逆破坏，石墨烯柔性太阳能电池则显示出优异的抗弯折特性，在高达136°的弯曲角度下显示出卓越的性能［图3-63（b）］。2013年，香港理工大学严锋团队利用双/多层石墨烯作为顶电极，在PI衬底上成功制备了反向结构的无封装柔性有机太阳能电池［图3-63（c）］，并在超过1000次弯曲循环后仅出现极小损耗［图3-63（d）］。该设计利用双/多层石墨烯对水氧的抗渗性简化了器件的制作，从而有助于降低器件成本[140]。

近年来，钙钛矿太阳能电池因其优异的性能以及高能量转化效率逐渐受到人们广泛关注。钙钛矿太阳能电池通常使用介孔二氧化钛或平面异质结结构，但这与柔性聚合物衬底难以兼容。要使钙钛矿太阳能电池既具备优良机械柔性，又具备高效性，电极材料需要具有高度柔性、高均匀性、高导电性、高透光率、优良的抗弯性。石墨烯拥有以上所有优异特质，因此研究人员也开始研究两者的良性结合。2017年，首尔大学Mansoo Choi团队报道了利用石墨烯作为阳极的钙钛矿（$MAPbI_3$）太阳能柔性电池，他们将单层的CVD石墨烯薄膜转移至聚萘二甲酸乙二醇酯（PEN）薄膜上，通过热沉积几纳米厚的三氧化钼（MoO_3）层，诱导石墨烯空穴掺杂，改善了PEN上单层石墨烯导电性不足的问题，器件的能量转化效率高达16.8%［图3-63（e）］。他们对比了石墨烯电极和ITO电极器件的抗

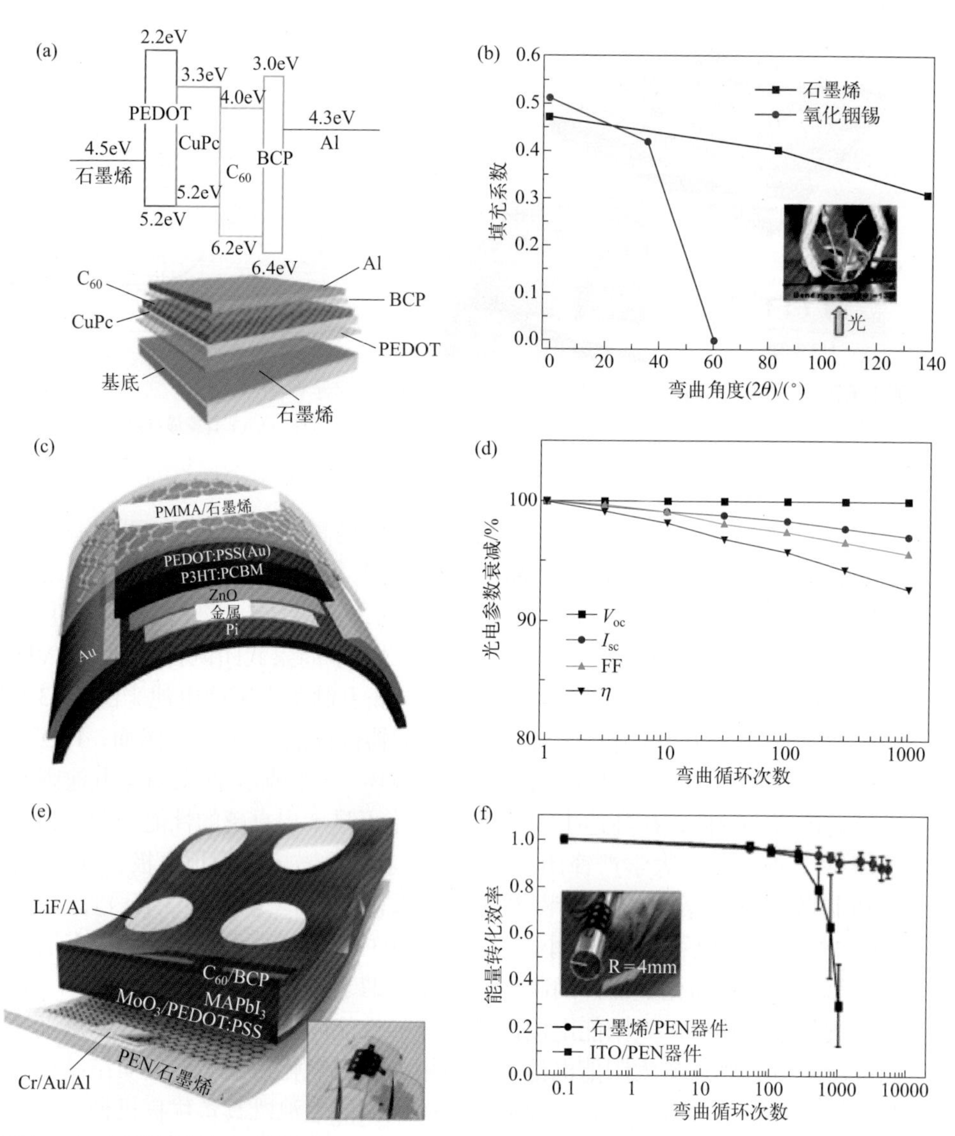

图3-63 石墨烯柔性太阳能电池

（a）石墨烯阳极太阳能电池结构及能带示意图；（b）CVD石墨烯和ITO器件的填充系数（*I-V*特性曲线内所含最大功率面积与开路短路相应的矩形面积的比值）与弯曲角度的关系（插图为弯曲测试照片）；（c）反向结构的太阳能电池示意图；（d）双层石墨烯柔性太阳能电池各项指标（V_{oc}—开路电压；I_{sc}—短路电流；FF—填充系数；η—功率转换效率）随弯曲循环次数的变化；（e）石墨烯基柔性钙钛矿太阳能电池的器件结构（插图为器件照片）；（f）石墨烯/PEN器件和ITO/PEN器件能量转化效率随弯曲循环次数的变化关系

BCP—浴铜灵；P3HT:PCBM—聚（3-己基噻吩）:[6,6]-苯基-C_{61}-丁酸甲酯

弯曲性能，在超过1000次弯曲循环后，ITO电极表现出性能断崖式下滑，而石墨烯电极仍保持初始效率的90%［图3-63（f）］[141]。同年，韩国高丽大学Sang Hyuk Im团队利用$AuCl_3$对石墨烯进行掺杂，并通过在石墨烯与PET衬底之间引入3-氨基丙基三乙氧基硅烷形成化学键，从而增强石墨烯的附着力，制备出高效柔性的钙钛矿太阳能电池，其能量转化效率最高可达17.9%[142]。

太阳能电池材料经过了几代转型升级，目前已取得不俗进展，石墨烯基太阳能电池能兼顾柔性、效率与寿命，在光电器件领域中蕴藏巨大潜能，有望发展成为下一代太阳能电池的主要材料。

3．电致变色器件

电致变色是指在电流或电场的作用下，材料发生可逆的变色现象[143]。相较于其他类型的变色器件，电致变色器件采用电信号进行驱动，具有反应速度快、可操纵性强等特点，其中的电致变色材料种类繁多，可通过设计实现丰富的色彩变化、接近100%的对比度。电致变色器件还具有开路记忆特性，只需要在状态变化时施加较低的电压和功率。这些优势使得电致变色器件在智能窗、可调光镜片、新型显示等领域受到广泛关注。

图3-64（a）是电致变色器件的常见结构，主要由透明导电层、电致变色层、离子传输层、离子存储层构成[144-146]。石墨烯作为优良的柔性透明导电材料，在这里可以充当导电层。前面提到，本征的石墨烯由于载流子浓度极低，导电性并不高，面电阻在千欧量级，而通过掺杂，可有效改善石墨烯的导电性。本书著者团队开发了以氮掺杂石墨烯玻璃作为导电层的电致变色器件［图3-64（b）～（f）］，

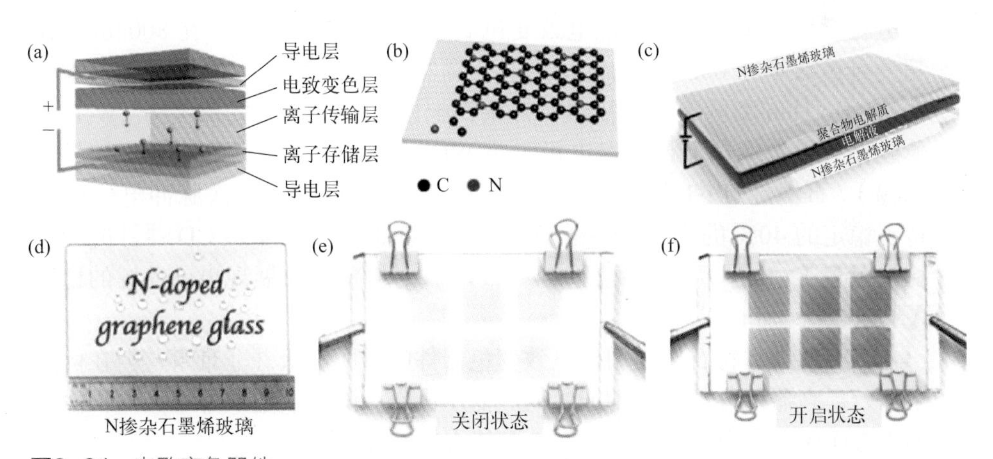

图3-64 电致变色器件

（a）常见电致变色器件结构示意图；（b）N掺杂石墨烯示意图；（c）N掺杂电致变色结构示意图；（d）6cm×10cm N掺杂石墨烯玻璃；（e）和（f）在施加−2.0V电压下，6cm×10cm N掺杂石墨烯玻璃电致变色器件在关闭和开启状态下的照片

其结构由上到下依次为氮掺杂石墨烯玻璃、聚合物电解质、聚（3,4- 乙烯二氧噻吩）- 聚（苯乙烯磺酸盐）（PEDOT：PSS）电致变色层、氮掺杂石墨烯玻璃［图 3-64（c）］。其中氮掺杂的石墨烯与玻璃基材一起构成透明导电玻璃作为透明电极。电致变色层是整个电致变色玻璃的核心，是变色反应发生层，在施加 / 释放 −2.0V 的外电压时，电致变色材料因电荷转移而变色，在未通电（关闭）时如图 3-64（e）所示；施加 −2.0V 的电压，其实现“开启”状态［图 3-64（f）］达到变色效果[147]。

近年来电致变色技术的研究大多集中在传统刚性电致变色器件，在柔性和功能集成成为发展趋势的当下，高性能的柔性电致变色多功能器件的开发也愈加引人注目。2014 年，土耳其肯特大学 Coskun Kocabas 课题组研制了一种使用多层石墨烯电极的新型柔性电致变色器件[148]。研究表明，可通过静电掺杂在石墨烯层中可逆插入电荷来控制多层石墨烯电致变色器件的光学透光率［图 3-65（a）～（d）］，并且在可见和近红外光区中产生高达 55% 的宽带光学调制。为提升石墨烯柔性透明导电薄膜的性能，2015 年，本书著者团队及合作者通过采用银纳米线与石墨烯复合的办法，将石墨烯透明导电薄膜的面电阻降低至 10Ω/sq 量级，选用 PEDOT:PSS 为电致变色材料，成功制备出电致变色器件，实现超过 1000 次的稳定循环。2016 年，亚利桑那州立大学分子科学学院 Dong-Kyun Seo 课题组展示了适用于柔性电致变色的石墨烯基氧化钼纳米杂化物 mRGO-MoO_{3-x}，可通过 Langmuir-Blodgett 方法高覆盖率沉积在各种基材上，使材料在变色前有高透射率，在硬质和柔性基材上均能够表现出优异的电致变色行为[149]。2018 年，中国科学院宁波材料所张洪亮课题组通过在双层石墨烯 /PET 基材上进行电化学沉积制备柔性多色电致变色氧化钒（V_2O_5）薄膜，在 800nm 波长达到超高着色效率和 68.94% 的优良透射率调制[150]。2020 年，韩国电子技术研究院 Seung Ho Han 团队通过调控最佳掺杂钨配比（x=0.024）的镍（$Ni_{1-x}W_x$）氧化物薄膜作为电致变色器件的对电极，与 WO_3 薄膜分别沉积在 c-ITO（结晶态氧化铟锡）/ 石墨烯 /PET 电极，制备了柔性器件，并在 1000 次脉冲电位循环中保持了稳定的 40% 的光学调制范围，即便在弯曲状态，该 FECD 器件的颜色也会从浅黄色（−1.5V）变为深蓝色（+1.5V），对机械弯曲展现出了良好的稳定性能［图 3-65（e）和（f）］[151]。

客观地讲，将石墨烯用于电致变色器件的透明电极并非难事，但在优化设备结构、提高器件各项变色性能、低温低压操作、降低制造成本、大面积生产和运输等方面还存在很大的发展空间，等待人们的探究。

4．触控器件

触摸器件是目前较为简单的一种人机交互方式，可以判断手指的位置或检测手指的触摸动作。触控检测部件一般安装在显示器屏幕上方，用于检测位置和动作，并将相关信息传递到触控控制器，控制器接收信号后再将数字化的信息传输到中央处理器，同时触控控制器也能接收中央处理器发来的命令并执行。根据触控器件的工作原理，可以分为红外线技术触控器件、表面声波触控器件、电阻式触控器件、电容式触控器件几类。石墨烯作为一种透明的导电材料，可以在触摸器件中充当电极材料，是触摸器件的核心组成部分。目前研发的石墨烯触碰器件主要有电阻式和电容式两种。

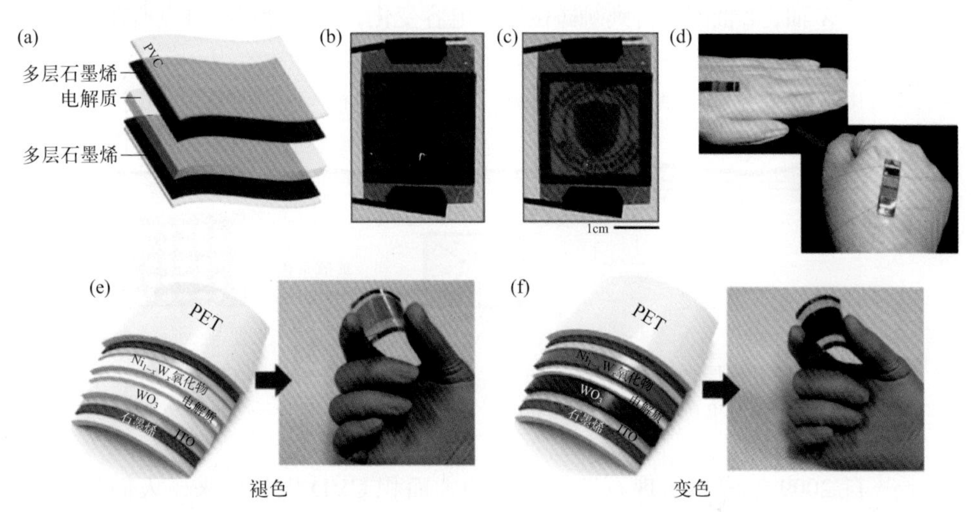

图3-65　柔性石墨烯电致变色器件

（a）石墨烯电致变色装置键示意图；（b）对器件施加0V电压照片；（c）对器件施加5V电压照片；（d）电致变色传感应用图；（e）在无色状态下的示意图和光学照片；（f）在有色状态下的示意图和光学照片

电阻式石墨烯触控器件由玻璃基板、两层石墨烯（通常附着于PET表面），以及夹在两层石墨烯中间的众多绝缘体点阵构成［图3-66（a）］。在没有触碰时，两层石墨烯被绝缘点阵隔开而不能相互接触；当对表面施加压力的时候，PET薄膜和石墨烯在压力的作用下发生形变，并与下层石墨烯形成导通点，造成电阻的变化，接触的位置不同，器件边缘电极收集到的电信号也不一样，从而判断是在哪个位置发生了接触。这类器件的优点是不受指尖油污、水等杂质的影响，但是其屏幕容易被刮伤，使用寿命较短；电极之间存在薄层空气，影响透光率，增加耗电量，价格较高。

电容式石墨烯触控器件，又可细分为表面电容式［图3-66（b）］和投射电容式［图3-66（c）］，其技术原理类似电阻式，但使用的是电容值而非电阻值作为计算量来判断触摸位置。表面电容式是由单一石墨烯透明电极构成，当手指触摸屏幕表面时，手指和触摸屏表面形成一个耦合电容，由于电容是直接导体，此时会有一部分电荷通过手指传递到人体，为了恢复这些电荷损失，电荷从屏幕的四角补充进来，各个方向补充的电荷量和触摸点的距离成比例，由此可以推算出触摸点的具体位置。相较于电阻式触控，表面电容式触控无须施加压力，且灵敏度较高，但电场开放度较高，触控较易受外界环境的干扰，且不能实现对多点触摸的识别。投射电容式触控传感器采用两层石墨烯电极，中间以透明绝缘层分隔。需要对石墨烯电极进行图案化，将上下电极分为 *X* 轴、*Y* 轴交叉分布的电容矩阵，触碰屏幕时除了表面会形成电容之外，也会造成 *X* 轴、*Y* 轴交会处电容值的变化。因此通过扫描 *X* 轴、*Y* 轴即可得到触碰位置的电容变化，进而计算触碰点所在的位置。

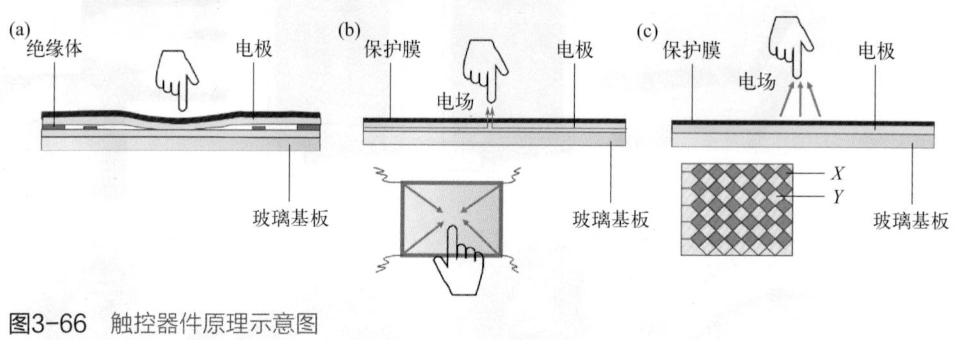

图3-66　触控器件原理示意图

（a）电阻式；（b）表面电容式；（c）投射电容式

自 2009 年成功实现石墨烯薄膜的大面积 CVD 生长以来，人们就对其在触控器件电极中的应用表现出极大的兴趣。2010 年，三星公司 Byung Hee Hong 团队通过硝酸掺杂堆叠 4 层石墨烯使透明导电薄膜获得 30Ω/sq 面电阻和 90% 的透光率［图 3-67（a）］，以此薄膜制备的触控器件安装在笔记本电脑的控制器上，展现出良好的触控性能［图 3-67（b）］[152]。在柔性触控器件方面，中国科技大学季恒星团队制备了石墨烯 /EVA/PET 透明导电薄膜（210mm×290mm），进行 10000 次弯曲后，薄膜电阻只增加了约 0.02%，做出的电容式手机触摸屏可以弯折至曲率半径为 2cm，显示出石墨烯触控器件在柔性电子产品领域的巨大应用潜力［图 3-67（c）和（d）］[153]。国内的产业界在这方面的跟进也十分迅速，2013 年，常州二维碳素科技股份有限公司宣布突破石墨烯薄膜应用于手机触摸屏工艺，实现了石墨烯薄膜材料和现有 ITO 工艺线的对接，并在 2014 年 5 月宣布其第一条年产能 3 万平方米石墨烯透明导电薄膜生产线实现量产。同一时期，无锡格菲电子薄膜科技有限公司也成功量产石墨烯触控产品，于 2013 年 12 月形成年产 500 万片石墨烯触控产品的生产能力，2014 年 9 月实现产量翻番。2015 年 3 月，重庆墨希科技有限公司发布了首批量产石墨烯触摸屏手机。

总的来说，在透明导电电极的应用方面，石墨烯薄膜材料具有得天独厚的优势。在某些对导电性要求并不高的领域（如触摸屏），石墨烯产品已经可以实现一定程度的量产，在对导电性要求比较高的光伏领域，人们通过对石墨烯的掺杂、改性可以实现性能优异的原型器件制备。随着人们对石墨烯性质研究的逐步深入以及石墨烯薄膜制备技术的提升，相信石墨烯透明电极将会在更多领域发挥其优势。

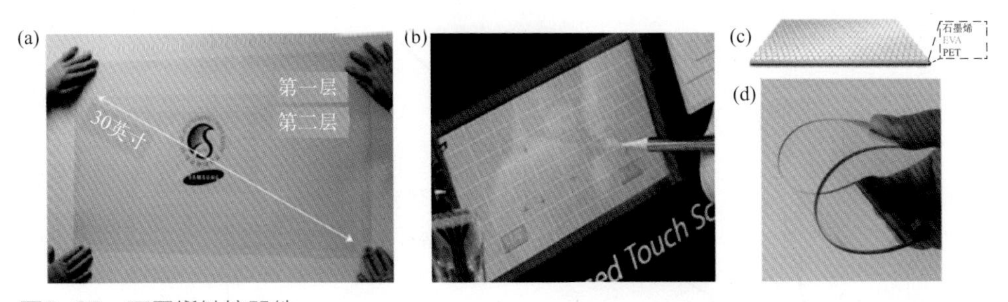

图3-67　石墨烯触控器件

（a）30英寸大面积石墨烯薄膜；（b）石墨烯触控面板；（c）石墨烯触控器件示意图；（d）可弯曲组装的石墨烯/EVA/PET触摸面板

二、场效应晶体管

场效应晶体管（field effect transistor, FET）是现代电子信息技术的起源，是如今数字化生活的基础。从结构来看，场效应晶体管是一个由栅电极控制源漏电极之间电阻的三端器件。正如水龙头能够控制水流的通断，场效应晶体管能够通过栅电极控制电流的大小。图3-68给出了传统场效应晶体管的结构示意图，栅电极通过施加外电压，借助电容耦合调控沟道内部的载流子类型和浓度，当源漏重掺杂接触区的载流子类型与沟道相同时，器件呈导通状态，反之器件关断。

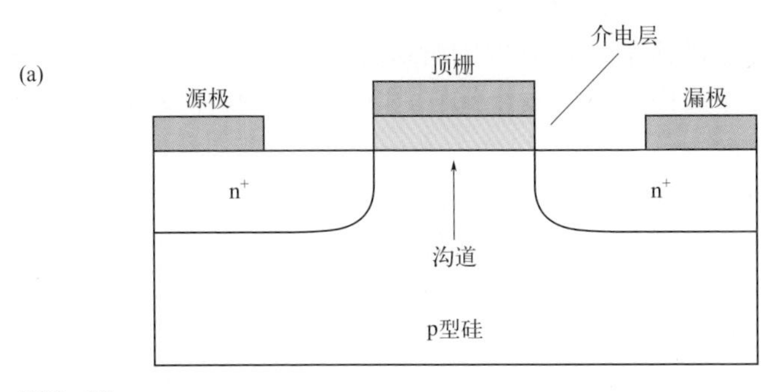

图3-68

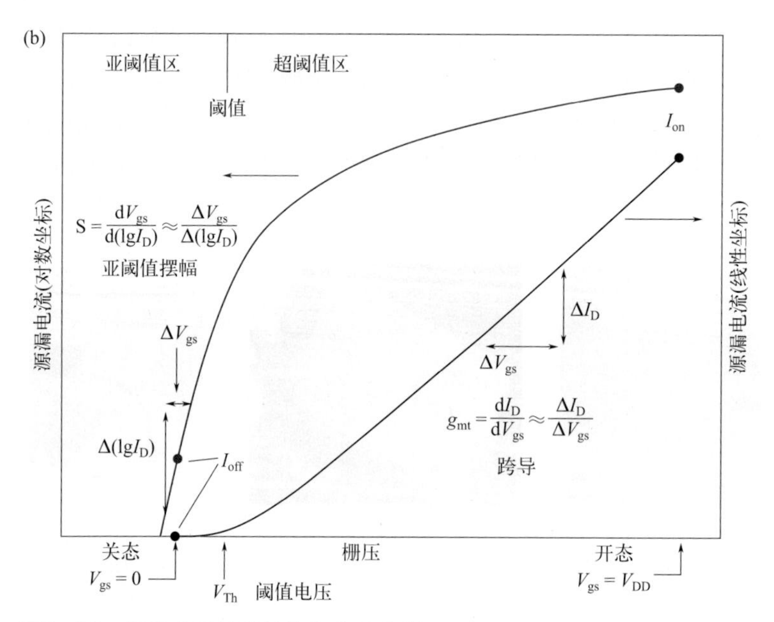

图3-68 场效应晶体管结构和物理参数

（a）FET的结构示意图；（b）场效应晶体管的转移特性曲线，红色曲线为对数坐标，蓝色曲线为线性坐标

自2004年起，石墨烯一经发现，其电学特性就受到了研究者们的极大关注。石墨烯的电子态密度极低，可以通过外加电场改变材料的电子状态，实现电场调制；同时，石墨烯拥有超高的载流子迁移率，本征石墨烯的迁移率高达$1\times10^6 cm^2/(V\cdot s)$，是硅材料的140倍，能够弥补硅作为沟道材料的缺点；此外，也不会出现类似Ⅲ-Ⅴ族半导体材料的速度过冲效应。可见，石墨烯具有极其优秀的频率响应特性。

另外，为了提高晶体管的性能，人们不断缩小晶体管的尺寸以实现更高密度的集成。然而，随着沟道尺寸的缩小，逻辑器件开始面对短沟道效应的影响，短沟道效应将导致器件的亚阈值摆幅增大，甚至无法关断。使用石墨烯等二维材料作为场效应晶体管沟道材料本应是有效的解决方式，但可惜的是石墨烯没有带隙，无法实现合适的开关比，因此石墨烯在逻辑器件领域并没有显著的应用价值。

与逻辑电路不同，射频电路并不要求器件能够实现关断，相对来说更关注器件的高频特性。衡量石墨烯射频场效应晶体管（RF-GFET）的基本指标为器件的截止频率f_T（cut-off frequency）和最高振荡频率f_{max}（maximum oscillation frequency），f_T的含义是电流增益为1时对应的频率，低于截止频率时能够传输信号；f_{max}的含义是功率增益为1时对应的频率。石墨烯因其超高的载流子迁移率，使得GFET运行时具有极高的频率，在高频晶体管领域展现出了巨大的潜力。具体来说，石墨烯射频晶体管领域的研究重点主要有两方面：高频石墨烯场效应晶体管和石墨烯非线性射频器件（如倍频器和混频器等）。

1．高频石墨烯场效应晶体管

2010 年，IBM 公司 Yu-Ming Lin 等人使用 2 英寸 SiC 晶圆外延生长的石墨烯制备了 GFET［图 3-69（a）］，在栅长为 240nm 时，截止频率达 100GHz，这也开创了 GFET 晶圆级制备的先河，展示了石墨烯晶圆级加工的潜力[66]。同年，美国加州大学洛杉矶分校（UCLA）的 Xiangfeng Duan 课题组使用 Co_2Si 作为沟道材料、氧化铝作为介质层，通过自对准纳米线栅极实现了截止频率达 300GHz 的 GFET（栅长为 144nm）制备［图 3-69（b）］。2012 年，他们进一步优化了转移工艺，利用自对准叠层栅极实现了截止频率为 427GHz 的 GFET 制备，对应栅长为 67nm。同年，IBM 公司 Yanqing Wu 等人使用 CVD 制备的石墨烯，实现了截止频率达 300GHz 的 GFET 制备［图 3-69（c）］，证明 CVD 制备的石墨烯依旧具有加工高质量场效应晶体管的条件。

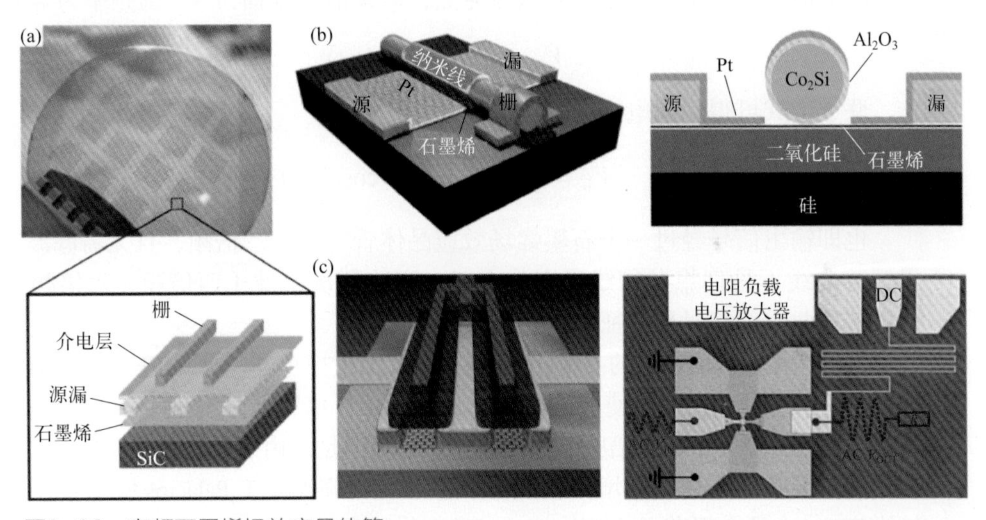

图3-69　高频石墨烯场效应晶体管

（a）晶圆级 GFET 阵列及 GFET 结构示意图；（b）纳米线栅自对准 GFET；（c）基于 CVD 石墨烯的高截止频率 GFET

尽管 GFET 响应频率的提高非常迅速，但实际应用时依旧存在一定问题。石墨烯射频器件的最大振荡频率和功率增益并不算高，这主要归因于石墨烯零带隙的特点，而这恰恰是射频器件的核心参数。目前，石墨烯射频器件的最大振荡频率可达 70GHz，较之硅等传统半导体材料存在一定的差距，在走向下一步应用时，石墨烯射频器件依旧需要进一步的研究。

2．石墨烯非线性射频器件

射频和太赫兹频段的电路中常需要高频率的信号源，常常需要将信号源频率整数倍提升。传统的倍频器大多基于二极管整流电路，输出信号的纯度较差，需要昂贵的滤波系统抑制不需要的谐波分量，提高信号纯度，成本也随之大幅提高。将石墨烯双极输运特性应用于倍频器是一个很好的研究方向。

对于本征的石墨烯器件，在狄拉克点附近的 I_{ds}-V_{ds} 具有对称关系：

$$I_{ds} = a_0 + a_2\left(V_{gs} - V_{Dirac}\right)^2 + \left(V_{gs} - V_{Dirac}\right)^4 + \cdots$$

基本电路结构如图 3-70（c）所示，一般源极作为接地端，栅电极作为输入端，输出端通过负载电阻 R_0 被电源 V_{dd} 偏置。输出电压可以表示为：

$$V_{out}\left(V_{gs}\right) = V_{ds}\left(V_{gs}\right) = V_{dd} - I_{ds}\left(V_{gs}\right)R_0$$

V_{ds} 随 $\left|V_{gs} - V_{Dirac}\right|$ 的增加而减小，当 GFET 的 I_{ds}-V_{ds} 在狄拉克点附近表现为抛物线状态时，输入信号被偏置到狄拉克点，假设信号振幅为 A，圆频率为 w：

$$V_{gs} = V_{Dirac} + A\sin(wt)$$

联立上式可得，漏电极的输出电压为：

$$V_{ds} = V_{ds,0} + \frac{1}{2}a_2 R_0 A^2 \cos(2wt)$$

也即输出信号经过一个石墨烯场效应晶体管实现了二倍频，且无需滤波。如果转移曲线不是理想抛物线形态将会引入高阶偶次谐波（四倍频、六倍频等），如果转移曲线偏移对称特征，将会引入奇次谐波。

2009 年，美国 MIT 的 T. Palacios 课题组首次报道了基于 GFET 的二倍频器［图 3-70（a）］[154]。他们使用机械剥离的石墨烯，倍频器件实现了 10kHz 的频率响应，在输出信号中，二倍频的比例高达 90%。但是，由于器件基于底栅工艺，导致器件跨导较低、倍频器增益较低，小于 1/200。随后，T. Palacios 课题组在 2010 年的 IEDM 会议上报道了可以在 GHz 波段工作的高频石墨烯倍频器［图 3-70（b）］，其响应频率达到了 1.4GHz，并且使用的是 CVD 生长的石墨烯 [155]；2011 年的 IEDM 会议上，IBM 的研究团队报道了基于 8 英寸晶圆平台的石墨烯倍频器，通过片上集成金属线电感，与 GFET 构成射频集成电路，初步展现出了石墨烯倍频器走向实际应用的潜力。

通信领域内，混频器也是一种应用广泛的电路元件，其主要功能是实现信号频率的混合调制。在输入端，混频器接收两种不同频率的信号，在输出端得到输入信号的和频电信号和差频电信号，以及一些其他的交调信号。

2010 年，美国 MIT 的 T. Palacios 课题组首次报道了基于石墨烯双极性的混频器

[图 3-70（c），（d）]，其工作频率在 10MHz 左右，转换损耗在 30 ～ 40dB[156]。他们输出一个频率为f_{RF}的射频（RF）信号和一个频率为f_{LO}的本振（LO）信号，利用转移特性进行混频。由于实际的 GFET 转移曲线不对称，引入强度较弱的奇次交调信号。

2011 年，IBM 的研究团队首次报道了基于石墨烯的混频器集成电路[图 3-70（e），（f）]，他们所使用的是 SiC 上外延生长的石墨烯，集成了一个无源电感作为直流耦合端，通过 IF（中频）和 RF 功率的线性关系展现出了良好的线性度潜力，该混频器的工作频率可达 4GHz。

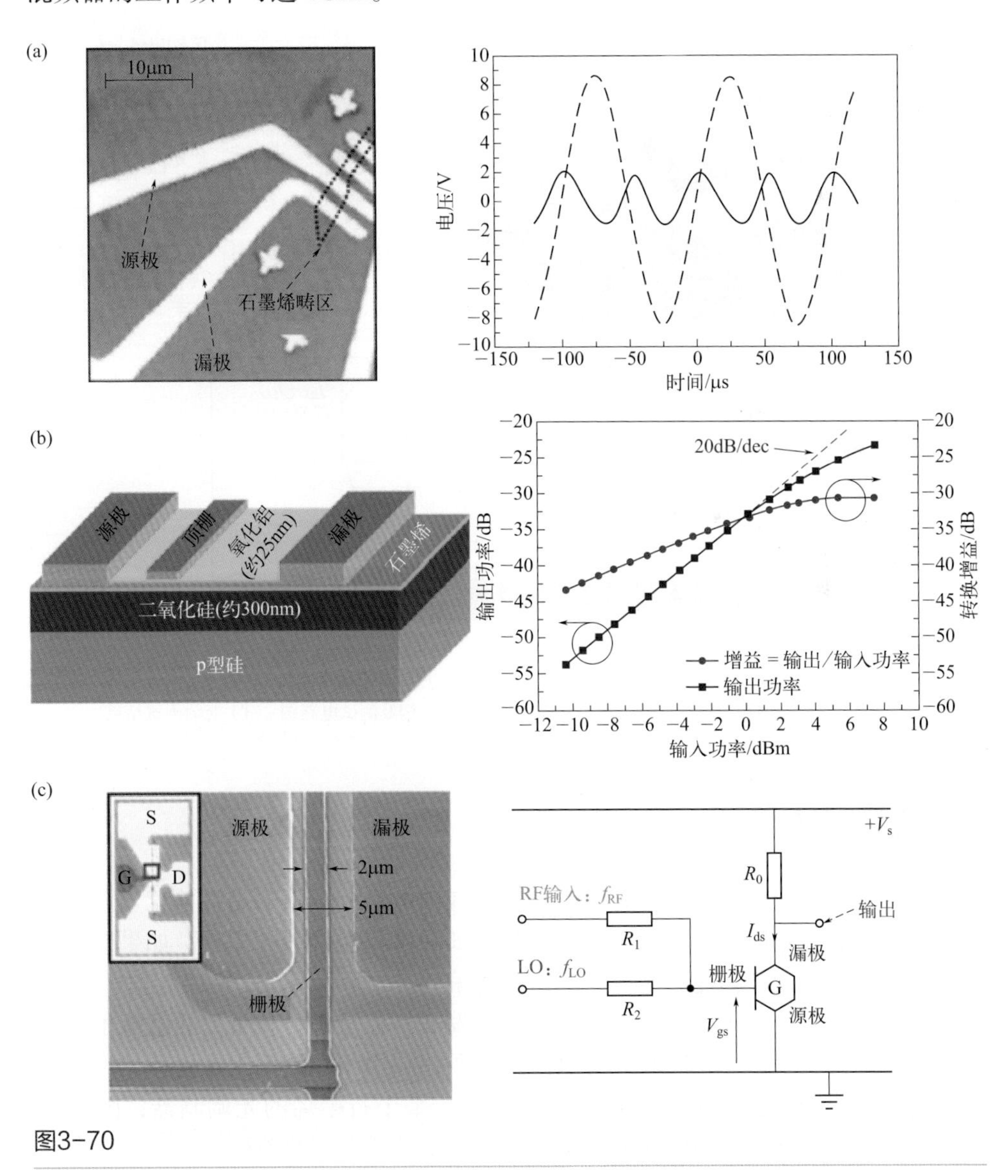

图3-70

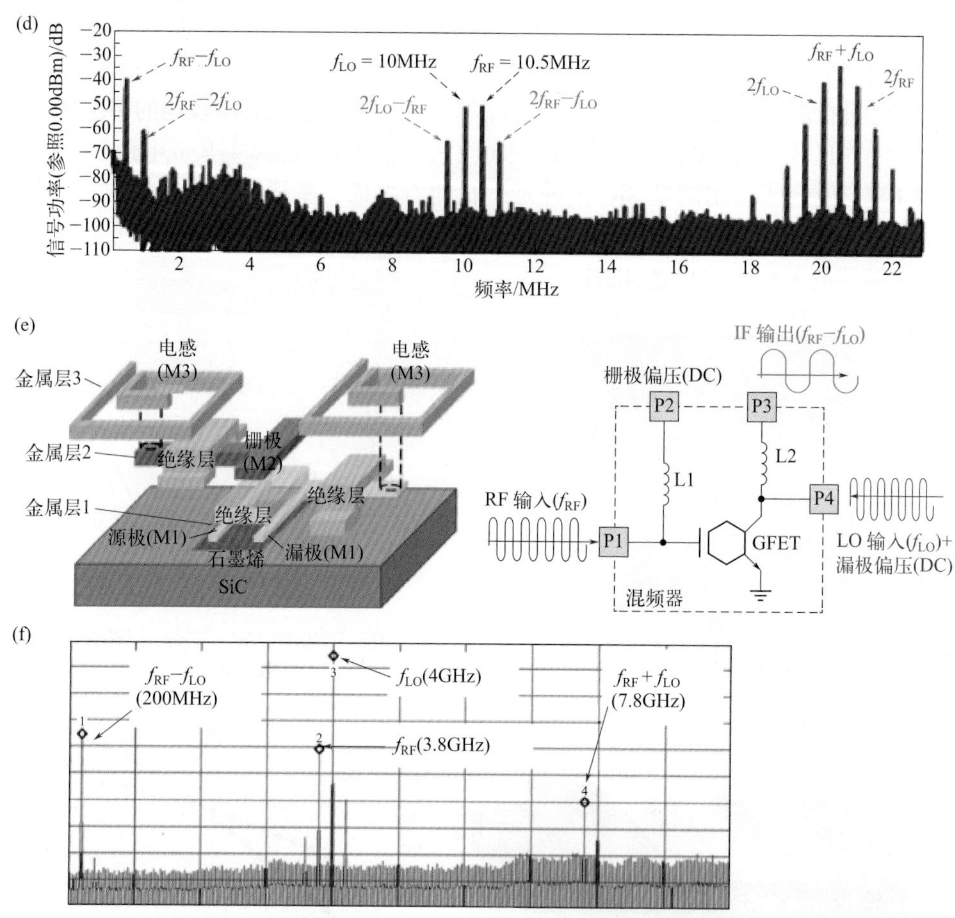

图3-70 石墨烯倍频器与混频器

(a)首个底栅石墨烯倍频器及对应输入与输出信号；(b)高频石墨烯倍频器；(c)首个石墨烯混频器及对应电路图；(d)混频器的输出特性结果；(e)单片集成混频器结构及测试电路图；(f)混频测试结果

三、光调制器

在集成光子学领域，光调制是不可或缺的环节，目的是将信息负载于光波上进行传输。光信号具有多种特征参数，如强度、振幅、频率等，如果能定向改变光的特征参数，就能够实现光学信号的编码。

近年来硅基集成光学得到了显著的发展，但是硅材料本身的载流子效应影响了器件的响应速度，同时硅的电光效应弱，应用于电光调制器时器件尺寸大、功耗高，限制了其在大数据传输中的应用。基于石墨烯的光调制器，因在调制速率、调制带宽、结构尺寸上的诸多优点而受到了人们的关注。

多数情况下，介质材料中传输的光的性质，与材料的折射率有很高的相关性，光学调制的过程，实际上是材料折射率变化的过程。光学调制的方法主要有电光调制和热光调制等，由于石墨烯在导热的过程中不可避免会出现耗散，热光调制效率较低；相较之下，电光调制速度更快，带宽更高，是目前的主流研究热点。

石墨烯的光吸收包括带间跃迁吸收及带内跃迁吸收，吸收强度由石墨烯的光电导率决定。石墨烯的光电导率表达式为[157]：

$$\sigma(\omega)=\frac{\sigma_0}{2}\left(\tan h\frac{\hbar\omega+2\pi}{4k_{\mathrm{B}}T}+\tan h\frac{\hbar\omega-2\pi}{4k_{\mathrm{B}}T}\right)$$
$$-i\frac{\sigma_0}{2\pi}\lg\left[\frac{(\hbar\omega+2\pi)^2}{(\hbar\omega-2\pi)^2+(2k_{\mathrm{B}}T)^2}\right]+i\frac{4\sigma_0}{\pi}\frac{\mu}{\hbar\omega+i\hbar\gamma}$$

前两项由带间跃迁吸收贡献，第三项由带内跃迁吸收贡献，σ_0是标准光电导；μ是石墨烯的化学势（费米能级）；γ是带内跃迁的弛豫速率。由上述公式可知，对于石墨烯电光调制器来说，能够通过外加电场，调控石墨烯的载流子浓度，进而改变石墨烯的费米能级，从而导致石墨烯对入射信号光的吸收系数的变化，实现光信号的调制。

1．波导型电光调制器

光波导的作用类似集成电路中的导线，能够将光束限制在微纳结构腔中，显著增加光与石墨烯的相互作用长度，提高光吸收效率，同时降低器件的尺寸。

2011 年，加州大学伯克利分校 Xiang Zhang 课题组首次提出了世界上第一个波导型石墨烯电光调制器[158]，他们将单层石墨烯铺覆于条形重掺硅波导之上，构成电容结构，石墨烯与硅波导分别作为顶电极和底电极，二者加以氧化铝绝缘层。通过在外电极上施加偏压，调制石墨烯中的载流子浓度，实现光学信号的“0”与“1”的调制。

为了进一步提高器件的调制速率和调制深度。Zhaolin Lu 课题组提出了基于狭缝波导结构的电光调制器，当费米能级 E_{F}=0eV 时，石墨烯发生带间跃迁，器件处于开路，单位面积下吸收的能量最小；当费米能级 E_{F}=0.52eV 时，石墨烯发生带内跃迁，器件处于关断，单位面积下吸收的能量最大。结果表明，调制深度最大可达 4.4dB/μm，由于器件的开关过程存在带内跃迁过程，且带内弛豫时间远小于带间弛豫时间，因而理论上能够获得极高的调制速率。

2016 年，Dries Van Thourhout 课题组提出了如图 3-71 所示的器件结构，他们将石墨烯平整地铺覆在氧化硅上，以提高石墨烯的载流子迁移率；结构左侧的电极与 n 型重掺硅实现欧姆接触，结构右侧的电极与石墨烯接触，以优化接触电阻，器件的 3dB 带宽达到了 5.9GHz。同年，加州大学伯克利分校 Xiang Zhang

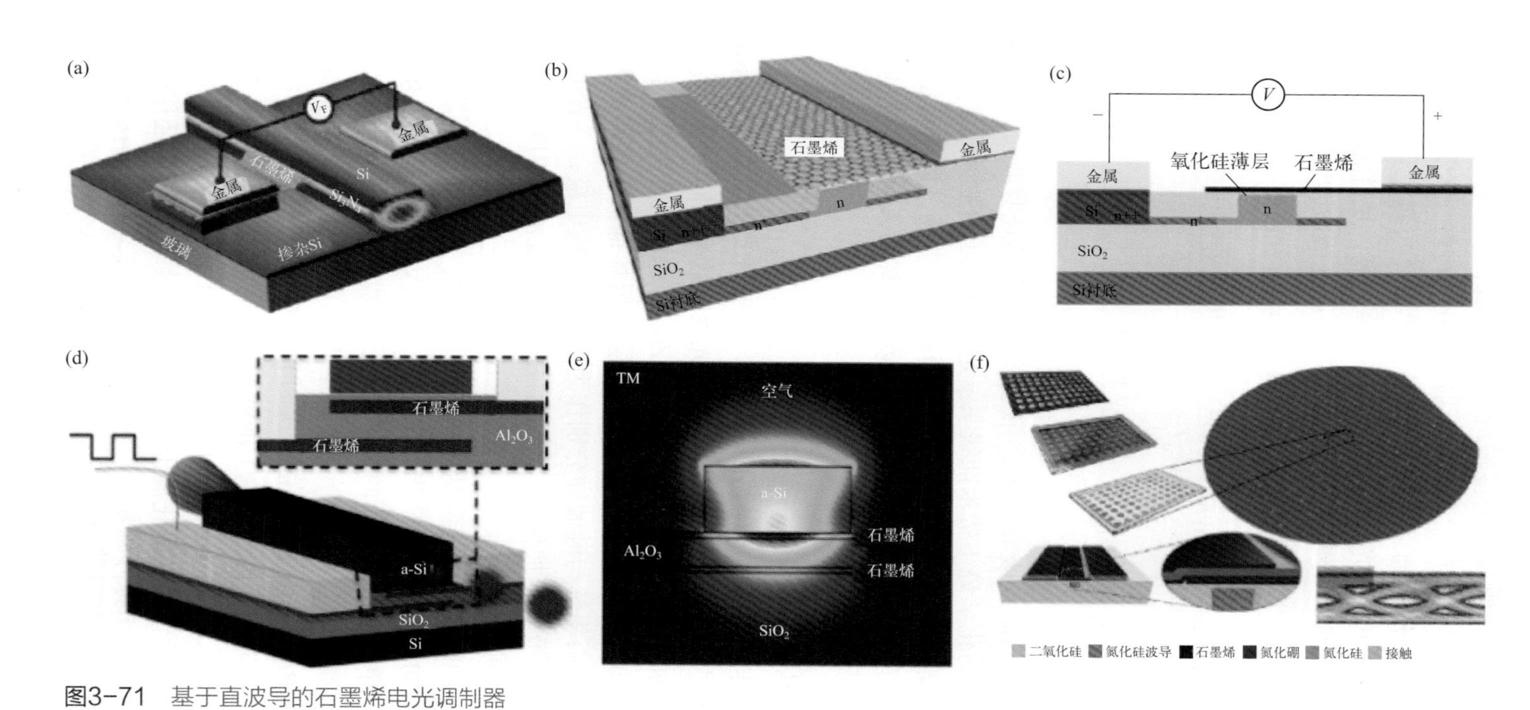

图3-71　基于直波导的石墨烯电光调制器

（a）基于狭缝波导的电光调制器；（b），（c）基于厚绝缘层的双层石墨烯电光调制器；（d），（e）优化界面接触的石墨烯电光调制器；（f）基于4英寸硅波导晶圆的石墨烯电光调制器阵列

课题组，在原有的电容结构电光调制器基础上，提高了氧化铝绝缘层的厚度，使其达到了 120nm，3dB 带宽随绝缘层厚度显著提高，达到了 35GHz，但是使器件开关所需的偏压也随之增大许多 [159]。

针对原型器件的研究，人们已经做出了许多探索，然而只有实现阵列级的加工，才能真正面向应用。2021 年，Romagnoli 等人报道了 4 英寸硅波导晶圆上制备石墨烯电光调制器阵列的工作 [160]。他们使用定点成核的 CVD 方法，制备了高质量的单晶石墨烯阵列，平均迁移率达 $5\times10^3cm^2/(V\cdot s)$，最终阵列器件的良品率高于 80%，调制速度可达 20Gbit/s。

2．石墨烯辅助微环光调制器

基于直波导的电光调制器由于石墨烯和光场的相互作用较弱，存在调制深度与调制效率较低的问题，尽管狭缝波导结构和掩埋型波导理论上能够优化这一问题，但是对器件加工的要求较高，进而，研究人员们开展了微环谐振调制器的探索。

微环谐振结构一般由直波导和相邻的微环谐振腔构成，信号光透过一侧的光栅耦合进入波导，传输到微环谐振腔中发生谐振效应，也即在输出端选择性地输出一部分光，剩余部分在谐振腔中损耗掉，实现波长选择的作用。同时，在微环表面铺覆石墨烯，可以借助电场改变石墨烯的光吸收系数，从而改变微环结构的传输系数，实现对谐振光透射率的调制。

2015 年，丹麦科技大学 Kresten Yvind 等人提出了一种石墨烯微环调制器结构 [161]，如图 3-72 所示，石墨烯位于微环波导之上，构成石墨烯 - 氧化铝 - 硅波导电容结构，通过施加偏压，改变微环的传输系数，当偏压为 8.8V 时，消光比可达 12.5dB；同年，康奈尔大学 Lipson 课题组提出了基于 Si_3N_4 微环的调制器，该结构使用了 65nm 厚度的氧化铝绝缘层，有效降低了 RC 常数，响应带宽可达 30GHz，在 10V 偏压下，能够实现 15dB 的消光比。

四、光电探测器

高速光通信、成像技术等领域的发展均离不开光信号到电信号的高速转换，针对这一过程的核心元件——光电探测器，研究人员倾注了极大的热情。传统的光电探测器基于硅、锗和砷化镓等半导体材料，已经得到了广泛的应用，极大地促进了人们生活水平的提高。但是，在信息量爆炸的大数据时代，更高的光电转换效率依旧是人们不懈追求的目标。石墨烯作为新兴二维材料，具有超高的载流子迁移率、超高的光吸收系数以及光电转换效率，此外，石墨烯具有零带隙的特征，有望应用于超宽光学带宽的光探测器。由此可见，基于石墨烯的光电探测器

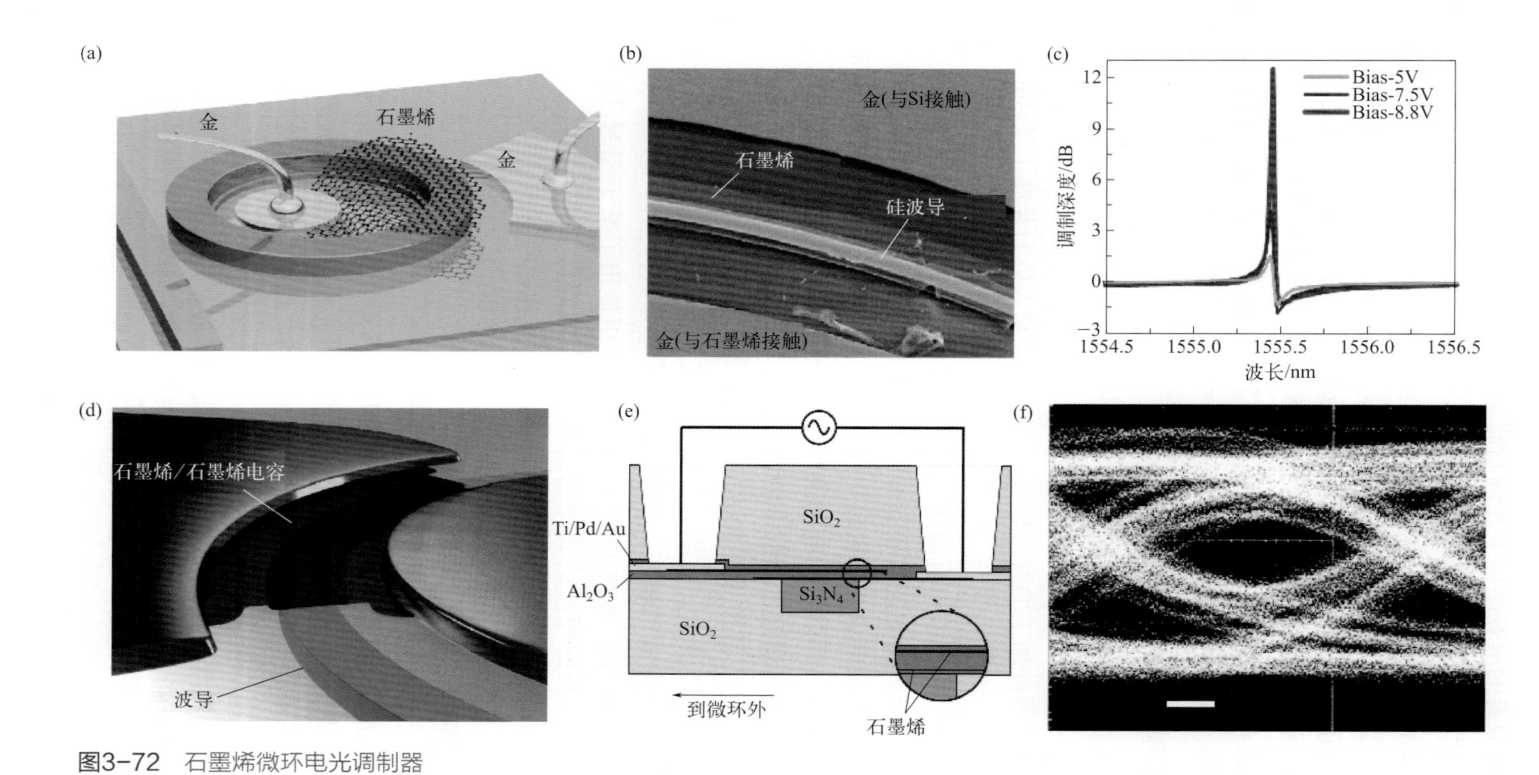

图3-72　石墨烯微环电光调制器

（a）石墨烯微环调制器3D结构示意图；（b）器件核心区SEM照片；（c）不同偏压下的调制深度；（d）基于Si_3N_4微环的调制器有源区示意图；（e）Si_3N_4微环调制器截面结构图；（f）Si_3N_4微环调制器在22GHz下的眼图

具有巨大的研究价值和应用潜力。

光电转换主要涉及电子 - 空穴对产生、电子 - 空穴对扩散，以及电极对电子和空穴的收集并转换成光信号等三个过程。首先，当信号光照射有源区材料且光子能量大于带隙能量时，价带的电子便垂直跃迁到导带，从而产生了电子 - 空穴对。由于石墨烯具有狄拉克锥形能带结构，带隙为零，理论上能够吸收任意能量的光子，实现超宽光谱的光学探测。在产生电子 - 空穴对后，电子 - 空穴对要分别向两端的外电极移动，其速率决定了探测器的响应带宽。石墨烯具有超高的载流子迁移率，实验上最高可达 $1\times10^6cm^2/(V\cdot s)$，约为硅的 1000 倍，理论上，基于石墨烯的光探测器带宽可达 500GHz。电子与空穴分别扩散到两端电极后，越过金属电极与沟道材料的接触势垒，才能形成有效的电信号，较低的势垒高度有利于载流子的收集，石墨烯作为半金属材料，与金属电极材料能够充分接触，获得较高的光响应度。

由此可见，理论上石墨烯运用于光电探测器具有显著的优势。石墨烯光电探测器具有多种工作机理，可以主要分为两类，一类与光生载流子的产生机制有关，如光伏效应、光电导效应和光栅压效应等；另一类与石墨烯热效应有关，如光热电效应和辐射热效应等。光伏效应中，石墨烯吸收光子后产生电子 - 空穴对，并在内建电场的作用下分离，该过程通常发生在肖特基结区或 p-n 结区，最终载流子被电极收集。电场的来源并非唯一，可以是石墨烯 p-n 结界面所产生的电场，或掺杂浓度不同的石墨烯界面产生的电场，或是外加偏压产生的电场。光热电效应中，由于石墨烯内部具有电子 - 电子散射作用，光照下电子 - 空穴对会产生辐射场，使石墨烯内部产生热载流子，不同区域的电子温度出现差异，这一过程的时间尺度大约在 10 ～ 50fs 量级。此后，根据 Seeback 效应形成电势差 $\Delta V_{PTE}=(S_1-S_2)\Delta T_e$（$S_1$，$S_2$ 为塞贝克系数；ΔT_e 为电子温度差），最终热载流子在声子的散射作用下冷却，温度趋于晶格温度，弛豫时间大约在 ns 量级。

根据信号光入射方式的差异，石墨烯光电探测器可以分为面入射型和波导集成型光电探测器两种，以下将对这两种典型的探测器应用进行简要介绍。

1．面入射型石墨烯光电探测器

2009 年，Phaedon Avouris 课题组的 F. N. Xia 等人制备出了世界上第一只硅基石墨烯光电探测器［图 3-73（a）～（c）］，其带宽可达 40GHz[162]。由于第一只探测器具有对称电极结构，因而无法探测具有大尺寸模斑的光信号，无法用于光通信。2010 年，他们提出了具有 Pd-Ti 非对称电极结构的光电探测器［图 3-73（d）～（f）］，相当于增加了结区宽度，工作模式下电子从 Pd 流向 Ti，实现了 6.1nm/W 的光响应度和 16GHz 的带宽。

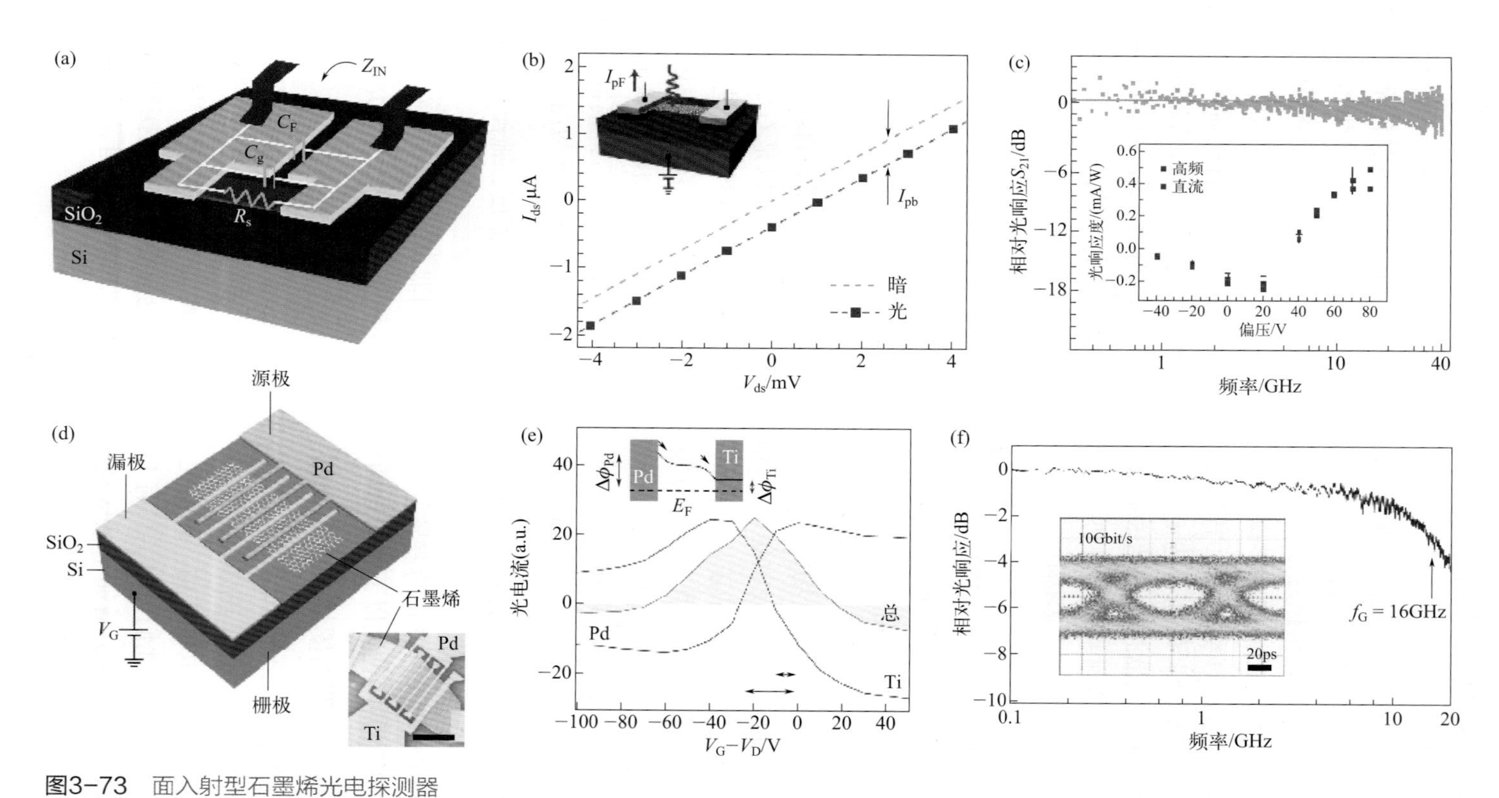

图3-73　面入射型石墨烯光电探测器

（a）世界上第一只石墨烯光电探测器的结构示意图；（b）器件在黑暗和光照下的伏安特性；（c）器件的动态响应带宽，插图为光响应度与栅压的关系；（d）基于非对称电极的石墨烯光探测器结构示意图；（e）零偏压下光电流随栅压的变化关系；（f）器件的响应带宽及10GHz眼图

2. 波导集成型光电探测器

由于石墨烯仅有单原子层厚度和2.3%的光吸收率，导致面入射型光电探测器的光响应度较低，为了解决这一现状，可以将石墨烯铺覆在光学波导上，通过延长石墨烯与光的作用距离来增强石墨烯与沿光波导方向传播的光模场的相互作用，提高光吸收度。2013年，D. Englund课题组的Xuetao Gan等人提出了一种M-G-M型的硅基集成波导光电探测器［图3-74（a）～（c）］，通过非对称金属电极的设计，构筑了一个横向的p-n结，最高能够实现0.1A/W的光响应度[163]；2015年，R. J. Shiue等人采用氮化硼封装的石墨烯构筑了波导型光电探测器［图3-74（d），（e）］，其室温载流子迁移率高达$8\times10^4cm^2/(V\cdot s)$，同时通过外加栅极调控沟道内石墨烯的掺杂程度，能够改变石墨烯的Seeback系数，最终将光响应度优化至0.36A/W，电学带宽可达42GHz[164]。

五、传感器件

传感器是一类检测装置，可以将检测到的力、热、光、电、磁等信息按一定的规律转换为电信号输出，以满足信息的传输、处理与存储等要求。在如今电子信息的时代，传感器已经成为人们感知和获取外界信息的主要途径和手段，被广泛应用于人工智能、航空航天、国防军工和医疗健康等领域。传感器一般由敏感元件、转换元件以及转换电路等部分组成，其中敏感元件是传感器的核心，负责感应和检测外界的输入信号。传统的敏感元件一般是由金属和半导体材料构成。随着新一代5G通信技术的普及以及物联网时代的到来，爆发式增长的信息通量对于传感器的发展提出了新的要求，例如高效化、数字化、智能化、集成化等。新型传感器的发展离不开敏感材料的研发。近年来，凭借量子效应带来的独特物理化学性质，二维纳米材料的兴起为敏感材料的发展提供了新的选择。作为其中的代表，石墨烯由于具有超高的载流子迁移率，良好的导电性、机械强度和化学稳定性，以及巨大的比表面积，在新一代力学、化学和生物学传感器等方面表现出巨大的发展潜力和应用前景。

1. 石墨烯压力传感器

石墨烯压力传感器是一类最为常见的力学传感器。相比于康铜丝、氧化锌、钛酸钡等金属或半导体材料作为敏感元件构成的传感器，石墨烯压力传感器具有灵敏度高、稳定性好、柔性易拉伸、无毒性等优点，因此在电子皮肤、医疗监测、智能家居等领域受到了人们的广泛关注。目前来说，根据压敏元件工作原理的不同，石墨烯压力传感器可以分为压电式和压阻式两种，以下将对这两方面的内容进行具体介绍。

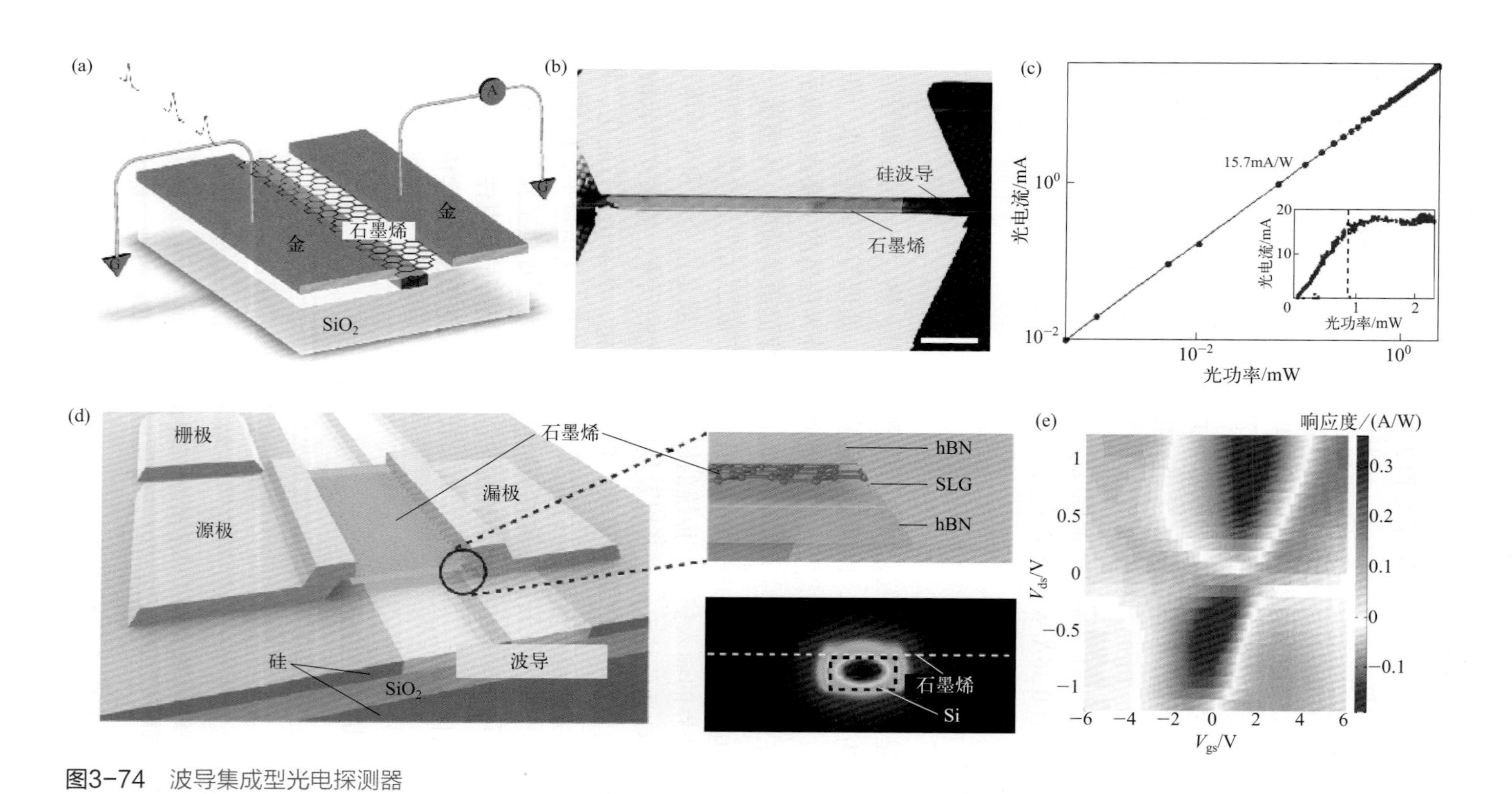

图3-74 波导集成型光电探测器

（a）非对称石墨烯光电探测器；（b）器件光学照片；（c）器件的光响应度；（d）石墨烯/hBN/石墨烯结构光电探测器；（e）器件光响应度与栅源电压（V_{gs}）和漏源电压（V_{ds}）之间的关系

压电传感器的原理是基于压敏元件的压电效应，即当外界施加压力时，压敏元件会发生应变极化，在上下两个表面形成正负相反的电荷，且所产生的电荷量与外加应力的大小成正比。但需要注意的是，石墨烯自身并没有压电效应[165]。研究结果表明，尽管借助外加应力通过使石墨烯产生晶格畸变和能带变化的方法可以一定程度上使石墨烯产生电信号响应，但这种方法的效果较为有限，由本征CVD石墨烯作为压敏元件构筑的压电传感器的灵敏度仅在$10^{-5}kPa^{-1}$量级[166]。因此，目前通常的做法是将CVD石墨烯薄膜与其他压电材料进行复合。感应原理如图3-75（a）所示，当施加外力时，压电材料表面极化效应产生的电荷会对石墨烯形成掺杂作用，由于石墨烯具有狄拉克锥形的能带结构和超高的载流子迁移率，这一掺杂作用带来的散射效应会显著改变石墨烯的迁移率和导电性，从而根据施加压力大小的不同输出不同的电信号[167]。更为关键的是，传统的压电材料由于压电效应形成的电荷会迅速平衡，所以输出的电信号一般是脉冲式的，即只有在施加压力时才有电信号产生，压力稳定时电信号就会消失，因此往往只能用于动态压力的测量。相比而言，压电材料/石墨烯复合传感器由于在石墨烯表面会形成稳定的电荷分布和掺杂作用，所以可以持续地输出电信号响应，因此在静态压力测量和实时压力检测方面具有明显的优势[168]。

根据这一原理，通过选择不同的压电材料，可以构筑出不同的石墨烯压电传感器。举例来说，2017年，香港中文大学许建斌课题组通过将CVD石墨烯薄膜与$PbTiO_3$纳米线复合作为压敏元件，成功构筑出高性能的柔性压电传感器[图3-75（b）][168]。石墨烯薄膜的主要作用是作为载流子传输层，当外界施加压力时，$PbTiO_3$纳米线会发生应变极化，产生的极化电荷会对石墨烯造成载流子散射，从而降低石墨烯的迁移率和电导率。实验结果表明，得益于石墨烯自身超高的载流子迁移率，这种石墨烯/$PbTiO_3$纳米线压电传感器的灵敏度可以达到$9.4\times10^{-3}kPa^{-1}$，相比于CVD石墨烯自身提高了约3个数量级，且可以实现压力传输信号的持续响应[图3-75（c）]。2019年，美国马里兰大学Soaram Kim课题组选择了具有优异压电性能的铁电共聚物P(VDF-TrFE)与CVD石墨烯薄膜进行复合，进一步将石墨烯压电传感器的灵敏度提高至$0.76kPa^{-1}$[图3-75（d），（e）][167]。同时，他们在实验中可以明显地观察到，当施加应力时，CVD石墨烯薄膜的迁移率会降低，面电阻会升高，Raman光谱图中G峰的峰位会发生位移，以上的结果都证明了P(VDF-TrFE)受压力产生的应变电荷会对石墨烯薄膜产生掺杂散射效应，从而改变电信号的输出。

与压电传感器不同，压阻传感器的原理是基于应力作用下敏感元件电阻的变化。对于石墨烯压阻传感器来说，一般是通过改变不同压力下石墨烯之间的接触面积，来实现对石墨烯敏感元件电阻的调控。因此，影响压阻传感器灵敏度的关键在于石墨烯导电结构的设计。通常来说，rGO是石墨烯压阻传感器的常用材料，其原因在于 GO 具有良好的水溶性，可以相对容易地与柔性多孔的高聚物材料进行复合，还原后即可得到具有较好导电性的 rGO 复合压敏元件。在压力作用下，压敏元件会发生形变，导致高聚物孔隙间的石墨烯相互接触、电阻变小，使得传输的电信号发生改变。这种压阻式石墨烯传感器具有组装简单、灵敏度高、反应时间短等优点。例如 2016 年，中国科学院半导体所沈国震课题组将 rGO 与聚偏氟乙烯纳米线网格相复合，构筑了具有三维网状结构的石墨烯压力传感器，传感器的灵敏度可以达到 $15.6kPa^{-1}$[169]。2017 年，清华大学任天令课题组利用层层堆叠的 rGO 纸作为压敏元件，将传感器的灵敏度进一步提高至 $17.2kPa^{-1}$，可以满足脉搏、呼吸等人体生理检测的要求[170]。

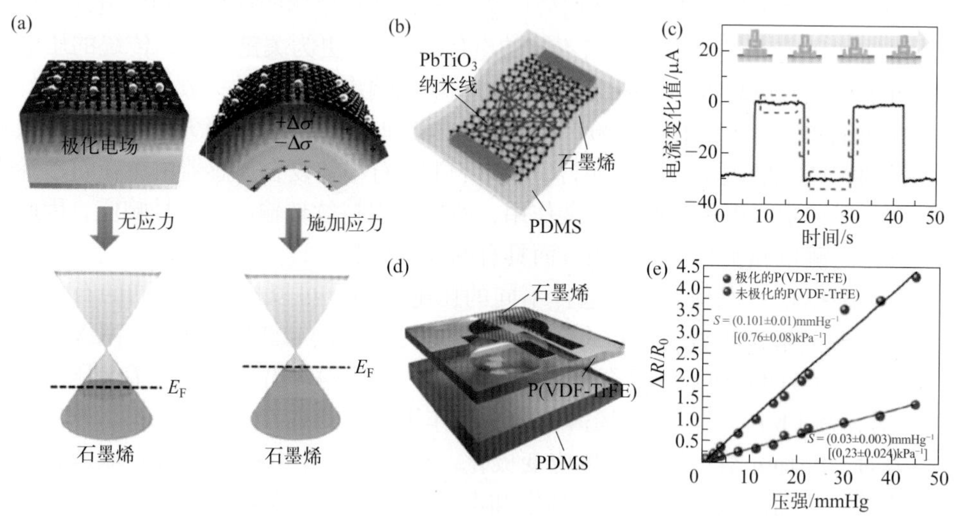

图3-75 石墨烯压电传感器

（a）压电传感器测量原理示意图；（b）石墨烯/$PbTiO_3$ 纳米线压电传感器示意图；（c）石墨烯/$PbTiO_3$ 纳米线压电传感器随时间的压力响应曲线；（d）石墨烯/P(VDF-TrFE)压电传感器示意图；（e）石墨烯/P(VDF-TrFE)压电传感器的灵敏度曲线

相比于 rGO，利用 CVD 石墨烯薄膜来构筑压敏元件的工艺相对复杂，一般需要将石墨烯薄膜从生长的金属衬底转移至图案化的柔性衬底上，例如聚二甲基硅氧烷（PDMS）、聚对苯二甲酸乙二醇酯（PET）等。相比于 rGO，CVD 石墨烯薄膜良好的导电性和大面积均匀性有利于提高传感器的整体性能。2019 年，本书著者团队通过静电纺丝的方法在 CVD 石墨烯表面沉积了一层聚丙烯腈（PAN）纤维，然后将其转移至具有图案化结构的 PDMS 柔性衬底上[171]。接着，将上述两片 PAN/ 石墨烯 /PDMS 薄膜在 PAN 一面相对贴合，作为压敏元件构筑成柔性压阻传感器［图 3-76（a）］。PAN 的作用在于一方面可以作为支撑衬底，避免了传统石墨烯转移过程中高聚物辅助媒介的使用；另一方面可以增加两片 PAN/ 石墨烯薄膜接触时的导电距离，从而提高传感器的灵敏度。实验结果表明，这种方法构筑的石墨烯压阻传感器具有优异的器件性能，其灵敏度可以达到 44.5kPa^{-1}，驱动电压仅为 0.01 ～ 0.5V，且可以实现 5500 次的循环测试[图 3-76（b）]。除此之外，CVD 石墨烯的另一个优势在于可以通过器件加工的方法，构筑石墨烯 FET 传感器阵列作为压敏元件。相比于传统的压阻式传感器，这种 FET 式压阻传感器具有分辨率高、集成度好、器件之间干扰度小等优点。2014 年，韩国成均馆大学 Jeong Ho Cho 课题组利用 CVD 石墨烯薄膜成功实现了 FET 压阻传感器的构筑 [172]。如图 3-76（c）所示，该压阻传感器的压敏元件由两个部分组成：上层是方形图案化的石墨烯薄膜，下层是“之”字形的源极 - 漏极 - 栅极共面 FET 器件阵列。当施加压力时，上下层的石墨烯薄膜会相互接触，使得下层 FET 器件源极 - 漏极之间的电阻改变，从而导致输出电信号的变化。该 FET 式压力传感器的灵敏度为 0.12kPa^{-1}，线性响应范围为 0 ～ 40kPa[图 3-76（d）]。2017 年，韩国蔚山科学技术院 Jang-Ung Park 课题组对压阻传感器中的 FET 器件结构进行了改进 [173]。他们先在一片 CVD 石墨烯薄膜上构筑 FET 器件的源极和漏极，然后在另一片 CVD 石墨烯薄膜上构筑 FET 器件的栅极，接着像折纸一样将两片石墨烯薄膜对折在一起，利用空气作为介电层[图 3-76（e），（f）]。当施加压力时，空气介电层的厚度会发生变化，依此来输出不同的电信号。这种方法构筑的石墨烯压阻传感器的线性测量范围有了很大的提升，可以实现 250Pa ～ 3MPa 范围的测试。

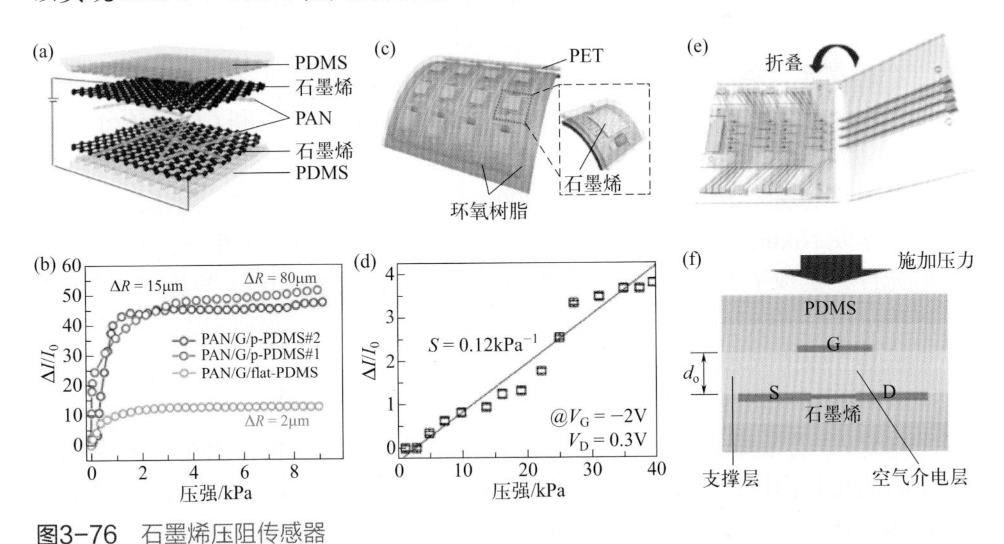

图3-76　石墨烯压阻传感器

（a）PAN/ 石墨烯压阻传感器示意图；（b）PAN/ 石墨烯压阻传感器的灵敏度曲线；（c）石墨烯FET阵列压阻传感器示意图；（d）石墨烯FET阵列压阻传感器的灵敏度曲线；（e）石墨烯FET阵列折纸压阻传感器示意图；（f）石墨烯FET阵列折纸压阻传感器工作原理示意图

2．石墨烯气体传感器

气体传感器是指可以检测目标气体的种类和浓度，并将相关的信息以电信号的形式输出的一类传感器，在环境检测、医疗健康、国防军工等领域具有重要的作用。气敏材料构成的气敏元件是气体传感器的核心，当气体分子在气敏材料表面发生吸附、吸收或化学反应时，气敏材料会发生一定的物理或化学变化，从而实现对气体成分和浓度的测量[174]。金属氧化物和导电聚合物是目前较为常用的气敏材料，尤其是金属氧化物气体传感器，其历史可以追溯到 1962 年，发展至今已经成为较为成熟的气体传感器产业。但是目前上述两种气敏材料仍具有一定的局限性。例如金属氧化物气敏材料通常是利用氧空位的迁移来实现电导率的改变，但是这一过程是高温响应的，所以其工作温度一般在 100 ～ 400℃左右。导电聚合物材料可以在室温条件下工作，且相比于无机材料更容易改性，但是其稳定性较差，尤其是在潮湿的环境下，传感器的性能会发生明显的衰减。相比而言，石墨烯气体传感器的原理是气体分子作为电子的给体或者受体，当吸附在石墨烯表面时会改变石墨烯的局部载流子浓度，从而改变石墨烯的电导率［图 3-77（a）］。石墨烯材料作为气敏材料具有以下优点：①具有较大的比表面积，容易吸附气体分子，且可以通过表面修饰来进一步提高吸附气体的灵敏度和选择性；②具有较高的载流子迁移率，电信号响应速度快，可以实现室温检测；③具有较高的结晶质量和较低的缺陷密度，有利于减少热扰动带来的电子噪声；④具有优异的机械强度和化学稳定性，有利于提高传感器的性能稳定性和使用寿命，因此作为新一代气敏材料的代表受到了人们的广泛关注。

2007 年，英国曼彻斯特大学 K. S. Novoselov 课题组首次利用机械剥离的石墨烯构筑了气体传感器，实现了 10^{-6} 级 NO_2、NH_3、H_2O 和 CO 气体分子的检测［图 3-77（b）］[175]。2011 年 S. C. Hung 课题组首次利用铜衬底上生长的 CVD 石墨烯薄膜实现了 10^{-6} 级 O_2 气体（400×10^{-6}）的室温探测[176]。同年，美国伦斯勒理工学院 Nikhil Koratkar 课题组用通过 CVD 法在泡沫镍上生长的石墨烯作为气敏元件，实现了 10^{-9} 级 NO_2（100×10^{-9}）和 NH_3（500×10^{-9}）的检测[177]。这一性能指标已经可以与商业化的气体传感器相媲美。随后，科研工作者们开始向着石墨烯基气体传感器的高灵敏度、高选择性以及高集成化发展。

对于提高石墨烯基气体传感器的灵敏度来说，目前主要有以下两种策略：①向 CVD 石墨烯薄膜中引入一定的掺杂原子或缺陷结构，加强石墨烯与气体分子间的相互作用；②利用金属氧化物或金属纳米颗粒等对石墨烯进行表面修饰。具体来说，对于第一点，2015 年，美国宾夕法尼亚州立大学 Mauricio Terrones 课题组发现利用硼掺杂的 CVD 石墨烯作为气敏材料可以大幅提高传感器的灵敏度，NO_2 和 NH_3 的检测限可以分别降低至 95.2×10^{-12} 和 59.9×10^{-9}[178]。2017 年，延世大学 Kyung-Hwa Yoo 课题组发现通过氢等离子体向 CVD 石墨烯中引入一定的 sp^3 缺陷，可以提高石墨烯气体传感器的灵敏度，实现亚 10^{-9} 量级 NO_2 气体的检测 [179]。同年，意大利布雷西亚大学 G. Fagli 课题组发现利用紫外光辐照的方法向 CVD 石墨烯中引入一定的缺陷，有助于提高石墨烯传感器对于 NO_2 和 NH_3 的响应速度 [180]。2018 年，印度物理研究实验室 Kumar Gupta 课题组发现在 CVD 石墨烯中掺入电负性更强的氮原子可以提高 NO_2 气体传感器的响应速度 [181]。需要注意的是，尽管杂原子掺杂或缺陷的引入有利于降低气体分子在石墨烯表面的吸附势垒，从而提高气体传感器的灵敏度，但是也会不可避免地影响石墨烯薄膜自身的迁移率和稳定性，因此缺陷结构的设计和浓度的调控是提高石墨烯气体传感器综合性能的关键。对于第二点，金属氧化物或者金属纳米粒子的作用类似于敏化剂，其对气体分子具有较强的吸附作用，而石墨烯薄膜一般作为载流子传输层，输出吸附气体后的电信号响应。举例来说，2018 年，韩国科学技术院 Kang-Bong Lee 课题组通过溶液法在 CVD 石墨烯薄膜表面沉积了一层 Ag 纳米粒子，利用 Ag 与 S 之间较强的相互作用，成功实现了 H_2S 气体的高灵敏检测，其检测限可以达到 100×10^{-9}[182]。同年，上海微系统所狄增峰课题组通过分子束外延的方法在 Ge 晶圆上生长的 CVD 石墨烯表面沉积 Ge 量子点 [183]。一方面 Ge 的加入可以将石墨烯气体传感器对 NO_2 的检测灵敏度提升 20 倍；另一方面 Ge 量子点与石墨烯生长衬底的元素相同，不会引入额外的杂质污染。2019 年韩国化学技术研究所 Ki-Seok An 课题组通过原子层沉积的方法，在 CVD 石墨烯表面沉积了 100nm 的 ZnO 来构筑石墨烯 /ZnO 异质结，相比于石墨烯气体传感器，其对 NO_2 气体的响应强度可以提高 30 倍 [184]。

尽管石墨烯气体传感器通常具有较高的灵敏度，但是检测气体的选择性一直是制约其实际应用的瓶颈。主要原因在于石墨烯气体传感器的响应机制是载流子掺杂驱动的，这就意味着石墨烯是环境敏感而不是特定气体敏感。比如检测气体是两种电子受体 NO_2 和 H_2O 的混合气体时，石墨烯传感器就无法准确地测定其中 NO_2 的含量；或者如果检测气体是电子受体 NO_2 和电子给体 NH_3 的混合气体，那么此时石墨烯传感器可能就没有检测信号输出。因此，需要针对待检测气体的种类，对石墨烯进行特定的表面修饰。金属卟啉配合物是较为常用的表面修饰物 [185]。这类修饰物由两部分组成：①外部的大环化合物卟啉提供具有 π 电子共轭体系的有机框架，提高修饰物在石墨烯表面的结合能和稳定性；②内部的过渡金属原子提供特定气体分子的结合位点，从而提高传感器的选择性。举例来说，2018 年美国麻省理工学院 Tomás Palacios 课题组利用 Co 卟啉配合物 Co(tpfpp)ClO_4 对 CVD 石墨烯薄膜进行表面修饰，由于 Co 与 NH_3 具有较强的相互作用，可以作为 NH_3 活性吸附位点，从而大幅提高传感器对 NH_3 检测的选择性[图 3-77（c）和（d）] [186]。实验结果表明，在 NH_3 与乙烷、乙醇、氯仿、乙腈和水组成

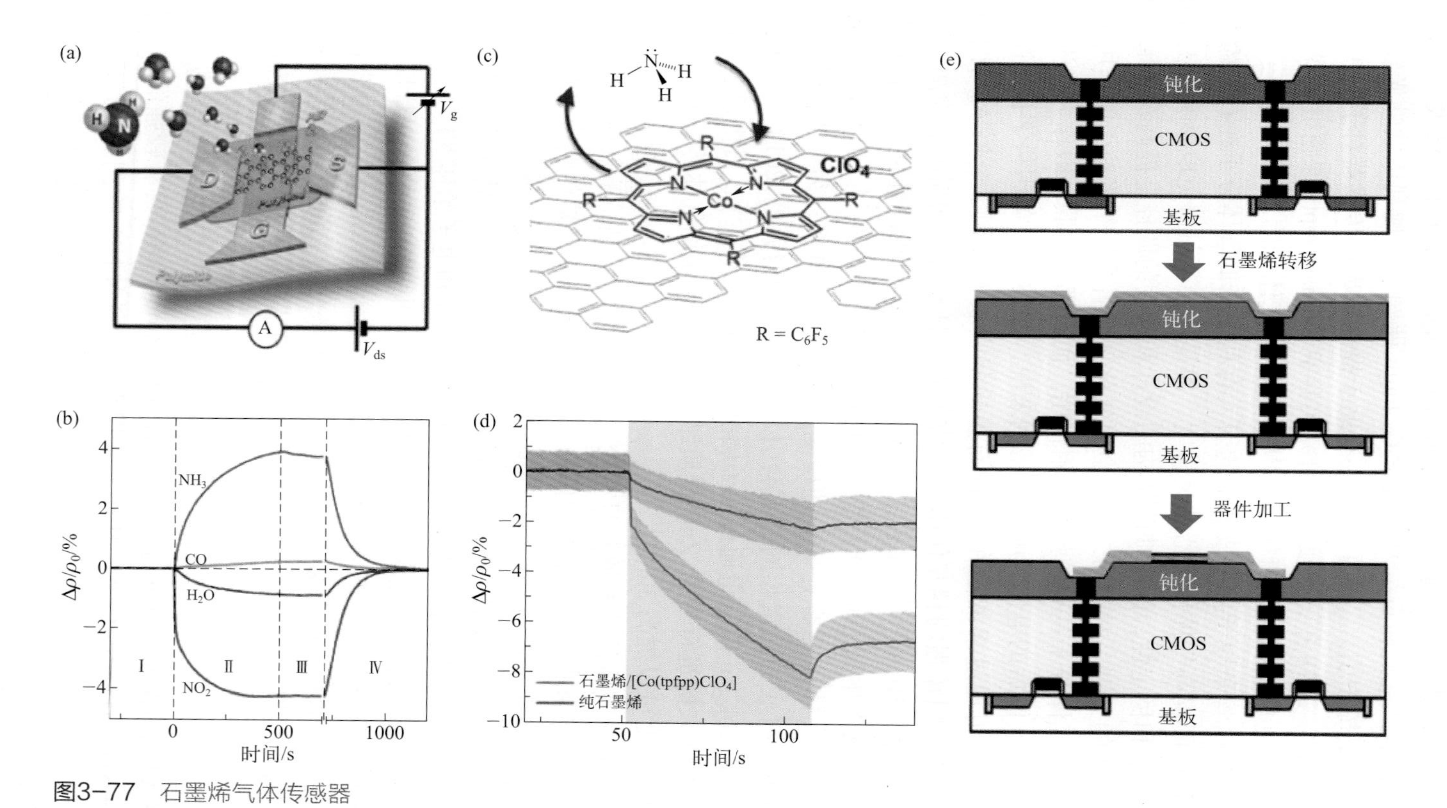

图3-77 石墨烯气体传感器

（a）石墨烯气体传感器示意图；（b）石墨烯气体传感器对不同类型气体分子的响应曲线；（c）石墨烯气体传感器表面修饰示意图；（d）Co修饰石墨烯气体传感器的灵敏度对比；（e）石墨烯气体传感器芯片的制备流程

的混合气氛中，传感器对 NH_3 的响应强度（−8.23%）要明显高于其他气体分子的响应强度（−0.19% ～ 0.06%）。2020 年，日本东京大学 K. Uchida 课题组进一步研究表明，这一类 Co 卟啉配合物还可以在 NH_3 和 H_2 混合气中实现对于 NH_3 气体分子的高灵敏检测，相比于未修饰的石墨烯，其选择性可以提高 6 倍[187]。

在石墨烯气体传感器的集成化方面，2014 年，美国加利福尼亚大学伯克利分校 Liwei Li 课题组实现了柔性高聚物衬底上石墨烯气体传感器阵列的构筑。他们利用 9×9 石墨烯 FET 阵列作为气敏元件，成功实现了 NH_3 的高灵敏度检测（4.28×10^{-9}）[188]。2015 年，韩国首尔大学 Ho Won Jang 课题组成功实现了全石墨烯柔性气体传感器的构筑[189]。他们对铜衬底上生长的石墨烯薄膜直接进行图案化处理，构筑出传感器的电极结构和气敏结构阵列，然后转移到柔性高聚物衬底上，就可以获得高性能气体传感器。这种方法构筑的气体传感器对于 NO_2 气体的测量具有超高的灵敏度（6.87×10^{-9}）和选择性（NO_2、NH_3、H_2O、乙醇、丙醛混合气）。此外，由于传感器具有良好的柔性，弯折状态下对检测结果的影响仅为 3%。2017 年，美国得克萨斯大学奥斯汀分校 Deji Akinwande 课题组首次利用 CMOS 工艺实现了石墨烯气体传感器在硅晶圆上的单片集成，意味着石墨烯基气体传感器有望走向低成本、低功耗、集成化的发展道路[190]。石墨烯气体传感器芯片的制程工艺如图 3-77（e）所示。实验结果表明这种方法构成的传感器表现出良好的性能，可以实现室温条件下 NO_2 和 NH_3 气体分子的灵敏检测（检测限 2×10^{-6}）。

3．石墨烯生物传感器

生物传感器是指可以将生物信号转换为电信号输出的一类传感装置，在疾病诊断、环境监测、生物安全等领域具有重要的作用。与其他类型的传感器不同，生物传感器的敏感元件主要由生物敏感材料和信号转换材料两部分组成。前者主要是微生物、酶、抗体、DNA、RNA 等生物探针分子，其作用是与目标生物分子发生特异性识别；而后者通常有电化学电极、FET、热敏电阻器、光电管等，主要作用是将探针分子识别待测分子时产生的物理或化学信号转化为电信号输出。石墨烯薄膜一方面具有巨大的比表面积和 π 电子共轭体系，有利于实现探针分子的固定和目标分子的检测；另一方面具有优异的载流子迁移率和本征的低电子噪声，所以由石墨烯构筑的 FET 器件可以实现生物信号的灵敏响应和高效输出。在各类石墨烯生物传感器中，DNA 传感器是其中发展最为完备的一种，其在临床疾病诊断方面具有巨大的优势。经过十余年的发展，石墨烯 DNA 传感器已经在感应原理、探针设计和器件构筑等方面取得了显著的进展，成功实现了由原型器件走向商业化产品的历程。以下将以石墨烯 DNA 传感器为例，来对石墨烯生物传感器进行介绍。

2010年，新加坡南洋理工大学Lain-Jong Li课题组首次利用Ni衬底上生长的CVD石墨烯薄膜构筑了DNA生物传感器[191]。具体来说，他们采用与目标DNA分子互补的DNA链作为探针分子，并利用核苷酸中碱基的堆积力使其固定在石墨烯表面上。当探针分子与目标分子发生杂交，碱基互补配对时，石墨烯FET输运曲线中的栅压会向左偏移，表明DNA分子的杂交过程会对石墨烯产生电子掺杂效应。得益于石墨烯巨大的比表面积和优异的载流子迁移率，这种方法构筑的石墨烯传感器可以实现检测限为10pmol/L的DNA分子的高灵敏检测，且可以识别DNA链中的单碱基错配。2014年，美国哈佛大学Donhee Ham课题组对探针DNA分子在石墨烯表面的负载方式进行了优化［图3-78（a），（b）］[192]。具体来说，他们在石墨烯表面均匀涂覆一层生物素化的牛血清蛋白，然后再利用链霉亲和素将探针DNA分子特异性结合到牛血清蛋白的末端生物素表面。与此同时，他们还对石墨烯传感器的器件结构进行了进一步的优化，将原本的单个FET器件拓展成8个FET器件组成的传感器阵列。通过这种方式，他们成功将DNA分子的检测限降低至0.1pmol/L［图3-78（c）］，这一结果已经优于目前商业化的DNA芯片的检测水平（约1pmol/L）。2015年，澳大利亚墨尔本大学Jiri Cervenka课题组进一步发现不同的DNA碱基［腺嘌呤（A）、鸟嘌呤（G）、胞嘧啶（C）和胸腺嘧啶（T）］吸附在石墨烯表面后，对石墨烯电子掺杂的影响会有明显的差别，其影响程度大小为G＞C＞T＞A，这意味石墨烯传感器在DNA实时高效测序方面具有巨大的应用潜力［图3-78（d）］[193]。2017年，得州大学周耀旗课题组利用CVD法生长的厘米级单晶石墨烯来构筑FET阵列，并利用特殊设计的1-芘丁二酸丁二酰亚胺酯作为DNA探针分子的固定剂，一方面芘的π共轭结构可以增强其在石墨烯表面的结合能，另一方面丁二酰亚胺中的活性基团可以与DNA分子中的氨基结合。这种方法构筑的石墨烯DNA传感器可以实现对DNA杂交动力学过程的实时检测以及基因组中单个核苷酸变异进行快速区分[194]。2019年，美国圣地亚哥Cardea Bio公司Francie Barro等人成功实现了商业化的石墨烯生物传感器芯片的制备[195]。他们首先将铜衬底上生长的CVD石墨烯薄膜转移至6英寸硅晶圆上，然后通过微纳加工的方法构筑300个FET阵列。接着他们通过PECVD的方法在器件表面沉积一层SiN封装层，避免石墨烯FET器件在后续电路印刷等过程中受到损坏。他们评估了单批次27片6英寸晶圆上的7992个芯片的良率，其中不合格率为22.1%，主要原因在于石墨烯转移过程中的高聚物污染以及破损。同年，美国加利福尼亚大学伯克利分校Kiana Aran课题组利用Cardea Bio公司提供的石墨烯传感器产品，将其与CRISPR-Cas9技术相结合，成功实现了DNA分子的高效测序与突变诊断［图3-78（e）］[196]。具体来说，CRISPR全称为成簇规律间隔短回文重复序列系统技术，是由美国Editas Medicine开发的DNA剪接技术，由于可以实现DNA链特定位置的精确切割，

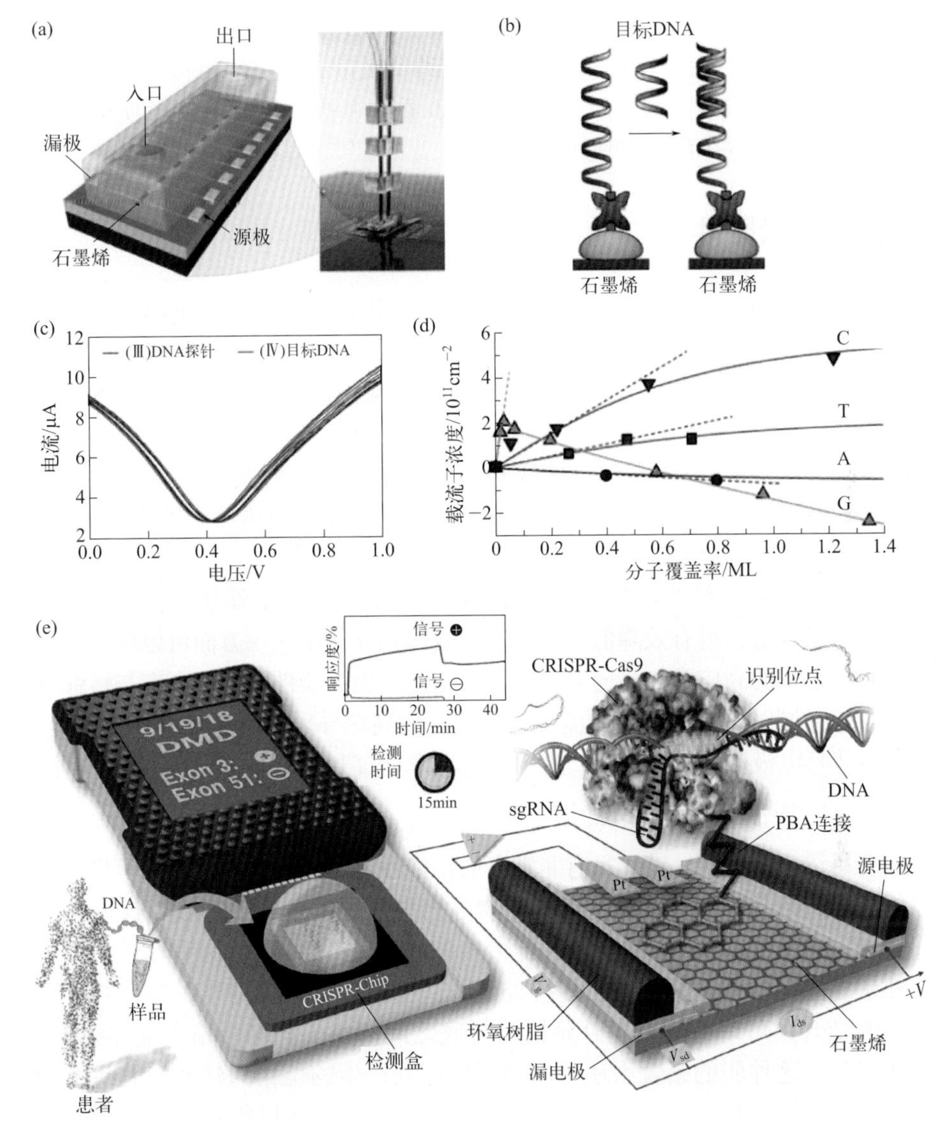

图3-78　石墨烯DNA传感器

（a）石墨烯DNA传感器示意图；（b）石墨烯DNA传感器的感应原理；（c）石墨烯DNA传感器的输运曲线；（d）石墨烯传感器对DNA中不同碱基的响应对比；（e）石墨烯CRISPR芯片示意图

所以在基因编辑和基因治疗等方面具有较大的应用前景。基于此，Kiana Aran 课题组将一种失活的 Cas9 蛋白负载在石墨烯传感器表面，利用其基因靶向能力，使其可以在 DNA 上找到特定的位置又不会启动切割。当 Cas9 蛋白与 DNA 上的靶点结合时，石墨烯的迁移率会发生改变，产生电信号输出。这种方法构筑的石墨烯 CRISPR 芯片可以在 15min 内实现检测灵敏度达 1.7fmol/L 的 DNA 序列的快速检测。此外，由于这种芯片具有超高的灵敏度，无需通过传统的聚合酶链式反应（PCR）对待测 DNA 片段进行增殖，在由基因突变引起相关疾病的快速筛选和药物检测等方面具有明显的优势。

六、发光二极管器件

发光二极管（LED）具有高效、节能、体积小、寿命长、不存在汞等有害物质等优点，被称为新一代绿色环保型照明光源，已经逐步取代传统的白炽灯和荧光灯。目前，LED 的发光材料主要是ⅢA 族氮化物（GaN、AlN、InN 等），一般通过 MOCVD 的方法在蓝宝石衬底表面外延生长，而氮化物与蓝宝石之间存在较大的晶格失配与热失配，导致外延生长的氮化物薄膜存在较大的应力与位错密度，限制了单位管芯面积的光强。同时，蓝宝石的热导率不高［约为 25W/（m·K）］，大功率 LED 仍存在散热差、寿命短的问题。

近年来，石墨烯等作为缓冲层被应用于（准）范德华外延生长氮化物。石墨烯表面无悬挂键，可有效降低外延层与衬底的相互作用，一方面可以缓解晶格失配和热失配带来的高应力与高密度位错，另一方面也为器件的机械剥离与转移提供了新的思路。同时，具有超高载流子迁移率、超高热导率的石墨烯材料作为缓冲层，可同时兼具电极以及散热功能，为构筑高功率垂直 LED 器件提供良好的方案。

1．石墨烯作为生长缓冲层

石墨烯表面无悬挂键，具有非常高的稳定性与热分解温度，可以承受外延生长时的高温。以石墨烯作为ⅢA 族氮化物范德华外延生长的缓冲层（石墨烯外延缓冲层），有望消除晶格失配与热失配带来的问题[197-199]。在范德华外延中，石墨烯与外延层之间的作用力相比于传统外延方式中形成的共价键要弱两个数量级，这种弱的结合力可以有效缓解外延层与衬底之间的热失配和晶格失配导致的应力。与此同时，这种弱的结合力还可以抑制界面处产生的位错的延伸。借助于范德华外延将三维晶体材料生长在石墨烯这类二维材料上，可以缓解外延层与衬底之间晶格失配与热失配所带来的问题，从而获得高品质、低应力、低位错密度的薄膜［图 3-79（a），（b）］。那么，当外延层与衬底之间存在一定厚度的缓冲层时，是否还能确保衬底对外延层晶格取向的诱导呢？ Jeehwan Kim 团队使用密度泛函理论（DFT）计算发现，外延生长的原子将通过高达 9Å 的衬底 - 外延层间隙与衬底进行远程外延配准［如图 3-79（c），（d）］，此间隙是可以容纳单层石墨烯和双层石墨烯作为间隔层的（每层石墨烯厚度约 3.3Å）[197]。他们进一步证实了 GaAs(001) 在 GaAs(001) 衬底单层石墨烯上的均匀外延生长，并表明该方法也适用于 InP 和 GaP。

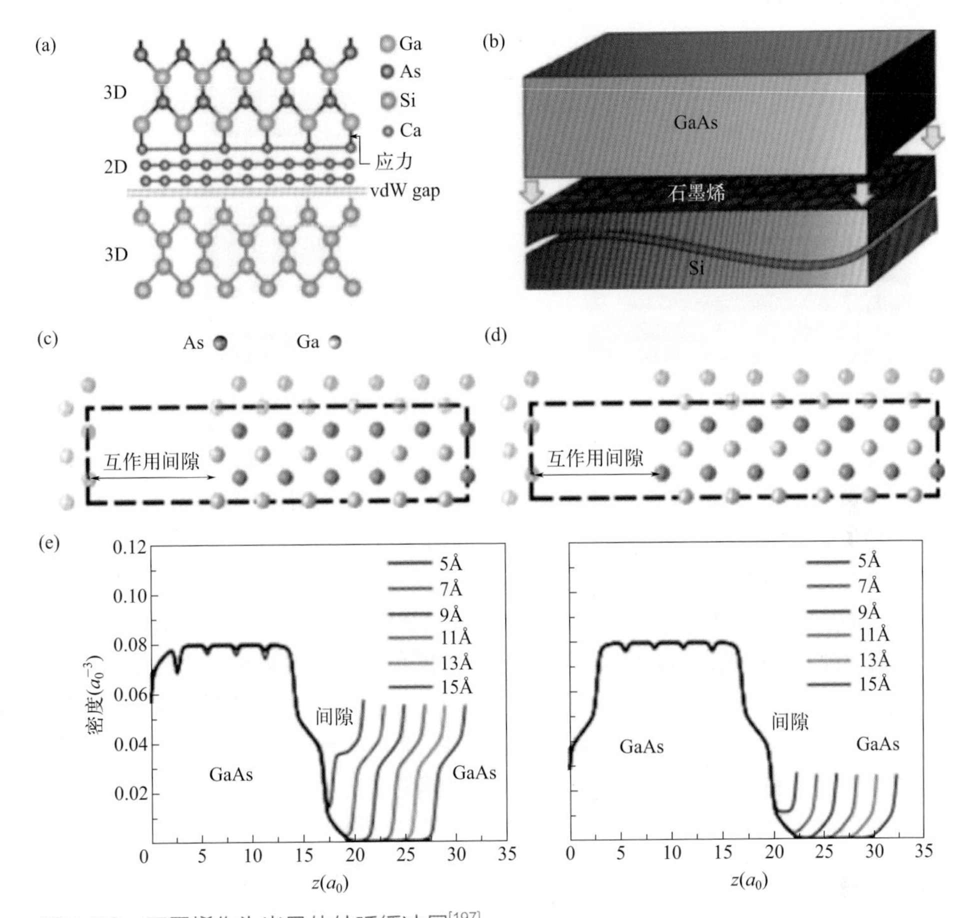

图3-79　石墨烯作为半导体外延缓冲层[197]

（a），（b）石墨烯作为外延缓冲层缓解应力失配（vdW gap—范德华间隙）；（c），（b）GaAs外延层与衬底相互作用与距离的关系

事实上，早在 2014 年，日本 Hiroshi Fujioka 就提出将石墨烯作为外延缓冲层，他们将 CVD 生长的石墨烯转移至 SiO_2- 石英玻璃上，利用石墨烯作为 GaN 生长的缓冲层，采用脉冲溅射的方法制备较好质量的 GaN 薄膜 [200]。如图 3-80（a）显示在石墨烯缓冲层下生长在 SiO_2- 石英玻璃衬底上的 GaN 薄膜的扫描电子显微镜（SEM）图像，可以看到其表面由随机取向的颗粒组成，大小约为几百纳米。对比图 3-80（b），具有多层石墨烯缓冲层的 GaN 薄膜有光滑的表面形态，表明在有石墨烯的衬底上生长 GaN 薄膜更加平整。接着，该团队通过进行掺杂还实现了红、蓝、绿光 LED 的制备，这一创新性研究使得多晶衬底生长氮化物成为可能，极大拓展了衬底的使用范围。

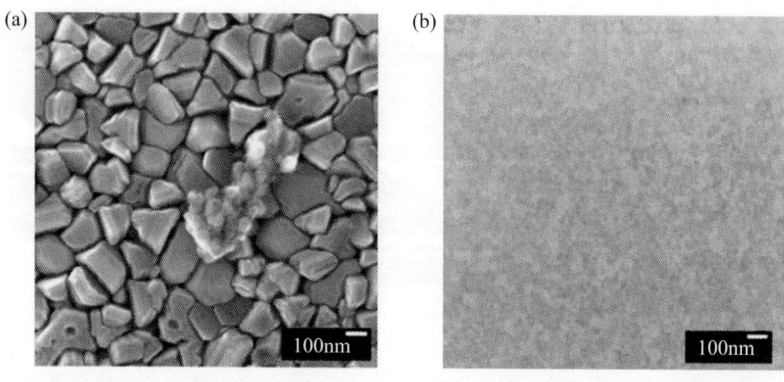

图3-80 通过直接溅射在无定形SiO_2衬底（a）和有石墨烯作为缓冲层（b）溅射GaN的SEM图[201]

作为外延缓冲层的石墨烯可以通过两种方式获得：①将金属衬底上催化生长的石墨烯转移至外延衬底；②在外延衬底上直接生长得到石墨烯。我们知道，石墨烯薄膜的转移容易引入破损、高聚物的污染等问题，不利于外延层的生长。同时，外延层并不需要完美的石墨烯，有一定缺陷密度的石墨烯反而可以为外延层提供成核位点，有利于其生长。因此，第二节所介绍的绝缘衬底上的多晶晶圆更适合作为LED发光器件的外延缓冲层。本书著者团队也提出了“石墨烯/蓝宝石”新型衬底的设计思路，根据外延的需求，设计石墨烯衬片［图3-81（a）］。研究人员发现，相比于Ga原子，Al原子在石墨烯上具有更大的吸附能，且更易于在石墨烯/蓝宝石衬底上成核、生长[201]。遗憾的是，虽然在石墨烯/蓝宝石上进行MOCVD生长的AlN晶畴尺寸显著提升，但其成核密度明显小于在蓝宝石衬底上［如图3-81（b）］。借助氮等离子体来处理石墨烯/蓝宝石衬底，可增加AlN在石墨烯/蓝宝石衬底上的成核密度。通过调控石墨烯中掺杂缺陷的浓度，有效地增加石墨烯的活性，实验结果表明AlN成核密度相比于空白蓝宝石衬底提升了10倍之多，且AlN核分布均匀［图3-81（c）］[202]。因AlN在石墨烯上较高的AlN成核密度、较低的Al迁移势垒（<0.1eV，其在蓝宝石则约为1.02eV），AlN岛的横向生长大大被促进，从而形成连续薄膜［图3-81（d）］。

在以石墨烯/蓝宝石衬底外延生长的LED器件中，石墨烯缓冲层的插入可以使外延生长的AlN薄膜与蓝宝石之间的相互作用明显变弱，从而有效地释放薄膜中的应力；同时，AlN薄膜螺位错和刃位错密度相比于在蓝宝石衬底上直接外延的结果有大幅度降低[202-204]。本书著者团队通过在石墨烯/蓝宝石衬底上依次沉积AlN、GaN、$In_xGa_{1-x}N$/GaN量子阱，以及p-GaN构筑蓝光LED，得到的蓝光LED与传统工艺得到的器件相比，光输出功率提升高达19.1%［图3-82（a）～（c）］[201]。本书著者团队还在石墨烯/蓝宝石衬底上构筑了深紫外线LED［DUV-LED，图3-82（d）］，发光强度比提升了两个数量级。在光输出功率的表现上，石墨烯/蓝宝石上的LED的光输出功率（LOP）与输入电压呈线性关系，斜率约为

20μW/mA，这表明 EL（电致发光）发射是由 MQW（多量子阱）层的载流子注入和辐射复合产生的，而在没有石墨烯的样品中基本无紫外光生成［图 3-82（e），（f）］[202]。这些结果表明石墨烯在蓝光线 LED、深紫外线 LED 的外延生长以及器件性能提升方面具有重要的应用价值。

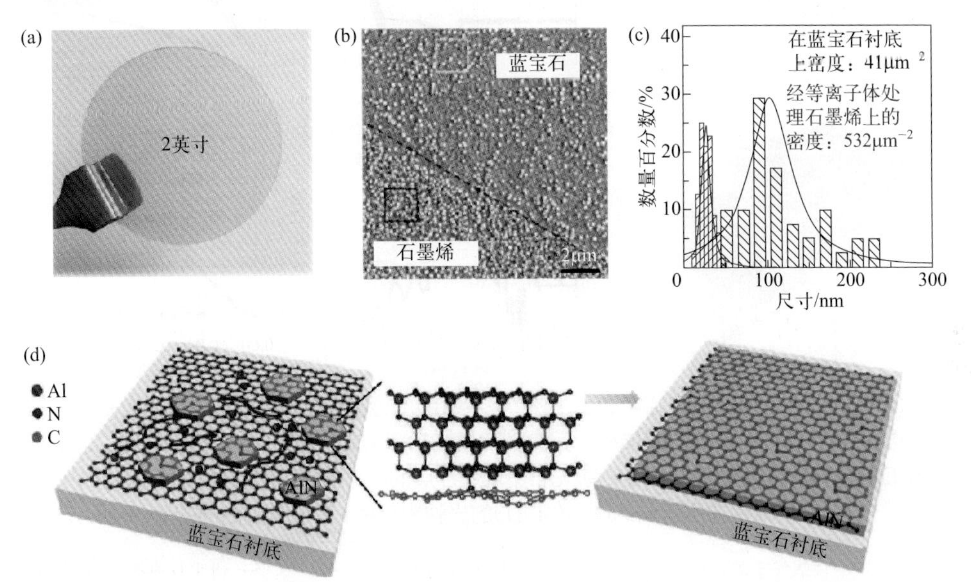

图3-81　（a）石墨烯/蓝宝石衬底上生长的AlN薄膜的光学图片[201]；（b）AlN在蓝宝石和未处理的石墨烯/蓝宝石上成核的SEM图像[201]；（c）蓝宝石和等离子体处理的石墨烯上AlN成核的密度和尺寸分布分析[202]；（d）经N_2等离子体处理后的石墨烯/蓝宝石衬底上快速生长AlN薄膜示意图[202]

2. 石墨烯作为剥离转移层

在三维半导体的外延生长及器件构筑过程中，外延层的剥离、转移是一项重要且难度极大的技术。石墨烯作为外延层，可以削弱外延层和衬底之间的作用力，进而有助于其通过应力调控实现直接剥离。韩国首尔大学 Gyu-Chul Yi 团队首次在外延有石墨烯的 SiC 衬底上，制备出了可转移的氮化镓薄膜和发光二极管[205]。该方法首先通过在氧气等离子体处理的石墨烯层上生长出高密、垂直排列的氧化锌（ZnO）纳米墙作为中间层，纳米墙的存在增加 GaN 成核密度，进而在石墨烯层上生长出异质外延氮化物薄膜［图 3-83（a）］。借助石墨烯 / 氧化锌生长的氮化物，相比于直接在蓝宝石衬底上生长，其晶体质量虽然相对较差，但由于石墨烯之间为弱的范德华力，更易将生长的氮化物薄膜转移到其他的衬底上，并允许石墨烯层作为电极材料。借此，在石墨烯上外延生长的 LED 结构，可以通过直接转移的方式，将其剥离转移至其他柔性衬底上，得到柔性 LED［图 3-83（b）］。

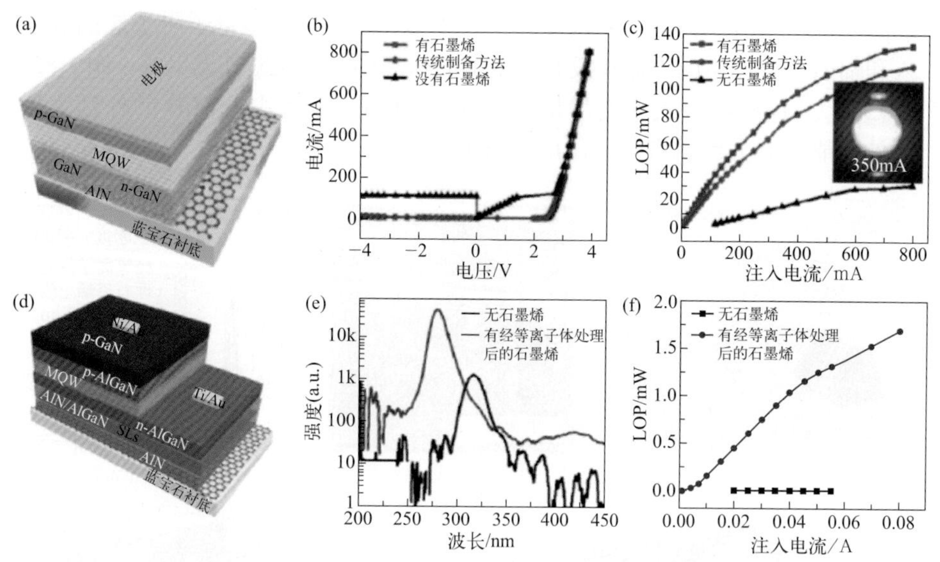

图3-82 （a）蓝光LED结构的示意图[201]；（b）有/无石墨烯缓冲层LED的电流-电压特性曲线[201]；（c）有/无石墨烯缓冲层的LED发光功率-注入电流变化曲线[202]；（d）DUV-LED器件结构示意图[202]；（e）有/无石墨烯缓冲层的DUV-LED的电致发光（EL）光谱[202]；（f）有/无石墨烯缓冲层得到的DUV-LED的光输出功率-注入电流曲线的变化[202]

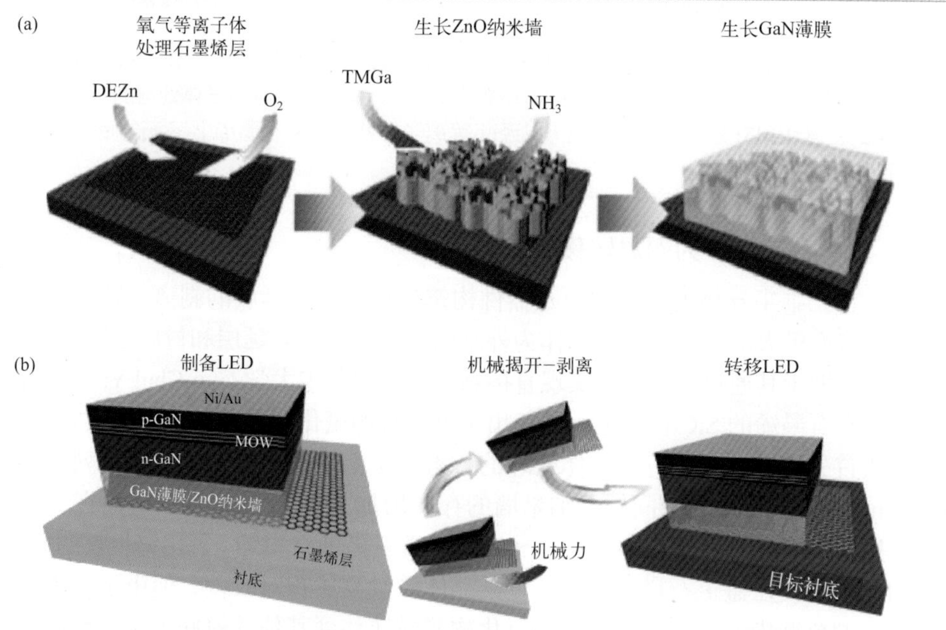

图3-83 （a）外延氮化镓薄膜的制造工艺示意图[205]；（b）在石墨烯层基板上生长的LED和转移过程示意图[205]

DEZn—二乙基锌；TMGa—三甲基镓

在后续的研究中，IBM公司的Kim等研究人员在4H-SiC外延的石墨烯上也成功实现了高质量GaN的外延，并通过在GaN上溅射一层金属Ni（作为应力源层），在热释放胶带（作为柔性处理层）的协同作用下实现GaN薄膜与石墨烯/SiC衬底的剥离，并转移至其他衬底上[206]。挪威科技大学的Helge Weman团队将石墨烯同时作为LED外延衬底与透明电极，实现倒装紫外线LED的构筑：首先利用分子束外延技术在双层石墨烯上生长了AlGaN纳米柱，再将石墨烯作为透明电极，构筑倒装紫外线LED，使光直接从石英玻璃一侧发出[44]。

3．石墨烯作为散热层

石墨烯具有优异的导热性能，机械剥离石墨烯拥有超高的热导率，室温下可达5300W/(m•K)，远高于金刚石[207]，CVD制备的石墨烯在室温下的热导率有明显的下降，但也可达2500W/(m•K)[208]，这使得石墨烯有望应用于微电子系统中的散热层。2013年，韩国Chang-Hee Hong团队利用石墨烯优异的导热性与可以降低界面热阻的作用，通过将氧化石墨烯包埋至LED中，部分缓解了大功率LED的散热问题[208]。如图3-84（a）所示，该制备工艺过程包括在蓝宝石衬底上制备图形化的氧化石墨烯，在H_2的气氛里1100℃退火得到还原氧化石墨烯，并采用MOCVD一步法外延生长GaN薄膜。通过采用红外成像技术来监测LED芯片表面的温度分布，发现没有石墨烯的器件表面峰值温度上升58℃，而有石墨烯的LED表面最高温度仅为53.2℃［图3-84（b），（c）］。就平均温度而言，石墨烯存在的LED平均温度为47.06℃，相比于没有石墨烯的LED器件降低4℃。同时，在350mA的注入电流下，其光输出功率提升了高达33%［图3-84（d）］。

本书著者团队借助等离子体增强CVD系统在蓝宝石衬底上直接生长得到垂直石墨烯，来提升AlN薄膜的散热性能［图3-84（e）］，通过红外激光辐照，并利用高精度的红外热成像仪对不同样品表面的温度变化进行实时监测［图3-84（f）］，得出了有/无石墨烯缓冲层条件下表面温度随时间的变化。结果表明，经辐照5min后，垂直石墨烯/蓝宝石上的AlN薄膜温度为36.7℃，低于蓝宝石衬底上AlN薄膜的温度（约38.1℃）。进一步地，本书著者团队在垂直石墨烯/蓝宝石衬底上构建出LED器件，在350mA的注入电流下，光输出功率提高37%，温度降低了3.8%［图3-84（g）］，这说明垂直石墨烯纳米片在散热方面起到不错的效果[44]。

由此可以看出，石墨烯作为外延缓冲层，既可以缓解应力失配，得到更高品质的石墨烯，又可以充当剥离转移的间隔层，有助于外延器件向柔性衬底、高导热衬底以及功能层衬底上转移，石墨烯自身也可充当良好的导热散热材料，体现出了无可比拟的优势。但该领域仍然存在诸多挑战。例如：非催化活性介电衬底上高质量、大面积、层数可控、掺杂浓度和晶畴尺寸可调的石墨烯直接生长和规模化工艺仍有待突破；二维石墨烯材料与氮化物材料的结合，也会引起新奇的物理特性，诸如远程外延机制和缺陷增殖规律等，仍有待深入探索；此外，基于石墨烯的柔性 LED 剥离技术，虽然具有广阔的应用空间，但是如何实现低成本、大面积、无损剥离也亟待开展相关研究。

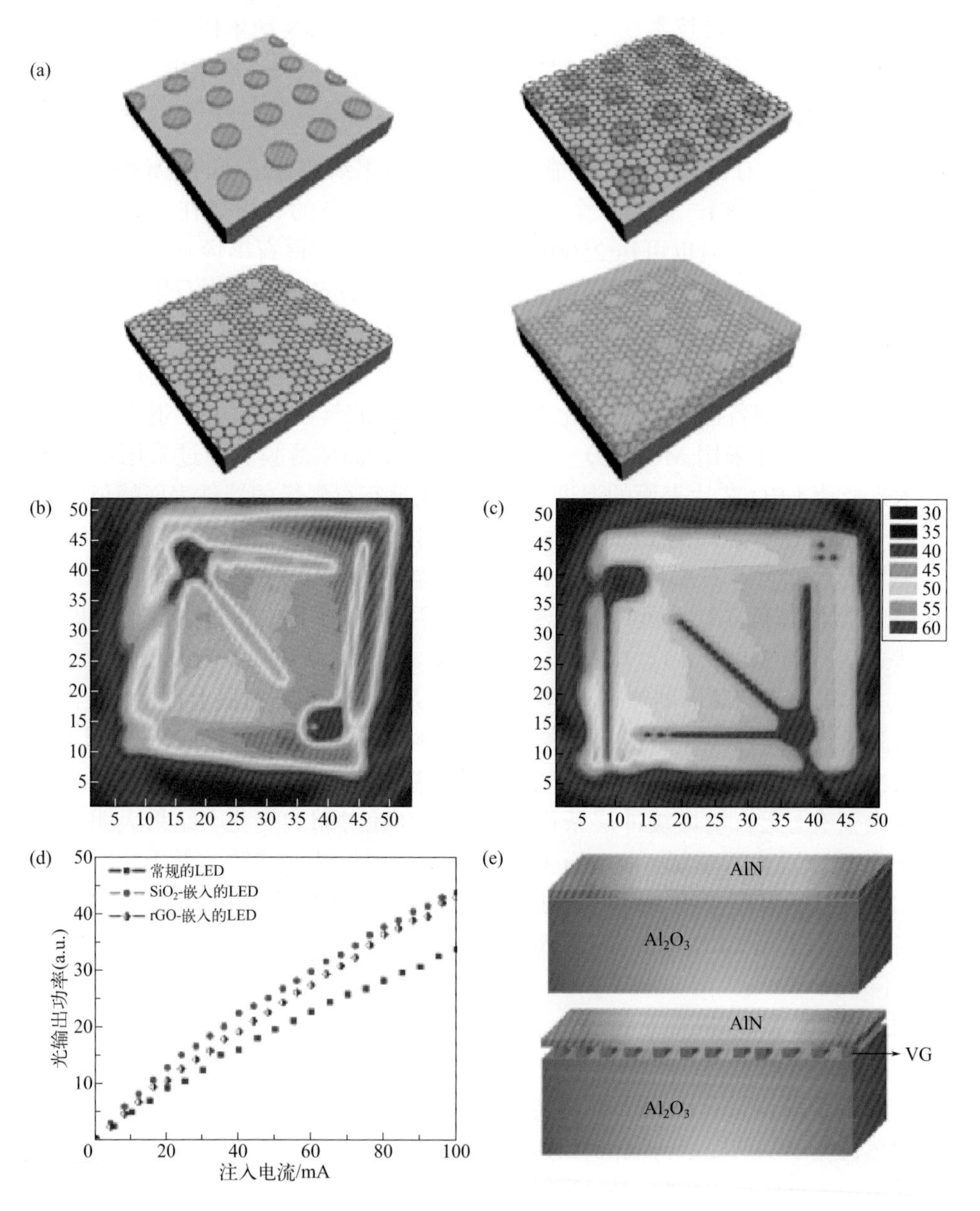

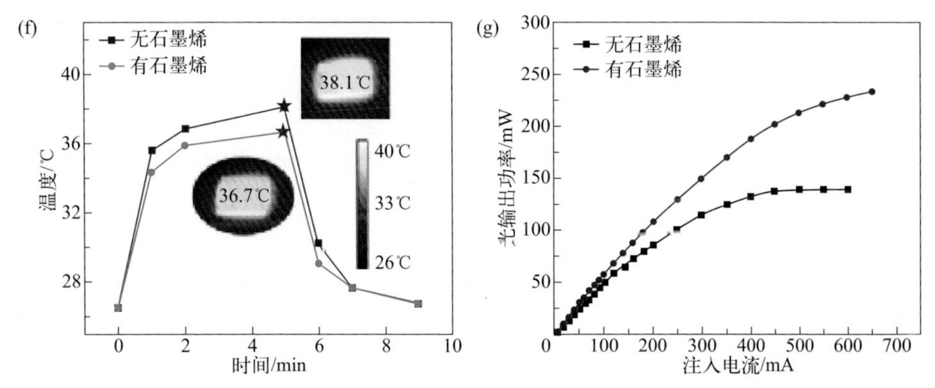

图3-84 （a）使用石墨烯作为散热层的LED的关键步骤示意图[208]；（b），（c）100mA下有石墨烯和无石墨烯插入层GaN－LED的表面温度图（单位：℃）[208]；（d）LED芯片的光输出功率-注入电流的函数[208]；（e）AlN-蓝宝石（Al_2O_3）结构和AlN-垂直石墨烯（VG）-蓝宝石结构的示意图[44]；（f）通过红外热成像仪测得的AlN/Al_2O_3和AlN/VGr/Al_2O_3的温度绘制为检测时间的函数[44]；（g）有/无垂直石墨烯构筑的UV-LED的光输出功率与注入电流的关系[44]

参考文献

[1] Li X, Magnuson C W, Venugopal A, et al. Graphene films with large domain size by a two-step chemical vapor deposition process[J]. Nano Lett, 2010, 10(11): 4328-4334.

[2] Wang H, Xu X, Li J, et al. Surface Monocrystallization of copper foil for fast growth of large single-crystal graphene under free molecular flow[J]. Adv Mater, 2016, 28(40): 8968-8974.

[3] Lin L, Sun L Z, Zhang J C, et al. Rapid growth of large single-crystalline graphene via second passivation and multistage carbon supply[J]. Adv Mater, 2016, 28(23): 4671-4677.

[4] Wu T, Zhang X, Yuan Q, et al. Fast growth of inch-sized single-crystalline graphene from a controlled single nucleus on Cu-Ni alloys[J]. Nat Mater, 2016, 15(1): 43-47.

[5] Vlassiouk I V, Stehle Y, Pudasaini P R, et al. Evolutionary selection growth of two-dimensional materials on polycrystalline substrates[J]. Nat Mater, 2018, 17(4): 318-322.

[6] Li Y, Sun L, Chang Z, et al. Large single-crystal Cu foils with high-index facets by strain-engineered anomalous grain growth[J]. Adv Mater, 2020, 32(29): 2002034.

[7] Sun L, Chen B, Wang W, et al. Toward epitaxial growth of misorientation-free graphene on Cu(111) foils[J]. ACS Nano, 2022, 16(1): 285-294.

[8] Huang M, Bakharev P V, Wang Z J, et al. Large-area single-crystal AB-bilayer and ABA-trilayer graphene grown on a Cu/Ni(111) foil[J]. Nat Nanotechnol, 2020, 15(4): 289-295.

[9] Wang C, Liu Y, Li L, et al. Anisotropic thermal conductivity of graphene wrinkles[J]. Nanoscale, 2014, 6(11): 5703-5707.

[10] Bronsgeest M S, Bendiab N, Mathur S, et al. Strain relaxation in CVD graphene: Wrinkling with shear lag[J]. Nano Lett, 2015, 15(8): 5098-5104.

[11] De Lima A L, Mussnich L A, Manhabosco T M, et al. Soliton instability and fold formation in laterally compressed graphene[J]. Nanotechnology, 2015, 26(4): 045707.

[12] Deng B, Wu J, Zhang S, et al. Anisotropic strain relaxation of graphene by corrugation on copper crystal surfaces[J]. Small, 2018, 14(22): e1800725.

[13] Wang M, Huang M, Luo D, et al. Single-crystal, large-area, fold-free monolayer graphene[J]. Nature, 2021, 596(7873): 519-524.

[14] Deng B, Pang Z, Chen S, et al. Wrinkle-free single-crystal graphene wafer grown on strain-engineered substrates[J]. ACS Nano, 2017, 11(12): 12337-12345.

[15] Oostinga J B, Heersche H B, Liu X, et al. Gate-induced insulating state in bilayer graphene devices[J]. Nat Mater, 2008, 7(2): 151-157.

[16] Kim C J, Sanchez-Castillo A, Ziegler Z, et al. Chiral atomically thin films[J]. Nat Nanotechnol, 2016, 11(6): 520-524.

[17] Yin J, Wang H, Peng H, et al. Selectively enhanced photocurrent generation in twisted bilayer graphene with van Hove singularity[J]. Nature communications, 2016, 7(1): 1-8.

[18] Luo D, Wang M, Li Y, et al. Adlayer-free large-area single crystal graphene grown on a Cu(111) foil[J]. Adv Mater, 2019, 31(35): e1903615.

[19] Dai B, Fu L, Zou Z, et al. Rational design of a binary metal alloy for chemical vapour deposition growth of uniform single-layer graphene[J]. Nat Commun, 2011, 2(1): 522.

[20] Liu N, Fu L, Dai B, et al. Universal segregation growth approach to wafer-size graphene from non-noble metals[J]. Nano Lett, 2011, 11(1): 297-303.

[21] Takesaki Y, Kawahara K, Hibino H, et al. Highly uniform bilayer graphene on epitaxial Cu-Ni (111) alloy[J]. Chemistry of Materials, 2016, 28(13): 4583-4592.

[22] Ma W, Chen M L, Yin L, et al. Interlayer epitaxy of wafer-scale high-quality uniform AB-stacked bilayer graphene films on liquid Pt_3Si/solid Pt[J]. Nat Commun, 2019, 10(1): 2809.

[23] Nguyen V L, Duong D L, Lee S H, et al. Layer-controlled single-crystalline graphene film with stacking order via Cu-Si alloy formation[J]. Nature Nanotechnology, 2020, 15(10): 861-867.

[24] Shibuta Y, Elliott J A. Interaction between two graphene sheets with a turbostratic orientational relationship[J]. Chemical Physics Letters, 2011, 512(4-6): 146-150.

[25] Brown L, Hovden R, Huang P, et al. Twinning and twisting of tri- and bilayer graphene[J]. Nano Lett, 2012, 12(3): 1609-1615.

[26] Sun L, Wang Z, Wang Y, et al. Hetero-site nucleation for growing twisted bilayer graphene with a wide range of twist angles[J]. Nat Commun, 2021, 12(1): 2391.

[27] Lin L, Zhang J, Su H, et al. Towards super-clean graphene[J]. Nat Commun, 2019, 10(1): 1912.

[28] Li Z, Wang Y, Kozbial A, et al. Effect of airborne contaminants on the wettability of supported graphene and graphite[J]. Nat Mater, 2013, 12(10): 925-931.

[29] Schunemann C, Schaffel F, Bachmatiuk A, et al. Catalyst poisoning by amorphous carbon during carbon nanotube growth: Fact or fiction?[J]. ACS Nano, 2011, 5(11): 8928-8934.

[30] Robertson J. Diamond-like amorphous carbon[J]. Materials Science and Engineering, 2002, 37(4-6): 129-281.

[31] Shivayogimath A, Mackenzie D, Luo B, et al. Probing the gas-phase dynamics of graphene chemical vapour

deposition using in-situ UV absorption spectroscopy[J]. Sci Rep, 2017, 7(1): 6183.

[32] Lewis A M, Derby B, Kinloch I A. Influence of gas phase equilibria on the chemical vapor deposition of graphene[J]. ACS Nano, 2013, 7(4): 3104-3117.

[33] Zhang J, Sun L, Jia K, et al. New growth frontier: Superclean graphene[J]. ACS Nano, 2020, 14(9): 10796-10803.

[34] Zhang J, Jia K, Lin L, et al. Large-Area synthesis of superclean graphene via selective etching of amorphous carbon with carbon dioxide[J]. Angew Chem Int Ed Engl, 2019, 58(41): 14446-14451.

[35] Liu X, Zhang J, Wang W, et al. The role of Cu crystallographic orientations towards growing superclean graphene on meter-sized scale[J]. Nano Research, 2021: 1-6.

[36] Jia K, Ci H, Zhang J, et al. Superclean growth of graphene using a cold - wall chemical vapor deposition approach[J]. Angewandte Chemie, 2020, 132(39): 17367-17371.

[37] Kim D J, Lee C-W, Suh Y, et al. Confocal laser scanning microscopy as a real-time quality-assessment tool for industrial graphene synthesis[J]. 2D Materials, 2020, 7(4): 045014.

[38] Kobayashi T, Bando M, Kimura N, et al. Production of a 100-m-long high-quality graphene transparent conductive film by roll-to-roll chemical vapor deposition and transfer process[J]. Applied Physics Letters, 2013, 102(2): 023112.

[39] Kim S M, Kim J H, Kim K S, et al. Synthesis of CVD-graphene on rapidly heated copper foils[J]. Nanoscale, 2014, 6(9): 4728-4734.

[40] Li M, Liu D, Wei D, et al. Controllable synthesis of graphene by plasma-enhanced chemical vapor deposition and its related applications[J]. Adv Sci (Weinh), 2016, 3(11): 1600003.

[41] Wang M, Yang H, Wang K, et al. Quantitative analyses of the interfacial properties of current collectors at the mesoscopic level in lithium ion batteries by using hierarchical graphene[J]. Nano Lett, 2020, 20(3): 2175-2182.

[42] Yamada T, Ishihara M, Kim J, et al. A roll-to-roll microwave plasma chemical vapor deposition process for the production of 294mm width graphene films at low temperature[J]. Carbon, 2012, 50(7): 2615-2619.

[43] Sun J, Chen Y, Cai X, et al. Direct low-temperature synthesis of graphene on various glasses by plasma-enhanced chemical vapor deposition for versatile, cost-effective electrodes[J]. Nano Research, 2015, 8(11): 3496-3504.

[44] Ci H, Chang H, Wang R, et al. Enhancement of heat dissipation in ultraviolet light-emitting diodes by a vertically oriented graphene nanowall buffer layer[J]. Adv Mater, 2019, 31(29): e1901624.

[45] Jia K, Zhang J, Zhu Y, et al. Toward the commercialization of chemical vapor deposition graphene films[J]. Applied Physics Reviews, 2021, 8(4): 041306.

[46] Deng B, Liu Z, Peng H. Toward mass production of CVD graphene films[J]. Adv Mater, 2019, 31(9): e1800996.

[47] Zhang Y, Huang D, Duan Y, et al. Batch production of uniform graphene films via controlling gas-phase dynamics in confined space[J]. Nanotechnology, 2021, 32(10): 105603.

[48] Hsieh Y-P, Shih C-H, Chiu Y-J, et al. High-throughput graphene synthesis in gapless stacks[J]. Chemistry of Materials, 2015, 28(1): 40-43.

[49] Xu J, Hu J, Li Q, et al. Fast batch production of high-quality graphene films in a sealed thermal molecular movement system[J]. Small, 2017, 13(27): 1700651.

[50] Zhang Z, Qi J, Zhao M, et al. Scrolled production of large-scale continuous graphene on copper foils[J]. Chinese Physics Letters, 2020, 37(10): 108101.

[51] Ma Z, Chen H, Song X, et al. Porous-structure engineered spacer for high-throughput and rapid growth of high-quality graphene films[J]. Nano Research, 2022, 15(11): 9741-9746.

[52] Deng B, Hsu P-C, Chen G, et al. Roll-to-roll encapsulation of metal nanowires between graphene and plastic

substrate for high-performance flexible transparent electrodes[J]. Nano Letters, 2015, 15(6): 4206-4213.

[53] Jo I, Park S, Kim D, et al. Tension-controlled single-crystallization of copper foils for roll-to-roll synthesis of high-quality graphene films[J]. 2D Materials, 2018, 5(2): 024002.

[54] Ryu J, Kim Y, Won D, et al. Fast synthesis of high-performance graphene films by hydrogen-free rapid thermal chemical vapor deposition[J]. ACS Nano, 2014, 8(1): 950-956.

[55] Piner R, Li H, Kong X, et al. Graphene synthesis via magnetic inductive heating of copper substrates[J]. ACS Nano, 2013, 7(9): 7495-7499.

[56] Bointon T H, Barnes M D, Russo S, et al. High quality monolayer graphene synthesized by resistive heating cold wall chemical vapor deposition[J]. Adv Mater, 2015, 27(28): 4200-4206.

[57] Novoselov K S, Geim A K, Morozov S V, et al. Electric field effect in atomically thin carbon films[J]. Science, 2004, 306(5696): 666-669.

[58] Bonaccorso F, Sun Z, Hasan T, et al. Graphene photonics and optoelectronics[J]. Nature Photonics, 2010, 4(9): 611-622.

[59] Jiang B, Sun J, Liu Z. Synthesis of graphene wafers: From lab to fab[J]. Acta Physico Chimica Sinica, 2020, 0(0): 2007068.

[60] Novoselov K S, Fal'ko V I, Colombo L, et al. A roadmap for graphene[J]. Nature, 2012, 490(7419): 192-200.

[61] Li Y, Sun L, Liu H, et al. Preparation of single-crystal metal substrates for the growth of high-quality two-dimensional materials[J]. Inorganic Chemistry Frontiers, 2021, 8(1): 182-200.

[62] Xue X, Wang L, Yu G. Surface engineering of substrates for chemical vapor deposition growth of graphene and applications in electronic and spintronic devices[J]. Chemistry of Materials, 2021, 33(23): 8960-8989.

[63] Sun B, Pang J, Cheng Q, et al. Synthesis of wafer - scale graphene with chemical vapor deposition for electronic device applications[J]. Advanced Materials Technologies, 2021, 6(7): 2000744.

[64] Zhang Y, Zhang L, Zhou C. Review of chemical vapor deposition of graphene and related applications[J]. Acc Chem Res, 2013, 46(10): 2329-2339.

[65] Zhang L, Dong J, Ding F. Strategies, status, and challenges in wafer scale single crystalline two-dimensional materials synthesis[J]. Chem Rev, 2021, 121(11): 6321-6372.

[66] Lin Y M, Dimitrakopoulos C, Jenkins K A, et al. 100-GHz transistors from wafer-scale epitaxial graphene[J]. Science, 2010, 327(5966): 662.

[67] Lee S, Kim J Y, Lee T W, et al. Fabrication of high-quality single-crystal Cu thin films using radio-frequency sputtering[J]. Sci Rep, 2014, 4: 6230.

[68] Kelly P J, Arnell R D. Magnetron sputtering: A review of recent developments and applications[J]. Vacuum, 2000, 56(3): 159-172.

[69] Iwasaki T, Park H J, Konuma M, et al. Long-range ordered single-crystal graphene on high-quality heteroepitaxial Ni thin films grown on MgO(111)[J]. Nano Lett, 2011, 11(1): 79-84.

[70] Shan J, Sun J, Liu Z. Chemical vapor deposition synthesis of graphene over sapphire substrates[J]. chemNanoMat, 2021, 7(5): 515-525.

[71] Verguts K, Vermeulen B, Vrancken N, et al. Epitaxial Al_2O_3(0001)/Cu(111) template development for CVD graphene growth[J]. The Journal of Physical Chemistry C, 2015, 120(1): 297-304.

[72] Hu B, Ago H, Ito Y, et al. Epitaxial growth of large-area single-layer graphene over Cu(111)/sapphire by atmospheric pressure CVD[J]. Carbon, 2012, 50(1): 57-65.

[73] Chen T A, Chuu C P, Tseng C C, et al. Wafer-scale single-crystal hexagonal boron nitride monolayers on Cu (111)

[J]. Nature, 2020, 579(7798): 219-223.

[74] Lee S, Park H-Y, Kim S J, et al. Inverse Stranski-Krastanov growth in single-crystalline sputtered Cu thin films for Wafer-Scale device applications[J]. ACS Applied Nano Materials, 2019, 2(5): 3300-3306.

[75] Deng B, Hou Y, Liu Y, et al. Growth of ultraflat graphene with greatly enhanced mechanical properties[J]. Nano Lett, 2020, 20(9): 6798-6806.

[76] Nguyen V L, Perello D J, Lee S, et al. Wafer-scale single-crystalline AB-stacked bilayer graphene[J]. Adv Mater, 2016, 28(37): 8177-8183.

[77] Miller D L, Keller M W, Shaw J M, et al. Giant secondary grain growth in Cu films on sapphire[J]. AIP Advances, 2013, 3(8): 082105.

[78] Ago H, Ohta Y, Hibino H, et al. Growth dynamics of single-layer graphene on epitaxial Cu surfaces[J]. Chemistry of Materials, 2015, 27(15): 5377-5385.

[79] Zhang X, Wu T, Jiang Q, et al. Epitaxial growth of 6 in. single-crystalline graphene on a Cu/Ni (111) film at 750℃ via chemical vapor deposition[J]. Small, 2019, 15(22): e1805395.

[80] Deng B, Xin Z, Xue R, et al. Scalable and ultrafast epitaxial growth of single-crystal graphene wafers for electrically tunable liquid-crystal microlens arrays[J]. Sci Bull (Beijing), 2019, 64(10): 659-668.

[81] Yoon D, Son Y W, Cheong H. Negative thermal expansion coefficient of graphene measured by Raman spectroscopy[J]. Nano Lett, 2011, 11(8): 3227-3231.

[82] Chen S, Li Q, Zhang Q, et al. Thermal conductivity measurements of suspended graphene with and without wrinkles by micro-Raman mapping[J]. Nanotechnology, 2012, 23(36): 365701.

[83] Zhu W, Low T, Perebeinos V, et al. Structure and electronic transport in graphene wrinkles[J]. Nano Lett, 2012, 12(7): 3431-3436.

[84] Vasić B, Zurutuza A, Gajić R. Spatial variation of wear and electrical properties across wrinkles in chemical vapour deposition graphene[J]. Carbon, 2016, 102: 304-310.

[85] Li B W, Luo D, Zhu L, et al. Orientation-dependent strain relaxation and chemical functionalization of graphene on a Cu(111) foil[J]. Adv Mater, 2018, 30(10): 1706504.

[86] Yuan G, Lin D, Wang Y, et al. Proton-assisted growth of ultra-flat graphene films[J]. Nature, 2020, 577(7789): 204-208.

[87] Huet B, Zhang X, Redwing J M, et al. Multi-wafer batch synthesis of graphene on Cu films by quasi-static flow chemical vapor deposition[J]. 2D Materials, 2019, 6(4): 045032.

[88] Rahimi S, Tao L, Chowdhury S F, et al. Toward 300 mm wafer-scalable high-performance polycrystalline chemical vapor deposited graphene transistors[J]. ACS Nano, 2014, 8(10): 10471-10479.

[89] Lukosius M, Dabrowski J, Kitzmann J, et al. Metal-free CVD graphene synthesis on 200 mm Ge/Si(001) substrates[J]. ACS Appl Mater Interfaces, 2016, 8(49): 33786-33793.

[90] Mishra N, Forti S, Fabbri F, et al. Wafer-scale synthesis of graphene on sapphire: Toward fab-compatible graphene[J]. Small, 2019, 15(50): e1904906.

[91] Burton O J, Massabuau F C, Veigang-Radulescu V P, et al. Integrated wafer scale growth of single crystal metal films and high quality graphene[J]. ACS Nano, 2020, 14(10): 13593-13601.

[92] Yazdi G, Iakimov T, Yakimova R. Epitaxial graphene on SiC: A review of growth and characterization[J]. Crystals, 2016, 6(5): 53.

[93] Razeghi M, Ghazinejad M, Bayram C, et al. Graphene growth on SiC (000−1): Optimization of surface preparation and growth conditions[J]. Carbon Nanotubes, Graphene, and Emerging 2D Materials for Electronic and

Photonic Devices VⅢ, 2015, 9552: 95520Y.

[94] Nishiguchi T, Ohshio S, Nishino S. Thermal etching of 6H-SiC substrate surface[J]. J Appl Phys, 2003, 42: 1533.

[95] Van Der Berg N G, Malherbe J B, Botha A J, et al. Thermal etching of SiC[J]. Applied Surface Science, 2012, 258(15): 5561-5566.

[96] Robinson Z R, Jernigan G G, Currie M, et al. Challenges to graphene growth on SiC(0 0 0$\bar{1}$): Substrate effects, hydrogen etching and growth ambient[J]. Carbon, 2015, 81: 73-82.

[97] Leone S, Beyer F C, Pedersen H, et al. High growth rate of 4H-SiC epilayers on on-axis substrates with different chlorinated precursors[J]. Crystal Growth & Design, 2010, 10(12): 5334-5340.

[98] Rana T, Chandrashekhar M V S, Sudarshan T S. Vapor phase surface preparation (etching) of 4H-SiC substrates using tetrafluorosilane (SiF_4) in a hydrogen ambient for SiC epitaxy[J]. Journal of Crystal Growth, 2013, 380: 61-67.

[99] Norimatsu W, Kusunoki M. Epitaxial graphene on SiC{0001}: Advances and perspectives[J]. Phys Chem Chem Phys, 2014, 16(8): 3501-3511.

[100] Yazdi G R, Vasiliauskas R, Iakimov T, et al. Growth of large area monolayer graphene on 3C-SiC and a comparison with other SiC polytypes[J]. Carbon, 2013, 57: 477-484.

[101] Starke U, Riedl C. Epitaxial graphene on SiC(0001) and SiC（000$\bar{1}$）: From surface reconstructions to carbon electronics[J]. J Phys Condens Matter, 2009, 21(13): 134016.

[102] Poon S W, Chen W, Wee A T, et al. Growth dynamics and kinetics of monolayer and multilayer graphene on a 6H-SiC(0001) substrate[J]. Phys Chem Chem Phys, 2010, 12(41): 13522-13533.

[103] Tromp R M, Hannon J B. Thermodynamics and kinetics of graphene growth on SiC(0001)[J]. Phys Rev Lett, 2009, 102(10): 106104.

[104] Emtsev K V, Bostwick A, Horn K, et al. Towards wafer-size graphene layers by atmospheric pressure graphitization of silicon carbide[J]. Nat Mater, 2009, 8(3): 203-207.

[105] De Heer W A, Berger C, Ruan M, et al. Large area and structured epitaxial graphene produced by confinement controlled sublimation of silicon carbide[J]. Proc Natl Acad Sci USA, 2011, 108(41): 16900-16905.

[106] Bouhafs C, Darakchieva V, Persson I L, et al. Structural properties and dielectric function of graphene grown by high-temperature sublimation on 4H-SiC(000−1)[J]. Journal of Applied Physics, 2015, 117(8): 085701.

[107] Kohler C, Hajnal Z, Deak P, et al. Theoretical investigation of carbon defects and diffusion in alpha-quartz[J]. Physical Review B, 2001, 64(8): 085333.

[108] Lippert G, Dabrowski J, Lemme M, et al. Direct graphene growth on insulator[J]. physica status solidi (b), 2011, 248(11): 2619-2622.

[109] Yazyev O V, Pasquarello A. Effect of metal elements in catalytic growth of carbon nanotubes[J]. Phys Rev Lett, 2008, 100(15): 156102.

[110] Chen J, Wen Y, Guo Y, et al. Oxygen-aided synthesis of polycrystalline graphene on silicon dioxide substrates[J]. J Am Chem Soc, 2011, 133(44): 17548-17551.

[111] Su C Y, Lu A Y, Wu C Y, et al. Direct formation of wafer scale graphene thin layers on insulating substrates by chemical vapor deposition[J]. Nano Lett, 2011, 11(9): 3612-3616.

[112] Teng P Y, Lu C C, Akiyama-Hasegawa K, et al. Remote catalyzation for direct formation of graphene layers on oxides[J]. Nano Lett, 2012, 12(3): 1379-1384.

[113] Baehr-Jones T, Spott A, Ilic R, et al. Silicon-on-sapphire integrated waveguides for the mid-infrared[J]. Optics express, 2010, 18(12): 12127-12135.

[114] Chen Z, Gao P, Liu Z. Graphene-based LED: From principle to devices[J]. Acta Physico-Chimica Sinica, 2020, 36(1).

[115] Ueda Y, Yamanda J, Fujiwara K, et al. Effect of growth pressure on graphene direct growth on r-plane and c-plane sapphires by low-pressure CVD[J]. Japanese Journal of Applied Physics, 2019, 58(SA): SAAE04.

[116] Ueda Y, Yamada J, Ono T, et al. Crystal orientation effects of sapphire substrate on graphene direct growth by metal catalyst-free low-pressure CVD[J]. Applied Physics Letters, 2019, 115(1): 013103.

[117] Chen Z, Xie C, Wang W, et al. Direct growth of wafer-scale highly oriented graphene on sapphire[J]. Sci Adv, 2021, 7(47): eabk0115.

[118] Sun J, Chen Y, Priydarshi M K, et al. Direct chemical vapor deposition-derived graphene glasses targeting wide ranged applications[J]. Nano Lett, 2015, 15(9): 5846-5854.

[119] Chen Z, Guan B, Chen X-D, et al. Fast and uniform growth of graphene glass using confined-flow chemical vapor deposition and its unique applications[J]. Nano Research, 2016, 9(10): 3048-3055.

[120] Chen X D, Chen Z, Jiang W S, et al. Fast growth and broad applications of 25-inch uniform graphene glass[J]. Adv Mater, 2017, 29(1): 1603428.

[121] Xie H, Cui K, Cui L, et al. H_2O-etchant-promoted synthesis of high-quality graphene on glass and its application in see-through thermochromic displays[J]. Small, 2020, 16(4): e1905485.

[122] Liu B, Wang H, Gu W, et al. Oxygen-assisted direct growth of large-domain and high-quality graphene on glass targeting advanced optical filter applications[J]. Nano Research, 2020, 14(1): 260-267.

[123] Chen Y, Sun J, Gao J, et al. Growing uniform graphene disks and films on molten glass for heating devices and cell culture[J]. Adv Mater, 2015, 27(47): 7839-7846.

[124] Bo Z, Yang Y, Chen J, et al. Plasma-enhanced chemical vapor deposition synthesis of vertically oriented graphene nanosheets[J]. Nanoscale, 2013, 5(12): 5180-5204.

[125] Qi Y, Deng B, Guo X, et al. Switching vertical to horizontal graphene growth using faraday cage-assisted PECVD approach for high-performance transparent heating device[J]. Adv Mater, 2018, 30(8): 1704839.

[126] Zhuo Q Q, Wang Q, Zhang Y P, et al. Transfer-free synthesis of doped and patterned graphene films[J]. ACS Nano, 2015, 9(1): 594-601.

[127] Wang H, Liu B, Wang L, et al. Graphene glass inducing multidomain orientations in cholesteric liquid crystal devices toward wide viewing angles[J]. ACS Nano, 2018, 12(7): 6443-6451.

[128] Sun J, Chen Y, Priydarshi M K, et al. Graphene glass from direct CVD routes: Production and applications[J]. Adv Mater, 2016, 28(46): 10333-10339.

[129] Karzazi Y. Organic light emitting diodes: Devices and applications[J]. J Mater Environ Sci, 2014, 5(1): 1-12.

[130] Sun T, Wang Z L, Shi Z J, et al. Multilayered graphene used as anode of organic light emitting devices[J]. Applied Physics Letters, 2010, 96(13): 133301.

[131] Han T-H, Lee Y, Choi M-R, et al. Extremely efficient flexible organic light-emitting diodes with modified graphene anode[J]. Nature Photonics, 2012, 6(2): 105-110.

[132] Li N, Oida S, Tulevski G S, et al. Efficient and bright organic light-emitting diodes on single-layer graphene electrodes[J]. Nat Commun, 2013, 4(1): 2294.

[133] Zhang Z, Du J, Zhang D, et al. Rosin-enabled ultraclean and damage-free transfer of graphene for large-area flexible organic light-emitting diodes[J]. Nat Commun, 2017, 8: 14560.

[134] Ma L P, Wu Z, Yin L, et al. Pushing the conductance and transparency limit of monolayer graphene electrodes for flexible organic light-emitting diodes[J]. Proc Natl Acad Sci USA, 2020, 117(42): 25991-25998.

[135] Seo H K, Park M H, Kim Y H, et al. Laminated graphene films for flexible transparent thin film encapsulation[J]. ACS Appl Mater Interfaces, 2016, 8(23): 14725-14731.

[136] Li X, Zhu H, Wang K, et al. Graphene-on-silicon Schottky junction solar cells[J]. Adv Mater, 2010, 22(25): 2743-2748.

[137] Cui T, Lv R, Huang Z-H, et al. Enhanced efficiency of graphene/silicon heterojunction solar cells by molecular doping[J]. Journal of Materials Chemistry A, 2013, 1(18): 5736-5740.

[138] Li X, Xie D, Park H, et al. Ion doping of graphene for high-efficiency heterojunction solar cells[J]. Nanoscale, 2013, 5(5): 1945-1948.

[139] Gomez De Arco L, Zhang Y, Schlenker C W, et al. Continuous, highly flexible, and transparent graphene films by chemical vapor deposition for organic photovoltaics[J]. ACS Nano, 2010, 4(5): 2865-2873.

[140] Liu Z, Li J, Yan F. Package-free flexible organic solar cells with graphene top electrodes[J]. Adv Mater, 2013, 25(31): 4296-4301.

[141] Yoon J, Sung H, Lee G, et al. Superflexible, high-efficiency perovskite solar cells utilizing graphene electrodes: towards future foldable power sources[J]. Energy & Environmental Science, 2017, 10(1): 337-345.

[142] Heo J H, Shin D H, Jang M H, et al. Highly flexible, high-performance perovskite solar cells with adhesion promoted $AuCl_3$-doped graphene electrodes[J]. J Mater Chem A, 2017, 5(40): 21146-21152.

[143] Platt J R. Electrochromism, a possible change of color producible in dyes by an electric field[J]. The Journal of Chemical Physics, 1961, 34(3): 862-863.

[144] Maiorov V A. Electrochromic glasses with separate regulation of transmission of visible light and near-infrared radiation (review)[J]. Optics and Spectroscopy, 2019, 126(4): 412-430.

[145] Cong S, Geng F, Zhao Z. Tungsten oxide materials for optoelectronic applications[J]. Adv Mater, 2016, 28(47): 10518-10528.

[146] Zhuang B, Wang H, Zhang Q, et al. Research and application progress of electrochromic materials[J]. Journal of Beijing University of Technology, 2020, 46(10): 1091-1102.

[147] Cui L, Chen X, Liu B, et al. Highly conductive nitrogen-doped graphene grown on glass toward electrochromic applications[J]. ACS Appl Mater Interfaces, 2018, 10(38): 32622-32630.

[148] Polat E O, Balci O, Kocabas C. Graphene based flexible electrochromic devices[J]. Sci Rep, 2014, 4: 6484.

[149] Zhang H, Jeon K W, Seo D K. Equipment-free deposition of graphene-based molybdenum oxide nanohybrid langmuir-blodgett films for flexible electrochromic panel application[J]. ACS Appl Mater Interfaces, 2016, 8(33): 21539-21544.

[150] Wu J, Qiu D, Zhang H, et al. Flexible electrochromic V_2O_5 thin films with ultrahigh coloration efficiency on graphene electrodes[J]. Journal of The Electrochemical Society, 2018, 165(5): D183-D189.

[151] Lee S J, Lee T-G, Nahm S, et al. Investigation of all-solid-state electrochromic devices with durability enhanced tungsten-doped nickel oxide as a counter electrode[J]. Journal of Alloys and Compounds, 2020, 815: 152399.

[152] Bae S, Kim H, Lee Y, et al. Roll-to-roll production of 30-inch graphene films for transparent electrodes[J]. Nat Nanotechnol, 2010, 5(8): 574-578.

[153] Guo C, Kong X, Ji H. Hot-roll-pressing mediated transfer of chemical vapor deposition graphene for transparent and flexible touch screen with low sheet-resistance[J]. J Nanosci Nanotechnol, 2018, 18(6): 4337-4342.

[154] Han W, Nezich D, Jing K, et al. Graphene frequency multipliers[J]. IEEE Electron Device Letters, 2009, 30(5): 547-549.

[155] Wang H, Hsu A, Kim K K, et al. Gigahertz ambipolar frequency multiplier based on CVD graphene[J]. International Electron Devices Meeting, 2010: 23.6. 1-23.6. 4.

[156] Wang H, Hsu A, Wu J, et al. Graphene-based ambipolar RF mixers[J]. IEEE Electron Device Letters, 2010,

31(9): 906-908.

[157] Chang Y-C, Liu C-H, Liu C-H, et al. Extracting the complex optical conductivity of mono- and bilayer graphene by ellipsometry[J]. Applied Physics Letters, 2014, 104(26): 261909.

[158] Liu M, Yin X, Ulin-Avila E, et al. A graphene-based broadband optical modulator[J]. Nature, 2011, 474(7349): 64-67.

[159] Dalir H, Xia Y, Wang Y, et al. Athermal broadband graphene optical modulator with 35 GHz speed[J]. ACS Photonics, 2016, 3(9): 1564-1568.

[160] Giambra M A, Miseikis V, Pezzini S, et al. Wafer-scale integration of graphene-based photonic devices[J]. ACS Nano, 2021, 15(2): 3171-3187.

[161] Ding Y, Zhu X, Xiao S, et al. Effective electro-optical modulation with high extinction ratio by a graphene-silicon microring resonator[J]. Nano Lett, 2015, 15(7): 4393-4400.

[162] Xia F, Mueller T, Lin Y M, et al. Ultrafast graphene photodetector[J]. Nat Nanotechnol, 2009, 4(12): 839-843.

[163] Gan X, Shiue R-J, Gao Y, et al. Chip-integrated ultrafast graphene photodetector with high responsivity[J]. Nature Photonics, 2013, 7(11): 883-887.

[164] Shiue R J, Gao Y, Wang Y, et al. High-responsivity graphene-boron nitride photodetector and autocorrelator in a silicon photonic integrated circuit[J]. Nano Lett, 2015, 15(11): 7288-7293.

[165] Ong M T, Reed E J. Engineered piezoelectricity in graphene[J]. ACS Nano, 2012, 6(2): 1387-1394.

[166] Smith A D, Niklaus F, Paussa A, et al. Electromechanical piezoresistive sensing in suspended graphene membranes[J]. Nano Lett, 2013, 13(7): 3237-3242.

[167] Kim S, Dong Y, Hossain M M, et al. Piezoresistive graphene/P(VDF-TrFE) heterostructure based highly sensitive and flexible pressure sensor[J]. ACS Appl Mater Interfaces, 2019, 11(17): 16006-16017.

[168] Chen Z, Wang Z, Li X, et al. Flexible piezoelectric-induced pressure sensors for static measurements based on nanowires/graphene heterostructures[J]. ACS Nano, 2017, 11(5): 4507-4513.

[169] Lou Z, Chen S, Wang L, et al. An ultra-sensitive and rapid response speed graphene pressure sensors for electronic skin and health monitoring[J]. Nano Energy, 2016, 23(23): 7-14.

[170] Tao L Q, Zhang K N, Tian H, et al. Graphene-paper pressure sensor for detecting human motions[J]. ACS Nano, 2017, 11(9): 8790-8795.

[171] Ren H, Zheng L, Wang G, et al. Transfer-medium-free nanofiber-reinforced graphene film and applications in wearable transparent pressure sensors[J]. ACS Nano, 2019, 13(5): 5541-5548.

[172] Sun Q, Kim D H, Park S S, et al. Transparent, low-power pressure sensor matrix based on coplanar-gate graphene transistors[J]. Adv Mater, 2014, 26(27): 4735-4740.

[173] Shin S H, Ji S, Choi S, et al. Integrated arrays of air-dielectric graphene transistors as transparent active-matrix pressure sensors for wide pressure ranges[J]. Nature Communications, 2017, 8(1): 14950-14950.

[174] Joshi N, Hayasaka T, Liu Y, et al. A review on chemiresistive room temperature gas sensors based on metal oxide nanostructures, graphene and 2D transition metal dichalcogenides[J]. Mikrochim Acta, 2018, 185(4): 213.

[175] Schedin F, Geim A K, Morozov S V, et al. Detection of individual gas molecules adsorbed on graphene[J]. Nat Mater, 2007, 6(9): 652-655.

[176] Chen C W, Hung S C, Yang M D, et al. Oxygen sensors made by monolayer graphene under room temperature[J]. Applied Physics Letters, 2011, 99(24): 243502.

[177] Yavari F, Chen Z, Thomas A V, et al. High sensitivity gas detection using a macroscopic three-dimensional graphene foam network[J]. Sci Rep, 2011, 1(1): 166.

[178] Lv R, Chen G, Li Q, et al. Ultrasensitive gas detection of large-area boron-doped graphene[J]. Proc Natl Acad Sci USA, 2015, 112(47): 14527-14532.

[179] Park S, Park M, Kim S, et al. NO_2 gas sensor based on hydrogenated graphene[J]. Applied Physics Letters, 2017, 111(21): 213102.

[180] Rigoni F, Maiti R, Baratto C, et al. Transfer of CVD-grown graphene for room temperature gas sensors[J]. Nanotechnology, 2017, 28(41): 414001.

[181] Srivastava S, Kashyap P K, Singh V, et al. Nitrogen doped high quality CVD grown graphene as a fast responding NO_2 gas sensor[J]. New J Chem, 2018, 42(12): 9550-9556.

[182] Ovsianytskyi O, Nam Y-S, Tsymbalenko O, et al. Highly sensitive chemiresistive H_2S gas sensor based on graphene decorated with Ag nanoparticles and charged impurities[J]. Sensors and Actuators B: Chemical, 2018, 257: 278-285.

[183] Dong L, Zheng P, Yang Y, et al. NO_2 gas sensor based on graphene decorated with Ge quantum dots[J]. Nanotechnology, 2019, 30(7): 074004.

[184] Bae G, Jeon I S, Jang M, et al. Complementary dual-channel gas sensor devices based on a role-allocated ZnO/graphene hybrid heterostructure[J]. ACS Appl Mater Interfaces, 2019, 11(18): 16830-16837.

[185] Alzate-Carvajal N, Luican-Mayer A. Functionalized graphene surfaces for selective gas sensing[J]. ACS Omega, 2020, 5(34): 21320-21329.

[186] Mackin C, Schroeder V, Zurutuza A, et al. Chemiresistive graphene sensors for ammonia detection[J]. ACS Appl Mater Interfaces, 2018, 10(18): 16169-16176.

[187] Sawada K, Tanaka T, Yokoyama T, et al. Co-porphyrin functionalized CVD graphene ammonia sensor with high selectivity to disturbing gases: Hydrogen and humidity[J]. Japanese Journal of Applied Physics, 2020, 59(SG): SGGG09.

[188] Liu Y, Chang J, Lin L. A flexible graphene FET gas sensor using polymer as gate dielectrics[C]. 2014 IEEE 27th International Conference on Micro Electro Mechanical Systems (MEMS), 2014: 230-233.

[189] Kim Y H, Kim S J, Kim Y J, et al. Self-activated transparent all-graphene gas sensor with endurance to humidity and mechanical bending[J]. ACS Nano, 2015, 9(10): 10453-10460.

[190] Mortazavi Zanjani S M, Holt M, Sadeghi M M, et al. 3D integrated monolayer graphene-Si CMOS RF gas sensor platform[J]. Npj 2D Materials and Applications, 2017, 1(1): 1-9.

[191] Dong X, Shi Y, Huang W, et al. Electrical detection of DNA hybridization with single-base specificity using transistors based on CVD-grown graphene sheets[J]. Adv Mater, 2010, 22(14): 1649-1653.

[192] Xu G, Abbott J, Qin L, et al. Electrophoretic and field-effect graphene for all-electrical DNA array technology[J]. Nat Commun, 2014, 5: 4866.

[193] Dontschuk N, Stacey A, Tadich A, et al. A graphene field-effect transistor as a molecule-specific probe of DNA nucleobases[J]. Nat Commun, 2015, 6(1): 6563.

[194] Xu S, Zhan J, Man B, et al. Real-time reliable determination of binding kinetics of DNA hybridization using a multi-channel graphene biosensor[J]. Nat Commun, 2017, 8: 14902.

[195] Goldsmith B R, Locascio L, Gao Y, et al. Digital biosensing by foundry-fabricated graphene sensors[J]. Sci Rep, 2019, 9(1): 434.

[196] Hajian R, Balderston S, Tran T, et al. Detection of unamplified target genes via CRISPR-Cas9 immobilized on a graphene field-effect transistor[J]. Nat Biomed Eng, 2019, 3(6): 427-437.

[197] Kim Y, Cruz S S, Lee K, et al. Remote epitaxy through graphene enables two-dimensional material-based layer

transfer[J]. Nature, 2017, 544(7650): 340-343.

[198] Tan X, Yang S, Li H. Epitaxy of Ⅲ-nitrides based on two-dimensional materials[J]. Acta Chimica Sinica, 2017, 75(3): 271.

[199] Kong W, Li H, Qiao K, et al. Polarity governs atomic interaction through two-dimensional materials[J]. Nat Mater, 2018, 17(11): 999-1004.

[200] Shon J W, Ohta J, Ueno K, et al. Fabrication of full-color InGaN-based light-emitting diodes on amorphous substrates by pulsed sputtering[J]. Sci Rep, 2014, 4(1): 5325.

[201] Chen Z, Zhang X, Dou Z, et al. High-brightness blue light-emitting diodes enabled by a directly grown graphene buffer layer[J]. Adv Mater, 2018, 30(30): e1801608.

[202] Chen Z, Liu Z, Wei T, et al. Improved epitaxy of AlN film for deep-ultraviolet light-emitting diodes enabled by graphene[J]. Adv Mater, 2019, 31(23): e1807345.

[203] Srikant V, Speck J S, Clarke D R. Mosaic structure in epitaxial thin films having large lattice mismatch[J]. Journal of Applied Physics, 1997, 82(9): 4286-4295.

[204] Wu Y, Hanlon A, Kaeding J F, et al. Effect of nitridation on polarity, microstructure, and morphology of AlN films[J]. Applied Physics Letters, 2004, 84(6): 912-914.

[205] Chung K, Lee C H, Yi G C. Transferable GaN layers grown on ZnO-coated graphene layers for optoelectronic devices[J]. Science, 2010, 330(6004): 655-657.

[206] Kim J, Bayram C, Park H, et al. Principle of direct van der Waals epitaxy of single-crystalline films on epitaxial graphene[J]. Nat Commun, 2014, 5: 4836.

[207] Balandin A A, Ghosh S, Bao W, et al. Superior thermal conductivity of single-layer graphene[J]. Nano Lett, 2008, 8(3): 902-907.

[208] Cai W, Moore A L, Zhu Y, et al. Thermal transport in suspended and supported monolayer graphene grown by chemical vapor deposition[J]. Nano Lett, 2010, 10(5): 1645-1651.

第四章

石墨烯纤维材料

石墨烯纤维材料是碳基纤维材料家族中继碳纤维、碳纳米管纤维之后的新成员。石墨烯纤维材料在其轴向上充分继承了石墨烯优异的导电、导热和力学性能，同时兼具良好的柔性和可编织性，在电热转换、电磁屏蔽、柔性器件、光通信，以及智能织物等领域展现出广阔的应用前景。需要指出的是，这里讨论的石墨烯纤维材料不包括石墨烯 - 高分子复合纤维材料，仅限于由“连续态”石墨烯构成的纤维材料。目前石墨烯纤维材料的制备思路主要分为两种：一种是基于氧化石墨烯粉体的纺丝法，实现石墨烯片层沿一维方向的组装；另一种是以小分子碳源作为前驱体，在已成型的纤维材料表面生长石墨烯，获得石墨烯复合纤维材料。基于以上两种石墨烯纤维材料的制备策略，本章将详细介绍近年来在石墨烯纤维材料制备方面取得的重要进展，同时也将重点总结石墨烯纤维材料在电加热织物、柔性电池、电磁屏蔽等领域的典型应用。

第一节 氧化石墨烯基石墨烯纤维

氧化石墨烯基石墨烯纤维是以氧化石墨烯为前驱体，沿一维方向组装而成的纤维状材料。目前，基于氧化石墨烯的湿法纺丝技术是制备石墨烯纤维的主要方法。除湿法纺丝法外，薄膜加捻法、干法纺丝法、干喷湿纺法、模板水热法等一系列氧化石墨烯基石墨烯纤维的制备方法也陆续发展起来。不同的制备方法具备各自独特的优势，可以获得不同形态、结构和功能的石墨烯纤维。本节具体介绍氧化石墨烯基石墨烯纤维各种制备方法的工艺流程与关键步骤，及其对纤维性能的影响。

一、湿法纺丝法

1．湿法纺丝的基本过程

液晶相湿法纺丝是目前最具代表性的制备石墨烯纤维的方法，具有操作简单、连续性好、效率高、易放大等优点。与传统聚合物湿法纺丝工艺类似，在石墨烯纤维的湿法纺丝过程中，一定黏度的氧化石墨烯（graphene oxide，GO）分散液在气压泵的作用下经过过滤器，在喷丝口处以恒定的速率注射到凝固浴中。在溶剂 - 凝固浴的双扩散过程中，纺丝原液的细流在凝固浴中凝固成型得到初生纤维。初生纤维再经过牵伸、洗涤、干燥等过程，去除纤维中的溶剂，再进一步固化。最后，卷曲收集的氧化石墨烯纤维经过还原处理后转变为石墨烯纤维（图 4-1）[1-2]。

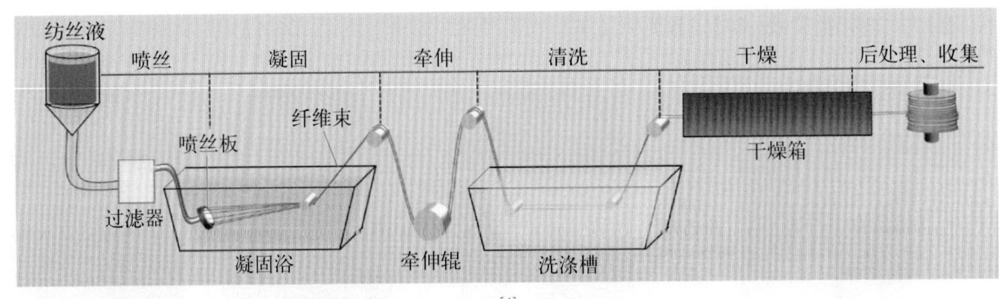

图4-1 湿法纺丝制备石墨烯纤维的基本过程[4]

2011 年，浙江大学高超团队首次将氧化石墨烯液晶纺丝液注射到旋转的氢氧化钠 / 甲醇凝固浴中，在流场和凝固浴的作用下形成凝胶纤维。之后，凝胶纤维依次经过水洗、干燥、还原等步骤，最终转变为石墨烯纤维[3]。

2．纺丝液的配制

（1）氧化石墨烯溶致液晶　相比于石墨烯，氧化石墨烯表面具有丰富的含氧官能团，因此更容易形成液晶相。2011 年，浙江大学高超团队首次报道了氧化石墨烯的溶致液晶现象[5]。通过调节氧化石墨烯的浓度和尺寸，各向同性的氧化石墨烯分散液可自发组装成向列相或手性相。该团队通过调整氧化石墨烯在水溶液中的分散浓度观察到体系中有稳定的向列相液晶结构，并利用液晶结构的氧化石墨烯分散液纺丝制备了石墨烯纤维。将不同液晶态的氧化石墨烯分散液用于纤维纺丝，研究者们发现具有向列相结构的氧化石墨烯原液更有利于实现高性能石墨烯纤维的制备，而非液晶态氧化石墨烯纺丝液制备的石墨烯纤维多为多孔结构，拉伸强度仅为 208MPa，远低于目前通过液晶纺丝制备的高强度石墨烯纤维（2.2GPa）。

（2）纺丝液的组分调节　在纺丝液的配制过程中，除调整氧化石墨烯液晶结构外，研究者们还通过调整氧化石墨烯片层尺寸、引入其他交联剂等方式增加石墨烯片层连接，降低纤维孔隙率，提升纤维致密度，进而提升纤维导电、导热和力学性能。浙江大学高超团队使用不同尺寸的氧化石墨烯进行纤维纺丝，发现大尺寸氧化石墨烯（30μm）制备的石墨烯纤维拉伸强度相较于小尺寸氧化石墨烯（5μm）制备的石墨烯纤维提升了 72.5%[6]。伦斯勒理工学院 Lian Jie 团队发现，使用大尺寸氧化石墨烯（23μm）配制纺丝液，可有效提高纤维的结构取向度，但纤维内部存在很多空隙；而使用小尺寸氧化石墨烯（0.8μm）配制纺丝液时，制得的纤维内部结构致密，但片层取向杂乱[7]。因此，他们采用大小片氧化石墨烯结合的方式配制了纺丝液，有效提升了纤维的力学强度（1.08GPa）[图 4-2（a）]。此外，在纺丝液中引入其他组分（如聚多巴胺[8-9]、酚醛树脂[10] 等有机物）增强界面相互作用也是提高石墨烯纤维力学性能的可行方法[11]。研究发现，碳化后的有机物可与石墨烯交联进而增强石墨烯片层间的界面结合力，有效提升了纤维的力学性能［图 4-2（b），（c）］。

(a)

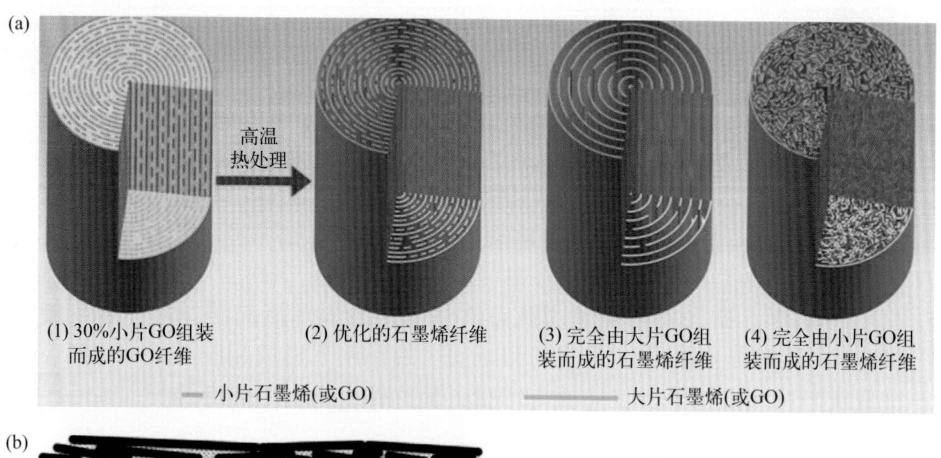

(b)

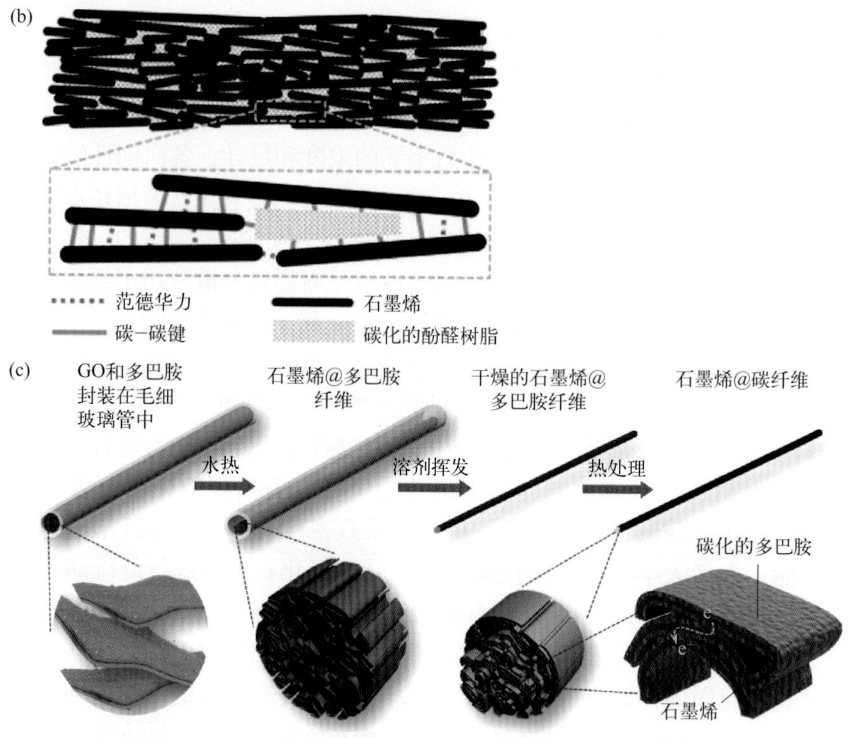

图4-2　石墨烯纺丝过程中纺丝液组分的调控

（a）大小片石墨烯的复合[7]；（b），（c）纺丝液中加入酚醛树脂[10]和多巴胺[12]

3．凝固浴的选择

在利用湿法纺丝法制备石墨烯纤维的过程中，凝固成型是关键步骤，其主要涉及双扩散与相转变两个基本过程。当原液细流注入到凝固浴中时，原液细流与凝固浴间存在浓度梯度，原液细流中的溶剂会向凝固浴中扩散，而凝固浴中的沉淀剂也同时会向原液细流扩散，这个过程称为双扩散过程。在湿法纺丝过程中，研究发现缓慢的扩散过程有助于提升初生纤维的均匀性，进而有利于提升纤维性能。在这一过程中，凝固浴的浓度、溶剂和凝固剂的种类、纺丝原液的浓度、纺丝速度、添加剂等都会对扩散速度产生影响。

湿法纺丝工艺中凝固浴的选择极为重要，纺丝流体经过喷丝孔注入到凝固浴时形成的原液细流，在双扩散和相转变的物理变化作用下凝固形成初生纤维。凝固浴中沉淀剂的选择以及沉淀剂的浓度对于初生纤维以及纤维的性能会产生显著影响。当原液细流在凝固浴中停留时间超过临界凝固时间时，纺丝细流表面将会凝固成膜，形成壳芯结构阻碍后续的双扩散过程，从而极大地降低了纤维的性能。

同时，凝固浴的组分也对石墨烯纤维的强度有着重要的影响。常见的凝固浴主要包括氢氧化钠甲醇溶液、氢氧化钾甲醇溶液、氯化钙溶液、硫酸铜溶液以及十六烷基三甲基溴化铵溶液等。Zhu 等以碱性氧化石墨烯分散液为纺丝液，以冰醋酸为凝固剂，实现了氧化石墨烯纤维的连续化制备[13]。其中，冰醋酸具有强吸水性，可以实现溶剂和凝固剂之间的快速双扩散，同时冰醋酸可以有效防止氧化石墨烯的电离，从而提高氧化石墨烯间的氢键作用，促进其快速凝固。Xu 等采用硫酸铜或氯化钙等溶液作为凝固浴，经湿法纺丝和还原过程后制备得到石墨烯纤维[14]。Cu^{2+} 或 Ca^{2+} 与还原后石墨烯中残留的含氧官能团形成配位键，从而将石墨烯纤维的强度分别提升至 408.6MPa 和 501.5MPa（图 4-3）。

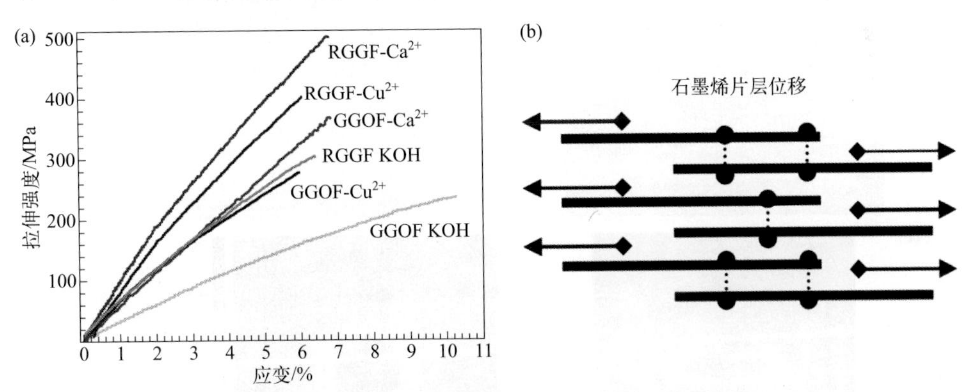

图4-3 金属离子交联对石墨烯力学性能的提升[14]

（a）凝固浴中阳离子种类的差异对石墨烯纤维力学性能的影响；（b）石墨烯纤维拉伸形变的机理示意图（虚线表示氢键和金属离子的配位键）

GGOF—氧化石墨烯纤维；RGGF—还原氧化石墨烯纤维

在水相体系的凝固浴中，由于水挥发速度十分缓慢，氧化石墨烯凝胶纤维干燥时间较长，并且在水洗收集的过程中伴有纤维的变形和不均匀拉伸，导致制备的石墨烯纤维结构不均匀、力学性能不稳定、离散性较大[15]。针对这些问题，美国莱斯大学 James Tour 团队进一步发展了有机相湿法纺丝技术，即将氧化石墨烯分散于有机溶剂中，凝固浴选用乙酸乙酯，凝胶纤维经过牵伸和干燥，直接收集即可得到连续的氧化石墨烯纤维。纤维中乙酸乙酯挥发速度较快，极大地提高了石墨烯纤维的制备效率[16]。

4．纺丝过程的优化

（1）片层取向度的提升　经过凝固浴得到的凝固丝称为初生纤维，纤维内部沿着纤维轴向分布排列的取向度较低，初生纤维的机械强度远远不能满足实际应用的需求，所以在实际生产过程中牵伸是一道很重要的处理工序。以传统纤维的拉伸过程为例，在经过拉伸处理之后，纤维中的结构单元在应力的作用下沿着纤维轴线展开，纤维取向度提升。

Park 等人通过控制收集速度和出丝速度，对牵伸收集进行了研究，发现 4 倍速的牵伸收集速度相比于等速收集速度可有效提升纤维内部的取向结构，取向因子（f）从 0.01 提升至 0.71（图 4-4）[17]。

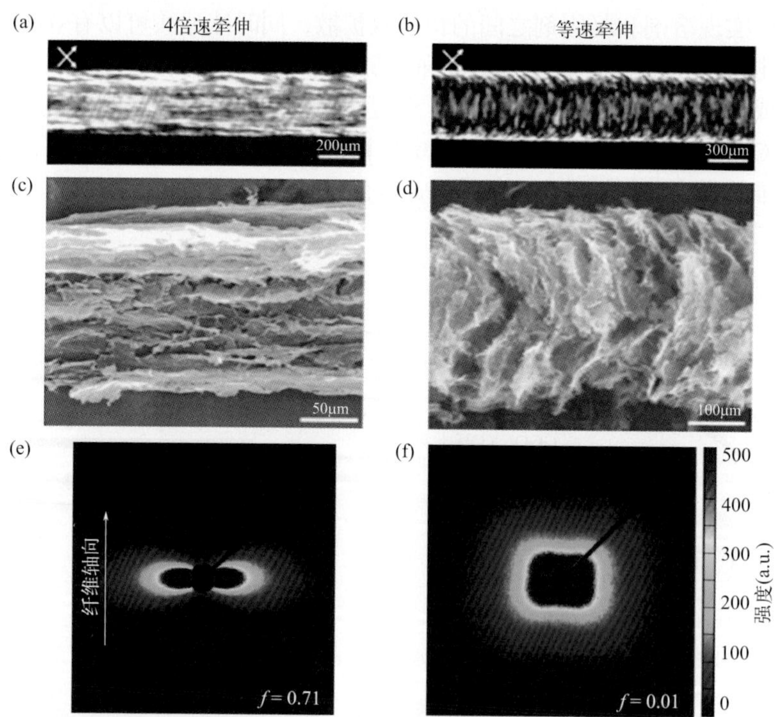

图4-4　不同牵伸倍率条件下氧化石墨烯纤维的形貌和片层取向[17]

（a），（b）4倍速和等速牵伸条件下纤维的偏光显微镜照片；（c），（d）4倍速和等速牵伸对应纤维的SEM照片；（e），（f）4倍速和等速牵伸对应纤维的小角X射线散射（small angle X-ray scattering，SAXS）图片

Xiang 等和 Xu 等同样也发现通过提升收集速度可显著提升纤维的取向，从而极大提升纤维的性能。浙江大学高超团队通过施加 1.2 倍速的牵伸速度，得到取向度为 0.8 的石墨烯纤维，拉伸强度可以提升至 2.2GPa[18]。在此基础上，他们利用溶剂插层塑化效应对初生的氧化石墨烯纤维进行二次塑化拉伸，大幅消除了石墨烯纤维中的无规褶皱结构，提升了纤维的致密度。该方法制备的石墨烯纤维取向度可达 0.92，且兼具高强度（3.4GPa）、优异的电导率（1.19×10^6S/m）和热导率［1480W/(m・K)］[19]。

喷丝口的设计对纤维内部片层的取向度和纤维的宏观形貌也有着重要影响。喷丝口的大小会直接影响纤维的直径，而根据格里菲斯理论，当缺陷密度相同时，纤维越细，其内部的缺陷就越少，因此纤维的强度和电导率越高。此外，喷丝头的形状对纤维取向度也有着重要的影响，伦斯勒理工学院 Lian Jie 团队通过对喷丝口的形状进行设计来对氧化石墨烯原液进行微流体定向控制[20]。研究发现，使用扁平喷丝口可以给予纺丝原液沿着纤维轴向的剪切力。该剪切力驱动氧化石墨烯片沿着纤维的轴向分布，从而将纤维中片层取向度提升至 0.94，纤维宏观拉伸强度可达 1.9GPa，电导率和热导率分别可达 1.04×10^6S/m 和 1575W/(m・K)（图 4-5）。

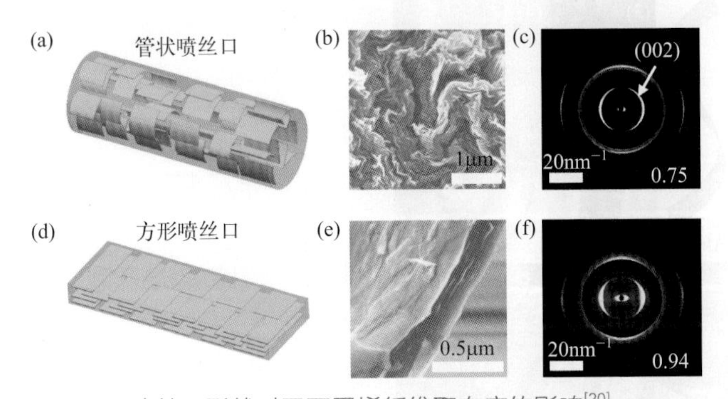

图4-5　喷丝口形状对于石墨烯纤维取向度的影响[20]

（a）～（c）管状喷丝口制备石墨烯纤维示意图、制备的石墨烯纤维形貌及SAXS图片；（d）～（f）方形喷丝口制备石墨烯纤维示意图、制备的石墨烯纤维形貌及SAXS图片

（2）纤维形貌的调控　传统的湿法纺丝制备的石墨烯纤维主要为连续致密的石墨烯纤维。但针对特定的应用场景，石墨烯纤维需要与其他功能性材料进行复合，这对石墨烯纤维的结构设计提出了新要求。北京理工大学曲良体团队设计了同轴纺丝头，外管道通入氧化石墨烯纺丝液，内管道通入压缩空气，通过调节压缩空气的供应方式，制备得到中空管状、项链状等不同形貌、结构的石墨烯纤维（GO-HFs），见图 4-6[21]。同时，该方法还可以原位在中空石墨烯纤维内外负载功能性二氧化钛、氧化铁等纳米粒子，极大地拓展了石墨烯纤维在能源、催化、传感等领域的应用[22]。之后，浙江大学高超团队基于这种同轴纺丝方法，制备了石

墨烯/羧甲基纤维素钠核壳结构的石墨烯纤维，外层高分子起绝缘作用，可以有效防止石墨烯纤维电极在工作过程中出现短路，提高了石墨烯纤维的使用安全性[23]。

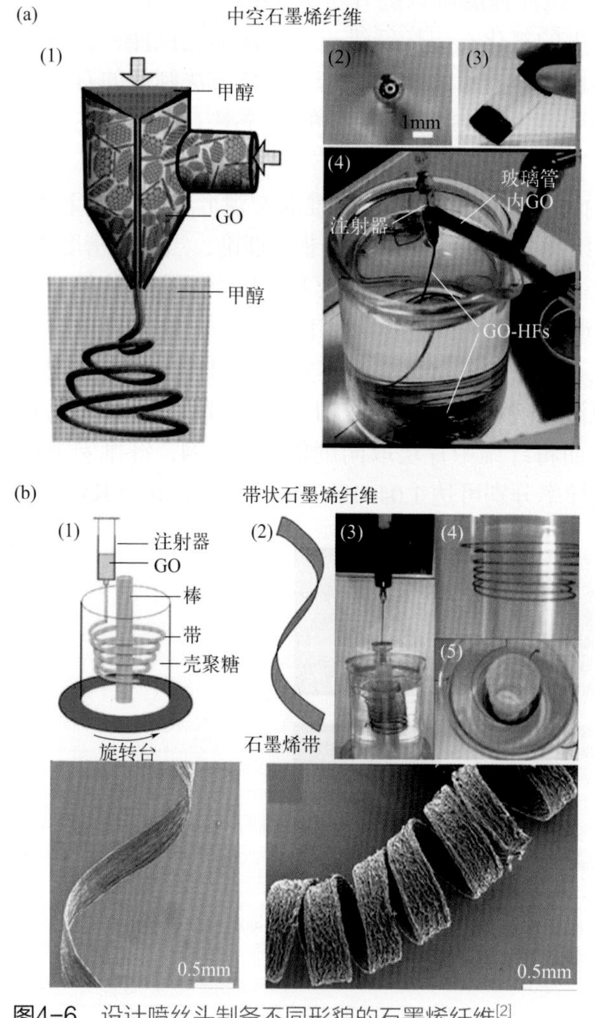

图4-6　设计喷丝头制备不同形貌的石墨烯纤维[2]

（a）中空纤维；（b）带状纤维

5．纤维后处理过程

纺丝制备的氧化石墨烯纤维表面存在大量的含氧官能团，且内部存在大量结构缺陷，限制了纤维的宏观导电、导热和力学性能。因此，需要对制备的氧化石墨烯纤维进行还原处理，去除纤维中的非碳杂质，降低缺陷并提高结晶性[24]。目前报道的石墨烯纤维还原方法以化学还原和热还原为主。化学还原主要采用碘化氢还原的方式，碘化氢还原会去除氧化石墨烯表面大部分的环氧基团和羟基，且不会产生大量挥发性副产物，还原后纤维的电导率最高可达 4.1×10^4S/m。整体而言，化学还原的方法相对温和，但是对表面官能团的去除以及内部结构缺陷的修复程度较低[3, 14]。

激光还原法可利用激光能量在短时间内实现氧化石墨烯纤维的还原。清华大学 / 北京理工大学曲良体团队利用激光直写的方法对氧化石墨烯纤维进行选区还原，制备了氧化石墨烯 / 石墨烯复合纤维（图 4-7）。利用氧化石墨烯和石墨烯对湿度敏感性的差异，该纤维可应用于湿度响应的制动器或智能机器人[25]。但这种方法制备的纤维还原深度有限，难以完全消除纤维中的缺陷，纤维宏观导电性和力学性能较差。

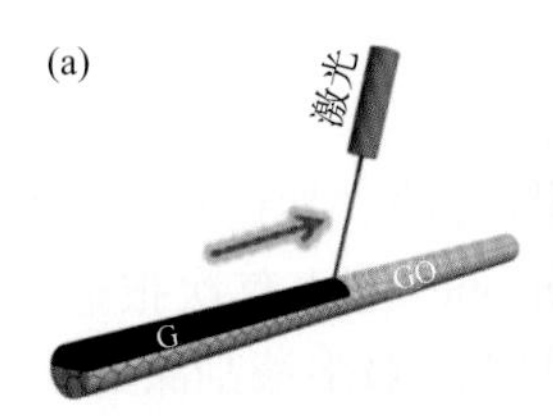

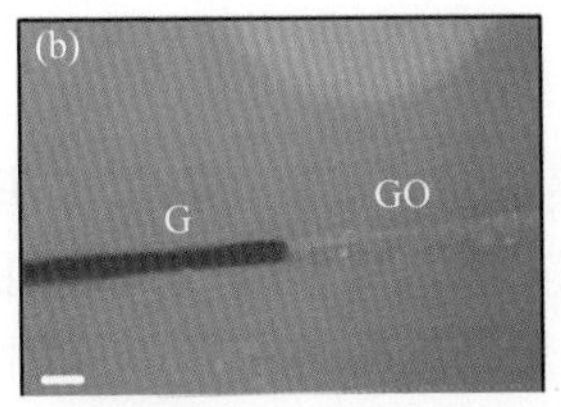

图4-7　激光还原制备石墨烯纤维[25]

（a）激光还原氧化石墨烯纤维示意图，黑色区域是还原后的石墨烯，浅色区域是还原前的氧化石墨烯纤维；（b）石墨烯/氧化石墨烯纤维的光学显微镜图片

高温还原是目前使用最广泛的一种石墨烯纤维的还原方法。一方面，高温过程可以促进氧化石墨烯表面非碳杂质的有效脱除，被氧原子隔离的 sp^2 碳团簇随着氧原子的不断去除逐渐恢复到 sp^2 连接；另一方面，高温过程中，氧化石墨烯内部的结构缺陷会得到高度修复，纤维内部的碳原子趋向于排列形成致密有序的石墨化结构，这对纤维的力学强度、模量、导电和导热性能都有显著的增强作用。伦斯勒理工学院 Lian Jie 团队率先发展了高温还原氧化石墨烯纤维的方法。研究发现，相较于 1400℃条件下处理的石墨烯纤维，2800℃热处理的石墨烯纤维热导率和电导率分别提升了 3 倍和 4 倍[26]。

然而，传统的高温处理方法往往需要数小时的高温处理过程，限制了纤维的制备效率，增加了纤维的制备成本。基于此，本书著者团队发展了一种动态焦耳热连续还原氧化石墨烯纤维的方法，对纤维前驱体施加一定电压，利用电流流经纤维时产生的焦耳热促进氧化石墨烯纤维向石墨烯纤维的快速转变（图 4-8）。该方法可将纤维高温处理时间缩短至 20min，且制备的石墨烯纤维兼具良好的纯度和结晶性。研究发现，电流流经纤维时会诱导纤维中石墨烯片层的取向。相较于相同条件下高温热处理的石墨烯纤维，焦耳热制备的石墨烯纤维取向度提升了 16%，纤维宏观电导率和拉伸强度也分别提升了 11% 和 20%[27]。

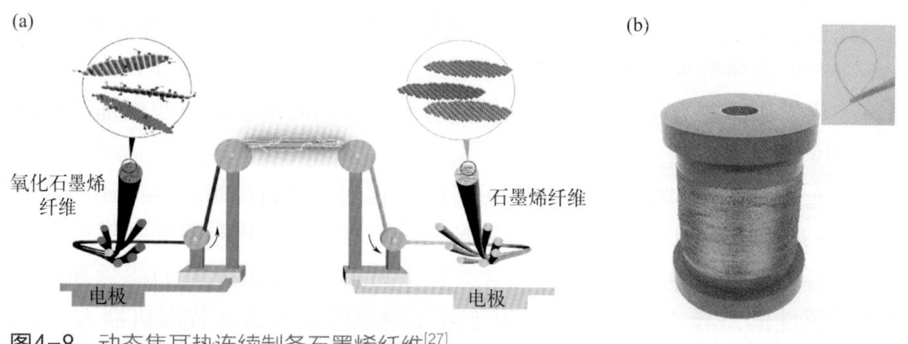

图4-8 动态焦耳热连续制备石墨烯纤维[27]

（a）动态焦耳热装置示意图；（b）制备的石墨烯纤维实物图

二、薄膜加捻法

将基于GO组装而成的石墨烯薄膜或氧化石墨烯薄膜卷绕、加捻是制备石墨烯纤维的另一种重要方法。2014年，日本信州大学Terrones等人首次报道了一种对GO薄膜进行加捻制备石墨烯纤维的方法[28]。该团队将GO溶液刮涂成薄膜，再剪裁成长条状，通过电动机加捻制备GO纤维，最后经过热还原过程制备了石墨烯纤维（图4-9）。相较于湿法纺丝制备的石墨烯纤维，该方法制备的螺旋状结构的石墨烯纤维密度低至约0.2mg/cm^3，断裂伸长率高达约76%。同时，借助高比表面积的螺旋结构，该方法制备的纤维在加捻过程中表面可负载上功能性涂层和纳米粒子，进而拓展纤维的功能性。然而，此类纤维中存在较多的结构缺陷，强度较低（<100MPa），导电性一般（416S/m）。

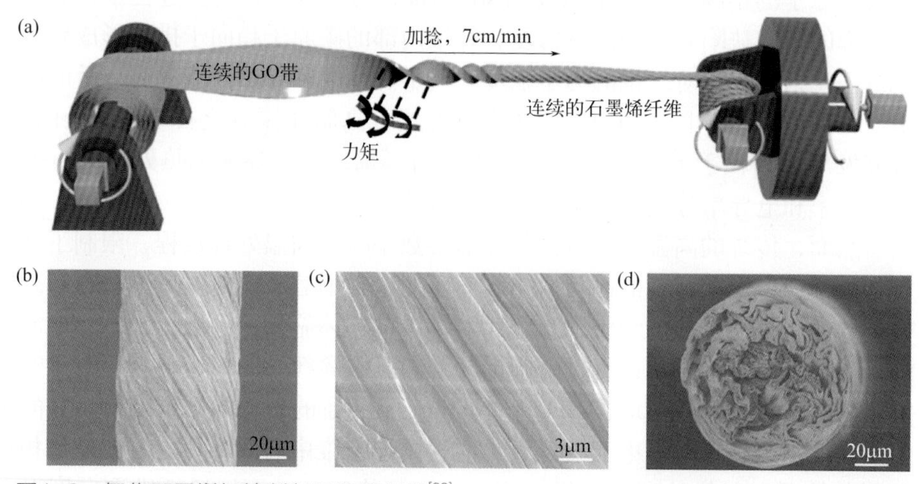

图4-9 氧化石墨烯加捻制备石墨烯纤维[29]

（a）氧化石墨烯条带加捻制备石墨烯示意图；（b）～（d）制备的石墨烯纤维的形貌图

此外，由于GO薄膜脆性大，易撕裂，在卷绕加捻过程中，需要不断调节空气湿度保证其加工稳定性，这导致纤维制备工序复杂。同时，加捻后的GO纤维易在后续还原过程中解螺旋，导致纤维结构被破坏。基于此，浙江大学高超课题组对该方法进行了改进，将氧化石墨烯薄膜高温热还原为石墨烯薄膜，再将该薄膜加捻成纤维，有效提升了纤维的结构稳定性（图4-9）[29]。该纤维的断裂伸长率达到70%，韧性为22.45MJ/m^3，电导率为6×10^5S/m。

三、其他方法

1．干法纺丝法

干法纺丝法是指直接将氧化石墨烯溶液由喷丝口挤出，在空气中干燥、收集，并经还原过程制备石墨烯纤维（图4-10），该过程中无需使用凝固浴。为保证石墨烯纤维的连续制备，氧化石墨烯溶液需要满足以下两个条件：一方面，氧化石墨烯溶液的浓度要足够高（一般大于8mg/mL），保证其形成黏弹性的液晶态，确保在剪切力的作用下定向形成纤维；另一方面，需要选择低表面张力、高饱和蒸气压的溶剂，如甲醇、丙酮、四氢呋喃等。该方法制备的石墨烯纤维具有良好的柔性，且韧性较高（19.12MJ/m^3），但此类石墨烯纤维结构疏松多孔，拉伸强度较低（375MPa）[30]。

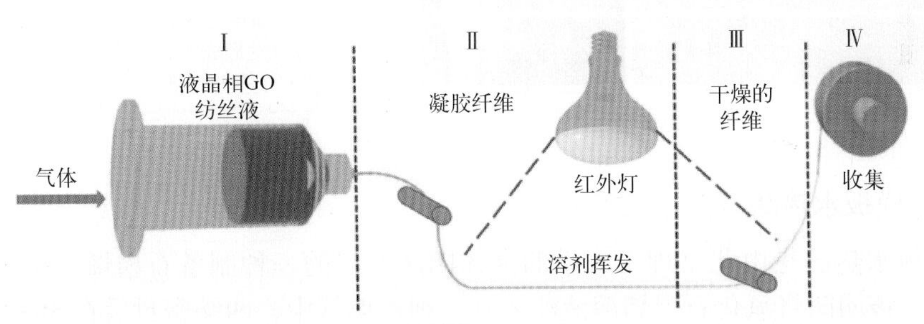

图4-10　干法纺丝法制备石墨烯纤维[30]

2．干喷湿纺法

干喷湿纺法是一种结合干法和湿法纺丝优点的纺丝方法。高浓度的纺丝液由喷丝口挤出后先经过一段间隙（空气或惰性气体），再进入凝固浴中。该方法得到的纤维中分子主要沿纤维轴向排列，取向度高，结构致密。早期的研究表明，该方法纺丝制备得到的聚丙烯腈基碳纤维具有比湿法纺丝制备得到的碳纤维更加优异的力学性能[31-32]。

美国莱斯大学 James Tour 团队首先通过氧化多壁碳纳米管得到氧化石墨烯纳米带，再将其分散在氯磺酸中形成液晶纺丝液，采用干喷湿纺法制备氧化石墨烯纤维，最后经过高温热还原过程得到石墨烯纤维（图 4-11）。在制备过程中，空气间隙对于制备高性能的石墨烯纤维至关重要，它可以降低从纺丝口到凝固浴纺丝液的速度梯度。在重力的牵伸下，石墨烯的取向度也明显提升，从而可赋予纤维良好的力学性能（拉伸强度：378MPa；杨氏模量：36.2GPa）[33]。此外，该方法制备的石墨烯纤维具有光滑的表面、近似圆形的截面和致密的结构，这是单纯湿法和干法纺丝制备纤维时较难达到的。

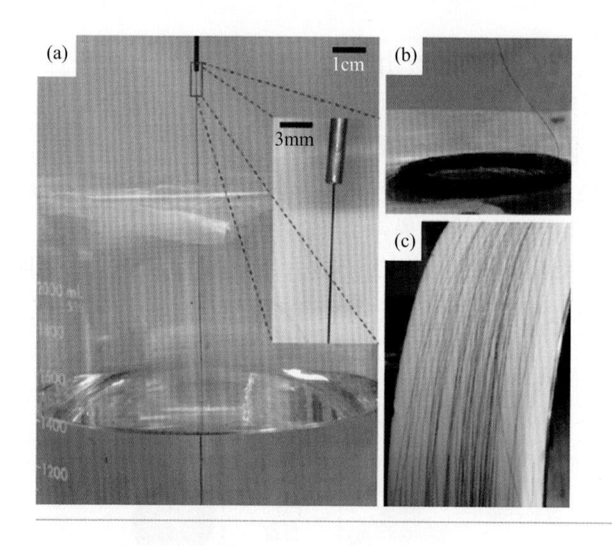

图4-11 干喷湿纺法制备石墨烯纤维[33]

（a）干喷湿纺装置实物图；（b）凝固浴下方自发形成的石墨烯纤维；（c）缠绕成辊的石墨烯纤维

3．模板水热法

模板水热法是由北京理工大学曲良体团队发展的一种制备石墨烯纤维的方法[34-35]。该团队将氧化石墨烯溶液注入到毛细玻璃管中，两端密封后在 503K 条件下处理 2h，氧化石墨烯表面的含氧官能团在该过程中逐渐被还原，片层间作用力不断增强。之后，石墨烯片层发生聚集，受限于毛细管的形状而组装成石墨烯纤维。该纤维具有轻质（$0.23g/cm^3$）、高柔性等特点，经高温热处理后其拉伸强度可达 420MPa。该方法操作简单，通过调控氧化石墨烯浓度和毛细管的内径即可改变石墨烯纤维的结构。同时，在制备过程中原位引入纳米颗粒（Fe_3O_4、TiO_2 等）[34]、单壁碳纳米管[36]等纳米材料可以制备具有特定功能特性的石墨烯复合纤维。此外，如图 4-12 所示，在水热过程中原位引入铜线，而后将其去除，可以得到中空或多通道中空的石墨烯纤维。

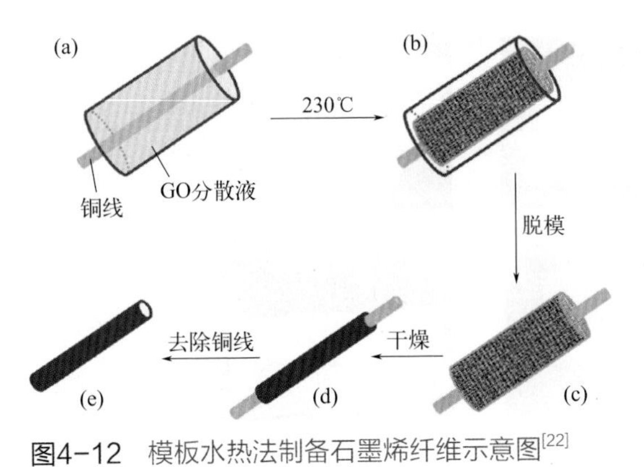

图4-12 模板水热法制备石墨烯纤维示意图[22]

第二节 石墨烯玻璃复合纤维

一、蒙烯玻璃纤维材料

玻璃纤维是一种由硅酸盐原料（如石英砂、白云石、叶蜡石）经过高温熔融拉制而成的纤维材料，其单丝直径一般在几微米到几十微米范围内，而每束纤维原丝又由成百上千根单丝组成。相较于有机纤维材料，玻璃纤维具有拉伸强度高、耐热、隔音、耐腐蚀等优点。同时，玻璃纤维易于加工，可通过喷吹、编织等方式制成股、束、布、毡、毯等不同形态的产品（图 4-13）。在实际应用过程中，玻璃纤维常需要与树脂复合制备成玻璃纤维增强塑料（又称玻璃钢），进而作为增强材料被广泛应用于建筑、交通运输、机械化工等领域。例如，玻璃纤维可以与树脂及铝合金复合加工成 Glare 板，进而应用在飞机机身蒙皮表面。在提升结构强度的同时，Glare 板可有效减轻机身的重量[37]。

然而，本征的玻璃纤维电绝缘，且热导率极低［约 0.1W/(m・K)］[38]，难以与电、光、磁等发生相互作用，因此很少用作功能材料。如何赋予玻璃纤维这类传统工程材料以导电、导热等新的物理化学性质，一直是行业内的研究热点。我国是玻璃纤维的生产大国，2019 年玻璃纤维产量约 527 万吨，占全球总产量的 60% 以上。可以预见，导电、导热、功能性玻璃纤维材料的开发将有望突破玻璃纤维性能的局限性，从而进一步拓宽玻璃纤维的应用领域。

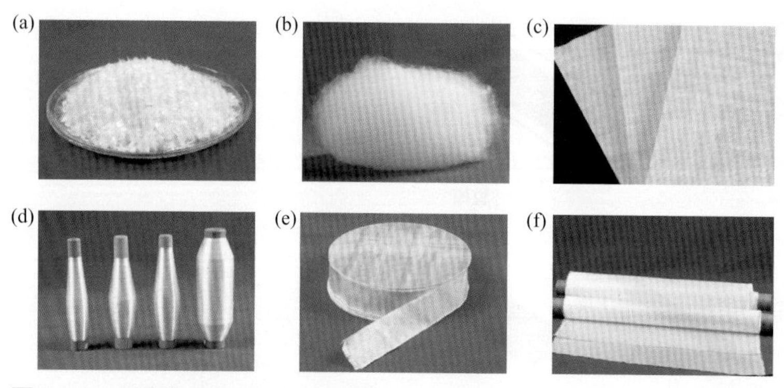

图4-13　形态各异的玻璃纤维材料

（a）短切纤维；（b）纤维棉；（c）纤维毡；（d）纤维丝束；（e）纤维带；（f）纤维布

石墨烯的发现为制备功能化的玻璃纤维提供了一条全新的思路。如表4-1所示，石墨烯与玻璃纤维在性能上具有鲜明的互补性：石墨烯是优异的导电、导热材料；而玻璃纤维是良好的电绝缘材料，其导热性也很差。两者的共性特点是轻质、高强、柔性，并具有优异的化学稳定性。因此，石墨烯与玻璃纤维的复合可以实现一加一大于二的效果，石墨烯赋予玻璃纤维新的导电、导热特性，而且不改变玻璃纤维原有的性能优势。

表4-1　石墨烯与玻璃纤维的性能对比

性能参数	石墨烯	玻璃纤维
电导率/（S/m）	10^8	10^{20}
热导率/［W/(m·K)］	5300	0.1
拉伸强度/GPa	125	2～6
杨氏模量/GPa	1100	60～100

在早期的研究中，人们通过将氧化石墨烯（GO）涂覆在玻璃纤维表面，还原GO后得到石墨烯玻璃纤维[39-40]。然而，由于石墨烯和玻璃纤维表面是化学惰性的，直接涂覆制备的石墨烯玻璃复合纤维中石墨烯和玻璃纤维界面相互作用力弱，稳定性差。为了增强界面相互作用，人们利用硅烷偶联剂[41]、血清蛋白[42]对玻璃纤维进行修饰以改善玻璃纤维与石墨烯的浸润性，或对石墨烯（或GO）进行氨基化处理使其化学键连到玻璃纤维表面[43]。然而，一方面，这些工艺会在材料体系中引入杂质成分，增加了石墨烯的缺陷位点，从而影响石墨烯性能的发挥。另一方面，这类涂覆制备石墨烯玻璃复合纤维的工艺步骤复杂，不利于石墨烯层数、质量的控制，且难以实现大面积均匀的石墨烯玻璃复合纤维的制备。

本书著者团队首次将化学气相沉积（chemical vapor deposition，CVD）方法应用于石墨烯在玻璃纤维表面的直接生长，成功地制备出新型石墨烯玻璃纤维复合材料。通过高温生长过程，在传统的玻璃纤维表面沉积厚度可控的石墨烯连续薄膜。借助高性能石墨烯“蒙皮”，赋予玻璃纤维全新的导电、导热等功能，让原子级厚度的石墨烯材料搭乘传统材料载体，走向实际应用。这种新型石墨烯玻璃纤维复合材料可形象地称为“蒙烯玻璃纤维”，为玻璃纤维开辟了全新的应用前景。事实上，原子级厚度的石墨烯薄膜无法自支撑，在实际应用中需放到合适的支撑载体上。另外，高品质石墨烯薄膜通常生长在铜、镍等金属表面，使用时常常需要从金属表面剥离下来。这是一个极具挑战性的研究课题，甚至决定着石墨烯薄膜产业的未来。蒙烯玻璃纤维制备技术提供了一个全新的解决方案，既回避了剥离转移问题，又解决了支撑载体问题。

1．玻璃纤维表面直接生长石墨烯的技术挑战

玻璃纤维的主要成分是二氧化硅，对于石墨烯的生长而言，它是一种催化惰性的基底，因此在玻璃纤维表面直接生长石墨烯存在诸多技术挑战。相比于金属催化剂表面，二氧化硅表面的催化活性很弱，导致碳源裂解不充分。碳物种在二氧化硅表面的迁移势垒远高于金属表面（二氧化硅：约 1.0eV；铜：约 0.06eV），因此石墨烯的生长、拼接速度很慢。另外，由于玻璃纤维（含石英纤维）多为多晶或无定形结构，基底没有外延作用，导致其表面生长的石墨烯畴区取向不可控（图 4-14）[44]。因此，与金属表面生长的大畴区石墨烯相比，在玻璃纤维表面生长的石墨烯往往畴区很小，仅为百纳米量级，结晶质量差，且层数难控制。

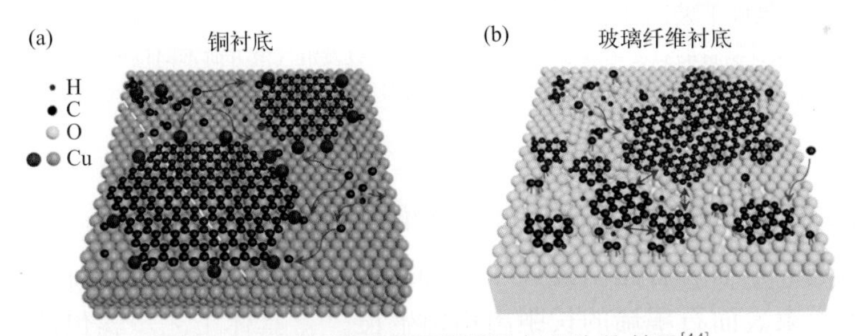

图4-14　金属铜和玻璃纤维表面石墨烯生长行为的差异[44]

（a）铜表面石墨烯生长过程示意图；（b）玻璃纤维表面石墨烯生长过程示意图

本书著者团队研究发现，常压 CVD 制备的石墨烯玻璃纤维沿气流方向衬度不断变深，且对应拉曼光谱 2D 与 G 峰强度比（I_{2D}/I_{G}）逐渐下降［图 4-15（a）］，说明沿气流方向玻璃纤维表面石墨烯的厚度逐渐增加。这主要是因为在常压体系中，气体分子的平均自由程较短，黏滞层中气流运动相对缓慢，衬底表面气体传质效率低，活性碳物种沿着气流方向不断累积，导致石墨烯层数沿气流方向逐渐增加。而在低压 CVD 体系中反应 2h 后，玻璃纤维衬度未发生明显变化，且对应

拉曼光谱也未检测到石墨烯的特征信号［图 4-15（b）］。这主要归因于在低压条件下，表面反应是石墨烯生长的决速步骤，其反应速度与气相中碳活性物种浓度和基底反应活性有关。但在低压体系中，甲烷碳源的裂解效率低，气相中碳活性物种浓度低，难以满足催化惰性的玻璃纤维表面石墨烯成核和生长的需要，因此玻璃纤维表面难以生长上石墨烯。

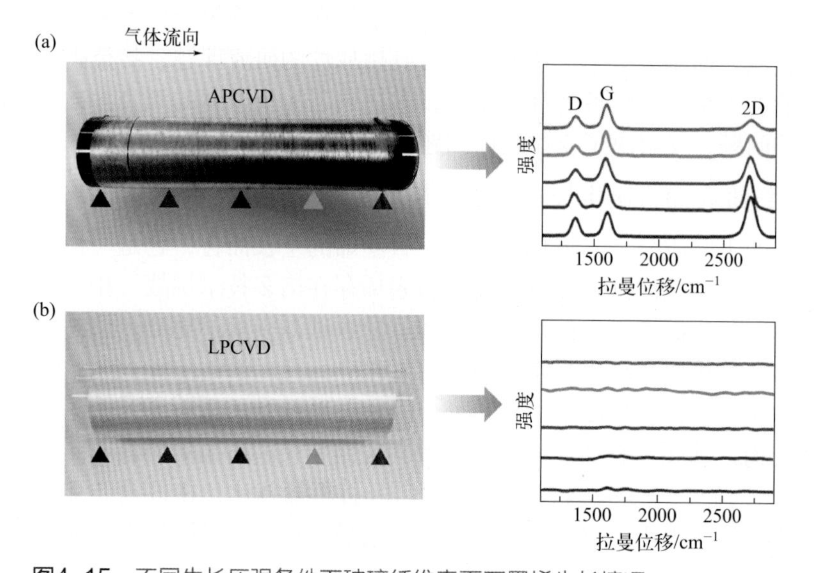

图4-15 不同生长压强条件下玻璃纤维表面石墨烯生长情况

（a）常压CVD（APCVD）条件制备的石墨烯玻璃纤维实物图（左）以及沿气流方向不同位置的拉曼光谱图（右）;（b）低压CVD（LPCVD）条件制备的石墨烯玻璃纤维实物图（左）以及沿气流方向不同位置的拉曼光谱图（右）

2．限域化学气相沉积法制备蒙烯玻璃纤维

针对上述问题，本书著者团队发展了一种限域 CVD（CFCVD）生长方法，实现了玻璃纤维丝束表面石墨烯的长距离均匀生长[45]。具体工艺步骤包括：将玻璃纤维丝束紧密缠绕在 2.9 英寸的石英内管外壁上，然后塞入 3.0 英寸的石英外管中，在低压 CVD 体系中进行石墨烯的高温生长［图 4-16（a），（b）］。这种空间配置创造了一种狭窄的“限域”空间环境，反应物分子的平均自由程大于由同轴石英管和纤维单丝构成的限域空间的特征尺寸，气体传质效率高。这种限域空间环境可显著增加反应物碳源分子的有效碰撞，提高玻璃纤维表面活性碳物种的浓度，进而加速了石墨烯在玻璃纤维表面的成核和生长。

生长完成后，用氢氟酸溶液刻蚀除去石英芯层，使石墨烯塌缩成叠层条带结构［图 4-16（c），（d）］。石墨烯条带的拉曼光谱面扫描结果显示，不同位置处 2D 峰强度均匀，说明制备的石墨烯质量良好［图 4-16（e）］。HRTEM 图中

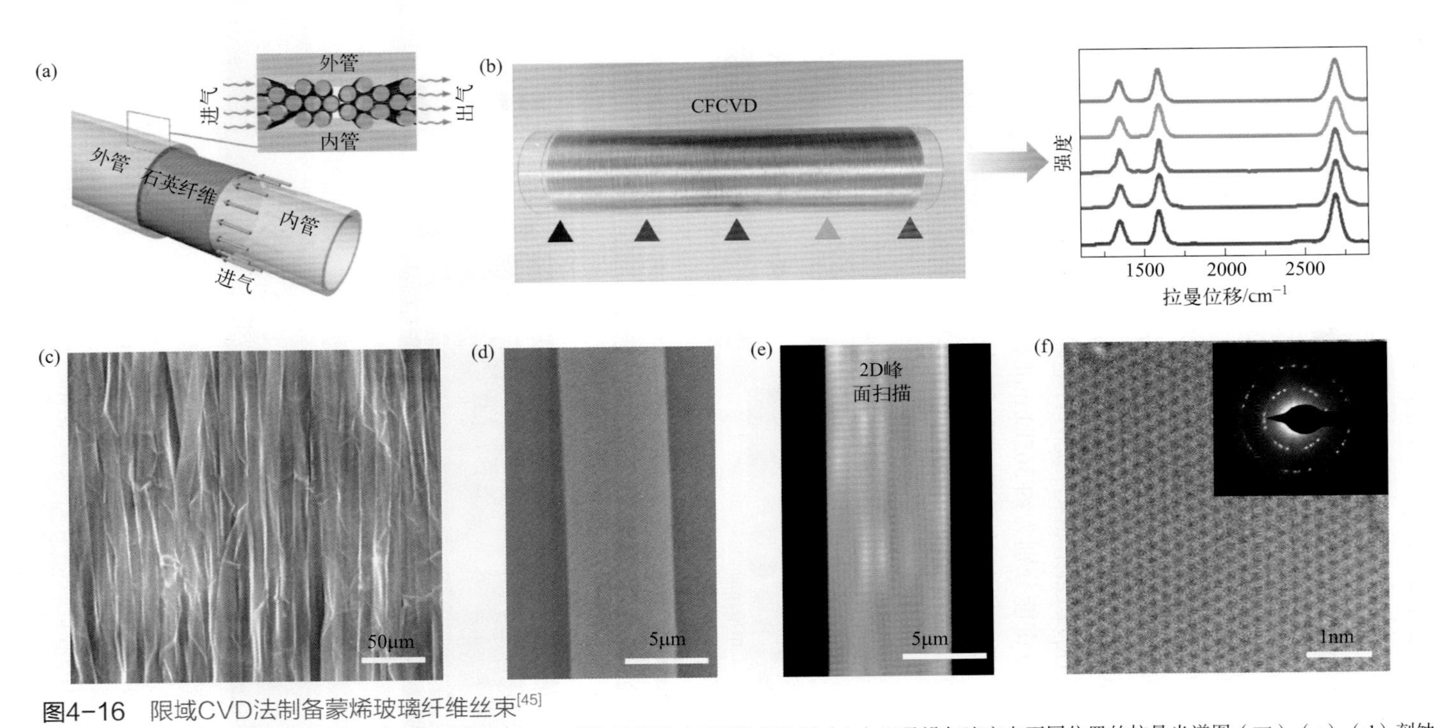

图4-16 限域CVD法制备蒙烯玻璃纤维丝束[45]

（a）限域CVD制备蒙烯玻璃纤维示意图；（b）限域CVD法制备的蒙烯玻璃纤维实物图（左）以及沿气流方向不同位置的拉曼光谱图（右）；（c），（d）刻蚀除去石英内管后的石墨烯条带和单根石墨烯条带的电镜形貌；（e）石墨烯条带的2D峰面扫描图；（f）玻璃纤维表面生长的石墨烯HRTEM图和对应的SAED图

石墨烯完美的晶格结构进一步验证了石墨烯的高结晶性。同时，选区电子衍射（selected area electron diffraction，SAED）结果显示了石墨烯的多晶结构［选区光阑尺寸：200nm，图 4-16（f）］。

3．互补型混合碳源法制备大面积蒙烯玻璃纤维织物

在实现蒙烯玻璃纤维丝束制备的同时，本书著者团队还发展了在编织成型的玻璃纤维织物表面直接生长石墨烯的方法。在蒙烯玻璃纤维织物制备过程中，活性碳物种沿气流方向的浓度不均匀分布会影响玻璃纤维织物表面石墨烯生长的均匀性。在常见的石墨烯生长碳源中，甲烷分子 C—H 键能约 440kJ/mol，裂解能垒高、裂解时间长，活性碳物种浓度沿气流方向逐渐增加，制备的蒙烯玻璃纤维织物沿气流方向衬度逐渐加深，说明石墨烯层数逐渐增加；与之相反，乙醇分子中 C—C 和 C—O 键能分别为约 365kJ/mol 和约 391kJ/mol，高温条件下裂解迅速，活性碳物种沿气流方向的浓度因石墨烯生长消耗而迅速降低，制备的蒙烯玻璃纤维织物沿气流方向衬度变浅，说明石墨烯层数逐渐减少［图 4-17（a）］。

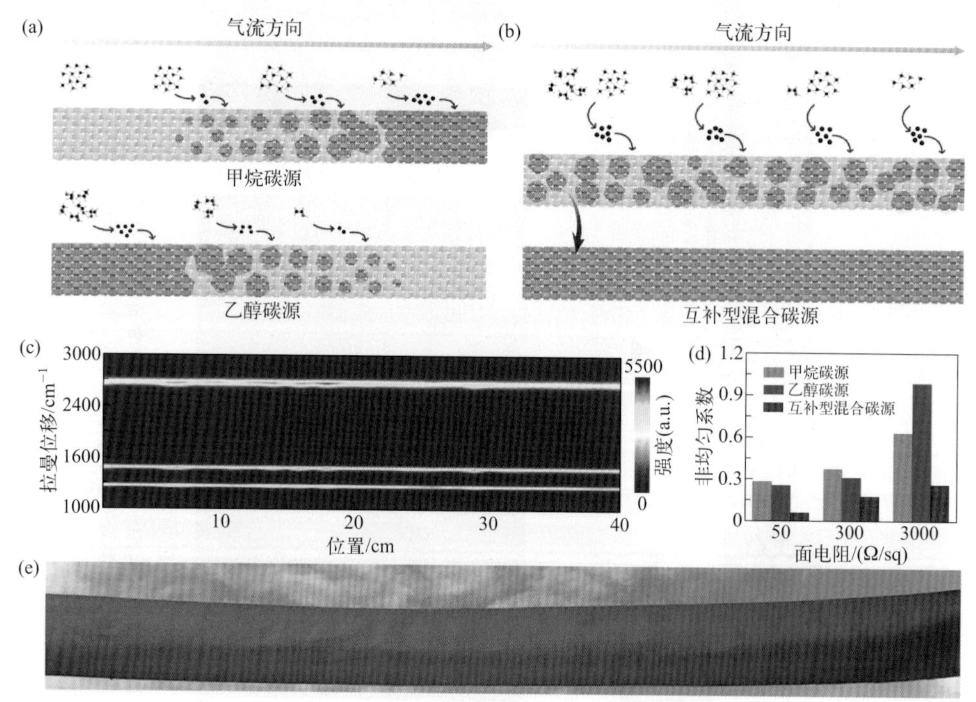

图4-17　互补型混合碳源法制备大面积均匀蒙烯玻璃纤维织物[46]

（a）甲烷（上）和乙醇（下）单一碳源法制备蒙烯玻璃纤维织物时玻璃纤维表面石墨烯生长的示意图；（b）互补型混合碳源法制备大面积均匀蒙烯玻璃纤维织物示意图；（c）互补型混合碳源法制备的GGFF-3000沿轴向不同位置石墨烯的拉曼光谱图；（d）甲烷、乙醇单一碳源和互补型混合碳源法制备的不同面电阻蒙烯玻璃纤维的面电阻非均匀系数对比图；（e）互补型混合碳源法制备的400cm×40cm大面积均匀蒙烯玻璃纤维织物实物图

针对上述问题，本书著者团队发展了一种基于甲烷和乙醇的互补型混合碳源法，通过同时引入裂解能垒不同的碳源，有效解决了活性碳物种沿气流方向浓度分布不均匀的问题，从而实现了大面积蒙烯玻璃纤维的均匀制备［图 4-17（b）］[46]。以 40cm×4cm 的蒙烯玻璃纤维为例，互补型混合碳源法制备的石墨烯沿气流方向的 D（$1350cm^{-1}$）、G（$1580cm^{-1}$）和 2D（$2700cm^{-1}$）峰强度分布均一［图 4-17（c）］，反映出良好的石墨烯分布均匀性。此外，根据公式（4-1）定义面电阻非均匀系数，并利用非均匀系数定量表征了蒙烯玻璃纤维织物的均匀性，非均匀系数越小，说明制备的蒙烯玻璃纤维织物均匀性越高。

$$n=\frac{R_{S,max}-R_{S,min}}{\overline{R_S}} \tag{4-1}$$

式中 n——非均匀系数；

$R_{S,max}$——面电阻最大值；

$R_{S,min}$——面电阻最小值；

$\overline{R_S}$——面电阻平均值。

在 40cm×4cm 的蒙烯玻璃纤维取 21（沿气流方向）×3（垂直于气流方向）共 63 个点的面电阻统计结果表明，以甲烷为碳源制备的面电阻为 3000Ω/sq 的蒙烯玻璃纤维织物（GGFF-3000）的非均匀系数为 0.632，乙醇碳源制备的相同面电阻阻值（约 3000Ω/sq）的蒙烯玻璃纤维织物的非均匀系数为 0.983，而互补型混合碳源法制备的蒙烯玻璃纤维的面电阻非均匀系数降至 0.260［图 4-17（d）］。进一步，该方法可拓展至更大尺寸的蒙烯玻璃纤维织物的可控均匀制备［400cm×40cm，图 4-17（e）］。

4．等离子体增强 CVD 法低温制备蒙烯玻璃纤维

在利用热 CVD 法制备蒙烯石英纤维过程中，高温（> 1000℃）是实现碳源裂解和石墨烯生长的必要条件，这极大地限制了生长基底的选择，只有耐高温的石英或氧化铝纤维才适用于石墨烯的生长。而一些成本更低、应用更广的玻璃纤维材料，如钠钙玻璃纤维，由于其软化点远低于热 CVD 石墨烯的生长温度而无法用于石墨烯的生长。等离子体增强化学气相沉积法（plasma enhanced chemical vapor deposition, PECVD）是通过外加能量辅助反应前驱体裂解，进而在低温条件下实现材料生长的方法。与热 CVD 相比，PECVD 的优势在于，通过电场或电磁场激发气体形成等离子体，降低化学反应的势垒，使得化学反应可以在较低的温度下进行。对于石墨烯的生长，利用 PECVD 技术，能够有效降低甲烷、乙烯或乙炔等碳源裂解所需的温度，在普通钠钙玻璃纤维软化点以下（<700℃）就可以实现石墨烯的生长。利用该方法可将蒙烯石英纤维的制备思路推广至包括钠钙玻璃纤维在内的其他玻璃纤维基底上，同时还可以降低长时间高温反应带来的纤

维力学性能下降，同时提升制备效率[47-48]。

本书著作团队发展了一种利用射频 PECVD（rf-PECVD）技术低温制备蒙烯玻璃纤维的方法（图 4-18）[49]。不同于热 CVD 制备的水平石墨烯，在 650℃下 PECVD 法制备的石墨烯具有三维垂直结构，可均匀包覆在玻璃纤维表面。通过调控生长时间研究垂直结构石墨烯纳米片的生长动力学过程，发现其主要包括缓冲层生成、垂直成核和垂直生长三个阶段。在初始阶段，甲烷前驱体在射频辉光放电作用下裂解生成活性碳物种，活性碳物种快速吸附到玻璃纤维表面形成平行于生长基底的碳缓冲层。随着生长时间的延长，基底表面的杂质、等离子体轰击造成的缺陷、基底与碳缓冲层之间的晶格失配共同诱导了缓冲层内的应力累积。在应力的作用下，缓冲层缺陷边缘处会向上弯曲，导致基底表面生长的石墨烯转为垂直结构的石墨烯纳米片。后续生长过程中，石墨烯边缘处鞘层电场较强，带电碳物种优先在石墨烯纳米片的边缘成键，促使石墨烯纳米片不断生长[50-51]。该方法制备的垂直石墨烯玻璃纤维具有良好的导电性，其面内电导率为 8.77S/m。

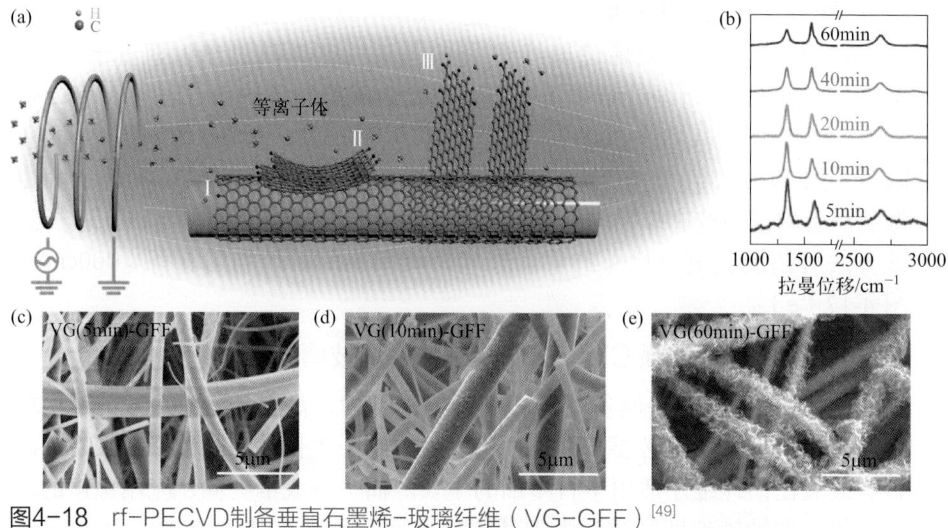

图4-18 rf-PECVD制备垂直石墨烯-玻璃纤维（VG-GFF）[49]

（a）rf-PECVD 体系中垂直石墨烯生长的示意图，Ⅰ～Ⅲ分别为缓冲层阶段、垂直成核阶段和垂直生长阶段；（b）不同生长时间的石墨烯拉曼图谱；（c）～（e）不同生长阶段的蒙烯玻璃纤维形貌图

然而，PECVD 体系中强烈的离子轰击和不均匀的电场分布会导致生长的石墨烯纳米片均匀性较差。在前期研究中，本书著者团队利用泡沫铜构筑法拉第笼，在 PECVD 体系中实现了玻璃表面均匀水平石墨烯的制备。在此基础上，苏州大学孙靖宇团队将泡沫铜包覆玻璃纤维织物，利用 PECVD 方法实现了低温条件下（580℃）玻璃纤维表面垂直石墨烯纳米片的均匀生长（图 4-19）[52]。泡沫铜的包覆一方面使基底附近的电场分布更为平缓；另一方面屏蔽了体系中高能离子对基底表

面的轰击，减少了基底表面由离子轰击造成的缺陷，进而实现了玻璃纤维表面石墨烯纳米片的均匀生长。同时，为了提升蒙烯玻璃纤维的导电性，该团队进一步引入吡啶作为氮源和碳源在玻璃纤维表面生长氮掺杂垂直石墨烯。与无掺杂的蒙烯玻璃纤维织物相比，掺氮的蒙烯玻璃纤维织物平均面电阻由 2.3kΩ/sq 降低至 1.0kΩ/sq。

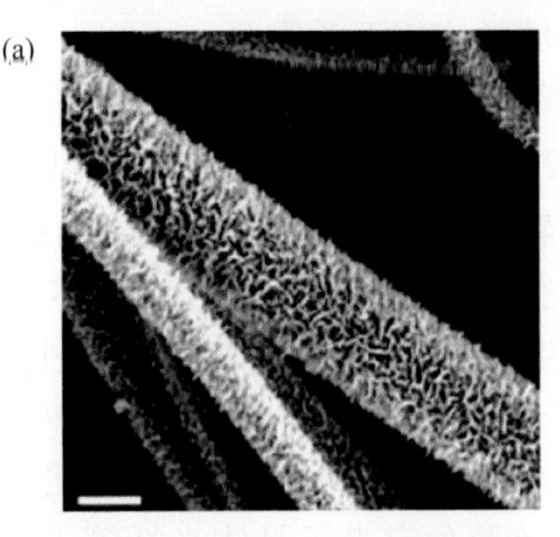

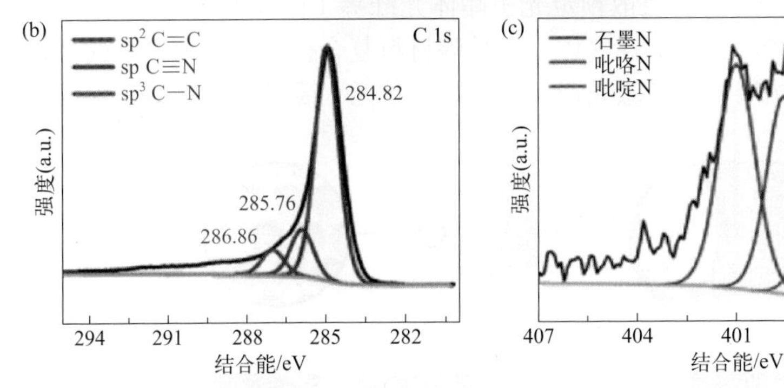

图4-19 氮掺杂垂直石墨烯-玻璃纤维[52]

（a）氮掺杂垂直石墨烯-玻璃纤维的SEM图；（b），（c）氮掺杂垂直石墨烯-玻璃纤维的XPS C 1s谱和N 1s图

此外，孙靖宇团队还借助 PECVD 技术在商用的玻璃纤维隔膜上原位生长垂直石墨烯阵列，通过空气等离子体处理去除玻璃纤维隔膜某一面的石墨烯，进而获得了不对称结构的 Janus 垂直石墨烯 - 玻璃纤维隔膜 [53]。XPS 表征发现，等离子体后处理可以向石墨烯引入氧和氮的掺杂。拉曼光谱表征发现，氧和氮的掺杂会在石墨烯晶格中引入缺陷结构，从而提高玻璃纤维隔膜的润湿性和离子电导率，有利于其在高效储能领域的应用。

二、烯碳光纤

石墨烯具有超高载流子迁移率、高非线性光学系数、宽谱带吸收、能带可调等优异的光电特性，在高性能光子和光电子器件中展现出广阔的应用前景。然而，平面的石墨烯仅有原子级厚度，光和石墨烯相互作用的次数和作用面积有限，石墨烯和光单次作用的吸收率仅为约 2.3%，产生的光学信号难以满足实际应用的需求。为了增强光和石墨烯的相互作用，人们尝试将石墨烯复合到微栅、微腔等多种不同的光波导结构中。但是，这些方法制备的器件尺寸有限、可控性较差，与走向实际应用还存在较大的差距。因此，可控批量制备石墨烯光波导对石墨烯在光子和光电子领域的应用至关重要。

光纤，即光导纤维的简称。作为一种优异的光波导材料，光纤凭借其高传输容量、轻质（密度：2.2～2.6g/cm^3）、宽谱带、低损耗（<0.1dB/km）、抗电磁干扰、高保密性、易于长距离传输等特点，被广泛应用于信息传输、传感器、电光调制器等领域[54-57]。在诸多种类的光纤材料中，光子晶体光纤（photonic crystal fiber，PCF）截面具有二维周期性的空气孔洞（或高折射率柱），且轴向折射率不变，又称微结构光纤或多孔光纤。它通过包层中沿轴向排列的微小空气孔对光进行约束，从而实现光的轴向传输。PCF 根据其功能和形状的差异可分为非线性光纤、高非线性光子晶体光纤、色散预定光子晶体光纤等（图 4-20）。光子晶体光纤独特的多孔结构为光纤与功能性气体、液晶等材料复合提供了一个良好的平台，进而将光纤的应用拓展到锁模激光器、表面等离激元、受激拉曼散射等领域。

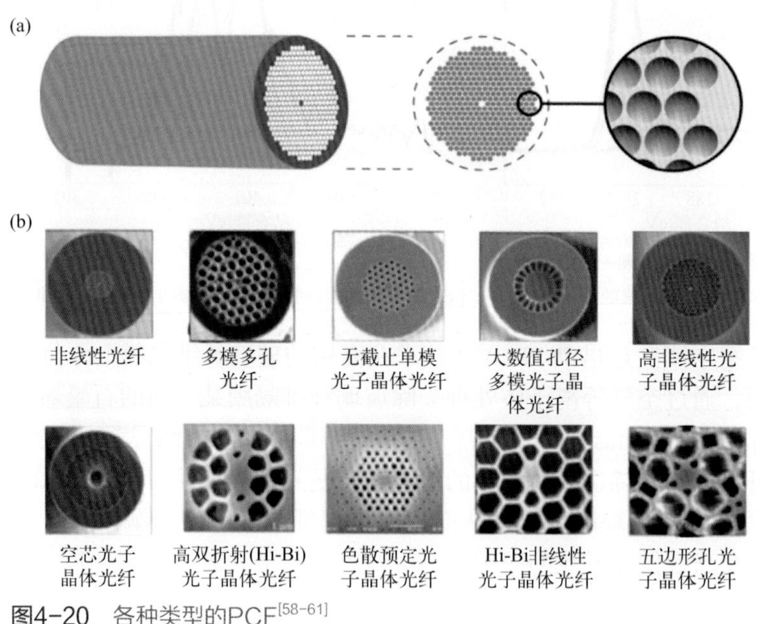

图4-20 各种类型的PCF[58-61]

（a）PCF结构示意图；（b）不同种类的PCF

将石墨烯与光纤复合，一方面，石墨烯可以利用光纤独特的光波导结构增强与光的相互作用，提升石墨烯的光学信号响应；另一方面，原子级厚度石墨烯的引入可以在保持光纤原本光波导结构的同时，借助石墨烯优异的光学特性拓展光纤的功能性，拓展传统光纤材料的应用领域。

1．CVD 法制备烯碳光纤

本书著者团队发展了一种利用 CVD 技术在光子晶体光纤（PCF）孔洞内壁均匀生长石墨烯的方法［图 4-21（a）］[62]。在高温生长石墨烯后，PCF 依然保持了原有结构，且石墨烯可以有效包覆在 PCF 内外表面［图 4-21（b）］。横截面拉曼光谱 2D 峰面扫描证明，石墨烯完整包覆在 PCF 外表面［图 4-21（c）］。石墨烯拉曼光谱中尖锐的 G 峰和 2D 峰证明了制备的石墨烯质量良好［图 4-21（d）］。

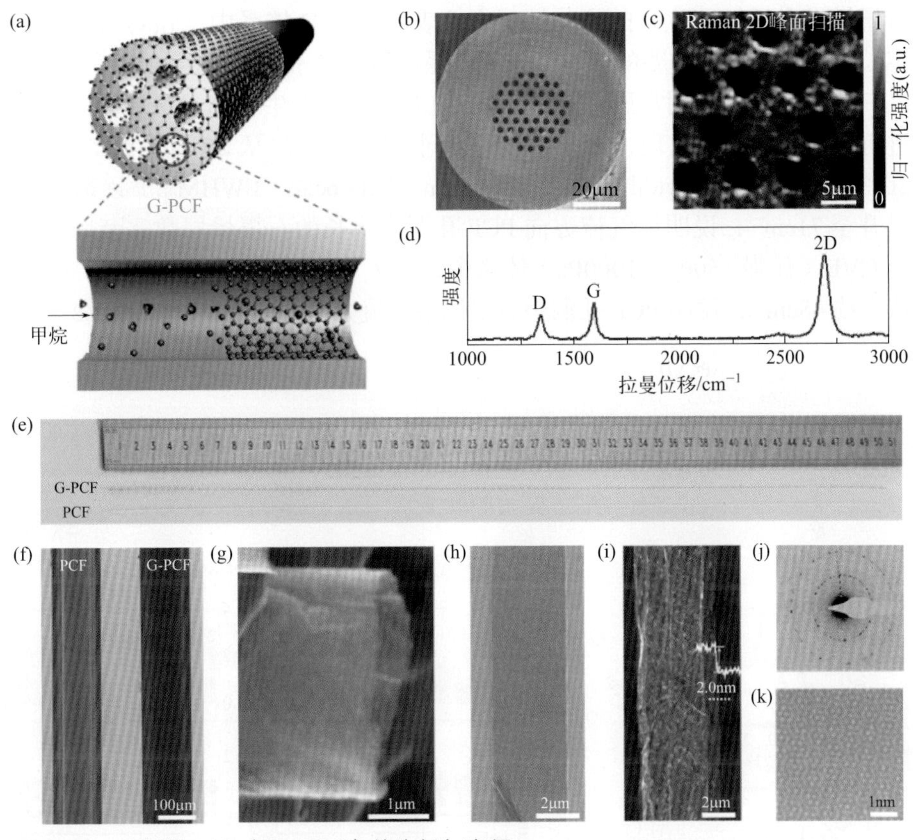

图4-21　石墨烯PCF（G-PCF）的生长与表征

（a）CVD 制备石墨烯 PCF 示意图；（b）石墨烯 PCF 截面的 SEM 图；（c），（d）石墨烯 PCF 截面拉曼光谱 2D 峰面扫描和拉曼光谱；（e），（f）PCF 裸纤和石墨烯 PCF 的实物图以及光学显微镜图；（g）PCF 断口处突出的管状石墨烯；（h），（i）刻蚀除去石英层后，石墨烯条带的 SEM 图和 AFM 图；（j），（k）石墨烯条带的选区电子衍射和 TEM 图

此外，相较于 PCF 裸纤，石墨烯 PCF 具有更深的光学衬度，且长距离（约 50cm）衬度均匀［图 4-21（e），（f）］。同时，石墨烯 PCF 断裂截面孔洞中突出

的管状石墨烯［图 4-21（g）］证明了孔洞内石墨烯的生长。进一步用氢氟酸刻蚀除去光纤石英层后，发现孔洞中生长的石墨烯塌缩成完整的条带，且厚度为约 2.0nm［图 4-21（h），（i）］。这些结果进一步证明了生长的石墨烯在 PCF 孔洞中完整包覆。TEM 表征结果显示，孔洞中塌缩的石墨烯条带具有规则的晶格结构［Moiré 条纹，图 4-21（j），（k）］，说明制备的石墨烯具有良好的结晶性。上述结果表明，利用 CVD 方法，可以实现石墨烯在孔状光子晶体光纤内外壁上的高质量生长，由此得到的新型石墨烯复合光纤可称为烯碳光纤。

在石墨烯生长过程中，气流流经孔洞时受到的来自内壁的黏滞阻力会影响石墨烯沿光纤轴向生长的均匀性。实验表明，CVD 体系中压强对石墨烯长距离生长的均匀性具有重要的影响。研究者系统对比了常压和低压条件下生长石墨烯 PCF 的均匀性。利用常压 CVD（压强：1.01×10^5Pa）生长的石墨烯 PCF，刻蚀后进行拉曼光谱表征发现，沿气流方向不同位置处 I_{2D}/I_G 从 2.1 逐渐降低至 0.6，而 2D 峰半峰宽（full width at half maximum of 2D peak，$FWHM_{2D}$）逐渐从 $31cm^{-1}$ 提升至 $71cm^{-1}$，说明沿气流方向 PCF 孔洞中生长的石墨烯层数逐渐增多。在低压 CVD（压强：500 ～ 1000Pa）体系中，I_{2D}/I_G 稳定在约 1.4。同时，$FWHM_{2D}$ 保持在约 $48cm^{-1}$，说明 PCF 孔洞中石墨烯沿气流方向均匀性良好（图 4-22）。

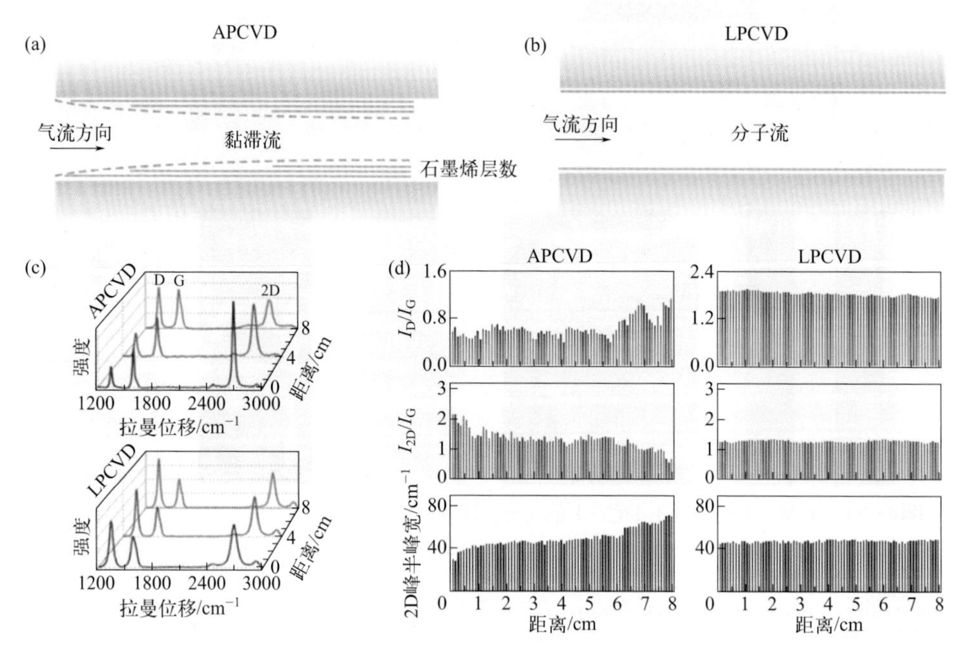

图4-22　PCF孔洞内壁石墨烯的可控生长

（a），（b）常压（APCVD）和低压（LPCVD）条件下石墨烯在微米尺度的PCF孔洞内生长的示意图；（c）常压（上）和低压（下）条件下制备的烯碳光纤刻蚀去除二氧化硅层后得到的石墨烯条带沿气流方向不同位置的拉曼光谱图；（d）沿光纤轴向不同位置的石墨烯拉曼光谱 I_D/I_G、I_{2D}/I_G 及 2D 峰半峰宽的统计

2. PCF 孔内石墨烯的生长过程

为了理解 PCF 孔洞内石墨烯的生长过程，研究者引入流体力学中经典参量 Knudsen 数以分析不同压力下 PCF 孔洞中气体的流动行为[63-64]。Knudsen 数的具体计算公式如下：

$$Kn = \frac{\bar{\lambda}}{L} = \frac{kT}{\sqrt{2}\pi d^2 pL} \tag{4-2}$$

式中 Kn——Knudsen数；

$\bar{\lambda}$——气体分子的平均自由程，m；

L——特征长度（即 PCF 管状结构的直径），m；

d——气体分子的有效直径，m；

T——体系温度，K；

k——玻尔兹曼常量；

p——体系压强，Pa。

若 $Kn<0.1$，流体可近似认为是连续流体，其流动行为可以用无滑移边界条件的纳维 - 斯托克斯方程（Navier-Stokes equations）描述；若 $Kn>10$，流体可认为是自由的分子流动，其流动行为可以用玻尔兹曼方程（Boltzmann equation）描述；若 $0.1 \leqslant Kn \leqslant 10$，则流体处于上述两种状态之间的过渡态。

流体力学计算表明，在常压体系中，反应分子自由程为约 0.4μm，远小于 PCF 孔洞直径（约 4μm），反应分子在 0.5m 长 PCF 孔洞中的运动时间长达约 175s，碳活性物种沿光纤轴向不断累积，造成下游石墨烯厚度远大于上游石墨烯厚度。相反，在 LPCVD 条件下，分子自由程（>40μm）远大于 PCF 孔洞直径（约 4μm），反应分子在相同长度的光纤中的运动时间大大缩短（约 10s），碳活性物种在低压体系中分布更为均匀。

进一步地，本书著者团队在低压条件下，在 1 ～ 20Torr（1Torr=1mmHg=1.33322×10^2Pa）范围内调控体系压强进行石墨烯的生长。他们定义了烯碳光纤的均匀长度，在该长度范围内，拉曼光谱 I_{2D}/I_G 和 $FWHM_{2D}$ 的起伏小于 10%。研究表明，随着体系压强从 1Torr 升高到 20Torr，G-PCF 的均匀长度从约 50cm 逐渐降低到约 11cm。值得一提的是，受 CVD 体系恒温区长度的限制（约 60cm），所制备的烯碳光纤（G-PCF）均匀长度最长为约 50cm。可以预见，通过进一步延长 CVD 体系恒温区的长度，可以实现长度更长的均匀 G-PCF 的制备[65]。

此外，体系压强对制备的石墨烯带的厚度也有显著影响。研究者们在 1 ～ 2Torr 压强范围内，考察了压强对 PCF 孔洞内壁生长石墨烯带厚度的影响。拉曼光谱沿 PCF 轴向不同位置处 I_D/I_G 和 I_{2D}/I_G 没有明显变化，表明在光纤均匀长度内，石墨烯的均匀性良好［图 4-23（a）］。对刻蚀除去石英层的石墨烯条带进行原子力显

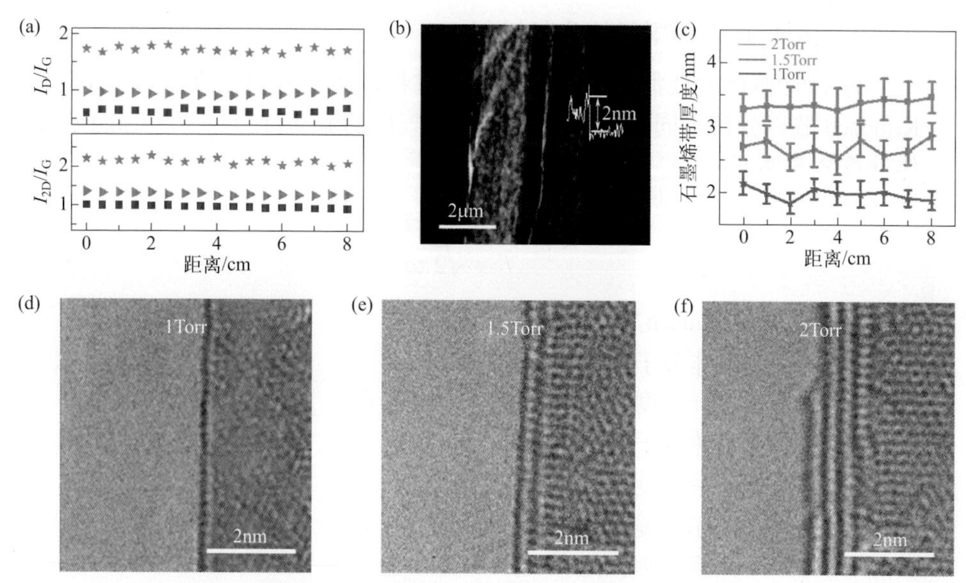

图4-23　生长压强对石墨烯层数的影响

（a）不同压强下制备的G-PCF刻蚀除去石英层后石墨烯带不同位置处的I_D/I_G和I_{2D}/I_G的统计（★2Torr，▸1.5Torr，■1Torr）；（b）1Torr下生长的G-PCF刻蚀除去石英层后石墨烯带的AFM图；（c）不同压强下制备的G-PCF刻蚀除去石英层后不同位置的石墨烯带的厚度测试结果；（d）～（f）1Torr、1.5Torr和2Torr压强下PCF孔洞中生长的石墨烯的HRTEM图片

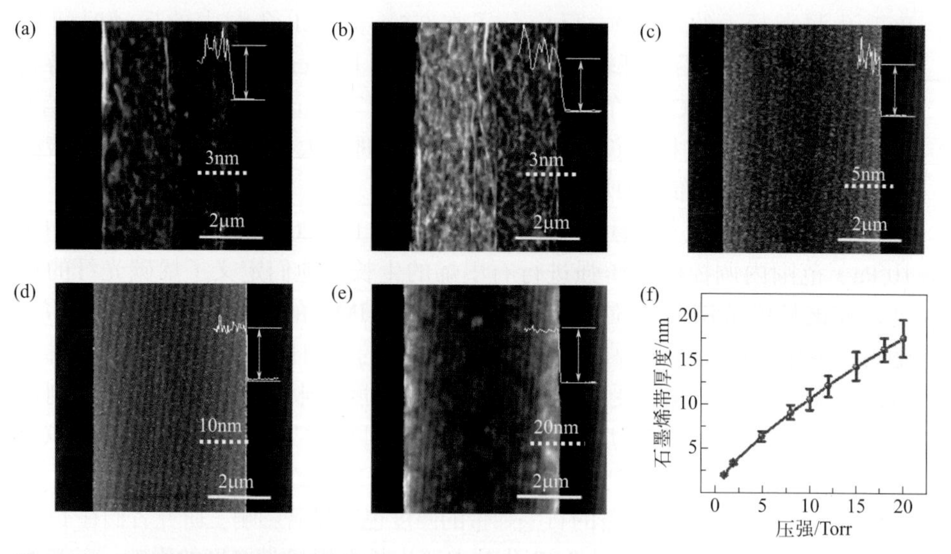

图4-24　石墨烯厚度随压强的变化

（a）～（e）不同压强下制备的G-PCF腐蚀后的石墨烯带的AFM图像，1.5Torr（a）、2Torr（b）、5Torr（c）、10Torr（d）、20Torr（e）；（f）石墨烯带厚度随压强的变化关系

微镜（atomic force microscope，AFM）测试，显示随着在该范围内压强的变化，石墨烯带的厚度可以在约 2.0 ～ 3.4nm 范围内精确调控［图 4-23（b），（c）］。TEM 表征结果证明了对应石墨烯层数从近单层增加到 4 ～ 5 层［图 4-23（d）～（f）］。进一步 AFM 表征发现，随着压强升高至 20Torr，刻蚀后石墨烯条带的厚度可提升至约 17.4nm（图 4-24）[65]。

在此基础上，研究者利用有限元法模拟了不同生长压强下 PCF 孔洞内的流场情况。模拟结果显示，随着生长压强的增加，生长体系中反应气体的流速逐渐减小，反应物分子的浓度沿气流方向不断升高，这就导致石墨烯沿气流方向厚度不断增加，所得到的烯碳光纤的均匀长度不断降低［图 4-25（a），（b）］。除此之外，随着生长压强从 1Torr 增加到 20Torr，沿 PCF 轴线方向上反应气体的浓度由 $0.01mol/m^3$ 提高到 $0.21mol/m^3$［图 4-25（c），（d）］，导致 PCF 孔洞内生长的石墨烯带厚度的增加[65]。

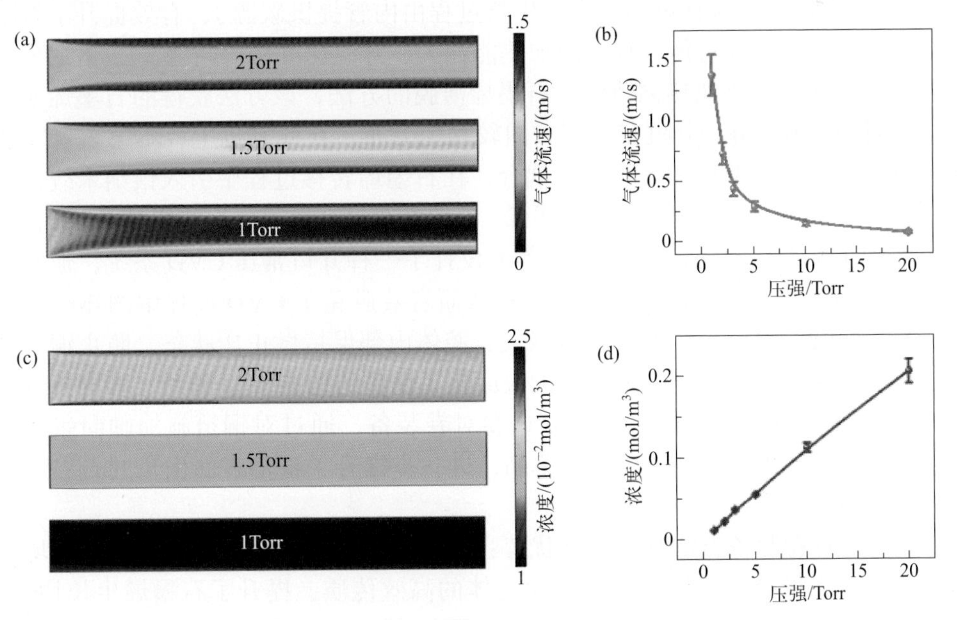

图4-25　PCF孔洞内石墨烯生长过程的流场模拟

（a），（b）不同压强下气体流速分布和光纤轴向上气体流速与生长压强的变化关系；（c），（d）不同压强下光纤孔洞内反应物分子的浓度分布和孔洞轴向上反应物分子浓度随生长压强的变化关系

三、批量制备工艺与装备

1．蒙烯玻璃纤维放量制备的问题与挑战

制备决定未来。在发展蒙烯玻璃纤维制备方法的同时，批量制备高质量蒙烯

玻璃纤维是推动其实际应用的材料基础。本书著者团队发展了蒙烯玻璃纤维的批量制备工艺与装备。批量制备工艺不仅需要考量石墨烯生长的品质，还需要兼顾产能和成本问题。

玻璃纤维织物与铜箔类似，具有良好的拉伸强度，适用于连续传送进出 CVD 反应区。因此，可以借鉴铜箔表面卷对卷生长石墨烯薄膜的经验，发展蒙烯玻璃纤维织物的卷对卷批量制备工艺与装备。

在卷对卷制备石墨烯的过程中，基底以一定速度传送进出高温区，可实现石墨烯在基底表面上的连续生长。这种卷对卷制备方式大大缩短了批次样品收放和炉体升温的时间，可显著提升制备效率。在早期研究中，人们发展了一系列在铜箔表面卷对卷可控生长大面积、高质量石墨烯的方法。2011 年，英国牛津大学 Hesjedal 等人发明卷对卷连续制备石墨烯薄膜技术 [66]。美国麻省理工学院 Hart 等人提出了一种同心轴卷对卷的方法，将退火区域和生长区域分隔开来（退火过程通过外管供给氢气，生长过程由内管提供碳源），有效提升了石墨烯薄膜的质量。针对传统管式炉加热能耗大、升温速度慢等问题 [67]，索尼公司报道了一种焦耳热加热铜箔生长石墨烯薄膜的方法，该方法获得的石墨烯薄膜面电阻约 500Ω/sq，电阻在长度方向较均匀分布。在此基础上，本书著者团队将石墨烯卷对卷生长和转移系统耦合，在石墨烯转移过程中引入银纳米线，制备出高导电性、大面积均匀的石墨烯 - 银纳米线复合薄膜，面电阻达 8Ω/sq，透光率达 94%[68]。此外，Robertson 等人设计了一种开口常压 CVD 系统，他们采用垂直炉体设计，将铜箔悬挂起来，从而有效避免了 CVD 过程中的热膨胀和收缩。同时，他们采用氮气作为载气，腔体内部保持微正压状态，防止铜箔的氧化，不需要对腔体进行密封，大大简化了设备的构造 [69]。随后，韩国首尔大学 Hong Byung Hee 团队设计了立式卷对卷装备，通过对铜箔施加轴向张力，促进多晶铜箔退火产生 Cu(111) 单晶，进一步提升了铜箔表面生长的石墨烯质量（图 4-26）[70]。

卷对卷制备方法具有以下优势：①基底不同位置经历相同的生长环境，同时基底无堆叠，保证了基底表面气体的高效传质，提升了石墨烯生长均匀性；②样品卷对卷连续传动进出高温区，理论上制备样品的长度仅受限于基底长度，可有效提升制备产能；③自动化程度高，可以实现不同步骤间的耦合，减少人工操作，降低制备成本。

然而，与铜箔表面卷对卷生长石墨烯不同，玻璃纤维织物是催化惰性的基底，碳源裂解不充分，且碳物种在基底表面迁移势垒高（约 1eV），这导致玻璃纤维表面石墨烯的生长温度高、速度慢、可控性差 [44]。在宏观尺度上，反应气体在玻璃纤维织物表面传质不均匀，导致生长的石墨烯均匀性较差 [45]。因此，相比铜箔表面卷对卷生长石墨烯，玻璃纤维表面石墨烯的生长成本更高，蒙烯玻

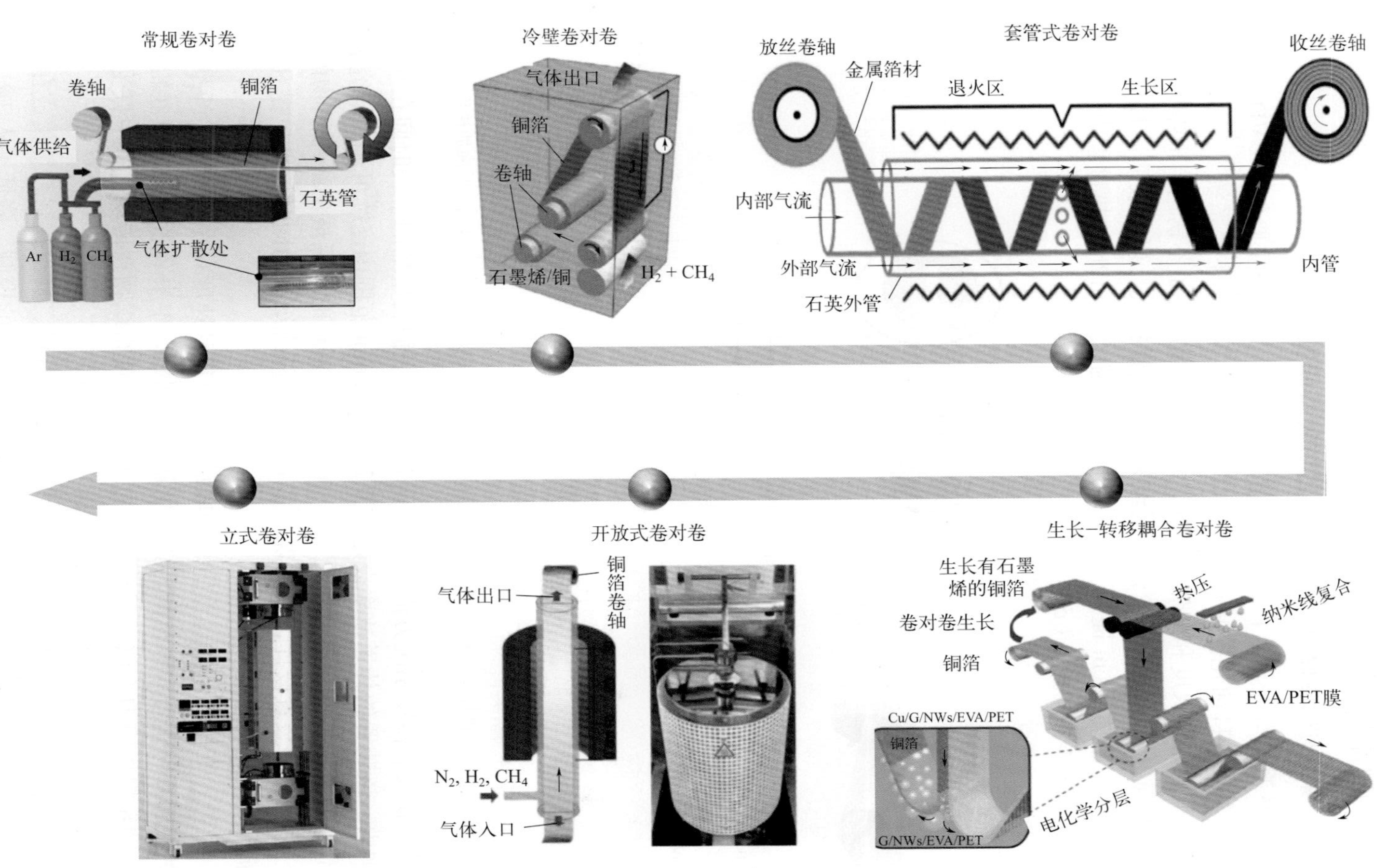

图4-26 铜箔表面卷对卷生长石墨烯的装备

璃纤维的制备产能有限，且生产稳定性有待提升。

2．蒙烯玻璃纤维批量制备工艺与装备研发

本书著者团队设计了卷对卷批量制备装备，该装备主要包括CVD反应腔室、收放卷系统、自动化控制系统、气体供给系统等四个主要系统。为了保证CVD反应腔室恒温区长度和加热稳定性，在装置两端加装了不锈钢岩棉隔热挡板，如图4-27（a）所示，以减少恒温区红外辐射热量损失。研究表明，加装挡板后，恒温区长度从约40cm提升至约60cm，且恒温区在 >12h 加热过程中依然保持温度稳定［图4-27（b），（c）］。

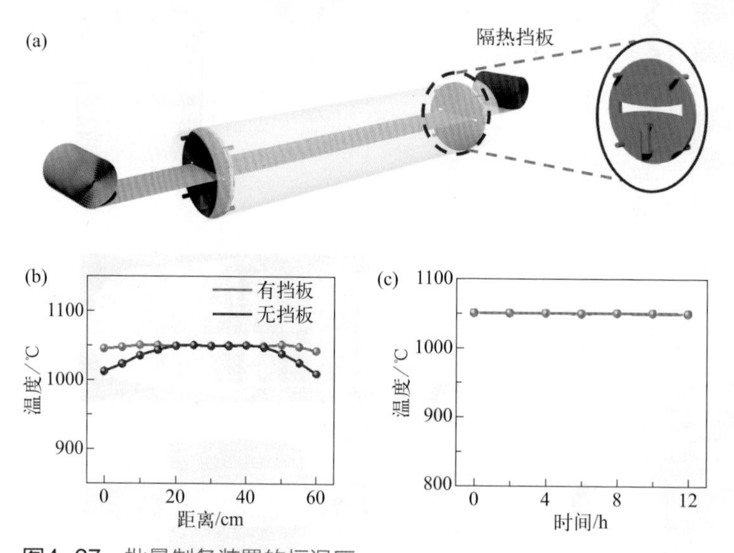

图4-27 批量制备装置的恒温区

（a）恒温区隔热挡板设计示意图；（b）有/无挡板时，恒温区的长度；（c）恒温区的长时间加热稳定性

在收放卷传动系统方面，考虑到玻璃纤维表面石墨烯的生长时间在0.5～5h范围内，该装置的传送速率设定在0.2～2cm/min范围内连续可调。研究者设计了不同型号的传动载具以匹配3～10cm不同幅宽的蒙烯玻璃纤维织物的制备。通过多轴传动装置设计，可实现最多6卷玻璃纤维织物的同时传动，提升了蒙烯玻璃纤维织物的产能。

此外，在织物传动过程中，当收放卷辊轮传动速度存在差异时，纤维织物易受到不同方向张力而被拉断。为了解决这个问题，本书著者团队将收卷辊轮设置为主动轮提供应力，放卷辊轮设置为从动轮，使得织物在传动过程中只受到一个方向的张力，以保证织物的稳定传送（图4-28）。

在控制系统方面，该装置将传动、加热、流量、真空控制系统集成在同一个面板上，操作时通过点击面板按钮即可实现对装置的控制，降低了人工操作的不

可控性，提升了蒙烯玻纤材料的批量生产效率和性能稳定性（图 4-29）。

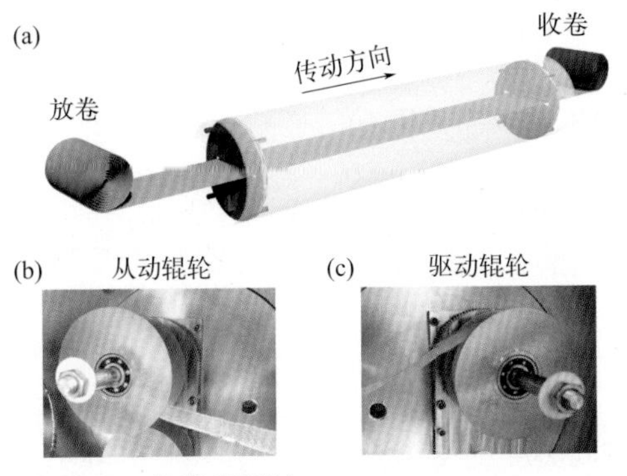

图4-28 收放卷系统

（a）收放卷系统传动示意图；（b），（c）放卷从动辊轮与收卷驱动辊轮的实物图

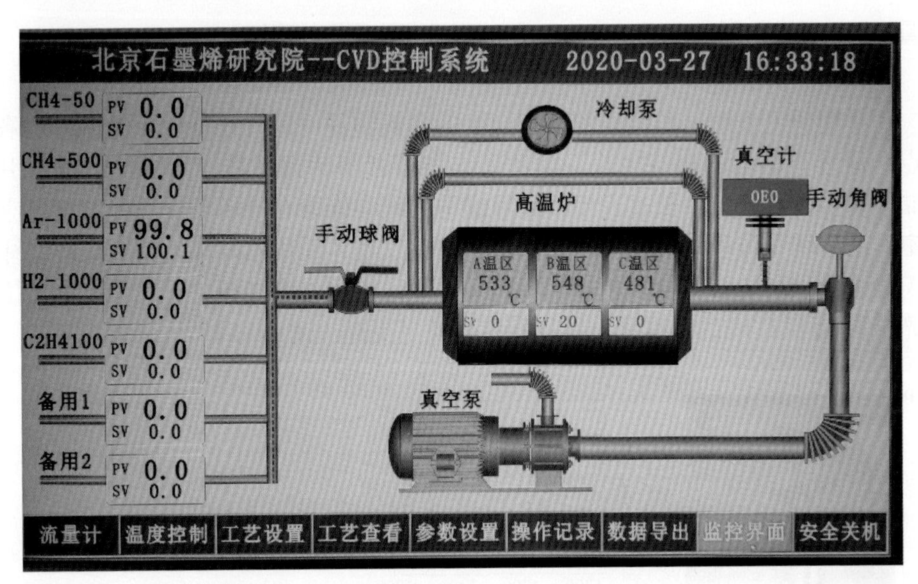

图4-29 装置的控制面板

气体供给系统方面，在引入氩气、氢气这两种石墨烯生长常见载气外，本书著者团队还引入了甲烷和乙炔作为反应气体碳源。其中，甲烷是 CVD 生长石墨烯最常用的碳源，其裂解能垒高。使用甲烷作为碳源在玻璃纤维表面进行石墨烯的生长，其生长温度需高于 1000℃，且生长时间一般需要 2 ～ 5h，这极大限制了蒙烯玻璃纤维织物的制备效率。考虑到 C_2 物种是石墨烯生长的重要中间体，而乙炔分子仅需断裂一个 π 键（221kJ/mol）即可形成 C_2 活性物种（图 4-30）。因此，本书著者团队尝试使用乙炔作为蒙烯玻璃纤维织物批量制备的碳源，将制

备温度降低至约 800℃，制备时间缩短至约 30min。

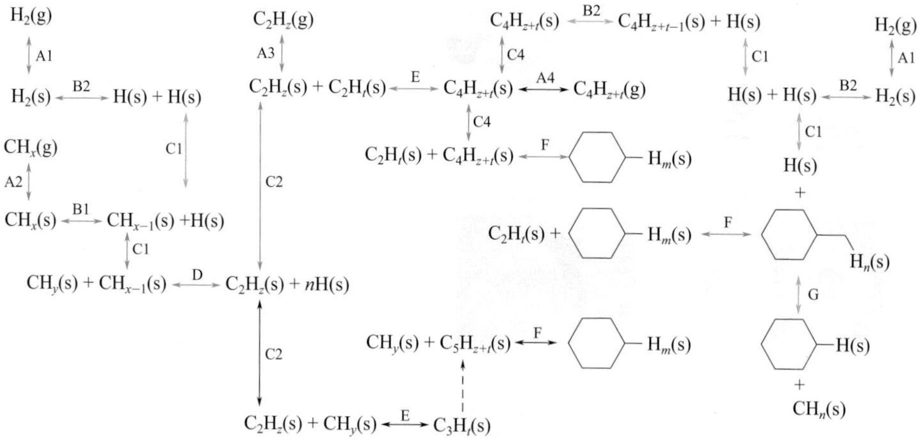

$$H_2(g) \xrightleftharpoons{A1} H_2(s) \xrightleftharpoons{B2} H(s) + H(s)$$

$$CH_x(g) \xrightleftharpoons{A2} CH_x(s) \xrightleftharpoons{B1} CH_{x-1}(s) + H(s)$$

$$CH_y(s) + CH_{x-1}(s) \xrightleftharpoons{D} C_2H_z(s) + nH(s)$$

$$C_2H_z(g) \xrightleftharpoons{A3} C_2H_z(s) + C_2H_t(s) \xrightleftharpoons{E} C_4H_{z+t}(s) \xrightleftharpoons{A4} C_4H_{z+t}(g)$$

$$C_4H_{z+t}(s) \xrightleftharpoons{B2} C_4H_{z+t-1}(s) + H(s)$$

$$C_2H_t(s) + C_4H_{z+t}(s) \xrightleftharpoons{F} \text{(六元环)}-H_m(s)$$

$$C_2H_t(s) + \text{(六元环)}-H_m(s) \xrightleftharpoons{F} \text{(六元环)}-CH_2-H_n(s) \xrightleftharpoons{G} \text{(六元环)}-H(s) + CH_n(s)$$

$$CH_y(s) + C_5H_{z+t}(s) \xrightleftharpoons{F} \text{(六元环)}-H_m(s)$$

$$C_2H_z(s) + CH_y(s) \xrightleftharpoons{E} C_3H_t(s)$$

$$H(s) + H(s) \xrightleftharpoons{B2} H_2(s) \xrightleftharpoons{A1} H_2(g)$$

图4-30　石墨烯生长的基元步骤（C_2是石墨烯生长的重要中间体）

早期研究表明，醇类碳源裂解产生的含氧物种可以有效刻蚀石墨烯的缺陷位点，促进石墨烯的边缘生长。为此，本书著者团队尝试在气路供给系统中引入储液罐。在石墨烯生长过程中，储液罐中的醇类碳源在低压条件下挥发至反应腔室，通过转子流量计可控制醇的流量。实验发现，使用乙醇作为碳源在玻璃纤维织物表面生长的石墨烯，相较于相同条件下以甲烷作为碳源的石墨烯而言，拉曼光谱 D 峰和 G 峰的强度比更低，石墨烯质量更高（图 4-31）。

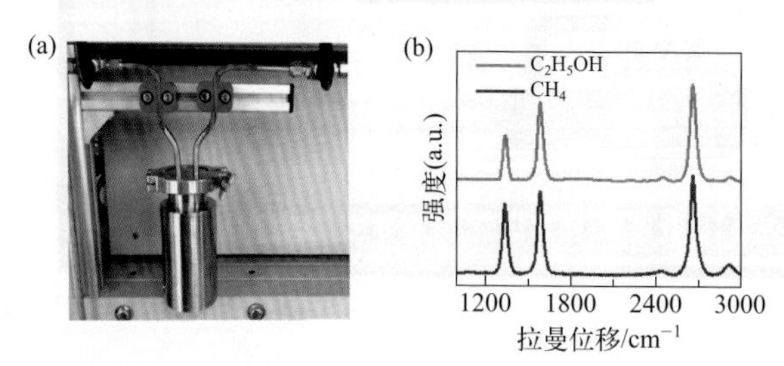

图4-31　液体碳源批量制备蒙烯玻璃纤维织物

（a）液体碳源供给系统示意图；（b）相同条件下，以乙醇和甲烷作为碳源制备的蒙烯玻璃纤维织物拉曼光谱图

基于上述装置制备的蒙烯玻璃纤维织物，沿气流方向不同位置处拉曼光谱的 D 峰和 G 峰的强度比均保持在 1.5 左右，且具有明显的 2D 峰，证明制备的蒙烯玻璃纤维具有良好的均匀性［图 4-32（a），（b）］。在卷对卷制备过程中，通过调节玻璃纤维织物的传动速率，可控制玻璃纤维表面石墨烯的生长时间，进而调

节玻璃纤维织物表面石墨烯的厚度，在 1 ～ 5000Ω/sq 范围内可控制备不同面电阻的蒙烯玻璃纤维织物［图 4-32（c）］。所获得的蒙烯玻璃纤维织物具有良好的面电阻均匀性，对 8cm×2m 尺寸的蒙烯玻璃纤维织物进行面电阻表征，发现其面电阻均匀度可达约 92%［图 4-32（d）］。通过优化制备工艺，蒙烯玻璃纤维织物的年产能可达 $1000m^2$。

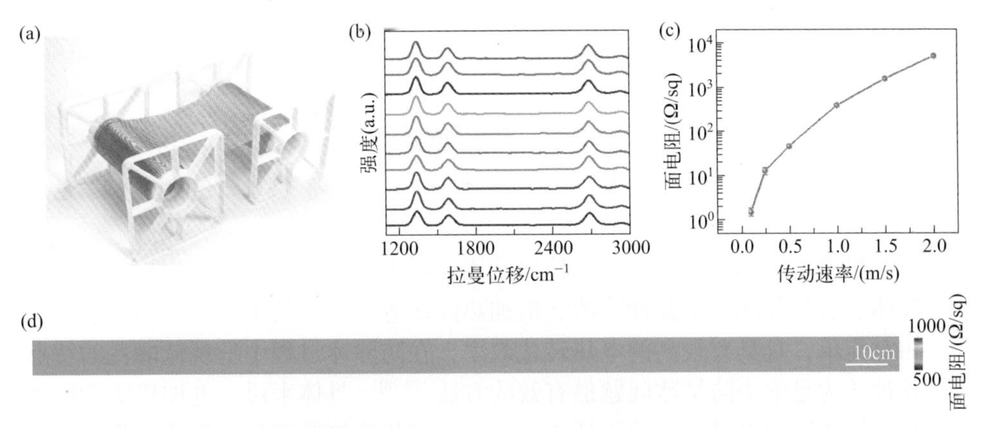

图4-32　批量制备的蒙烯玻璃纤维织物

（a）蒙烯玻璃纤维织物的实物图；（b）沿传动方向不同位置处蒙烯玻璃纤维的拉曼光谱图（取样间隔：0.2m）；（c）蒙烯玻璃纤维织物面电阻随传动速率的变化关系；（d）8cm×2m 蒙烯玻璃纤维织物的面电阻扫描图

第三节 石墨烯纤维材料应用举例

一、电热防除冰

在寒冷的天气条件下，结冰现象给人类的日常生活带来巨大的安全问题[71-72]。例如，飞机在飞行过程中结冰，会改变发动机动力性能，增加飞机重量，进而对飞行安全产生严重的威胁。因此，发展高效防除冰技术对飞机的飞行安全和整体性能至关重要[73]。目前结冰防护方法有很多，主要分为主动式防除冰和被动式防除冰两种（图 4-33）。被动式防除冰方法是指利用外表面材料的物理性质来减少或者防止结冰，如采用超疏水材料作为表面材料防止水滴在表面凝结，在防冰系统中的应用比较多[74]。主动式方法多应用于除冰系统中，它需要额外输入能量，再利用热或者力将冰除去。在严重结冰情况下，主动式防除冰方法比被动式防除冰方法更有效，因此人们更倾向于发展主动式防除冰方法。

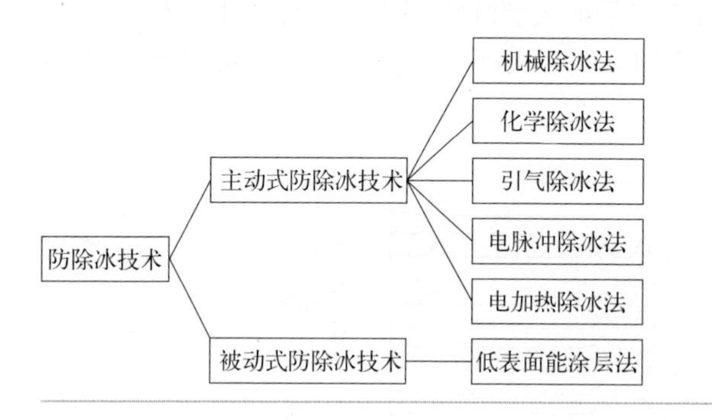

图4-33
常见的防除冰方法

目前，主动式防除冰方法按照使用能量方式的不同，可分为机械除冰、化学除冰、引气除冰、电脉冲除冰、电加热除冰等[75-76]。其中，电加热除冰系统结构相对简单，且具有较高的电热转化效率，在防除冰过程中呈现低能耗的特点，因此被认为是解决防结冰问题最有效的方法[77-78]。具体来说，电加热防除冰系统是利用加热源通电时产生的焦耳热，将电能转化为热能进行防除冰工作。电热材料产生的总热量可由公式（4-3）计算得到：

$$Q_1 = I^2Rt \tag{4-3}$$

式中 Q_1——总热量，J；
I——电流，A；
R——电阻，Ω；
t——时间，s。

根据公式（4-4），可计算电热材料传导的热量：

$$Q_2 = \Delta Tt/R' = \Delta T\lambda St/L \tag{4-4}$$

式中 Q_2——传导热量，J；
ΔT——温差，K；
R'——热阻，K/W；
L——厚度，m；
λ——热导率，W/(m·K)；
S——面积，m^2。

电热效率的计算公式为：$P = (Q_1/Q_2)\times100\%$，由此可发现，电热除冰材料的电热效率与材料的电导率、热导率等因素有关。在防冰模式下，热量经多层导热材料传输至结冰防护表面，使其温度保持在结冰温度以上来防止水滴在表面的凝结。在除冰模式下，热能由加热元件传递到冰层与外表面的交界面处来加热冰层，当冰层与外表面之间的黏附力由于冰层底部的融化而减小时，气动力或离心力的作用会带动冰层离开壁面，从而达到除冰的目的。

理想的电热材料应具有电热转化效率高、温度分布均匀和使用寿命长等特点。金属合金，如镍铬合金、铁铬合金，是一类典型的电加热材料。然而，金属合金柔性差且密度大，极大地限制了其应用领域[79]。因此，发展一种柔性、轻质的红外电加热材料至关重要。石墨烯独特的能带结构使其具有高导电性［室温载流子迁移率：200000cm^2/(V・s)］、高导热性［热导率：5300W/(m・K)］以及优异的力学性能（杨氏模量：1100GPa；断裂强度：125GPa）和柔性，有望成为理想的电热材料。纤维材料具有柔性、轻质、高强的特点，目前已广泛应用于航空航天、国防军工、交通运输以及土木工程中。将石墨烯与纤维材料复合，赋予纤维材料电热转换功能，可以拓展纤维材料的应用领域。本部分将介绍石墨烯纤维复合材料的电热性能研究及其在电热防除冰领域的应用。

1．基于蒙烯玻璃纤维的电热防除冰应用

玻璃纤维是一种已商业化的结构材料，其力学强度高、柔性好、比表面积大，已经作为增强材料广泛用于航空航天、国防军工、交通运输等领域。石墨烯与玻璃纤维的复合可赋予其新的导电导热特性，以此实现电加热防除冰功能。蒙烯玻璃纤维就是这样一种理想的电热防除冰材料，具有电热转换效率高、升温速度快、工艺兼容性强等显著优势。

研究表明，石墨烯的发射率在可见至近红外波段与波长无关，单层石墨烯发射率为 0.023，且随着层数的增加而增加。玻璃纤维同样是一种很好的红外辐射材料，具有约 0.8 的红外发射率。因此，蒙烯玻璃纤维是一种双发射体红外电加热材料，其中石墨烯作为发热体，石墨烯和玻璃纤维共同作为发射体[80]。为研究蒙烯玻璃纤维布的红外辐射特性，本书著者团队测试了面电阻分别为 300Ω/sq、150Ω/sq、30Ω/sq 的蒙烯玻璃纤维织物（GGFF-300, GGFF-150, GGFF-30）在光谱范围 1.4 ～ 20.5μm 的发射光谱及发射率［图 4-34（a）］。实验发现，蒙烯玻璃纤维织物的热辐射可视为灰体辐射，在不同温度下的发射峰值波长可根据维恩位移定律计算得出。针对不同的加热场景需求，根据被加热物体的吸收光谱，通过调整蒙烯玻璃纤维织物的工作温度，可以选择辐射效率最高的发射波段。蒙烯玻璃纤维织物的红外辐射特性不仅受温度影响，还可以通过面电阻进行有效调控。随着织物面电阻从 300Ω/sq 降至 30Ω/sq，其光谱辐射量的峰值由 0.292W/(cm^2・μm) 提升至 0.325W/(cm^2・μm)［图 4-34（b）］，发射率由 0.80 提升至 0.92［图 4-34（c）］。实验研究发现，蒙烯玻璃纤维织物的发射率远高于石墨烯纤维（约 0.7）和金属（$<$ 0.3），这主要源于石墨烯和玻璃纤维二者优异的红外辐射能力和双辐射体设计。

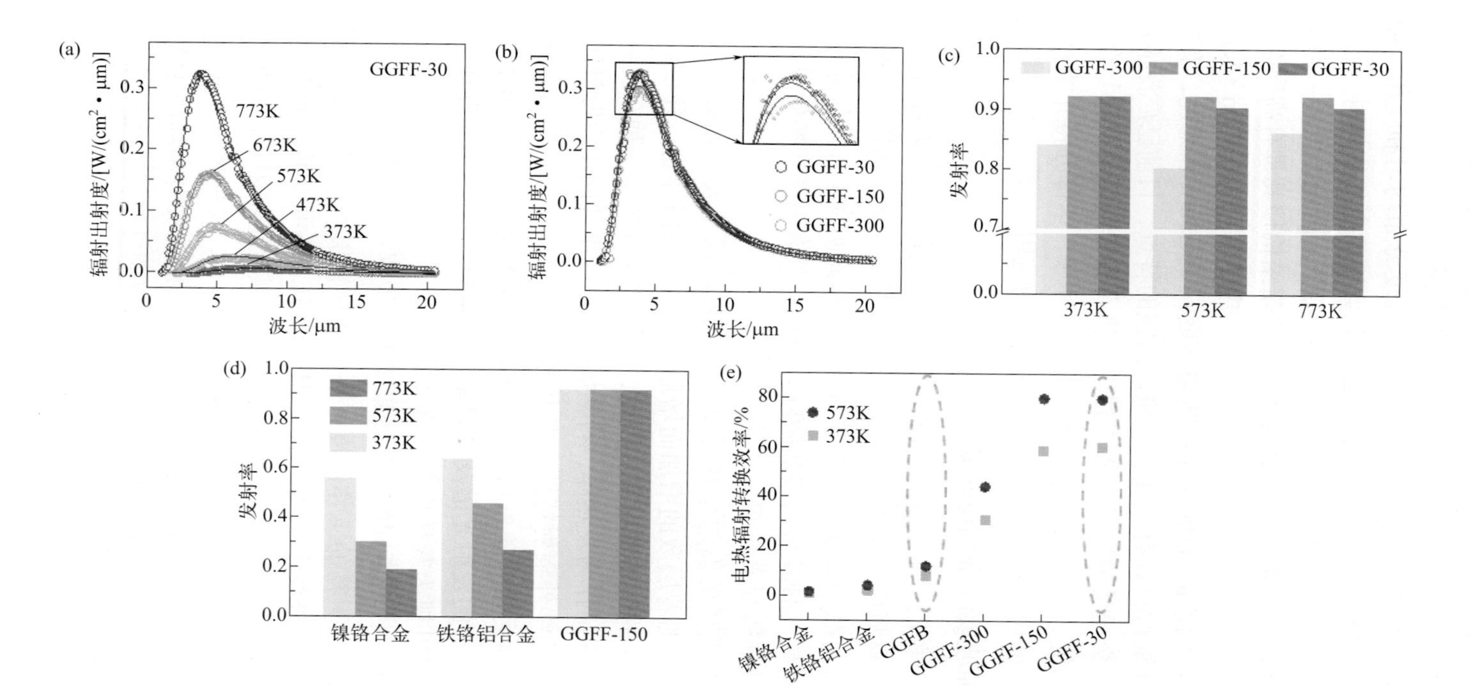

图4-34 蒙烯玻璃纤维织物的红外辐射性能[80]

（a）GGFF-30在373K、473K、573K、673K、773K下的红外发射谱图（空心点）和各温度下的理论灰体辐射曲线（实线）；（b）GGFF-300、GGFF-150和GGFF-30在773K下的红外发射谱图（空心点）和相应的理论灰体辐射曲线（实线）；（c）GGFF-300、GGFF-150和GGFF-30在373K、573K、773K下的发射率对比图；（d）镍铬合金、铁铬铝合金和GGFF-150在373K、573K、773K下的发射率对比图；（e）镍铬合金、铁铬铝合金、GGFB、GGFF-300、GGFF-150和GGFF-30在373K和573K下的电热辐射转换效率对比图本书著者团队将蒙烯玻璃纤维与两种市售金属电阻丝（铁铬铝合金和镍铬合金）的发射光谱进行了比较。与金属电阻丝相比，蒙烯玻璃纤维具有更高的发射率，并且随着温度的升高，蒙烯玻璃纤维的发射率没有发生明显变化［图 4-34（d）］。电热辐射转换效率测试结果表明，GGFF 在同样温度下的电热辐射转换效率远高于金属丝［图 4-34（e）］。这主要是因为蒙烯玻璃纤维丝相比金属丝具有更高的发射率。考察电热辐射转换效率公式：

$$\eta = \frac{\varepsilon\sigma T^4}{P} \tag{4-5}$$

式中 η——电热辐射转换效率；

ε——发射率；

σ——斯忒藩 - 玻尔兹曼常数；

T——温度，K；

P——功率密度，W/m^2。

因此，热辐射项 $\varepsilon\sigma T^4$ 的提高会导致更高的电热辐射转换效率。蒙烯玻璃纤维织物因其柔性、导电、优异的红外辐射能力，在辐射加热应用领域有着诱人的发展前景。为研究蒙烯玻璃纤维织物的红外电加热性能，本书著者团队制备了蒙烯玻璃纤维织物基红外辐射加热器[46]。使用铜箔作为电极黏附在织物两端，并连接直流电源。蒙烯玻璃纤维织物加热器的温度分布由红外相机实时监控。图 4-35（a）展示了弯折 180° 的 20cm×15cm 的织物红外热成像图，可见温度分布均匀，平均温度为（171.4±3.6）℃，且表现出良好的柔性。图 4-35（b）展示了加热器在不同功率密度下的升降温曲线。在小于 10V 的工作电压下，其饱和温度可在 20 ～ 170℃范围内调节，从而满足不同的电热应用场景需求。值得强调的是，蒙烯玻璃纤维织物加热器的电加热响应速度很快，如输入功率密度 5000W/m^2 时对应的电加热响应速度高达 29.7℃ /s，这主要源于蒙烯玻璃纤维织物的低密度和低热损失。由于其良好的柔性，在拉伸、扭转和弯折状态下，蒙烯玻璃纤维织物的电阻表现出良好的稳定性，呈现优异的形变稳定性［图 4-35（c）］。

蒙烯玻璃纤维表现出极佳的电加热性能，可实现结构功能一体化。本书著者团队进一步探索了蒙烯玻璃纤维在电热防除冰领域的应用。图 4-35（d）为基于蒙烯玻纤电热材料的防除冰装置示意图。测试结果表明，该装置在 500W/m^2 的低输入功率密度下即可实现防结冰［图 4-35（e）］，在 0.066kW・h/(mm・m^2) 的能耗下即可达到 79s/mm 的除冰速率［图 4-35（f）］，显示其优异的低能耗特性。

2．基于石墨烯纸 / 玻璃纤维 / 环氧树脂复合材料的电热防除冰应用

Zhang 等人报道了一种石墨烯纸 / 玻璃纤维 / 环氧树脂复合材料。该材料通过将石墨烯纸与玻璃纤维叠层放置，形成三明治结构，最后使用环氧树脂封装

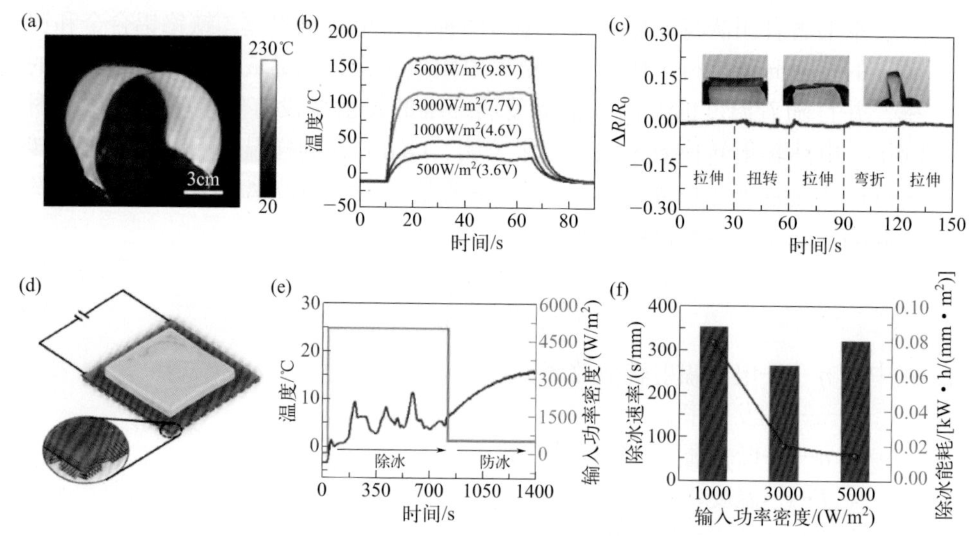

图4-35　蒙烯玻璃纤维在电热防除冰中的应用[46]

（a）处于弯曲180°的GGFF红外热成像图，加热温度为(171.4±3.6)℃ (20cm×15cm)；（b）GGFF在不同功率密度下的升降温曲线；（c）GGFF在拉伸、扭转和弯折状态下的电阻变化曲线图；（d）基于GGFF的电热防除冰装置示意图；（e）GGFF在功率密度5000W/m^{2}下的电热除冰和功率密度500W/m^{2}下的防冰过程图；（f）不同输入功率密度下的除冰速率和能耗图

［图4-36（a）］[81]。由于石墨烯优异的导电性质，在石墨烯纸厚度仅20μm、质量分数为1%的情况下，该复合材料电导率可达$2.8×10^4$S/m，同时兼具良好的力学性能（杨氏模量约4.0GPa，拉伸强度约80MPa）。在不影响材料力学性能的前提下，石墨烯赋予了其优异的电热性能。当对其施加3200W/m^{2}的输入功率密度时，该复合材料的温度能够在10min内升至210℃。在3m/s风速下测试，该复合材料在6000W/m^{2}的功率密度下5min内即可达到123.61℃的饱和温度，表现出了良好的电加热性能。经过200次由−20～90℃的焦耳热循环后，表面温度波动仅在2%以内，且结构没有明显的变化，表明该复合材料具有良好的电学及结构稳定性。进一步将该复合材料放置于−15℃恒温箱中的厚板表面，并施加一定的功率，随后以10mm/h的速度进行冷冻喷雾测试来研究其防结冰性能。结果表明，在输入功率密度仅为300W/m^{2}的条件下，能够保持厚板表面温度在1～3℃。低功率下优异的防结冰性能表明，该复合材料具有良好的防结冰效果与节能性。进一步，为测试其除冰能力，厚板上提前结一层10mm厚的冰，并保持恒温箱内温度为−15℃。在施加3000W/m^{2}的功率密度下，该复合材料能够在365s内将10mm的冰完全融化，表现出优异的除冰能力。

3．基于石墨烯涂覆玻璃纤维复合材料的电热防除冰应用

通过涂覆的方式，也可以在玻璃纤维表面包覆一定厚度的石墨烯层，该方法

操作方便、易规模化、重复性好。曼彻斯特大学 Novoselov 团队以微流剥离的石墨烯墨水作为涂覆液，采用循环浸渍干燥固化的方法成功实现了高导电石墨烯玻璃纤维复合材料的制备［图 4-36（b），（c）］[82]。微流剥离法制备的石墨烯质量高，且分散液中不含表面活性剂等非导电物质。因此，制得的石墨烯玻璃纤维复合材料具有优异的导电性，其导电性受涂覆次数、固化温度与时间调控，涂覆 15 次循环后其电阻率可降低至 1.7Ω/cm。

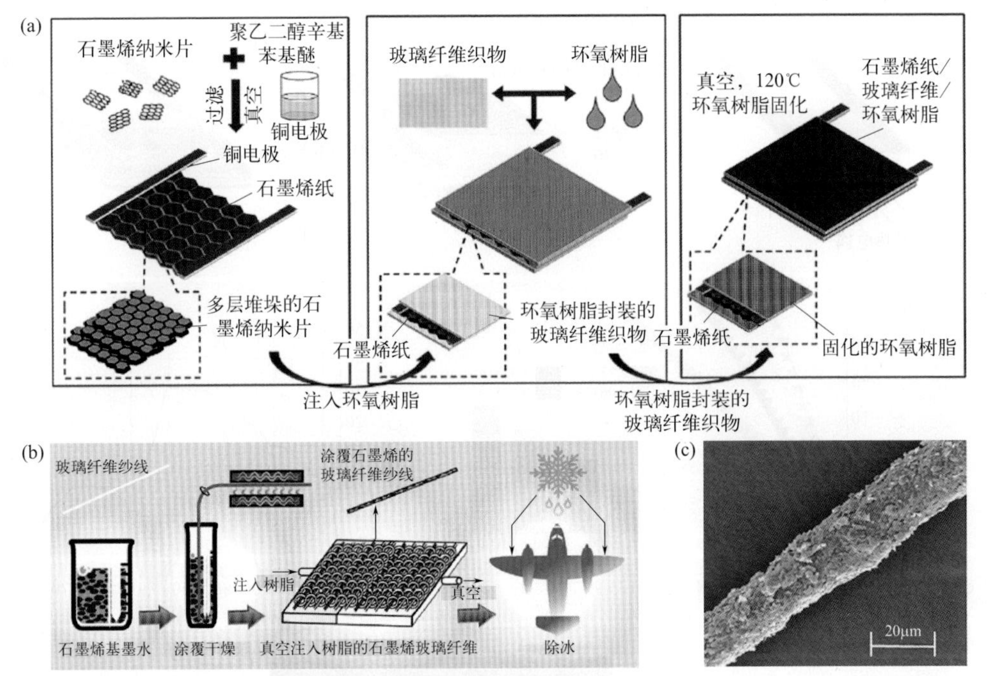

图4-36 用于电热防除冰的石墨烯玻璃纤维复合材料

（a）石墨烯纸/玻璃纤维/环氧树脂复合材料制备流程图[81]；（b）石墨烯涂覆玻璃纤维复合材料制备流程图；（c）石墨烯涂覆玻璃纤维复合材料SEM图[82]

由此获得的石墨烯玻璃复合纤维经过真空树脂封装后，在 10V 的输入电压下，30s 内即可升至 71.6℃，180s 后达到饱和温度 100.8℃，表现出优异的电加热性能。他们将该复合材料放置于含冰块的桶中，测试了其除冰能力。在施加 10V 电压后，桶中冰块迅速融化，桶中温度在 5min 内升至 27.3℃，30min 后升至 42.3℃，与之对应的空白对照组在 30min 后温度依然保持在 −1℃，显示这种石墨烯玻璃纤维复合材料具有良好的除冰能力。

4．碳纤维包覆石墨烯复合材料的电热防除冰应用

Vertuccio 等人利用柔性材料包覆法，将由膨胀石墨制备的石墨烯膜 / 纸包覆

在两层碳纤维中，制备了一种轻质、柔性的石墨烯 - 碳纤维 - 环氧胶膜复合材料，具体制备流程如图 4-37（a）～（c）所示[83]。该复合材料电导率可达 6.6×10^3S/m，同时具有良好的力学性能（杨氏模量约 2000MPa），可在 −60 ～ 120℃的温度范围内正常发挥性能。其电热性能测试结果如图 4-37（d）所示，升温速率和饱和温度可通过调控输入功率密度实现，当热流密度从 1599W/m^2 增加到 4121W/m^2 时，升温速率从 2.75℃ /s 增大至 7.52℃ /s，实验表明其电热响应时间短（<420s）。

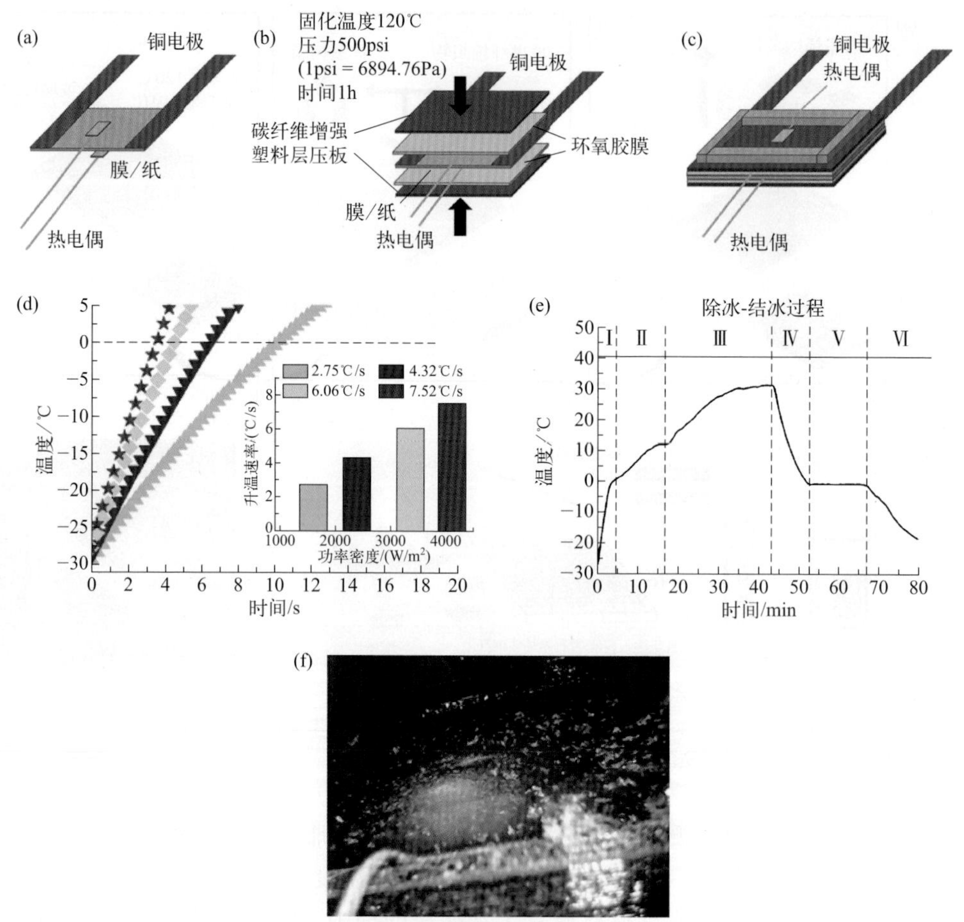

图4-37　碳纤维包覆石墨烯复合材料的电热除冰性能[83]

（a）采用的电极和热电偶装置示意图；（b）石墨烯柔性复合材料制备组装过程示意图；（c）除冰装置示意图；（d）不同输入功率密度与温度的关系，环境温度为−32℃，插图为不同输入功率密度对应的升温速率；（e）石墨烯柔性复合材料除冰 - 结冰过程温度与时间的关系图，输入功率密度 3706W/m^2；（f）除冰过程实物图

他们进一步对石墨烯 - 碳纤维 - 环氧胶膜复合材料的实际除冰效果进行了评估。结果表明，在达到相同的除冰所需温度时，该复合材料能以只有硅橡胶加热

器 1/9 ～ 1/5 的能耗工作，具有节能高效的特点。具体除冰过程如图 4-37（e）所示，石墨烯 - 碳纤维 - 环氧胶膜复合材料在输入功率密度为 3706W/m^2 时，温度快速升高至 0℃开始除冰过程（过程Ⅰ），在最底层的冰融化后温度以稍低的速率继续上升（过程Ⅱ）直至冰层完全融化（过程Ⅲ），过程Ⅳ～Ⅵ为冰再形成过程，以测试该除冰装置的循环稳定性，结果表明其可在低于 7min 时间内除去 1mm 厚的冰，显示出较高的除冰效率。

二、电磁屏蔽

随着电子设备和无线通信网络技术的蓬勃发展，电磁干扰问题正以一种无形的方式威胁着人们的身心健康与电子设备的工作安全，抗电磁干扰也因此成为人们广泛关注的领域。材料对电磁波（electromagnetic wave，EMW）的屏蔽能力常以屏蔽效能（shielding effectiveness，SE）描述，主要涵盖以下三方面内容：①材料表面自由载流子与电磁场相互作用产生的电磁波反射；②基于电偶极子和磁偶极子与电磁场的相互作用，以及磁性材料的磁共振和涡流引起的电磁波吸收；③电磁波在材料内部发生的多重反射。因此，选取具有高导电性、高铁磁性的材料或设计有效的多重反射结构成为制备高性能电磁屏蔽材料的主要思路。

传统的电磁屏蔽材料，如金属、金属基复合材料、导电高分子聚合物等往往受限于其高密度、窄屏蔽带宽和高脆性，无法得到广泛应用[84]。以石墨烯材料（石墨烯纤维、石墨烯薄膜、石墨烯泡沫等）为代表的新型电磁屏蔽材料因其优异的导电特性受到高度关注[85]。石墨烯纤维材料中形成的导电网络可使电磁波能量迅速衰减，石墨烯片层间的间隙也可促进电磁波在材料内部多次反射吸收，从而在电磁波的反射和吸收领域显示出诱人的应用前景[86]。

Chen 等报道了一种还原氧化石墨烯（reduced graphene oxide，rGO）- 碳纤维（carbon fiber，CF）复合材料。通过电泳沉积将氧化石墨烯（GO）引入碳纤维表面，再用 $NaBH_4$ 还原 GO，得到 rGO-CF。进一步用浇筑成型法将纤维分散在不饱和树脂（unsaturated polyester，UP）中，用真空泵排出气泡，即完成 rGO-CF/UP 复合材料的制备。当 rGO-CF 质量分数为 0.75% 时，复合材料在 X 射线波段（8.2 ～ 12.4GHz）的屏蔽效能达到 37.8dB，高于相同质量分数的 CF/UP 复合材料（32.5dB），表明负载石墨烯后的碳纤维复合材料具有更高的电磁屏蔽能力[87]。

为进一步减轻石墨烯基聚合物复合材料的重量并提高其屏蔽能力，柔性电纺丝纤维或聚合物纤维气凝胶也常被用作石墨烯的负载基底。Hsiao 等报道了一种轻质柔性还原氧化石墨烯（rGO）/ 水性聚氨酯（waterborne polyurethane，WPU）纤维复合材料。他们将轻且柔韧的电纺 WPU 纤维用作聚合物基体，利用阳离子表面活性剂（双十二烷基二甲基溴化铵，DDAB）和带相反电荷的 GO 悬浮液逐层组装制备氧化石墨烯（GO）/WPU 纤维复合材料，再用氢碘酸（HI）还原得到 r-GO/WPU 纤维复合材料，该材料表现出显著增强的电导率（约 16.8S/m）和高 EMI（电磁干扰）屏蔽效率（在 X 射线波段屏蔽效能约为 34dB）。Wan 等发展了一种超轻超弹的碳纤维 / 还原氧化石墨烯（CF/rGO）气凝胶的制备方法（图 4-38）。他们将碳纤维（CF）与氧化石墨烯（GO）的混合溶液冷冻干燥，获得 CF/GO 气凝胶，并在氢气、氩气气氛下退火还原，即制得 CF/rGO 气凝胶。CF/rGO 气凝胶表现出高达 $33780dB/(cm^2 \cdot g)$ 的比屏蔽效能（定义为材料的 SE 除以其质量密度和厚度）和出色的机械弹性（80% 可逆压缩率）[88]。

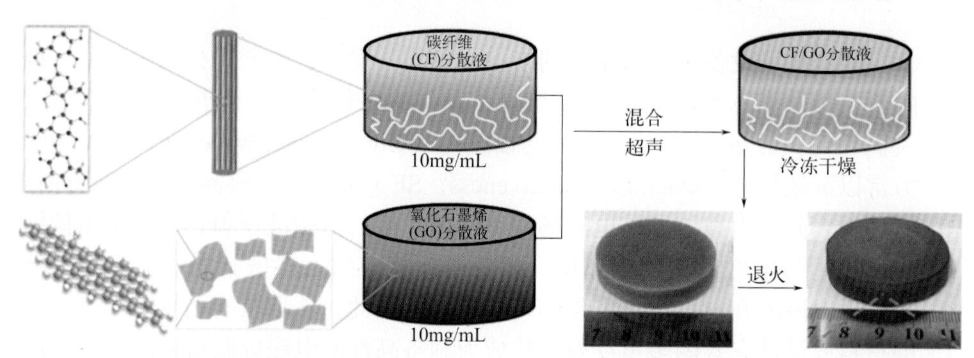

图4-38　CF/rGO气凝胶制备示意图[87]

对石墨烯纤维材料进行结构设计，提高电磁波在材料中发生界面散射、多重反射的概率，有助于进一步提升材料电磁屏蔽效能。浙江理工大学倪庆清课题组报道了一种由有序石墨烯片组装而成的还原氧化石墨烯纤维（ordered reduced graphene oxide fiber, oRGOF）膜材料（图 4-39）。该膜材料的电导率和电磁屏蔽效能具有各向异性，旋转膜片角度可调节其电磁屏蔽性能。同时，薄膜独特的皱纹、凹槽和分层结构可引起电磁波的多重反射，显著提高了其电磁屏蔽性能。超过 90% 的电磁波被 oRGOF 膜反射，余下的能量被有效吸收。oRGOF 膜沿纤维轴向的电磁屏蔽效能为 $33333dB/(cm^2 \cdot g)$。此外，在超过 160 次的反复弯曲和拉直循环测试中，oRGOF 膜依然表现出优异的力学性能，屏蔽效果未明显降低[89]。

华南理工大学谢颖熙课题组制备了一种轻质、柔性的三维分层纳米膜。该材料是由碳纤维（CF）和聚丙烯 / 聚乙烯（polypropylene/polyethylene，PP/PE）芯 / 鞘双组分纤维（ESF）组成的柔性非织造布（CEF-NF）表面涂覆石墨烯（graphene，G）/ 聚（偏二氟乙烯）（polyvinylidene fluoride，PVDF），最后采用溶液浇筑得到的 CEF-NF/G/PVDF 薄膜。在石墨烯含量较高的 CEF-NF/G/PVDF 薄膜中，二维结构的石墨烯和一维结构的碳纤维组装得到多层次结构，二维结构和 π-π 电子使石墨烯具有高导热性，因而碳纤维的 3D 框架中有序互连的石墨烯为面内传热提供了便利的途径。同时，石墨烯含量的增加导致更多的 PVDF 与石墨烯结合，在 CEF-NF 表面形成网络层状结构，有效降低 CEF-NF 与 G/PVDF 之间的界面热阻。上述复合薄膜在 30 ～ 1500MHz 范围内具有非常高的比电磁屏蔽效能［约 1731.40dB/(cm^2 • g)］，具有广阔的应用前景[90]。

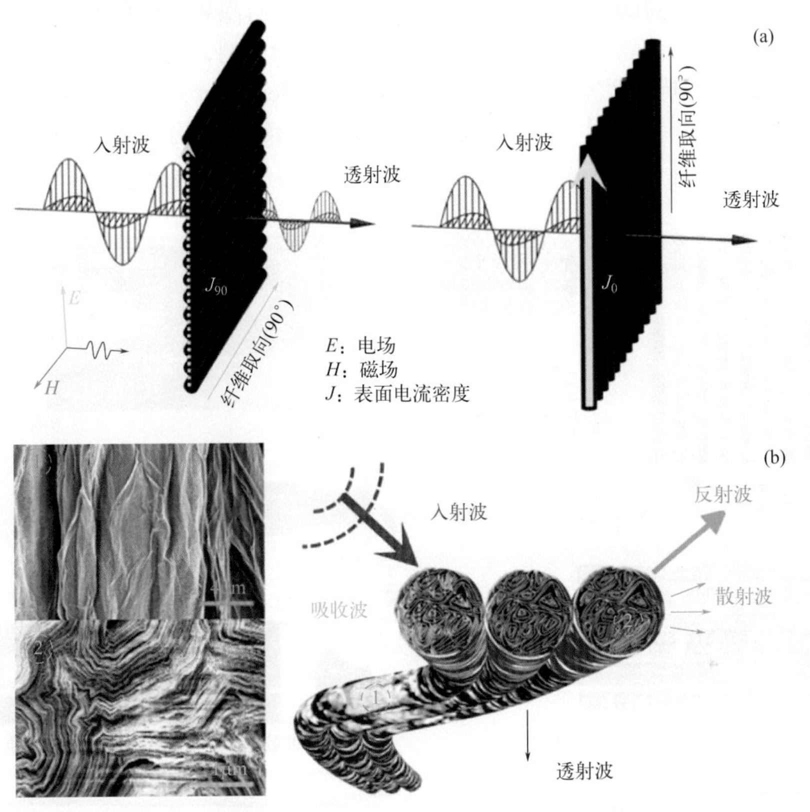

图4-39　oRGOF的电磁屏蔽原理[89]

（a）EMI屏蔽示意图；（b）oRGOF膜的微结构示意图

受石墨烯本征性质的限制，石墨烯材料难以兼顾宽频带和高强度的电磁屏蔽效能。上述新型电磁屏蔽材料的尝试大多停留在实验室水平，距离电磁屏蔽特种材料的大规模批量生产与工业级应用仍存在较大差距。本书著者团队首次报道了利用卷对卷化学气相沉积（CVD）技术批量制备大面积、轻质、柔性、具有超宽带强电磁屏蔽效能的铁磁性石墨烯石英纤维（ferromagnetic graphene quartz fiber, FGQF）织物。对本征石墨烯进行氮掺杂，有助于在提高其电导率的同时赋予其铁磁性，加强材料表面自由载流子和磁偶极子与电磁波的相互作用，从而提高材料对电磁波的反射与吸收能力。而玻璃纤维作为常用的结构材料，具有轻质、高强、化学稳定等优异性能，可作为石墨烯 CVD 生长衬底使用。氮掺杂石墨烯与玻璃纤维的复合，有望实现高性能电磁屏蔽材料的工业化应用。基于蒙烯玻璃纤维的制备策略，本书著者团队以乙醇为碳源，并引入乙腈和甲胺作为氮源，含氮前驱体在CVD高温条件下裂解为稳定的C-N物种，并在纤维基底上拼接形成氮掺杂石墨烯。理论计算表明，与其他氮掺杂类型相比，石墨氮掺杂石墨烯在玻璃纤维表面具有更低的形成能和更高的电荷转移能力，制得的氮掺杂石墨烯层具有更高的导电能力，且与基底结合紧密。通过精确控制石墨烯的氮掺杂类型，实现了具有高电导率（3906S/cm）和高磁响应（室温下饱和磁化强度达0.14emu·g）的铁磁性石墨烯层的制备［图4-40（a），（b）］。同时，FGQF织物特殊的编织结构在材料中引入了额外的电磁波多重反射和多通道吸收，进一步增强了材料的电磁屏蔽效能[91]。

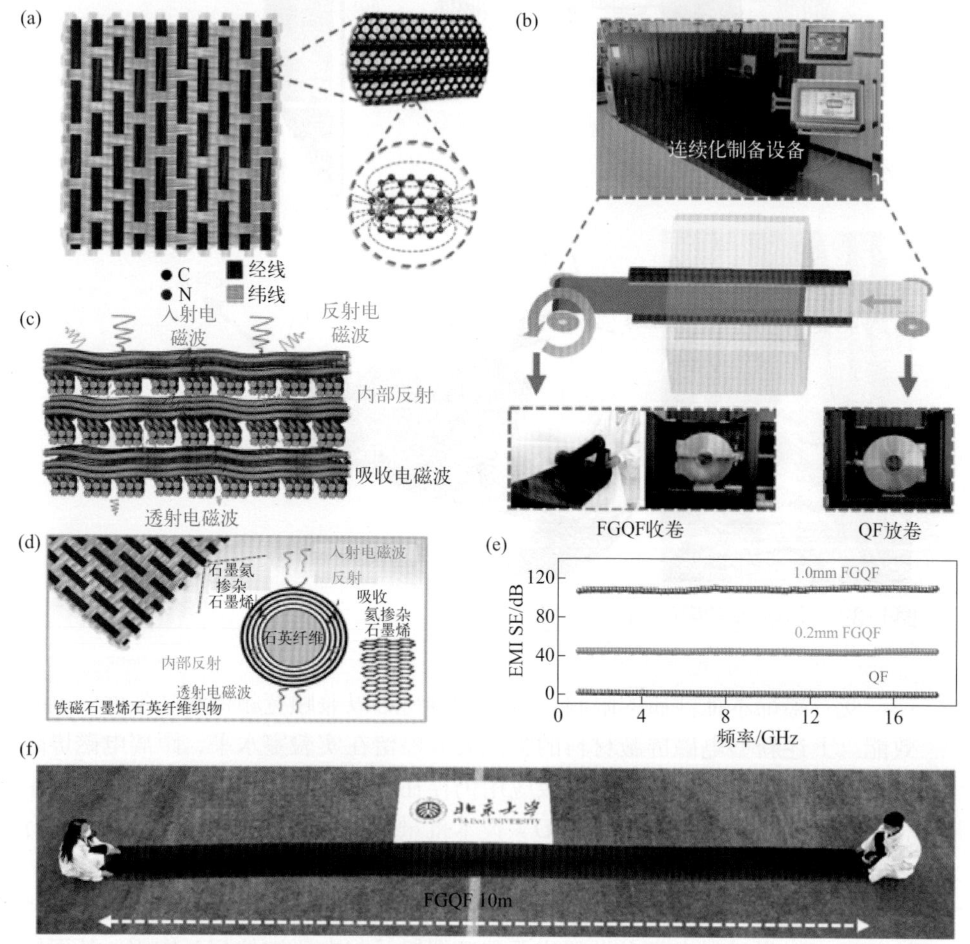

图4-40 FGQF的制备及其电磁屏蔽机理[91]

（a）蒙烯石英纤维织物结构示意图；（b）自主研制的石墨烯卷对卷连续CVD生长系统；（c）FGQF织物的电磁屏蔽过程；（d）FGQF单丝的电磁屏蔽过程（黄色区域为石英纤维，黑色区域为氮掺杂石墨层）；（e）FGQF的电磁屏蔽效能；（f）获得的10m×0.5m大面积FGQF

基于 FGQF 织物的高导电性、高饱和磁化强度和特殊的编织结构，当电磁波到达材料表面时，其与石墨烯表面自由载流子发生相互作用，部分电磁波被反射。通过优化空气 - 材料界面处的阻抗匹配度，剩余电磁波将进入 FGQF 内部，与 FGQF 导电网络匹配，并在其编织结构中产生多重内反射。因此，具有高电导率和高磁响应的铁磁性石墨烯层可实现对电磁波能量的有效吸收和衰减［图 4-40（c）］。具体分析 FGQF 纤维布中的单根铁磁性蒙烯石英纤维（直径约 7μm）的屏蔽机理，电磁波与相邻纤维阵列发生多次内部反射，而多层铁磁性石墨烯可对多次反射的电磁波进行高效吸收，进一步衰减电磁波能量，从而获得高电磁屏蔽效能［图 4-40（d）］。研究表明，1.0mm 厚度的 FGQF 在超宽频带 1 ～ 18GHz 下表现出 107dB 的超强屏蔽效能，同时实现了高电磁干扰屏蔽效率和宽抗电磁干扰频带［图 4-40（e）］。目前，团队在蒙烯石英纤维织物的规模化制备方面也取得了重要突破，单批次材料制备尺寸可达 10m×0.5m［图 4-40（f）］，为蒙烯石英纤维材料的实际应用奠定了重要基础。

三、电光调制器

电光调制器是大容量、高速光电信息处理系统中的关键器件。电光调制器的物理基础是电光效应，即当给电光晶体施加电压时，电光晶体的折射率将发生变化，进而引起该晶体的光波导特性变化，从而实现对光信号的相位、幅度、强度以及偏振状态的调制。

石墨烯具有电学可调的性质，通过栅压可以调节其载流子浓度、导电性以及吸光率[92]。具体而言：正栅压下石墨烯的电子浓度增加，费米能级向导带移动；负栅压下石墨烯的空穴浓度增加，费米能级向价带移动。而石墨烯费米能级的位置会影响其对某波长光的吸收率。如果某能量（$h\nu$）的光子能被石墨烯吸收，那么位于狄拉克点以下 $h\nu/2$ 能量的导带位置处的电子则会吸收 $h\nu$ 能量，跃迁到位于狄拉克点以上 $h\nu/2$ 能量的导带位置。所以当加负栅压使石墨烯费米能级低于狄拉克点以下 $h\nu/2$ 位置时，没有电子可以吸收光子能量（$h\nu$）并发生跃迁，此时石墨烯对该波长的光子是透明的。当加正栅压使石墨烯费米能级高于狄拉克点 $h\nu/2$ 位置处的能级被电子占据，由于费米子的泡利不相容原理，价带的电子也不能吸收一个光子能量（$h\nu$）被激发到导带，此时石墨烯对该波长的光子也是透明的。简言之，当入射光子的能量小于费米能级改变量的一半的时候，价带没有能被激发的电子，光就不被吸收，反之则被吸收。当大于入射光子的能量一半以上的导带处能级被电子占据时，由于泡利不相容原理，入射光子无法激发相应能量的电子或者空穴，从而导致该光子不能被吸收，反之，则能被吸收。

在典型的基于石墨烯制备的场效应晶体管中，石墨烯一般作为沟道材料，实验中通过背栅或者顶栅给石墨烯施加栅压。顶栅结构通常是在沟道材料表面蒸镀一层固体绝缘层（如 Al_2O_3、HfO_2 等）和一层金属电极。另一种常用方法是利用离子液体电压调控技术来施加栅压[93-95]。离子液体电压调控技术是一种有效调节二维沟道材料的载流子浓度和电场强度的技术。离子液体是完全由离子（通常为含氮有机阳离子和无机阴离子）组成的高度极化且具有低熔点的二元盐类，具有热稳定性高、化学稳定性高、非易失性、无毒、不易挥发、常温呈现液态和透明等特点。离子液体在其电化学窗口内不会发生氧化还原反应。其相对介电常数一般在 1 ～ 10 之间，而且在电场作用下会形成非常薄（约几个纳米）的双电层结构，电容可达 $20\mu F/cm^2$（比 300nm 厚二氧化硅介质层的电容大三个量级），因此调控低维材料的载流子浓度最高可达到 $10^{15}cm^{-2}$（比二氧化硅介质层调控的载流子浓度大两个数量级）。对于传统的二氧化硅介电层而言，需要上千伏特电压以实现其表面石墨烯载流子浓度的调控。而离子液体的引入仅需要几伏特的电压就可以调控石墨烯载流子浓度达到相同浓度。因此，离子液体非常适合作为场效应晶体管的介质层和栅极材料来调控二维材料的载流子浓度和费米能级。

2011 年，加州大学伯克利分校的张翔和王枫团队率先制备了基于石墨烯的电光调制器，通过在硅波导上镀电极材料并外加偏压调控费米能级以及利用波导中传输光和表面石墨烯相互作用的方式，完成了对光信号的调制。器件展现出很高的芯片集成性以及较大的调制深度和调制速率。但该方法步骤较为复杂，且由于平面石墨烯光和物质相互作用面积有限，电光调制的性能有待进一步提升[92]。

为了进一步增强光与石墨烯的相互作用，本书著者团队设计将石墨烯与光纤复合，利用光纤独特的光波导结构增强光与石墨烯的相互作用，进而提升石墨烯的光学非线性信号[62]。基于前述化学气相沉积法制备的石墨烯光子晶体光纤（烯碳光纤），本书著者团队研制出全光纤电光调制器［图 4-41（a）］。理论计算表明，石墨烯光子晶体光纤内部光场仍被束缚纤芯并通过倏逝波与纤芯附近一圈孔洞中的石墨烯进行耦合。实验发现，相较于未生长石墨烯的裸纤（<0.01dB/cm），石墨烯光子晶体光纤具有很强的损耗（8.3dB/cm，对应于 1 ～ 2 层石墨烯的衰减系数）。进一步，向石墨烯光子晶体光纤中注入离子液体［*N*- 甲氧乙基 -*N*,*N*- 二乙基 -*N*- 甲基铵双（三氟甲磺酰）亚胺盐，DEME-TFSI］构成烯碳光纤电光调制器：将烯碳光纤与场效应晶体管中的源电极相连，由于光子晶体光纤的孔洞内、端面和表面都有石墨烯覆盖，因此光纤孔洞内和表面的石墨烯是互相电导通的。离子液体注入光纤孔洞内并与栅电极相连。当在石墨烯和离子液体之间施加栅极电压时，石墨烯 - 离子液体界面将形成一个双电层，在仅几伏特的低栅极电压下即可实现对石墨烯的有效掺杂［图 4-41（b）］。而掺杂则可以进一步调控石墨烯的费米能级，进而实现电光调制器中光电信号的传输。实验发现，通过加栅压调控石墨烯的费米能级 E_F。当费米能级能量大于或小于半个光子能量 $h\nu/2$ 时，即可实现相应器件的“关”态和“开”态之间的切换。利用离子液体门控效应，这种烯

碳光纤电光调制器显示出良好的性能，具有调制深度大、波长范围宽、驱动电压低等优点。在 1.8V 的栅压下，在 1310nm 和 1550nm 两个光纤通信波段分别实现了 13dB/cm 和 20dB/cm 的调制深度［图 4-41（c），（d）］。

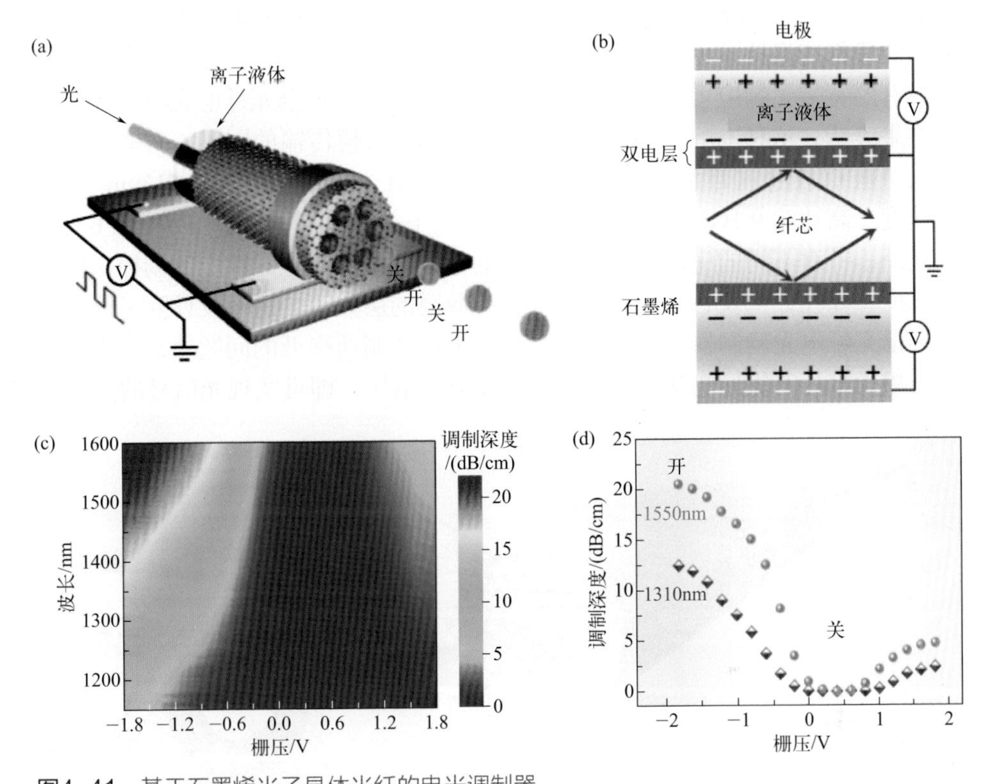

图4-41　基于石墨烯光子晶体光纤的电光调制器

（a）基于石墨烯光子晶体光纤的电光调制器示意图；（b）基于石墨烯光子晶体光纤的电光调制器的工作原理图；（c）电光调制器传输调制的二维映射；（d）在1310nm和1550nm处的调制曲线显示了在大调制深度的“开”和“关”状态之间的过渡

理论上，由于石墨烯激发电子的弛豫时间短，基于石墨烯制成的调制器可具有 500GHz 的潜在超高响应速度。然而，由于离子液体的响应速度慢（或时间常数大），这种烯碳光纤电光调制器仍然缺乏高调制速度。这种低调制速度限制了其在高速光通信领域的应用。为了进一步提高调制速度和调制深度，本书著者团队设计了一种基于石墨烯 / 六方氮化硼 / 石墨烯（G/h-BN/G）光子晶体光纤的电光调制器[96]。如图 4-42（a）所示，在沿光纤轴向方向上，G/h-BN/G 的三明治结构薄层材料直接贴覆在光纤的小孔内壁表面充当平行板电容器，中间的 h-BN 层因为具有高达约 6eV 的带宽，可在其中作为绝缘层和光透明材料。此外，h-BN 还具有表面原子级平整、无悬挂键、不会俘获外界电子的特性，利用六方氮化硼包覆、支撑石墨烯组成的 G/h-BN 异质结结构能够大幅提升石墨烯的载流子迁移率。基于此设计，通过调控施加的方波驱动电压的大小即可实现对石墨烯吸光特性的快速调控。考虑到引入纳米厚度的 G/h-BN/G 层会轻微增加包层的有效折射率，本书著者团队还通过空气孔尺寸的设计来保证光纤在整个全光纤通信波段都能保持单模传输。而这一近红外波段的宽带单模传输特征也能和石墨烯拥有的宽带光响应可调特征完美结合，并应用到宽带全光纤电光调制器中。模拟结果表明，这种 G/h-BN/G-PCF 调制器在实现单模传输的同时，具有宽光通信波长（从 O 波段到 U 波段）、大调制深度（如在 1550nm 处约 42dB/mm）、高调制速度（高达约 0.1GHz）和低驱动电压（低于 30V）等优势［图 4-42（b），（c）］。此外，针对不同的应用需求，还可以通过改变结构实现对性能的调控，例如光纤长度、孔径，以及石墨烯和六方氮化硼薄膜的层数等。这一设计除了能规避掉石墨烯光纤电光调制器因引入离子液体带来的调制速率低的问题外，还有利于发挥石墨烯本征的优异电学性能，通过施加方波电压，即可实现光信号的高速调制。

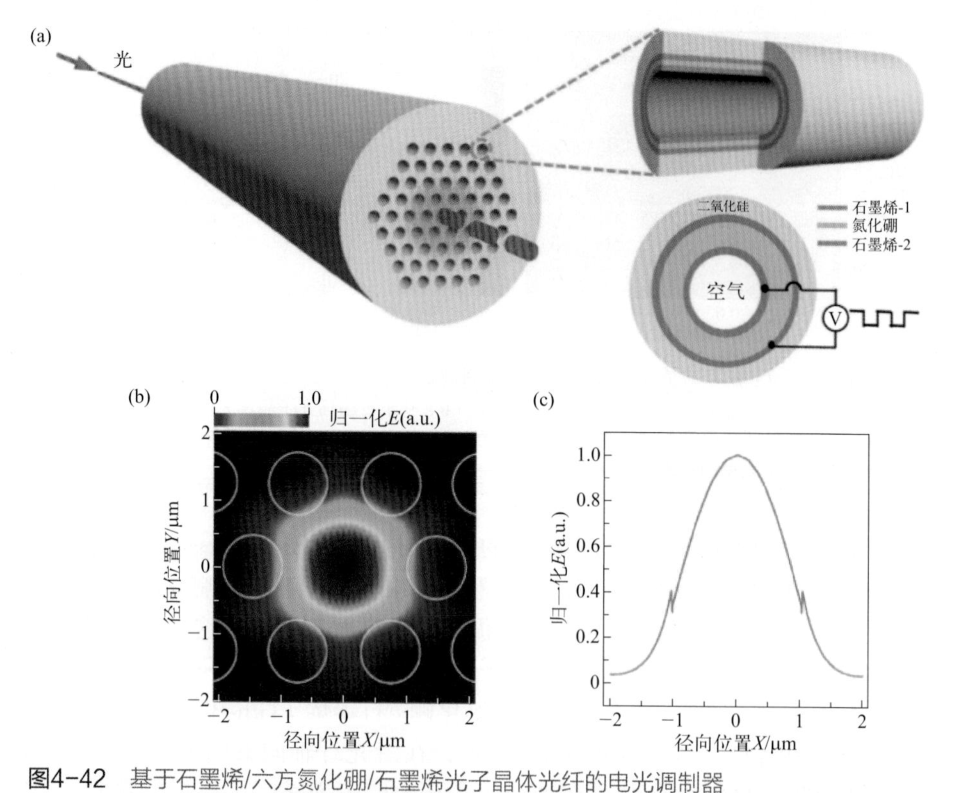

图4-42　基于石墨烯/六方氮化硼/石墨烯光子晶体光纤的电光调制器

（a）基于石墨烯/六方氮化硼/石墨烯光子晶体光纤的电光调制器的示意图及工作原理图；（b）用有限元法计算的 G/h-BN/G-PCF 中基本引导模式下的电场分布；（c）在径向位置 Y 的 G/h-BN/G-PCF 沿径向位置 X 的归一化电场强度

四、锁模激光器

随着科技和社会的发展，信息量的与日俱增使得人们对激光器输出的激光质量要求日益提高。超快锁模激光器的出现，打破了传统激光器因其脉冲宽度和重复频率的限制而无法携带更多信息的局限性，且极窄短脉冲输出使其具有峰值功率极高的特点，在通信、精密加工与制造、医疗卫生等领域发挥着重要作用。其中，光纤激光器与固体、半导体和气体等激光器相比具有轻便、稳定、易维护、光束质量好、能耗相对较少、散热好等优点，被认为是取代传统固体超快激光种子源的重要技术之一，已经成为研究激光技术的热点，在军事、生物医疗以及信息通信等领域得到了广泛应用。锁模激光器是指基于锁模技术发射超短脉冲的激光器。激光腔的边界条件决定了激光以一系列分立的谐振模式稳定存在于腔中。依据光的传播方向，这些模式可分成纵模和横模。仅考虑单个横模的情况下，如果诸多纵模间的相位关系被锁定（即锁模），则可以在时域上得到超短的相干脉冲光。锁模激光器能够产生时域上超短的光脉冲，并具有高的峰值功率及频域上很宽的光谱。

目前超快激光的产生主要依赖于锁模技术。其中，主动锁模技术需要外加电场或光场调制，应用领域较窄。被动锁模技术是通过在激光腔内插入非线性光学器件实现锁模，凭借其结构简单、窄脉宽和易自启动等优点而被广泛使用。非线性吸收材料的吸收系数随光强增加而减小的现象称为饱和吸收现象，从弱光到强光的吸收系数差值为光调制深度。具体而言，当某一时刻大量光子被吸收时，材料激发态的大量电子空位会被占据，在电子没有弛豫回基态之前，材料便不能吸收剩余的光子，即产生了饱和吸收现象。因此，可饱和吸收体的吸收或损耗可以随输入光强变化而变化，光强高的部分损耗小，光强低的部分损耗大，从而达到压缩脉冲、消除噪声脉冲的目的。因此可饱和吸收体对在腔中循环的激光作用多次，从而得到稳定的脉冲串输出，实现锁模。合理选择可饱和吸收体参数是获得具有自启动、高环境稳定性、脉冲参数可控等特点的超快光纤激光的核心技术。

传统上实现饱和吸收的锁模器件主要为半导体可饱和吸收镜（semiconductor saturable absorption mirror，SESAM）和碳纳米管。SESAM 的结构由上下两个反射镜构成法布里 - 珀罗腔，通过控制腔内可饱和吸收体厚度和上下两个反射镜的折射率调节可饱和吸收体的调制深度和吸收带宽，但是由于材料的限制，其制备较难、价格昂贵、波长调节范围窄、损耗阈值偏低且难以实现全光纤结构，大大限制了其在实际中的应用。碳纳米管相较于 SESAM 而言，在调制深度和吸收带宽等方面提升较大，但由于其自身一维结构的局限性导致散射损耗较大，因此提升了锁模阈值，且碳纳米管作为可饱和吸收器件的工作波长受到其管径限制，难以实现宽带可调谐。因此，研究人员一直在寻找一种具有高光学损伤阈值、较大调制深度、宽带宽波长工作范围、价格便宜、超短恢复时间和容易全光纤集成等优势集聚一身的可饱和吸收材料。

石墨烯在光学领域具有诸多优异的性质，比如宽波段超快响应、超高的非线性系数和原子层厚度易于集成等特点，迅速掀起在光纤光学相结合的交叉学科领域的研究热潮。在非线性光学方面，当光所产生的电场与石墨烯内碳原子的外层电子发生共振时，其内部电子云与原子核的相对位置发生偏移，产生极化，由此导致其极大的非线性光学系数和优异的性质。目前，基于石墨烯的可饱和吸收体锁模器件在科学研究和产业应用上已成为热点，主要由于其电子弛豫时间短，激发电子在极短的时间内完成弛豫，展现出了超快可饱和吸收体的典型特性；其次，石墨烯拥有稳定吸收率和可饱和吸收特性，是制作饱和吸收器件的理想材料。石墨烯集超宽工作波长范围、超快恢复时间、高损伤阈值以及低可饱和吸收阈值等优异特性于一体，与可饱和吸收体的理想要求完美契合，是一种用于锁模或调 Q 脉冲激光器的理想材料。

在前期的研究中，人们主要通过转移或涂覆方式将石墨烯集成到光纤端面或侧抛表面，进而将其应用于非线性光学领域。2009 年，Qiaoliang Bao 团队利用化学气相沉积法制成了少层石墨烯薄膜，并将制得的单层石墨烯薄膜转移到两个光纤套管头之间，将其集成到环形腔掺铒光纤激光器中，实现了 756fs 脉冲输出[97]。2010 年，剑桥大学 Zhipei Sun 团队利用液相剥离法，将石墨片和去离子水超声振荡得到石墨烯溶液，再与聚醋酸乙烯酯溶液混合真空烘干后得到石墨烯聚合物材料，并用于激光器的锁模研究[98]。2011 年，香港理工大学 Xiaoying He 团队将石墨烯和光子晶体光纤相结合使用，作为一种新型的激光锁模器件用于激光环形腔，可实现 4.85ns 脉冲输出[99]。2013 年，上海交通大学 Lilin Yi 团队将单层石墨烯转移到经过特殊剖磨的光纤上，获得了 303fs、峰值功率 40kW 的超短孤子脉冲[100]。可以预见，基于石墨烯结合光纤的饱和吸收体的超快光纤锁模激光器的研究在未来科技和工业领域必将占有重要的地位。但这些石墨烯与光纤复合的方法一般需要人为改造光纤结构（例如侧剖和拉锥光纤）来实现材料和光场（倏逝波）的耦合，不仅影响光纤的传输能力，而且增加了信号光的传输损耗[97, 101]。同时，这类石墨烯转移或者涂覆的工艺重复性差，仅仅适用于制备实验室水平科学概念性验证的“样品”，离制备商业化真正需求的“材料”相差甚远。

通过 CVD 在光纤表面或内部的绝缘石英表面直接生长石墨烯，从而避免破坏光纤结构和烦琐的转移过程，是实现可控、批量制备石墨烯光纤饱和吸收器件的有效方法。本书著者团队基于前期 CVD 制备的石墨烯光子晶体光纤，探究了石墨烯非线性系数虚部对应的饱和吸收的性质，并研制了以石墨烯光子晶体光纤作为饱和吸收体的全光纤型超快锁模激光器（图 4-43）[65]。首先，通过有限元法模拟了低功率条件下石墨烯光子晶体光纤的厚度与单位长度损耗的对应关系，发现石墨烯光子晶体光纤中每层石墨烯的损耗为约 2.28dB/cm。接着，考察了石墨烯光子晶体光纤饱和吸收调制深度与石墨烯层数、光纤长度的关系。研究发现，当石墨烯光子晶体光纤长度为 4cm，且石墨烯为准单层的条件下，饱和调制深度达到最大值约 6.5%，此时的饱和透光率为约 22%，与商用的半导体饱和吸收体相媲美。基于制备的饱和吸收调制深度最高的石墨烯光子晶体光纤，本书著者团队搭建了环形腔全光纤超快锁模激光器。石墨烯光子晶体光纤饱和吸收体对环形腔中连续光成分和脉冲光成分的透光率不同，脉冲光的损耗远小于连续光。最终，环形腔对脉冲光的增益会大于损耗进而实现脉冲输出，而其对连续光的增益会小于损耗不形成脉冲输出。该激光器可实现 8mW、2ps 的单脉冲宽度，37MHz 的重复频率，中心波长 1559nm，光谱宽度约 4nm 的光脉冲输出。根据约 4nm 光谱宽度可以估算，在经过腔外脉冲压缩后，最短的脉冲宽度可以被进一步压缩到 1ps 左右。与转移或涂覆法制备的石墨烯光纤饱和吸收体相比，基于 CVD 制备的石墨烯 - 光子晶体光纤饱和吸收体研制的全光纤超快锁模激光器具有良好的脉冲输出性能和环境兼容性。并且，基于 CVD 制备的石墨烯光纤饱和吸收器件是实现新型光纤锁模激光器从实验室走向产业化的重要途径。

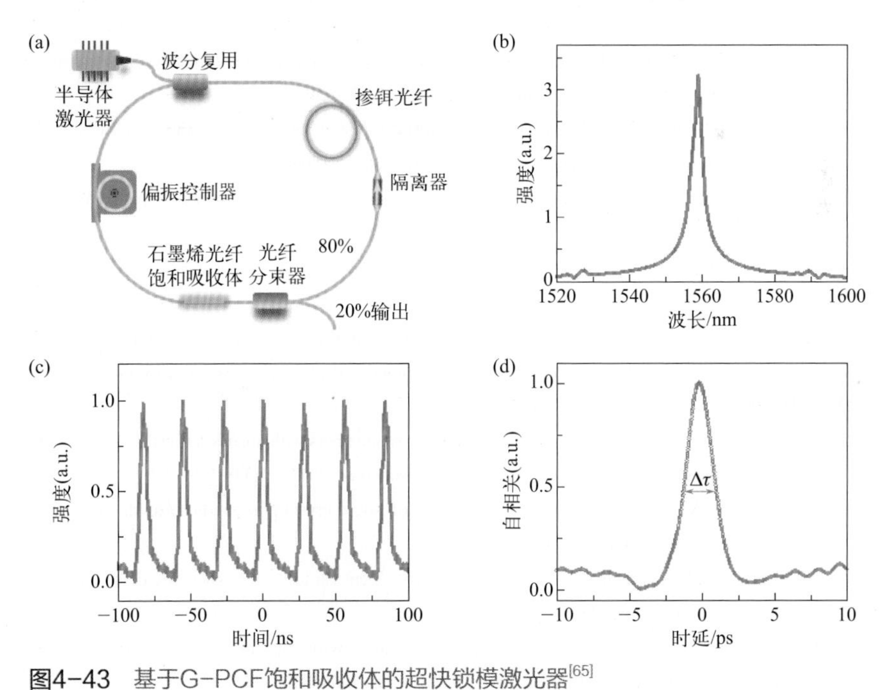

图4-43　基于G-PCF饱和吸收体的超快锁模激光器[65]

（a）全光纤超快锁模激光器光路示意图；（b）输出脉冲激光的光谱图；（c）光纤激光器输出脉冲的示波器图像；（d）输出激光脉冲的二阶自相关图像

参考文献

[1] Xu Z, Gao C. Graphene in macroscopic order: Liquid crystals and wet-spun fibers[J]. Accounts of Chemical Research, 2014, 47(4): 1267-1276.

[2] Fang B, Chang D, Xu Z, et al. A review on graphene fibers: Expectations, advances, and prospects[J]. Advanced Materials, 2019, 32(5): 1902664.

[3] Xu Z, Gao C. Graphene chiral liquid crystals and macroscopic assembled fibres[J]. Nature Communications, 2011(2): 571.

[4] Zhou Xia, Y S. Wet spinning assembled graphene fiber: Processing, structure, property, and smart applications[J]. Acta Physico-Chimica Sinica, 2022: 2103046.

[5] Xu Z, Gao C. Aqueous liquid crystals of graphene oxide[J]. ACS Nano, 2011, 5(4): 2908-2915.

[6] Chen L, He Y, Chai S, et al. Toward high performance graphene fibers[J]. Nanoscale, 2013, 5(13): 5809-5815.

[7] Xin G, Yao T, Sun H, et al. Highly thermally conductive and mechanically strong graphene fibers[J]. Science, 2015, 349(6252): 1083-1087.

[8] Ma T, Gao H L, Cong H P, et al. A bioinspired interface design for improving the strength and electrical conductivity of graphene-based fibers[J]. Advanced Materials, 2018, 30(15): e1706435.

[9] Kim I H, Yun T, Kim J E, et al. Mussel-inspired defect engineering of graphene liquid crystalline fibers for synergistic enhancement of mechanical strength and electrical conductivity[J]. Advanced Materials, 2018: e1803267.

[10] Li M, Zhang X, Wang X, et al. Ultrastrong graphene-based fibers with increased elongation[J]. Nano Lett, 2016, 16(10): 6511-6515.

[11] Shin M K, Lee B, Kim S H, et al. Synergistic toughening of composite fibres by self-alignment of reduced graphene oxide and carbon nanotubes[J]. Nature Communications, 2012(3): 650.

[12] Ma T, Gao H L, Cong H P, et al. A bioinspired interface design for improving the strength and electrical conductivity of graphene-based fibers[J]. Advanced Materials, 2018, 30(15): 1706435.

[13] Chen S, Ma W, Cheng Y, et al. Scalable non-liquid-crystal spinning of locally aligned graphene fibers for high-performance wearable supercapacitors[J]. Nano Energy, 2015(15): 642-653.

[14] Xu Z, Sun H, Zhao X, et al. Ultrastrong fibers assembled from giant graphene oxide sheets[J]. Advanced Materials, 2013, 25(2): 188-193.

[15] Jalili R, Aboutalebi S H, Esrafilzadeh D, et al. Scalable one-step wet-spinning of graphene fibers and yarns from liquid crystalline dispersions of graphene oxide: Towards multifunctional textiles[J]. Advanced Functional Materials, 2013, 23(43): 5345-5354.

[16] Xiang C, Young C C, Wang X, et al. Large flake graphene oxide fibers with unconventional 100% knot efficiency and highly aligned small flake graphene oxide fibers[J]. Advanced Materials, 2013, 25(33): 4592-4597.

[17] Park H, Lee K H, Kim Y B, et al. Dynamic assembly of liquid crystalline graphene oxide gel fibers for ion transport[J]. Science Advances, 2018, 4(11): eaau2104.

[18] Xu Z, Liu Y, Zhao X, et al. Ultrastiff and strong graphene fibers via full-scale synergetic defect engineering[J]. Advanced Materials, 2016, 28(30): 6449-6456.

[19] Li P, Liu Y, Shi, S, et al. Highly crystalline graphene fibers with superior strength and conductivities by plasticization spinning[J]. Advanced Functional Materials, 2020, 30(52): 2006584.

[20] Xin G, Zhu W, Deng Y, et al. Microfluidics-enabled orientation and microstructure control of macroscopic graphene fibres[J]. Nature Nanotechnology, 2019, 14(2): 168-175.

[21] Zhao Y, Jiang C, Hu C, et al. Large-scale spinning assembly of neat, morphology-defined, graphene-based hollow fibers[J]. ACS Nano, 2013, 7(3): 2406-2412.

[22] Hu C, Zhao Y, Cheng H, et al. Graphene microtubings: Controlled fabrication and site-specific functionalization[J]. Nano Letters, 2012, 12(11): 5879-5884.

[23] Kou L, Huang T, Zheng B, et al. Coaxial wet-spun yarn supercapacitors for high-energy density and safe wearable electronics[J]. Nature Communications, 2014(5): 3754.

[24] Jian M, Zhang Y, Liu Z. Graphene fibers: Preparation, properties, and applications[J]. Acta Physico-Chimica Sinica, 2022, 38(2): 2007093.

[25] Cheng H, Liu J, Zhao Y, et al. Graphene fibers with predetermined deformation as moisture-triggered actuators and robots[J]. Angew Chem Int Ed Engl, 2013, 52(40): 10482-10486.

[26] Xin G, Yao T, Sun H, et al. Highly thermally conductive and mechanically strong graphene fibers[J]. Science, 2015, 349(6252): 1083-1087.

[27] Cheng Y, Cui G, Liu C, et al. Electric current aligning component units during graphene fiber joule heating[J]. Advanced Functional Materials, 2021, 32: 2103493.

[28] Cruz Silva R, Morelos Gomez A, Kim H I, et al. Super-stretchable graphene oxide macroscopic fibers with outstanding knotability fabricated by dry film scrolling[J]. ACS Nano, 2014, 8(6): 5959-5967.

[29] Fang B, Xiao Y, Xu Z, et al. Handedness-controlled and solvent-driven actuators with twisted fibers[J]. Materials Horizons, 2019, 6(6): 1207-1214.

[30] Tian Q, Xu Z, Liu Y, et al. Dry spinning approach to continuous graphene fibers with high toughness[J]. Nanoscale, 2017, 9(34): 12335-12342.

[31] Huang X. Fabrication and properties of carbon fibers[J]. Materials, 2009, 2(4): 2369-2403.

[32] Frank E, Steudle L M, Ingildeev D, et al. Carbon fibers: Precursor systems, processing, structure, and properties[J]. Angew Chem Int Ed, 2014, 53(21): 5262-5298.

[33] Xiang C, Behabtu N, Liu Y, et al. Graphene nanoribbons as an advanced precursor for making carbon fiber[J]. ACS Nano, 2013, 7(2): 1628-1637.

[34] Dong Z, Jiang C, Cheng H, et al. Facile fabrication of light, flexible and multifunctional graphene fibers[J]. Advanced Materials, 2012, 24(14): 1856-1861.

[35] Meng Y, Zhao Y, Hu C, et al. All-graphene core-sheath microfibers for all-solid-state, stretchable fibriform supercapacitors and wearable electronic textiles[J]. Advanced Materials, 2013, 25(16): 2326-31.

[36] Cong H P, Ren X C, Wang P, et al. Wet-spinning assembly of continuous, neat and macroscopic graphene fibers[J]. Scientific Reports, 2012, 2: 613.

[37] Shim D J, Alderliesten R C, Spearing S M, et al. Fatigue crack growth prediction in glare hybrid laminates[J]. Composites Science and Technology, 2003, 63(12): 1759-1767.

[38] Modarresifar F Bingham, P A, Jubb G A, Thermal conductivity of refractory glass fibres[J]. Journal of Thermal Analysis and Calorimetry, 2016, 125(1): 35-44.

[39] Mahmood H, Tripathi M, Pugno N, et al. Enhancement of interfacial adhesion in glass fiber/epoxy composites by electrophoretic deposition of graphene oxide on glass fibers[J]. Composites Science and Technology, 2016(126): 149-157.

[40] Cheng Y, Wang K, Qi Y, et al. Chemical vapor deposition method for graphene fiber materials[J]. Acta Physico-Chimica Sinica, 2022, 38(2): 2006046.

[41] Chen J, Zhao D, Jin X, et al. Modifying glass fibers with graphene oxide: Towards high-performance polymer composites[J]. Composites Science and Technology, 2014(97): 41-45.

[42] Liu G Q, Shi F Z, Li Y G, et al. Preparation and electrical properties of graphene coated glass fiber composites[J]. Journal of Inorganic Materials, 2015, 30(7): 763-768.

[43] Ning N, Zhang W, Yan J, et al. Largely enhanced crystallization of semi-crystalline polymer on the surface of glass fiber by using graphene oxide as a modifier[J]. Polymer, 2013, 54(1): 303-309.

[44] Chen Z, Qi Y, Chen X, et al. Direct cvd growth of graphene on traditional glass: Methods and mechanisms[J]. Advanced Materials, 2019, 31(9): 1803639.

[45] Cui G, Cheng Y, Liu C, et al. Massive growth of graphene quartz fiber as a multifunctional electrode[J]. ACS Nano, 2020, 14(5): 5938-5945.

[46] Liu R, Yuan H, Li J, et al. Complementary chemical vapor deposition fabrication for large-area uniform graphene glass fiber fabric[J]. Small Methods, 2022, 6(7): 2200499.

[47] Qi Y, Deng B, Guo X, et al. Switching vertical to horizontal graphene growth using faraday cage-assisted pecvd approach for high-performance transparent heating device[J]. Advanced Materials, 2018, 30(8): 1704839.

[48] Ci H, Ren H, Qi Y, et al. 6-inch uniform vertically-oriented graphene on soda-lime glass for photothermal applications[J]. Nano Research, 2018, 11(6): 3106-3115.

[49] Cheng S, Chen M, Wang K, et al. Multifunctional glass fibre filter modified with vertical graphene for one-step dynamic water filtration and disinfection[J]. Journal of Materials Chemistry A, 2022, 10(22): 12125-12131.

[50] Malesevic A, Vitchev R, Schouteden K, et al. Synthesis of few-layer graphene via microwave plasma-enhanced chemical vapour deposition[J]. Nanotechnology, 2008, 19(30): 305604.

[51] Neyts E C, van Duin A C T, et al. Insights in the plasma-assisted growth of carbon nanotubes through atomic scale simulations: Effect of electric field[J]. Journal of the American Chemical Society, 2012, 134(2): 1256-1260.

[52] Wei N, Li Q, Cong S, et al. Direct synthesis of flexible graphene glass with macroscopic uniformity enabled by copper-foam-assisted pecvd[J]. Journal of Materials Chemistry A, 2019, 7(9): 4813-4822.

[53] Li C, Sun Z, Yang T, et al. Directly grown vertical graphene carpets as janus separators toward stabilized Zn metal anodes[J]. Advanced Materials, 2020, 32(33): 2003425.

[54] Knight J C. Photonic crystal fibres[J]. Nature, 2003, 424(6950): 847-851.

[55] Mollenauer L F. Nonlinear optics in fibers[J]. Science, 2003, 302(5647): 996-997.

[56] Skryabin D V, Luan F, Knight J C, et al. Soliton self-frequency shift cancellation in photonic crystal fibers[J]. Science, 2003, 301(5640): 1705-1708.

[57] Wang F, Rozhin A G, Scardaci V, et al. Wideband-tuneable, nanotube mode-locked, fibre laser[J]. Nature Nanotechnology, 2008, 3(12): 738-742.

[58] Birks T A, Knight J C, Russell P S. Endlessly single-mode photonic crystal fiber[J]. Optics Letters, 1997, 22(13): 961-963.

[59] Mogilevtsev D, Birks T A, Russell P S. Group-velocity dispersion in photonic crystal fibers[J]. Optics Letters, 1998, 23(21): 1662-1664.

[60] Chen M Y, Yu R J. Polarization properties of elliptical-hole rectangular lattice photonic crystal fibres[J]. Journal of Optics a-Pure and Applied Optics, 2004, 6(6): 512-515.

[61] Folkenberg J R, Nielsen M D, Mortensen N A, et al. Polarization maintaining large mode area photonic crystal fiber[J]. Optics Express, 2004, 12(5): 956-960.

[62] Chen K, Zhou X, Cheng X, et al. Graphene photonic crystal fibre with strong and tunable light-matter interaction[J]. Nature Photonics, 2019, 13(11): 754-759.

[63] Wang H, Xu X, Li J, et al. Surface monocrystallization of copper foil for fast growth of large single-crystal

graphene under free molecular flow[J]. Advanced Materials, 2016, 28(40): 8968-8974.

[64] Xu X, Zhang Z, Qiu L, et al. Ultrafast growth of single-crystal graphene assisted by a continuous oxygen supply[J]. Nature Nanotechnology, 2016, 11(11): 930-935.

[65] Cheng Y, Yu W, Xie J, et al. Controllable growth of graphene photonic crystal fibers with tunable optical nonlinearity[J]. ACS Photonics, 2022, 9(3): 961-968.

[66] Hesjedal T. Continuous roll-to-roll growth of graphene films by chemical vapor deposition[J]. Applied Physics Letters, 2011, 98(13): 133106.

[67] Polsen E S, McNerny D Q, Viswanath B, et al. High-speed roll-to-roll manufacturing of graphene using a concentric tube cvd reactor[J]. Scientific Reports, 2015(5): 10257.

[68] Deng B, Hsu P C, Chen G, et al. Roll-to-roll encapsulation of metal nanowires between graphene and plastic substrate for high-performance flexible transparent electrodes[J]. Nano Letters, 2015, 15(6): 4206-4213.

[69] Zhong G, Wu X, D'Arsie L, et al. Growth of continuous graphene by open roll-to-roll chemical vapor deposition[J]. Applied Physics Letters, 2016, 109(19): 193103.

[70] Jo I, Park S, Kim D, et al. Tension-controlled single-crystallization of copper foils for roll-to-roll synthesis of high-quality graphene films[J]. 2D Materials, 2018, 5(2): 024002.

[71] Blasco P, Palacios J, Schmitz S. Effect of icing roughness on wind turbine power production[J]. Wind Energy, 2017, 20(4): 601-617.

[72] Zhang W, Brinn C, Cook A, et al. Ice-release and erosion resistant materials for wind turbines[J]. Windeurope Conference & Exhibition, 2017, 926: 012002.

[73] Cao Y, Wu Z, Su Y, et al. Aircraft flight characteristics in icing conditions[J]. Progress in Aerospace Sciences, 2015(74): 62-80.

[74] Farhadi S, Farzaneh M, Kulinich S A. Anti-icing performance of superhydrophobic surfaces[J]. Applied Surface Science, 2011, 257(14): 6264-6269.

[75] Thomas S K, Cassoni R P, MacArthur C D. Aircraft anti-icing and de-icing techniques and modeling[J]. Journal of Aircraft, 1996, 33(5): 841-854.

[76] Lamraoui F, Fortin G, Benoit R, et al. Atmospheric icing impact on wind turbine production[J]. Cold Regions Science and Technology, 2014(100): 36-49.

[77] Raji A R, Varadhachary T, Nan K, et al. Composites of graphene nanoribbon stacks and epoxy for joule heating and deicing of surfaces[J]. ACS Appl Mater Interfaces, 2016, 8(5): 3551-3556.

[78] Redondo O, Prolongo S G, Campo M, et al. Anti-icing and de-icing coatings based joule' s heating of graphene nanoplatelets[J]. Composites Science and Technology, 2018(164): 65-73.

[79] Sui D, Huang Y, Huang L, et al. Flexible and transparent electrothermal film heaters based on graphene materials[J]. Small, 2011, 7(22): 3186-3192.

[80] Yuan H, Zhang H, Huang K, et al. Dual-emitter graphene glass fiber fabric for radiant heating[J]. ACS Nano, 2022.

[81] Zhang Q, Yu Y, Yang K, et al. Mechanically robust and electrically conductive graphene-paper/glass-fibers/epoxy composites for stimuli-responsive sensors and joule heating deicers[J]. Carbon, 2017(124): 296-307.

[82] Karim N, Zhang M, Afroj S, et al. Graphene-based surface heater for de-icing applications[J]. RSC Advances, 2018, 8(30): 16815-16823.

[83] Vertuccio L, De Santis F, Pantani R, et al. Effective de-icing skin using graphene-based flexible heater[J]. Composites Part B: Engineering, 2019(162): 600-610.

[84] Zeng Z, Jiang F, Yue Y, et al. Flexible and ultrathin waterproof cellular membranes based on high-conjunction

metal-wrapped polymer nanofibers for electromagnetic interference shielding[J]. Advanced Materials, 2020, 32(19): 1908496.

[85] Cao M S, Wang X X, Zhang M, et al. Electromagnetic response and energy conversion for functions and devices in low-dimensional materials[J]. Advanced Functional Materials, 2019, 29(25): 1807398.

[86] Yuan Y, Yin W, Yang M, et al. Lightweight, flexible and strong core-shell non-woven fabrics covered by reduced graphene oxide for high-performance electromagnetic interference shielding[J]. Carbon, 2018(130): 59-68.

[87] Wan Y J, Zhu P L, Yu S H, et al. Ultralight, super-elastic and volume-preserving cellulose fiber/graphene aerogel for high-performance electromagnetic interference shielding[J]. Carbon, 2017(115): 629-639.

[88] Hsiao S T, Ma C C, Liao W H, et al. Lightweight and flexible reduced graphene oxide/water-borne polyurethane composites with high electrical conductivity and excellent electromagnetic interference shielding performance[J]. ACS Appl Mater Interfaces, 2014, 6(13): 10667-78.

[89] Xu L, Lu H, Zhou Y, et al. Ultrathin, ultralight, and anisotropic ordered reduced graphene oxide fiber electromagnetic interference shielding membrane[J]. Advanced Materials Technologies, 2021, 6(12): 2100531.

[90] Mei X, Lu L, Xie Y, et al. An ultra-thin carbon-fabric/graphene/poly(vinylidene fluoride) film for enhanced electromagnetic interference shielding[J]. Nanoscale, 2019, 11(28): 13587-13599.

[91] Xie Y, Liu S, Huang K, et al. Ultra-broadband strong electromagnetic interference shielding with ferromagnetic graphene quartz fabric[J]. Advanced Materials, 2022, 34(30): 2202982.

[92] Liu M, Yin X, Ulin Avila E, et al. A graphene-based broadband optical modulator[J]. Nature, 2011, 474(7349): 64-67.

[93] Yuan H, Liu H, Shimotani H, et al. Liquid-gated ambipolar transport in ultrathin films of a topological insulator Bi2Te3[J]. Nano Letters, 2011, 11(7): 2601-2605.

[94] Fujimoto T, Awaga K. Electric-double-layer field-effect transistors with ionic liquids[J]. Physical Chemistry Chemical Physics, 2013, 15(23): 8983.

[95] Ye J T, Zhang Y J, Akashi R, et al. Superconducting dome in a gate-tuned band insulator[J]. Science, 2012, 338(6111): 1193-1196.

[96] Cheng X, Zhou X, Tao L, et al. Sandwiched graphene/hbn/graphene photonic crystal fibers with high electro-optical modulation depth and speed[J]. Nanoscale, 2020, 12(27): 14472-14478.

[97] Bao Q, Zhang H, Wang Y, et al. Atomic-layer graphene as a saturable absorber for ultrafast pulsed lasers[J]. Advanced Functional Materials, 2009, 19(19): 3077-3083.

[98] Sun Z, Hasan T, Torrisi F, et al. Graphene mode-locked ultrafast laser[J]. ACS Nano, 2010, 4(2): 803-810.

[99] Liu Z B, He X, Wang D N. Passively mode-locked fiber laser based on a hollow-core photonic crystal fiber filled with few-layered graphene oxide solution[J]. Optics Letters, 2011, 36(16): 3024-3026.

[100] Yi L L, Li Z X, Zheng R, et al. In High-peak-power femtosecond pulse generation using graphene as saturated absorber and dispersion compensator[C]. European Conference & Exhibition on Optical Communication, 2013, 10: 1409.

[101] Martinez A, Sun Z. Nanotube and graphene saturable absorbers for fibre lasers[J]. Nature Photonics, 2013, 7(11): 842-845.

第五章
石墨烯的剥离转移方法

高品质石墨烯薄膜通常在金属衬底上制备，而实际应用时往往需要将其转移到特定目标衬底上，如置于塑料薄膜上制作透明导电导热膜、置于硅晶圆上制作电子器件等。一方面，极限厚度的石墨烯薄膜无法自支撑，使用时需要支撑衬底；另一方面，只有从导电性和导热性很强的块体金属生长衬底上分离出来，才能展示出石墨烯自身的优良导电、导热特性。石墨烯的转移是指将金属衬底上采用化学气相沉积法生长得到的石墨烯薄膜，转移至目标衬底的过程。将原子厚度的石墨烯薄膜从生长衬底上剥离下来，无损地转移到目标衬底上，其难度是可想而知的，需要挑战极限的技术。事实上，高品质石墨烯薄膜的规模化生长和无损剥离转移，是实现石墨烯薄膜实际应用的两大瓶颈，决定着石墨烯薄膜材料的未来。

石墨烯转移过程主要包括石墨烯与金属生长衬底的分离、石墨烯与目标衬底的贴合，以及石墨烯转移过程所用的转移介质的去除等步骤。由于石墨烯仅有单原子层且具有极好的柔性，转移过程中会产生石墨烯的破损（缺失）或褶皱，因此在石墨烯的转移过程中通常需要引入转移介质来抑制破损和褶皱。而由于转移介质在石墨烯表面难以完全去除，导致转移介质在石墨烯表面的残留，进而影响石墨烯表面洁净度。因此对于转移后石墨烯品质的评估，主要涉及转移后石墨烯的完整度、洁净度、平整度等指标。

（1）完整度　即转移后的石墨烯在目标衬底上覆盖的面积比例。转移过程中，如果产生石墨烯的破损，则会降低石墨烯的完整度，转移产生的破损通常在微米尺寸，因此常用光学显微镜来表征石墨烯的完整度。

（2）洁净度　即转移后石墨烯未被污染物覆盖的洁净区域的面积比例，污染物通常为空气中的吸附物、石墨烯生长产生的无定形碳等、石墨烯转移过程中引入的刻蚀剂、金属离子残留以及转移介质残留。石墨烯转移过程中的转移介质多为具有较高柔性和铺展性的高分子聚合物。其传统去除方法是基于有机溶剂溶解的方法，此方法由于聚合物在有机溶剂中溶解度有限，通常会在石墨烯表面产生聚合物残留，对转移后石墨烯的性能有较大的影响。

（3）平整度　即转移后石墨烯的平整程度，通常通过粗糙度来描述，其表征可通过 AFM 和白光干涉仪检测来实现。转移过程中如果引入石墨烯褶皱，将会降低转移后石墨烯的平整程度。

转移后石墨烯的完整度、洁净度、平整度均会对转移后石墨烯的性能产生影响，如载流子迁移率、面电阻、吸光度，以及力学强度等。优化转移工艺，提升石墨烯完整度、洁净度和平整度，对于提升转移后石墨烯的性能意义重大，也是本章关注的重点。

第一节
化学刻蚀方法

对于石墨烯转移技术而言，如何实现石墨烯大面积、高效率、高完整度、高洁净度、低成本地向目标衬底转移是当前石墨烯转移技术发展的重大挑战。

如前所述，石墨烯转移的首要关键步骤是将石墨烯与生长衬底分离。最传统的分离方法是将金属生长衬底通过化学刻蚀的方法去除，而石墨烯表面涂覆的柔性聚合物则可以在石墨烯与金属生长衬底分离后为石墨烯提供支撑，抑制石墨烯的破损（图 5-1）。在金属衬底刻蚀完成之后，再将石墨烯与目标衬底贴合，完成石墨烯的后续转移。基于化学刻蚀去除金属衬底的方法，2009 年 Hong Byung Hee 课题组 [1] 最早实现了金属镍上 CVD 法制备的石墨烯薄膜的转移，此方法主要通过氯化铁刻蚀去除镍衬底。同年 Rodney S. Ruoff 课题组 [2] 利用化学刻蚀的方法实现了铜箔 CVD 法制备的大面积石墨烯薄膜的转移，他们利用 0.05g/mL 硝酸铁刻蚀去除了铜箔衬底。生长衬底铜箔去除的常用化学刻蚀剂包括三氯化铁、硝酸铁、过硫酸钠和过硫酸铵。采用含过硫酸根离子刻蚀液去除铜衬底，尽管可以避免刻蚀剂铁离子的残留，但是容易在刻蚀过程中产生气泡，进而导致石墨烯的破损 [3]。另外，根据化学反应动力学原理可知，提高温度和刻蚀剂的浓度，可以加快金属衬底的刻蚀速度，但是需要注意的是刻蚀剂浓度提高，会导致刻蚀剂在石墨烯表面的残留，影响转移后石墨烯的质量。

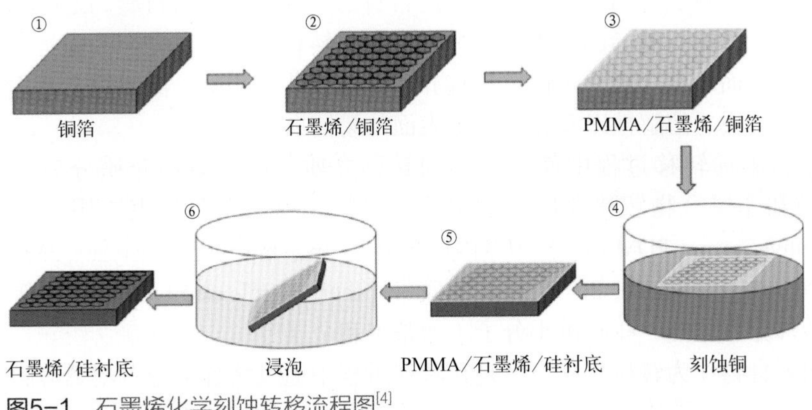

图5-1 石墨烯化学刻蚀转移流程图[4]

另外，转移过程中石墨烯表面金属杂质的残留会严重影响转移后的石墨烯电学性质，如对石墨烯中的载流子产生散射，降低转移后石墨烯的载流子迁移率[5]。金属以及金属离子的残留主要有两种来源，一是金属生长衬底未充分刻蚀，二是金属刻蚀产生的金属离子在石墨烯表面的残留。针对生长衬底不能完全刻蚀的问题，本书著作团队使用电化学刻蚀法取代常规化学刻蚀[6]，可以加快铜箔去除速度，减少铜金属杂质在石墨烯表面的残留。一般而言，充分、反复的去离子水清洗是去除金属离子杂质的主要方法。然而尽管经过多次清洗，金属离子仍难以完全去除，这也限制了化学刻蚀转移方法的实际应用。此外，减少金属杂质和刻蚀剂残留的方法也可借鉴半导体领域的 RCA（Radio Corporation of America）公司的标准清洗法[7]：先将石墨烯薄膜浸入到 H_2O、H_2O_2 和 HCl 的混合溶液（体积比 20∶1∶1）中，去除杂质和金属离子等，再放入到 H_2O、H_2O_2 和 NH_4OH 的混合溶液（体积比 5∶1∶1）中去除难溶的有机物。

在化学刻蚀过程中，刻蚀剂的选择应综合考虑刻蚀反应速度、刻蚀剂与金属杂质残留情况，以及废液回收等方面的因素。Wang 等人[8] 通过对转移后石墨烯的污染物残留和电学性能等方面的系统评估，对比了实验室常用的刻蚀剂，包括硝酸、氯化铁和过硫酸钠。其中，硝酸刻蚀速度快，可避免铁离子残留物的影响，但刻蚀过程中会产生氮氧化物有害气体，并产生一定的热量，易引起破损。相较于硝酸，氯化铁刻蚀反应较温和，但可能会导致金属离子掺杂。过硫酸钠可以减少金属离子的残留，但所需刻蚀时间较长，0.1mol/L 的过硫酸钠刻蚀剂通常需要 1 ～ 2h 甚至更长的时间才能完成一个 25μm 厚的 1cm×1cm 铜衬底的刻蚀。

如前所述，在转移过程中，由于石墨烯本身无法实现大面积的自支撑，为了避免石墨烯破损，常用的解决方案是引入转移介质来为石墨烯薄膜提供支撑作用。转移介质的选择对后续石墨烯转移的完整度和洁净度等尤为重要：一方面，在石墨烯与生长衬底分离后，转移介质的自身力学性质以及与石墨烯之间的贴合情况等将直接影响石墨烯的完整度；另一方面，转移介质难以完全去除将影响转移后石墨烯表面的洁净度。因此，转移介质的选择非常关键，需要综合考虑转移介质的力学性质、溶解性以及在石墨烯表面的易铺展性等。

根据石墨烯转移过程中使用的不同转移介质，可将转移介质分为聚合物转移介质和非聚合物转移介质。常用的聚合物转移介质包括聚二甲基硅氧烷（polydimethylsiloxane, PDMS）、聚甲基丙烯酸甲酯（polymethyl methacrylate, PMMA）、聚碳酸酯（polycarbonate, PC）、热释放胶带（thermal released tape, TRT）等。非聚合物转移介质包括一些有机小分子（如萘）和金属等。

使用聚合物作为转移介质，就是在转移过程中通过聚合物为石墨烯薄膜提供支撑。在化学刻蚀法中，在石墨烯表面旋涂一层聚合物类转移介质，通过刻蚀液将金属衬底溶解，得到聚合物 / 石墨烯薄膜，再将其转移到目标衬底上。所选用的转移介质即聚合物材料应具有足够的支撑强度，与石墨烯之间的作用力适中，且在刻蚀过程中不与刻蚀液发生反应，并且在转移完成后能够完全去除。目前，化学刻蚀法所用的转移介质聚合物材料通常有 PMMA、PDMS、TRT 等。

PMMA 是最早用于 CVD 石墨烯转移的聚合物。早于石墨烯转移，PMMA 已经被用于碳纳米管的转移。另外，PMMA 可以轻易地通过旋涂、刮涂、喷涂等方式在石墨烯表面铺展并成膜。2008 年，本书著者团队 [9] 利用 PMMA 作为转移介质率先实现了石墨烯薄膜的转移，之后 PMMA 作为石墨烯的转移介质得到了广泛应用。目前基于 PMMA 的石墨烯转移技术，转移后的石墨烯虽然在完整度上有很大提高，但转移过程中仍产生很多褶皱和裂纹（图 5-2）。PMMA 在铜箔上石墨烯的表面涂覆、固化后，则可以复制石墨烯与铜箔的起伏，保留石墨烯在铜箔上的形貌 [2]。在铜箔刻蚀后，PMMA 与石墨烯复合结构仍一定程度保持此形貌，而在后续石墨烯与目标衬底贴合后，石墨烯不能完全与目标衬底充分贴合，即形成共形接触。这种不完美的贴合会导致石墨烯与衬底之间存在缝隙，在去除 PMMA 层后，由于缝隙的存在会导致石墨烯产生破损。为了防止这种情况发生，在去除 PMMA 之前，在 PMMA 表面再旋涂一层 PMMA，使第一层 PMMA 内部应力得以释放，从而实现石墨烯与目标衬底的贴合，可以提高转移后石墨烯的完整度。

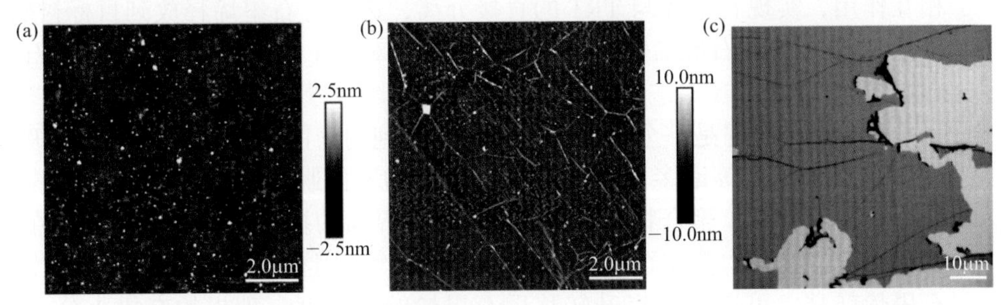

图5-2 使用PMMA转移后石墨烯表面分析结果

（a）石墨烯转移后的表面聚合物残留；（b）石墨烯转移后形成的褶皱；（c）转移后石墨烯薄膜微米尺寸的破损

PMMA 作为转移介质用于石墨烯转移的另一问题是聚合物在石墨烯表面的残留。丙酮作为溶解 PMMA 的溶剂已被广泛应用。通过长时间的浸泡可以有效去除 PMMA，但是由于 PMMA 在丙酮中溶解度仍然有限，为了减少 PMMA 残留，研究人员通过引进退火工艺 [10] 以及用 UV/O_3 处理转移后的石墨烯 [11] 来改进转移过程的聚合物残留，达到提高石墨烯洁净度的目的，但目前转移后处理工艺的复杂性，以及后处理工艺对石墨烯的损伤限制了此类方法的实际应用。

PDMS 也是早期被用于 CVD 石墨烯转移的聚合物之一。由于 PDMS 和石墨烯的黏附力通常小于石墨烯和衬底之间的黏附力，因此基于 PDMS 辅助的石墨烯转移通常可以实现 PDMS 与石墨烯的直接机械分离，减少 PDMS 在石墨烯表面的残留。但是也正是由于 PDMS 与石墨烯之间的黏附力较低这一特点，转移过程中 PDMS 对石墨烯的支撑作用不足，导致石墨烯在转移过程中容易产生破损，完整度下降，因此，近年来 PDMS 用于石墨烯转移已鲜有报道。

除了 PMMA 和 PDMS 外，其他聚合物也已经用于石墨烯的转移。Park 等人[12]使用 PC 作为转移介质成功实现了石墨烯的转移。由于 PC 在氯仿中具有更高的溶解度，因此 PC 转移后的石墨烯具有更高的表面洁净度。Auchter 等人[13]使用聚乙烯醇缩甲醛树脂［poly(vinyl formal), PVFM］代替 PMMA 转移石墨烯，通过提升聚合物在有机溶剂中的溶解度，石墨烯表面洁净度也得到了显著提升。

TRT 是一种含有特殊黏合剂的胶带，一般是由发泡黏合剂和聚对苯二甲酸乙二醇酯（polyethylene terephthalate, PET）薄膜组成，在室温下能够与附着衬底产生较强的黏附力，而在高温下则会失去黏附力，因此可以通过温度来控制 TRT 黏附力的大小，实现对转移介质与石墨烯相互作用力的调控。具体来说，TRT 用于石墨烯转移，低温下实现石墨烯与 TRT 的贴合，辅助石墨烯与生长衬底分离。在石墨烯与目标衬底贴合后，可以通过热作用，减弱石墨烯与 TRT 相互作用，实现石墨烯与 TRT 的直接分离，进而将石墨烯释放到目标衬底上。基于 TRT 辅助的石墨烯转移技术，可用于卷对卷（roll-to-roll, R2R）的石墨烯转移。

聚合物的溶解是一个复杂的过程，它受到内聚能密度、混合热、偶极子相互作用和分子量等诸多因素的影响。聚合物不能瞬间溶解，其溶解过程涉及聚合物链的分离、聚合物链在聚合物 - 溶剂界面的扩散等过程。因此，在大多数情况下，聚合物会在石墨烯表面形成残留物。用有机小分子替代聚合物用于石墨烯转移，可以显著提升转移后石墨烯的洁净度。理想的有机小分子载体应在适当的条件下，能够很容易从石墨烯表面去除，如通过溶解或升华等方式。将萘[14]滴涂在 CVD 生长的石墨烯表面，石墨烯与铜分离后，将萘支撑的石墨烯与目标衬底结合，萘在空气（或真空）中升华，可得到干净的石墨烯薄膜。然而，有机小分子用于石墨烯转移，难以与石墨烯形成充分的接触，提供足够的支撑作用，因此转移后石墨烯完整度普遍较低。而且，萘薄膜柔性相较于聚合物较差，阻碍了石墨烯与刚性衬底之间的共形接触，导致石墨烯产生破损。

金属也可以作为转移介质辅助石墨烯转移：首先在金属衬底上石墨烯表面沉积一层金属[15]，然后通过化学刻蚀去除生长衬底，再将石墨烯与目标衬底结合，最终在酸等金属刻蚀剂中去除沉积的金属，完成石墨烯的转移。显然完全去除沉积的金属仍然较为困难，容易产生额外的金属残留，且金属沉积成本较高，这极大限制了此类方法的实际应用。

第二节
电化学分离方法

2011 年，新加坡国立大学 Loh Kian Ping 课题组[16]首次报道了一种电化学鼓泡分离石墨烯与生长衬底的方法。其电化学鼓泡剥离转移过程可总结为（如图 5-3）：在石墨烯表面旋涂 PMMA 等聚合物转移介质，之后将铜箔上石墨烯连接电解池阴极，并利用玻碳电极作为电解池阳极，将两电极置入电解液（如氢氧化钠溶液）中，并施加一定的电压后，在电解池阴极产生氢气气泡，氢气气泡会在石墨烯与铜衬底之间插层，进而实现石墨烯与生长衬底的分离。之后，电解液不断进入已分离的石墨烯与铜衬底之间，在新的石墨烯 / 铜边缘处，继续通过氢气气泡的产生使石墨烯与铜分离，最终完成整个铜箔与石墨烯的分离，得到 PMMA/ 石墨烯复合结构。利用电化学鼓泡剥离法分离石墨烯与生长衬底，金属生长衬底可重复用于生长石墨烯，实验数据显示经过三次重复生长和转移循环后，被转移至目标衬底的石墨烯品质不会下降。需要指出的是，可以重复利用生长衬底这一特点，对于单晶金属生长衬底尤为重要。

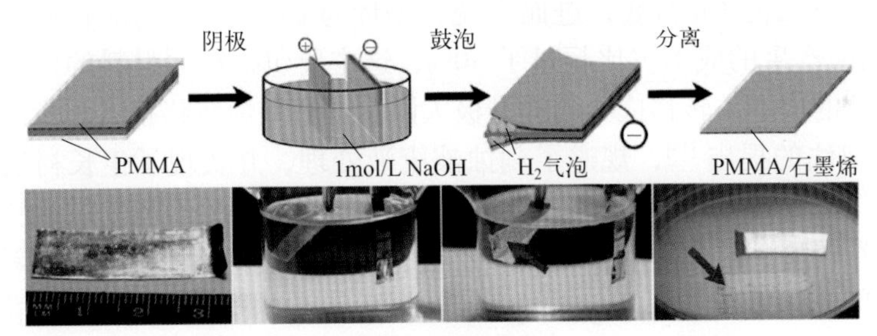

图5-3　电化学鼓泡剥离转移方法流程图[17]

电化学鼓泡分离石墨烯与生长衬底时，电极电势与电解液的离子类型、浓度选择都会影响鼓泡的速度以及石墨烯与生长衬底分离处的界面力的控制。总体来说，当电解液为水溶液时，作为阴极的石墨烯 / 金属生长衬底一端的电势需要低于氢离子还原为氢气的电势，并使得阴极产生氢气气泡，以确保石墨烯与金属衬底分离。然而，2018 年 Steven Brems 课题组[18]报道石墨烯与金属衬底分离的主要原因为离子插层。该研究发现，将石墨烯 / 铂生长衬底作为电解池的阴极或阳极时，阳离子、阴离子插层均可使石墨烯与铂生长衬底成功分离。当电解液中有难以发生电化学氧化还原反应的离子时，离子在电势驱动下成功插层至石墨烯与铂的界面间，加快石墨烯与生长衬底的分离。该研究结果显示，石墨烯与生长衬底鼓泡分离的具体驱动力很可能不止氢气气泡这一单一因素，离子插层在其中也起到了重要作用。

克服石墨烯与衬底之间的黏附力是石墨烯与生长衬底无损分离的关键。电化学鼓泡过程中，在石墨烯与生长衬底分离的边缘，石墨烯与生长衬底的分离需要匀速且空间上均匀进行，才能减少石墨烯的破损。如果某处石墨烯与铜尚未分离，而周围的石墨烯已经与铜衬底分离时，石墨烯将承受较大的应力，因此不可避免地产生破损。电化学分离方法中，在石墨烯与生长衬底分离的界面处，较高的电流密度，将有利于产生大量均匀且细密的气泡，实现石墨烯与生长衬底的平稳、均匀分离，进而确保石墨烯的完整度。

电化学鼓泡分离方法，在转移介质的使用上与传统刻蚀方法类似，均采用PMMA 薄膜作为转移介质，最后使用丙酮溶解的方法去除转移介质。但如上节中提到的，丙酮溶解 PMMA 会带来较多破损与残留。本书著者团队通过对转移介质层的结构进行设计，在 PMMA 中添加易挥发小分子作为转移介质，在电化学鼓泡分离的基础上，通过加热改变转移介质结构使石墨烯与目标衬底实现共形接触，增加结合力，最终得以通过机械剥离的方法去除转移介质。转移后石墨烯的完整度、洁净度相比于使用丙酮溶解去除 PMMA 的转移方法得到的石墨烯有较大提高，水氧掺杂度大幅降低，石墨烯具有较高的迁移率。

基于化学刻蚀法去除 Cu 衬底，进而实现石墨烯与 Cu 衬底分离的转移工艺当中，Cu 衬底刻蚀产生的成本占比超过了 50%，这主要包括铜原材料的成本和刻蚀液回收、处理的成本。转移成本的提升极大限制了石墨烯转移技术和产品的应用。因此，鼓泡法的提出[19]，规避了刻蚀液废液处理，并实现了生长衬底的回收利用，显著降低了石墨烯转移环节的成本。需要注意的是，石墨烯鼓泡转移技术可以与卷对卷转移、贴合的现有成熟工艺相结合，更快兼容到石墨烯实际应用、批量生产线当中。2010 年，Jing Kong 课题组[20]基于半导体工业领域的卷对卷工艺，提出了 CVD 石墨烯使用 PET/EVA 辅助转移的方法：铜衬底上的石墨烯与柔性衬底贴合后，直接与生长衬底通过机械剥离的方法分离，尽管此类“机械剥离法”获得的石墨烯由于分离过程中石墨烯受力不均匀，易导致石墨烯破损，但需要指出的是，后续基于电化学鼓泡法分离石墨烯与生长衬底的方法与此卷对卷工艺结合以后，较大程度提高了转移后石墨烯的完整度，已经成为目前石墨烯批量、无损转移的主流技术。但是，由于转移过程中仍然使用强碱性水溶液，且鼓泡分离过程需要精确控制分离速度和分离界面处的石墨烯受力情况，以抑制石墨烯的破损，因此基于电化学鼓泡法分离石墨烯与生长衬底的转移技术，其实际的规模化应用仍面临较大困境。本书著者团队[21]采用电化学鼓泡分离技术，自主设计了卷对卷石墨烯转移装备，提出了“绿色卷对卷电化学鼓泡转移”的方法（图 5-4）。该方法主要通过热辊压贴合的方式将 EVA/PET 膜与石墨烯结合，进而通过电化学鼓泡的方式实现石墨烯与铜箔分离。该方法可以连续、批量地转移铜箔上的石墨烯，转移速率可达 2cm/s。同时，该方法避免了刻蚀产生的废液回收问题，降低了转移成本，已经成为石墨烯批量、无损转移的第一代技术。

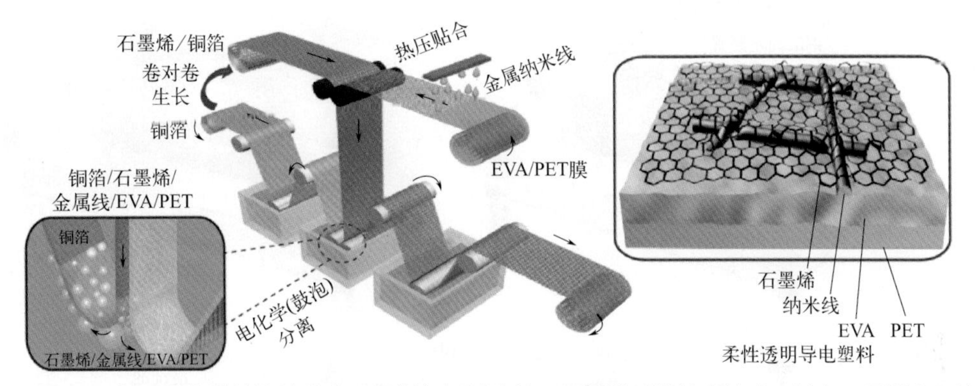

图5-4 基于电化学鼓泡法分离石墨烯与铜衬底的石墨烯卷对卷转移技术，其中石墨烯表面涂覆银纳米线降低石墨烯的面电阻，并使用热辊压贴合方式将EVA/PET膜与石墨烯结合作为转移介质辅助石墨烯转移[21]

需要注意的是，目前规模化制备的铜衬底上的石墨烯薄膜材料，除了卷对卷工艺制备的成卷的石墨烯材料外，还包括大尺寸铜箔衬底上制备的石墨烯（如 A3 尺寸）和大尺寸铜晶圆上制备的石墨烯单晶晶圆。此两类产品的转移技术的研发也需要设计自动化、批量转移装置，实现规模化石墨烯转移。

2022 年，本书著者团队报道了一种基于电化学鼓泡工艺的石墨烯批量、无损转移技术。该技术避免了金属刻蚀的同时，提升了转移的效率，并通过设计半自动鼓泡分离转移装置，实现了鼓泡分离过程中分离速度和作用力的精确控制，提升了转移后石墨烯的完整度。如图 5-5（a）和（b）所示，该装置中铜箔上的石墨烯作为阴极，铂电极作为阳极。铂电极可沿铜箔移动，通过改变铂电极的位置，可以控制石墨烯与铜衬底分离的界面位置，而控制铂电极的移动速度，则可以调控石墨烯与铜衬底的分离速度。铂电极移动的同时，对石墨烯支撑层施加以机械拉力，辅助石墨烯与铜箔的鼓泡剥离，提高转移效率。通过控制铂电极的移动速度与石墨烯的鼓泡分离速度、机械拉力大小相匹配，可以有效避免鼓泡分离过程中大面积石墨烯破损的产生。

与此同时，本书著者团队，还基于电化学鼓泡分离技术，实现了 4 英寸、6 英寸铜晶圆上的石墨烯单晶的批量、无损转移。如图 5-5（c）和（d）所示，铜晶圆同样作为阴极被固定在晶圆固定装置上，而石墨板作为阳极。通过控制分离杆，可以控制石墨烯与铜晶圆分离的方向与速度。该装置配备有铜晶圆的清洗装置，用于分离结束后石墨烯与铜晶圆的清洗，可以减少鼓泡时使用的氢氧化钠溶液在石墨烯表面的残留。需要强调的是，转移后的铜晶圆可重新用于石墨烯的生长，实现了铜单晶晶圆的重复利用。

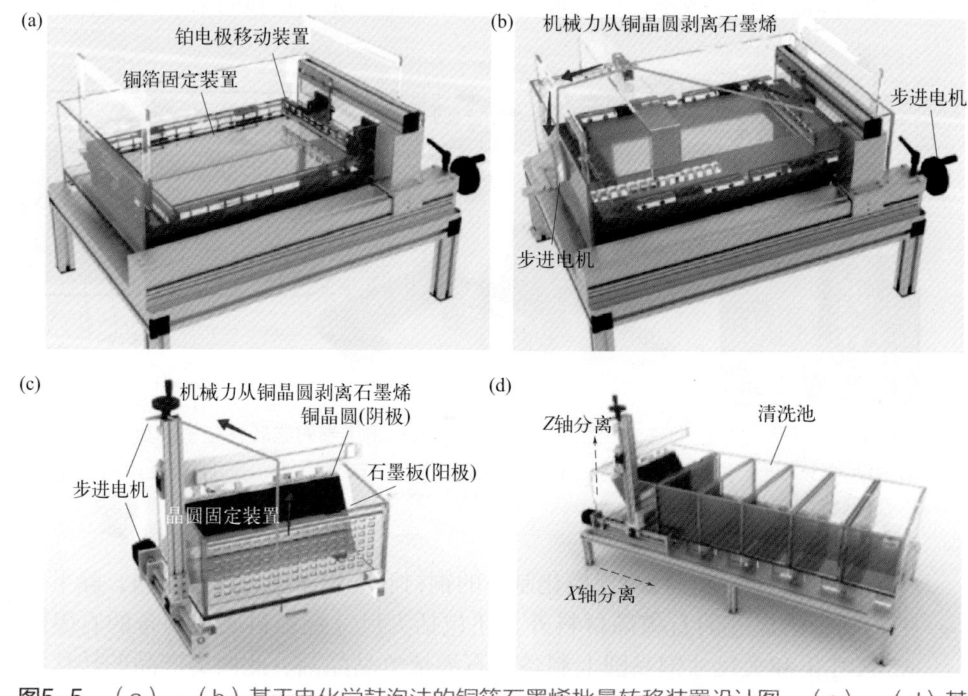

图5-5 （a），（b）基于电化学鼓泡法的铜箔石墨烯批量转移装置设计图；（c），（d）基于电化学鼓泡法的铜晶圆石墨烯大批量转移装置设计图

第三节 干法剥离方法

石墨烯的批量转移是一个科学和技术的综合问题，涉及高分子化学、力学、机械等多门学科，需要通过对转移介质结构进行设计，精确调控石墨烯转移过程中的表界面状态和作用力大小，需要设计石墨烯批量、自动化转移装置等。其中需要综合考量转移后石墨烯的品质，石墨烯应用场景对石墨烯性能和载体的具体要求，石墨烯转移的成本和环保等诸多方面因素。

目前石墨烯薄膜的众多转移方法中，实验室水平的转移方法，转移后的石墨烯完整度、洁净度、平整度都已经达到了较高的水平。然而批量化的石墨烯无损转移技术与装置对石墨烯转移工艺提出了更多的要求，更加关注转移效率、转移成本、转移工艺自动化程度、废液处理和环境保护问题、转移工艺与现有的规模化制造工艺生产线的兼容度问题等。

前两节介绍的化学刻蚀与电化学鼓泡转移技术都无法避免需要水溶液的参与，如刻蚀剂的水溶液和电解液的水溶液。水溶液的参与对转移后石墨烯的质量、转移效率和成本都有显著的影响。在转移过程中水和氧气吸附在石墨烯表面容易导致石墨烯掺杂，进而降低石墨烯的载流子迁移率。由于氧气分子得电子能力有限，水参与下，氧分子可以从石墨烯得到一个电子，形成的氧离子会被衬底缺陷位点捕获，而此类带电杂质会对石墨烯载流子产生散射。因此，石墨烯转移过程中应尽可能减少水溶液的参与，规避石墨烯的水氧掺杂，提高转移后石墨烯的载流子迁移率。与此同时，石墨烯批量转移需要搭建相应的自动化转移装置，完成石墨烯转移中贴合、分离等复杂的转移操作，然而水溶液的参与将显著增加转移装置清洗、维护的成本。总之，石墨烯转移技术减少水溶液的参与，将提升转移后石墨烯的性能，是实现石墨烯规模化转移的前提。因此，本节将重点介绍此方向的研究进展，重点关注石墨烯干法剥离转移方法。

顾名思义，干法剥离是在无水参与的情况下实现石墨烯与金属衬底的分离。常规的干法剥离方法是通过选用与石墨烯相互作用较强的转移介质来实现石墨烯从生长衬底的直接机械分离。由于石墨烯是通过高温化学气相沉积方法在金属衬底上制备得到，因此石墨烯通常可以复制金属衬底的表面起伏，形成良好的共形接触。另外，由于石墨烯与金属之间存在较强的电荷转移，石墨烯与金属之间相互作用力较强。因此干法剥离的前提是需要降低石墨烯与金属衬底的相互作用力，仅当石墨烯与转移介质相互作用力大于石墨烯与生长衬底的相互作用力时，石墨烯才能从生长衬底表面剥离。而降低石墨烯与生长衬底相互作用的方法通常是基于衬底预处理的方法。显而易见，干法转移极为重要的一步是衬底的预处理。对于石墨烯 / 铜体系而言，在室温下通过水或氧气的插层、氧化铜衬底，形成的氧化铜或氧化亚铜，因铜氧化物与石墨烯相互作用力较弱，可以降低石墨烯与衬底之间的相互作用力，进而实现干法剥离。另外，需要精确设计转移介质在石墨烯表面的涂覆方式和转移介质的自身结构，增强转移介质和石墨烯的相互作用。在干法剥离过程中，石墨烯与转移介质的共形接触以及衬底均匀氧化都是减少转移过程中界面力对石墨烯完整度影响的关键。

一、衬底预处理

将衬底进行预先处理，降低衬底与石墨烯的相互作用是实现干法剥离的首要条件。对于在铜表面制备的石墨烯薄膜而言，将铜衬底进行预先的氧化处理，可以有效减小石墨烯与铜衬底之间的相互作用力。进而，选用一些与石墨烯相互作用较强的聚合物就可以实现石墨烯从铜表面的干法剥离，如 PMMA、PC、聚乙烯醇（polyvinyl alcohol, PVA）等高分子聚合物。铜衬底的氧化需要氧气和水分子的共同参与，这是由于氧气分子直接从金属得到电子仍然有一定势垒，需要水的辅助参与。J. Booth 团队[22] 在室温下将铜箔上的石墨烯浸没在水中，实现了铜衬底的氧化，进而实现了 A4 尺寸大面积石墨烯从铜衬底的干法剥离。

将生长了石墨烯的铜箔暴露在 50℃下潮湿的空气中，通过 X 射线光电子能谱分析发现，铜箔发生氧化且陆续生成 Cu_2O、$Cu(OH)_2$ 以及 CuO（图 5-6）。此外，通过密度泛函理论模拟计算[23] 发现，石墨烯与氧化亚铜的结合能要小于石墨烯与铜的结合能，因此石墨烯更容易从氧化后的铜衬底上干法剥离（表 5-1）。在铜表面外延生长的石墨烯从高温降温的过程中，由于石墨烯与铜的热膨胀系数的差异，会产生 0.2% ～ 0.5% 的压缩应变。然而当铜被氧化后，该压缩应力会被释放。图 5-7 的拉曼分析结果表明，随着铜衬底的氧化，石墨烯的 G 峰和 2D 峰峰位会发生红移，最终压缩应变会完全释放[24]。此压缩应力的消除很可能是由于石墨烯与生成的铜氧化物间相互作用力减弱，且氧化后的铜表面非常粗糙，是石墨烯与氧化物的表面无法共形接触导致的。而随着铜衬底的进一步氧化，不均匀氧化导致生成的氧化层厚度不一致，导致石墨烯产生拉伸应变。因此，铜的氧化

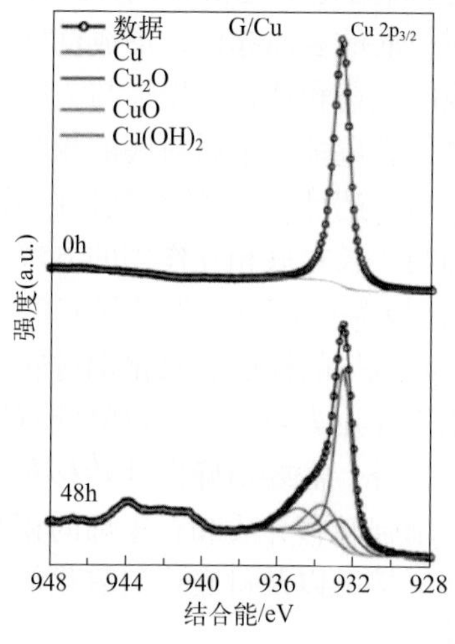

图5-6　石墨烯-铜氧化前后X射线光电子能谱变化[22]

表5-1　石墨烯与铜以及石墨烯与氧化亚铜的结合能和吸附能[22]

项目	G/Cu(111)	G/Cu_2O(111)
BE_c/eV	−0.095	−0.064
吸附能/（J/m^2）	0.536	0.354

过程可以有效调控石墨烯与衬底之间的界面作用力，成为石墨烯从生长衬底干法剥离的关键环节。

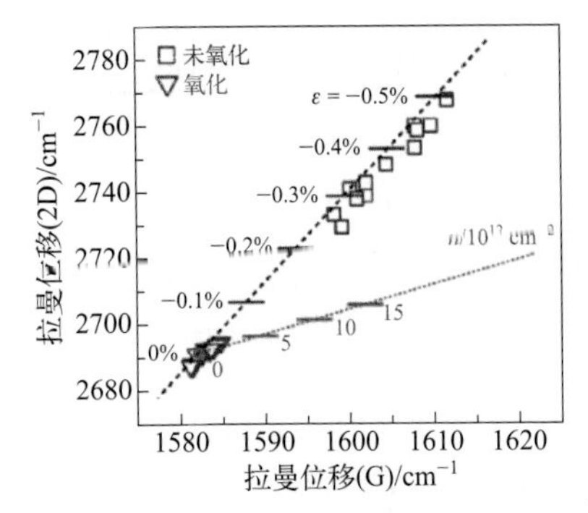

图5-7 氧化前后石墨烯G、2D峰峰位变化[24]

石墨烯在铜衬底的氧化中起到的作用，始终是一个备受争论的话题：CVD 生长的石墨烯是有助于铜衬底的氧化，还是起到抑制铜衬底氧化的作用。有文章表明，在200℃空气中的铜箔氧化，石墨烯起到了阻隔氧气，进而抑制铜箔氧化的作用[25]。同时，另一种观点认为，石墨烯具有良好的导电能力，在室温下，石墨烯会促进铜的电化学腐蚀，即石墨烯作为阴极，而铜作为阳极，加速铜衬底的氧化[26]。

这里，我们分析一下铜衬底氧化的机理及过程。首先，铜在高温和在相对低的温度下的氧化机制是不同的。在高温环境下，氧化主要是依靠氧气与铜直接反应实现的。而在相对低的温度下，铜的氧化则需要水的参与[27]。当铜接触到水和氧气时，其表面会被氧化形成氧化亚铜，当铜表面被完全氧化形成满覆盖的氧化亚铜后，其进一步的氧化需要铜离子从金属 / 氧化物界面扩散到氧化物层的表面。此时，吸附在氧化层表面的水则会分解并形成羟基，羟基与扩散的铜离子发生反应，形成氢氧化铜。因此，进一步的铜氧化反应主要取决于氧化亚铜与水界面处羟基基团的浓度。然而，生成的氢氧化铜是亚稳态的相。在室温潮湿的环境下，羟基基团会继续和氢氧化铜快速反应形成 $[Cu(OH)_4]^{2-}$，并在随后的反应中失去两个氢氧根和一个水分子，最终形成氧化铜。Ruoff 课题组利用同位素标记的方法证实了在室温潮湿的环境下，铜氧化形成氧化物，其氧原子全部来源于水，而非氧气。他们利用 ^{18}O 同位素标定的方法，将铜以及石墨烯 / 铜的样品分成三组分别放置在潮湿的空气中、含有 ^{18}O 同位素标记的氧气的潮湿空气中和含有 ^{18}O 同位素标记的水分子的潮湿空气中。经过一段时间氧化后，通过拉曼表征发现，只有 ^{18}O 同位素标记的水分子的环境下，氧化亚铜的特征峰会发生由于 ^{18}O 同位素导致的红移。如图 5-8 所示，铜在含有 ^{18}O 同位素标记的水分子的潮湿空气中发生氧化，其拉曼表征[23]中氧化铜的特征峰从原有的 $498cm^{-1}$、$644cm^{-1}$ 以及 $795cm^{-1}$ 等红移至 $470cm^{-1}$、$617cm^{-1}$ 和 $770cm^{-1}$。

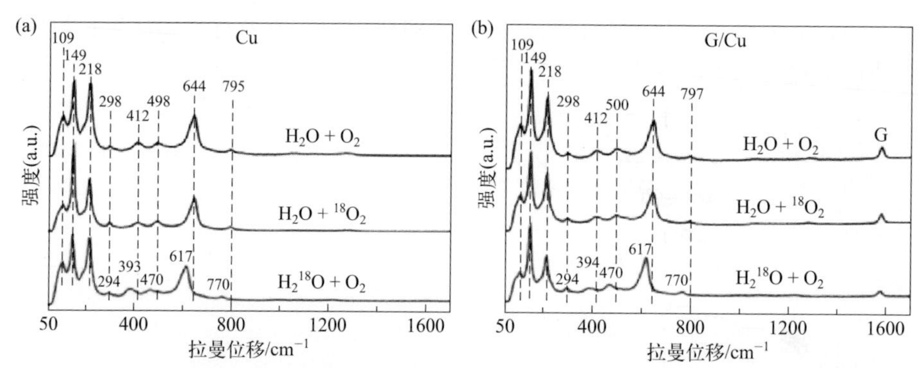

图5-8 铜（a）和石墨烯/铜样品（b）在潮湿的空气中、含有^{18}O同位素标记的氧气的潮湿空气中和含有^{18}O同位素标记的水分子的潮湿空气中发生氧化前后的拉曼光谱分析结果[23]

研究表明[28]，水分子的分解形成羟基基团的浓度与铜表面的晶格取向有关，这将影响不同晶格取向铜表面的氧化程度。对于 Cu(110) 面，水分子能通过自催化的过程分解成羟基基团，而对于 Cu(111) 面来说，由于反应活化能的增高，水分子无法自发分解成羟基基团，需要通过在表面吸附一定的氧原子来诱导水分子的分解，因此这也导致 Cu(111) 难以氧化。

生长了石墨烯的铜的氧化一开始主要发生在石墨烯褶皱、点缺陷以及晶界处。这主要是由于以上位点水分子和氧气分子更容易透过石墨烯与铜接触，进而水分子会通过铜台阶和石墨烯的空隙扩散到铜的表面。密度泛函模拟计算得到水分子在石墨烯与铜台阶起伏较大的位置的结合能要低于在石墨烯与平整铜表面的吸附能。图 5-9 的 AFM 图像所示，铜的氧化从石墨烯畴区边缘处逐渐从台阶以

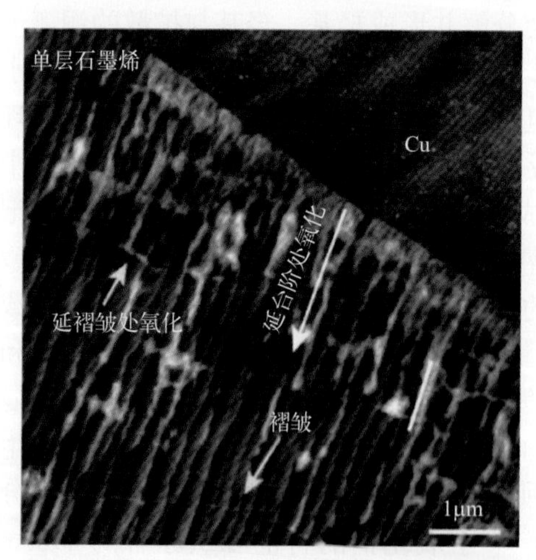

图5-9 生长于铜箔上的单层石墨烯浸泡于65℃的水中氧化6h的AFM图像[24]

及褶皱处向内部延伸。因此，铜表面的起伏是形成水分子扩散通道的重要前提，也是实现铜氧化从外部边缘向内部延伸的关键因素[24]。

回到石墨烯对于铜氧化作用分析上。一部分学者认为石墨烯会加速铜的氧化：他们研究发现在潮湿的环境下，石墨烯会与一些含氧基团（—OH, —O—, —OOH）相连接。这些功能化的石墨烯通过两种方式催化铜氧化的反应发生：一方面是水分子与这些功能基团形成较强的氢键，所以石墨烯的存在可以促进铜表面的电子转移；另一方面，铜向石墨烯转移电子，进而石墨烯形成 N 型掺杂，而铜表面则带有微弱的正电。这样一来，石墨烯与铜就构成了原电池体系，石墨烯作为阴极发生还原反应，铜作为阳极发生氧化反应，显著加速了铜的氧化过程。并且，这一体系的存在也加速了水分子的分解，使氢和氢氧基团的浓度也随之增加。铜氧化后的表面变得相对粗糙，会加快氢气的生成，进而加速铜的氧化。图 5-10 是铜和生长有石墨烯的铜氧化不同时间的 X 射线光电子能谱分析结果，对比有无石墨烯参与下的铜箔的氧化速率差异。研究发现，暴露在潮湿空气中 8h 后，纯铜样品并没有检测到明显的氧化亚铜峰，而石墨烯 / 铜（G/Cu）的样品出现了明显的氧化亚铜的峰。当时间延长到 24h 后，石墨烯 / 铜样品的氧化亚铜和氢氧化铜的峰强度也要高于纯铜的相应峰强度。因此，相关研究认为石墨烯会加速铜的氧化[23]。

然而，另一种观点认为，石墨烯会抑制铜衬底的氧化。根据上面所讲述的铜的氧化机理可知，铜氧化的程度与表面吸附的羟基浓度有关，而羟基基团的浓度与水在石墨烯和铜衬底界面处的扩散能力直接相关。因此，石墨烯的存在会一定程度阻隔并抑制水与铜的接触以及水在界面间的扩散。除此之外，铜离子的扩散也会因为石墨烯的存在而受到抑制。我们知道，铜表面逐层氧化的过程是通过铜离子的扩散实现的，铜离子从铜氧化物与铜的界面处通过铜氧化物结构的空缺扩散到铜氧化物的表面。值得注意的是，对于覆盖有石墨烯的 Cu(111) 晶面的氧化来说，其氧化生成的铜氧化物的晶粒要更大（百纳米到微米量级，而纯铜氧化后生成的晶粒只有 30 ～ 100nm）。这就意味着，其晶界缺陷也会更少，导致从晶界缺陷处扩散的铜离子数量也会随之下降，因此 Cu(111) 晶面的氧化速度较慢。

综上所述，通过氧化来对生长有石墨烯的铜衬底进行预处理的方式受到环境（温度、湿度）、铜自身结构（铜表面台阶的起伏、晶格取向、晶粒尺寸和晶界数量）和石墨烯的质量（褶皱、缺陷数量）等因素的影响。为成功实现从生长衬底干法剥离石墨烯，铜衬底预氧化条件需要根据具体样品和处理环境进行调整、优化。从较短时间的氧化过程来看，水分子最初在界面处的扩散是影响铜衬底氧化快慢的决速步骤，因此石墨烯作为保护层会抑制铜的氧化。而从较长时间的条件下分析，当水已充分填充在石墨烯与铜衬底的界面时，石墨烯与铜会构成原电池体系，进而加速铜的氧化。

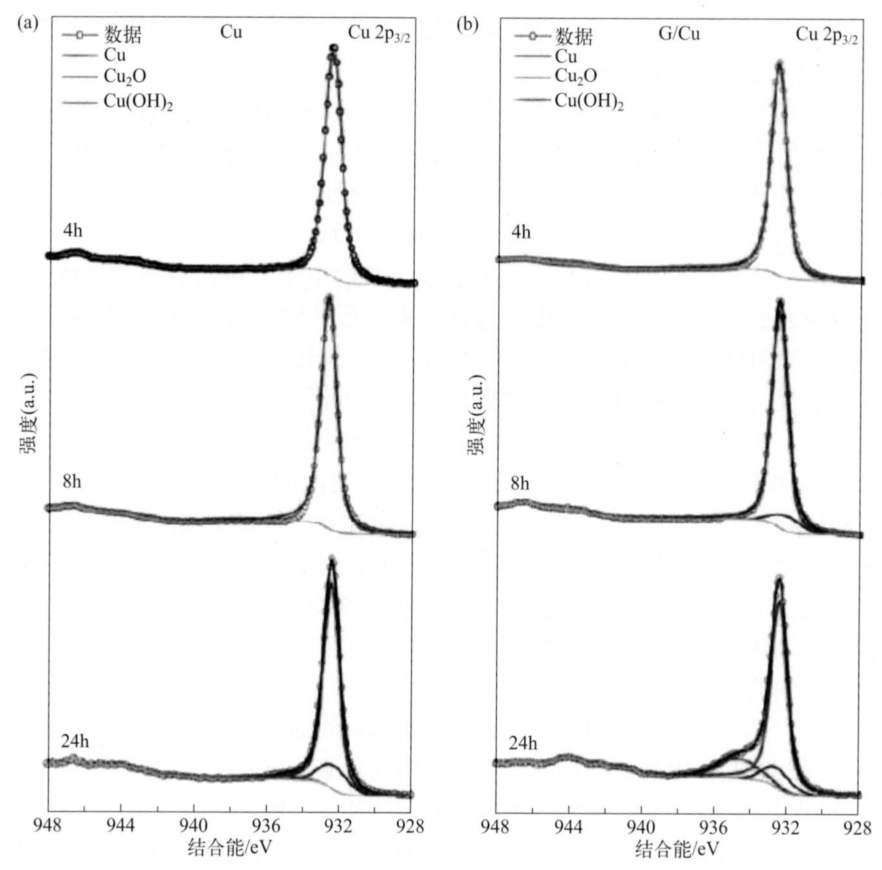

图5-10 铜、石墨烯/铜样品在水饱和的空气中处理4h、8h、24h后的XPS谱图[23]

二、金属辅助法

如前所述，金属可以替代聚合物，作为转移介质在石墨烯转移过程中提供支撑作用，避免高分子聚合物的污染。通过蒸镀方法在石墨烯表面结合的金属，往往与石墨烯之间有较强的相互作用，因此可以使用金属来辅助实现石墨烯从生长衬底的干法剥离。

例如，可以利用金属镍作为转移介质，辅助在碳化硅上外延生长的石墨烯转移到硅片上（图 5-11）[29]。首先，在碳化硅 / 石墨烯表面蒸镀金属镍，由于镍与石墨烯之间作用力大于石墨烯与碳化硅之间作用力，可以利用 TRT 将镍与石墨烯从碳化硅生长衬底上干法机械剥离。在碳化硅上外延生长的石墨烯层数不易控制，很容易形成少量的双层石墨烯，对于这些双层区域可以在 TRT/ 镍 / 石墨烯的石墨烯一侧再蒸镀一层金膜，利用金膜二次剥离的方法选择性去除多余的双层石墨烯，只在镍上保留完整的单层石墨烯。之后再将镍与石墨烯的复合结构贴合至硅片上，进一步去除热释放胶带和镍，即可得到转移至硅上的单层石墨烯。除镍外，也可以选择蒸镀钴、钛、金等金属来辅助转移石墨烯[15,30]。

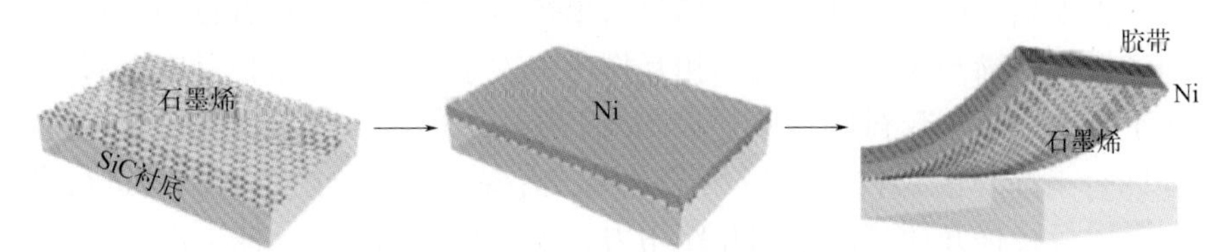

图5-11 利用镍转移碳化硅上外延生长的石墨烯过程示意图[29]

利用金属辅助转移石墨烯时，选择能够将石墨烯剥离下来的金属需满足以下两个条件：首先金属与石墨烯之间的作用力要大于石墨烯与生长衬底间的作用力；其次是金属内有较高的应力，可以在分离石墨烯与生长衬底时提供足够的应变能量，否则干法剥离石墨烯与生长衬底时，蒸镀的金属薄膜会产生裂纹、破损，进而导致石墨烯在剥离过程中产生破损。理论上分析，从生长衬底干法剥离石墨烯时，金属与石墨烯的结合能要大于石墨烯与生长衬底的结合能。同时，金属提供的应变能要大于石墨烯与生长衬底的结合能，而应变能与金属的厚度、内应力、杨氏模量等参数都有关，具体关系见公式[31]：

$$E_{\text{Strain}} = \frac{1-\nu}{2Y} t\delta \tag{5-1}$$

式中，E_{Strain}是金属应变能；ν，Y，t，δ分别为金属的泊松比、杨氏模量、厚度和内应力。根据公式可知，可以通过改变蒸镀金属的厚度来调节转移过程所施加的应变能，金属越厚所提供的应变能越大。但金属的厚度超过一定程度时会发生自剥离现象[29]，所以干法剥离转移过程中蒸镀金属的厚度需要控制在合适的范围内。

借助金属辅助干法剥离石墨烯的优势在于避免了聚合物转移介质残留对石墨烯性能的影响。利用金属辅助转移石墨烯可以在后续器件工艺中保护器件沟道，并且还可以保留部分金属直接作为器件的电极，从而简化器件加工工艺[32]。需要指出的是，金属的去除过程仍然需要通过刻蚀剂刻蚀来实现，刻蚀剂会对转移后石墨烯的质量产生影响。因此当石墨烯与目标衬底结合后，需要探究如何通过界面力的调控，再次基于干法剥离来实现辅助转移金属与石墨烯的机械分离，避免使用刻蚀剂，进而规避刻蚀剂对转移后石墨烯的影响。

另外，由于电子束蒸镀或热蒸镀过渡金属或贵金属等所涉及的工艺较为复杂，且成本较高，目前的金属辅助石墨烯转移方法并不适用于石墨烯的批量转移。

三、聚合物辅助法

干法剥离转移可以避免转移过程中使用刻蚀液和其他溶剂，有效避免石墨烯污染和水氧掺杂等问题[33]。而聚合物辅助干法剥离需要选择合适的聚合物：聚合物可在石墨烯表面充分铺展，并确保石墨烯与转移聚合物具有较强的相互作用力，即确保石墨烯与聚合物之间的相互作用力大于石墨烯与生长衬底之间的作用力，便于石墨烯从生长衬底直接干法剥离。作用力的相互调节，除了通过衬底预处理降低石墨烯与生长衬底的相互作用外，需要对聚合物类型和结构进行设计，增强石墨烯与转移介质之间的相互作用力，进而确保无损的干法剥离转移，下面将详述可用于石墨烯干法剥离的聚合物。

PC 由双酚 A 和碳酸二苯酯通过酯交换和缩聚反应制备而成，其单体分子结构中含有苯环和碳酸酯基，不仅能与石墨烯形成较强的相互作用，实现石墨烯从生长衬底的干法剥离，而且其本身具有较强的机械强度，从而保证转移过程中石墨烯的完整度。

尽管石墨烯与 PC 相互作用较强，由于石墨烯和金属衬底间的结合力过大，未经过衬底预处理，PC 仍无法将石墨烯从衬底上完整地剥离。为此，必须对石墨烯生长衬底进行处理，以降低两者间的结合力。例如，Ruoff 课题组[34]通过水氧化插层的方法对铜衬底进行氧化，减弱了石墨烯和铜之间的相互作用，然后在石墨烯表面旋涂 PC，成功地将石墨烯从生长衬底干法剥离下来（图 5-12）。最终采用三氯甲烷溶解的方式去除 PC，实现了石墨烯向硅衬底的“全干法”转移，石墨烯与生长衬底分离、石墨烯与目标衬底贴合、转移介质去除等步骤均未使用水溶液，有效避免了石墨烯的水氧掺杂。

聚酰亚胺（polyimide, PI）是一种柔性和化学稳定的聚合物材料。T. L. Chen 等[35]利用 PI 作为转移介质，实现了石墨烯从铜衬底上的干法剥离。PI 自身可以作为石墨烯功能性柔性、透明衬底，因此，不再需要去除转移介质。此外，Miriam 等[36]也使用 PI 作为透明和稳定的中间层将石墨烯与玻璃或 PET 衬底结合，实现了石墨烯向目标衬底的直接转移（图 5-13）。需要注意的是，为了使该工艺应用到玻璃上，在 PI 前驱体溶液中添加了增黏剂 3- 氨基丙基三甲氧基硅烷［3-(aminopropyl)triethoxysilane, APTMS］，以增加固化后的 PI 膜与玻璃的黏合力。

超高分子量聚乙烯是近些年开发的一种新型石墨烯转移介质，其本身具有较高的机械强度，聚乙烯分子链结构主要分为折叠链和延伸链，不同链结构对应的熔融温度分别为 141.2℃和 148.3℃，所以当温度处于两者之间时，超高分子量聚乙烯部分熔融，在具有一定黏性的同时，保留了较高的强度，这一特性十分有利于石墨烯的转移。

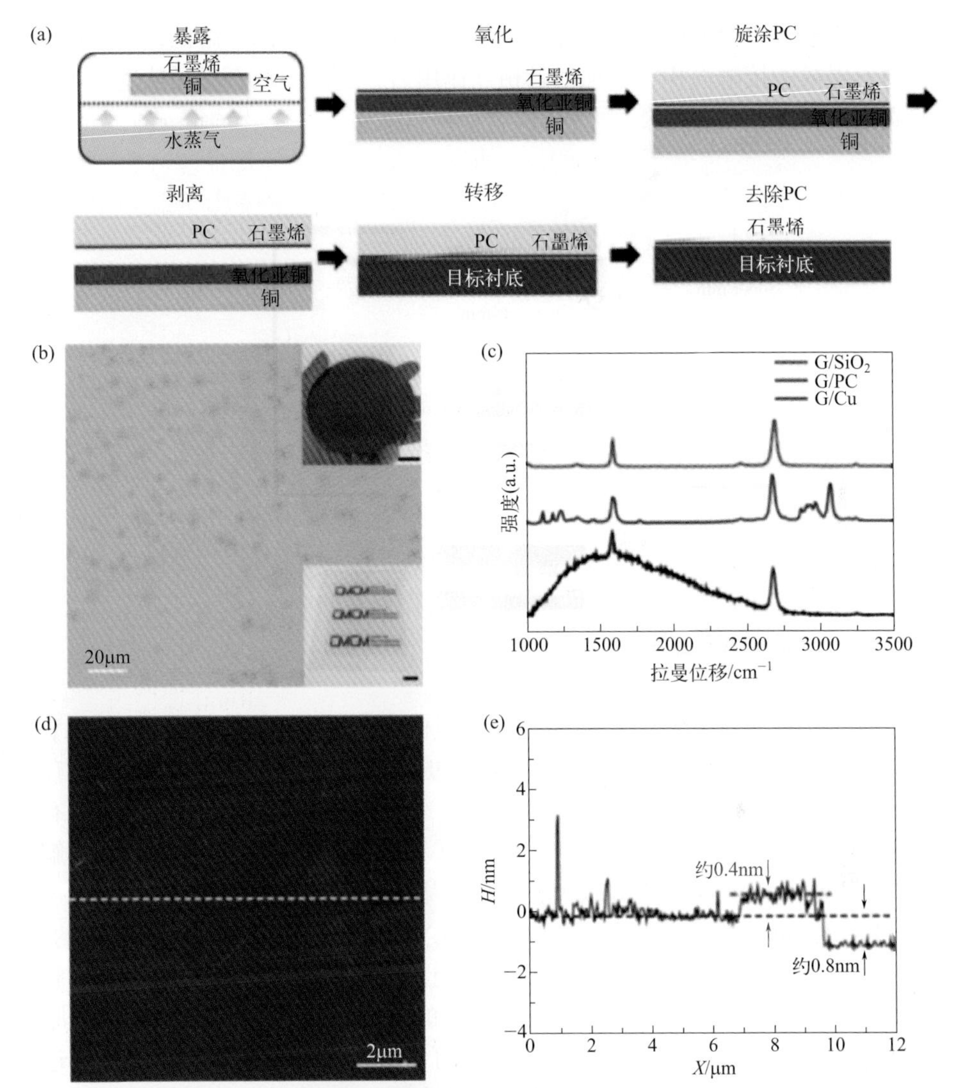

图5-12 （a）基于PC的石墨烯干法剥离转移流程示意图；（b）石墨烯转移到300nm SiO_2/Si晶圆上的光学显微图像，右上插图为转移到4英寸SiO_2/Si晶圆上的照片，右下插图为转移到PET薄膜上的照片；（c）铜上石墨烯（G/Cu）、PC上石墨烯（G/PC）和SiO_2/Si晶圆上石墨烯（G/SiO_2）的拉曼光谱分析结果；（d）转移到SiO_2/Si晶圆上石墨烯的AFM图像；（e）图（d）中白色虚线处高度起伏的分析结果[34]

基于上述特性，Li 等[37]利用双向拉伸纳米多孔超高分子量聚乙烯（ultra-high molecular weight polyethylene, UHMWPE）薄膜实现了石墨烯从生长衬底的干法剥离：首先通过范德华相互作用将 CVD 石墨烯附着到 UHMWPE 薄膜上，然后通过适当退火，使 UHMWPE 薄膜中的部分折叠链晶体部分熔化，从而增加聚合物与石墨烯的接触面积，增加二者相互作用力，进而实现石墨烯从生长衬底的干法剥离。

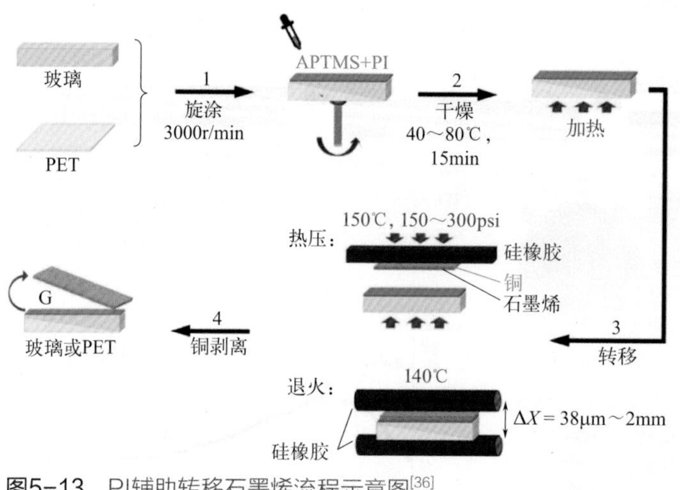

图5-13　PI辅助转移石墨烯流程示意图[36]

EVA 是由乙烯和乙酸乙烯酯单元组成的无规共聚物。相比于 PMMA，EVA 具有更轻质、更柔韧、易于拉伸且形变更小等特点。此外，EVA 还具有更高的热膨胀系数、更低的玻璃化转变温度、较低的弹性模量，这些特性都有助于 EVA 作为石墨烯的转移介质辅助石墨烯转移。此外，EVA 在溶剂中的溶解度比 PMMA 更高，所以可以有效减少转移后石墨烯表面聚合物的残留。

Jing Kong 课题组[38]系统探究对比了 EVA 和 PMMA 辅助转移石墨烯的差异，发现 EVA 能完美复刻石墨烯 / 铜箔的形貌，与石墨烯形成较好的共形接触。这主要是由于 EVA 的弹性模量只有 PMMA 的 1/20。此外，根据 EVA 热膨胀系数较高这一特点，通过加热使 EVA 膨胀，可以有效释放石墨烯生长和转移过程中产生的应力，进而避免褶皱的形成。因此由于 EVA 能够与石墨烯之间形成良好的接触，通过衬底预处理减弱石墨烯和生长衬底的相互作用，可以通过 EVA 辅助实现石墨烯从生长衬底的干法剥离。

TRT 中具有微米级的密闭气泡，这些气泡中的气体会在加热时膨胀导致气泡破裂，进而引起胶带黏性的降低。2010 年，Caldwell 等[39]利用 TRT 与载体黏附力可调这一特性，借助 TRT 将石墨烯从 SiC 衬底直接机械剥离，随后将 TRT 上的石墨烯在 120℃下与目标衬底热压合，减弱了胶带的黏性，实现了石墨烯与 TRT 的分离，进而实现了石墨烯向目标衬底的转移。

TRT 辅助剥离转移存在明显的缺点，即石墨烯表面残胶问题与转移后石墨烯破损的问题。对于残胶问题，Caldwell 等[39] 利用甲苯 - 甲醇 - 丙酮混合溶液（体积比 1∶1∶1）溶解 TRT 残胶，并在 250℃下退火 10min，然而石墨烯洁净度改善并不明显。而石墨烯转移破损问题主要归因于 TRT 热释放过程中气泡的破裂，因此需要在 TRT 和石墨烯之间引入柔性的高分子聚合物，缓冲 TRT 气泡破裂产生的影响，抑制石墨烯的破损。

压敏胶带（pressure sensitive adhesive film, PSAF）是由有机硅和黏合剂构成的，通过调节有机硅和黏合剂的比例可有效调节压敏胶带的黏合力。PSAF 已经被用于辅助石墨烯的转移，并可以实现石墨烯与目标衬底的共形接触，进而实现 PSAF 与石墨烯的直接分离（图 5-14）。由于转移介质与石墨烯之间实现了直接机械分离，PSAF 转移后的石墨烯表面几乎没有污染物残留，转移后石墨烯载流子迁移率高达约 17700cm^2/(V・s)[40]。

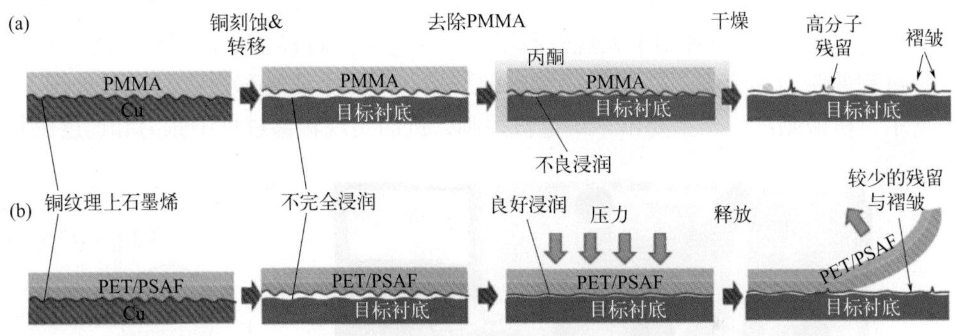

图5-14　传统PMMA（a）与压敏胶带（b）辅助转移石墨烯过程示意图[40]

然而，目前 PSAF 转移的主要问题是 PSAF 与石墨烯间黏合力较弱，无法基于 PSAF 辅助实现石墨烯与 Cu 箔之间的干法剥离，因此如何在转移过程中可控调节 PSAF 与石墨烯之间的黏附力，将是 PSAF 用于石墨烯批量转移的关键，值得进一步探索。

石墨烯转移过程主要涉及三个过程（石墨烯从生长衬底上剥离、石墨烯向目标衬底贴合、转移介质的去除）和三个界面（石墨烯 / 生长衬底、石墨烯 / 转移介质层、石墨烯 / 目标衬底）。为了实现高效、无损、洁净的石墨烯转移工艺，必须精确控制石墨烯的表界面状态，抑制转移过程中石墨烯的破损和褶皱的形成。以石墨烯从生长衬底的干法剥离转移为例，需要确保石墨烯与转移介质的作用力大于石墨烯与生长衬底的作用力。界面力的调节可以从转移介质分子的结构和组分优化与设计，以及干法剥离的作用力和速度调控来实现。以下将进行详细的介绍。

在选取和设计转移介质时，既要充分考虑其本身的性能（强度、模量、泊松比、热稳定性等），也必须关注其与石墨烯的相互作用（黏附力、掺杂水平等）。转移介质需要能与石墨烯形成共形接触，进而减少石墨烯转移过程中的破损，通常的做法是使用柔性聚合物作为转移介质，并利用聚合物的玻璃化转变，使得聚合物在石墨烯表面更好地铺展。然而，柔性转移介质的使用也需要确保转移介质的形变不要过大，这是因为转移介质的形变会传递给石墨烯，而石墨烯承受过多形变会产生裂纹和褶皱，因此需要选择合适柔性的转移介质。同时，转移介质应对石墨烯有较强的黏附力，才能实现石墨烯从生长衬底的干法剥离，以避免出现破损等问题。

另外，当石墨烯与目标衬底贴合后，需要将转移介质去除，为减少转移介质的残留，通常是通过转移介质与石墨烯的直接机械分离来提升石墨烯的洁净度。这就要求此时转移介质与石墨烯的相互作用力较小，而石墨烯与目标衬底的相互作用力较大。因此转移过程中，转移介质与石墨烯相互作用的可控调节是实现石墨烯与生长衬底、石墨烯与转移介质干法剥离的关键。

转移过程中剥离和贴合的张力与速度的选择也直接影响转移后石墨烯的质量。Li 等 [41] 开发了一种用于大规模石墨烯卷对卷干法转移系统，同时系统研究了转移过程的张力和速度对石墨烯完整度的影响。R2R 干法转移过程与装置如图 5-15 所示，机械剥离步骤主要由三个电机控制，进而实现转移过程中张力和速度的控制。

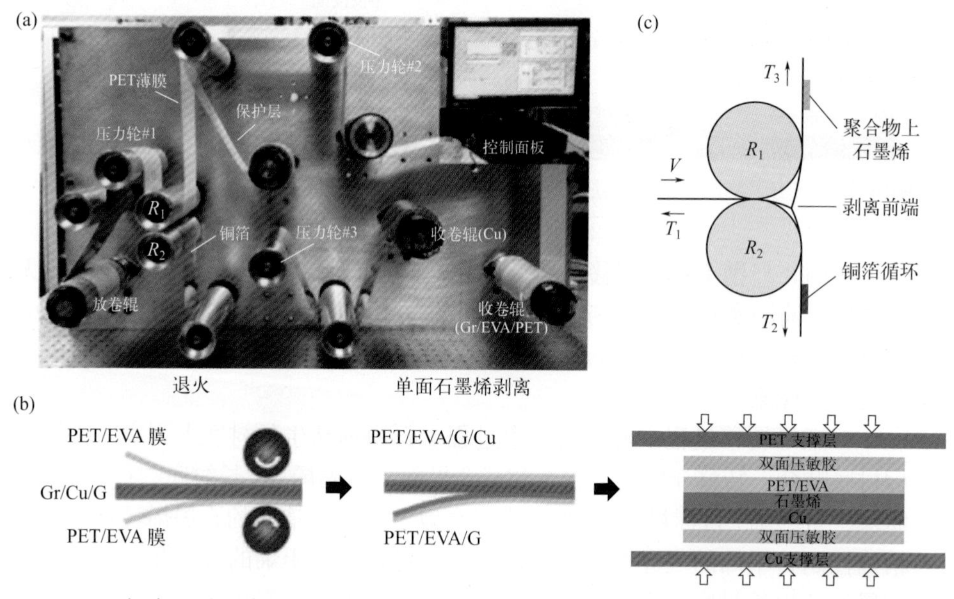

图5-15 （a）干法剥离转移系统实物图；（b）干法剥离转移过程示意图；（c）剥离压力和速度控制示意图[41]

如图 5-16 所示，干法剥离过程中，剥离的速度和张力都显著影响转移后石墨烯的质量。当剥离速度较低时，沿石墨烯剥离方向的面电阻与其他方向相比，测量值存在显著差异。而随着速度的增加，转移的石墨烯的质量更加均匀，即面电阻大小更加均匀。而当剥离的张力大小为15N时，石墨烯面电阻均匀性降低，这也意味着转移引起的石墨烯的破损和褶皱密度增加（图5-16）。这主要是由于在较高的剥离力下，转移介质层的形变较大，超过了石墨烯的应变承受极限，导致产生破损，而破损产生的位点，多为石墨烯缺陷和晶界处。

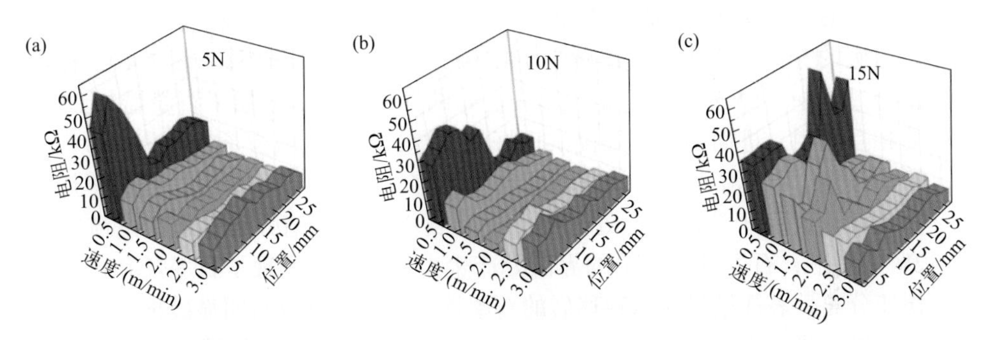

图5-16　剥离张力分别为5N（a）、10N（b）和15N（c）条件下石墨烯面电阻随剥离速度与位置变化的测试结果[41]

总之，转移过程中的张力和速度都会显著影响转移后石墨烯的质量。当剥离张力较小时，可以选择适当的剥离速度，以实现石墨烯的高完整度转移。然而，当剥离张力较大时，优化剥离速度已经不足以达到最佳剥离条件。

第四节 其他转移法

常见的石墨烯向目标衬底的转移是通过转移介质辅助完成的。通常会因为转移介质无法完全去除，导致石墨烯表面有污染物残留，影响转移后石墨烯的性能。因此，实现无需转移介质辅助的石墨烯向目标衬底的直接转移，可以避免转移介质去除时产生的不必要的污染。如理想情况下，目标衬底直接作为转移介质辅助支撑石墨烯转移，石墨烯与生长衬底分离后，则一步完成石墨烯向目标衬底的转移。通常情况下，石墨烯与目标衬底的相互作用较弱或者难以形成良好的共形接触时，往往需要在目标衬底和石墨烯之间涂覆聚合物起到结合石墨烯和目标衬底的作用。此类高分子聚合物通常具有良好的透光性和柔性，当石墨烯与生长衬底分离以后，无需去除聚合物，而直接在应用场景中使用。例如在石墨烯与柔性、透明 PET 衬底之间通过透明、柔性环氧树脂粘接，实现铜箔与石墨烯分离后，石墨烯 / 环氧树脂 /PET 的复合结构直接作为石墨烯基透明电极，用于柔性电子器件中。因此，在此类转移技术中，选择合适的聚合物黏结剂，并实现石墨烯与生长衬底的高完整度的分离是转移成功的关键。此类方法中，石墨烯与生长衬底的分离，通常也是通过电化学鼓泡分离和干法剥离实现的。

本书著者团队[21]通过以 EVA 为黏结剂，采用电化学鼓泡法实现石墨烯与铜箔衬底的分离，实现了石墨烯向 EVA/PET 衬底的直接转移（图 5-4）。在热层压贴合过程中，EVA 能与石墨烯形成良好的共形贴合，增加了石墨烯与 EVA 之间的相互作用，进而为石墨烯提供良好的支撑，显著地减少了鼓泡分离过程中石墨烯的破损。电化学鼓泡分离显著提升了转移的效率。具体来说，将石墨烯与铜箔分离的界面位于溶液液面处，用于提高石墨烯和铜箔分离界面的电流密度。在 2V 电压下，石墨烯与铜箔的界面处产生大量气泡，实现了石墨烯和铜箔衬底的快速分离。表征结果显示转移后的石墨烯表面洁净且没有明显破损。

进一步，本书著者团队[42]利用热水插层氧化方法减弱石墨烯与生长衬底的相互作用力，并以目标衬底 PET/EVA 作为转移介质支撑石墨烯，实现了石墨烯从生长衬底的直接干法剥离（图 5-17）。具体流程为：首先采用热辊压的方法将石墨烯 / 铜箔和 PET/EVA 衬底紧密贴合，然后将 PET/EVA/ 石墨烯 / 铜箔浸入到 50℃的热水中保持 2min 使得铜衬底充分氧化，最后通过机械力实现石墨烯和铜箔的分离，得到石墨烯 /EVA/PET 复合结构。该方法中石墨烯和铜箔的分离速度可高达 1cm/s。此外，该过程无刻蚀剂、碱液等废液的引入，是一种无损、洁净的转移方法。

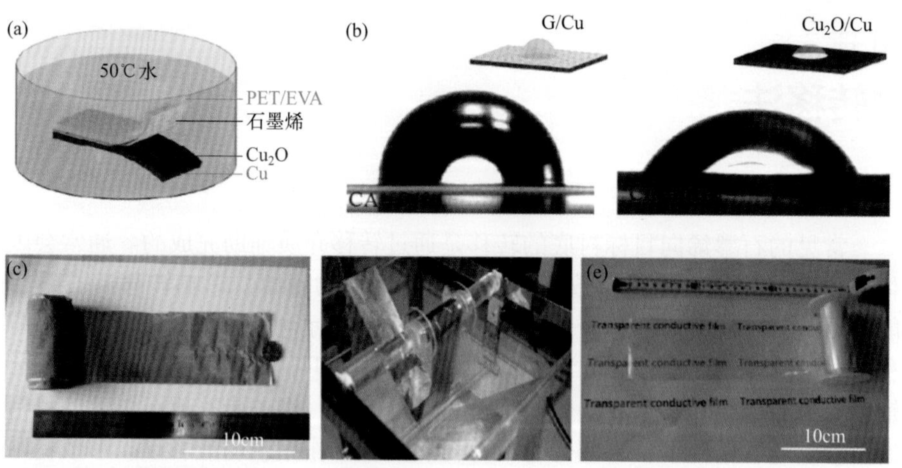

图5-17　石墨烯向PET/EVA衬底的直接转移[42]

（a）水插层氧化直接转移方法原理；（b）铜箔上石墨烯（G/Cu）及氧化亚铜表面的亲水性测试结果；（c）卷对卷工艺制备的成卷铜箔上的石墨烯薄膜；（d）卷对卷热水插层氧化、干法剥离石墨烯转移装置图；（e）转移后成卷的石墨烯 /EVA/PET 薄膜

环氧树脂也可以作为石墨烯与目标衬底之间的黏结剂。Kenneth 团队[43]系统研究了环氧树脂黏结剂辅助实现石墨烯向目标衬底直接转移的可行性。如图 5-18（a）和（b）所示，研究团队采用环氧树脂将硅衬底贴合到石墨烯 / 铜箔两侧，以实现石墨烯与铜衬底的直接剥离。实验表明，环氧树脂与石墨烯的黏附力受界面分离速度影响，这意味着石墨烯与铜衬底的分离速度在石墨烯直接剥离转移过程中起决定性作用。在较高的分离速度下，石墨烯与环氧树脂的相互作用会高于石墨烯与铜的相互作用，进而实现石墨烯与铜衬底的分离：当分离速度大于 25.4μm/s 时，可以将单层石墨烯从铜箔表面完全剥离；而当分离速度小于 25.4μm/s 时，则会导致环氧树脂优先与石墨烯分离。环氧树脂辅助转移的方法有望用于石墨烯卷对卷转移系统中，需要注意的是胶层的较长的固化时间可能是制约石墨烯剥离效率的关键。

以 PET/EVA 为目标衬底，美国得克萨斯大学奥斯汀分校的 Wei Li 团队[44]深入研究了转移过程中剥离速度、铜箔和聚合物薄膜分离角度与辊轴直径对转移的石墨烯完整度的影响。此外，他们额外设置了张力控制辊用于原位监测分离后 PET 膜的张力来抑制石墨烯 / 聚合物衬底的破损，以 0.2% 的伸长率作为衬底最大许用值，从而获得更为稳定的剥离效果。研究发现，剥离速度对剥离后石墨烯的完整度影响最为显著，而导辊直径、分离角度的影响较弱。薄膜剥离速度和石墨烯覆盖率呈线性正相关，这同样归因于剥离速度对石墨烯与 PET/EVA 相互作用的影响。

通过与石墨烯形成共价键来增加结合力，Walton 团队[45]提出了一种新颖的共价键干法转移技术。这里他们使用了一种叠氮化交联剂分子在石墨烯表面形成共价键，进而使石墨烯和目标衬底之间产生强结合力。由于这种共价键结合力远大于石墨烯和金属衬底间的相互作用，石墨烯可以通过干法剥离与金属衬底有效分离。共价键干法转移的具体流程如图 5-18（c）和（d）所示：首先对目标衬底聚合物表面进行等离子体活化和 $TFPA-NH_2$ 沉积处理；之后将处理的聚合物与石墨烯 / 铜箔在一定温度和压力下辊压贴合；最后，通过机械力将石墨烯从生长衬底干法剥离，得到石墨烯透明薄膜。需要指出的是，尽管共价键结合可以显著提升石墨烯与目标衬底之间的相互作用，但由于共价键的形成，石墨烯的导电、导热等性能显著降低。

尽管黏结剂的使用可以实现石墨烯向目标衬底的直接转移，但黏结剂保留在石墨烯和衬底之间，其自身会对石墨烯产生掺杂并引起石墨烯载流子的散射，降低了转移后石墨烯的性能，因此，此类转移工艺仅适用于部分石墨烯的应用场景。

石墨烯是单原子层材料，在转移过程中无法实现大面积自支撑，因此通常需要聚合物作为支撑材料来辅助转移。为避免聚合物残留，人们陆续发展了无聚合

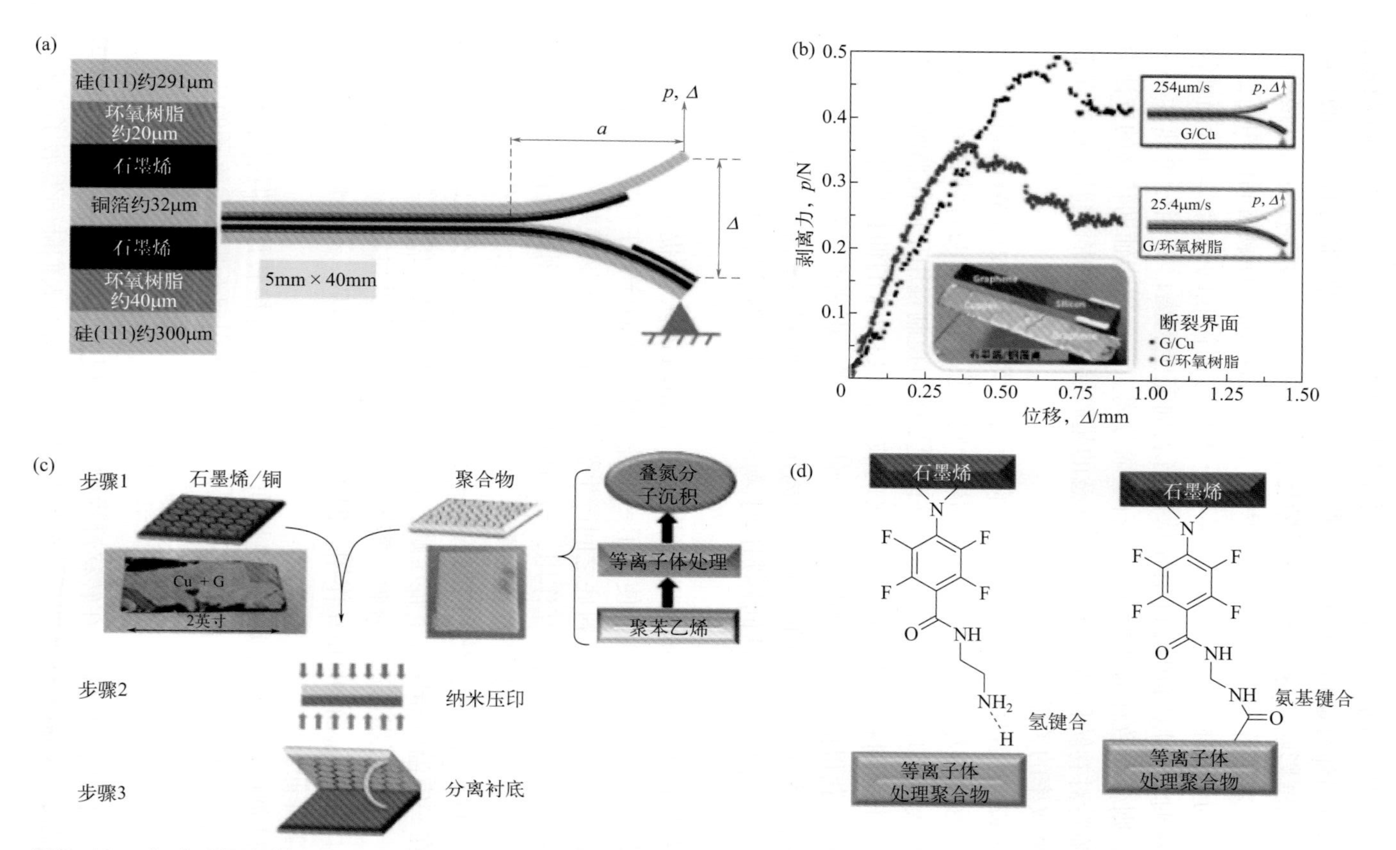

图5-18 （a）利用机械力实现石墨烯从铜箔表面干法剥离的转移流程示意图；（b）石墨烯/生长衬底间（黑色）和石墨烯/目标衬底间（红色）的作用力与剥离速度的关系；（c）基于叠氮化交联剂分子实现石墨烯向目标衬底直接剥离转移的流程示意图；（d）叠氮化交联剂分子与石墨烯和聚合物衬底间成键情况的示意图，左图为TFPA的氨基与等离子体处理的聚苯乙烯表面的羟基和羧基之间的氢键连接，右图为TFPA和等离子体处理的聚苯乙烯表面之间的共价键连接[45]

物辅助转移法，彻底解决聚合物污染的问题。

2010 年，加州大学伯克利分校 Willam Regan 等[46]提出了一种不引入高分子辅助转移的方法来制备洁净的悬空石墨烯。首先，将含有多孔碳膜的 TEM 金载网放置于石墨烯上，在载网上滴加异丙醇，当异丙醇挥发时，在液体表面张力的作用下，石墨烯和多孔碳膜紧密接触，进而在后续转移过程中为石墨烯提供支撑作用［图 5-19（a）］。石墨烯与 TEM 载网紧密结合后，再用刻蚀液将生长衬底铜刻蚀完全，并在去离子水中清洗，干燥后便得到了洁净的悬空石墨烯。在此基础上，本书著者团队[47]借助蠕动泵对石墨烯转移过程中表界面张力进行精细调控，选用与石墨烯浸润性良好的异丙醇梯度替换刻蚀剂，有效降低了转移过程中石墨烯的表界面张力，进而抑制了转移过程中石墨烯的破损［图 5-19（b）］。在此基础上，通过将两片洁净石墨烯 / 载网堆叠，通过石墨烯之间形成较强的 π-π 堆叠，可以有效封装液体，高效率制备出了尺寸在几纳米到几微米不等的石墨烯基液体反应池［图 5-19（c）］，并借助高分辨透射电子显微镜观察到了溶液中金纳米粒子的旋转、团聚、生长等行为。

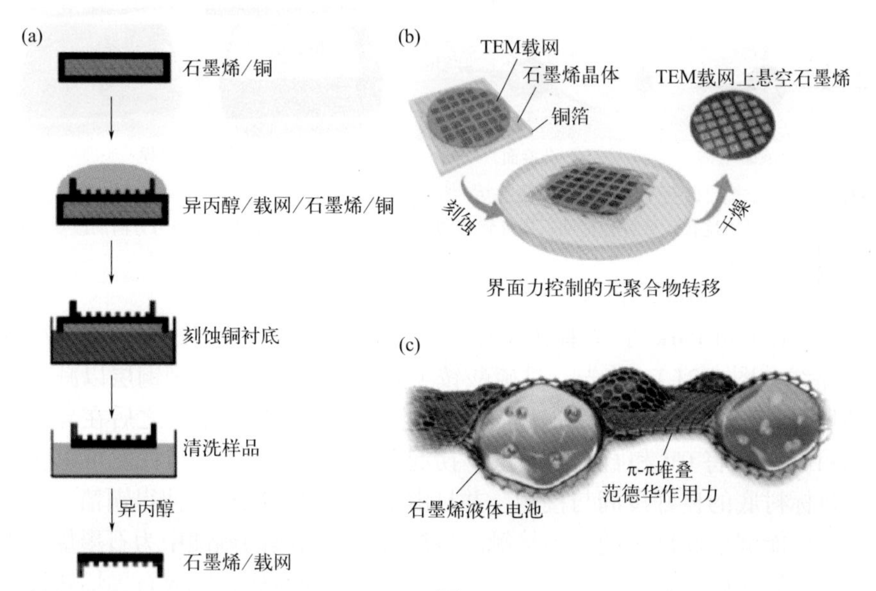

图5-19　无聚合物辅助转移石墨烯/载网[47]

（a）表界面张力调控制备悬空石墨烯的工艺流程图；（b）无聚合物辅助转移单晶石墨烯，构筑洁净、悬空石墨烯的示意图；（c）石墨烯基液体池的示意图

浙江大学赵沛和王宏涛研究团队[48]借助可挥发的正庚烷替代聚合物，利用抗皱剂等辅助手段进一步减少转移过程溶液表面张力对石墨烯的影响，进而实现了无聚合物转移介质辅助下的石墨烯向各种目标衬底的转移［图 5-20（a）］。抗

皱剂的主要成分是纤维素和聚酯的混合物，铜箔刻蚀过程中，抗皱剂可以暂时吸附在石墨烯上表面，使其膨胀，从而避免转移过程中石墨烯薄膜的皱缩变形。在铜箔刻蚀过程中，需要在石墨烯表面滴加正庚烷改变表面张力的方向，确保石墨烯薄膜在铜箔刻蚀完后能稳定漂浮在刻蚀剂溶液表面［图 5-20（b）］。此外，目标衬底从石墨烯上表面与石墨烯结合，而不是从下表面捞起石墨烯，可以最大限度地减少蚀刻剂溶液对石墨烯材料的影响，实现了完整 / 洁净转移石墨烯［图 5-20（c）］。这一方法可以将石墨烯转移至硬质衬底，如硅、石英和玻璃，也可以转移至柔性衬底，如 PDMS、聚苯乙烯（polystyrene）和 PET 等。

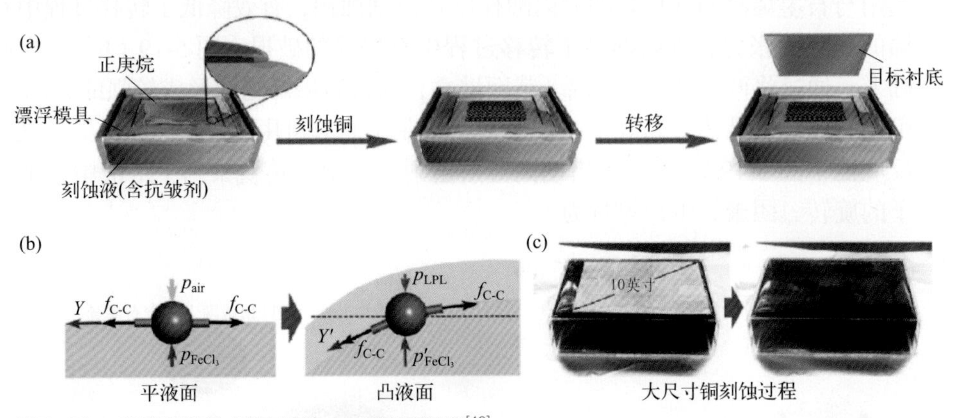

图5-20 表界面张力调控转移大面积石墨烯[48]

（a）借助可挥发的正庚烷替代聚合物辅助石墨烯转移的流程图；（b）正庚烷对表面张力方向的改变示意图；（c）转移后的大面积石墨烯

此外，Hamin Park 等 [49] 提出了用金属生长衬底作为转移过程中支撑层的转移技术路线（图 5-21）。首先，过硫酸铵（APS）溶液轻微蚀刻铜层以减小生长衬底的厚度，然后将石墨烯 / 铜倒置并移至异丙醇（IPA）中，之后在异丙醇溶液中用目标衬底将 Cu 和石墨烯叠层“捞起”，异丙醇的存在与挥发可以实现石墨烯和目标衬底的良好浸润与接触。并且由于铜层厚度减小，使得铜箔、石墨烯和目标衬底能够形成良好的共形接触。目标衬底在后续的刻蚀中为石墨烯提供支撑作用。最后用硫酸铵 - 异丙醇混合溶液完全刻蚀铜衬底，完成石墨烯转移。在铜蚀刻剂中加入少量 IPA 的目的是降低刻蚀液的表面张力，以防止石墨烯在此步骤中从目标衬底分离。

台湾大学 Chun-Wei Chen 研究团队 [50] 发展了一种不需要任何有机物支撑层或者黏结剂的石墨烯转移方法（图 5-22），他们将目标衬底置于酚醛树脂上，并使用静电发生器使目标衬底产生并积累足够的负电荷，之后提供一定的压力使石墨烯 / 铜与目标衬底利用较强的静电吸引力贴合在一起，然后用化学刻蚀的方法去除生长衬底，进而完成石墨烯向目标衬底的转移。在铜衬底刻蚀和样品清洗阶段，目标衬底对石墨烯起到辅助支撑作用，保证了石墨烯的高完整度。利用该方法可将石墨烯洁净转移至 SiO_2/Si 和 PET 等多种衬底上。

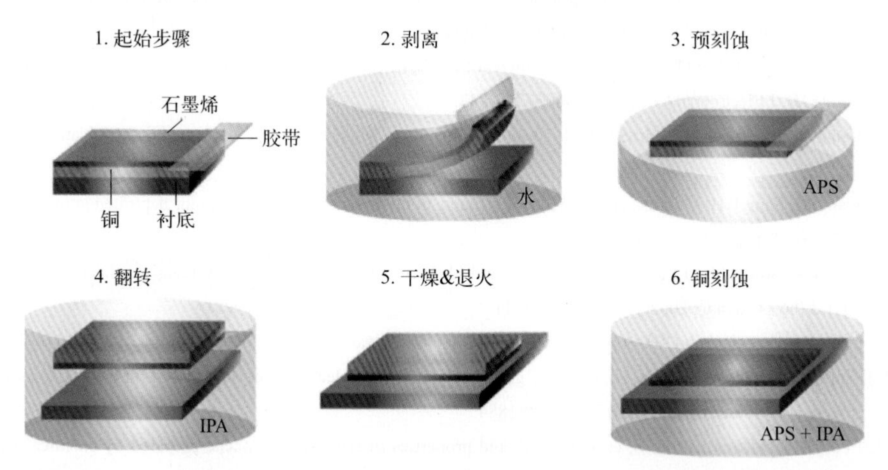

图5-21　借助铜作为支撑层的单层石墨烯的无聚合物辅助转移过程的示意图[49]

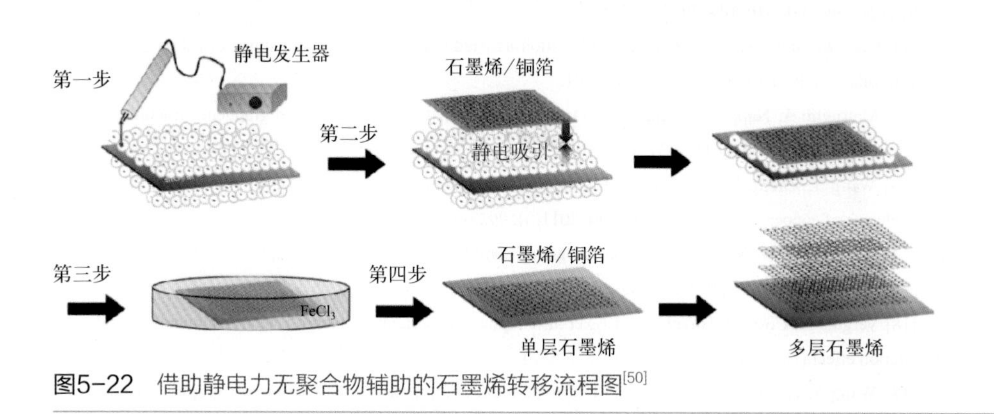

图5-22　借助静电力无聚合物辅助的石墨烯转移流程图[50]

参考文献

[1] Kim K S, Zhao Y, Jang H, et al. Large-scale pattern growth of graphene films for stretchable transparent electrodes [J]. Nature, 2009(457): 706-710.

[2] Li X, Cai W, An J, et al. Large-area synthesis of high-quality and uniform graphene films on copper foils [J]. Science, 2009(324): 1312-1314.

[3] Pirkle A, Chan J, Venugopal A, et al. The effect of chemical residues on the physical and electrical properties of

chemical vapor deposited graphene transferred to SiO_2 [J]. Appl Phys Lett, 2011(99): 122108.

[4] Kashyap P K, Sharma I, Gupta B K. Continuous growth of highly reproducible single-layer graphene deposition on Cu foil by indigenously developed LPCVD setup [J]. ACS Omega, 2019,4(2): 2893-2901.

[5] Ambrosi A, Pumera M. The CVD graphene transfer procedure introduces metallic impurities which alter the graphene electrochemical properties [J]. Nanoscale, 2014,6(1): 472-476.

[6] Yang X, Peng H, Xie Q, et al. Clean and efficient transfer of CVD-grown graphene by electrochemical etching of metal substrate [J]. J Electroanal Chem, 2013(688): 243-248.

[7] Liang X, Sperling B A, Calizo I, et al. Toward clean and crackless transfer of graphene [J]. ACS Nano, 2011(5): 9144-9153.

[8] Wang M, Yang E H, Vajtai R, et al. Effects of etchants in the transfer of chemical vapor deposited graphene [J]. J Appl Phys, 2018(123): 195103.

[9] Reina A, Son H, Jiao L, et al. Transferring and identification of single-and few-layer graphene on arbitrary substrates [J]. J Phys Chem C, 2008(112): 17741-17744.

[10] Lin Y C, Lu C-C, Yeh C-H, et al. Graphene annealing: how clean can it be? [J]. Nano Lett, 2012(12): 414-419.

[11] Sun H, Chen D, Wu Y, et al. High quality graphene films with a clean surface prepared by an UV/ozone assisted transfer process [J]. J Mater Chem C, 2017(5): 1880-1884.

[12] Park H J, Meyer J, Roth S, et al. Growth and properties of few-layer graphene prepared by chemical vapor deposition [J]. Carbon, 201(48): 1088-1094.

[13] Auchter E, Marquez J, Yarbro S L, et al. A facile alternative technique for large-area graphene transfer via sacrificial polymer [J]. AIP Adv, 2017(7): 125306.

[14] Chen M, Stekovic D, Li W, et al. Sublimation-assisted graphene transfer technique based on small polyaromatic hydrocarbons. Nanotechnology, 2017(28): 255701.

[15] Matruglio A, Nappini S, Naumenko D, et al. Contamination-free suspended graphene structures by a Ti-based transfer method [J]. Carbon, 2016(103): 305-310.

[16] Wang Y, Zheng Y, Xu X, et al. Electrochemical delamination of CVD-grown graphene film: Toward the recyclable use of copper catalyst [J]. ACS nano, 2011(5): 9927-9933.

[17] Gao L, Ren W, Xu H, et al. Repeated growth and bubbling transfer of graphene with millimetre-size single-crystal grains using platinum [J]. Nat Commun, 2012(3): 1-7.

[18] Verguts K, Coroa J, Huyghebaert C, et al. Graphene delamination using ‘electrochemical methods’: An ion intercalation effect [J]. Nanoscale, 2018(10): 5515-5521.

[19] Wang Y, Zheng Y, Xu X, et al. Electrochemical delamination of CVD-grown graphene film: Toward the recyclable use of copper catalyst [J]. Acs Nano, 2011(5): 9927-9933.

[20] Juang Z Y, Wu C Y, Lu A Y, et al. Graphene synthesis by chemical vapor deposition and transfer by a roll-to-roll process [J]. Carbon, 2010(48): 3169-3174.

[21] Deng B, Hsu P C, Chen G, et al. Roll-to-roll encapsulation of metal nanowires between graphene and plastic substrate for high-performance flexible transparent electrodes [J]. Nano Lett, 2015(15): 4206-4213.

[22] Shivayogimath A, Whelan P R, Mackenzie D M, et al. Do-it-yourself transfer of large-area graphene using an office laminator and water [J]. Chem Mater, 2019(31): 2328-2336.

[23] Luo D, You X, Li B W, et al. Role of graphene in water-assisted oxidation of copper in relation to dry transfer of graphene [J]. Chem Mater, 2017(29): 4546-4556.

[24] Luo D, Wang X, Li B W, et al. The wet - oxidation of a Cu (111) foil coated by single crystal graphene [J]. Adv

Mater, 2021(33): 2102697.

[25] Chen S, Brown L, Levendorf M, et al. Oxidation resistance of graphene-coated Cu and Cu/Ni alloy [J]. ACS Nano, 2011(5): 1321-1327.

[26] Zhou F, Li Z, Shenoy G J, et al. Enhanced room-temperature corrosion of copper in the presence of graphene [J]. ACS Nano, 2013(7): 6939-6947.

[27] Haugsrud R. The influence of water vapor on the oxidation of copper at intermediate temperatures [J]. J Electrochem Soc, 2001(149): B14.

[28] Yamamoto S, Andersson K, Bluhm H, et al. Hydroxyl-induced wetting of metals by water at near-ambient conditions [J]. J Phys Chem C, 2007(111): 7848-7850.

[29] Kim J, Park H, Hannon J B, et al. Layer-resolved graphene transfer via engineered strain layers [J]. Science, 2013(342): 833-836.

[30] Lee J, Kim Y, Shin H-J, et al. Clean transfer of graphene and its effect on contact resistance [J]. Appl Phys Lett, 2013(103): 103104.

[31] Kim J, Inns D, Sadana D K. Investigation on critical failure thickness of hydrogenated/nonhydrogenated amorphous silicon films [J]. J Appl Phys, 2010(107): 073507.

[32] Jang Y, Seo Y M, Jang H S, et al. Performance improvement of residue-free graphene field-effect transistor using Au-assisted transfer method [J]. Sensors, 2021(21): 7262.

[33] Song Y, Zou W, Lu Q, et al. Graphene transfer: Paving the road for applications of chemical vapor deposition graphene [J]. Small, 2021(17): 2007600.

[34] Luo D, You X, Li B W, et al. Role of graphene in water-assisted oxidation of copper in relation to dry transfer of graphene [J]. Chem Mater, 2017(29): 4546-4556.

[35] Chen T L, Ghosh D S, Marchena M, et al. Nanopatterned graphene on a polymer substrate by a direct peel-off technique [J]. ACS Appl Mater Interfaces, 2015(7): 5938-5943.

[36] Marchena M, Wagner F, Arliguie T, et al. Dry transfer of graphene to dielectrics and flexible substrates using polyimide as a transparent and stable intermediate layer [J]. 2D Mater, 2018(5): 035022.

[37] Li R, Zhang Q, Zhao E, et al. Etching- and intermediate-free graphene dry transfer onto polymeric thin films with high piezoresistive gauge factors [J]. J Mater Chem C, 2019(7): 13032-13039.

[38] Hong J Y, Shin Y C, Zubair A, et al. A rational strategy for graphene transfer on substrates with rough features [J]. Adv Mater, 2016(28): 2382-2392.

[39] Caldwell J D, Anderson T J, Culbertson J C, et al. Technique for the dry transfer of epitaxial graphene onto arbitrary substrates [J]. ACS Nano, 2010(4): 1108-1114.

[40] Kim S J, Choi T, Lee B, et al. Ultraclean patterned transfer of single-layer graphene by recyclable pressure sensitive adhesive films [J]. Nano Lett, 2015(15): 3236-3240.

[41] Hong N, Kireev D, Zhao Q, et al. Roll-to-Roll Dry Transfer of Large-Scale Graphene [J]. Adv Mater, 2022(34): 2106615.

[42] Chandrashekar B N, Deng B, Smitha A S, et al. Roll - to - roll green transfer of CVD graphene onto plastic for a transparent and flexible triboelectric nanogenerator [J]. Adv Mater, 2015(27): 5210-5216.

[43] Na S R, Suk J W, Tao L, et al. Selective mechanical transfer of graphene from seed copper foil using rate effects [J]. Acs Nano, 2015(9): 1325-1335.

[44] Hao X, Qishen Z, Dongmei C, et al. Roll-to-roll mechanical peeling for dry transfer of chemical vapor deposition graphene [J]. Journal of Micro & Nano Manufacturing, 2018(6): 031004.

[45] Lock E H, Baraket M, Laskoski M, et al. High-quality uniform dry transfer of graphene to polymers [J]. Nano Lett, 2012(12): 102-107.

[46] Regan W, Alem N, Alemán B, et al. A direct transfer of layer-area graphene [J]. Appl Phys Lett, 2010(96): 113102.

[47] Zhang J, Lin L, Sun L, et al. Clean transfer of large graphene single crystals for high - intactness suspended membranes and liquid cells [J]. Adv Mater, 2017(29): 1700639.

[48] Zhang X, Xu C, Zou Z, et al. A scalable polymer-free method for transferring graphene onto arbitrary surfaces [J]. Carbon, 2020(161): 479-485.

[49] Park H, Park I-J, Jung D Y, et al. Polymer-free graphene transfer for enhanced reliability of graphene field-effect transistors [J]. 2D Mater, 2016(3): 021003.

[50] Wang D Y, Huang I S, Ho P H, et al. Clean - lifting transfer of large - area residual - free graphene films [J]. Adv Mater, 2013(25): 4521-4526.

第六章

蓬勃发展的石墨烯产业

石墨烯材料自2004年一经发现，便得到了产业界的关注。石墨烯的发现获得2010年诺贝尔物理学奖后，石墨烯更成为产业界竞相追逐的宠儿，掀起了延续至今的“石墨烯热”[1-2]。石墨烯的制备在近二十年里已经取得了长足的发展，目前市场上已经有了多种不同类型的石墨烯材料，从石墨烯粉体[3-6]、石墨烯薄膜[7-13]到石墨烯纤维[14-17]。而石墨烯的应用也已经涵盖了诸多领域，从锂离子电池导电添加剂到电暖画和大健康产品，从重防腐涂料到手机散热膜，从高灵敏传感器到透明天线，一个个石墨烯产品走向市场。作为古老碳材料家族产业树的一根新枝，产业界给予了石墨烯产业前所未有的期待。本章将详细论述石墨烯产业的发展现状与发展趋势，并详细讨论我国石墨烯产业存在的问题，并提供可行的解决方案。

第一节
全球石墨烯产业现状

据不完全统计，近二十年来，已有80多个国家和地区布局石墨烯及相关产业[18-19]。其中，欧盟和英国、美国、日本、韩国、新加坡等发达经济体均对石墨烯相关的基础研究和产业进行大力资助，以期刺激新兴产业发展，实现石墨烯产业的突破。各国石墨烯产业表现出不同的特点：美国和欧洲处于石墨烯研究和产业发展的第一梯队，重点布局石墨烯集成电路、硅光通信等未来高技术领域，尤其是欧盟启动“欧盟石墨烯旗舰计划”，重点支持石墨烯在电子器件、光通信等领域的基础研究和早期产业探索。我国位列石墨烯产业发展的第一梯队，在石墨烯粉体材料、石墨烯薄膜材料以及特种石墨烯材料的规模化生产和市场化应用方面走在国际前列。石墨烯产业发展的第二梯队国家，包括韩国、澳大利亚、日本等，与第一梯队国家相比差距并不明显，在石墨烯材料制备和应用探索方面也各具特色，尤其是在石墨烯材料的批量制备技术和装备研发方面，各个国家均有重点布局。目前石墨烯处于大规模产业化制备与应用的前夜，其巨大的产业机会与商业价值正吸引各国针对石墨烯应用开展系统且深入的工作。总体而言，各国根据自身的特点和优势，在重点应用领域努力推进石墨烯的产业化。下面概要介绍各个国家、地区石墨烯产业发展现状。

早在2008年，美国就开始在国家层面组织开展石墨烯相关研究，投资力度较大，石墨烯产业化和应用进程因此相对较快。2006～2011年，美国国家自然科学基金和国防部立项支持了近200个石墨烯项目，包括石墨烯超级电容器应用、石墨烯等纳米碳材料连续大规模制备以及下一代超高速、低耗能的石墨烯晶体管等项目。美国的石墨烯政策主要由美国国家自然科学基金主导，坚持集中、持续性的直接投入，尤其针对基础性、战略性、前沿性的研究，在产业应用方面侧重于石墨烯材料规模化制备、集成电路、芯片、传感器、光电器件、医疗健康等高端领域。美国石墨烯产业的产业链相对完整，从制备和应用研发，到下游应用均有涉及。其产业主体以大型企业牵头，包括 IBM 公司、英特尔公司、波音公司、福特公司等具有较强研发实力的大型企业，以及一些以石墨烯为核心业务的中小型企业，例如美国纳米技术仪器公司、沃尔贝克公司等。企业与科研院所关系紧密，高校科研院所的科技成果可以在企业得到较快转化。美国的石墨烯产业得到了军方的大力支持，国防部（DOD）、空军研究实验室（Air Force Research Laboratory）以及国家航空航天局（NASA）等对石墨烯领域进行了大量政策与资金的支持。

欧洲是石墨烯新材料的发源地，欧洲人也希望成为石墨烯产业的引领者。一个重要的举措是启动“欧盟石墨烯旗舰计划”，十年总投资 10 亿欧元，于 2013 年 10 月正式实施，涵盖 23 个国家的 150 多个学术和工业团体。近年来，石墨烯旗舰计划在产品应用研发上取得较大突破，例如石墨烯光子芯片、石墨烯超级电容器、面向汽车工业的石墨烯透明电极等。

英国曼彻斯特大学是石墨烯新材料呱呱坠地的场所，也是世界上最早成立石墨烯专门研究机构的地方。2015 年 3 月，英国国家石墨烯研究院（NGI）在曼彻斯特大学启航。2018 年 12 月，曼彻斯特大学又成立了石墨烯工程创新中心（GEIC），基础与应用并举，矢志确保石墨烯产业的领头羊地位。欧盟认为石墨烯材料有可能代替硅成为未来信息技术的基础材料，从长期看可能同钢铁、塑料等一样重要。欧盟石墨烯旗舰计划所布局的十三个领域，除了石墨烯制备和能源、复合材料外，基本以通信、电子信息、医疗健康、仪器设备、可穿戴设备等领域为主，与美国的研究方向大体一致。欧盟范围内有较多与石墨烯相关的政策与资金布局，启动了石墨烯旗舰（the Graphene Flagship）计划、第七框架计划（Seventh Framework Programme, FP7）等知名度很高的研究计划。在产业主体方面，欧盟约有 70 家公司涉及石墨烯的研发与产业化应用，其中包括诺基亚、巴斯夫、拜耳、Aixtron 等大型公司，以及众多小型专业化石墨烯企业，如 Emberion、Graphenea、BeDimensional、Grapheal、Payper 等，产业主要分布于英国、德国、法国、西班牙等地。欧洲石墨烯产品的定制化设计和服务、石墨烯规模化制备装备研发等均走在世界前列。

日本、韩国的石墨烯产业发展特点为产学研结合紧密。日本的碳材料产业基础较好，对于石墨烯研究的开展也较早。研究主体主要包括东北大学、东京大学、名古屋大学等在内的多所知名大学；产业主体主要包括日立、索尼、东芝等众多知名企业。研究领域集中于石墨烯薄膜、新能源电池等；产业化方向主要集中于电子信息行业与化工行业，产业化领域包括石墨烯批量合成技术、传感器、透明导电薄膜、锂离子二次电池等。韩国是石墨烯研究与产业化发展最为活跃的国家之一。韩国贸易、工业和能源部制订的 2014 ～ 2018 年产业技术开发战略中，将石墨烯材料与器件的商用化作为未来五大产业领先技术开发计划中的重要内容。韩国对于石墨烯也有较多政策支持。成均馆大学、韩国科学技术院等是石墨烯研发方面的代表性机构，三星、LG 公司等大企业在石墨烯材料产业化方面担负着引领者的角色。其中三星公司重点围绕电子器件、光电显示、新能源等领域开展石墨烯全产业链的布局，保证了其在石墨烯柔性显示、触摸屏、芯片等领域的竞争优势。三星公司是韩国石墨烯产业的领头羊，也是韩国石墨烯新材料产业发展的优势所在。

第二节 中国石墨烯产业现状

一、地区发展现状

中国是石墨烯新材料产业的全球引领者，在国家政策支持和资金扶助下，以东部沿海地区为先导，全国超过 20 个省市先后布局石墨烯产业，如雨后春笋般不断递增，涉及石墨烯研发、制备、销售、应用、技术服务等多个方面。统计数据显示，中国的石墨烯相关企业数量仍在快速增长之中，且呈燎原之势，初步形成了以长三角、珠三角和京津冀为聚合区，多地分布式发展的空间格局。随着政策、环境的不断优化，技术进步、商业化和投资力度的不断加大以及中美贸易战和“一带一路”建设等国际因素的影响，中国石墨烯产业发展总体向好，有着巨大的发展前景。

中国已成为全球石墨烯研究和应用开发最为活跃的国家之一，石墨烯产业化飞速发展。目前，各省、自治区、直辖市已成立石墨烯产业园 37 个、石墨烯产业创新中心 13 个、石墨烯产业联盟 13 个、石墨烯研究院 98 个，实际开展石墨烯业务的企业达 3100 多家。目前，中国石墨烯产业区域分布呈现出东部沿海地区高度集中的态势，其中以长三角、珠三角和京津冀三个集合区为代表。《中国石墨烯产业发展竞争力指数（2021）》从发展环境、产业发展、创新能力等石墨烯产业发展的三个关键指标，对我国31个省（区、市）石墨烯产业发展水平、层次和特点进行了系统评估分析，指出了当前我国石墨烯产业发展的“一核两带多点”空间分布格局。

“一核”是以北京为核心，集聚了一大批石墨烯核心技术研发力量，成为中国石墨烯产业发展的重要引擎。北京拥有无与伦比的智力资源，集聚了20多个高水平石墨烯研究团队，分布在北京大学、清华大学、中国科学院化学所、国家纳米科学中心、北京航空材料研究所、北京理工大学、北京化工大学、中国科学院物理所等高校和科研院所。尤其需要强调的是，北京市政府高度重视石墨烯新材料产业。2016年10月25日，北京市批准成立新型研发机构“北京石墨烯研究院”，打造全球领先的石墨烯新材料研发平台，由北京大学牵头建设。2016年11月，中关村石墨烯产业联盟成立，汇聚了国内知名高校、科研机构、重点应用及投资企业，积极推进石墨烯材料研发与成果转化的产学研协同创新工作。2017年4月11日，北京石墨烯产业创新中心在中国航发集团北京航空材料研究院揭牌成立；同年11月16日，“北京石墨烯产业创新中心专家委员会成立大会”召开。2018年10月25日，经过两年的基础建设，北京石墨烯研究院正式扬帆起航，现已成为全球规模最大、最具影响力的石墨烯新材料研发机构。北京石墨烯研究院推出“研发代工”新型产学研协同创新模式，积极推动与产业界的实质性合作，已与相关企业和科研院所建立多个研发代工中心、4个特种领域联合实验室和4个协同创新中心。一批具有国际领先水平的研发成果陆续走向市场，4英寸单晶石墨烯晶圆、A3尺寸石墨烯薄膜、超洁净石墨烯薄膜、超级石墨烯玻璃、蒙烯玻璃纤维等已成为石墨烯材料市场的明星。在石墨烯产业化过程中，北京市涌现出一批代表性企业，包括北京北方国能科技有限公司、北京绿能嘉业科技有限公司、北京碳世纪科技有限公司、北京旭碳新材科技有限公司等。

“两带”是指东部沿海地区和黑龙江 - 内蒙古地区。东部沿海地区石墨烯产业带包括山东、江苏、上海、浙江、广东、福建等地。这条产业带汇聚了目前我国石墨烯产业发展最早且最为活跃、下游应用市场开拓最为迅速的石墨烯企业，已经形成了石墨烯制备装备制造、石墨烯材料生产、下游应用，以及科技服务等产业链上中下游协同发展的产业格局。其中，江苏、上海、浙江构成的中国第一大经济区，即长江三角洲，是中国最具发展潜力的经济板块。由于优越的地理位置、便利的交通和雄厚的经济实力及有力的政策扶持，据不完全统计，企业数量累计已超过2500家。黑龙江 - 内蒙古地区石墨烯产业带的特点在于资源优势，拥有国内一半以上的石墨资源储量。因此，聚集了一批从事从石墨矿资源开发到石墨烯材料制备和产业应用的石墨烯企业，其中代表性的企业有哈尔滨万鑫石墨谷有限公司、宝泰隆新材料有限公司等。相对而言，该地区的石墨烯产业起步较晚，研发力量不足，发展速度相比东部沿海地区较慢。

“多点”是指重庆、四川、广西、湖南、陕西等呈分散状态，但具有一定特色和优势的地区。重庆地区的石墨烯产业发展较早，是国内率先拥有石墨烯单层薄膜量产工艺的地区，在石墨烯薄膜规模化制备以及高端应用方面具有优势。四川省石墨烯产业总体上发展势头较好，具备了进一步快速发展的基础和条件，但目前石墨烯产业相对较为分散，多数企业仍处于研发阶段，石墨烯原材料制备和规模化生产能力有待提高。在全国石墨烯产业大盘中，广西石墨烯产业还处于弱势地位，尚未形成特色和影响力，因此需要结合地方产业特色和优势。除了诸多共性问题外，人才队伍缺乏、创新能力不足是该区域有待解决的问题。陕西省拥有储量巨大的石墨矿产资源，如何有效开发和深加工助力石墨烯产业的发展也是需要解决的问题。湖南省从事石墨烯科研和产业化的团队较少，尚未形成成熟的区域性石墨烯产业链，缺少规模化的石墨烯产业创新平台或有效载体。重庆、四川、广西、湖南和陕西区域可以充分发挥产业载体的赋能作用，借助地方的资源优势和产业优势，推广石墨烯特色应用技术，助力地方传统产业的转型升级，实现地方传统产业的特色发展。利用资源优势、政策优势或者局部人才优势，这些地区也有可能成为中国石墨烯产业的重要组成部分，甚至新的增长极。

二、产业规模与产业链分布

近十年来，中国石墨烯研究及相关产业在国家政策的引导、投资项目的助推、企业转型的迫切需求的三重动力促进下发展迅速，石墨烯材料规模化生产能力提升尤为显著。石墨烯产品主要为石墨烯粉体、石墨烯薄膜和石墨烯纤维。石墨烯粉体主要应用于防腐涂料、锂离子电池、超级电容器、导热塑料、消费电子散热片等行业；石墨烯薄膜主要在导热膜、柔性显示器、传感器、集成电路等行业有广阔的应用前景；石墨烯纤维则有望用于多功能纺织品、电力电缆、能量收集设备、可穿戴超级电容器和神经微电极等领域。目前，我国石墨烯粉体和石墨烯薄膜已经实现量产。2013 年以来，石墨烯粉体材料生产能力不断提升，产能从 2013 年的 201t，到 2015 年的 502t，再到 2017 年的 1400t，一步一个台阶，目前产能已达 15000t/a。随着手机散热膜市场的开拓，石墨烯粉体材料的产能还将迅速增加。在 CVD 石墨烯薄膜的规模化生产方面，我国也处于全球领先地位。国内目前至少有三条规模化 CVD 石墨烯薄膜生产线已经建成，2015 年产能 19 万平方米，2017 年跃升到 350 万平方米，目前已达 650 万平方米。

目前，我国石墨烯产业已形成新能源、涂料、大健康、复合材料、节能环保和电子信息为主的六大市场化领域，其中新能源领域占绝对优势，占比达 71.43%。其次是涂料领域，占 11.43%。大健康产品是中国石墨烯产业的另一大亮点，市场份额占了 7.14%。此外，石墨烯复合材料也占很大的份额，达到 7.14%，与大健康产品持平。石墨烯产业虽然得到了快速发展，但是存在诸多问题，如低水平重复建设、上下游脱节、对于未来高精尖产业的拉动能力有限以及资本市场炒作等。我国石墨烯的规模化生产技术、工艺装备和产品质量均取得了一定突破，尽管仍然存在诸多挑战性的问题，但中国石墨烯产业的发展速度和所取得的成绩是毋庸置疑的。石墨烯行业在发展初期面临诸多不确定因素，在石墨烯产业版图未完全显现之前，专注于研发创新制备技术和布局高端应用市场才是占据产业制高点的硬道理。

据 CGIA Research 统计，中国石墨烯产业的市场规模在 2015 年约为 6 亿元，2016 年达到 40 亿元，2017 年为 70 亿元，到 2018 年我国石墨烯产业规模约为 111 亿元规模，年均复合增长率超过 100%。从 2019 年开始，石墨烯产业进入快速平稳发展期，增速有所降低。由于疫情影响，2020 年石墨烯市场增速有所下降，市场规模达到 126 亿元（图 6-1）。需要指出的是，这些只能作为参考，定义方式和统计方式不同，差别很大。截至 2020 年 6 月底，在工商部门注册的石墨烯相关企业及单位数量达 16800 家，石墨烯市场规模持续增加。虽然中国石墨烯产业正在蓬勃发展，各个领域均有涉及，但真正体现石墨烯特性的应用尚不明确，创新渠道转化不畅，因此石墨烯产业整体上正处于实验室研究到产业转化的初级阶段。随着石墨烯关键技术的不断突破和下游应用的不断成熟，预计石墨烯产业市场规模将继续扩大，产业发展也将更加理性。

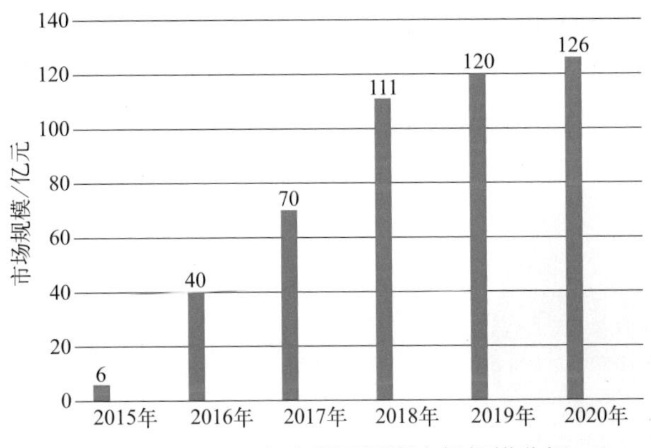

图6-1　2015～2020年中国石墨烯市场规模分析

2010 年以来，中国石墨烯企业数量呈现快速增长态势（图 6-2）。2015 年后速度明显进一步加快，例如 2016 年新增 1235 家，同比增长 32.1%；2017 年净增 1541 家，同比增长 30.3%；2018 年更是新增 3316 家，同比增长 50.1%，这种势头似乎还在继续。截至 2020 年 2 月，在我国工商、民政等部门注册的石墨烯相关单位数量达到 12090 家，从事研发的企业数量超过 1/4，下游应用企业数量达到16%（图6-3）。我国在低成本、规模化制备石墨烯材料的技术和工艺上已逐渐走在国际前列。同时以石墨烯导电剂、石墨烯电热膜、石墨烯涂料和石墨烯润滑油等为代表的终端产品也逐步走进人们的生活当中。我国石墨烯产业链雏形显现。需强调的是，在上万家石墨烯企业中，绝大部分是民营小微初创企业，央企、国企以及其他大型企业的参与度较低。

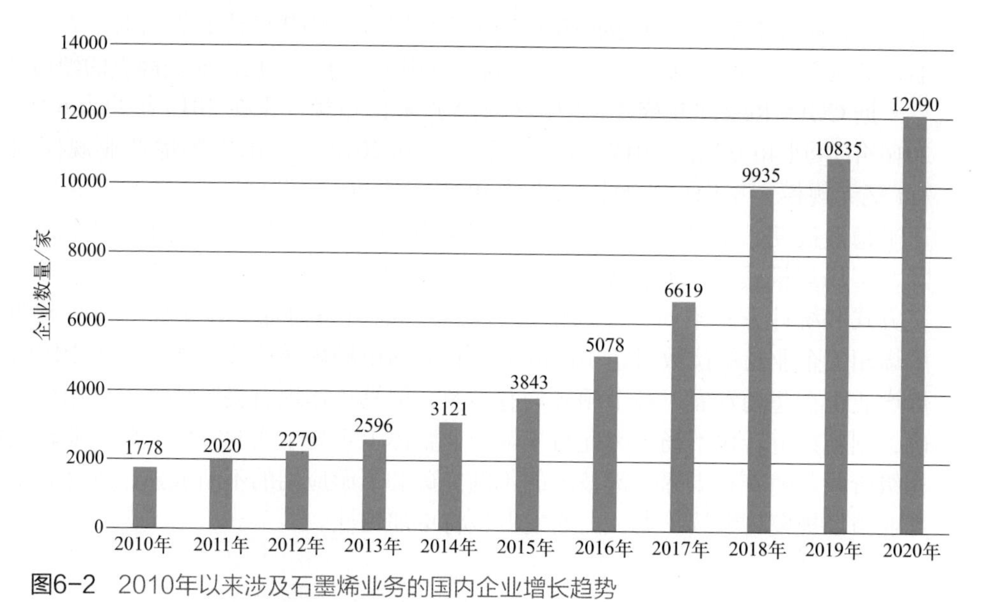

图6-2　2010年以来涉及石墨烯业务的国内企业增长趋势

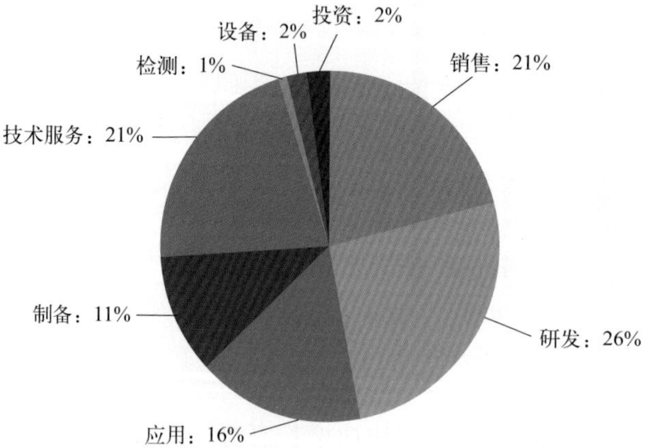

投资：2%
设备：2%
检测：1%
销售：21%
技术服务：21%
制备：11%
研发：26%
应用：16%

图6-3　我国石墨烯各产业链企业数量分布情况

总体上讲，中国石墨烯产业已经形成了较为完整的全产业链布局。制备决定未来，石墨烯材料的规模化制备是未来石墨烯产业的基石。如前所述，中国以北京石墨烯研究院为代表的研发机构和企业在石墨烯材料规模化制备方面已处于国际领先地位，无论从产能上还是从材料工艺和装备研发上，都已得到国际同行们的高度认可。目前从事石墨烯制备业务的企业超过300家，产品已实现从石墨烯粉体、氧化石墨烯，到CVD石墨烯薄膜和单晶晶圆的全覆盖。石墨烯应用产品研发吸引了更多企业的关注，数量超过600家，覆盖了新能源、防腐涂料、大健康、电子信息、复合材料、节能环保等广阔的应用领域。在中低端产品开发方面，与国际上基本同步甚至微弱领先。但是在中高端产品研发上，我国的关注度远远不够，投入更是严重不足，亟待加强。此外，对石墨烯产业发展不可或缺的服务支撑平台建设也在同步跟进，包括公共测试平台、产业孵化器、标准制定以及产业基金等，仍需进一步完善石墨烯全产业链体系。

第三节 石墨烯产业发展趋势

石墨烯产业经历了近二十年的发展，无论从材料制备还是下游应用都实现了长足的发展和进步，然而目前来看石墨烯产业一定程度上也进入了瓶颈期。科技成果转化为商品并最终走向市场，一般需要经历以下几个阶段：基础研究—演示性产品（小试）—示范生产线（中试）—规模化生产—商品化及市场推广。回溯我国石墨烯产业的发展历程，目前总体上仍处于从实验室研究向产业转化的初级阶段，与世界基本同步。这是一个最基本也是最重要的战略判断，不能盲目炒作，更不能操之过急。如果参照Gartner技术成熟度曲线来解析石墨烯产业发展的现状，目前仍处于“期望顶峰”稍过一点的阶段，并且有滑向“泡沫谷底期”的风险。从无限期望、逐渐失望到甚至绝望，这是高新技术领域常常遇到的信任危机，近年来的石墨烯热带火了一批中小型石墨烯企业，甚至形成了石墨烯淘金潮，然而缺乏关键技术支持、关键材料支持，这种“短平快”的石墨烯产业无法实现良性、可持续的发展。不可否认，目前的石墨烯新材料研究已经从基础研究阶段为主，逐渐转向技术研发、应用转化为主，部分领域产业化推进很快，但必须重视有可能很快到来的期望和信任危机。在此阶段，尤其需要国家意志、企业远见以及行业内的坚持和不懈努力。

要在明晰石墨烯产业发展趋势的基础上，把握石墨烯的产业脉搏，积极调整石墨烯产业结构，应对石墨烯产业的信任危机。结合中国石墨烯产业的区域分布特点，各区域联动发展，优势互补，形成合力。

首先，对于石墨烯产业来说，制备决定未来，材料是石墨烯产业的基石，没有规模化制备技术的突破，就没有石墨烯产业的未来。2018 年，新加坡国立大学 A. H. Castro Neto 和诺贝尔奖获得者 K. S. Novoselov 在《先进材料》（*Advanced Materials*）上发表文章[20]，系统地分析了来自亚洲、欧洲和美洲 60 家公司的石墨烯样品，明确指出大多数公司正在生产的并不是真正的石墨烯（层数少于 10 层），而是石墨片（层数大于甚至远大于 10 层），并且大多数公司样品中石墨烯的含量低于 10%，没有任何一家石墨烯样品的 sp^2 杂化碳成分含量超过 60%，也几乎没有单层的高质量石墨烯。应该说，这就是石墨烯粉体材料规模化制备的现状，不容乐观，充满挑战。

满足石墨烯产业良性发展，拓宽下游应用市场的关键在于，性能稳定和可重复的石墨烯材料批量制备技术，然而这方面仍面临巨大的挑战。不同厂家生产的石墨烯粉体材料基本没有可比性，不同技术路线获得的石墨烯材料更不具备可比性，甚至不同批次的稳定性也无法保障。显而易见，这种批量制备水平的现状是导致国内石墨烯产业乱象的根本原因，必须引起高度重视。

但是需要指出的是，石墨烯材料的质量提升是一个循序渐进的过程，需要不懈的努力和追求极致的工匠精神。目前来看，石墨烯材料的研发需要三个团队进行联动推进，密切合作，即基础研究团队、工艺研发团队、装备制造团队。三个团队的密切协同是推动石墨烯材料的规模化、工程化、产业化的关键所在。其中基础研究团队决定石墨烯制造的硬实力，极为关键；而工艺研发团队决定了基础工艺放大后产品的性能及可重复性。石墨烯产品的性能稳定性体现在规模化工艺上，而规模化制造工艺又依赖于装备制造。装备是决定成败的关键，材料制造装备将决定未来石墨烯材料产业的竞争力。

石墨烯下游应用的拓展，是推动石墨烯持续发展的原动力。现阶段，对于绝大多数的应用技术产品，石墨烯仅仅是“味精”而已，甚至是可有可无的存在，并没有真正发挥出其本征的、独特的性能。真正意义上的战略性新兴材料有两种表现形式：或者创造全新的产业，或者给现有产业带来变革性的飞跃，石墨烯材料有望兼而有之。前已述及，中国石墨烯产业的关注重点与国外有很大的差别，似乎不在一个频道上。我们只关注现在，导电添加剂、涂料、大健康是代表性的三大件；而国外更关注未来，可穿戴和物联网器件、高性能电子和光电子器件、新一代复合材料等。这些未来型的应用产品才能够真正体现石墨烯的优异特性，真正形成“杀手锏级”的竞争力。从基础研究出发，加大投入力度，坚持不懈地创新创造，是避免产生新的“卡脖子”问题、引领全球石墨烯高科技产业竞争的不二路径。

目前石墨烯材料由于其材料制备的成本和性能稳定性等问题，无法替代现有的已经实现规模化生长和应用的材料。因此探索石墨烯材料的“杀手锏级”应用，形成未来石墨烯产业的核心竞争力，需要原创性的创新，打破固有的思维方式。例如单原子厚度的石墨烯无法自支撑，其实际应用需要支撑载体。这些载体可以是工业上广泛应用的传统材料。将石墨烯通过高温沉积过程与传统材料复合，有望极大地改善传统材料的性能，形成一加一大于二的效果。由此，原子级厚度的石墨烯材料可以搭乘传统材料载体走进市场，实现石墨烯下游应用的突破。

石墨烯产业的良性发展需要制定详细的产业标准和产品规范。标准的建设和完善在产业发展中至关重要，能从根本上抑制产业乱象、鱼龙混杂的局面，并促进石墨烯产业的健康发展。石墨烯相关制备、检测和应用属于纳米科技的范畴，这方面国际上最有影响力的官方组织是国际标准化组织纳米技术委员会（ISO/TC 229 Nanotechnologies），以及电工产品与系统纳米技术委员会（IEC/TC 113 Nanotechnology for electrotechnical products and systems）。ISO/TC 229 有 34 个成员国，IEC/TC 113 有 16 个成员国，中国均为成员国，由全国纳米技术标准化技术委员会（SAC/TC 279）作为对口单位，统一管理协调中国参与 ISO/TC 229 和 IEC/TC 113 的各项标准化工作。现在 ISO/TC 229 已发布 5 个石墨烯相关标准，在研项目 6 个。IEC/TC 113 已发布 1 个石墨烯相关标准，在研项目 28 个。我国石墨烯标准化工作得到了国家有关部门的大力支持。石墨烯术语及定义属于该领域首批四项国家标准计划项目之一。2018 年 12 月，国家标准《纳米科技　术语　第 13 部分：石墨烯及相关二维材料》（GB/T 30544.13—2018）发布这是我国第一个石墨烯国家标准，为石墨烯的生产、应用、检验、流通、科研等领域提供统一技术用语的基本依据，是开展石墨烯各种技术标准研究及制定工作的重要基础及前提。此标准规定的术语及定义与国际标准 ISO/TS 80004-13: 2017 保持一致，与国际国内广泛共识完全吻合。

这个国家标准首次明确回答了石墨烯上下游相关产业共同关注的核心热点问题：什么是石墨烯？什么是石墨烯层？石墨烯最多可以有几层？双层 / 三层 / 少层石墨烯是不是石墨烯？氧化石墨烯最多可以有几层？还原氧化石墨烯最多可以有几层？什么是二维材料？其内容不仅充分考虑了国内各界的意见和建议，同时也与国际标准保持一致。

标准建设不能脱离石墨烯材料制造的现状和石墨烯下游应用的具体要求，既要参考国际上石墨烯产品的标准规范，也要参考传统材料规范制定的原则，结合石墨烯材料的现状，积极制定产业规范，对产品制造和下游应用形成良好的指导作用。

科技型产业的发展离不开知识产权体系的完善和标准建设。对于石墨烯产业的发展更是如此。自 2010 年以来，全球范围内围绕着石墨烯新材料的专利申请呈现出高速增长态势，中国目前已成为全世界拥有石墨烯专利最多的国家。但是专利的分布仍然存在着一些问题。同时，随着石墨烯产业的快速发展，相关标准的建设十分迫切。石墨烯材料和相关产品的定义、性能和检测方法等一系列基本和核心问题亟待统一并形成标准规范。近年来，国内外各级标准化主管部门联合技术组织和行业社团等积极开展了各类标准化的活动以及标准制定工作。目前石墨烯产业正处在专利平稳期，从专利申请量的发展趋势来看，全球石墨烯领域的专利申请量依然保持增长态势，但其增长速度整体低于前一阶段专利快速增长期的迅猛态势。

根据对我国不同区域石墨烯产业发展特点的分析以及国内外石墨烯发展特色的比较，中国石墨烯产业发展趋势可概括为：①“强者愈强”，资源要素继续向优势地区汇聚；②“特色化、差异化”发展，区域分工格局更加明晰；③资本投资开始降温，市场更加趋于理性；④传统企业逐步介入，“石墨烯 +”战略步伐有望加快；⑤国际交流与合作日渐深入，逐步走向国际化合作共赢之路。

产业发展“强者愈强”，资源要素继续向优势地区汇聚。京津冀、长三角、东南沿海地区作为目前国内石墨烯产业发展较快的地区，高校及科研院所众多，企业分布密集，产业氛围良好，并且拥有资金、研发、市场等优势，已经初步形成了技术、应用与产业相互促进的良好态势，石墨烯产业发展的要素必将进一步向这些区域聚集，呈现“强者愈强”的发展态势。

产业呈现“特色化、差异化”发展，区域分工格局更加明晰。目前国内石墨烯产业分布已经呈现相对集中的发展态势，未来随着石墨烯产业化规模的不断壮大，下游应用领域的不断拓展，不同区域的石墨烯产业发展将呈现更加突出的“特色化、差异化”特征，使得区域分工进一步明确。如北京将依托无与伦比的研发资源，抢占全国石墨烯研发高地；长三角地区基于坚实的产业基础，逐步加快在复合材料、储能材料、新一代显示器件等方面的产业化推进步伐；福建、广东等东南沿海地区则依托广阔的市场空间和灵活的体制机制，在储能、热管理、大健康等领域逐步显现出优势；东北、内蒙古等地区依托其丰富的资源优势，在原材料制备方面加强攻关。这些重点区域将充分发挥其先发优势，使其产业地位更加稳固。

资本投资开始降温，市场更加趋于理性。石墨烯自面世以来，一直引起资本市场的高度关注，不少上市公司、投资机构纷纷涉足石墨烯概念股，有些涨幅甚至超过 2 倍，掀起了石墨烯投资热潮。但其中大部分公司只是借机炒作、抬高股价，真正投入石墨烯产业的资金并不多。总体看来，石墨烯产业整体仍处于产业化突破前期，距离成熟还有相当长的一段时间；另一方面，石墨烯下游应用进展缓慢，下游产品尚处于市场推广过程中，至今尚未出现突破性、颠覆性的“杀手锏级”应用，集成电路、晶体管等高端应用领域短期内难以突破，石墨烯产业正在回归理性。从资本市场角度来看，由于石墨烯商业价值短期内难以体现，市场期望值逐渐降低，预计石墨烯今后的投资将变得更加冷静和谨慎。

传统企业将逐步介入，“石墨烯+”战略步伐有望加快。新材料石墨烯应用于传统行业中，一方面技术相对较为成熟，对现有生产工艺改变不大，市场易于接受；另一方面应用前景广阔，市场需求量大。为此，工信部组织实施了“石墨烯+”行动，利用石墨烯独特的性能，助力传统产业改造升级，以问题为导向，采用“一条龙”模式，以终端应用为龙头，着力构建上下游贯通的石墨烯产业链，推动首批次示范应用，对列入工业强基工程示范应用重点方向的石墨烯改性橡胶、石墨烯改性触点材料、石墨烯改性电极材料及超级电容器等予以重点推进，不断增品种、提品质、降成本、创品牌、增效益，上述政策和措施的出台将会加快推动更多传统企业介入石墨烯产业，对“石墨烯+”战略形成有益带动。

国际交流与合作日渐深入，逐步走向国际化合作共赢之路。石墨烯的发现带来了21世纪产业革命的新希望，成为新材料领域的重点发展方向，必将有力推动全球产业结构的调整。由于中国在全球石墨烯产业化中的领跑地位，以及中国巨大的市场空间，加强与中国的合作已成为全球石墨烯研发机构和企业的共识。因此，越来越多的国际组织加快了同中国合作的步伐。同时，中国政府也将继续鼓励本土企业走出去，将国外的先进技术和高端企业引进来，为国外先进企业进入中国市场搭建桥梁，共同建设合作共赢之路，开启中国乃至全球石墨烯产业发展的新篇章。

第四节 问题、挑战和建议

石墨烯作为近年来发展起来的新兴产业，存在发展时间短、框架体系不成熟、企业创新能力不足等问题。为促进其快速占领市场制高点，必须从国家层面布局与引导，并加强资源整合。目前，国家对石墨烯产业的发展出台了一系列的政策文件，并对石墨烯的基础研究和产业化给予一定的资金支持和引导，但在产业布局、技术研发、成果转化、上下游衔接等方面缺乏整体的战略布局。尤其是与美国、欧盟、日韩相比，我国的石墨烯产业缺乏完善的政策、系统的布局、战略目标牵引以及配套的政策措施。同时，在石墨烯产业培育方面，我国石墨烯产业更偏重于涂料、粉体、纤维、储能等领域，不利于发展高精尖石墨烯产业。

另外，我国各地的产业基础与科研资源不同，存在明显的区域特点。当地政府虽然积极响应政策，但对石墨烯产业缺少足够的认识，也没有明确的产业推进思路，导致未能充分结合当地资源和产业特点进行合理布局，也未能和当地传统产业充分结合，甚至出现重复建设产业园的问题，严重浪费了国家整合的资源。

此外，我国在科学技术研究引导方面也存在一定的问题，尤其是纳米碳材料领域缺少鲜亮的标签和“拳头”优势，只是一味追求文章的数量，难以实现产学研协同创新发展，科研成果转化不足，与下游产业应用脱节严重。在过去的二十多年里，国家资助了1000余项石墨烯相关课题，累计经费逾10亿元，但支持的大部分项目都是自由探索式研究，未能根据国家目标进行整体布局，最终导致我国石墨烯产业的原创性探索、前瞻性技术研发以及协同发展能力严重不足。

纵观我国的石墨烯企业，绝大多数是小微企业，大企业参与很少，竞争力与可持续发展能力严重不足。通常，小企业综合实力弱，缺少独立的研发团队，所以只能采用合作或者委托研发的模式，涉及的往往是那些投资小、产出快的领域，市场同质化严重。另外，许多上市公司和投资机构纷纷进军石墨烯概念股，石墨烯领域稍微取得进展，其概念股就可能集体涨停。在资本的推波助澜下，大多数企业都致力于发展低端产能赚快钱，因此难以实现可持续发展。

标准的制定和完善在产业发展中至关重要。市场上现有的石墨烯产品鱼龙混杂，质量参差不齐，根本原因在于缺乏统一的评价标准。目前，石墨烯标准存在巨大的缺口，亟须完善，但石墨烯相关标准的制定却面临着一系列难题。首先，石墨烯相关标准制定不足。自2014年石墨烯相关国家标准开始制定以来，共有13项国家标准颁布，即GB/T 30544.13—2018《纳米科技 术语 第13部分：石墨烯及相关二维材料》，GB/Z 38062—2019《纳米技术 石墨烯材料比表面积的测试 亚甲基蓝吸附法》，GB/T 38114—2019《纳米技术 石墨烯材料表面含氧官能团的定量分析 化学滴定法》，GB/T 40066—2021《纳米技术 氧化石墨烯厚度测量 原子力显微镜法》，GB/T 40069—2021《纳米技术 石墨烯相关二维材料的层数测量 拉曼光谱法》，GB/T 40071—2021《纳米技术 石墨烯相关二维材料的层数测量 光学对比度法》，GB/T 41067—2021《纳米技术 石墨烯粉体中硫、氟、氯、溴含量的测定 燃烧离子色谱法》，GB/T 41068—2021《纳米技术 石墨烯粉体中水溶性阴离子含量的测定 离子色谱法》，GB/T 42240—2022《纳米技术 石墨烯粉体中金属杂质的测定 电感耦合等离子体质谱法》，GB/T 42310—2023《纳米技术 石墨烯粉体比表面积的测定 氩气吸附静态容量法》，GB/T 43341—2023《纳米技术 石墨烯的缺陷浓度测量 拉曼光谱法》，GB/T 43598—2023《纳米技术 石墨烯粉体氧含量和碳氧比的测定 X射线光电子能谱法》，GB/T 43682—2024《纳米技术 亚纳米厚度石墨烯薄膜载流子迁移率及方块电阻测量方法》等。其中后12项标准是针对石墨烯不同形态的多方面表征，但并不全面。石墨烯相关标准尤其是国家标准的立项审核非常严格，加之每年只有很少的石墨烯相关标准立项审核，导致制定的石墨烯相关标准较少。此外，石墨烯标准的制定没有按照应用领域或专业知识进行考虑，导致当前已实施的石墨烯相关国家标准与产业发展不匹配。另外，石墨烯标准中缺少顶层设计，现有的石墨烯标准（包括正在研制的石墨烯标准）尚未形成完备的标准化体系，对产业的规范和引导力度不足。随着近年来石墨烯研究领域的不断深入，现有标准已不能适应石墨烯相关材料和产品的产业化发展。因此，社会各界应积极提出石墨烯产业发展所需的标准，在国家有关部门的统筹协调下，按计划有序推进石墨烯相关标准的制定工作，逐步落实完善我国石墨烯标准，让标准真正起到对石墨烯产业的规范和引导作用。

目前世界范围内欧盟、美国、日韩、新加坡等均针对未来的石墨烯产业展开布局，为了在未来石墨烯产业新兴市场的竞争中占得先机，我国也必须针对当下石墨烯产业暴露的诸多问题着手应对。

首先，需要从顶层设计，发挥制度优势，对石墨烯产业发展制定未来规划。石墨烯新材料的特点决定了发展石墨烯产业的长期性和艰巨性，因此需要做好战略性、全局性的规划设计，这一点正是我们的制度优势所在。一方面，从时间维度上，制定石墨烯产业发展路线图，通过五年规划、十年规划、二十年规划，稳步推进石墨烯产业可持续发展；另一方面，在空间上需要对全国石墨烯产业布局加以规划，根据各地的产业特点，发展可与之结合、匹配的石墨烯产业，避免低水平重复建设，打造特色化的石墨烯产业。针对我国的经济特点，在重要的前沿领域，如信息技术、航空航天、新能源汽车、生物医药等方面进行布局。应尽快成立国家级石墨烯产业联盟，加快建设石墨烯产品相关的国家标准、行业标准以及团体标准。

其次，材料制备方面，石墨烯原材料是未来石墨烯产业的基石。石墨烯原材料之于未来石墨烯产业的重要性，就像碳纤维材料之于当今碳纤维产业的重要性，也是目前制约石墨烯产业健康发展的“卡脖子”问题。就石墨烯原材料生产的产能来说，中国已经高居全球榜首，并且已经有产能过剩的风险。但是，质量关根本未过，很难展示石墨烯材料的理想特性。由于工艺稳定性很差，不同批次性能无法区分，不同厂家更没有可比性，因而造成当前石墨烯产业的诸多乱象乃至信任危机。因此，必须整合资源，加大投入力度，久久为功，突破石墨烯原材料生产的核心技术和“卡脖子”问题，为未来中国石墨烯产业奠定坚实的基础，为参与石墨烯产业的全球竞争打造核心竞争力。目前来说，石墨烯粉体的规模化制备已经实现了重大突破，需要重点关注石墨烯粉体质量和批次稳定性的提升。相较于其他类型的石墨烯材料，石墨烯粉体已走在石墨烯应用研究和产业化的前列，但需要重点开发高端石墨烯粉体的应用，研发、探索石墨烯“杀手锏”级的应用，而不能仅仅满足于“味精”级的石墨烯添加剂方面的应用，让石墨烯在应用产品中起到不可替代的关键作用，对产业发展和产品开发起到颠覆性的作用。石墨烯纤维材料是近年来发展较为迅速的石墨烯材料。作为石墨烯复合材料的一种，石墨烯与传统纤维材料以高温生长等方式复合，有望实现传统纤维材料性能方面的巨大提升，甚至实现意想不到的材料性能，如电磁屏蔽、超高力学强度、超高导热性能等。石墨烯薄膜材料的应用将集中在电子、光电子等未来高科技领域，因此石墨烯薄膜材料应着眼于未来应用市场。目前需要重点关注薄膜材料的规模化制备、材料性能和稳定性提升，等等。

再次，标准制定方面，一是要加快石墨烯材料和产品的国家标准、行业标准和团体标准建设，完善石墨烯标准体系，鼓励有条件的企业和研究机构参与制定工作，尤其对下游应用较为成熟的复合材料、涂料、锂电池等应用领域，尽快完善相关产品定义、检测和使用标准。二是要加快研究制定石墨烯行业准入标准，从产业布局、生产工艺与装备、清洁生产、质量管理等方面加以规范，使石墨烯的应用及其产品有标准可依，有规范可循。三是要加强国际交流合作，积极参与国际标准制定，确保石墨烯标准体系与国际接轨。

此外，需要在政策上聚焦“卡脖子”技术，推进石墨烯“杀手锏”级应用的探索，支持石墨烯作为战略性新兴材料，创造全新产业或改革现有产业的可能应用方向，打造未来石墨烯产业的核心竞争力。明确政府和市场的角色分工极为重要。政府通过政策引导来助力市场牵引的试错性初级应用，放手调动企业、社会资本和个体的主观能动性，而不能反客为主，过度介入市场。同时，释放政策红利，努力调动掌握核心技术的专业人员的积极性与主观能动性，推动创新性文化环境和高科技研发生态，加大产学研协同创新的支持力度，促进高校、科研院所与产业界的合作，使得产业界的“卡脖子”技术难题能够从相关的基础研究中受益，得到更加有效的解决。

参考文献

[1] Novoselov K S, Geim A K, Morozov S V, et al. Electric field effect in atomically thin carbon films[J]. Science, 2004, 306(5696): 666-669.

[2] Geim A K. Nobel Lecture: Random walk to graphene[J]. Rev Mod Phys, 2011, 83(3): 851-862.

[3] Zhao W, Wu F, Wu H, et al. Preparation of colloidal dispersions of graphene sheets in organic solvents by using ball milling[J]. Journal of Nanomaterials, 2010. 2010: 1-5.

[4] Zhao W, Fang M, Wu F, et al. Preparation of graphene by exfoliation of graphite using wet ball milling[J]. Journal of Materials Chemistry, 2010, 20(28): 5817-5818.

[5] Zhong J, Sun W, Wei Q, et al. Efficient and scalable synthesis of highly aligned and compact two-dimensional nanosheet films with record performances[J]. Nature Communications, 2018, 9(1): 3484.

[6] Luong D X, Bets K V, Algozeeb W A, et al. Gram-scale bottom-up flash graphene synthesis[J]. Nature, 2020, 577(7992): 647-651.

[7] Lin L, Li J, Ren H, et al. Surface engineering of copper foils for growing centimeter-sized single-crystalline

graphene[J]. ACS Nano, 2016, 10(2): 2922-2929.

[8] Wu T, Zhang X, Yuan Q, et al. Fast growth of inch-sized single-crystalline graphene from a controlled single nucleus on Cu-Ni alloys[J]. Nature Materials, 2016, 15(1): 43-47.

[9] Xu X, Zhang Z, Dong J, et al. Ultrafast epitaxial growth of metre-sized single-crystal graphene on industrial Cu foil[J]. Science Bulletin, 2017, 62(15): 1074-1080.

[10] Deng B, Pang Z, Chen S, et al. Wrinkle-free single-crystal graphene wafer grown on strain-engineered substrates[J]. ACS Nano, 2017, 11(12): 12337-12345.

[11] Lin L, Zhang J, Su H, et al. Towards super-clean graphene[J]. Nature Communications, 2019, 10(1): 1912.

[12] Sun X, Lin L, Sun L Z, et al. Low-temperature and rapid growth of large single-crystalline graphene with ethane[J]. Small, 2018, 4(3): 1702916.

[13] Xu X, Zhang Z, Qiu L, et al. Ultrafast growth of single-crystal graphene assisted by a continuous oxygen supply[J]. Nature Nanotechnology, 2016, 11(11): 930-935.

[14] Xu Z, Gao C. Graphene chiral liquid crystals and macroscopic assembled fibres[J]. Nature Communications, 2011, 2(1): 571.

[15] Xu Z, Zhang Y, Li P, et al. Strong, conductive, lightweight, neat graphene aerogel fibers with aligned pores[J]. ACS Nano, 2012, 6(8): 7103-7113.

[16] Hu C, Zhao Y, Cheng H, et al. Graphene microtubings: Controlled fabrication and site-specific functionalization[J]. Nano Letters, 2012, 12(11): 5879-5884.

[17] Cui G, Cheng Y, Liu C, et al. Massive growth of graphene quartz fiber as a multifunctional electrode[J]. ACS Nano, 2020, 14(5): 5938-5945.

[18] Ren W, Chen H. The global growth of graphene[J]. Nature Nanotechnology, 2014, 9(10): 726-730.

[19] 刘忠范，等 . 中国石墨烯产业研究报告 [M]. 北京：科学出版社，2020.

[20] Kauling A P, Seefeldt A T, Pisoni D P, et al. The Worldwide Graphene Flake Production[J]. Advanced Materials, 2018, 30(44): 1803784.

索引

T

其他